普通高等教育"十一五"国家级规划教材

水力学 第二版

吕宏兴 裴国霞 杨玲霞 主编

中国农业出版社

图书在版编目（CIP）数据

水力学/吕宏兴，裴国霞，杨玲霞主编．—2版
．—北京：中国农业出版社，2011.6（2024.7重印）
　普通高等教育"十一五"国家级规划教材
　ISBN 978-7-109-16474-1

Ⅰ.①水… Ⅱ.①吕…②裴…③杨… Ⅲ.①水力学
－高等学校－教材 Ⅳ.①TV13

中国版本图书馆CIP数据核字（2011）第279395号

中国农业出版社出版
（北京市朝阳区麦子店街18号楼）
（邮政编码 100125）
责任编辑　马膮晨

中农印务有限公司印刷　新华书店北京发行所发行
2002年7月第1版　2011年6月第2版
2024年7月第2版北京第4次印刷

开本：787mm×1092mm　1/16　印张：30
字数：732千字
定价：59.50元
（凡本版图书出现印刷、装订错误，请向出版社发行部调换）

第二版前言

本书第一版自 2002 年出版以来，得到了国内有关高校的支持与肯定，但使用中也存在一些错误与不足，为此在广泛征求和汲取教材使用院校有关专家意见的基础上对全书进行了重新修订。此次的第二版为普通高等教育"十一五"国家级规划教材。

本次修订是在保留第一版教材特色的基础上，加强了培养分析、解决实际问题能力的内容，淘汰了与时代发展不相适应的内容，使教材更好地适应本科生培养目标与水力学的教学目的要求。

修订中突出了第一版内容在水力计算迭代法等方面的特色，删除了传统的查图法以及水深求解附图，适当增加了典型例题，调整了部分习题。

本次修订工作是在吕宏兴的主持下完成的，参加修订的有吕宏兴、刘焕芳、张新燕、王文娥、裴国霞、杨玲霞、朱德兰、宗全利等。研究生杨岑、刘淑萍协助完成了部分绘图和校对工作，在此一并表示衷心的感谢！

限于作者水平，本书难免存在不足和谬误之处，敬请读者批评指正。

编　者

2010 年 11 月

第一版前言

本教材是为高等院校水利类专业编写的水力学教材，也可作为从事水利工作的教师、科研人员、研究生和工程技术人员的参考书。

本教材编写以21世纪本科生培养目标和适用于水力学教学目的为总的指导思想。其编写的基本原则是：①在保证基础知识的前提下，精选、吸收现有国内外水力学教材的优点，适当反映学科新发展，力求具有思想性、科学性、启发性、先进性和教学的适用性，形成本教材的风格与特点；②以一元流理论为主体，力求物理概念和基本原理阐述明确，前后内容的衔接遵循由浅入深、循序渐进的认识规律，并且重点突出，注重理论联系实际；③以水利类各专业的本科生为主要教学对象，并能适应不同专业对内容需求而进行取舍的教学灵活性，各章适当增加了选讲或学生自学内容；④考虑到目前计算机在水力计算中的广泛应用，本书在部分章节中增加了数解方法和计算框图，在此基础上，读者可以根据自己掌握的计算机语言进行水力编程计算。

本教材的编写过程是：首先由主编拟定编写大纲，分工完成书稿后，又征求了各参编者相互间的意见，最后由主编统稿和定稿。全书由吕宏兴（西北农林科技大学）、裴国霞（内蒙古农业大学）、杨玲霞（郑州大学）担任主编。各章编写分工如下：第一、二章由韩会玲（河北农业大学）编写；第三、十三章由裴国霞（内蒙古农业大学）编写；第四、五章由苏德荣（甘肃农业大学）编写；第六、十四章由刘焕芳（石河子大学）编写；第七章由张新燕、吕宏兴（西北农林科技大学）编写；第八、十章由杨玲霞（郑州大学）编写；第九章由张志澍（内蒙古农业大学）编写；第十一、十二章由吕宏兴（西北农林科技大学）编写；第十五章由沙际德（西北农林科技大学）编写。

教材承蒙沙际德教授（西北农林科技大学）、李建中教授（西安理工大学）审阅并提出了宝贵意见和建议；朱晓群、侯咏梅、牟献友承担了部分插图的CAD绘图工作；张春娟、余国安、陈俊英、张领护校阅了书稿，在此一并表示衷心地感谢。

因编者水平所限，书中难免存在错误和不足，恳请读者指正。

编 者
2002年3月

目 录

第二版前言
第一版前言

第一章 绪论 ... 1
第一节 水力学的任务及其发展概况 ... 1
第二节 液体的主要物理性质及作用于液体上的力 ... 3
第三节 液体的基本特征和连续介质的概念 ... 8
第四节 水力学的研究方法 ... 9
习题 ... 9

第二章 水静力学 ... 11
第一节 静水压强及其特性 ... 11
第二节 液体的平衡微分方程式 ... 13
第三节 重力和几种质量力同时作用下的液体平衡 ... 15
第四节 压强的表示方法及度量 ... 18
第五节 作用于平面上的静水总压力 ... 22
第六节 作用于曲面上的静水总压力 ... 27
习题 ... 30

第三章 水动力学基础 ... 37
第一节 描述液体运动的两种方法 ... 37
第二节 液体运动的基本概念 ... 40
第三节 恒定总流的连续性方程 ... 46
第四节 恒定元流的能量方程 ... 48
第五节 恒定总流的能量方程 ... 51
第六节 能量方程的应用 ... 56
第七节 恒定总流的动量方程 ... 65
第八节 量纲分析法简介 ... 72
习题 ... 78

第四章 液流型态及水头损失 ... 83
第一节 水头损失的分类及水流边界对水头损失的影响 ... 83

第二节	液流的两种流动型态	84
第三节	均匀流沿程水头损失与切应力的关系	89
第四节	圆管中的层流运动及其沿程水头损失的计算	91
第五节	紊流的形成过程及特征	95
第六节	沿程阻力系数的变化规律	105
第七节	沿程水头损失计算公式	111
第八节	局部水头损失	115
第九节	边界层理论简介	120
习题		123

第五章 有压管道中的恒定流 ... 125

第一节	简单管道水力计算的基本公式	125
第二节	简单管道、短管水力计算的类型及实例	130
第三节	长管水力计算	136
第四节	串联、分叉和并联管道水力计算	137
第五节	沿程均匀泄流管道水力计算	142
第六节	管网水力计算	146
习题		151

第六章 明渠恒定均匀流 ... 156

第一节	概述	156
第二节	明渠均匀流特性及其产生条件	159
第三节	明渠均匀流的计算公式	161
第四节	水力最佳断面与实用经济断面	165
第五节	明渠均匀流水力计算中的粗糙系数与允许流速	169
第六节	明渠均匀流的水力计算	172
第七节	粗糙度不同的明渠及复式断面明渠的水力计算	179
第八节	U形与圆形断面渠道正常水深的迭代计算	182
习题		185

第七章 明渠恒定非均匀流 ... 187

第一节	概述	187
第二节	明渠水流的流态及其判别	187
第三节	临界底坡、缓坡与陡坡	196
第四节	明渠水流两种流态的转换——水跃与水跌	197
第五节	明渠恒定非均匀渐变流的微分方程	206
第六节	棱柱体明渠中恒定非均匀渐变流水面曲线分析	208
第七节	明渠恒定非均匀渐变流水面曲线的计算——逐段试算法	214
第八节	天然河道水面曲线的计算	218

       第九节　弯道水流 ··· 221
       第十节　临界水深的迭代计算 ·· 224
       习题 ·· 226

第八章　堰流、闸孔出流和桥、涵过流的水力计算 ··· 229
       第一节　堰流的分类及水力计算基本公式 ··· 230
       第二节　薄壁堰流的水力计算 ·· 233
       第三节　实用堰流的水力计算 ·· 235
       第四节　宽顶堰流的水力计算 ·· 245
       第五节　闸孔出流的水力计算 ·· 251
       第六节　桥孔及涵洞过流的水力计算 ··· 257
       习题 ·· 264

第九章　泄水建筑物下游的水流衔接与消能 ··· 268
       第一节　概述 ·· 268
       第二节　泄水建筑物下游水流的衔接形式与消能方式 ··· 269
       第三节　收缩断面水深的计算 ·· 270
       第四节　底流型衔接与消能 ··· 272
       第五节　挑流型衔接与消能 ··· 280
       第六节　面流及戽流流态 ·· 285
       第七节　消能技术进展简述 ··· 289
       习题 ·· 290

第十章　有压管道中的非恒定流 ·· 292
       第一节　一维非恒定流动的基本方程 ··· 292
       第二节　水击现象 ··· 296
       第三节　水击计算的基本方程 ·· 306
       第四节　水击计算的解析法 ··· 308
       第五节　水击计算的特征线法 ·· 317
       第六节　调压室系统中的水面振荡 ·· 324
       习题 ·· 330

第十一章　明渠非恒定流 ··· 332
       第一节　概述 ·· 332
       第二节　明渠非恒定流的特性及波的分类 ·· 332
       第三节　明渠非恒定渐变流的基本方程——圣·维南方程组 ·· 335
       第四节　特征线法 ··· 341
       第五节　计算实例 ··· 349
       第六节　明渠非恒定急变流——断波 ··· 351

习题 ··· 354

第十二章　液体三元流理论基础 ··· 356

　　第一节　概述 ··· 356
　　第二节　运动液体质点的流速、加速度 ··· 356
　　第三节　流线方程及迹线方程 ·· 357
　　第四节　液体微团运动的基本形式 ·· 359
　　第五节　有旋流和无旋流 ·· 363
　　第六节　液体流动的连续性方程 ··· 365
　　第七节　恒定平面势流 ··· 366
　　第八节　实际液体的应力特征和应力与变形率关系 ··································· 373
　　第九节　液流的运动微分方程 ··· 376
　　习题 ··· 380

第十三章　渗流 ··· 383

　　第一节　渗流的基本概念 ·· 383
　　第二节　渗流的基本定律——达西定律 ··· 386
　　第三节　恒定无压均匀渗流和非均匀渐变渗流 ··· 389
　　第四节　井的渗流 ··· 395
　　第五节　土坝渗流 ··· 400
　　第六节　渗流运动的基本微分方程 ·· 403
　　第七节　用流网法求解平面急变渗流 ··· 406
　　第八节　有限差分法解渗流问题简介 ··· 409
　　第九节　渗流场的水电比拟法 ·· 412
　　习题 ··· 415

第十四章　水力相似原理及模型试验简介 ·· 418

　　第一节　概述 ··· 418
　　第二节　相似理论的基本概念 ·· 419
　　第三节　液体作用力与特种模型律 ·· 420
　　第四节　相似准则 ··· 422
　　第五节　水力模型设计方法简介 ··· 430
　　习题 ··· 431

第十五章　挟沙水流基础 ··· 432

　　第一节　挟沙水流的概念 ·· 432
　　第二节　泥沙的沉速 ·· 433
　　第三节　泥沙的挟动 ·· 443
　　第四节　动床的阻力 ·· 452

第五节　水流的挟沙能力 ··· 460

主要参考文献 ·· 469

第一章　绪　论

第一节　水力学的任务及其发展概况

一、水力学的任务

水力学是研究液体的平衡和机械运动规律及其实际应用的一门学科,它是力学的一个重要分支,也是许多工程技术领域的技术基础学科。

水力学所研究的基本规律由两部分组成:一是研究液体处于平衡状态时,作用于液体上的各种力之间的关系,即液体的平衡规律,称为水静力学;二是研究液体处于机械运动状态时,作用于液体上的力与运动要素之间的关系,即液体的运动规律,称为水动力学。

水力学不仅在水利工程中有着广泛的应用,如灌溉、防洪、航运、水力发电、整治河道及修建水工建筑物等各个方面,而且在国民经济的其他部门,如土木、建筑、给水排水、交通、能源、石油、化工、采矿、冶金、生物、医学等各工程技术领域,也涉及许多水力学知识。不同的工程技术领域的水力学问题,有其各自的特点,按其流动边界的不同,可将其概括为有压管流、明渠水流、堰闸出流、水流衔接与消能、波浪、渗流等水力学问题。应用水力学的基础理论分析这些流动现象的基本规律,给出其普遍适用的基本分析及计算方法,即构成了水力学的应用部分。此外,水力学与其他学科相结合形成了一些新的分支学科,如计算水力学、环境水力学、河流动力学、海岸动力学等。

二、水力学发展简史

水力学的发展同其他自然科学一样,既依赖于生产实践和科学试验,又受社会诸因素的影响。我国在防止水患、兴修水利方面有着悠久的历史。相传4 000多年前的大禹治水,就表明古代先民有过长期、大规模的防洪实践。秦代在公元前256—前210年间修建的都江堰、郑国渠和灵渠三大水利工程,都说明当时对明渠水流和堰流的认识已达到相当高的水平。尤其是都江堰、灵渠工程在规划、设计和施工等方面都具有很高的科学水平和创造性,至今仍发挥效益。陕西兴平出土的西汉时期的计时工具实物——铜壶滴漏,就是利用孔口出流使容器水位发生变化来计算时间的,这说明当时对孔口出流,已有相当的认识。北宋时期,在运河上修建的真州复闸,与14世纪末在荷兰出现的同类船闸相比约早300多年。14世纪以前,我国的科学技术在世界上是处于领先地位的。但是,近几百年来由于闭关锁国使我国的科学技术事业得不到应有的发展,水力学始终处于概括的定性阶段而未形成严密的科学理论。

世界公认最早的水力学原理是公元前250年左右希腊人阿基米德(Archimedes)提出的浮体定律。此后,欧洲各国长期处于封建统治时期,生产力发展非常缓慢,直到15世纪文艺复兴时期,尚未形成系统的理论。

16世纪以后，资本主义处于上升阶段，在城市建设、航海和机械工业发展需要的推动下，逐步形成了近代的自然科学，水力学也随之得到发展。如意大利的达·芬奇（L. da Vinci）是文艺复兴时期出类拔萃的美术家、科学家兼工程师，他倡导用实验方法了解水流流态，并通过实验描绘和讨论了许多水力现象，如自由射流、旋涡形成、水跃和连续原理等。1586年斯蒂芬（S. Stevin）把研究固体平衡的方法应用于静止液体；1612年伽利略（G. Galileo）建立了物体沉浮的基本原理；1643年托里拆利（E. Torricelli）提出了液体孔口出流的关系式；1650年帕斯卡（B. Pascal）建立了平衡液体中压强传递规律——帕斯卡定理，从而使水静力学理论得到进一步的发展。1686年牛顿（I. Newton）提出了液体内摩擦的假设和黏滞性的概念，建立了牛顿内摩擦定律。

18—19世纪，水力学与古典流体力学（古典水动力学）沿着两条途径建立了液体运动的系统理论，形成两门独立的学科。古典流体力学的奠基人是瑞士数学家伯努利（D. Bernoulli）和他的朋友欧拉（L. Euler）。1738年伯努利提出了理想液体运动的能量方程，即伯努利方程；1755年欧拉首次导出理想液体运动微分方程——欧拉运动微分方程。到19世纪中叶，大体建成了理想液体运动的系统理论，习惯上称为"水动力学"或古典流体力学，使它发展成为力学的一个分支。古典流体力学这一理论体系在数学分析上系统、严谨，但忽略了液体黏性，计算结果与实际不尽相符，而且由于数学求解上的困难，当时难以解决各种实际问题。为了适应工程技术迅速发展的需要，一些工程师和实际工作者，采用实验和观测手段，得出经验公式，或在理论公式中引入经验系数以解决实际工程问题。如1732年毕托（H. Pitot）发明了量测流速的毕托管；1769年谢才（A. de Chezy）建立了明渠均匀流动的谢才公式；1856年达西（H. Darcy）提出了线性渗流的达西定律，等等。这些成果被总结为以实际液体为对象的重经验重实用的水力学。古典流体力学和水力学都是关于液体运动的力学，但前者忽略黏性、重数学、重理论，后者考虑黏性、偏经验、偏实用。

临近19世纪中叶，1821—1845年，纳维埃（C. L. M. H. Navier）和斯托克斯（G. G. Stokes）等人成功地修正了理想液体运动方程，添加黏性项使之成为适用于实际流体（黏性流体）运动的纳维-斯托克斯方程。19世纪末，雷诺（O. Reynolds）于1883年发表了关于层流和紊流两种流态的系列试验结果，提出了动力相似律，后又于1895年建立了紊流时均化的运动方程——雷诺方程。这两方面成果对促进前述两种研究途径的结合有着重要的作用，可以说是建立近代黏性流动理论的两大先驱性工作。

生产的需要永远是科学发展的强大动力。19世纪20世纪之交，由于现代工业的迅速发展，特别是航空工业的崛起，提出了许多复杂问题，而古典流体力学与水力学都不能很好地说明和解决，这在客观上要求建立理论与实验密切结合的，以实际流体（包括液体和气体）运动为对象的理论。1904年普朗特（L. Prandtl）创立的边界层理论，揭示了水、空气等低黏性流体的实际流动与理想流动之间的实质性联系，使流体力学与水力学两种研究途径得到了统一。后经许多学者的努力，边界层理论和紊流理论都有很大的发展，逐渐形成了理论分析和试验相结合的现代流体力学和现代水力学。

迅速发展的现代实验技术如激光、超声波、同位素等和建立在相似理论及量纲分析基础上的实验理论，大大提高了探索水流运动规律和对实验资料进行理论分析的水平。尤其是近半个世纪以来，电子计算机的广泛应用使许多比较复杂的水力学问题通过数值计算得到解决。可以预见，理论分析、试验研究和数值计算三者相辅相成的研究方法将赋予水力学以新的生机，使水力学在各个工程技术领域中发挥更大的作用。

第二节　液体的主要物理性质及作用于液体上的力

一、液体的质量和密度

液体和其他物质一样，具有质量。质量是物质的基本属性，是惯性的度量。液体单位体积内所具有的质量称为密度，以 ρ 表示。密度分布均匀的液体称为均质液体，否则为非均质液体。工程实际中遇到的液体大多数属于均质液体。设某均质液体的质量为 m，体积为 V，则液体的密度为

$$\rho = \frac{m}{V} \tag{1-1}$$

对于非均质液体，根据连续介质假设，某点的密度为

$$\rho = \lim_{\Delta V \to 0} \frac{\Delta m}{\Delta V} \tag{1-2}$$

在国际单位制中，质量的单位是千克（kg），长度单位为米（m），密度的单位则为千克/米³（kg/m³）。

液体的密度随压强和温度的变化而变化，但在日常的温度和压强下，其变化范围不超过 0.5%，故可视为常数。例如，水的密度，实用上就以在大气压 1.01325×10^5 Pa 下，温度为 4℃ 时的密度值作为计算值，其数值为 1000kg/m³。在大气压 1.01325×10^5 Pa 下，不同温度下水的物理性质见表 1-1。

表 1-1　不同温度下水的物理性质

水温 T/℃	密度 ρ/(kg·m⁻³)	容重 γ/(kN·m⁻³)	动力黏度 μ/(10⁻³N·s·m⁻²)	运动黏度 ν/(10⁻⁶m²·s⁻¹)	体积弹性系数 K/(10⁹N·m⁻²)	表面张力系数 σ/(N·m⁻¹)
0	999.9	9.805	1.781	1.785	2.02	0.0756
5	1000.0	9.807	1.518	1.519	2.06	0.0749
10	999.7	9.804	1.307	1.306	2.10	0.0742
15	999.1	9.798	1.139	1.139	2.15	0.0735
20	998.2	9.789	1.002	1.003	2.18	0.0728
25	997.0	9.777	0.890	0.893	2.22	0.0720
30	995.7	9.764	0.798	0.800	2.25	0.0712
40	992.2	9.730	0.653	0.658	2.28	0.0696
50	988.0	9.689	0.547	0.553	2.29	0.0679
60	983.2	9.642	0.466	0.474	2.28	0.0662
70	977.8	9.589	0.404	0.413	2.25	0.0644
80	971.8	9.530	0.354	0.364	2.20	0.0626
90	965.3	9.466	0.315	0.326	2.14	0.0608
100	958.4	9.399	0.282	0.294	2.07	0.0589

注：水利工程中水温一般在 0~30℃ 之间变化，压强变化不超过 100 个大气压，则水的密度 ρ 变化不超过 0.5%。因此，工程中将水的密度 ρ 和容重 γ 看做常数。

二、液体的重量和容重

地球对地球表面附近物体的引力称为重力。重力的大小称为重量。重量 G 与质量 m、重力加速度 g 之间的关系为

$$G = mg \tag{1-3}$$

国际单位制中,重量的单位是 N 或 kN。重力加速度 g 的数值大小与地球的纬度有关,一般可看做常数,即 $g=9.8\text{m/s}^2$。

单位体积液体所具有的重量称为容重,以 γ 表示。即

$$\gamma = \frac{G}{V} \tag{1-4}$$

容重的单位是 N/m^3,容重与密度有如下关系

$$\gamma = \frac{mg}{V} = \rho g$$

或

$$\rho = \frac{\gamma}{g} \tag{1-5}$$

实际计算中,水的容重 $\gamma = 9.8\text{kN/m}^3$。

三、液体的黏滞性

液体具有易流动性,处于静止状态时不能承受剪切力而抵抗剪切变形,但在运动状态时,其内部会呈现抵抗变形的特性。液体在运动状态时抵抗剪切变形的性质称为液体的黏滞性(简称黏性)。

如图 1-1 所示,液体沿某一固体壁面作平行直线运动。设液体质点是有规律的一层一层互不混掺地向前运动(这种各液层间互不混掺的流动状态,称为层流运动,将在第四章详细讨论)。由于液体具有黏滞性,紧靠着固体壁面的液体质点黏附在壁面上,流速为零,而远离壁面处流速较大,因而各不同液层的流速大小是不相同的,其流速分布如图 1-1(a)所示。若距固体边界为 y 处的流速为 u,相邻的 $y+dy$ 处的流速为 $u+du$,由于两相邻流层间存在相对运动,则两流层之间将成对地产生内摩擦力,又称为黏滞力。快层对慢层作用着一个与流动方向一致的摩擦力,使慢层加速;而慢层对快层作用着一个与流动方向相反的摩擦力,使快层减速。这两个摩擦力大小相等、方向相反,具有抵抗液体相对运动的作用。由

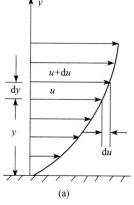
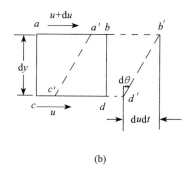

图 1-1

于黏滞性的存在，液体在作层流运动的过程中因克服内摩擦力必然要做功，因此液体的黏滞性是产生能量损失的根源。

1686年由牛顿提出并经后人验证的牛顿内摩擦定律为：液体沿某一固体表面作层流运动，相邻液层间的内摩擦力（或称切力）F的大小与流速梯度du/dy和液层间接触面的面积A成正比，同时与液体性质有关。可表达如下

$$F = \mu A \frac{du}{dy} \tag{1-6}$$

式中，μ为比例系数，具有动力学的量纲，故称为动力黏滞系数（或动力黏度），其单位为$N \cdot s/m^2$或$Pa \cdot s$。Pa是压强的单位，称为帕斯卡，简称帕，$1Pa=1N/m^2$。

单位面积上的内摩擦力称为切应力，用τ表示，则

$$\tau = \frac{F}{A} = \mu \frac{du}{dy} \tag{1-7}$$

式中，流速梯度du/dy实质上是表示液体的剪切变形速率（又称剪切应变率）或角变形率。为了便于说明，在图1-1（a）所示的dy流层中取一方形微团$abcd$如图1-1（b）中的实线所示。经过dt时间后，由于各层流速不等，该微团到达图1-1（b）中$a'b'c'd'$所示位置时发生变形，即$abcd$由原来的矩形变成了平行四边形，剪切变形为$d\theta$，$d\theta = du dt/dy$，因此单位时间的剪切变形速度，即剪切变形率为$d\theta/dt = du/dy$。牛顿内摩擦定律的另一种形式为

$$\tau = \mu \frac{d\theta}{dt}$$

由上可见，牛顿内摩擦定律又可表述为：液体作层流运动时，相邻液层之间产生的切应力与剪切变形速度成正比。而固体与液体不同，对于固体，在应力低于比例极限的情况下，切应力与切应变呈线性关系（剪切胡克定律）。

液体的性质对摩擦力的影响通过系数μ来反映。动力黏滞系数μ是对液体黏滞性的度量。μ值愈大，黏滞性作用愈强。μ的数值随流体的种类而各不相同，并随压强和温度的变化而变化。对于常见的流体如水、气体和空气等，μ值随压强的变化不大，一般可以忽略。温度是影响μ的主要因素。温度升高时液体的μ值降低，而气体的μ值则反而加大。产生这一差别的原因是因为液体和气体的微观结构不同。液体的黏滞性主要取决于液体分子间的相互吸引力，温度愈高，液体分子热运动愈激烈，分子摆脱互相吸引的能力愈强，因而液体的黏度随温度的升高而减小。气体的黏滞性主要取决于气体分子间相互碰撞而引起的动量交换，温度愈高，气体分子间的动量交换愈激烈，导致气体的黏度随温度的升高而增大。

液体的黏滞性还可以用ν来表示。ν是黏度μ与密度ρ的比值，即

$$\nu = \frac{\mu}{\rho} \tag{1-8}$$

黏滞系数ν的单位是m^2/s，具有运动学的量纲，所以称为运动黏滞系数或运动黏度。不同温度下水的μ值和ν值见表1-1。

需要指出，凡是满足牛顿内摩擦定律的流体，称为牛顿流体，反之称为非牛顿流体。图1-2中A

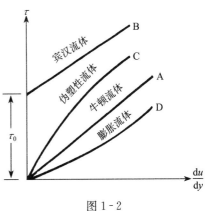

图1-2

线所示的一般流体，在温度不变的条件下其黏度 μ 值不变，A 线为一固定的由坐标原点出发的直线，这类流体即为牛顿流体。凡是切应力与剪切变形率呈线性关系，并满足式(1-7)的流体均属于牛顿流体。水、空气、油类、酒精和水银等流体在一般温度下都是牛顿流体。B、C、D 各曲线属于非牛顿流体。B 曲线为宾汉（E.C.Bingham）流体，当流体中的切应力达到屈服应力 τ_0 时才开始发生流动，但变形率与切应力同样为线性关系，如泥浆、血浆等均为宾汉流体。C 曲线为伪塑性流体，其黏度随剪切变形率的增加而减小，如橡胶、尼龙、颜料、纸浆等。D 曲线为膨胀流体，其黏度随剪切变形率的增加而增加，如生面团、浓淀粉糊等。本书主要研究牛顿流体，仅在第十五章中，对宾汉流体略有涉及。

四、液体的压缩性

液体不能承受拉力，但能承受压力。液体受压后体积缩小的性质称为液体的压缩性，除去压力后液体体积恢复原状的性质称为液体的弹性。液体压缩性的大小通常用体积压缩系数 β 来表示。β 是液体体积的相对压缩值 $\mathrm{d}V/V$ 与压强增值 $\mathrm{d}p$ 之比，即

$$\beta = -\frac{\mathrm{d}V/V}{\mathrm{d}p} \qquad (1-9)$$

因为液体体积总是随压强的增大而减小，为使 β 为正值，故式（1-9）右端加一个负号。β 愈大则液体愈易压缩。β 的单位为 m^2/N。

体积压缩系数 β 的倒数称为体积弹性系数，用 K 表示，即

$$K = \frac{1}{\beta} = -\frac{\mathrm{d}p}{\mathrm{d}V/V} \qquad (1-10)$$

K 值愈大，液体愈难压缩。$K \to \infty$ 表示绝对不可压缩。K 的单位为 N/m^2。不同温度下水的体积弹性系数见表 1-1。可以看出水的体积弹性系数变化不大，一般可看做常数。水的 K 值可采用 $2.1 \times 10^9 \mathrm{N}/\mathrm{m}^2$，并认为在一般情况下水是不可压缩的。但在压强变化过程非常迅速的运动（如水击）中，则必须考虑液体的压缩性和弹性。

五、液体的表面张力

在液体内部，分子之间的作用力即吸引力是相互平衡的。但是在液体与气体交界的自由面上，分子间的引力不能平衡，交界面内侧的液体中的引力会使自由面收缩拉紧，从而在交界面上形成沿液体表面作用着的张力，称为表面张力。表面张力一般产生在液体与气体接触的自由表面上，也可以产生在液体与固体接触的表面上或一种液体与另一种液体接触的表面上。显然，表面张力的大小与由何种物质组成交界面有关。

空气中液体表面的张力大小可以用表面张力系数 σ 来度量，它表示液体表面上单位长度所受的拉力，其国际单位为 $\mathrm{N/m}$。σ 的数值随液体的种类、温度和表面接触情况而变化。表面张力系数 σ 的数值不大，如在 20℃ 时，与空气相接触的水的 σ 值为 0.072 8N/m，与空气相接触的水银的 σ 值为 0.51N/m。因此，在一般水利工程中可以忽略不计。但当表面为曲面且曲率半径很小时，表面张力会显示出它的影响，例如在水力学实验中所采用的测压管，如果管的内径过小，就会引起毛细管现象，即测压管中液面高出或低于管外的液面，如图 1-3 所示。此现象可解释如下：

当液体为水时，玻璃与水分子之间的相互吸引力（即附着力）大于水分子之间的相互吸

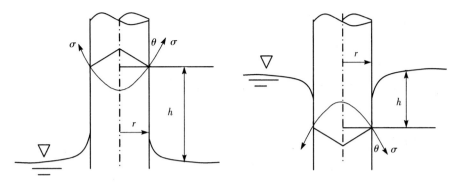

水在毛细管中的上升高度　　　　　　水银在毛细管中的下降高度

图 1-3

引力（即内聚力），引起玻璃管润湿，使管中水面上升，呈凹形的弯曲面。相反，当液体为水银时，玻璃与水银分子之间的附着力小于水银分子之间的内聚力，使玻璃管内液面出现收缩而下降，呈凸形的弯曲面。一般当测压管的内径大于 10mm 时，毛细管内液面上升或下降的高度很小，略去不计不会引起过大的误差。

毛细管中液面上升或下降的高度可由下式计算：

$$h = \frac{2\sigma\cos\theta}{r\gamma}$$

对于 20℃ 的水：有 $\theta=0°$，$\sigma=0.074\text{N/m}$，水在毛细管中上升高度为

$$h = \frac{29.8}{d}\ (\text{mm})$$

对于 20℃ 的水银：有 $\theta=140°$，$\sigma=0.514\text{N/m}$，水银在毛细管中下降高度为

$$h = \frac{10.15}{d}\ (\text{mm})$$

六、作用于液体上的力

处于平衡或运动状态的液体都受有各种外力的作用。作用于液体上的力，按其物理性质可分为惯性力、重力、弹性力、黏滞力和表面张力等，但按其作用的方式分类，可分为质量力和表面力两种。

1. 质量力　质量力是作用于液体的每个质点上且与液体质量成正比的力。对于均质液体，质量与体积成正比，因此又称为体积力。如重力、惯性力就属于质量力。

单位质量液体所受到的质量力称为单位质量力，其单位为 m/s^2，与加速度的单位相同。对于质量为 m 的均质液体，若所受的质量力为 F，则单位质量力 f 为

$$f = \frac{F}{m} \tag{1-11}$$

设 F 在各个坐标轴上的投影分别为 F_x、F_y、F_z，则单位质量力 f 在相应坐标轴上的投影分别为 X、Y、Z，则

$$X = \frac{F_x}{m},\quad Y = \frac{F_y}{m},\quad Z = \frac{F_z}{m} \tag{1-12}$$

2. 表面力　表面力是作用在液体表面或截面上并与作用面的面积成正比的力。表面力

又称为面积力。表面力可分为垂直于作用面的压力和平行于作用面的切力。由于液体不能承受拉力，因此垂直于作用面的力是指向液体内部的压力 P。切力 T 只存在于内部有相对流动的液体中，静止液体的表面力只有压力而没有切力。

第三节　液体的基本特征和连续介质的概念

一、液体的基本特征

自然界的物质通常有三种存在形式：固体、液体和气体。液体和气体统称为流体。从宏观特征讲，流体与固体的主要区别在变形方面。固体能保持固定的形状和体积。它能承受一定数量的拉力、压力和剪切力。流体则不然，流体在静止状态下只能承受压力，几乎不能承受拉力，也不能承受剪切力。在微小剪切力作用下，会使处于静止状态的流体发生连续不断的变形，即流动。因此，流体的主要特征是易流动性。

液体和气体的主要区别在于压缩性。液体的压缩性极小，所以能保持一定的体积，并能形成自由表面。气体没有固定的形状和体积，能充满任何容器，无自由表面，且极易压缩和膨胀。

三种物质的存在形式有共同的属性，即都是由分子组成的，分子不断地作随机热运动，分子与分子之间存在分子引力的作用。分子引力由于分子间距的不同，气体小于液体，液体小于固体。所以气体的分子运动有较大的自由度和随机性，液体则较小，而固体分子只能围绕自身位置作微小的运动。

二、连续介质假设

水力学研究的是液体的宏观运动规律，而不是研究液体分子的微观运动。从微观而言，液体由大量分子所组成，分子之间存在空隙，而且分子在不断地运动。然而液体分子间的空隙距离与我们研究的液流尺度相比极为微小，例如在常温下，$1cm^3$ 体积的水中约含有 3.34×10^{22} 个水分子，相邻分子间的距离约为 $3.1 \times 10^{-8} cm$。因此，在研究液体的宏观运动规律时，没有必要研究液体的分子结构和分子运动，而是着眼于大量分子微观运动所显示出来的统计平均特性——宏观特性。为此，在水力学中引入连续介质假设，即认为液体是一种连续的且充满其所占空间的连续介质，其物理量如密度、速度及压强等都是连续分布的。连续介质的概念是欧拉于1753年确立的，称为欧拉连续介质假设。将液体视为由液体质点组成的连续介质，可以充分利用以连续函数为基础的数学方法分析水流。长期大量的科学试验和工程实践证明，应用连续介质假设所建立的水力学基本理论是能够用于解决实际问题的。但对某些特殊问题，如掺气水流、空穴现象等，液体的连续性遭到破坏，连续介质假设不再适用。

三、理想液体的概念

在第二节中已经指出，实际液体除了具有质量和重量之外，还存在着黏滞性、可压缩性和表面张力，这些特性都不同程度地对液体运动发生影响，尤其是黏滞性的存在，使得对水流运动的分析变得非常困难。

水力学中为了使问题的分析简化，引入了"理想液体"的概念。所谓理想液体，就是把水看做绝对不可压缩、不能膨胀、没有黏滞性、没有表面张力的连续介质。

由第二节讨论已知，实际液体的压缩性、膨胀性和表面张力均很小，与理想液体没有很大差别，因而是否考虑黏滞性是理想液体和实际液体的最主要差别。所以，按照理想液体所得出的液体运动的结论，应用到实际液体时，必须对没有考虑黏滞性而引起的偏差进行修正。

第四节　水力学的研究方法

研究和解决水力学问题有三种基本方法，即科学试验、理论分析和数值计算。三种方法取长补短，彼此影响，从而促使水力学得到不断地发展。

一、科学试验

水力学理论的发展，在很大程度上取决于试验观测的水平。水力学中试验观测的方法主要有三个方面：一是原型观测，对工程实践中的天然水流直接进行观测；二是系统试验，在试验室内造成某种边界状况下的液流运动，进行系统的试验观测，从中找出规律；三是模型试验，以水力相似理论为指导，模拟实际工程的条件，预演或重演水流现象来进行研究。

二、理论分析

掌握了相当数量的试验资料，就可以根据机械运动的普遍原理（质量守恒、能量守恒、动量定理等），运用数理分析的方法来建立某一水流运动现象的系统理论，并在指导工程实践中加以检验，进一步补充和发展。

由于液体运动的复杂性，解决实际工程问题时，单纯依靠数理分析往往很难得到所要求的具体解答，因此必须采取数理分析和试验观测相结合的方法。在水力学中，有时先推导理论公式再用试验系数加以修正；有时要应用半经验半理论公式；有时是先进行定性分析，然后直接采用经验公式进行计算。

三、数值计算

对于某些复杂的流动过程，完全用理论分析来解决还存在许多困难。近年来，随着计算机和现代计算技术的发展，数值计算已逐渐成为研究水力学问题的一个重要方法。数值计算的特点是适应性强、应用面广。首先流动问题的控制方程一般是非线性的，自变量多，计算域的几何形状任意，边界条件复杂，对这些无法求得解析解的问题，用数值解则能很好地满足工程需要；其次可利用计算机进行各种数值模拟，例如可选择不同的流动参数进行试验，可进行物理方程中各项的有效性和敏感性试验，以便进行各种近似处理等。它不受物理模型相似律的限制，比较省钱省时，有较大的灵活性。但数值模型必须建立在物理概念正确和力学规律明确的基础上，而且一定要接受试验和原型观测资料的检验。

科学试验、理论分析和数值计算三种方法相互联系、促进，又不能相互代替，已成为目前解决复杂水流问题的主要手段之一。

习　　题

1-1　500L 水银的质量为 6 795kg，试求水银的密度和容重。

1-2 20℃时水的容重为 9.789kN/m³，动力黏度 $\mu = 1.002 \times 10^{-3}$ N·s/m²，求其运动黏度 ν。

1-3 设水的体积弹性系数 $K = 2.18 \times 10^9$ N/m²，试问压强改变多少时，其体积才可相对压缩 1%？

1-4 如题 1-4 图所示，有一面积为 0.16m² 的平板在油面上作水平运动，已知运动速度 $u = 1$m/s，平板与固定边界的距离 $\delta = 1$mm，油的动力黏度 μ 为 1.15Pa·s，由平板所带动的油的速度成直线分布，试求平板所受的阻力。

1-5 在倾角 $\theta = 30°$ 的斜面上有一厚度为 $\delta = 0.5$mm 的油层。一底面积 $A = 0.15$m²，重 $G = 25$N 的物体沿油面向下作等速滑动，如题 1-5 图所示。求物体的滑动速度 u。设油层的流速按线性分布，油的动力黏度 $\mu = 0.011$Pa·s。

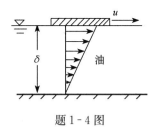

题 1-4 图

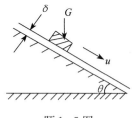

题 1-5 图

1-6 如题 1-6 图所示的盛水容器，该容器以等角速度 ω 绕中心轴旋转。试写出位于 $A(x, y, z)$ 点处单位质量所受的质量力分量表达式。

1-7 题 1-7 图为一测量液体黏滞系数的仪器。悬挂着的内圆筒半径 $r = 20$cm，高度 $h = 40$cm。外圆筒以角速度 $\omega = 10$rad/s 旋转，内圆筒不动，两筒间距 $\delta = 0.3$cm，内盛待测液体。此时测得内筒所受力矩 $M = 4.905$N·m。试求该液体的动力黏度。内筒底部与液体的相互作用不计。

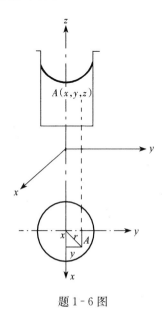

题 1-6 图

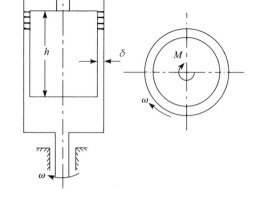

题 1-7 图

第二章 水静力学

水静力学研究的是液体平衡（包括静止和相对静止）规律及其应用。液体处于静止或相对静止状态时，液体与容器之间以及液体质点之间都不存在相对运动。因此，黏滞性不起作用，不存在切力，同时液体又不能承受拉力，故静止液体相邻两部分之间以及液体与固体壁面之间的表面力只有静水压力。水静力学的核心问题是根据力的平衡条件导出静水压强分布规律，并根据静水压强分布规律，确定作用于平面和曲面上的静水总压力。因此，水静力学是解决工程中水力荷载问题的基础，同时也是学习水动力学的基础。

第一节 静水压强及其特性

一、静水压强

液体处于静止状态时，液体和与之接触的固体壁面，以及液体内部相邻两部分之间，都作用且仅作用着垂直于作用面沿着内法线方向（即垂直指向作用面的方向）的压力，此压力称为静水压力，常以大写字母 P 表示。压力 P 的大小与面积 A 成正比。为了研究压力在面积上的分布情况，引进静水压强的概念。

在静止液体中任取一点 K，围绕 K 点取一微小面积 ΔA，作用于该面积上的静水压力为 ΔP，当 ΔA 趋近于零时，平均压强 $\Delta P/\Delta A$ 的极限称为 K 点的静水压强，用小写字母 p 表示，即

$$p = \lim_{\Delta A \to 0} \frac{\Delta P}{\Delta A} \tag{2-1}$$

静水压强的单位为 N/m^2（Pa），kN/m^2（kPa）。

二、静水压强的特性

静水压强有两个重要特性。

1. 静水压强的方向垂直指向作用面 如果静水压力不垂直于作用面，则可将其分解为两个分力，一个力垂直于作用面，另一个力与作用面平行，这个与作用面平行的力即为切力，由于静止液体不能承受切力，所以平行于作用面的切力应等于零。同样，如果与作用面垂直的静水压力不是指向作用面，而是指向作用面的外法线方向，则液体将受到拉力，平衡也要受到破坏。因此，静水压强必然垂直指向作用面。

2. 任一点上各个方向的静水压强大小相等 为证明这一特性，在静止液体中取微小四面体 $O'ABC$，如图 2-1 所示。为简单起见，让四面体的三个棱边分别平行于 x,y,z 轴，长度分别为 dx, dy, dz。任意方向倾斜面的面积为 dA_n，其外法线 n 的方向余弦为 $\cos(n,x)$，$\cos(n,y)$，$\cos(n,z)$。因为四面体是在静止液体中取出的，它在各种外力作用下应处于平衡状态。

作用于微小四面体上的外力有表面力和质量力。

(1) 表面力：即周围液体对四个表面的静水压力。设作用于四个表面 $O'BC$、$O'CA$、$O'AB$ 及 ABC 上的平均静水压强分别为 p_x，p_y，p_z 及 p_n，则作用在各面上的静水压力分别为

$$dP_x = \frac{1}{2} p_x dydz$$

$$dP_y = \frac{1}{2} p_y dxdz$$

$$dP_z = \frac{1}{2} p_z dxdy$$

$$dP_n = p_n dA_n$$

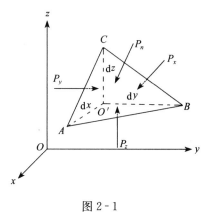

图 2-1

(2) 质量力：四面体的体积为 $\frac{1}{6} dxdydz$，质量为 $\frac{1}{6} \rho dxdydz$。设四面体所受的单位质量力在各轴向的分量分别为 X、Y 和 Z，则质量力在各坐标轴上的分量分别为 $\frac{1}{6} X\rho dxdydz$、$\frac{1}{6} Y\rho dxdydz$ 和 $\frac{1}{6} Z\rho dxdydz$。

根据液体平衡条件，上述表面力和质量力在三个坐标轴上的投影之和应分别等于零，即 $\sum F_x = 0$，$\sum F_y = 0$，$\sum F_z = 0$。

以 x 方向为例，微小四面体在 x 轴方向上的平衡方程为

$$P_x - P_n \cos(n,x) + \frac{1}{6} X\rho dxdydz = 0$$

或

$$\frac{1}{2} p_x dydz - p_n dA_n \cos(n,x) + \frac{1}{6} X\rho dxdydz = 0$$

式中，$dA_n \cos(n,x)$ 为斜面 dA_n 在 yOz 平面上的投影，即 $dA_n \cos(n,x) = dA_x = \frac{1}{2} dydz$。代入上式并整理得

$$p_x - p_n + \frac{1}{3} X\rho dx = 0$$

当 dx，dy，dz 趋于零时，$\frac{1}{3} X\rho dx$ 亦趋近于零，取极限得

$$p_x = p_n$$

同理，由 $\sum F_y = 0$，$\sum F_z = 0$ 可证得

$$p_y = p_n, \quad p_z = p_n$$

因斜面的方向是任意选取的，所以当四面体无限缩小至一点时，各个方向静水压强均相等，即

$$p_x = p_y = p_z = p_n \tag{2-2}$$

式 (2-2) 表明：在静止液体中，任一点静水压强的大小与作用面的方向无关；或者说，在同一点处各个方向的静水压强的大小均相等。因为静水压强只是位置的函数，在连续介质中，它是点的坐标的连续函数，即

$$p = p(x, y, z)$$

第二节 液体的平衡微分方程式
一、液体平衡微分方程式

液体平衡微分方程式，是表征液体处于静止或相对静止状态时作用于液体上各种力之间的关系式。

在平衡液体中取出一微小六面体，各边分别与坐标轴平行，边长分别为 dx，dy，dz，如图 2-2 所示。

作用于六面体上的力有表面力和质量力。

（1）表面力：周围液体作用于六个面积上的压力就是表面力。设六面体中心点 $M(x, y, z)$ 的压强为 p，由于静水压强是空间点坐标的连续函数，所以 p 在 M 点附近的变化可用泰勒级数表示。由于微小六面体各面的形心到 M 点的距离很小，故在泰勒级数中可以忽略二阶以上微量，则 $abcd$ 面上形心点 $m\left(x-\dfrac{dx}{2}, y, z\right)$ 处的压强是 $\left(p-\dfrac{\partial p}{\partial x}\dfrac{dx}{2}\right)$；$efgh$ 面

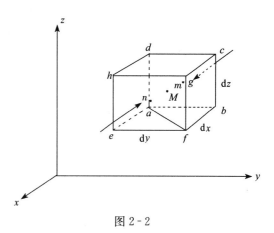

图 2-2

上形心点 $n\left(x+\dfrac{dx}{2}, y, z\right)$ 处的压强是 $\left(p+\dfrac{\partial p}{\partial x}\dfrac{dx}{2}\right)$。因微小六面体的面积很微小，可以认为压强在微小面积上的分布是均匀的，则作用于 $abcd$ 及 $efgh$ 面上的静水总压力分别为 $\left(p-\dfrac{\partial p}{\partial x}\dfrac{dx}{2}\right)dydz$ 及 $\left(p+\dfrac{\partial p}{\partial x}\dfrac{dx}{2}\right)dydz$。其他面上的表面力也可类似求得。

（2）质量力：六面体的质量为 $\rho dxdydz$，单位质量力在三个坐标轴上的投影分别为 X、Y、Z，因此质量力在三个方向的分量分别为 $X\rho dxdydz$、$Y\rho dxdydz$、$Z\rho dxdydz$。

根据力的平衡条件，作用在六面体上的所有外力的合力为零。

微小六面体在 x 方向的平衡方程为

$$\left(p-\frac{\partial p}{\partial x}\frac{dx}{2}\right)dydz-\left(p+\frac{\partial p}{\partial x}\frac{dx}{2}\right)dydz+X\rho dxdydz=0$$

用 $\rho dxdydz$ 除上式各项，得

$$X-\frac{1}{\rho}\frac{\partial p}{\partial x}=0$$

同理，对于 y、z 方向可推出类似结果，从而得到微分方程式

$$\left.\begin{array}{l} X-\dfrac{1}{\rho}\dfrac{\partial p}{\partial x}=0 \\ Y-\dfrac{1}{\rho}\dfrac{\partial p}{\partial y}=0 \\ Z-\dfrac{1}{\rho}\dfrac{\partial p}{\partial z}=0 \end{array}\right\} \tag{2-3}$$

或

$$\left.\begin{array}{l}\dfrac{\partial p}{\partial x}=\rho X\\[4pt]\dfrac{\partial p}{\partial y}=\rho Y\\[4pt]\dfrac{\partial p}{\partial z}=\rho Z\end{array}\right\} \qquad (2\text{-}3')$$

式（2-3）为液体的平衡微分方程式。是由瑞士数学家欧拉于1755年首先推导出来的，故又称欧拉平衡微分方程。该式表明：平衡液体中，静水压强沿某一方向的变化率与该方向单位体积上的质量力相等。因此，在平衡液体中，若在某一方向有质量力分量，该方向就一定有压强的变化，反之亦然。

若将方程组（2-3'）中各式分别乘以 $\mathrm{d}x, \mathrm{d}y, \mathrm{d}z$，然后相加，得

$$\dfrac{\partial p}{\partial x}\mathrm{d}x+\dfrac{\partial p}{\partial y}\mathrm{d}y+\dfrac{\partial p}{\partial z}\mathrm{d}z=\rho(X\mathrm{d}x+Y\mathrm{d}y+Z\mathrm{d}z)$$

显然，上式左端为静水压强 p 的全微分 $\mathrm{d}p$，于是

$$\mathrm{d}p=\rho(X\mathrm{d}x+Y\mathrm{d}y+Z\mathrm{d}z) \qquad (2\text{-}4)$$

这是液体平衡方程的另一种形式，称为压强差公式。

二、力势函数和平衡微分方程式的积分

下面讨论满足液体平衡微分方程的质量力所必须具备的重要性质。

由式（2-4）可知，左端是 p 的全微分，对于不可压缩液体，ρ 为常数，则右端括号内各项之和也必须是某一函数的全微分。由数学分析可知，该式右端是某一函数的全微分的充分必要条件是

$$\dfrac{\partial X}{\partial y}=\dfrac{\partial Y}{\partial x},\quad \dfrac{\partial Y}{\partial z}=\dfrac{\partial Z}{\partial y},\quad \dfrac{\partial Z}{\partial x}=\dfrac{\partial X}{\partial z} \qquad (2\text{-}5)$$

式（2-5）表明，作用于平衡液体上的质量力应满足式（2-5）的关系。由理论力学可知，满足式（2-5）的质量力必须有势。因此，质量力是有势力，是不可压缩液体保持平衡的必要条件。

以 $W=W(x,y,z)$ 表示这一函数，则

$$\mathrm{d}W=X\mathrm{d}x+Y\mathrm{d}y+Z\mathrm{d}z$$

按全微分的定义有

$$\mathrm{d}W=\dfrac{\partial W}{\partial x}\mathrm{d}x+\dfrac{\partial W}{\partial y}\mathrm{d}y+\dfrac{\partial W}{\partial z}\mathrm{d}z$$

比较以上两式对应项可得

$$\left.\begin{array}{l}X=\dfrac{\partial W}{\partial x}\\[4pt]Y=\dfrac{\partial W}{\partial y}\\[4pt]Z=\dfrac{\partial W}{\partial z}\end{array}\right\} \qquad (2\text{-}6)$$

即函数 W 对某坐标的偏导数等于单位质量力在该坐标方向的投影。函数 $W(x,y,z)$ 称为力势函数，满足式（2-6）关系的力称为有势力，如惯性力（包括重力）就是有势力。

将式 (2-6) 代入式 (2-4)，可得出液体平衡微分方程式的另一种表达式

$$dp = \rho\left(\frac{\partial W}{\partial x}dx + \frac{\partial W}{\partial y}dy + \frac{\partial W}{\partial z}dz\right)$$

或
$$dp = \rho dW \tag{2-7}$$

对式 (2-7) 积分可得

$$p = \rho W + C$$

式中，C 为积分常数，由边界条件确定。如果已知液体表面或内部某点的压强 p_0 及该点的力势函数 W_0，则 $C = p_0 - \rho W_0$。将 C 代回上式得

$$p = p_0 + \rho(W - W_0) \tag{2-8}$$

这就是不可压缩液体平衡微分方程的普遍积分式。式中 $\rho(W - W_0)$ 是由液体的密度和力势函数所决定的，与 p_0 值无关。故由式 (2-8) 可得出结论：在平衡液体中，当 p_0 值有所改变时，液体中各点的压强 p 也随之有同样大小的数值变化，这就是法国物理学家帕斯卡提出的帕斯卡定律。

三、等 压 面

压强相等的各点所组成的面称为等压面。在等压面上，压强 p 为常量，$dp = 0$。由式 (2-4) 可得

$$Xdx + Ydy + Zdz = 0 \tag{2-9}$$

这就是等压面的微分方程。设想液体质点在单位质量力 f 的作用下，在等压面上移动微小距离 ds。ds 在相应坐标轴上的投影分别为 dx, dy, dz，则力 f 沿 ds 移动所做的功 $E = f \cdot ds = Xdx + Ydy + Zdz$，因此，式 (2-9) 表明：在等压面上，质量力所做的功等于零，即等压面与质量力正交。这是等压面的一个重要特性。

由式 (2-7) 还可看出，对于不可压缩平衡液体，等压面也是等势面。这是等压面的另一特性。

如果作用在液体上的质量力只有重力，由于重力的方向铅直向下，因此，等压面必定是水平面。如果作用在液体上的质量力除重力外，还有其他方向的力，则等压面应与这些质量力的合力正交，此时，等压面不再是水平面。

常见的等压面有液体的自由表面（其上作用的是表面上的气体压强），平衡液体中不相混合的两种液体的交界面等。

第三节　重力和几种质量力同时作用下的液体平衡

一、重力作用下静水压强的基本公式

工程实际中经常遇到作用于平衡液体上的质量力只有重力的情况，即所谓静止液体。

当质量力只有重力时，作用在静止液体上的单位质量力在各坐标轴方向的分量分别为 $X = 0, Y = 0, Z = -mg/m = -g$（取坐标系的 z 轴铅直向上），代入式 (2-4) 得

$$dp = -\rho g dz = -\gamma dz$$

或
$$dz + \frac{dp}{\gamma} = 0$$

对于不可压缩均质液体,容重 γ 为常数,积分上式得

$$z+\frac{p}{\gamma}=C \qquad (2-10)$$

式中,C 为积分常数。

式(2-10)表明:在重力作用下,不可压缩静止液体中各点的 $\left(z+\dfrac{p}{\gamma}\right)$ 值相等。式(2-10)是重力作用下水静力学的基本方程式。

在自由液面上,$z=z_0$,$p=p_0$,则 $C=z_0+\dfrac{p_0}{\gamma}$,代入式(2-10)得

$$p=p_0+\gamma(z_0-z)$$

或
$$p=p_0+\gamma h \qquad (2-11)$$

式中,$h=z_0-z$,表示该点在自由液面以下的淹没深度。

式(2-11)是计算静水压强的基本公式。该式表明,静止液体内任一点的静水压强由两部分组成:一部分是表面压强 p_0,它遵从帕斯卡原理等值地传递到液体内部各点;另一部分是由液体重量产生的压强 γh,也就是单位面积上高度为 h 的液柱重量。

由式(2-11)还可以看出,淹没深度相等的各点静水压强相等,可见重力作用下的水平面即为等压面。但必须注意,这一结论仅适用于质量力只有重力的同一种连续介质。如图2-3(a)所示连通容器中过1、2、3、4各点的水平面即为等压面。对于不连续的液体[液体被阀门隔开,见图2-3(b)],或者一个水平面穿过两种及两种以上不同液体[图2-3(c)],则位于同一水平面上的各点压强并不一定相等,即水平面不一定是等压面。

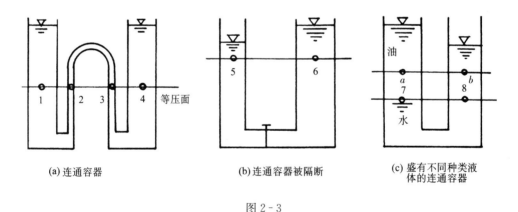

(a) 连通容器　　(b) 连通容器被隔断　　(c) 盛有不同种类液体的连通容器

图 2-3

二、几种质量力同时作用下的液体平衡

如果液体相对于地球是运动的,但液体内部各质点之间以及液体与容器之间无相对运动,若把坐标系取在容器上,则液体相对于所取坐标系来说是处于静止状态,这种静止状态称为相对静止或相对平衡。例如相对于地面作等速直线运动、等加速直线运动或等角速旋转运动的容器中的液体,均处于相对平衡状态。

由于处于相对平衡状态的液体内部质点间或液体与边壁之间不存在相对运动,因此液体中不存在切力。根据达朗贝尔原理,在相对平衡的液体质点上虚加以相应的惯性力,就可将运动问题从形式上转化为静力平衡问题。此时,在应用欧拉平衡方程式(2-3)或式(2-

4)时,质量力除重力外还有惯性力。现以绕中心轴作等角速旋转的圆柱形容器内的液体为例进行研究。

如图 2-4 所示为盛有液体的容器以等角速度 ω 绕其铅直中心轴旋转,由于液体的黏滞性作用,与容器边壁接触的液体首先被带动而旋转,并逐渐发展至中心,使所有的液体质点都绕该轴旋转。当运动稳定后,液体与容器将如同刚体般一起绕旋转轴旋转,各质点具有相同的角速度,液面则形成一个漏斗状的旋转抛物面。将坐标系取在运动着的容器上,原点取在旋转轴与自由液面的交点上,Z 轴铅直向上。

根据达朗贝尔原理,作用在液体质点上的质量力除重力外,还有一个与向心加速度相反的离心惯性力。在圆筒内任取一点 $A(x,y,z)$,作用于该质点上的单位质量力在三个坐标轴上的投影为

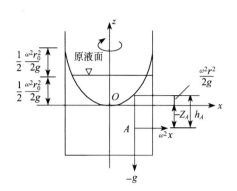
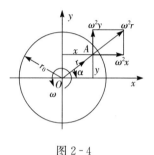

图 2-4

$$X = \omega^2 r\cos\alpha = \omega^2 x$$
$$Y = \omega^2 r\sin\alpha = \omega^2 y$$
$$Z = -g$$

将上式代入式(2-4),可得作等角速度旋转的液体平衡微分方程为

$$dp = \rho(\omega^2 x\,dx + \omega^2 y\,dy - g\,dz) \tag{2-12}$$

积分得

$$p = \rho\left[\frac{1}{2}\omega^2(x^2+y^2) - gz\right] + C$$

或

$$p = \rho\left(\frac{1}{2}\omega^2 r^2 - gz\right) + C$$

根据边界条件,在原点处 $x=y=z=0$,$p=0$,因此积分常数 $C=0$。于是有

$$p = \gamma\left(\frac{\omega^2 r^2}{2g} - z\right) \tag{2-13}$$

取 p 为常数,得等压面方程

$$\frac{\omega^2 r^2}{2g} - z = \frac{p}{\gamma} = 常数 \tag{2-14}$$

式(2-14)为以 z 轴为对称轴的旋转抛物面方程。由此表明,绕中心轴作等角速度旋转的平衡液体,等压面是抛物面。

对于自由液面 $p=0$ 也是一个等压面,故自由液面方程为

$$z = \frac{\omega^2 r^2}{2g} \tag{2-15}$$

由式(2-13)可知,$\left(\frac{\omega^2 r^2}{2g} - z\right)$ 表示液体中任意点在自由液面以下的深度,若以 h 表

示之，式（2-13）则变为 $p=\gamma h$，即液体在铅直线上的压强分布规律与重力作用下静止液体的压强分布规律相同，但 p 不仅是 z 的函数，而且也是 x、y 的函数。

与静止液体相比，容器旋转后使液面中心低，四周高。根据旋转抛物体的体积等于同底同高圆柱体体积的一半，可以得出：相对于原液面来说，液体沿边壁升高和中心降低值是相等的，均为 $\frac{1}{2} \cdot \frac{\omega^2 r_0^2}{2g}$，其中 r_0 为圆筒半径。

例 2-1 一开口圆筒容器，直径为 0.8m，高为 1.2m，圆筒内盛满水。(1) 旋转后筒底中心恰好无水，求其角速度。(2) 若圆筒以等角速度 $\omega=5.5$ rad/s 绕其铅直中心轴旋转，求从圆筒内溢出的水量。

解： (1) 旋转后筒底中心恰好无水时，

$$\frac{\omega^2 r_0^2}{2g} = H = 1.2(\text{m})$$

所以

$$\omega = \sqrt{\frac{2gH}{r_0^2}} = \sqrt{\frac{2 \times 9.8 \times 1.2}{0.4^2}} = 12.1(\text{rad/s})$$

(2) 圆筒旋转后，旋转抛物面与原水面（筒口）之间围成的空间即为溢出的水量。圆筒半径 $r_0=0.4$m，由自由液面方程式（2-15）得

$$z = \frac{\omega^2 r_0^2}{2g} = \frac{5.5^2 \times 0.4^2}{2 \times 9.8} = 0.25(\text{m})$$

旋转抛物体的体积等于同底同高圆柱体体积的一半，因此从圆筒内溢出的水量为

$$V = \frac{1}{2}\pi r_0^2 z = \frac{1}{2} \times 3.14 \times 0.4^2 \times 0.25 = 0.0628(\text{m}^3)$$

第四节 压强的表示方法及度量

一、绝对压强、相对压强、真空及真空度

量度压强的大小，根据计量的基准不同，分为绝对压强和相对压强两种。

(1) 绝对压强。以设想没有空气存在的完全真空状态作为零点计量的压强称为绝对压强，用符号 p' 表示。

(2) 相对压强。以当地大气压强作为零点计量的压强称为相对压强，用符号 p 表示。根据定义，某点的相对压强与绝对压强之间相差一个当地大气压强 p_a，其关系为

$$p = p' - p_a \tag{2-16}$$

如自由液面上的压强为当地大气压强，则式（2-11）成为

$$p = \gamma h \tag{2-17}$$

(3) 真空及真空度。绝对压强总是正值，而相对压强可正可负。当液体中某点的绝对压强小于当地大气压强时，该点相对压强为负值，称为负压，或者说该点存在着真空。真空的大小以真空度 p_v 表示。真空度是指该点绝对压强小于当地大气压强的数值，即

$$p_v = p_a - p' = |p| \tag{2-18}$$

由式（2-18）可知，当绝对压强为零时，真空度在理论上的最大值是一个大气压强，但在工程实际中往往很少出现这种极限状况。

图 2-5 为用几种不同方法表示的压强值的关系图。

二、压强的表示方法

(1) 用一般的应力单位表示。即从压强定义出发，以单位面积上的作用力表示，如 N/m² (Pa), kN/m² (kPa)。

(2) 用工程大气压表示。国际单位制规定：1 atm=101 325Pa。为简便计算，工程上常用工程大气压来衡量压强，1 at=98kPa。

(3) 用液柱高表示。由式 (2-17) 可得

$$h = \frac{p}{\gamma} \qquad (2-19)$$

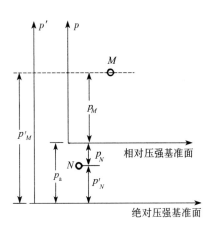

图 2-5

式 (2-19) 表明：任一点静水压强的大小可以用容重为 γ 的液柱高度 h 表示，工程中常用液柱高度作为压强的单位。例如 1 at 如用水柱高表示，则为

$$h = \frac{98\,000}{9\,800} = 10(\text{m})$$

如用水银柱表示，因水银的容重取为 133 280N/m³，则有

$$h = \frac{98\,000}{133\,280} = 0.735(\text{m}) = 735(\text{mm})$$

三、水头和单位势能

在第三节中已经导出了水静力学的基本方程式 (2-10)，即 $z + \frac{p}{\gamma} = C$。在图 2-6 所示容器的侧壁上开一小孔，连接一与大气相通的开口玻璃管，就成为一根测压管。测压管可以装在侧壁和底部上任意一点。任取水平面 $o-o$ 为基准面。对于液体中任意点，测压管液面到基准面的高度由 z 和 $\frac{p}{\gamma}$ 两部分组成：z 为该点到基准面的位置高度；$\frac{p}{\gamma}$ 为该点压强的液柱高度。在水力学中常用"水头"表示高度，所以 z 又称位置水头，$\frac{p}{\gamma}$ 又称压强水头，$(z + \frac{p}{\gamma})$ 即为测压管液面至基准面的高度，称

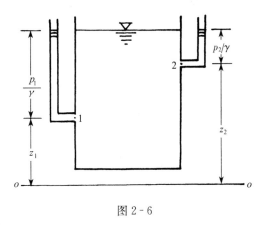

图 2-6

为测压管水头。故式 (2-10) 表明：在重力作用下的静止液体中，各点的测压管水头相等。

下面进一步讨论式 (2-10) 的物理意义。

我们知道，把重量为 G 的物体从基准面移到高度 z 后，该物体所具有的位能是 Gz，对于单位重量物体来说，位能就是 $Gz/G = z$。因此，水静力学方程中 z 代表了单位重量液体相对于

某一基准面的位能,简称单位位能。

如果液体中某点的压强为 p,在该处安置测压管后,在压力作用下液面上升的高度为 $\frac{p}{\gamma}$,如上升液体的重量为 G,则压强势能为 $G\frac{p}{\gamma}$。对于单位重量液体而言,压强势能为 $G\frac{p}{\gamma}/G = \frac{p}{\gamma}$。因此,$\frac{p}{\gamma}$ 代表了单位重量液体所具有的压强势能,简称单位压能。

静止液体中的机械能只有位能和压能,并总称为势能。$(z+\frac{p}{\gamma})$ 代表了单位重量液体所具有的势能。式(2-10)表明:静止液体内,单位重量液体所具有的势能相等。

四、压强的量测

在工程实际中,经常需要测量液流中某点压强的大小。用于测量压强的仪器很多,大致可分为液柱式测压计、金属压强计和电测式仪表等。本节主要介绍几种利用水静力学原理设计的液柱式测压计。

1. 测压管 如图2-7所示,在被测液体所在容器侧壁上开一小孔,连接一与大气相通的开口玻璃管,即构成一根测压管。测压管液面到被测点的高度差即为该点的相对压强水头。因此,该点的相对压强为 $p=\gamma h$。

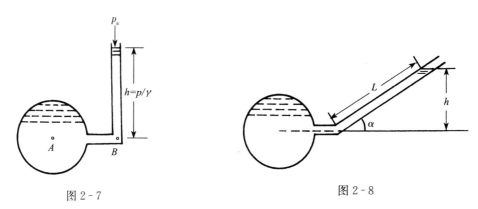

图 2-7　　　　　　　　　　　　　图 2-8

若所测压强较小,为提高测量精度,可将测压管倾斜放置(图2-8),也可以在测压管中放入轻质液体,此时用于计算压强的测压管高度 $h=L\sin\alpha$,被测点压强为

$$p = \gamma h = \gamma L \sin\alpha \tag{2-20}$$

若所测压强较大时,可以采用U形水银测压计,如图2-9所示。如测得 h 及 h',则 A 点的压强为

$$p = \gamma_H h' - \gamma h \tag{2-21}$$

式中,γ_H 为水银的容重。

2. 压差计(比压计) 压差计用于量测两点之间的压强差,并不涉及到该两点的压强大小。常用的压差计有空气压差计、油压差计和水银压差计等。

图2-10为一空气比压计,倒U形管上部充以空气,其压强可大于或小于大气压强。设容器内盛有同种液体,当 A、B 两点压强不相等时,倒U形管中的液面存在高差 Δh。因空气的重量很小,可以认为两管的液面压强相等。根据等压面原理可得

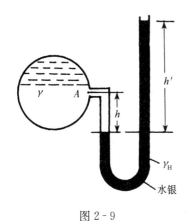

图 2-9

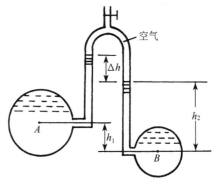

图 2-10

$$p_A = p_B - \gamma h_2 + \gamma(\Delta h + h_2 - h_1)$$

即 $\qquad p_A - p_B = \gamma(\Delta h - h_1) \qquad (2-22)$

若 A、B 位于同一高程时，A、B 间的压差为

$$p_A - p_B = \gamma \Delta h \qquad (2-23)$$

图 2-11 为量测大压差时用的水银压差计，设水银容重为 γ_H，则根据压强计算公式及等压面原理可得

$$p_A = p_B + \gamma Z_B + \gamma_H \Delta h - \gamma(Z_A + \Delta h)$$

即 $\qquad p_A - p_B = \gamma(Z_B - Z_A) + (\gamma_H - \gamma)\Delta h$

$$(2-24)$$

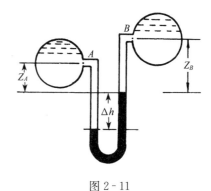

图 2-11

若 A、B 两点位置同高，则

$$p_A - p_B = (\gamma_H - \gamma)\Delta h = 12.6\gamma\Delta h$$

$$(2-25)$$

例 2-2 如图 2-12 所示为一复式 U 形水银测压计，用来量测水箱中的表面压强 p_0。已知各液面标高为 $\nabla_1 = 2.5 \text{m}$，$\nabla_2 = 1.4 \text{m}$，$\nabla_3 = 2.8 \text{m}$，$\nabla_4 = 1.6 \text{m}$，$\nabla_5 = 3.0 \text{m}$。试确定水箱中水面的绝对压强 p_0。

解： 已知液面 1-1 上作用着大气压 p_a，所以可

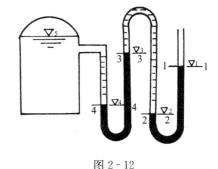

图 2-12

从点 1 开始，利用等压面原理及水静力学基本公式逐点推算，即可求得表面压强。图中 2-2、3-3、4-4 均为等压面，故水箱表面的绝对压强为

$$p_0 = p_a + \gamma_H(\nabla_1 - \nabla_2) - \gamma(\nabla_3 - \nabla_2) + \gamma_H(\nabla_3 - \nabla_4) - \gamma(\nabla_5 - \nabla_4)$$

将已知值代入上式，得

$$p_0 = 98 + 13.6 \times 9.8 \times (2.5 - 1.4) - 9.8 \times (2.8 - 1.4) + 13.6$$
$$\times 9.8 \times (2.8 - 1.6) - 9.8 \times (3.0 - 1.6)$$
$$= 377.1 (\text{kN/m}^2)$$

第五节 作用于平面上的静水总压力

在工程实际中，经常遇到求作用在水工建筑物表面上的静水总压力问题。例如，求作用于平板闸门上的静水总压力。静水总压力的计算实际上是求受压面上作用力的合力问题，主要确定静水总压力的大小、方向和作用点。

一、静水压强分布图与作用于矩形平面上的静水总压力

1. 静水压强分布图 表示静水压强沿受压面分布规律的几何图形称为静水压强分布图，图形中线段长度表示压强的大小，箭头表示压强的作用方向，并与受压面垂直。当液体的表面压强是大气压强时，相对压强 $p=\gamma h$。由于 γ 是常数，故静水压强与淹没深度呈线性关系，即作用在平面上的静水压强分布图必然是按直线分布的。因此，只要知道直线上两个点的压强，就可确定该压强分布图。一般仅绘制相对压强分布图。

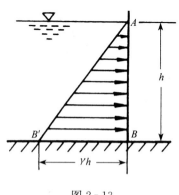

图 2-13

图 2-13 所示为一直立矩形平板闸门，一侧挡水，水面与大气相接触，其铅垂剖面为 AB，水深为 h。闸门挡水面与水面的交点 A 处，压强 $p_A=0$，闸门挡水面最低点 B 处，压强 $p_B=\gamma h$。由 B 点作垂直于 AB 的线段 $BB'=\gamma h$，连接 AB'，则 $\triangle AB'B$ 即为矩形平板闸门任一铅垂剖面上的静水压强分布图。图 2-14 为几种有代表性的压强分布图。

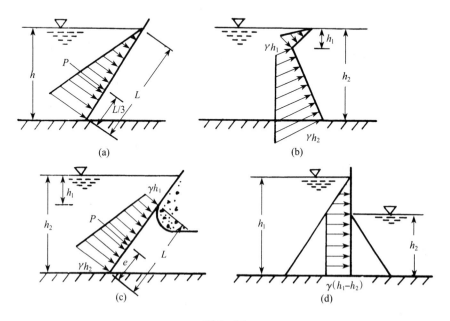

图 2-14

2. 作用于矩形平面上的静水总压力 通过绘制压强分布图求一条边与水面平行的矩形

平面上的静水总压力及其作用点的位置最为方便。

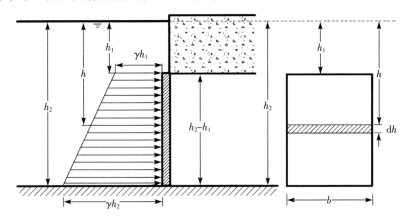

图 2-15

图 2-15 表示铅直放置的矩形平板闸门，左侧受水压力作用。闸门顶水深为 h_1，上游闸门底水深为 h_2，宽为 b。绘制压强分布图如图示，从闸门迎水面水深为 h 处，平行于水面取高度为 dh，宽为 b 的微分面积 dA，则作用于该微分面积 dA 上的静水压强为 γh，静水总压力为

$$dP = \gamma h \, dA = \gamma h b \, dh$$

积分可得作用于整个闸门上的静水总压力为

$$P = \int_A p \, dA = \int_{h_1}^{h_2} \gamma h b \, dh = \frac{1}{2}\gamma b(h_2^2 - h_1^2) = \frac{1}{2}b(h_2 - h_1)(\gamma h_2 + \gamma h_1)$$

由压强分布图可以看出，$(h_2 - h_1)$ 为压强分布图的高，$\frac{1}{2}(h_2 - h_1)(\gamma h_2 + \gamma h_1)$ 为压强分布图的面积。因此，作用于整个矩形平面上的静水总压力的大小等于压强分布图的面积 Ω 乘以宽度 b 所形成的压强分布体的体积，即

$$P = \frac{1}{2}(h_2 - h_1)(\gamma h_1 + \gamma h_2)b = \Omega b \tag{2-26}$$

而矩形闸门形心点的水深为 $h_C = (h_1 + h_2)/2$，受水压力作用的矩形平面的面积为 $(h_2 - h_1)b$，上式又可写为

$$P = \frac{1}{2}\gamma(h_1 + h_2)(h_2 - h_1)b = \gamma h_C A$$

$\frac{1}{2}\gamma(h_2 + h_1)$ 为矩形平面的形心点的静水压强，A 为受水压力作用部分的平面面积。总压力的作用方向垂直指向受压面，总压力的作用点 D（又称压力中心）必位于受压平面的纵向对称轴上，同时，总压力的作用线还应通过压强分布图的形心。

当压强分布图为三角形时 [图 2-14（a）]，压力中心 D 距底部距离为 $\frac{L}{3}$；当压强分布图为梯形时 [图 2-14（c）]，压力中心在距底 $e = \frac{L}{3} \cdot \frac{2h_1 + h_2}{h_1 + h_2}$ 处。

二、用分析法求任意平面上的静水总压力

当受压面为任意形状的平面时，压强分布图不再适用。静水总压力的大小和作用点需要

用分析法来确定。如图 2-16 所示，有一任意形状的平面 EF 倾斜放置于水中任意位置，与水平面的夹角为 α，设该平面的一侧受水压力作用，其面积为 A，平面形心点位于 C 点，形心点处水深为 h_C。

取平面的延展面与水面的交线为 ox 轴，以通过平面 EF 并垂直于 ox 轴的直线为 oy 轴。下面分析作用于平面 EF 上的静水总压力大小和作用点位置。

在平面 EF 中任一点 M 处取一微分面积 dA，设 M 点在液面以下的淹没深度为 h，故 M 点的静水压强为 $p=\gamma h$。微小面积 dA 上的压强可视为相等，则作用在 dA 上的静水压力为 $dP=\gamma h dA$，作用于整个 EF 平面上的静水总压力为

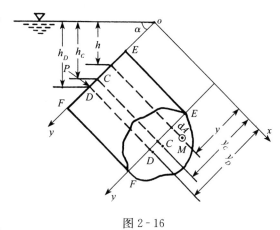

图 2-16

$$P = \int_A dP = \int_A \gamma h\, dA = \int_A \gamma y \sin\alpha\, dA = \gamma \sin\alpha \int_A y\, dA$$

上式中 $\int_A y\, dA$ 表示平面 EF 对 ox 轴的面积矩，它等于平面面积 A 与其形心坐标 y_C 的乘积，即 $\int_A y\, dA = y_C A$，如用 p_C 代表形心点 C 的静水压强，则有

$$P = \gamma \sin\alpha\, y_C A = \gamma h_C A = p_C A \tag{2-27}$$

式（2-27）表明：任意形状平面上的静水总压力的大小等于该受压平面形心点 C 的压强 p_C 与平面面积 A 的乘积。因此，形心点处的静水压强相当于该平面的平均压强。

下面分析静水总压力的作用点即压力中心 D 的位置 y_D 和 x_D。确定该点位置可利用理论力学中的合力矩定理，即合力对任一轴的力矩等于各分力对该轴力矩之和来确定。

分力 dP 对 ox 轴的力矩为

$$dP \cdot y = \gamma h\, dA \cdot y = \gamma y \sin\alpha\, dA \cdot y = \gamma \sin\alpha\, y^2\, dA$$

合力对 ox 轴的力矩等于各分力对同一轴力矩之和，即

$$P \cdot y_D = \int_A \gamma \sin\alpha\, y^2\, dA = \gamma \sin\alpha \int_A y^2\, dA$$

上式中 $\int_A y^2\, dA$ 为平面 EF 对 ox 轴的惯性矩，以 I_x 表示。因此

$$P \cdot y_D = \gamma \sin\alpha\, I_x$$

直接求解惯性矩很不方便，因此可根据惯性矩的平行移轴定理得 $I_x = I_C + y_C^2 A$，式中 I_C 为面积 A 对通过其形心 C 并与 ox 轴平行的轴的惯性矩。因此可得

$$P y_D = \gamma \sin\alpha (I_C + y_C^2 A)$$

所以

$$y_D = \frac{\gamma \sin\alpha\, (I_C + y_C^2 A)}{\gamma y_C \sin\alpha\, A} = y_C + \frac{I_C}{y_C A} \tag{2-28}$$

一般来说，式（2-28）右端第二项 $\frac{I_C}{y_C A} > 0$，故 $y_D > y_C$，或者说 $h_D > h_C$，即总压力作用点总是在受压面积形心点之下，这是由压强分布规律导致的必然结果；只有当受压面水平

放置时，平面上的压强分布是均匀的，此时压力中心 D 与形心 C 重合，$y_D = y_C$，$h_D = h_C$。

几种常见图形的面积 A、形心点 C 距上边界点的距离 y_C 及惯性矩 I_C 值见表 2-1。

表 2-1 常见平面图形的面积 A、形心点 y_C 及惯性矩 I_C

几何图形		面积 A	形心点至上边界距离 y_C	对形心横轴的惯性矩 I_C
矩形		bh	$\dfrac{1}{2}h$	$\dfrac{1}{12}bh^3$
三角形		$\dfrac{1}{2}bh$	$\dfrac{2}{3}h$	$\dfrac{1}{36}bh^3$
梯形		$\dfrac{1}{2}h(a+b)$	$\dfrac{h}{3}\dfrac{a+2b}{a+b}$	$\dfrac{h^3}{36}\dfrac{a^2+4ab+b^2}{a+b}$
圆形		πr^2	r	$\dfrac{1}{4}\pi r^4$
半圆形		$\dfrac{1}{2}\pi r^2$	$\dfrac{4}{3}\dfrac{r}{\pi}$	$\dfrac{9\pi^2-64}{72\pi}r^4$

同理，将静水压力对 oy 轴取力矩，可求得压力中心的另一个坐标 x_D。但是在工程实际中遇到的平面图形大多具有与 oy 轴平行的对称轴，此时压力中心 D 必位于对称轴上，通常不必再计算 x_D。

例 2-3 图 2-17 所示为一斜置矩形闸门，已知闸门高度 $h = 2\text{m}$，宽度 $b = 2\text{m}$，闸门中心到自由表面的距离 $H = 8\text{m}$，闸门倾斜角为 $45°$。求作用于闸门上的静水总压力的大小和作用点位置。

解：(1) 利用压强分布图求解。

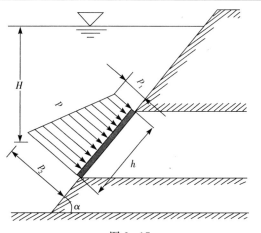

图 2-17

设闸门上下缘的静水压强为 p_1 和 p_2，则

$$p_1 = \gamma h'_1 = \gamma(H - \frac{h}{2} \cdot \sin45°)$$

$$= 9.8 \times (8 - \frac{2}{2} \times \sin45°)$$

$$= 71.47(kN/m^2)$$

$$p_2 = \gamma h'_2 = \gamma(H + \frac{h}{2} \cdot \sin45°)$$

$$= 9.8 \times (8 + \frac{2}{2} \times \sin45°)$$

$$= 85.33(kN/m^2)$$

由 p_1 和 p_2 值绘制压强分布图，其面积为 Ω，则作用于闸门上的静水总压力为

$$P = \Omega b = \frac{1}{2}(p_1 + p_2)hb$$

$$= \frac{71.47 + 85.33}{2} \times 2 \times 2 = 313.6(kN)$$

静水总压力 P 的方向垂直并指向闸门。压力中心 D 距闸门底部的距离 e 为

$$e = \frac{L}{3} \cdot \frac{2h_1 + h_2}{h_1 + h_2} = \frac{2}{3} \times \frac{2 \times 71.47 + 85.33}{71.47 + 85.33} = 0.97(m)$$

压力中心 D 在水面以下的深度为

$$h_D = (H + \frac{h}{2}\sin45°) - e\sin45°$$

$$= 8 + \frac{2}{2} \times \sin45° - 0.97 \times \sin45° = 8.02(m)$$

$$y_D = \frac{h_D}{\sin45°} = \frac{8.02}{\sin45°} = 11.34(m)$$

（2）用分析法求解。

静水总压力大小为

$$P = \gamma h_C A = 9.8 \times 8 \times 2 \times 2 = 313.6(kN)$$

下面计算静水总压力作用点的位置。由式（2-28）知

$$y_D = y_C + \frac{I_C}{y_C A}$$

式中，$y_C = \frac{H}{\sin45°} = \frac{8}{\sin45°} = 11.31$（m）。

矩形闸门对其形心轴的惯性矩为

$$I_C = \frac{1}{12}bh^3 = \frac{1}{12} \times 2 \times 2^3 = 1.33(m^4)$$

则

$$y_D = y_C + \frac{I_C}{y_C A} = 11.31 + \frac{1.33}{11.31 \times 2 \times 2} = 11.34(m)$$

$$h_D = y_D \sin45° = 11.34 \times \sin45° = 8.02(m)$$

例 2-4 矩形平板闸门，闸前水深为 H，闸门宽度为 b，欲在闸门后布置上下两根横梁，要求每根横梁承受的荷载相等，试确定每根横梁的布置位置。

解： 取单位宽度闸门计算，设上下两根横梁布置位置距水面分别为 y_1、y_2，可绘出压强分布图如图 2-18 所示，作用于单位宽度闸门上的静水总压力即压强分布图面积为

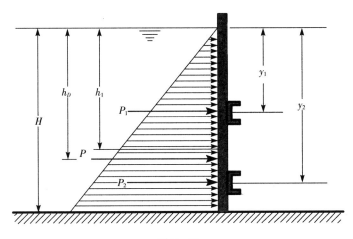

图 2-18

$$P = \frac{1}{2}\gamma H^2$$

设每根横梁承受荷载为 P_1、P_2，且相等，则

$$P_1 = P_2 = \frac{1}{2}P = \frac{1}{4}\gamma H^2$$

设上边横梁承受的静水总压力对应压强分布图底水深为 h_1，则压强分布图面积为

$$P_1 = \frac{1}{2}\gamma h_1^2$$

则

$$P_1 = \frac{1}{2}\gamma h_1^2 = \frac{1}{4}\gamma H^2$$

可得

$$h_1 = \frac{1}{\sqrt{2}}H$$

上边横梁应布置在其所承受静水压力 P_1 对应压强分布图形心处，即

$$y_1 = \frac{2}{3}h_1 = \frac{\sqrt{2}}{3}H$$

静水总压力 P 作用点处水深 $h_D = \frac{2}{3}H$，因 $P = 2P_2$，所以 $P_1 = P_2 = \frac{1}{2}P$，下边横梁布置距水面 y_2 可根据合力矩定理确定，对闸门顶过水面的轴取矩得

$$P \cdot h_D = P_1 \cdot y_1 + P_2 \cdot y_2$$

$$P \cdot h_D = \frac{1}{2}P \cdot y_1 + \frac{1}{2}P \cdot y_2$$

$$y_2 = 2h_D - y_1 = \frac{4}{3}H - \frac{\sqrt{2}}{3}H = \frac{H}{3}(4-\sqrt{2})$$

第六节　作用于曲面上的静水总压力

在实际工程中常会遇到受压面为曲面的情况，例如弧形闸门、圆柱形容器等，这些曲面

多数为母线平行的二向曲面,因此首先讨论作用在二向曲面上的静水总压力,然后再将所得结论推广到三向曲面。

作用在曲面上任意点的静水压强,其方向仍然是垂直指向受压面,其大小与该点所在的水下深度呈线性关系,即 $p=\gamma h$。二向曲面上的压强分布如图 2-19 所示。

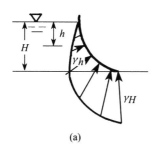 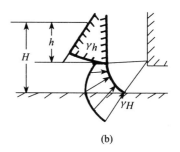

(a)　　　　　　　　　　　　　　(b)

图 2-19

对于母线为水平线的二向曲面,如图 2-20 所示,可取 oy 轴与曲面的母线平行,oz 轴铅垂向下。此时曲面在垂直于 oy 轴的平面上的投影为一根曲线 EF,曲面左侧受静水压力的作用。在曲面 EF 上任取一微小面积 dA,其形心点在水面下的深度为 h,由于该曲面很小,故可将其近似为一平面,则作用于微小面积 dA 上的静水压力为 $dP=pdA=\gamma h dA$,其方向垂直于 dA,且与水平线成 α 角。由于曲面上各微小面积的压力 dP 均垂直于各自的微小面积,即方向角 α 是变化的,因此不能将 dP 直接积分来求解静水总压力 P,而需将它变为一个求平行力系的合力问题。为此,将 dP 分解成水平分力 dP_x 和铅直分力 dP_z 两部分,之后积分求静水总压力的水平分力 P_x 和铅直分力 P_z,最后合成求得总压力 P。

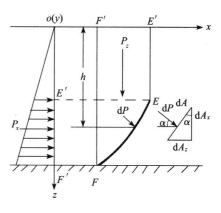

图 2-20

dP 在 x 和 z 轴方向的分力分别为

$$dP_x = \gamma h dA \cos\alpha$$
$$dP_z = \gamma h dA \sin\alpha$$

令 $dA\cos\alpha = dA_x$,$dA\sin\alpha = dA_z$,dA_x 和 dA_z 分别为 dA 在铅垂平面和水平面上的投影面积。于是得总压力的水平分力 P_x 为

$$P_x = \int_A dP_x = \int_A \gamma h dA \cos\alpha$$
$$= \int_{A_x} \gamma h dA_x = \gamma \int_{A_x} h dA_x$$

式中,$\int_{A_x} h dA_x$ 为曲面 EF 在铅垂平面上的投影面积 A_x 对水平轴 oy 的静面矩。

根据静面矩定理 $\int_{A_x} h dA_x = h_C A_x$,式中 h_C 为铅垂投影面的形心点 C 在水面下的深

度,则

$$P_x = \gamma h_C A_x \qquad (2-29)$$

式(2-29)表明:作用于曲面上的静水总压力 P 的水平分力 P_x 等于作用在该曲面的铅垂投影面上的静水总压力。因此,可按确定平面上静水总压力大小和作用点的方法来求解 P_x。

作用于曲面上静水总压力 P 的铅垂分力 P_z 应等于各微小面积上静水压力铅垂分力 dP_z 的总和,即

$$P_z = \int_A dP_z = \int_A \gamma h \, dA \sin\alpha = \int_{A_z} \gamma h \, dA_z = \gamma \int_{A_z} h \, dA_z$$

式中,$h dA_z$ 为以 dA_z 为底,以 h 为高的微小柱体的体积,而积分 $\int_{A_z} h \, dA_z$ 应是整个曲面 EF 与自由水面之间的柱体 $EFF'E'$ 的体积,此柱体称为压力体,其体积以 V 表示,则

$$P_z = \gamma V \qquad (2-30)$$

式(2-30)表明:作用于曲面上的静水总压力 P 的铅垂分力 P_z 等于该曲面上的压力体所包含的液体重量。

对于二向曲面,$V = \Omega b$。式中,Ω 为压力体的底面积(图中 $EFF'E'$ 的面积),b 为二向曲面的柱面长度。

压力体由下列界面所围成:
(1) 受压曲面本身;
(2) 通过曲面边界向自由液面或自由液面的延展面所作的铅垂面;
(3) 自由液面或液面延展面。

压力体的体积只是用来按式(2-30)计算曲面上铅垂分力 P_z 的一块体积,它不一定是由实际液体所组成。或者说,铅垂分力 P_z 的大小与压力体在曲面的哪一侧无关,而 P_z 的方向,则应根据曲面与压力体和液体所处的位置关系而定:当液体与压力体位于曲面的同一侧(图2-20)时,压力体内有水,称为实压力体,P_z 向下;当液体与压力体分别位于曲面之异侧(图2-21)时,压力体内无水,称为空压力体,P_z 向上。对于简单柱面,P_z 的方向可以根据作用在曲面上的静水压力垂直指向作用面这个性质很容易地加以确定。

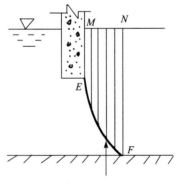

图 2-21

求得水平分力 P_x 和铅垂分力 P_z 后,按力的合成定理,可求得液体作用在曲面上的静水总压力 P 为

$$P = \sqrt{P_x^2 + P_z^2} \qquad (2-31)$$

总压力 P 的作用线与水平面之间的夹角为 θ,

$$\tan\theta = \frac{P_z}{P_x} \qquad (2-32)$$

或

$$\theta = \arctan\frac{P_z}{P_x} \qquad (2-33)$$

总压力 P 的作用线应通过 P_x 与 P_z 的交点 D'，如图 2-22 所示，但这一点不一定在曲面上，总压力 P 的作用线与曲面的交点 D 即为总压力 P 在曲面上的作用点。

以上讨论的虽是二向曲面上的静水总压力，但其结论完全可以推广到任意的三向曲面。当受压面为三向曲面时，曲面不仅在 yoz 平面上有投影，而且在 xoz 平面和 xoy 平面上也有投影，因此曲面上所受的水平分力，除有与 x 轴方向平行的力 P_x 外，还有与 y 方向平行的力 P_y。与确定 P_x 的方法相同，P_y 等于曲面在 xoz 平面的投影面上的静水总压力。作用于三向曲面的铅垂分力 P_z 也等于压力体内的液体重。所以，三向曲面上的静水总压力 P 由三个分力 P_x、P_y、P_z 合成，即

$$P=\sqrt{P_x^2+P_y^2+P_z^2} \tag{2-34}$$

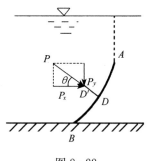

图 2-22

例 2-5 如图 2-23 所示溢流坝上弧形闸门。已知闸门宽度 $b=8\text{m}$，弧形门半径 $R=6\text{m}$，圆心与水面齐平，中心角为 $45°$。求作用在闸门上的静水总压力。

解： 闸前水深为

$$h = R\sin 45° = 6\sin 45° = 4.24(\text{m})$$

水平分力 P_x 为

$$P_x = \gamma h_c A_x = \frac{\gamma h^2 b}{2} = \frac{9.8 \times 4.24^2 \times 8}{2} = 704.72(\text{kN})$$

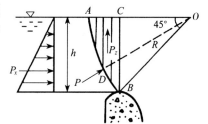

图 2-23

铅垂分力等于压力体 ABC 内的水体重。压力体 ABC 的体积等于扇形 AOB 的面积减去 $\triangle BOC$ 的面积再乘以宽度 b。

$$扇形 AOB 面积 = \frac{45}{360}\pi R^2 = \frac{45}{360} \times 3.14 \times 6^2 = 14.13(\text{m}^2)$$

$$\triangle BOC \text{ 面积} = \frac{1}{2}\overline{BC} \cdot \overline{OC} = \frac{1}{2} h \cdot R\cos 45° = \frac{1}{2} \times 4.24 \times 6\cos 45° = 9(\text{m}^2)$$

压力体 ABC 的体积为

$$V = \Omega b = (14.13 - 9) \times 8 = 41.04(\text{m}^3)$$

因此，铅垂分力 P_z 为

$$P_z = \gamma V = 9.8 \times 41.04 = 402.19 \text{ (kN)}$$

作用在闸门上的静水总压力 P 为

$$P = \sqrt{P_x^2 + P_z^2} = \sqrt{704.72^2 + 402.19^2} = 811.41 \text{ (kN)}$$

静水总压力 P 的方向与水平面的夹角 θ 为

$$\theta = \arctan\frac{P_z}{P_x} = \arctan\frac{402.19}{704.72} = \arctan 0.571 = 30°$$

静水总压力的作用线通过圆心 O 并与水平面成 $30°$ 的夹角。它与闸门的交点 D 即为静水总压力的作用点。

习 题

2-1 如图所示为一 U 形水银测压计用来测量水管中 A 点的压强。已测得 $\Delta h = 0.3\text{m}$，

$h_1=0.2$m，试确定：(1) A 点的相对静水压强；(2) 若在管壁装一测压管（如图），则该测压管长度 h 至少需要多少米？

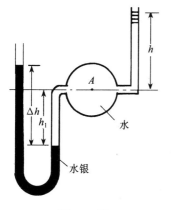

题 2-1 图

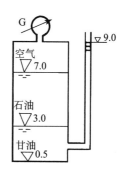

题 2-2 图

2-2 一容器如图所示，上层为空气，中层为容重 8 170N/m³ 的石油，下层为容重 12 250N/m³ 的甘油，求当测压管中的甘油表面高程为 9.0m 时压力表 G 的读数。

2-3 如图所示比压计，已知水银柱高差 $h_1=0.53$m，A、B 两容器高差 $h_2=1.2$m，试求容器中心处的压强差。

2-4 如题 2-4 图所示，在直立的煤气输送管道高差为 $H=25$m 的两个截面上分别安装 U 形测压管，测压管内液体为水。已知管道内煤气处于静止状态，测压管读数 $h_1=132.5$mm，$h_2=100$mm。忽略 U 形测压管与煤气管之间空气密度的影响，试求煤气管中煤气的密度。

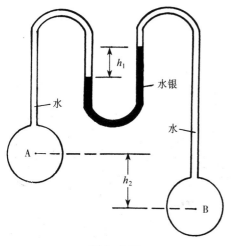

题 2-3 图

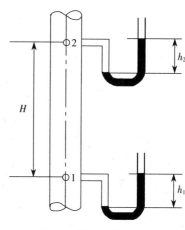

题 2-4 图

2-5 图示为一封闭容器，右侧安装一 U 形水银测压计，已知 $H=5.5$m，$h_1=2.8$m，$h_2=2.4$m，求液面上的相对压强及绝对压强。

2-6 有一水银测压计与盛水容器相连，如图所示。已知 $H=0.7$m，$h_1=0.2$m，$h_2=0.1$m，$h_3=0.5$m，试计算容器内 A 点的相对压强。

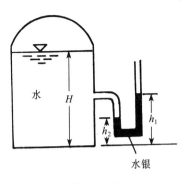

题 2-5 图　　　　　　　　　　　　　题 2-6 图

2-7　图示为一盛水的封闭容器，两侧各装一测压管。左管顶端封闭，其水面绝对压强 $p'_0=86.5\text{kN/m}^2$。右管水面与大气相接触。已知 $h_0=2\text{m}$。求：（1）容器内水面的绝对压强 p'_c；（2）右侧管内水面与容器内水面高差 h。

2-8　如图所示盛水容器，在容器的左侧安装一测压管，右侧装一 U 形水银测压管，已知容器中心 A 点的相对压强为 0.6atm，$h=0.2\text{m}$，求 h_1 和 h_2。

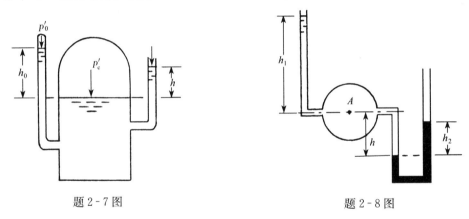

题 2-7 图　　　　　　　　　　　　　题 2-8 图

2-9　如图所示水压机，已知杠杆臂 $a=20\text{cm}$，$b=80\text{cm}$，小活塞直径 $d=6\text{cm}$，杠杆柄上作用力 $F_1=186\text{N}$，大活塞上受力 $F_2=8\,360\text{N}$，不计活塞的高度差及重量，不计及摩擦力的影响，求在平衡条件下大活塞的直径 D。

2-10　如图所示管嘴出流。为了量测管嘴内的真空度，将玻璃管的一端与管嘴相连，另一端插在盛水容器内，今测得玻璃管中水柱上升高度 $h=0.6\text{m}$，试求管嘴内的真空度。

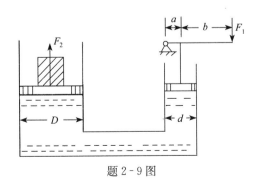
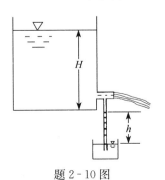

题 2-9 图　　　　　　　　　　　　　题 2-10 图

2-11 有一圆柱形容器，直径 $D=30\text{cm}$，高 $H=50\text{cm}$，水深 $h=30\text{cm}$。若容器绕其中心轴作等角速度转动，求：(1) 不使水溢出容器，最大角速度是多少？(2) 水面的抛物面顶点恰至筒底时最大角速度是多少？溢出的水的体积是多少？

2-12 一等加速度向下运动的盛水容器，如图所示，水深 $h=2\text{m}$，加速度 $a=4.9\text{m/s}^2$。试求：(1) 容器底部的相对静水压强；(2) 加速度为何值时，容器底部相对压强为零？

2-13 有一盛液体的车厢，车内纵横剖面均为矩形，车厢以等加速度 a 沿水平方向作直线运动，如图所示。设液体的密度为 ρ。求车厢内液体中的静水压强表达式。

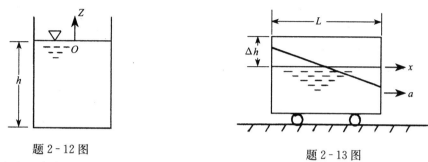

题 2-12 图　　　　　　　　　题 2-13 图

2-14 绘出图中标有字母的受压面的静水压强分布图。

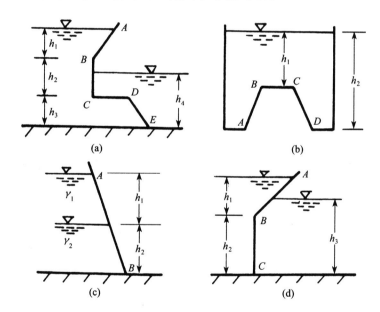

题 2-14 图

2-15 如图所示，一底边水平的等边三角形 ABC，垂直放置，边长 $b=1\text{m}$，一侧挡水，欲将三角形分为静水总压力相等的两部分，求水平分画线 $x\text{-}x$ 的位置 h。

2-16 一矩形平板闸门 AB。门宽 $b=3\text{m}$，门重 9.8kN，闸门与底板夹角 $\theta=60°$，门的转轴位于 A 端。已知 $h_1=1.2\text{m}$，$h_2=1.85\text{m}$，若不计门轴摩擦，在门的 B 端用钢索沿铅垂方向起吊。试求：(1) 当下游无水时启动闸门所需的拉力 T；(2) 当下游有水且 $h_3=h_2$ 时启动闸门所需的拉力 T。

2-17 如图所示为自动翻板闸门，闸门高度 $H=2\text{m}$，若要求闸门运行中闸门顶水深

$h \geqslant 1$m时能自动打开,忽略门轴摩擦力的影响,试确定闸门转动轴 O-O 的高度。

2-18 有一弧形闸门,半径 $R=8.5$m,宽度 $b=7.0$m,挡水深度 $H=5$m,门轴距渠底距离 $h=6.5$m。试求作用于弧形闸门上的静水总压力的大小及作用点。

2-19 如图所示的弧形闸门,门前水深 $H=3$m,闸门宽度 $b=5$m,$\theta=45°$。试求弧形闸门所受的静水总压力的大小及作用点。

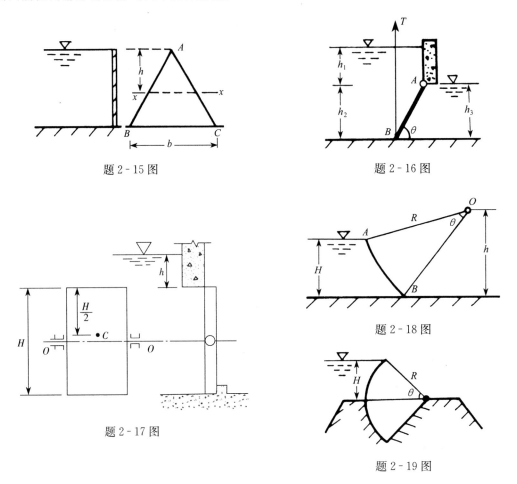

题 2-15 图

题 2-16 图

题 2-17 图

题 2-18 图

题 2-19 图

2-20 绘制下列图形中指定受压面的压力体图。

2-21 如图所示溢流坝上的弧形闸门,已知门宽 $b=10$m,弧形门半径 $R=8$m,水面、堰顶及门轴 O 的高程如图中所示,试求作用在弧形门上的静水总压力的大小及其方向。

2-22 一船闸闸室的人字门,如图所示。已知闸室的宽度 $B=32$m,闸门偏角 $\theta=20°$,上游水深 $h_1=12$m,闸室中水深 $h_2=7$m。求每扇闸门上的静水总压力的大小及作用点的位置。

2-23 一圆筒直径 $D=3$m,长度 $b=5$m,如图所示,放置在与水平面成 $45°$ 角的斜面上挡水,水面与圆筒顶齐平。求圆筒所受的静水总压力的大小及其方向。

2-24 如图所示水箱中一隔板 $ABCD$,其长度为 $b=5$m,上下游水位差 $\Delta H=1$m。半圆 BC 的半径 $R=1$m。试求圆弧 BC 所受的静水总压力大小及其作用点的位置。

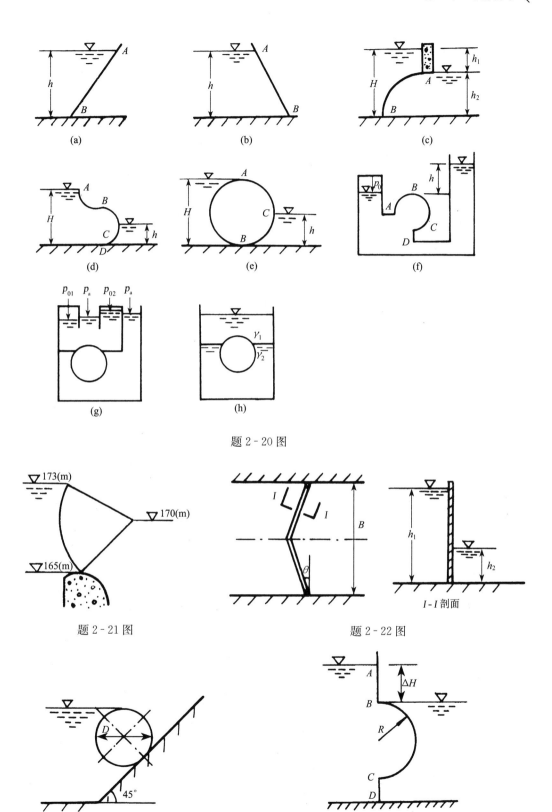

题 2-20 图

题 2-21 图

题 2-22 图

题 2-23 图

题 2-24 图

2-25 如图所示的压力输水管，其内径 $d=1\,500\text{mm}$，管中液体压强 $p=15\,360\text{N/cm}^2$。求当管壁厚度 $\delta=5\text{mm}$ 时管壁的内拉应力。

2-26 如图一封闭容器，左侧连接一 U 形水银测压计，其液面差 $\Delta h=0.7\text{m}$。已知 $h_1=0.8\text{m}$，$h_2=1.2\text{m}$。求半径 $R=0.6\text{m}$ 的半球形盖 AB 所受的静水总压力及作用方向。

题 2-25 图

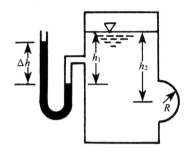
题 2-26 图

第三章 水动力学基础

第二章阐述了水静力学的基本原理及其实际应用。然而，在自然界及实际工程中，液体经常处于运动状态，静止状态的液体只是一种特殊的存在形式。因此，研究液体的运动规律及其实际应用，就更具有普遍意义。

对于运动状态下的液体，我们可以用一些物理量来表征液体的运动特性，这些物理量通称为液体的运动要素，例如，流速 u、加速度 a 及动水压强 p 等。水动力学的基本任务就是研究这些运动要素随时间和空间的变化情况，并建立各运动要素之间的关系，从而解决工程实际问题。

由于液体独特的物理性质以及边界条件的复杂性，使得实际工程中水流现象千变万化，运动形式也异常复杂。不论液体的运动状态和运动形式如何变化，液体作机械运动时，它仍须遵循物理学及力学中的质量守恒定律、能量守恒定律及动量定律等普遍规律，从而得到液体一维恒定流运动时的三大基本方程——连续方程、能量方程和动量方程。

本章首先介绍描述液体运动的两种方法和液体运动的基本概念，然后从运动学和动力学的基本原理出发，推导出水力学的三大基本方程。即根据质量守恒定律推导水流运动的连续性方程，根据牛顿第二定律推导水流运动的能量方程，根据动量定律推导水流运动的动量方程。这三大基本方程是液体一维恒定流运动所必须遵循的普遍规律，是分析各种水流现象的重要依据。

第一节 描述液体运动的两种方法

液体处于运动状态时，运动要素随着时间和空间位置不断发生变化。在水力学的研究中，将液体视为由无限多的液体质点组成的连续介质。怎样来描述其运动规律呢？根据液体运动的不同特点以及人们研究问题的着眼点不同，一般有拉格朗日（Lagrange）法和欧拉（Euler）法两种。

一、拉格朗日法

拉格朗日法是以液体中单个液体质点作为研究对象，研究每个液体质点的运动状况，并通过综合各个液体质点的运动情况来获得一定空间内整个液体的运动规律。这种方法实质上就是力学中用于研究质点系运动的方法，所以这种方法又称为质点系法。

例如，在空间直角坐标系中，某液体质点在初始时刻的位置坐标是 (a, b, c)，该坐标称为起始坐标。该质点在任意时刻 t 的位置坐标 (x, y, z) 可表示为起始坐标和时间 t 的函数，即

$$\left.\begin{array}{l} x = x(a,b,c,t) \\ y = y(a,b,c,t) \\ z = z(a,b,c,t) \end{array}\right\} \quad (3-1)$$

式中，a、b、c、t 称为拉格朗日变数。若给定 a、b、c 值，则可以得到该液体质点的轨迹方程。

若要知道该液体质点在任意时刻的速度，可将式（3-1）对时间 t 取偏导数，即

$$\left.\begin{aligned} u_x &= u_x(a,b,c,t) = \frac{\partial x(a,b,c,t)}{\partial t} \\ u_y &= u_y(a,b,c,t) = \frac{\partial y(a,b,c,t)}{\partial t} \\ u_z &= u_z(a,b,c,t) = \frac{\partial z(a,b,c,t)}{\partial t} \end{aligned}\right\} \quad (3-2)$$

其中，u_x，u_y，u_z 是速度在 x，y，z 轴的分量。同理，该液体质点在 x，y，z 方向的加速度分量可以表示为

$$\left.\begin{aligned} a_x &= a_x(a,b,c,t) = \frac{\partial u_x(a,b,c,t)}{\partial t} = \frac{\partial^2 x(a,b,c,t)}{\partial t^2} \\ a_y &= a_y(a,b,c,t) = \frac{\partial u_y(a,b,c,t)}{\partial t} = \frac{\partial^2 y(a,b,c,t)}{\partial t^2} \\ a_z &= a_z(a,b,c,t) = \frac{\partial u_z(a,b,c,t)}{\partial t} = \frac{\partial^2 z(a,b,c,t)}{\partial t^2} \end{aligned}\right\} \quad (3-3)$$

用拉格朗日法描述液体的运动状态，其直观性强，物理概念简明易懂。然而由于液体具有黏滞性，每一个液体质点的运动轨迹是不同的，要跟踪每一个液体质点来得出整个液体运动的状态，在数学上是很困难的。而且在实际应用中需要研究的是运动要素的空间分布规律，一般不必了解每一个液体质点的运动情况。因此，这种方法在水力学上很少采用。在水力学中研究液体运动普遍采用欧拉法。以下各章均采用欧拉法来描述液体的运动规律。

二、欧 拉 法

欧拉法着眼于液体运动所占据的空间，研究该空间各点上液体质点的运动情况。液体运动时在同一时刻每个质点都占据一个空间点，将每个空间点上运动要素随时间 t 的变化搞清楚，整个液体运动的规律就已知了，故此又将欧拉法称为流场法。

显然欧拉法与拉格朗日法在描述液体运动时其着眼点不同，拉格朗日法着眼于液体质点，而欧拉法则着眼于液体运动时所占据的空间点，不论该点是哪个液体质点通过。在实际工程中，我们一般都只需要弄清楚在某一些空间位置上水流的运动情况，而并不去研究液体质点的运动轨迹，所以在水力学中常采用欧拉法。

采用欧拉法时，可将流场中的运动要素视作空间点坐标（x，y，z）和时间 t 的函数。例如任意时刻 t 通过流场中任意点（x，y，z）的液体质点的流速可表示为

$$\boldsymbol{u} = \boldsymbol{u}(x,\ y,\ z,\ t) \quad (3-4)$$

流速在各坐标轴上的投影为

$$\left.\begin{aligned} u_x &= u_x(x,y,z,t) \\ u_y &= u_y(x,y,z,t) \\ u_z &= u_z(x,y,z,t) \end{aligned}\right\} \quad (3-5)$$

其中，x，y，z，t 称为欧拉变数，同样压强也可以表示为

$$p = p(x,y,z,t) \quad (3-6)$$

若令式（3-5）中的 x,y,z 为常数，t 为变数，则可得到某一固定点上的流速随时间的变化情况，如图 3-1 所示。

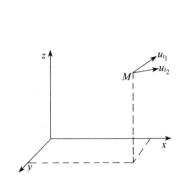

图 3-1　M 点上不同时刻 t 的流速

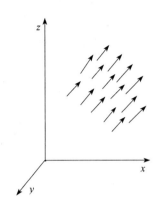

图 3-2　t 时刻流速场

若令式（3-5）中的 x,y,z 为变数，t 为常数，得到在同一时刻，位于不同空间点上的液体质点的流速分布，也就是得到了 t 时刻的一个流速场，如图 3-2 所示。

现在讨论液体质点加速度的表达式，液体质点的加速度是单位时间内液体质点在其流程上的速度增量。由于研究的对象是某一液体质点在通过某一空间点时速度随时间的变化，在 $\mathrm{d}t$ 时间之内，液体质点将运动到新的位置，即运动的液体质点本身的坐标 (x,y,z) 也是时间 t 的函数。因此，在欧拉法中液体质点的加速度就是流速对时间的全导数，即

$$\boldsymbol{a} = \frac{\mathrm{d}\boldsymbol{u}}{\mathrm{d}t} \tag{3-7}$$

根据复合函数的求导法则，得加速度的表达式为

$$\boldsymbol{a} = \frac{\partial \boldsymbol{u}}{\partial t} + \frac{\partial \boldsymbol{u}}{\partial x}\frac{\mathrm{d}x}{\mathrm{d}t} + \frac{\partial \boldsymbol{u}}{\partial y}\frac{\mathrm{d}y}{\mathrm{d}t} + \frac{\partial \boldsymbol{u}}{\partial z}\frac{\mathrm{d}z}{\mathrm{d}t} \tag{3-8}$$

式（3-8）中的坐标增量 $\mathrm{d}x$、$\mathrm{d}y$、$\mathrm{d}z$ 不是任意的量，而是在 $\mathrm{d}t$ 时间内液体质点空间位置的微小位移在各坐标轴的投影。故

$$\frac{\mathrm{d}x}{\mathrm{d}t}=u_x,\quad \frac{\mathrm{d}y}{\mathrm{d}t}=u_y,\quad \frac{\mathrm{d}z}{\mathrm{d}t}=u_z$$

代入式（3-8），可得

$$\boldsymbol{a} = \frac{\partial \boldsymbol{u}}{\partial t} + u_x\frac{\partial \boldsymbol{u}}{\partial x} + u_y\frac{\partial \boldsymbol{u}}{\partial y} + u_z\frac{\partial \boldsymbol{u}}{\partial z} \tag{3-9}$$

由式（3-9）可以看出，在欧拉法中液体质点的加速度由两部分组成。$\dfrac{\partial \boldsymbol{u}}{\partial t}$ 反映了在同一空间点上液体质点运动速度随时间的变化，称这部分加速度为时变加速度（或者当地加速度）；$\left(u_x\dfrac{\partial \boldsymbol{u}}{\partial x}+u_y\dfrac{\partial \boldsymbol{u}}{\partial y}+u_z\dfrac{\partial \boldsymbol{u}}{\partial z}\right)$ 项反映了在同一时刻位于不同空间点上液体质点的速度变化，称这部分加速度为位变加速度（或者迁移加速度）；而将 $\boldsymbol{a}$ 又称作液体质点的全加速度。关于这两部分加速度的具体含义，现举例说明如下。

设有一段管道装置如图 3-3 所示，在管轴线上取 A、A'、B 及 B' 四个点进行观察。当水箱水位 H 一定，末端阀门 K 开度保持不变时，管中各点的流速不随时间变化，不存在时

变加速度。因为 A 点与 A' 点流速相同，所以 A 点没有位变加速度。在收缩段内 B' 点的流速大于 B 点流速，故 B 点存在位变加速度。当水箱水位 H 变化时，管中各点的流速随着时间变化，无论是 A 点或是 B 点都存在时变加速度。但 A 点仍无位变加速度，而 B 点既存在时变加速度又存在位变加速度。

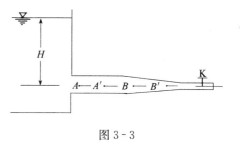

图 3-3

液体质点的加速度是一个矢量，将式（3-8）在坐标轴上投影，可以得到加速度分量的表达式：

$$\left. \begin{array}{l} a_x = \dfrac{\partial u_x}{\partial t} + u_x \dfrac{\partial u_x}{\partial x} + u_y \dfrac{\partial u_x}{\partial y} + u_z \dfrac{\partial u_x}{\partial z} \\ a_y = \dfrac{\partial u_y}{\partial t} + u_x \dfrac{\partial u_y}{\partial x} + u_y \dfrac{\partial u_y}{\partial y} + u_z \dfrac{\partial u_y}{\partial z} \\ a_z = \dfrac{\partial u_z}{\partial t} + u_x \dfrac{\partial u_z}{\partial x} + u_y \dfrac{\partial u_z}{\partial y} + u_z \dfrac{\partial u_z}{\partial z} \end{array} \right\} \qquad (3-10)$$

对于一维流动，如沿流程选取坐标，则流速或压强都是位置坐标 s 和时间 t 的函数，可以表示为

$$u = u(s, t) \qquad (3-5a)$$
$$p = p(s, t) \qquad (3-6a)$$

第二节　液体运动的基本概念

在分析讨论一维恒定流的基本方程之前，首先应介绍有关液体运动的一些基本概念，如恒定流、非恒定流、流线、迹线、流管、元流等，这些概念是研究液体运动规律所必需的基本知识。

一、恒定流与非恒定流

用欧拉法描述液体运动时，运动要素表示为空间点坐标和时间 t 的函数。对于具体的液体运动，根据运动要素是否随时间 t 改变，可将流动分为恒定流和非恒定流两大类。

如果流场中各空间点上的所有运动要素均不随时间变化，这种流动称为恒定流。否则，称为非恒定流。在恒定流中，所有运动要素都只是空间点位置坐标的连续函数，而与时间无关，它们对时间的偏导数为零。例如对流速 u、压强 p 而言

$$\boldsymbol{u} = \boldsymbol{u}(x, y, z) \qquad \boldsymbol{p} = \boldsymbol{p}(x, y, z)$$
$$\frac{\partial \boldsymbol{u}}{\partial t} = 0 \qquad \frac{\partial \boldsymbol{p}}{\partial t} = 0$$

对于恒定流来说，时变加速度等于零，而位变加速度则可以不为零。如图 3-3 所示，当水箱中水位 H 和阀门 K 的开度保持不变，管中各点的流速、压强都不随时间而变化，其时变加速度为零，管中水流即为恒定流，而渐缩段中位变加速度却不等于零。反之，当水箱水位 H 正在变化或阀门 K 正在启闭的过程中，管中各点的流速、压强都随时间而变化，都有时变加速度存在，这时管中水流即为非恒定流。

在讨论实际水流运动规律时，首先要确定水流运动是恒定流还是非恒定流。在恒定流中，因为不含时间变量，分析水流运动较非恒定流简单，也是实际工程中较常见的一类水流运动。本书主要研究恒定流，在今后的讨论中，如果没有特别说明，即指恒定流。

二、迹线与流线

描述液体运动有两种不同的方法，由此可引出两个概念——迹线与流线。

迹线是某一液体质点运动的轨迹线。用拉格朗日法描述液体运动是研究每一个液体质点在不同时刻的运动情况，如果把某一质点在连续的时间内所占据的空间点连成线，就是迹线。所以从拉格朗日法引出了迹线的概念。

流线是表示某瞬时液体运动的流速场内流动方向的曲线，这条曲线上所有液体质点的流速矢量都和该曲线相切。用欧拉法描述液体运动是考察同一时刻各液体质点在不同空间位置上的运动情况。在欧拉法中，流线可直观形象地描绘流速场，所以由欧拉法引出了流线的概念。

下面从流线的绘制上来进一步加深对流线概念的理解。

如图 3-4 所示，在某一时刻 t，位于流场 A_1 点液体质点的流速矢量为 u_1。在矢量 u_1 上取微小线段 Δs_1 得到 A_2 点，在同一时刻 t，绘出 A_2 点的流速矢量 u_2，同样在流速矢量 u_2 上取微小线段 Δs_2 得到 A_3 点，再绘出 A_3 点在同一时刻 t 的流速矢量 u_3，……，依次绘制下去，就得到一条折线 $A_1—A_2—A_3$……。若各微小线段的长度 Δs_1、Δs_2、……趋近于零，该折线将成为一条曲线，此曲线即为 t 时刻通过流场中 A_1 点的一条流线。同样，可以做出 t 时刻通过流场中另外一些空间点的流线，这样一簇流线就形象直观地描绘出该瞬时整个流场的流动趋势。图 3-5 所示为水流通过渐缩管道的流线图。

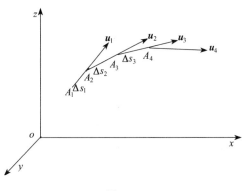

图 3-4

图 3-5　流线图

流线具有如下特性：

（1）在同一时刻，流线不能相交或转折（流速为零的点除外），只能是一条光滑的连续曲线。否则在交点或转折点处，流线必然存在着两个切线方向，即同一液体质点同时具有两个运动方向，这违背了流速方向唯一性的原则。

（2）恒定流中，流线的位置和形状不随时间变化。因为在恒定流中，各空间点上的流速矢量均不随时间而改变。所以，不同时刻的流线，其位置和形状应该保持不变。在非恒定流中，如果各空间点上的流速方向随时间而变，那么流线的位置和形状也将随时间而改变，流线只有瞬时意义。

(3) 恒定流中，液体质点运动的迹线与流线相重合。如图 3-4 所示，假定 Δs 很小，用折线 $A_1 - A_2 - A_3$……近似地代表一条流线。现在我们来观察位于 A_1 点处的一个液体质点，经过 Δt_1 时段该质点运动到 A_2 点。因为恒定流时流线位置和形状均不随时间改变，在 $t + \Delta t_1$ 时刻 A_2 点的流速仍与 t_1 时刻的 u_2 相同，于是该质点又沿着 u_2 方向运动，经过 Δt_2 时刻到达 A_3 点，然后沿着 u_3 继续运动。如此下去，该液体质点将始终沿着流线移动。所以从 A_1 点出发的液体质点的迹线与经过 A_1 点的流线相重合。

在非恒定流中，由于流速随时间变化，因此经过某给定点的流线也将随时间改变。如图 3-6 所示，$s(t_1)$ 表示 t_1 时刻通过 A_2 点的一条流线，$s(t_2)$ 表示 $t_1 + \Delta t_1$ 时刻通过 A_2 点的一条流线。某液体质点从 A_1 点开始沿着流线 $s(t_1)$ 运动，经过时段 Δt_1 到达 A_2 点，在 $t_2 = t_1 + \Delta t_1$ 时刻，A_2 点的流速为 u_2，该液体质点必将沿着 $s(t_2)$ 运动。可见非恒定流中液体质点所走的迹线一般与流线不重合。

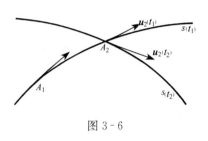

图 3-6

流线的形状与边界条件有关。由图 3-5 可以看出，流线图形具有两个特点。首先，流线分布的疏密程度与液流横断面面积的大小有关。断面大的地方流线稀疏，断面小的地方流线稠密。可见，流线的疏密程度直观地反映了流速的大小。其次，流线的形状与固体边界形状有关。离边界越近，边界对流线形状的影响越明显。在边界较平顺处，紧靠边界处流线形状与边界形状相同，在边界形状急剧变化的流段，由于惯性作用，流线与边界相脱离，并在主流和边界之间形成旋涡区。至于旋涡区的大小，则取决于边界变化的急剧程度和具体形式。

三、流管、元流、总流

1. 流管 在流场中垂直流动方向取一微小封闭曲线 C，在同一时刻，通过曲线 C 上的每一点可以作出一条流线，由这些流线所构成的封闭管状曲面称为流管，如图 3-7（a）所示。因为流线不能相交，流管内外的液体不可能穿越管壁而流动。

2. 元流 充满以流管为边界的一束液流称为元流或微小流束，如图 3-7（b）所示。根据流线的性质，元流中任何液体质点在运动过程中均不能离开元流。在恒定流中，元流的位置和形状均不随时间变化。在非恒定流中，流线一般随时间而变，元流也只具有瞬时意义。

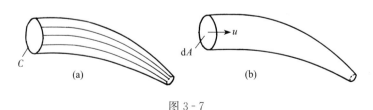

图 3-7

元流的横截面积是一个无限小的面积微元，用 dA 表示 [图 3-7（b）]。因 dA 很小，可近似认为 dA 上各点的运动要素为均匀分布。

3. 总流 由无数个元流组成的整个液体运动称为总流。所以总流可视作实际水流中所有元流的集合，总流的边界就是一个大流管，即实际液体的边界。如明渠水流、管道水流等。

四、过水断面、流量、断面平均流速

1. 过水断面 与元流或总流的流线成正交的横断面称为过水断面。以符号 dA 表示元流的过水断面，A 表示总流的过水断面，单位为 m² 或 cm²。过水断面的形状可以是平面或曲面，当流线互相平行时，过水断面为平面 [图 3-8（a）]，否则为曲面 [图 3-8（b）]。

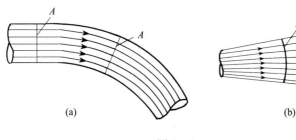

图 3-8

2. 流量 单位时间内通过某一过水断面液体的体积称为流量。以符号 Q 表示，它的单位为 m³/s 或 L/s。流量是衡量过水断面过水能力大小的一个物理量。一般来说，总流过水断面上各点的流速 u 不相等。例如，水流在管道内流动，靠近管壁处流速小，管轴线上流速大，如图 3-9 所示。若在总流中任取一元流，其过水断面面积为 dA。由于元流 dA 上同一时刻各点的流

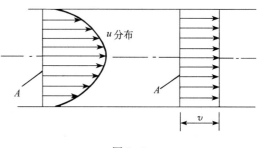

图 3-9

速相等，过水断面又与流速方向垂直，若令 dA 上各点的流速为 u，则单位时间内通过元流过水断面的液体体积即为元流的流量 dQ，即

$$dQ = udA$$

通过总流过水断面 A 的流量，应等于所有元流流量 dQ 的总和，即

$$Q = \int dQ = \int_A u dA \tag{3-11}$$

3. 断面平均流速 断面平均流速是一种设想的速度，即假定总流同一过水断面上各点的流速大小均等于 v，方向与实际流动方向相同。即液体质点都以同一个速度 v 向前运动，如图 3-9 所示，此时通过 A 断面的流量与该过水断面的实际流量相等，流速 v 就称作断面平均流速。

$\int_A u dA$ 代表了流速分布图的体积，由式（3-11）计算流量 Q，就必须已知流速 u 在过水断面上的分布规律。由于实际水流的流速分布较为复杂，有时很难求得其表达式。引入断面平均流速的概念后，就可以避开通过寻找流速分布规律来计算流量。

根据断面平均流速的定义

$$Q = \int_A u\,dA = \int_A v\,dA = v\int_A dA \qquad (3\text{-}12)$$

所以
$$Q = vA \qquad (3\text{-}13)$$

或
$$v = \frac{Q}{A} \qquad (3\text{-}13a)$$

可见引入断面平均流速的概念，使得水流运动的分析得以简化。实际工程中，有时并不一定需要知道总流过水断面上的流速分布规律，仅需要了解断面平均流速的变化情况。所以，断面平均流速有一定的实际意义。关于各种水工建筑物的流量及断面平均流速的计算问题，将在随后的章节中讨论。

五、一维流、二维流、三维流

液体运动时，按照运动要素仅在三维空间坐标上的变化情况，可将水流运动分为三维流、二维流和一维流。

若运动要素是空间三个坐标的函数，这种流动称为三维流（或三元流）。例如，水流经过突然扩散的矩形断面明渠，在扩散后较长的一段距离内，水流中任意质点（如 M 点）的流速，不仅与过水断面的位置坐标 x 有关，还与该点在过水断面上的坐标 y 和 z 有关，如图 3-10 所示。

若运动要素仅是空间两个坐标的函数，这种流动称为二维流（或二元流）。例如，水流在很宽阔的矩形明渠中流动，当两侧边界对流动的影响可以忽略不计时，水流中任意点的流速只与两个坐标有关。即过水断面的位置坐标 x 和该点的垂直位置坐标 z，而与横向坐标 y 无关，如图 3-11 所示。

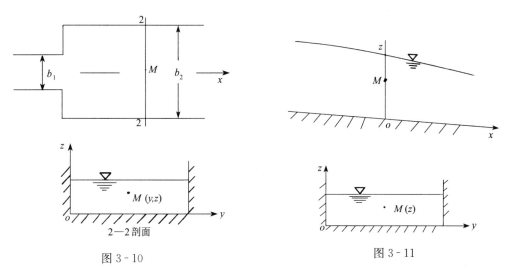

图 3-10　　　　　　　　　　　图 3-11

由于二维流动在一系列平行于水流纵剖面的平面内是完全相同的，因而沿水流方向任取一个纵剖面来分析流动情况，都能代表整体水流运动，所以又称二维流为平面流动。

若运动要素仅是空间一个坐标的函数，这种流动称为一维流（或一元流）。元流即是一维流。对于总流来说，如果引入断面平均流速的概念，沿着总流流向选取曲线坐标 s，断面平均流速 v 仅与 s 有关，这时总流也可视为一维流。

实际工程中的液体运动一般都是三维流,但由于运动要素与空间三个坐标有关,使得问题非常复杂,给分析研究水流运动增加了难度和障碍。目前水力学还常用理论与试验相结合的方法来解决实际问题。所以,在满足实际工程要求的前提下,常设法将三维流简化为二维流或者一维流,因简化而带来的误差,用修正系数加以调整。例如,将总流视为一维流,用断面平均流速来代替过水断面上各点的实际流速,必然存在误差,需要加以修正,其修正系数要通过试验来确定。

六、均匀流和非均匀流、渐变流和急变流

对于一维流动,沿流动方向选取曲线坐标 s,流速是位置 s 和时间 t 的函数,即

$$u = u(s,t)$$

液体质点的加速度 a 可分为切向加速度 a_s 和法向加速度 a_n,根据复合函数求导的原则,切向加速度 a_s 可写成

$$a_s = \frac{\mathrm{d}u_s}{\mathrm{d}t} = \frac{\partial u_s}{\partial t} + \frac{\partial u_s}{\partial s}\frac{\mathrm{d}s}{\mathrm{d}t}$$

因为 s 是沿流向选取的坐标,式中 $\frac{\mathrm{d}s}{\mathrm{d}t}=u$, $\frac{\partial u_s}{\partial s}=\frac{\partial u}{\partial s}$,切向加速度 a_s 又可以写成

$$a_s = \frac{\partial u_s}{\partial t} + u\frac{\partial u}{\partial s}$$

$\frac{\partial u_s}{\partial t}$ 表示时变加速度,$u\frac{\partial u}{\partial s}$ 表示位变加速度。同理,法向加速度 a_n 也可以分成时变加速度 $\frac{\partial u_n}{\partial t}$ 和位变加速度 $\frac{u^2}{r}$,即

$$a_n = \frac{\partial u_n}{\partial t} + \frac{u^2}{r}$$

$\frac{u^2}{r}$ 就是曲线运动的向心加速度,r 是该点所在位置的曲率半径。

1. 均匀流和非均匀流 对于一维流动,如果流动过程中运动要素不随流程坐标 s 而改变,这种流动称为均匀流;反之,称为非均匀流。对于均匀流来说,不存在位变加速度,即 $u\frac{\partial u}{\partial s}=0$,$\frac{u^2}{r}=0$。液体质点做匀速直线运动;同一条流线上各点的流速大小、方向沿程不变;所有的流线都是平行直线。实

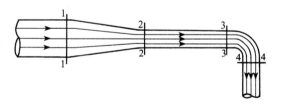

图 3-12

际工程中,在直径不变的长直管道内,断面形状尺寸不变且水深不变的长直渠道内的流动即为均匀流。图 3-12 中,在 2-2 与 3-3 断面之间的流动属于均匀流。

均匀流特性:

(1) 过水断面是平面,而且大小和形状都沿程不变。

(2) 各过水断面上流速分布情况相同,断面平均流速沿程不变,如图 3-13 所示。

(3) 同一过水断面上各点动水压强的分布符合静水压强的分布规律,即同一过水断面上

各点的 $z+\frac{p}{\gamma}=c$。证明见本章第四节。

对于非均匀流来说，存在着位变加速度，$u\frac{\partial u}{\partial s}$ 及 $\frac{u^2}{r}$ 至少有一项不等于零。同一条流线上各点的流速大小或方向沿程改变；流线不是平行直线。实际工程中，非均匀流多发生在边界沿流程变化的流段内。如图 3-12 所示，1-1 与 2-2 断面之间，3-3 与 4-4 断面之间的流动都是非均匀流。

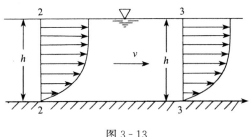

图 3-13

2. 渐变流和急变流　在非均匀流中，按照流线是否接近于平行直线，又可分为渐变流和急变流两种。

当流线之间的夹角较小或流线的曲率半径较大，各流线近似是平行直线时，称为渐变流。它的极限情况就是均匀流。在图3-12中，1-1 与 2-2 断面之间的流动可视为渐变流。由于渐变流是一种流线几乎平行又近似是直线的流动，其过水断面可视为平面，但是过水断面的形状和尺寸以及断面平均流速沿程是逐渐改变的，而同一过水断面上动水压强分布规律近似符合静水压强的分布规律。

反之，流线之间的夹角较大或流线的曲率半径较小，这种非均匀流称为急变流。在图 3-12中，3-3 与 4-4 断面之间的流动应视为急变流。当渐变段直径沿流程变化显著时，1-1 与 2-2 断面之间的流动也是急变流。

应当指出，渐变流与急变流之间尚无严格的区分界限，因流线形状与水流的边界条件有密切关系。一般来讲，边界是近似平行直线的流段，水流往往是渐变流；边界变化急剧的流段，水流都是急变流。由于渐变流的情况比较简单，易于进行分析、计算，实际工程中能否将非均匀流视为渐变流，主要取决于对计算结果所要求的精度。

由上述讨论看出，对均匀流或渐变流而言，在同一个过水断面上动水压强都与静水压强分布规律相同，这只适用于有固体边界约束的水流。对于由孔口或管道末端射入大气中的水流，如图 3-14所示，虽然在出口不远处的 c-c 过水断面上，水流可视

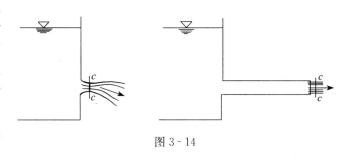

图 3-14

为渐变流或均匀流，但因该过水断面的周界都处在大气中，一般认为 c-c 过水断面上各点的压强都近似地等于大气压强，而不再服从静水压强的分布规律。因此，渐变流同一过水断面上的压强分布规律，还需结合边界条件来确定。

第三节　恒定总流的连续性方程

液体同其他物质一样，在运动过程中质量既不能增加、也不可能减少，必须遵循自然界中的质量守恒规律，由此可以得到恒定总流的连续性方程。

在恒定总流中任取一个元流为控制体，如图 3-15 所示，令过水断面 1-1 和 2-2 的面积分别为 dA_1 和 dA_2，相应的流速为 u_1 和 u_2。由于恒定流中流线的形状和位置不随时间变化，而元流的侧表面都是由流线所组成，在元流的侧面是没有液体质点出入的。液体只有通过断面 1-1 和 2-2 流进流出。在 dt 时间内，从过水断面 1-1 流入的液体质量为 $\rho_1 u_1 dA_1 dt$，从过水断面 2-2 流出的

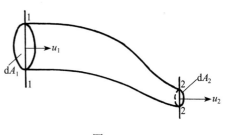

图 3-15

液体质量为 $\rho_2 u_2 dA_2 dt$。因为是恒定流，控制体内的液体质量不随时间而变化。根据质量守恒原理，dt 时间内从断面 1-1 流入的质量应等于从断面 2-2 流出的质量，即

$$\rho_1 u_1 dA_1 dt = \rho_2 u_2 dA_2 dt$$

对于不可压缩液体，$\rho_1 = \rho_2$，化简得

$$u_1 dA_1 = u_2 dA_2$$

或

$$u_1 dA_1 = u_2 dA_2 = dQ \tag{3-14}$$

式（3-14）称为不可压缩液体恒定元流的连续性方程。它表明：对于不可压缩液体作恒定流时，元流的流速与过水断面面积成反比。

总流是由无数元流所组成，将元流的连续性方程对总流过水断面积分可得恒定总流的连续性方程。设总流过水断面 1-1 和 2-2 的面积分别为 A_1 和 A_2，相应的断面平均流速为 v_1 和 v_2，将式（3-14）对总流积分，即

$$\int_{A_1} u_1 dA_1 = \int_{A_2} u_2 dA_2$$

由于

$$Q = \int_A u dA = vA$$

可得

$$v_1 A_1 = v_2 A_2 \tag{3-15}$$

或

$$Q_1 = Q_2 = Q \tag{3-16}$$

式（3-15）就是不可压缩液体恒定总流的连续性方程。它表明：对于不可压缩液体作恒定流动，总流的断面平均流速与过水断面面积成反比，或者说，任意过水断面所通过的流量都相等。

连续方程是水动力学的三大基本方程之一。它反映了水流运动过程中，过水断面面积与断面平均流速的沿程变化规律。

连续方程式的应用条件：

（1）水流是连续的不可压缩液体，且为恒定流。

（2）两个过水断面之间无支流。

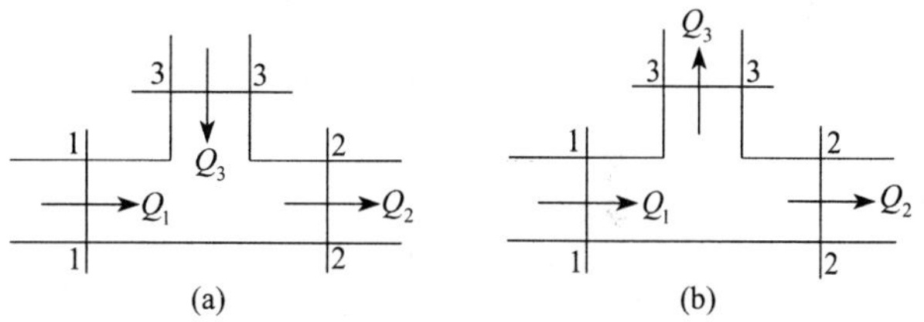

图 3-16

当两个过水断面之间有支流存在时，式（3-16）应当写成

$$Q_1 \pm Q_3 = Q_2 \tag{3-16a}$$

其中，Q_3 是汇入或分出的流量，有支流汇入 [图 3-16（a）] 取正号，有支流分出时

[图 3-16（b）]取负号。

例 3-1 有一条河道在某处分为两支：内江和外江。外江设溢流坝一座，用以抬高上游河道水位，如图 3-17 所示。已测得上游河道流量 $Q=1\,250\,\mathrm{m^3/s}$，通过溢流坝的流量 $Q_1=325\,\mathrm{m^3/s}$。内江过水断面 2-2 的面积 $A_2=375\,\mathrm{m^2}$。求通过内江的流量及 2-2 断面的平均流速。

解： 设内江流量为 Q_2，根据有支流存在的连续性方程（3-16a）得

$$Q_2 = Q - Q_1 = 1\,250 - 325 = 925\,(\mathrm{m^3/s})$$

由恒定总流的连续性方程式（3-16），对于内江 $Q_2 = A_2 v_2 =$ 常数，可知内江 2-2 断面的平均流速为

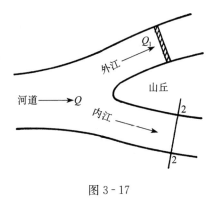

图 3-17

$$v_2 = \frac{Q_2}{A_2} = \frac{925}{375} = 2.47\,(\mathrm{m/s})$$

第四节 恒定元流的能量方程

连续性方程是一个运动学方程。它只给出了断面平均流速和过水断面面积之间的关系，要研究动水压强的沿程变化规律，还需要从动力学方面入手建立各运动要素之间的关系。由于水流运动的过程就是在一定条件下的能量转化过程，因此动水压强与其他运动要素之间的关系，可以通过分析水流的能量守恒规律得出。本节讨论恒定元流能量方程。

一、理想液体元流的能量方程

在理想液体恒定流中任取一个元流，并截取 1-1 及 2-2 两个过水断面之间的微小流束 $\mathrm{d}s$ 来研究（图 3-18）。将 $\mathrm{d}s$ 流段近似作为柱体，过水断面面积 $\mathrm{d}A_1 = \mathrm{d}A_2 = \mathrm{d}A$，该流段沿着流动方向 s 流动。

根据牛顿第二定律：作用在 $\mathrm{d}s$ 流段上的外力沿着 s 方向的合力，应等于该流段的质量 $\mathrm{d}m$ 与加速度 a_s 的乘积，即

$$\sum F_s = \mathrm{d}m \cdot a_s$$

作用在 $\mathrm{d}s$ 流段上的外力有质量力和表面力两类：在水利工程中，质量力一般只考虑重力。$\mathrm{d}G = \gamma \mathrm{d}A \mathrm{d}s$，重力沿流动方向的分量为 $\mathrm{d}G_s = \mathrm{d}G \cdot \cos\theta$。若以 o-o 为基准面，断面 1-1 及 2-2 形心点距基准面的高度分别为 z 和 $z + \frac{\partial z}{\partial s}\mathrm{d}s$，则 $\cos\theta = \frac{\partial z}{\partial s}$，因而 $\mathrm{d}G_s = \gamma \mathrm{d}A \mathrm{d}s \frac{\partial z}{\partial s}$。作用于理想液体的表面力只有动水压力。沿着 s 方向的动水压力只有两端过水断面上的动水压力 $\mathrm{d}P_1$ 及 $\mathrm{d}P_2$，令 1-1 断面上的动水压强为 p，则 $\mathrm{d}P_1 = p\mathrm{d}A$，$\mathrm{d}P_2 = p\mathrm{d}A + \frac{\partial(p\mathrm{d}A)}{\partial s}\mathrm{d}s$。

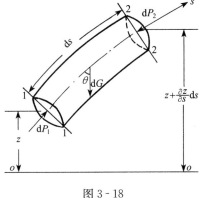

图 3-18

在流段 ds 中，液体的质量为 $dm = \rho dA ds$。液体质点的加速度沿着流动方向 s 的分量为 $a_s = \dfrac{du}{dt}$，对于一维流动，$u = u(s, t)$，其加速度 a_s 可写成

$$a_s = \frac{\partial u}{\partial t} + u\frac{\partial u}{\partial s} = \frac{\partial u}{\partial t} + \frac{\partial (u^2/2)}{\partial s}$$

对于恒定流，$\dfrac{\partial u}{\partial t} = 0$，所以 $a_s = \dfrac{\partial (u^2/2)}{\partial s}$。

应用牛顿第二定律 $\sum F_s = dm \cdot a_s$，可得

$$-\gamma dA ds \frac{\partial z}{\partial s} + pdA - \left[pdA + \frac{\partial (pdA)}{\partial s}ds\right] = \rho dA ds \frac{\partial}{\partial s}\left(\frac{u^2}{2}\right)$$

将上式除以 ds 流段液体的重量 $\gamma dA ds$，对于不可压缩液体，密度 ρ 为常量，上式可简化为

$$\frac{\partial z}{\partial s} + \frac{\partial}{\partial s}\left(\frac{p}{\gamma}\right) + \frac{\partial}{\partial s}\left(\frac{u^2}{2g}\right) = 0$$

上式中各项分别代表单位重量液体所受的各种外力。第一项为重力，第二项为压力，第三项是惯性力。如果将上式各项都乘以液体质点运动的微小距离 ds，则得到这些外力对单位重量液体所做的功为

$$\frac{\partial z}{\partial s}ds + \frac{\partial}{\partial s}\left(\frac{p}{\gamma}\right)ds + \frac{\partial}{\partial s}\left(\frac{u^2}{2g}\right)ds = 0$$

即

$$d\left(z + \frac{p}{\gamma} + \frac{u^2}{2g}\right) = 0$$

将上式沿流程 s 积分，得

$$z + \frac{p}{\gamma} + \frac{u^2}{2g} = c \tag{3-17}$$

对于元流上的任意两个过水断面，有

$$z_1 + \frac{p_1}{\gamma} + \frac{u_1^2}{2g} = z_2 + \frac{p_2}{\gamma} + \frac{u_2^2}{2g} \tag{3-18}$$

式（3-18）就是不可压缩理想液体恒定元流的能量方程。是由瑞士科学家伯努利（Bernoulli）于1738年首先推导出来的，所以又称为理想液体恒定元流的伯努利方程。由于元流的过水断面面积很小，所以沿元流的伯努利方程对流线同样适用。

二、理想液体元流能量方程的意义

1. 物理意义 由以上分析可知，式（3-18）是由不同外力做功得出的，因此伯努利方程中各项具有能量的意义。由水静力学基本方程可知：$\left(z + \dfrac{p}{\gamma}\right)$ 是单位重量液体所具有的势能，其中 z 代表位能，$\dfrac{p}{\gamma}$ 代表压能；而 $\dfrac{u^2}{2g}$ 是单位重量液体所具有的动能。这是因为质量为 dm 的液体质点，若流速为 u，该质点所具有的动能为 $\dfrac{1}{2}u^2 dm$，则单位重量液体所具有的动能为 $\dfrac{\frac{1}{2}u^2 dm}{g dm} = \dfrac{u^2}{2g}$。所以 $\left(z + \dfrac{p}{\gamma} + \dfrac{u^2}{2g}\right)$ 就是单位重量液体所具有的总机械能，通常用 E 来表

示。式(3-18)表明：在不可压缩理想液体恒定流情况下，元流中不同的过水断面上，无论这三种形式的能量如何转换，单位重量液体所具有的总机械能始终保持不变。由此可知，式(3-18)是能量守恒原理在水力学中的具体表达式，故此称式(3-18)为能量方程。

2. 几何意义 理想液体元流的伯努利方程的各项均具有长度的量纲，可以用几何线段表示。在水静力学中已阐明，z 代表位置水头，$\frac{p}{\gamma}$ 代表压强水头，$\left(z+\frac{p}{\gamma}\right)$ 则表示测压管水头。式(3-18)中的第三项 $\frac{u^2}{2g}$ 的量纲为 $\frac{[L/T]^2}{[L/T^2]}=[L]$，同样具有长度的量纲。从物理学可知，它表示在不计外界阻力的情况下，液体质点以铅垂向上的速度 u 所能到达的高度，故称 $\frac{u^2}{2g}$ 为流速水头。所以 $\left(z+\frac{p}{\gamma}+\frac{u^2}{2g}\right)$ 代表了总水头。从几何意义上来看，式(3-18)表明：在不可压缩理想液体恒定流情况下，在元流不同的过水断面上，位置水头、压强水头和流速水头之间可以互相转化，但其之和为一常数，即总水头沿程不变。

三、毕托管测流速原理

毕托管是一种常用的测量液体点流速的仪器。它是亨利·毕托(Henri Pitot)在1730年首创的，其测量流速的原理就是液体的能量转换和守恒原理。

简单的毕托管是一根很细的90°弯管，它由双层套管组成，并在两管末端连接测压管(或测压计)，如图3-19所示。弯管顶端 A 处开一小孔与内套管相连，直通测压管 2。在弯管前端 B 处，沿外套管周界均匀地开一排与外管壁相垂直的小孔，直通测压管 1。测量流速时，将毕托管前端放置在被测点 A 处，并且正对水流方向，只要读出这两根测压管的液面差 Δh，即可求得所测点的流速。现将其原理分析如下：

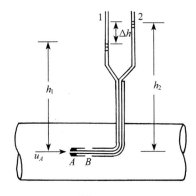

图 3-19

毕托管放入后，A 点处的水流质点沿顶端处的小孔进入内套管，受弯管的阻挡流速变为零，动能全部转化为压能，使测压管 2 中水面上升至高度 h_2。若以通过 A 点的水平面为基准面，h_2 代表了 A 点处水流的总能量。外套管 B 处的小孔与流向垂直，由于 A、B 两点很近，测压管 1 的液面上升高度 h_1 代表了 A 点的动水压强。所以 $h_1+\frac{u_A^2}{2g}$ 又代表了 A 点处水流的总能量。根据伯努利方程可得

$$h_2=h_1+\frac{u_A^2}{2g}$$

由此可求得 A 点流速

$$u_A=\sqrt{2g(h_2-h_1)}=\sqrt{2g\Delta h} \qquad (3-19)$$

式中，Δh 即为两根测压管的液面差。

实际上，由于液体具有黏滞性，能量转化时有损失。另外，毕托管顶端小孔与侧壁小孔的位置不同，因而测得的不是同一点上的能量。再加上考虑毕托管放入水流中所产生的扰动影响，使得测压管液面差 Δh 不恰好等于实际值，所以要对式(3-19)加以修正，一般需乘

以校正系数 c，即

$$u_A = c\sqrt{2g\Delta h} \quad (3-20)$$

式中，c 称为毕托管校正系数，需通过对毕托管进行专门的率定来确定，一般在 0.98～1.04 之间。

四、实际液体元流的能量方程

由于实际液体存在着黏滞性，在流动过程中液体内部要产生摩擦阻力，液体运动时克服摩擦阻力要消耗一定的机械能。而且是转化为热能而散逸，不再恢复为其他形式的机械能。对水流来说就是损失了一定的机械能，液体在流动过程中机械能要沿流程而减少。因此，对实际液体而言，总是

$$z_1 + \frac{p_1}{\gamma} + \frac{u_1^2}{2g} > z_2 + \frac{p_2}{\gamma} + \frac{u_2^2}{2g}$$

令 h_w' 为元流单位重量液体从上游过水断面 1-1 到下游过水断面 2-2 的能量损失，也称为元流的水头损失，根据能量守恒原理可得

$$z_1 + \frac{p_1}{\gamma} + \frac{u_1^2}{2g} = z_2 + \frac{p_2}{\gamma} + \frac{u_2^2}{2g} + h_w' \quad (3-21)$$

式（3-21）即为不可压缩实际液体恒定元流的能量方程（伯努利方程）。它表明：在不可压缩实际液体恒定流情况下，元流中不同的过水断面上总能量是不相等的，而且是总能量沿流程减少。

第五节 恒定总流的能量方程

在实用上，我们所考虑的水流运动都是总流。而总流又是许多元流的总和，要应用能量方程来解决工程实际问题，可将元流的能量方程对总流过水断面积分，从而推广为恒定总流的能量方程。

一、恒定总流的能量方程

若通过元流过水断面的流量为 dQ，单位时间内通过元流过水断面的液体重量为 γdQ，将式（3-21）各项乘以 γdQ，得到实际液体元流的总能量方程，即

$$\left(z_1 + \frac{p_1}{\gamma} + \frac{u_1^2}{2g}\right)\gamma dQ = \left(z_2 + \frac{p_2}{\gamma} + \frac{u_2^2}{2g}\right)\gamma dQ + h_w'\gamma dQ$$

设总流过水断面 1-1、2-2 的面积分别为 A_1 和 A_2，将上式对总流过水断面面积分，可得总流的能量方程为

$$\int_{A1}\left(z_1 + \frac{p_1}{\gamma} + \frac{u_1^2}{2g}\right)\gamma u_1 dA_1 = \int_{A2}\left(z_2 + \frac{p_2}{\gamma} + \frac{u_2^2}{2g}\right)\gamma u_2 dA_2 + \int_Q h_w'\gamma dQ$$

$$(3-22)$$

或

$$\int_{A1}\left(z_1 + \frac{p_1}{\gamma}\right)\gamma u_1 dA_1 + \int_{A1}\frac{u_1^2}{2g}\gamma u_1 dA_1 =$$

$$\int_{A2}\left(z_2 + \frac{p_2}{\gamma}\right)\gamma u_2 dA_2 + \int_{A2}\frac{u_2^2}{2g}\gamma u_2 dA_2 + \int_Q h_w'\gamma dQ \quad (3-22a)$$

现在分别讨论式（3-22a）中三种类型积分式的积分：

1. 第一类积分为 $\int_A \left(z+\dfrac{p}{\gamma}\right)\gamma u\, dA$　这类积分与 $\left(z+\dfrac{p}{\gamma}\right)$ 在过水断面上的分布有关。如果总流的过水断面取在渐变流区域，在一定的边界条件下，同一过水断面上的动水压强分布规律与静水压强分布规律近似相同，即 $z+\dfrac{p}{\gamma}=$ 常数。证明如下：

今在渐变流过水断面 $n\text{-}n$ 上取一个微分柱体，高为 dn，底面积为 dA，并与铅垂线成夹角 α，如图 3-20 所示。因为渐变流的流线是近似平行的直线，微分柱体在其轴线 $n\text{-}n$ 方向的加速度近似为零。在微分柱体的侧面上，动水压力的方向与轴线 $n\text{-}n$ 垂直，摩擦阻力之和等于零。在微分柱体的顶面、底面上，摩擦阻力与轴线 $n\text{-}n$ 垂直。根据牛顿第二定律，微分柱体在轴线 $n\text{-}n$ 方向的平衡方程为

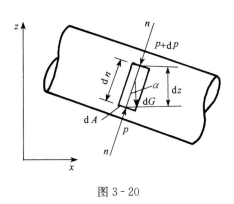

图 3-20

$$p\, dA - (p+dp)dA - \gamma\, dA\, dn\cos\alpha = 0$$

将 $dz = dn\cos\alpha$ 代入上式并化简得到

$$dp + \gamma\, dz = 0$$

沿过水断面 $n\text{-}n$ 积分得

$$z + \frac{p}{\gamma} = c = 常数 \qquad (3\text{-}23)$$

由此可见，渐变流中同一过水断面上的动水压强分布规律与静水压强分布规律近似相同，即同一过水断面上各点的测压管水头近似相等。但是在不同的过水断面上，常数 c 值是不同的（图 3-21）。对于均匀流这一结论是严格成立的，即均匀流中同一过水断面上各点的测压管水头相等。

依照上述结论，若选取的总流过水断面位于均匀流或渐变流区域，则在过水断面上 $\left(z+\dfrac{p}{\gamma}\right)$ 为常数，这类积分能够表示成

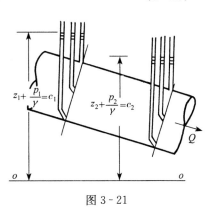

图 3-21

$$\int_A \left(z+\frac{p}{\gamma}\right)\gamma u\, dA = \left(z+\frac{p}{\gamma}\right)\gamma \int_A u\, dA = \left(z+\frac{p}{\gamma}\right)\gamma Q \qquad (3\text{-}24)$$

2. 第二类积分为 $\int_A \dfrac{u^2}{2g}\gamma u\, dA$　这类积分与流速在过水断面上的分布有关。实际水流中，流速在过水断面上的分布一般是不均匀的，而且不易求得。若引进断面平均流速 v，则 v 可能大于或小于各点的实际流速 u，显然

$$\int_A u^3\, dA \neq v^3 A$$

若引入修正系数 α，而且定义为

$$\alpha = \frac{1}{v^3 A}\int_A u^3\, dA \qquad (3\text{-}25)$$

这类积分就能够表示成

$$\int_A \frac{u^2}{2g}\gamma u \mathrm{d}A = \frac{\gamma}{2g}\int_A u^3 \mathrm{d}A = \frac{\alpha v^2}{2g}\gamma Q \tag{3-26}$$

如果设总流同一过水断面上各点的流速 u 与该断面平均流速 v 的差值为 $\Delta u = u - v$，Δu 值是可正可负的，则得

$$\alpha = \frac{1}{v^3 A}\int_A u^3 \mathrm{d}A$$

$$\alpha = \frac{1}{v^3 A}\int_A (v + \Delta u)^3 \mathrm{d}A$$

$$\alpha = \frac{1}{v^3 A}(v^3 A + 3v^2\int_A \Delta u \mathrm{d}A + 3v\int_A \Delta u^2 \mathrm{d}A + \int_A \Delta u^3 \mathrm{d}A) \tag{3-27}$$

因为

$$Q = \int_A u \mathrm{d}A = \int_A (v + \Delta u)\mathrm{d}A = vA + \int_A \Delta u \mathrm{d}A$$

所以

$$\int_A \Delta u \mathrm{d}A = 0$$

若取 $\int_A \Delta u^3 \mathrm{d}A \approx 0$，式（3-27）可简化为

$$\alpha = 1 + 3\frac{\int_A \Delta u^2 \mathrm{d}A}{v^2 A} \tag{3-27a}$$

系数 α 称为动能修正系数。它表示同一过水断面上的实际动能与按断面平均流速计算的动能之比。由式（3-27a）可知，α 值永远大于 1.0。α 值的大小取决于过水断面上流速分布的均匀程度，流速分布越不均匀，α 值越大于 1.0。对于一般的渐变流，$\alpha = 1.05 \sim 1.1$，为计算简便，通常取 $\alpha \approx 1.0$。实践证明，当动能在总能量中所占比重不大时，简化带来的误差是很小的。

3. 第三类积分为 $\int_Q h'_w \gamma \mathrm{d}Q$ 这类积分代表单位时间内总流过水断面 1-1 与 2-2 之间的总机械能损失。它的直接积分是很困难的。由于各单位重量液体沿流程的能量损失不同，若令 h_w 为单位重量液体从过水断面 1-1 到 2-2 之间能量损失的平均值，该积分可表示为

$$\int_Q h'_w \gamma \mathrm{d}Q = h_w \gamma Q \tag{3-28}$$

h_w 又称为总流单位重量液体的水头损失。一般来说，影响 h_w 的因素较为复杂，除了与流速、过水断面的形状及尺寸有关外，还与边壁的粗糙程度等因素有关。关于 h_w 的分析和计算将在第四章中详细讨论。

将式（3-24）、式（3-26）及式（3-28）代入式（3-22a）中的对应项，可得

$$\left(z_1 + \frac{p_1}{\gamma}\right)\gamma Q + \frac{\alpha_1 v_1^2}{2g}\gamma Q = \left(z_2 + \frac{p_2}{\gamma}\right)\gamma Q + \frac{\alpha_2 v_2^2}{2g}\gamma Q + h_w \gamma Q \tag{3-29}$$

将式（3-29）各项同除以 γQ，则得总流单位重量液体的能量方程

$$z_1 + \frac{p_1}{\gamma} + \frac{\alpha_1 v_1^2}{2g} = z_2 + \frac{p_2}{\gamma} + \frac{\alpha_2 v_2^2}{2g} + h_w \tag{3-30}$$

式（3-30）即为实际液体恒定总流的能量方程。它反映了总流中不同过水断面上（$z + \frac{p}{\gamma}$）值和断面平均流速 v 的变化规律，是水动力学中三大基本方程之二，是分析水力学问题

最重要最常用的公式。能量方程与连续性方程联合应用，可以解决一维恒定流的许多水力学问题。

实际液体恒定总流能量方程中各项的物理意义类似于实际液体元流的能量方程中的对应项，所不同的是各项均指平均值。总流能量方程的物理意义是：总流各过水断面上单位重量液体所具有的平均势能与平均动能之和沿流程减小，亦即总机械能的平均值沿流程减小，水流在运动过程中部分机械能转化为热能而损失。另外，总流的能量方程式揭示了水流运动中各种能量之间的相互转化关系。

如果用 H 表示单位重量液体的总机械能，即

$$H = z + \frac{p}{\gamma} + \frac{\alpha v^2}{2g} \tag{3-31}$$

则能量方程（3-30）能够简写为

$$H_1 = H_2 + h_w \tag{3-32}$$

对于理想液体，由于没有能量损失，则

$$H_1 = H_2$$

即理想液体总机械能沿流程保持不变。

下面通过实例说明总流能量方程中各能量之间转化关系。

如图 3-22 (a) 所示，水流从管径不变的 1-1 断面流动到 2-2 断面，动能不变，压能减小，位能增加。

$$\frac{\alpha_1 v_1^2}{2g} = \frac{\alpha_2 v_2^2}{2g}, \quad \frac{p_1}{\gamma} > \frac{p_2}{\gamma}, \quad z_2 > z_1$$

压能减小与位能增加及水头损失的关系如下：

$$\frac{p_1}{\gamma} - \frac{p_2}{\gamma} = z_2 - z_1 + h_{w_{1-2}}$$

如图 3-22 (b) 所示，水流从管径不同、管轴线水平的 1-1 断面流动到 2-2 断面，位能不变，动能减小，压能增加。

$$z_1 = z_2, \quad \frac{\alpha_1 v_1^2}{2g} > \frac{\alpha_2 v_2^2}{2g}, \quad \frac{p_1}{\gamma} < \frac{p_2}{\gamma}$$

动能减小与压能增加及水头损失的关系如下：

$$\frac{\alpha_1 v_1^2}{2g} - \frac{\alpha_2 v_2^2}{2g} = \frac{p_2}{\gamma} - \frac{p_1}{\gamma} + h_{w_{1-2}}$$

如图 3-22 (c) 所示，水流在断面保持不变的渠道中从 1-1 断面流动到 2-2 断面，压能和动能沿程不变，位能减小。

$$\frac{\alpha_1 v_1^2}{2g} = \frac{\alpha_2 v_2^2}{2g}, \quad p_1 = p_2 (\text{水面}), \quad z_1 > z_2$$

位能减小全部用于克服阻力做功而损失，即水头损失等于位能减小，这就是明渠均匀流。

$$z_1 - z_2 = h_{w_{1-2}}$$

如图 3-22 (d) 所示，水流从管径及高度不变的 1-1 断面流动到 2-2 断面，位能、动能不变，压能减小。

$$z_1 = z_2, \quad \frac{\alpha_1 v_1^2}{2g} = \frac{\alpha_2 v_2^2}{2g}, \quad \frac{p_1}{\gamma} > \frac{p_2}{\gamma}$$

压能减小全部用于克服阻力做功而损失，即水头损失等于压能减小。

$$\frac{p_2}{\gamma} - \frac{p_1}{\gamma} = h_{w_{1-2}}$$

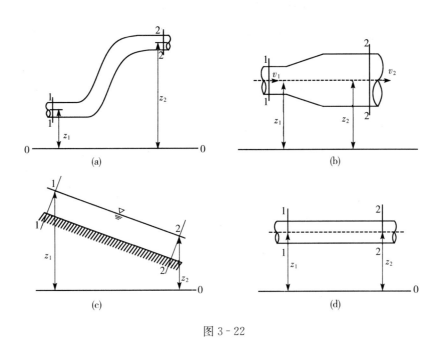

图 3-22

二、能量方程的几何图示——水头线

总流能量方程中的各项都具有长度的量纲，因此就可以用几何线段来表示各项的值。为了直观形象地反映总流沿流程各种能量的变化规律及相互关系，我们可以把能量方程沿流程用几何线段图形来表示。

图 3-23 是总流能量方程的几何图示。在实际液体恒定总流中截取一个流段，以 o-o 为基准面，以水头为纵坐标，按一定比例尺沿流程将各过水断面的 z、$\frac{p}{\gamma}$ 及 $\frac{\alpha v^2}{2g}$ 分别绘于图上，而且每个过水断面上的 z、$\frac{p}{\gamma}$ 及 $\frac{\alpha v^2}{2g}$ 是从基准面画起铅垂向上依次连接的。

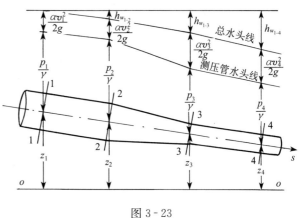

因过水断面上各点的 z 值不等，对于管道水流，一般选取断面形心点的 z 值来描绘。所以总流各断面中心点距基准面的高度就是位置水头 z，总流的中心线就表示了位置水头 z 沿流程的变化。

图 3-23

各过水断面上的 $\frac{p}{\gamma}$ 亦选用形心点的动水压强来描绘。从断面形心点铅垂向上画出线段

$\frac{p}{\gamma}$，得到测压管水头 $\left(z+\frac{p}{\gamma}\right)$，它就是测压管液面距基准面的高度，连接各断面的测压管水头 $\left(z+\frac{p}{\gamma}\right)$ 得到一条线，称为测压管水头线。它表示了水流中势能的沿流程变化。测压管水头线与总流中心线之间的铅垂距离反映了各断面压强水头的沿流程变化，测压管水头线位于过水断面中心线以上时，压强为正；反之，压强为负。

从过水断面的测压管水头再铅垂向上画出线段 $\frac{\alpha v^2}{2g}$，就得到该断面的总水头 $H=z+\frac{p}{\gamma}+\frac{\alpha v^2}{2g}$。连接各断面的总水头 H 得到一条线，称为总水头线。它表示了水流总机械能沿流程的变化。总水头线与测压管水头线之间的铅垂距离反映了各断面流速水头的沿流程变化。

对于实际液体，随着流程的增加，水头损失不断增大，总水头不断减小，所以实际液体的总水头线一定是沿流程下降的（除非有外加能量）。任意两个过水断面之间总水头线的降低值，就是这两个断面之间的水头损失 h_w。总水头线坡度称为水力坡度，用 J 表示。它表示单位流程上总水头的降低值或单位流程上的水头损失。如果用 s 表示流动方向的坐标，当总水头线是直线时，水力坡度可用下式计算

$$J=\frac{H_1-H_2}{s}=\frac{h_w}{s} \tag{3-33}$$

式中，h_w 是两个过水断面之间的水头损失；s 是相应的流程长度。当总水头线是曲线时，水力坡度为变量，在某一过水断面处可表示为

$$J=-\frac{dH}{ds}=\frac{dh_w}{ds} \tag{3-34}$$

在水力学中把水力坡度规定为正值，因总水头的增量 dH 沿流程始终为负值，为使 J 为正值，故在式（3-34）中加负号。

由于动能和势能之间可以互相转化，测压管水头线沿流程可升可降，甚至可能是一条水平线。在断面平均流速不变的流段，测压管水头线与总水头线平行。如果测压管水头线坡度用 J_P 表示，若规定沿流程下降的测压管水头线坡度 J_P 为正，则

$$J_P=-\frac{d\left(z+\frac{p}{\gamma}\right)}{ds} \tag{3-35}$$

因为测压管水头线沿流程可任意变化，所以 J_P 值可正、可负或者为零。

能量方程的几何图示，可以清晰地反映水流各项单位能量沿流程的转化情况。在长距离有压输水管道的设计中，常用这种方法来分析压强水头的沿流程变化。

第六节 能量方程的应用

一、能量方程的应用条件及注意事项

实际液体恒定总流的能量方程是水力学中最常用的基本方程之一。从该方程的推导过程可以看出，能量方程（3-30）有一定的适用范围，应用时必须满足下列条件：

(1) 水流必须是恒定流,并且液体是均质不可压缩的。
(2) 作用于液体上的质量力只有重力。
(3) 所取的过水断面1-1及2-2应在渐变流或均匀流区域,以符合断面上各点测压管水头等于常数这一条件,但两个断面之间可以是急变流。在实际应用中,有时对不符合渐变流条件的过水断面也可使用能量方程,但在这种情况下,一般是已知该断面的平均势能或者动水压强的分布规律。
(4) 所取的过水断面1-1及2-2之间,除了水头损失以外,没有其他机械能的输入或输出。
(5) 所取的过水断面1-1及2-2之间,没有流量的汇入或分出,即总流的流量沿流程不变。

在实际工程中,常常会遇到流程中途有流量改变或外加机械能的情况。这时的水流运动仍然遵循能量守恒原理,只是能量方程的具体形式有所变化,现简要分析如下:

1. 有流量汇入或分出时的能量方程 图3-24所示为一个分叉流动,每支的流量各为Q_2和Q_3。根据能量守恒原理,单位时间内,从1-1断面流入的液体总能量,应等于从2-2及3-3断面流出的总能量之和再加上两支水流的能量损失,即

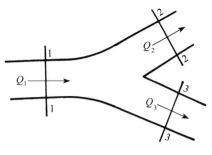

图3-24

$$\gamma Q_1 H_1 = \gamma Q_2 H_2 + \gamma Q_3 H_3 + \gamma Q_2 h_{w_{1-2}} + \gamma Q_3 h_{w_{1-3}} \quad (3-36)$$

因为$Q_1 = Q_2 + Q_3$,式(3-36)可整理成

$$(\gamma Q_2 H_1 - \gamma Q_2 H_2 - \gamma Q_2 h_{w_{1-2}}) + (\gamma Q_3 H_1 - \gamma Q_3 H_3 - \gamma Q_3 h_{w_{1-3}}) = 0 \quad (3-37)$$

上式等价于

$$\gamma Q_2 (H_1 - H_2 - h_{w_{1-2}}) = 0 \quad (3-38)$$

$$\gamma Q_3 (H_1 - H_3 - h_{w_{1-3}}) = 0 \quad (3-39)$$

将式(3-38)及式(3-39)分别除以γQ_2和γQ_3,得到每支水流单位重液体的能量方程,即

$$H_1 = H_2 + h_{w_{1-2}} \quad (3-40)$$

$$H_1 = H_3 + h_{w_{1-3}} \quad (3-41)$$

同理,对于流程中途有流量汇入的情况(图3-25),能量方程可写成

$$H_1 = H_3 + h_{w_{1-3}} \quad (3-42)$$

$$H_2 = H_3 + h_{w_{2-3}} \quad (3-43)$$

2. 有能量输入或输出时的能量方程 若在管道系统中有一水泵,如图3-26所示。水泵工作时,通过水泵叶片转动对水流做功,使管道水流能量增加。设单位重量水体通过水泵后所获得的外加能量为H_P,则总流的能量方程式(3-32)可修改为

$$H_1 + H_P = H_2 + h_{w_{1-2}} \quad (3-44)$$

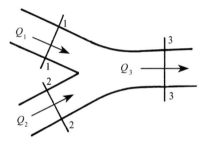

图3-25

式中，H_P 又称作管道系统所需的水泵扬程；$h_{w_{1-2}}$ 为 1-1 与 2-2 断面之间全部管道的水头损失，但不包括水泵内部水流的能量损失。

单位时间内动力机械给予水泵的功称为水泵的轴功率 N_P。单位时间内通过水泵的水流总重量为 γQ，所以水流在单位时间内从水泵中实际获得的总能量为 $\gamma Q H_P$，称为水泵的有效功率。由于水流通过水泵时有漏损和水头损失，水泵本身也有机械磨损，所以水泵的有效功率小于轴功率。两者的比值称为水泵效率 η_P，$\eta_P < 1$，因此

$$\gamma Q H_P = \eta_P N_P$$

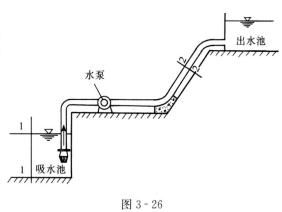

图 3-26

故

$$H_P = \frac{\eta_P N_P}{\gamma Q} \tag{3-45}$$

式中，γ 的单位是 N/m^3，Q 的单位是 m^3/s，H_P 的单位是 m，N_P 的单位是 W（即 $N \cdot m/s$）。功率也常用马力作单位，$1hp = 735W$。

若在管道系统中有一水轮机，如图 3-27 所示。由于水流驱使水轮机转动，水流对水轮机做功必然要消耗能量，使管道水流能量减少。设单位重量水体给予水轮机的能量为 H_t，则总流的能量方程式（3-32）应改写为

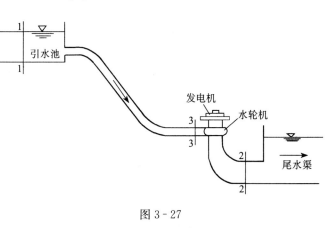

图 3-27

$$H_1 - H_t = H_2 + h_{w_{1-2}} \tag{3-46}$$

式中，H_t 又称为水轮机的作用水头；$h_{w_{1-2}}$ 是 1-1 与 2-2 断面之间全部管道系统的水头损失，不包括水轮机系统内的损失，也就是指从上游水面到水轮机进口前 3-3 断面之间这段管道的水头损失。

由水轮机主轴发出的功率又称为水轮机的出力 N_t。单位时间内通过水轮机的水流总重量为 γQ，所以单位时间内水流对水轮机作用的总能量为 $\gamma Q H_t$。由于水流通过水轮机时同样有漏损和水头损失，水轮机本身也有机械磨损，所以水轮机的出力要小于水流给水轮机的功率。两者的比值称为水轮机效率 η_t，同样 $\eta_t < 1$，因此

$$N_t = \eta_t \gamma Q H_t$$

故

$$H_t = \frac{N_t}{\eta_t \gamma Q} \tag{3-47}$$

式（3-47）中各项的单位与式（3-45）相同。

为了更方便快捷地应用能量方程解决实际问题,能量方程在具体应用时应注意以下几点:

（1）基准面可选在任意高度,但在同一方程中位置高度 z 值必须对应同一个基准面。

（2）能量方程压强水头中的压强 p 一般采用相对压强,亦可采用绝对压强。但在同一方程中必须采用同一个标准。

（3）均匀流或渐变流过水断面上各点的测压管水头 $\left(z+\dfrac{p}{\gamma}\right)$ 为常数或近似常数,可以选取过水断面上的任意点计算 $\left(z+\dfrac{p}{\gamma}\right)$,具体选择哪一点,以计算方便为宜。一般对于有压管道计算点通常选在管轴线上;对于有自由液面的水流则选在水面上为宜。

（4）严格地讲,不同过水断面上的动能修正系数 α 是不相等的,而且不等于1.0。实用上对渐变流的多数情况可取 $\alpha_1 = \alpha_2 = 1.0$。

（5）合理选择过水断面位置可以减少能量方程中未知数的个数。当过水断面相对较大,流速水头 $\dfrac{\alpha v^2}{2g}$ 与其他各项相比很小时可以忽略不计。

二、能量方程应用举例

水流在运动过程中总是符合能量转化与守恒规律的。由于实际水流运动复杂多样,如何利用能量方程来分析和解决在一定边界条件下的具体水力学问题,以下通过几个应用实例加以说明。

1. 判别水流运动方向 有一段变直径管道倾斜放置,如图3-28所示。小管直径 $d_1 = d_2 = 0.25\text{m}$,大管直径 $d_3 = 0.5\text{m}$。在管中分别取渐变流断面1-1和2-2并安装压力表,测得两断面形心点压强分别为 $p_1 = 9.8\text{kN/m}^2$,$p_2 = -4.9\text{kN/m}^2$。1-1和2-2断面形心点的高差 $\Delta z = 1\text{m}$,通过管道的流量 $Q = 0.24\text{m}^3/\text{s}$。那么水流的运动方向如何?

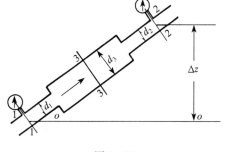

图3-28

由于实际水流在运动过程中存在着能量损失,即 $h_w > 0$,根据恒定总流的能量方程,水流一定是从总机械能高处流向总机械能低处。

以通过1-1断面形心点的水平面为基准面,分别写出1-1和2-2断面的总机械能为

$$H_1 = z_1 + \frac{p_1}{\gamma} + \frac{\alpha_1 v_1^2}{2g} = 0 + \frac{9\ 800}{9\ 800} + \frac{\alpha_1 v_1^2}{2g} = 1 + \frac{\alpha_1 v_1^2}{2g}$$

$$H_2 = z_2 + \frac{p_2}{\gamma} + \frac{\alpha_2 v_2^2}{2g} = 1 + \frac{(-4\ 900)}{9\ 800} + \frac{\alpha_2 v_2^2}{2g} = 0.5 + \frac{\alpha_2 v_2^2}{2g}$$

由于 $d_1 = d_2$,故 $v_1 = v_2$。对渐变流断面,取 $\alpha_1 = \alpha_2 = 1.0$,所以 $\dfrac{\alpha_1 v_1^2}{2g} = \dfrac{\alpha_2 v_2^2}{2g}$,因此

$$H_1 > H_2$$

由于1-1断面的总机械能高于2-2断面的总机械能,该段管道水流是从1-1断面流向2-2断面。两断面间的水头损失为

$$h_{w_{1\text{-}2}} = H_1 - H_2 = 0.5(\text{m})$$

如果再分析一下断面上的位能、压能和动能,位能 $z_1 < z_2$,压能 $\frac{p_1}{\gamma} > \frac{p_2}{\gamma}$,动能 $\frac{\alpha_1 v_1^2}{2g} = \frac{\alpha_2 v_2^2}{2g} > \frac{\alpha_3 v_3^2}{2g}$,所以判别水流运动方向不能简单地根据位置的高低、流速的大小来决定,总机械能沿流程一定是减少的。

2. 文丘里流量计 文丘里流量计是用于测量管道中流量大小的一种装置,它包括"收缩段"、"喉管"和"扩散段"三部分,安装在需要测定流量的管段当中。在收缩段进口前 1-1 断面和喉管 2-2 断面上分别设测压孔,并接上测压管,如图 3-29 所示。通过测量 1-1 及 2-2 断面的测压管水头差 Δh 值,就能计算出管道中通过的流量 Q,其基本原理就是恒定总流的能量方程。

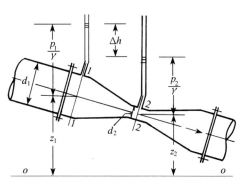

图 3-29

若管道倾斜放置,取水平面 o-o 为基准面,对渐变流断面 1-1 及 2-2 写出总流的能量方程,即

$$z_1 + \frac{p_1}{\gamma} + \frac{\alpha_1 v_1^2}{2g} = z_2 + \frac{p_2}{\gamma} + \frac{\alpha_2 v_2^2}{2g} + h_w$$

因 1-1 与 2-2 断面相距很近,暂不计能量损失。若取 $\alpha_1 = \alpha_2 = 1.0$,上式可整理为

$$\left(z_1 + \frac{p_1}{\gamma}\right) - \left(z_2 + \frac{p_2}{\gamma}\right) = \frac{v_2^2 - v_1^2}{2g}$$

因为 $\left(z_1 + \frac{p_1}{\gamma}\right) - \left(z_2 + \frac{p_2}{\gamma}\right) = \Delta h$,故

$$\Delta h = \frac{v_2^2 - v_1^2}{2g} \qquad (3\text{-}48)$$

根据连续方程式(3-15)可得

$$\frac{v_1}{v_2} = \frac{A_2}{A_1} = \left(\frac{d_2}{d_1}\right)^2$$

或

$$v_1 = \left(\frac{d_2}{d_1}\right)^2 v_2 \qquad (3\text{-}49)$$

将式(3-49)代入式(3-48),得

$$\Delta h = \frac{v_2^2}{2g} - \frac{v_2^2}{2g}\left(\frac{d_2}{d_1}\right)^4$$

则

$$v_2 = \frac{1}{\sqrt{1-\left(\frac{d_2}{d_1}\right)^4}}\sqrt{2g\Delta h} \qquad (3\text{-}50)$$

因此,通过文丘里流量计的流量为

$$Q' = A_2 v_2 = \frac{\pi}{4}d_2^2 \times \frac{\sqrt{2g}}{\sqrt{1-\left(\frac{d_2}{d_1}\right)^4}}\sqrt{\Delta h}$$

令
$$k = \frac{\pi}{4}d_2^2 \times \frac{\sqrt{2g}}{\sqrt{1-\left(\frac{d_2}{d_1}\right)^4}} \qquad (3-51)$$

则
$$Q' = k\sqrt{\Delta h} \qquad (3-52)$$

因以上分析没有考虑水头损失，而实际上由于 1-1 和 2-2 两个断面之间有能量损失存在，通过文丘里流量计的实际流量 Q 应小于式（3-52）的值。通常在式（3-52）中乘一个小于 1 的系数 μ 来修正，则实际流量为

$$Q = \mu k\sqrt{\Delta h} \qquad (3-53)$$

式中，μ 称为文丘里管流量系数。

μ 值随流动情况和管道收缩的几何形状而不同，使用文丘里管时应事先加以率定。k 值取决于水管直径 d_1 和喉管直径 d_2，可以预先算出。当已知 μ 和 k 值，通过实测 1-1 和 2-2 断面的测压管液面差 Δh，由式（3-53）即可算出管道中通过的流量。实用上，通常是通过试验来绘制 Q—Δh 关系曲线，以备直接查用。

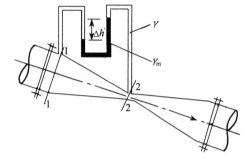

图 3-30

如果 1-1 及 2-2 断面的动水压强很大，这时在文丘里管上可直接安装水银压差计，如图 3-30 所示。如果管道中的液体是水，压差计中的液体为水银，由压差计原理可得

$$\Delta h = 12.6\Delta h'$$

此时式（3-53）可写成

$$Q = \mu k\sqrt{12.6\Delta h'} \qquad (3-54)$$

式中，$\Delta h'$ 为水银压差计中的两支水银液面高差。

3. 孔口恒定出流 在盛有液体的容器上开孔后，液体会通过孔口流出容器，这种流动现象称为孔口出流。例如，水利工程中水库多级卧管的放水孔，船闸闸室的充水或放水孔，给水排水工程中的各类取水、泄水孔口中的水流等。当容器中的液面保持恒定不变时（有液体补充），通过孔口的流动是恒定流。在工程上，通常需要确定孔口的过水能力，即孔口出流的流量。应用恒定总流的能量方程即可确定孔口恒定出流的流量。

如图 3-31 所示，在水箱侧壁上开一个直径为 d 的孔口，在水头 H 的作用下，水流从孔口流出。当水箱的容积很大时，远离孔口的地方流速较小，而且流线近似于平行直线，水流流向孔口时流线发生急剧收缩。如果水箱壁厚较小，孔壁与水股的接触面只有一条周界线，孔壁厚度不影响孔口出流，这种孔口称为薄壁孔口。水流通过孔口时，由于流线不能是折线，水股继续收缩。若水流经孔口后直接流入大气（自由出流），水股在距孔口 $\frac{1}{2}d$ 的 c-c 断面处收缩到最小值。随后由于空气阻力的影响，流速减小，水股断面又开始扩散。c-c 断面称为收缩断面，该断面上流

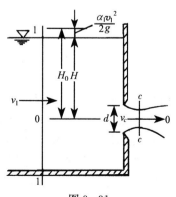

图 3-31

线是近似平行直线,可视为渐变流断面。当水箱水位保持不变时,属孔口恒定出流,以通过孔口中心的水平面为基准面 o-o,选渐变流过水断面 1-1 及 c-c,写出能量方程,即

$$z_1 + \frac{p_1}{\gamma} + \frac{\alpha_1 v_1^2}{2g} = z_c + \frac{p_c}{\gamma} + \frac{\alpha_c v_c^2}{2g} + h_{w_{1-c}}$$

对 1-1 断面,取自由面上一点计算,$z_1 = H$,$\frac{p_1}{\gamma} = 0$。c-c 断面取中心点计算,$z_c = 0$,对于小孔口 $\left(\frac{d}{H} \leqslant 0.1\right)$ c-c 断面上各点压强近似等于大气压强,于是 $\frac{p_c}{\gamma} = 0$,上式可写为

$$H + \frac{\alpha_1 v_1^2}{2g} = \frac{\alpha_c v_c^2}{2g} + h_{w_{1-c}} \tag{3-55}$$

$h_{w_{1-c}}$ 是孔口出流的水头损失,一般可用一个系数与流速水头的乘积来表示,即

$$h_{w_{1-c}} = \zeta_c \frac{v_c^2}{2g} \tag{3-56}$$

ζ_c 称为孔口出流的水头损失系数。令

$$H + \frac{\alpha_1 v_1^2}{2g} = H_0 \tag{3-57}$$

H_0 又称为孔口总水头。将式(3-56)、式(3-57)代入式(3-55),得

$$H_0 = (\alpha_c + \zeta_c) \frac{v_c^2}{2g}$$

或

$$v_c = \frac{1}{\sqrt{\alpha_c + \zeta_c}} \sqrt{2gH_0} = \varphi \sqrt{2gH_0} \tag{3-58}$$

其中,$\varphi = \frac{1}{\sqrt{\alpha_c + \zeta_c}} \approx \frac{1}{\sqrt{1 + \zeta_c}}$ 称为流速系数,表示无能量损失时 c-c 断面的流速值 $\sqrt{2gH_0}$ 与实际流速 v_c 之比。设 A 为孔口面积,A_c 为收缩断面 c-c 的面积,两者之比 $\frac{A_c}{A} = \varepsilon < 1.0$,称 ε 为孔口收缩系数。因此,利用式(3-58)孔口出流的流量为

$$Q = A_c v_c = \varepsilon A \varphi \sqrt{2gH_0} = \mu A \sqrt{2gH_0} \tag{3-59}$$

式中,$\mu = \varepsilon \varphi$ 称为孔口出流的流量系数。对于小孔口的自由出流,通过实验测得 $\varepsilon = 0.63 \sim 0.64$,$\varphi = 0.97 \sim 0.98$,$\mu = 0.61 \sim 0.63$。一般可取流量系数 $\mu = 0.62$。不同边界形式孔口出流的 ε、φ 及 μ 值可通过实验确定或参考有关手册选取。

4. 管嘴恒定出流 在容器孔口处接上断面与孔口形状相同,长度为 $(3 \sim 4)d$ 的短管(d 为短管内径),这样的短管称为管嘴。液体流经管嘴并且在出口断面满管流出的流动现象称为管嘴出流。在与孔口直径相同的情况下,管嘴的过水能力比孔口要大。所以,在实际工程中,常用管嘴来增加泄流量。如坝内的泄水孔、渠道侧壁上的放水孔及水力机械喷枪中的流动等。若容器内液面保持不变,则为管嘴恒定出流。

在图 3-31 中接一个直径为 d 的圆柱形外管嘴,如图 3-32 所示。与孔口出流类似,水流进入管嘴后流线继续收缩,在 c-c 处形成收缩断面,

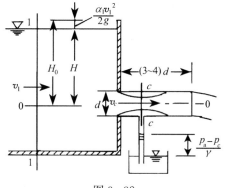

图 3-32

然后流股再逐渐扩散到全断面，从管嘴出口满管流出。在 c-c 断面处，流股与管壁脱离形成环状真空区，动水压强 p_c 小于大气压强 p_a。现采用孔口出流的分析方法，以过管嘴中心的水平面为基准面 o-o，写出 1-1 及 c-c 断面的能量方程

$$H + \frac{p_a}{\gamma} + \frac{\alpha_1 v_1^2}{2g} = 0 + \frac{p_c}{\gamma} + \frac{\alpha_c v_c^2}{2g} + \zeta_c \frac{v_c^2}{2g} \tag{3-60}$$

同样令 $H + \frac{\alpha_1 v_1^2}{2g} = H_0$，$\frac{1}{\sqrt{\alpha_c + \zeta_c}} = \varphi$，$\frac{A_c}{A} = \varepsilon$，$\varphi\varepsilon = \mu$，则从上式解出

$$v_c = \varphi \sqrt{2g\left(H_0 + \frac{p_a - p_c}{\gamma}\right)} \tag{3-61}$$

通过管嘴的流量为

$$Q = A_c v_c = \varepsilon A \varphi \sqrt{2g\left(H_0 + \frac{p_a - p_c}{\gamma}\right)}$$

或

$$Q = \mu A \sqrt{2g\left(H_0 + \frac{p_a - p_c}{\gamma}\right)} \tag{3-62}$$

将管嘴出流的式 (3-62) 与孔口出流的式 (3-59) 进行比较。在水头 H 一定，孔口的形状、面积相同的情况下，其收缩系数 ε、流速系数 φ 及流量系数 μ 两者基本相同，而管嘴的有效水头增大了 $\frac{p_a - p_c}{\gamma}$，故管嘴出流的流量比孔口出流要大。因 $\frac{p_a - p_c}{\gamma}$ 是 c-c 断面上的真空度，可见管嘴流量增大的原因，是由于管内真空区的存在，对水箱来流产生抽吸作用的结果。为了保证收缩断面处有真空存在，管嘴必须有一定长度。但如果管嘴过长，由于管段的沿程阻力加大，管嘴增大流量的作用会减弱。为了保持管嘴正常出流，管嘴长度应取 $(3\sim 4)d$。

对于圆柱形外管嘴，理论分析及实验研究的结果表明 $\frac{p_a - p_c}{\gamma} = 0.75 H_0$。可见收缩断面压强 p_c 随作用水头 H_0 的增大而减小。当 p_c 小于饱和蒸汽压强时，水流便开始出现空化。当收缩断面压强较低时，将会从管嘴出口处吸入空气，从而使管嘴内收缩断面处的真空遭到破坏，管嘴内的流动变为孔口自由出流，出流能力降低。根据实验研究，管嘴正常工作时收缩断面的最大真空度 $\frac{p_a - p_c}{\gamma} \leq 7\text{m}$。因此，作用水头应该满足的条件为 $H_0 \leq 9.33\text{m}$。

例 3-2 设水流从水箱经铅垂圆管流入大气，如图 3-33 所示。水箱储水深度由水位调节器控制，已知 $H = 3\text{m}$，管径 $d_1 = 75\text{mm}$，管长 $l_1 = 16\text{m}$，锥形管出口直径 $d_2 = 50\text{mm}$，管长 $l_2 = 0.1\text{m}$。水箱水面面积很大，若不计流动过程中的能量损失，试求 A-A、B-B 及 C-C 断面的压强水头各为多少？(注，A-A 位于管道进口，B-B 位于竖管 l_1 中间，C-C 位于锥形管进口前。)

解：取过水断面 1-1 及 2-2，以通过锥形管

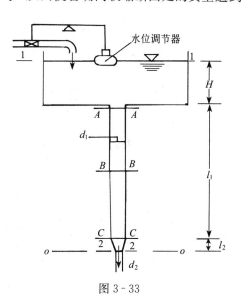

图 3-33

出口处的水平面为基准面 $o\text{-}o$,写出恒定总流的能量方程

$$(H+l_1+l_2)+0+\frac{\alpha_1 v_1^2}{2g}=0+0+\frac{\alpha_2 v_2^2}{2g}+h_{w_{1-2}}$$

取 $\alpha_1=\alpha_2=1.0$,因 $A_1 \gg A_2$,$\frac{\alpha_1 v_1^2}{2g}$ 可略去不计,且取 $h_{w_{1-2}}=0$,得

$$H+l_1+l_2=\frac{v_2^2}{2g}$$

锥形管出口处水流速度

$$v_2=\sqrt{2g(H+l_1+l_2)}=\sqrt{2\times 9.8\times(3+16+0.1)}=19.35(\text{m/s})$$

根据恒定总流连续方程 $v_A A_A = v_2 A_2$,$A\text{-}A$ 断面的平均流速

$$v_A=v_2\left(\frac{d_2}{d_1}\right)^2=19.35\times\left(\frac{0.05}{0.075}\right)^2=8.60(\text{m/s})$$

对 1-1 及 $A\text{-}A$ 断面写总流能量方程,得 $A\text{-}A$ 断面压强水头

$$\frac{p_A}{\gamma}=H-\frac{\alpha v_A^2}{2g}=3-\frac{1.0\times 8.60^2}{2\times 9.8}=-0.77(\text{m})$$

由于竖管过水断面面积 $A_A=A_B=A_C$,根据恒定总流的连续方程得 $v_A=v_B=v_C$。同理,对 1-1 及 $B\text{-}B$ 断面写总流能量方程,可得 $B\text{-}B$ 断面压强水头

$$\frac{p_B}{\gamma}=\left(H+\frac{l_2}{2}\right)-\frac{\alpha v_B^2}{2g}=3+\frac{16}{2}-\frac{1.0\times 8.60^2}{2\times 9.8}=7.23(\text{m})$$

对 1-1 及 $C\text{-}C$ 断面写总流能量方程,得 $C\text{-}C$ 断面压强水头

$$\frac{p_C}{\gamma}=(H+l_2)-\frac{\alpha v_C^2}{2g}=3+16-\frac{1.0\times 8.60^2}{2\times 9.8}=15.23(\text{m})$$

根据以上计算结果,请你进一步分析水流运动过程中,位能、压能和动能之间的相互转化关系。如果计入能量损失,情况又会如何?

例 3-3 有一股水流从直径 $d_2=25\text{mm}$ 的喷嘴垂直向上射出,如图 3-34 所示。水管直径 $d_1=100\text{mm}$,压力表读数 M 为 29 400N/m²。若水流经过喷嘴的能量损失为 0.5m,且射流不碎裂分散。求喷嘴的射流量 Q 及水股最高能达到的高度 h(不计水股在空气中的能量损失)。

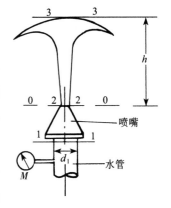

图 3-34

解:取喷嘴进口前的过水断面 1-1 及出口后的过水断面 2-2,以过 2-2 断面的水平面为基准面 $o\text{-}o$,因 1-1 和 2-2 断面相距很近,可不计两断面间的高差。写出恒定总流的能量方程

$$0+\frac{p_1}{\gamma}+\frac{\alpha_1 v_1^2}{2g}=0+0+\frac{\alpha_2 v_2^2}{2g}+h_{w_{1-2}}$$

利用连续方程 $v_1 A_1=v_2 A_2$,得 $v_1=v_2\left(\frac{d_2}{d_1}\right)^2$。取 $\alpha_1=\alpha_2=1.0$,上式可写成

$$\frac{v_2^2}{2g}\left[\left(\frac{d_2}{d_1}\right)^4-1\right]=h_{w_{1-2}}-\frac{p_1}{\gamma}$$

代入已知数据解得喷嘴出口流速

$$v_2 = \sqrt{2g\frac{h_{w_{1-2}} - \dfrac{p_1}{\gamma}}{\left(\dfrac{d_2}{d_1}\right)^4 - 1}} = \sqrt{2 \times 9.8 \frac{0.5 - \dfrac{29\,400}{9\,800}}{\left(\dfrac{0.025}{0.10}\right)^4 - 1}} = 7.01(\text{m/s})$$

喷嘴射流量

$$Q = A_2 v_2 = \frac{\pi}{4} d_2^2 v_2 = \frac{3.14}{4} \times 0.025^2 \times 7.01 = 3.44 \times 10^{-3}(\text{m}^3/\text{s})$$

取水股喷至最高点为过水断面 3-3，该断面上水质点流速为零。仍以 $o\text{-}o$ 为基准面，对 2-2 及 3-3 断面写出能量方程

$$0 + 0 + \frac{\alpha_2 v_2^2}{2g} = h + 0 + \frac{\alpha_3 v_3^2}{2g} + 0$$

因为 $\dfrac{\alpha_3 v_3^2}{2g} = 0$，所以水股喷射高度

$$h = \frac{\alpha_2 v_2^2}{2g} = \frac{1.0 \times 7.01^2}{2 \times 9.8} = 2.51(\text{m})$$

请进一步思考：如果将喷嘴旋转到与水平线成夹角 $\alpha = 30°$ 的位置，如图 3-35 所示，请问喷嘴射流量 Q 及水股喷射到最高点的高度 h 是否变化？为什么？

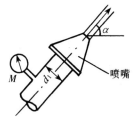

图 3-35

第七节 恒定总流的动量方程

从前面的讨论可以看出，联合应用恒定总流的连续方程和能量方程，可以解决许多水力学问题。然而，由于它们没有反映水流与边界作用力之间的关系，在需要确定水流对边界的作用力时，这两大方程都无能为力。如求解水流对弯管的作用力（图 3-36）。另外，对于能量方程中的水头损失 h_w，当某种流动的 h_w 难以确定，而其数值较大又不能忽略时，能量方程也将无法应用。如明渠中水跃的计算（图 3-37）。而恒定总流的动量方程恰好弥补了上述不足。连续方程、能量方程及动量方程又统称为水力学三大基本方程，它们是水力学中应用最广的三个主要方程。

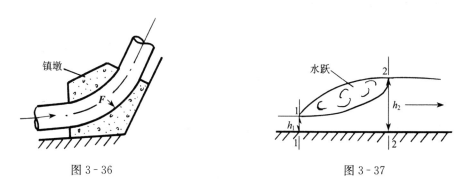

图 3-36　　　　　　　　　　图 3-37

一、恒定总流的动量方程

由物理学已知，动量定律可表述为：单位时间内物体的动量变化等于作用于该物体所有

外力的合力。以 m 表示物体的质量，用 $\boldsymbol{v}$ 表示物体运动的速度，则物体的动量为 $\boldsymbol{M}=m\boldsymbol{v}$。动量的变化就是 $\boldsymbol{M}_2-\boldsymbol{M}_1=m\boldsymbol{v}_2-m\boldsymbol{v}_1$，若以 $\sum \boldsymbol{F}$ 表示作用于物体上所有外力的合力。那么动量定律可写为

$$\frac{\boldsymbol{M}_2-\boldsymbol{M}_1}{\Delta t}=\sum \boldsymbol{F}$$

或

$$\Delta \boldsymbol{M}=\sum \boldsymbol{F}\cdot \Delta t \tag{3-63}$$

依据动量定律式（3-63），现推导恒定总流的动量方程。

设有一恒定总流，取渐变流过水断面 1-1 及 2-2 为控制断面，面积分别为 A_1 和 A_2，断面平均流速为 v_1 和 v_2，液体由断面 1-1 流向断面 2-2，两断面间没有汇流或分流，如图 3-38 所示。在 dt 时刻初，用断面 1-1 及 2-2 截取出一个流段 1-2（也称为控制体），它所具有的动量为 $\boldsymbol{M}_{1\text{-}2}$。经过微小时段 dt 后，该流段运动到新的位置 $1'\text{-}2'$，此时它所具有的动量为 $\boldsymbol{M}_{1'\text{-}2'}$。$dt$ 时段内该流段动量的变化为

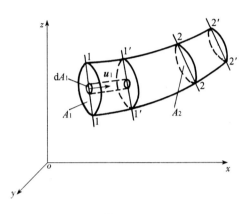

图 3-38

$$\Delta \boldsymbol{M}=\boldsymbol{M}_{1'\text{-}2'}-\boldsymbol{M}_{1\text{-}2}$$

$\boldsymbol{M}_{1'\text{-}2'}$ 可以看做是 $1'\text{-}2$ 和 $2\text{-}2'$ 两个流段的动量之和，即

$$\boldsymbol{M}_{1'\text{-}2'}=\boldsymbol{M}_{1'\text{-}2}+\boldsymbol{M}_{2\text{-}2'}$$

同理

$$\boldsymbol{M}_{1\text{-}2}=\boldsymbol{M}_{1\text{-}1'}+\boldsymbol{M}_{1'\text{-}2}$$

虽然 $\boldsymbol{M}_{1'\text{-}2}$ 分别相应于两个不同时刻，因流动是不可压缩液体的恒定流，在断面 $1'\text{-}1'$ 与断面 2-2 之间的液体，其质量和流速均不随时间改变，即动量 $\boldsymbol{M}_{1'\text{-}2}$ 不随时间改变，所以 1-2 流段在 dt 时间内的动量变化实际上可写为

$$\Delta \boldsymbol{M}=\boldsymbol{M}_{2\text{-}2'}-\boldsymbol{M}_{1\text{-}1'} \tag{3-64}$$

$\boldsymbol{M}_{2\text{-}2'}$ 是 dt 时段内从 2-2 断面流出液体的动量；而 $\boldsymbol{M}_{1\text{-}1'}$ 是 dt 时段内由 1-1 断面流入液体的动量。因此，$\Delta \boldsymbol{M}$ 就等于 dt 时段内从控制体 1-2 流出液体的动量与流入液体的动量之差。

为了确定 $\boldsymbol{M}_{1\text{-}1'}$，在过水断面 1-1 上取一个微小面积 dA_1，流速为 u_1，dt 时段内由 dA_1 流入液体的动量为 $\rho u_1 dA_1 \cdot dt \cdot \boldsymbol{u}_1$，对面积 A_1 积分，得总流 1-1 断面流入液体的动量为

$$\boldsymbol{M}_{1\text{-}1'}=\int_{A1}\rho u_1 \boldsymbol{u}_1 dt dA_1=\rho dt \int_{A1} u_1 \boldsymbol{u}_1 dA_1 \tag{3-65}$$

式（3-65）中的积分取决于过水断面上的流速分布。一般情况下，过水断面上的流速分布较难确定。因此，用类似推导恒定总流能量方程的方法，以断面平均流速 v 来代替 u，所造成的误差以动量修正系数 β 来修正。令

$$\beta=\frac{\int_A u\boldsymbol{u} dA}{\boldsymbol{v} v A} \tag{3-66}$$

β 代表了实际动量与按断面平均流速计算的动量之比。在渐变流过水断面上，各点的流速 $\boldsymbol{u}$ 几乎平行且和断面平均流速 $\boldsymbol{v}$ 的方向基本一致，故

$$\beta = \frac{\int_A u^2 dA}{v^2 A} \tag{3-67}$$

与动能修正系数类似,能够证明 $\beta \geqslant 1.0$。β 值的大小也取决于过水断面上流速分布的均匀程度。在一般的渐变流中,$\beta = 1.02 \sim 1.05$。为计算方便,通常取 $\beta = 1.0$。这样式(3-65)就可以写成

$$\boldsymbol{M}_{1\text{-}1'} = \rho dt \beta_1 \boldsymbol{v}_1 v_1 A_1 = \rho dt \beta_1 \boldsymbol{v}_1 Q_1$$

同理
$$\boldsymbol{M}_{2\text{-}2'} = \rho dt \beta_2 \boldsymbol{v}_2 Q_2$$

动量差
$$\Delta \boldsymbol{M} = \rho dt (\beta_2 \boldsymbol{v}_2 Q_2 - \beta_1 \boldsymbol{v}_1 Q_1) \tag{3-68}$$

设 $\sum \boldsymbol{F}$ 为 dt 时段内作用于总流 1-2 流段上所有外力之和。因为流量 $Q_1 = Q_2 = Q$,将式(3-68)代入式(3-63)得

$$\rho Q(\beta_2 \boldsymbol{v}_2 - \beta_1 \boldsymbol{v}_1) = \sum \boldsymbol{F} \tag{3-69}$$

这就是不可压缩液体恒定总流的动量方程。它表示两个控制断面之间的恒定总流,在单位时间内流出该段的动量与流入该段的动量之差,等于作用在所取控制体上各外力的合力。

总流的动量方程是一个矢量方程式。为了计算方便,在直角坐标中常采用分量形式,即

$$\left. \begin{array}{l} \rho Q(\beta_2 v_{2x} - \beta_1 v_{1x}) = \sum F_x \\ \rho Q(\beta_2 v_{2y} - \beta_1 v_{1y}) = \sum F_y \\ \rho Q(\beta_2 v_{2z} - \beta_1 v_{1z}) = \sum F_z \end{array} \right\} \tag{3-70}$$

式中,ρ 为液体的密度,v_{1x}、v_{1y}、v_{1z} 和 v_{2x}、v_{2y}、v_{2z} 分别为 $\boldsymbol{v}_1$、$\boldsymbol{v}_2$ 在 x、y、z 轴方向的分量,$\sum F_x$、$\sum F_y$、$\sum F_z$ 为作用在控制体上所有外力分别在 x、y、z 轴投影的代数和,不考虑 β 在 x、y、z 轴方向的变化。

从恒定总流动量方程的推导过程可知,该方程的应用条件为:
(1) 不可压缩液体,恒定流。
(2) 两端的控制断面必须选在均匀流或渐变流区域,但两个断面之间可以有急变流存在。
(3) 在所取的控制体中,有动量流进流出的过水断面各自只有一个,否则,动量方程式(3-69)不能直接应用。

图 3-39 所示为一个分叉管道,取控制体如图中虚线所示,可见,有动量流出的断面是两个,即 2-2 及 3-3 断面,有动量流入的是 1-1 断面,在这种情况下,动量方程可以修改成

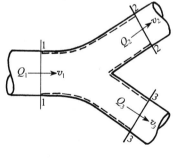

图 3-39

$$(\rho \beta_2 \boldsymbol{v}_2 Q_2 + \rho \beta_3 \boldsymbol{v}_3 Q_3) - \rho \beta_1 \boldsymbol{v}_1 Q_1 = \sum \boldsymbol{F} \tag{3-71}$$

式(3-71)也可写成坐标轴上的投影形式。

二、动量方程应用

动量方程是水力学中最主要的基本方程之一。由于它是一个矢量方程,在应用中要注意

以下几点：

（1）首先要选取控制体。一般是取总流的一段来研究，其过水断面应选在均匀流或渐变流区域。因控制体的周界上均作用着大气压强，而任何一个大小相等的应力分布对任一封闭体的合力为零，所以动水压强用相对压强计算。

（2）全面分析控制体的受力情况。既要做到所有的外力一个不漏，又要考虑哪些外力可以忽略不计。对于待求的未知力，可以预先假定一个方向，若计算结果得该力的数值为正，表明原假设方向正确；当所求得的力数值为负时，表明作用力实际方向与原假设方向相反。为了便于计算，应在控制体上标出全部作用力的方向。

（3）实际计算中，一般采用动量方程在坐标轴的投影形式。所以写动量方程时，必须先确定坐标轴，然后要弄清流速和作用力投影的正负号。凡是与坐标轴的正向一致者取正号，反之取负号。坐标轴是可以任意选择的，以计算简便为宜。

（4）方程式中的动量差，必须是流出的动量减去流入的动量，两者切不可颠倒。

（5）动量方程只能求解一个未知数。当有两个以上未知数时，应借助于连续方程及能量方程联合求解。在计算中，一般可取 $\beta_1=\beta_2=1.0$。

下面举例说明动量方程的应用。

1. 确定水流对弯管的作用力

例 3-4 某有压管道中有一段渐缩弯管，如图 3-40（a）所示。弯管的轴线位于水平面内，已知断面 1-1 形心点的压强 $p_1=98\text{kN/m}^2$，管径 $d_1=200\text{mm}$，管径 $d_2=150\text{mm}$，转角 $\theta=60°$，管中流量 $Q=100\text{L/s}$。若不计弯管的水头损失，求水流对弯管的作用力。

解： 由连续方程 $v_1A_1=v_2A_2=Q$，得

$$v_1=\frac{Q}{A_1}=\frac{100\times10^{-3}}{\frac{3.14}{4}\times0.2^2}=3.18\text{ (m/s)}$$

$$v_2=\frac{Q}{A_2}=\frac{100\times10^{-3}}{\frac{3.14}{4}\times0.15^2}=5.66\text{(m/s)}$$

取过水断面 1-1 和 2-2，以过管轴线的水平面为基准面，写出能量方程为

$$0+\frac{p_1}{\gamma}+\frac{\alpha_1v_1^2}{2g}=0+\frac{p_2}{\gamma}+\frac{\alpha_2v_2^2}{2g}+0$$

取 $\alpha_1=\alpha_2=1.0$，得

$$\frac{p_2}{\gamma}=\frac{p_1}{\gamma}+\frac{v_1^2-v_2^2}{2g}=\frac{98\,000}{9\,800}+\frac{3.18^2-5.66^2}{2\times9.8}=8.88\text{(m)}$$

故 2-2 断面形心点的压强

$$p_2=8.88\times9\,800=87.02\text{(kN/m}^2\text{)}$$

（1）在弯管内，取过水断面 1-1 与 2-2 之间的水体为控制体，且选取水平面为 xoy 坐标平面，如图 3-40（b）所示。

（2）分析控制体所受的全部外力，并且在控制体上标出各力的作用方向。因控制体的重力 G 沿铅垂方向，故在 xoy 平面上的投影为零。两端过水断面上的动水压力 P_1 及 P_2 为

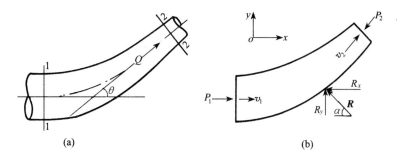

图 3-40

$$P_1 = p_1 A_1 = 98\,000 \times \frac{\pi}{4} \times 0.2^2 = 3\,077.2(\text{N})$$

$$P_2 = p_2 A_2 = 87\,020 \times \frac{\pi}{4} \times 0.15^2 = 1\,537.0(\text{N})$$

管壁对控制体的作用力 $\boldsymbol{R}$，这是待求力的反作用力，以相互垂直的分量 R_x、R_y 表示，假定其方向如图示。

(3) 用动量方程计算管壁对控制体的作用力 $\boldsymbol{R}$。写 x 方向的动量方程，有

$$\rho Q(\beta_2 v_2 \cos\theta - \beta_1 v_1) = P_1 - P_2\cos\theta - R_x$$

取 $\beta_1 = \beta_2 = 1.0$，得

$$\begin{aligned} R_x &= P_1 - P_2\cos\theta - \rho Q(v_2\cos\theta - v_1) \\ &= 3\,077.2 - 1\,537.0\cos60° - 1\,000 \times 0.1 \times (5.66\cos60° - 3.18) \\ &= 2\,273.7(\text{N}) \end{aligned}$$

写 y 方向的动量方程，有

$$\rho Q(\beta_2 v_2 \sin\theta - 0) = -P_2 \sin\theta + R_y$$

取 $\beta_2 = 1.0$，得

$$\begin{aligned} R_y &= \rho Q v_2 \sin\theta + P_2 \sin\theta \\ &= 1\,000 \times 0.1 \times 5.66\sin60° + 1\,537.0\sin60° \\ &= 1\,821.3(\text{N}) \end{aligned}$$

R_x、R_y 的计算结果均为正值，说明管壁对控制体作用力的实际方向与假定方向相同。

合力的大小

$$R = \sqrt{R_x^2 + R_y^2} = \sqrt{2\,273.7^2 + 1\,821.3^2} = 2\,913.2(\text{N})$$

合力与 x 轴的夹角

$$\alpha = \arctan\frac{R_y}{R_x} = \arctan\frac{1\,821.3}{2\,273.7} = 38°41'$$

(4) 计算水流对弯管的作用力 $\boldsymbol{F}$。$\boldsymbol{F}$ 与 $\boldsymbol{R}$ 大小相等，方向相反，而且作用线相同。作用力 $\boldsymbol{F}$ 直接作用在弯管上，对管道有冲击破坏作用。为此应在弯管段设置混凝土镇墩来抵抗这种冲击力。

2. 水流对平板闸门的作用力

例 3-5 在某平底矩形断面渠道中修建水闸，闸门与渠道同宽，采用矩形平板闸门且垂直启闭，如图 3-41 (a) 所示。已知闸门宽度 $b=6\text{m}$，闸前水深 $H=5\text{m}$，当闸门开启高度

$e=1\text{m}$ 时，闸后收缩断面水深 $h_c=0.6\text{m}$，水闸泄流量 $Q=33.47\text{m}^3/\text{s}$。若不计水头损失，求过闸水流对平板闸门的推力。

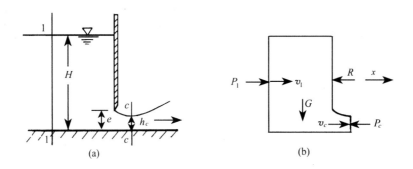

图 3-41

解： 取渐变流过水断面 1-1 及 c-c，根据连续方程 $v_1A_1=v_cA_c=Q$，可得

$$v_1 = \frac{Q}{bH} = \frac{33.47}{6\times 5} = 1.12(\text{m/s})$$

$$v_c = \frac{Q}{bh_c} = \frac{33.47}{6\times 0.6} = 9.3(\text{m/s})$$

（1）取过水断面 1-1、c-c 之间的全部水流为控制体，沿水平方向选取坐标 x 轴，如图 3-41（b）所示。

（2）分析控制体的受力，并标出全部作用力的方向。重力 G 沿垂直方向，故在 x 轴上无投影。1-1 断面动水压力为

$$P_1 = \frac{1}{2}\gamma H^2 b = \frac{1}{2}\times 9\,800\times 5^2 \times 6 = 735(\text{kN})$$

c-c 断面动水压力为

$$P_c = \frac{1}{2}\gamma h_c^2 b = \frac{1}{2}\times 9\,800\times 0.6^2 \times 6 = 10.584(\text{kN})$$

设闸门对水流的反作用力为 R，方向水平向左。

（3）利用动量方程计算反作用力 R。写 x 方向的动量方程，有

$$\rho Q(\beta_2 v_c - \beta_1 v_1) = P_1 - P_c - R$$

取 $\beta_1=\beta_2=1.0$，得

$$\begin{aligned} R &= P_1 - P_c - \rho Q(v_c - v_1) \\ &= 735 - 10.584 - 1\times 33.47\times (9.3 - 1.12) \\ &= 450.63(\text{kN}) \end{aligned}$$

因为求得的 R 为正值，说明假定的方向即为实际方向。

（4）确定水流对平板闸门的推力 R'。R' 与 R 大小相等，方向相反，即 $R'=450.63\text{kN}$，方向水平向右。

下面请你将本例题作进一步分析：当其他条件不变时，与按静水压强分布计算的结果进行比较，水流对闸门的作用力 R' 是否相同？原因何在？

3. 射流冲击固定表面的作用力

例 3-6 如图 3-42（a）所示，水流从管道末端的喷嘴水平射出，以速度 v 冲击某铅垂

固定平板，水流随即在平板上转 90°后向四周均匀散开。若射流量为 Q，不计空气阻力及能量损失，求射流冲击固定平板的作用力。

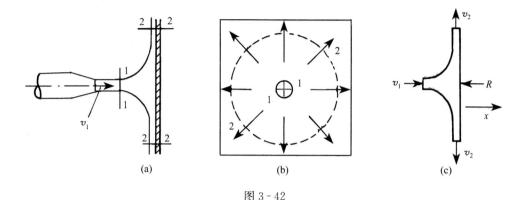

图 3-42

解：射流转向以前取过水断面 1-1，射流完全转向以后取过水断面 2-2 [是一个圆筒面，见图 3-42（b）]，取 1-1 与 2-2 之间的全部水体为控制体。沿水平方向取 x 轴，如图 3-42（c）所示。

写 x 方向的动量方程，有

$$\rho Q (\beta_2 v_{2x} - \beta_1 v_{1x}) = \sum F_x$$

因不计能量损失，由能量方程可得 $v_1 = v_2 = v$，流速在 x 轴上的投影 $v_{1x} = v$，$v_{2x} = 0$。

分析控制体的受力，由于射流的周界及转向后的水流表面都处在大气中，可认为 1-1、2-2 断面的动水压强等于大气压强，故动水压力 $P_1 = P_2 = 0$。不计水流与空气、水流与平板的摩擦阻力。重力 G 与 x 轴垂直，$G_x = 0$。设平板作用于水流的反力为 R，方向水平向左。取 $\beta_1 = \beta_2 = 1.0$。因此可得

$$\rho Q(0 - v) = -R$$

即
$$R = \rho Q v$$

因计算结果 R 为正值，说明原假定方向即为实际方向。射流作用在固定平板上的冲击力 R' 与 R 大小相等，方向相反，即 R' 水平向右且与射流速度 v 的方向一致。

如果射流冲击的是一块垂直固定的凹面板，如图 3-43 所示。取射流转向以前的过水断面 1-1 和完全转向后的过水断面 2-2（是一个环形断面）之间的全部水体为控制体，写出 x 方向的动量方程，有

$$\rho Q (\beta_2 v_{2x} - \beta_1 v_{1x}) = \sum F_x$$

同样分析可得
$$R = \rho Q v (1 - \cos\theta)$$

射流作用在凹面板上的冲击力 R' 与 R 大小相等，方向相反，即 R' 水平向右且与射流速度 v 的方向一致，如图 3-43 所示。θ 是指凹面板末端切线与 x 轴的夹角，由于 $\theta > \dfrac{\pi}{2}$，故 $\cos\theta$ 为负值，所以作用于凹面板上的冲

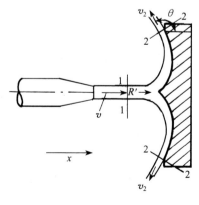

图 3-43

击力大于作用于平板上的冲击力。当 $\theta=\pi$ 时，即射流转向180°，此时射流对凹面板的冲击力是平板的2倍。

三、恒定总流的动量矩方程

应用恒定总流的动量方程能够确定水流与边界之间作用力的大小和方向，但不能给出作用力的位置。当需要确定作用力的位置时，可应用动量矩方程求解。实际工程中，在分析水流通过水轮机或水泵等水力机械的流动时，也常需要应用动量矩定理。

在力学中动量矩定理可表述为：一个物体在单位时间内对转动轴的动量矩变化，等于作用于此物体上所有外力对同一转轴的力矩之和。下面以水流通过水轮机转轮的流动为例，依据动量矩定理，采用与推导动量方程相类似的方法，推导恒定总流的动量矩方程。

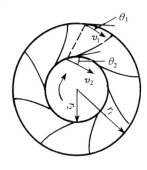

图 3-44

图 3-44 所示为一水轮机转轮的剖面图。水流从转轮外周以速度 v_1 流入，它与圆周切线方向的夹角为 θ_1；水流从转轮内周以速度 v_2 流出，它与圆周切线方向的夹角为 θ_2。转轮外周半径为 r_1，内周半径为 r_2。由于流动是轴对称的，故在同一圆周上的各点处，流入或流出的速度大小均相等，与圆周切线的夹角也不变。设单位时间内流入转轮的液体质量为 ρQ，则沿圆周切线方向流入的动量为 $\rho Q v_1 \cos\theta_1$，单位时间内流入转轮的液体的动量矩为 $(\rho Q v_1 \cos\theta_1) r_1$。同理，单位时间内流出转轮的液体的动量矩为 $(\rho Q v_2 \cos\theta_2) r_2$。根据动量矩定理可得

$$\rho Q (v_2 r_2 \cos\theta_2 - v_1 r_1 \cos\theta_1) = \sum T' \tag{3-72}$$

式中，$\sum T'$ 是作用于水流上的所有外力对转轴的力矩之和。式（3-72）即为恒定总流的动量矩方程。

因水流对转轮叶片的作用力所产生的力矩 T 与 $\sum T'$ 大小相等，方向相反，故式（3-72）又可写成

$$\rho Q (v_1 r_1 \cos\theta_1 - v_2 r_2 \cos\theta_2) = T \tag{3-73}$$

式中，T 是水流作用于水轮机转轮的力矩。对于离心泵，水流通过转轮的流动情况恰好与水轮机相反，式（3-73）的左边为负值，即水流对水泵转轮的力矩 T 是负的，说明转轮加力于水流，水流通过水泵而获得了外加能量。

第八节 量纲分析法简介

前面已阐述了一元恒定流的三大基本方程，它们的联合应用是解决水力学问题的一个基本途径，但仅靠这些基本方程来解决实际问题是远远不够的。由于水流运动的复杂性，很多水流运动还无法找到其数学表达式。虽然现代计算技术的迅速发展，计算机的普及应用，使我们可以通过数值计算解决一些流动问题。但是，由于边界条件的复杂性，直到目前为止，通过理论分析和数值计算只能求解一些较为简单的问题。因此，还需要借助科学试验的手段来弥补理论分析的不足。在水力学研究中，运用理论分析与科学试验相结合的手段，量纲分

析可在试验的基础上帮助寻求各物理量之间的关系,建立关系式的结构,为将试验上升到理论提供了一种有效方法。量纲分析法作为分析流动问题的有力工具和方法,将它列入本章内容加以介绍,要正确地运用这种方法,还必须对流动现象有一定的分析能力,这需要在以后各章的学习中来逐步加深和掌握。

一、量纲分析法基本概念

1. 量纲和单位 在水力学研究中,经常遇到的物理量有长度、时间、质量、密度、速度和压强等,这些物理量可按其性质不同加以分类,其类别就称为物理量的量纲(或称因次)。不同种类的物理量有不同的量纲。例如长度、时间、质量是三个性质完全不同的物理量,因而具有三种不同的量纲。若以 [物理量] 来表示该物理量的量纲,那么,长度的量纲为 [L],时间的量纲为 [T],质量的量纲为 [M]。

物理量的量纲可分为基本量纲和诱导量纲两大类。基本量纲是相互独立的量纲,即其中的任意一个量纲都不能从其他基本量纲中推导出来。例如 [L]、[T]、[M] 彼此是相互独立的,它们都是基本量纲。诱导量纲则是由基本量纲推导出来的,也称为导出量纲。例如面积、速度、加速度等都是诱导量纲,即 $[A] = [L]^2$,$[v] = \dfrac{[L]}{[T]}$,$[a] = \dfrac{[L]}{[T]^2}$。就水力学问题而言,基本量纲的数目一般取为三个,但不是必须的,也可多于或少于三个。在力学问题中,与国际单位制(SI)相对应,一般选择 [L]、[T]、[M] 为基本量纲,力 [F] 是诱导量纲,$[F] = \dfrac{[M][L]}{[T]^2}$。在工程界,过去广泛采用工程单位制,其基本量纲习惯采用 [L]、[T]、[F],这时质量 [M] 是诱导量纲。目前,工程单位制已逐渐被 SI 所取代,所以很少采用 [L]、[T]、[F] 作为基本量纲。

用于衡量同一类别物理量数值大小的标准,称为单位。例如,比较长度的大小,可以选择米、厘米或市尺作单位,由于选择了不同的单位,同一长度的物理量可以用不同的数值来表示,可以是 1m,100cm 或 3 市尺,可见有量纲的物理量其数值的大小将随单位不同而变化。

2. 无量纲数 在力学问题中,任何一个物理量 X 的量纲都可以用三个基本量纲的指数乘积来表示,即

$$[X] = [L^a T^b M^c]$$

当 $a \neq 0$,$b = 0$,$c = 0$ 时,X 为一个几何学的量。如面积 A,体积 V 等。

当 $a \neq 0$,$b \neq 0$,$c = 0$ 时,X 为一个运动学的量。如流速 u,加速度 a,流量 Q,运动黏滞系数 ν 等。

当 $a \neq 0$,$b \neq 0$,$c \neq 0$ 时,X 为一个动力学的量。如力 F,密度 ρ,压强 p,切应力 τ,动力黏滞系数 μ 等。

当 $a = b = c = 0$ 时,则

$$[X] = [L^0 T^0 M^0] = [1] \tag{3-74}$$

式中的 X 称为无量纲数,也称为无量纲量或纯数。它的数值大小与所选用的单位无关。

无量纲数可以是两个相同量的比值。例如水力坡度 J 是水头损失与流程长度之比,$J = \dfrac{h_w}{l}$,其量纲 $[J] = \dfrac{[L]}{[L]} = [1]$,$J$ 就是一个无量纲数。它反映了实际水流总水头沿流程减

少的情况。无论长度单位是选择米还是市尺,只要形成该水力坡度的条件不变,其值也不改变。此外,无量纲数也可以由几个有量纲量组合而成,例如动能修正系数 $\alpha = \dfrac{\int_A u^3 \mathrm{d}A}{v^3 A}$,孔口出流的流量系数 $\mu = \dfrac{Q}{A\sqrt{2gH_0}}$ 等,都是无量纲数。由于无量纲数即无量纲又无单位,更能够反映客观规律,在研究水流运动时,由无量纲数所组成的物理方程更具有普遍意义。

3. 量纲和谐原理 任何一种物体的运动规律,都可以用一定的物理方程来描述。凡是正确、完整地反映客观规律的物理方程,其各项的量纲都必须是相同的,这就是量纲和谐原理,或称量纲一致性原理。显然,在一个物理方程中,只有同类型的物理量才能相加或相减,否则是没有意义的。例如,把水深与质量加在一起是没有任何意义的。所以,一个物理方程式中各项的量纲必须一致。这一原理已为无数事实所证明。但不同类型的物理量却可以相乘除,从而得出另一物理量,如加速度乘以质量可得力,距离除以时间可得速度。

利用量纲和谐原理,可以从一个侧面来检验物理方程的正确性。例如,不可压缩液体恒定总流的能量方程

$$z_1 + \frac{p_1}{\gamma} + \frac{\alpha_1 v_1^2}{2g} = z_2 + \frac{p_2}{\gamma} + \frac{\alpha_2 v_2^2}{2g} + h_\mathrm{w}$$

式中,每一项都是长度的量纲 [L],因而该方程是量纲和谐的。各项的单位无论是用米还是市尺,能量方程的形式均不变。如果用位置水头 z_1 去除以方程式中的各项,即

$$1 + \frac{p_1}{\gamma z_1} + \frac{\alpha_1 v_1^2}{2g z_1} = \frac{z_2}{z_1} + \frac{p_2}{\gamma z_1} + \frac{\alpha_2 v_2^2}{2g z_1} + \frac{h_\mathrm{w}}{z_1}$$

得到由无量纲数组成的能量方程,而不会改变原方程的本质。这样既可以避免因选用的单位不同而引起的数值不同,又可使方程的参变量减少。如果一个方程式在量纲上是不和谐的,则应重新检查该方程式的正确性。

量纲和谐原理还可以用来确定经验公式中系数的量纲,以及分析经验公式的结构是否合理。例如明渠均匀流的谢才公式

$$v = C\sqrt{RJ}$$

式中,流速 $[v] = \dfrac{[\mathrm{L}]}{[\mathrm{T}]}$,水力半径 $[R] = [\mathrm{L}]$,水力坡度是无量纲数,所以谢才系数 C 就是一个有量纲的系数,根据量纲和谐原理:

$$[C] = \frac{[\mathrm{L}][\mathrm{T}]^{-1}}{[\mathrm{L}]^{\frac{1}{2}}} = \frac{[\mathrm{L}]^{\frac{1}{2}}}{[\mathrm{T}]}$$

应当注意,有些特定条件下的经验公式其量纲是不和谐的,说明人们对客观事物的认识还不够全面和充分,这时应根据量纲和谐原理,确定公式中各项所应采用的单位,在应用这类公式时需特别注意采用所规定的单位。

量纲和谐原理最重要的用途之一,是能够确定方程式中物理量的指数。从而找到物理量间的函数关系,以建立结构合理的物理、力学方程式,量纲分析法就是根据这一原理发展起来的。

二、量纲分析法及其应用

当某一物体的运动规律已知时,表征该物理过程的方程式也就唯一确定了。这时不仅各

物理量之间具有规律性，而且这些物理量的量纲之间也存在着某种规律性。量纲分析法就是利用量纲和谐原理，从量纲的规律性入手推求物理量之间的函数关系，从而找到物体的运动规律。

量纲分析法有两种：一种适用于比较简单的问题，称为瑞利（L. Rayleigh）法；另一种是具有普遍性的方法，称为 π 定理。以下仅介绍 π 定理的内容，关于 π 定理的证明以及瑞利法可参考有关书籍。

1. π 定理 若某一物理过程包含有 $x_1, x_2, \cdots, x_n$ 等 n 个物理量，该物理过程一般可表示成如下函数关系，即

$$f(x_1, x_2, \cdots, x_n) = 0 \tag{3-75}$$

其中，可选 m 个物理量作基本物理量，则该物理过程必然可由 $(n-m)$ 个无量纲数的关系式来描述，即

$$F(\pi_1, \pi_2, \cdots, \pi_{n-m}) = 0 \tag{3-76}$$

式中，$\pi_1, \pi_2, \cdots, \pi_{n-m}$ 为 $(n-m)$ 个无量纲数。因为这些无量纲数是用 π 来表示的，故此称为 π 定理。该定理由布金汉（E. Buckingham）在 1915 年首先提出，所以又称为布金汉定理。它将有 n 个物理量的函数关系式（3-75）改写成有 $(n-m)$ 个无量纲数的表达式，从而使问题得到了简化。在 π 定理中，m 个基本物理量的量纲应该是相互独立的，它们不能组合成一个无量纲数。对于不可压缩液体运动，一般取 $m=3$。常分别选几何学的量（水头 H，管径 d 等），运动学的量（速度 v，重力加速度 g 等）和动力学的量（密度 ρ，动力黏滞系数 μ 等）各一个，作为基本物理量。

无量纲数 π 可应用式（3-77）确定，即

$$\pi_k = \frac{x_{k+3}}{x_1^{a_k} x_2^{b_k} x_3^{c_k}} \tag{3-77}$$

式中，x_1, x_2, x_3 是基本物理量；k 的取值为 $1, 2, \cdots, n-3$；a_k, b_k, c_k 为各 π 项的待定指数，可由分子、分母的量纲相等来确定。

2. π 定理应用举例 由实验观测得知，矩形薄壁堰（图 3-45）的流量 Q 与堰顶水头 H、堰口宽度 b、液体密度 ρ、重力加速度 g，以及动力黏滞系数 μ 和表面张力系数 σ 等因素有关。试用 π 定理推求矩形薄壁堰的流量公式。

根据题意，确定物理量个数 $n=7$，写出函数关系式为

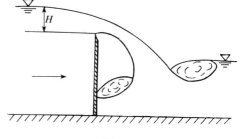

图 3-45

$$f(H, g, \rho, Q, b, \mu, \sigma) = 0$$

选几何学的量 H，运动学的量 g，动力学的量 ρ 作为基本物理量，即 $m=3$，因此，无量纲数 π 应该有 $n-m=4$ 个，无量纲数的方程为

$$F(\pi_1, \pi_2, \pi_3, \pi_4) = 0 \tag{3-78}$$

无量纲数 π 满足

$$\pi_k = \frac{x_{k+3}}{H^{a_k} g^{b_k} \rho^{c_k}}$$

根据量纲和谐原理，确定各 π 项的指数。

对于 π_1，其量纲式为
$$[Q] = [H]^{a_1}[g]^{b_1}[\rho]^{c_1}$$
选长度 [L]、时间 [T]、质量 [M] 作为基本量纲，上式可写为
$$[L^3T^{-1}] = [L]^{a_1}[LT^{-2}]^{b_1}[ML^{-3}]^{c_1}$$
上式等号两边相同量纲的指数应相等，

对于   [L]: $a_1 + b_1 - 3c_1 = 3$

       [T]: $-2b_1 = -1$ 联立解得 $\begin{cases} a_1 = \dfrac{5}{2} \\ b_1 = \dfrac{1}{2} \\ c_1 = 0 \end{cases}$

       [M]: $c_1 = 0$

因此
$$\pi_1 = \frac{Q}{H^{\frac{5}{2}} g^{\frac{1}{2}} \rho^0} = \frac{Q}{H^2\sqrt{gH}}$$

对于 π_2，其量纲式为
$$[b] = [H]^{a_2}[g]^{b_2}[\rho]^{c_2}$$
$$[L] = [L]^{a_2}[LT^{-2}]^{b_2}[ML^{-3}]^{c_2}$$

同理，建立指数方程，

对于   [L]: $a_2 + b_2 - 3c_2 = 1$

       [T]: $-2b_2 = 0$ 联立解得 $\begin{cases} a_2 = 1 \\ b_2 = 0 \\ c_2 = 0 \end{cases}$

       [M]: $c_2 = 0$

因此
$$\pi_2 = \frac{b}{H^1 g^0 \rho^0} = \frac{b}{H}$$

对于 π_3，其量纲式为
$$[\mu] = [H]^{a_3}[g]^{b_3}[\rho]^{c_3}$$
$$[ML^{-1}T^{-1}] = [L]^{a_3}[LT^{-2}]^{b_3}[ML^{-3}]^{c_3}$$

同理，建立指数方程，

对于   [L]: $a_3 + b_3 - 3c_3 = -1$

       [T]: $-2b_3 = -1$ 联立解得 $\begin{cases} a_3 = \dfrac{3}{2} \\ b_3 = \dfrac{1}{2} \\ c_3 = 1 \end{cases}$

       [M]: $c_3 = 1$

因此
$$\pi_3 = \frac{\mu}{H^{\frac{3}{2}} g^{\frac{1}{2}} \rho^1} = \frac{\mu}{\rho H \sqrt{gH}} = \frac{\nu}{H\sqrt{gH}}$$

对于 π_4，其量纲式为
$$[\sigma] = [H]^{a_4}[g]^{b_4}[\rho]^{c_4}$$
因 $[\sigma] = [FL^{-1}] = [ML^{-2}]$，故
$$[MT^{-2}] = [L]^{a_4}[LT^{-2}]^{b_4}[ML^{-3}]^{c_4}$$

同理，建立指数方程，

对于   [L]: $a_4 + b_4 - 3c_4 = 0$

       [T]: $-2b_4 = -2$ 联立解得 $\begin{cases} a_4 = 2 \\ b_4 = 1 \\ c_4 = 1 \end{cases}$

       [M]: $c_4 = 1$

因此
$$\pi_4 = \frac{\sigma}{H^2 g^1 \rho^1} = \frac{\sigma}{\rho g H^2}$$

将各 π 项代入式（3-78），得无量纲数的方程为

$$F\left(\frac{Q}{H^2\sqrt{gH}}, \frac{b}{H}, \frac{\nu}{H\sqrt{gH}}, \frac{\sigma}{\rho g H^2}\right) = 0 \qquad (3-78a)$$

或写成

$$\frac{Q}{H^2\sqrt{gH}} = F_1\left(\frac{b}{H}, \frac{\nu}{H\sqrt{gH}}, \frac{\sigma}{\rho g H^2}\right) \qquad (3-78b)$$

对于矩形薄壁堰流量公式，亦可用理论分析法推导出来（详见第八章第二节），其结果为

$$Q = m_0 b \sqrt{2g} H^{\frac{3}{2}}$$

式中，m_0 为流量系数，反映了水流条件和边界条件对流量 Q 的影响。m_0 由经验公式确定。

与上式比较，式（3-78b）还可以写成

$$Q = \frac{H}{b\sqrt{2}} F_1\left(\frac{b}{H}, \frac{\nu}{H\sqrt{gH}}, \frac{\sigma}{\rho g H^2}\right) b\sqrt{2g} H^{\frac{3}{2}} \qquad (3-78c)$$

若令

$$m_0 = \frac{H}{b\sqrt{2}} F_1\left(\frac{b}{H}, \frac{\nu}{H\sqrt{gH}}, \frac{\sigma}{\rho g H^2}\right)$$

于是

$$Q = m_0 b \sqrt{2g} H^{\frac{3}{2}} \qquad (3-78d)$$

上式使两种分析方法的结果得到了统一，并且具有相同的公式结构。量纲分析的结果揭示了影响 m_0 的因素。由于 $\sqrt{gH}$ 与流速的量纲相同，令 $\sqrt{gH}$ 为特征流速 v，无量纲数 $\frac{\nu}{H\sqrt{gH}} = \frac{\nu}{Hv} = \frac{1}{\frac{vH}{\nu}}$，而 $\frac{vH}{\nu}$ 就是水力学中的雷诺数，常以 Re 来表示，它反映了黏滞性对流动的影响。无量纲数 $\frac{\sigma}{\rho g H^2} = \frac{\sigma}{\rho H (\sqrt{gH})^2} = \frac{1}{\frac{\rho H v^2}{\sigma}}$，而 $\frac{\rho H v^2}{\sigma}$ 就是韦伯数 We，它代表了表面张力的影响。可见流量系数 m_0 除了受堰顶宽度 b 与作用水头 H 的影响外，还与水流运动的雷诺数 Re、韦伯数 We 有关，至于 m_0 值的大小及函数表达式，只能通过试验来确定。然而，量纲分析已经显示了影响 m_0 的因素，从而使试验工作具有了明确的方向。

例 3-7 实验研究表明，总流边界单位面积上的切应力 τ_0，与液体的密度 ρ，动力黏滞系数 μ，断面平均流速 v，水力半径 R（断面特征尺寸）及壁面粗糙凸出高度 Δ 有关。试用 π 定理推导 τ_0 的表达式。

解： 根据题意，写出函数关系式为

$$f(R, v, \rho, \tau_0, \mu, \Delta) = 0$$

选取 R，v，ρ 作为基本物理量，因 $n=6$，$m=3$，故无量纲数 π 项有 $n-m=3$ 个，根据式（3-77）得

$$\pi_1 = \frac{\tau_0}{R^{a_1} v^{b_1} \rho^{c_1}}, \qquad \pi_2 = \frac{\mu}{R^{a_2} v^{b_2} \rho^{c_2}}, \qquad \pi_3 = \frac{\Delta}{R^{a_3} v^{b_3} \rho^{c_3}}$$

选长度 [L]、时间 [T]、质量 [M] 作为基本量纲，根据量纲和谐原理，对于 π_1，其量纲式为

$$[ML^{-1}T^{-2}] = [L]^{a_1} [LT^{-1}]^{b_1} [ML^{-3}]^{c_1}$$

建立指数方程，

对于　　[L]:　　　　　$a_1+b_1-3c_1=-1$　　　　　联立解得 $\begin{cases} a_1=0 \\ b_1=2 \\ c_1=1 \end{cases}$
　　　　[T]:　　　　　$-b_1=-2$
　　　　[M]:　　　　　$c_1=1$

因此
$$\pi_1 = \frac{\tau_0}{R^0 v^2 \rho^1} = \frac{\tau_0}{\rho v^2}$$

同理可得
$$\pi_2 = \frac{\mu}{\rho v R}, \quad \pi_3 = \frac{\Delta}{R}$$

将各 π 项代入无量纲数的方程 $F(\pi_1, \pi_2, \pi_3)=0$，得
$$F\left(\frac{\tau_0}{\rho v^2}, \frac{\mu}{\rho v R}, \frac{\Delta}{R}\right) = 0$$

式中，$\dfrac{\mu}{\rho v R} = \dfrac{1}{\underbrace{\dfrac{v R}{\nu}}} = \dfrac{1}{Re}$，$Re$ 为雷诺数，上式还可写成

$$\tau_0 = F_1\left(Re, \frac{\Delta}{R}\right)\rho v^2$$

这就是边壁切应力 τ_0 的表达式。可见，τ_0 与 ρ 及 v^2 成正比，还与水流运动的雷诺数 Re 及相对粗糙度 $\dfrac{\Delta}{R}$ 有关，$F_1\left(Re, \dfrac{\Delta}{R}\right)$ 的具体形式应通过试验确定，这将在第四章第三节中作进一步讨论。

由以上讨论可知，量纲分析法在水力学研究中是很重要的。它不仅可以推求某一物理过程的函数关系式，而且为进一步的实验研究指明了方向。但应当指出，量纲分析法毕竟只是一种数学方法，它必须建立在对所研究的物理过程有深入了解的基础上。既不要遗漏影响该物理过程的重要物理量，也不要把不必要的因素考虑进去。否则，即便是量纲分析准确无误，也会得到错误的结论。所以从某种意义上讲，量纲分析不是一种独立的方法，它应该与试验观测、研究相结合、尤其是最终确定函数关系的具体形式时，还要依靠理论分析和试验的成果。

习　题

3-1　某管道如图示，已知过水断面上流速分布为 $u=u_{\max}\left[1-\left(\dfrac{r}{r_0}\right)^2\right]$，$u_{\max}$ 为管轴线处的最大流速，r_0 为圆管半径，u 是距管轴线 r 点处的流速。试求断面平均流速 v。

3-2　有一倾斜放置的渐粗管如图示，$A\text{-}A$ 与 $B\text{-}B$ 两个过水断面形心点的高差为 1.0m。$A\text{-}A$ 断面管径 $d_A=150$mm，形心点压强 $p_A=68.5$kN/m^2。$B\text{-}B$ 断面管径 $d_B=300$mm，形心点压强 $p_B=58$kN/m^2，断面平均流速 $v_B=1.5$m/s，试求：(1) 管中水流的方

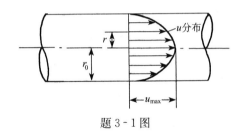

题 3-1 图

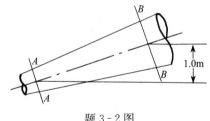

题 3-2 图

向;(2) 两断面之间的能量损失;(3) 通过管道的流量。

3-3 图示为一管路突然缩小的流段。由测压管测得 1-1 断面压强水头 $\frac{p_1}{\gamma}=1.0$m,已知 1-1、2-2 过水断面面积分别为 $A_1=0.03$m^2,$A_2=0.01$m^2,形心点位置高度 $z_1=2.5$m, $z_2=2.0$m,管中通过流量 $Q=20$L/s,两断面间水头损失 $h_w=0.3\frac{v_2^2}{2g}$。试求 2-2 断面的压强水头及测压管水头,并标注在图上。

3-4 图示一矩形断面平底渠道。宽度 $B=2.7$m,河床在某处抬高 $\Delta z=0.3$m,若抬高前的水深 $H=2.0$m,抬高后水面跌落 $\Delta h=0.2$m,不计水头损失,求渠道中通过的流量 Q。

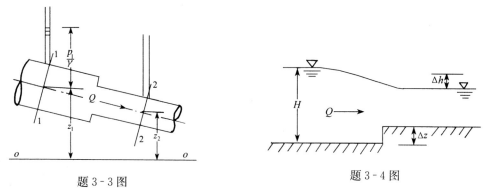

题 3-3 图　　　　　　　　　　　　题 3-4 图

3-5 水轮机的锥形尾水管如图示。已知 A-A 断面的直径 $d_A=0.6$m,断面平均流速 $v_A=5$m/s。出口 B-B 断面的直径 $d_B=0.9$m,由 A 到 B 的水头损失 $h_w=0.2\frac{v_A^2}{2g}$。试求当 $z=5$m 时,A-A 断面的真空度。

3-6 某虹吸管从水池取水,如图所示。已知虹吸管直径 $d=150$mm,出口在大气中。水池面积很大且水位保持不变,其余尺寸如图示,不计能量损失。试求:(1) 通过虹吸管的流量 Q;(2) 图中 A、B、C 各点的动水压强;(3) 如果考虑能量损失,定性分析流量 Q 如何变化。

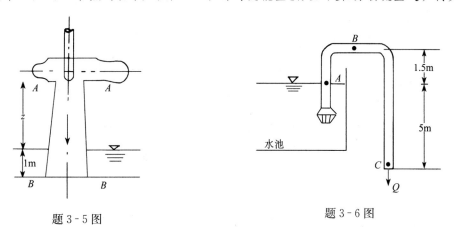

题 3-5 图　　　　　　　　　　　　题 3-6 图

3-7 水箱侧壁接一段水平管道,水由管道末端流入大气。在喉管处接一铅垂向下细管,下端插入另一个敞口的盛水容器中,如图所示。水箱面积很大,水位 H 保持不变,喉管直径为 d_2,管道直径为 d,若不计水头损失,问当管径之比 $\frac{d}{d_2}$ 为何值时,容器中的水将

沿细管上升到 h 高度。

3-8 测定水泵扬程的装置如图示。已知水泵吸水管直径 $d_1=200$mm，水泵进口真空表读数为 $4\text{mH}_2\text{O}$ ($1\text{mH}_2\text{O}=9\,806.65$Pa)。压水管直径 $d_2=150$mm，水泵出口压力表读数为 2at (at 为工程大气压，$1\text{at}=9.806\,65\times 10^4$Pa)，1-1、2-2 两断面之间的位置高差 $\Delta z=0.5$m，测得流量 $Q=0.06\text{m}^3/\text{s}$，水泵的效率 $\eta=0.8$。试求水泵的扬程 H_P 及轴功率 N_P (h_w 忽略不计)。

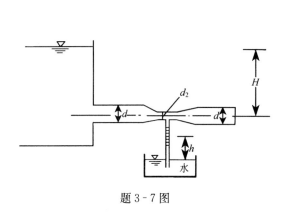

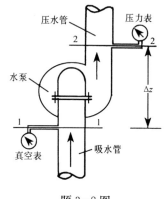

题 3-7 图

题 3-8 图

3-9 某泵站的吸水管路如图示，已知管径 $d=150$mm，流量 $Q=40$L/s，水头损失（包括进口）$h_w=1.0$m，若限制水泵进口前 $A-A$ 断面的真空值不超过 $7\text{mH}_2\text{O}$，试确定水泵的最大安装高程。

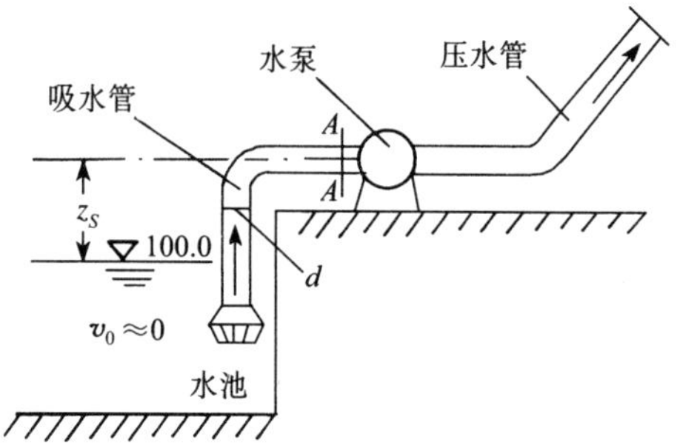

3-10 图示为一水平安装的文丘里流量计。已知管道 1-1 断面压强水头 $\dfrac{p_1}{\gamma}=1.1$m，管径 $d_1=150$mm，喉管 2-2 断面压强水头 $\dfrac{p_2}{\gamma}=0.4$m，管径 $d_2=100$mm，水头损失 $h_w=0.3\dfrac{v_1^2}{2g}$。试求：(1) 通过管道的流量 Q；(2) 该文丘里流量计的流量系数 μ。

题 3-9 图

3-11 图示一倾斜安装的文丘里流量计。管轴线与水平面的夹角为 α，已知管道直径 $d_1=150$mm，喉管直径 $d_2=100$mm，测得水银压差计的液面差 $\Delta h=20$cm，不计水头损失。试求：(1) 通过管道的流量 Q；(2) 若改变倾斜角度 α 值，当其他条件均不改变时，问流量 Q 是否变化，为什么？

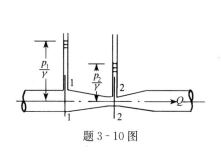

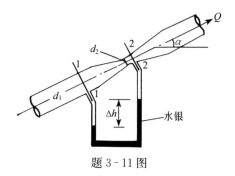

题 3-10 图

题 3-11 图

3-12 某管路系统与水箱连接，如题 3-12 图示。管路由两段组成，其过水断面面积分别为 $A_1=0.04\text{m}^2$，$A_2=0.03\text{m}^2$，管道出口与水箱水面高差 $H=4\text{m}$，出口水流流入大气。若水箱容积很大，水位保持不变，当不计水头损失时，试求：(1) 出口断面平均流速 v_2；(2) 绘制管路系统的总水头线及测压管水头线；(3) 说明是否存在真空区域。

3-13 水箱中的水体经扩散短管流入大气中，如图所示。若 1-1 过水断面直径 $d_1=100\text{mm}$，形心点绝对压强 $p_1=39.2\text{kN/m}^2$，出口断面直径 $d_2=150\text{mm}$，不计能量损失，求作用水头 H。

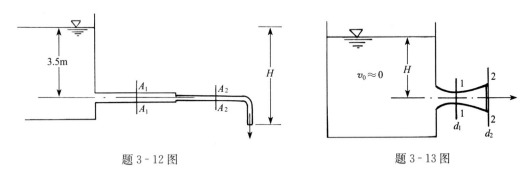

题 3-12 图   题 3-13 图

3-14 在矩形平底渠道中设平板闸门，如图所示。已知闸门与渠道同宽 $B=3\text{m}$，闸前水深 $H=4.5\text{m}$，当流量 $Q=37\text{m}^3/\text{s}$ 时，闸孔下游收缩断面水深 $h_c=1.6\text{m}$，不计渠底摩擦阻力。试求水流作用于闸门上的水平推力。

3-15 水流经变直径弯管从 A 管流入 B 管，通过流量 $Q=0.1\text{m}^3/\text{s}$，管轴线均位于同一水平面内，弯管转角 $\alpha=45°$，如题 3-15 图所示。已知 A 管直径 $d_A=250\text{mm}$，$A-A$ 断面形心点相对压强 $p_A=150\text{kN/m}^2$，B 管直径 $d_B=200\text{mm}$，若不计水头损失，试求水流对弯管的作用力。

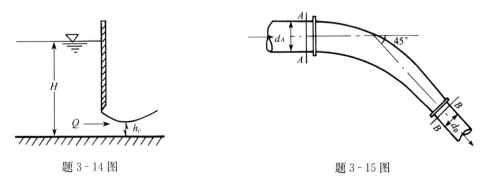

题 3-14 图   题 3-15 图

3-16 某压力输水管道的渐变段由镇墩固定，管道水平放置，管径由 $d_1=1.5\text{m}$ 渐缩到 $d_2=1.0\text{m}$，如图所示。若 1-1 过水断面形心点相对压强 $p_1=392\text{kN/m}^2$，通过的流量 $Q=1.8\text{m}^3/\text{s}$。不计水头损失，试确定镇墩所受的轴向推力。如果考虑水头损失，其轴向推力是否改变？

3-17 有一水平射流从喷嘴射出，冲击在相距很近的一块光滑平板上，平板与水平面的夹角为 α，如图所示。已知喷嘴出口流速 v_1，射流流量 Q_1，若不计能量损失和重力的作用，试求：(1) 分流后的流量分配，即 $\dfrac{Q_2}{Q_1}$ 和 $\dfrac{Q_3}{Q_1}$ 各为多少；(2) 射流对平板的冲击力。

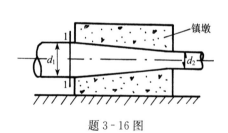

题 3-16 图

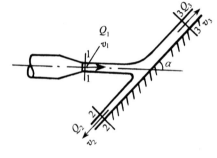

题 3-17 图

3-18 如图所示为一四通分叉管，其管轴线均位于同一水平面内。水流从 1-1、3-3 断面流入，流量分别为 Q_1 和 Q_3，形心点相对压强为 p_1 和 p_3，水流从 2-2 断面流入大气中，其余尺寸如图示，试确定水流对叉管的作用力。

3-19 根据习题 3-1 的已知条件，求过水断面上的动能修正系数 α 及动量修正系数 β 值。

3-20 水箱侧壁开有圆形薄壁孔口，如图所示。影响收缩断面平均流速 v_c 的因素有：孔口水头 H，孔口直径 d，液体密度 ρ，动力黏滞系数 μ，重力加速度 g 及表面张力系数 σ。试用量纲分析法推求流速 v_c 的表达式。

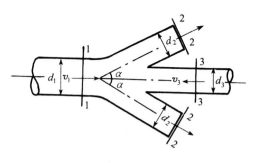

题 3-18 图

3-21 圆球在实际液体中做匀速直线运动。已知圆球所受的阻力 F 与液体的密度 ρ、动力黏滞系数 μ、圆球与液体的相对速度 v、圆球的直径 d 有关，试用量纲分析法推求阻力 F 的表达式。

3-22 文丘里管如图所示。已知影响喉管处流速 v_2 的主要因素有：文丘里管进口前管道直径 d_1，喉管直径 d_2，液体密度 ρ，动力黏滞系数 μ，过水断面 1-1 与 2-2 之间的压强差 Δp。试用量纲分析法推求文丘里管的流量表达式。

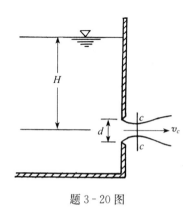

题 3-20 图

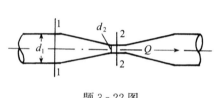

题 3-22 图

第四章 液流型态及水头损失

第三章我们讨论了液体一元流动的基本原理，建立了理想液体与实际液体的能量方程。能量方程体现了液体运动过程中能量守恒的规律，其中水头损失是应用能量方程的主要计算内容。这一章我们将对水头损失的分类，造成水头损失的成因，液流阻力与水头损失的关系，水头损失的计算以及断面流速分布等内容进行阐述。

处于运动状态的理想液体质点之间没有相对运动，流速分布是均匀的，对固体边界的作用力只有法向压力。实际液体运动要比理想液体复杂得多。由于黏滞性的存在会使液体流动具有不同于理想液体的流速分布，并且使液流内部相邻两层运动液体之间、液体与边界之间除法向压力外还存在着相互作用的切应力或称摩擦阻力。摩擦力做功过程中必然要消耗一部分机械能，所消耗的机械能不可逆转地转化为热能而散失，造成能量损失，单位重量液体机械能的损失就称为水头损失。因此，学习本章的过程中，我们始终要以能量守恒和转化的观点来看待液体恒定流动的阻力和机械能损失的规律，这是水力学中一个最基本也是最重要的问题。

在学习中，首先应从雷诺实验出发，认识液体流动的两种不同型态——层流和紊流以及产生不同液流型态的条件和影响因素，然后着重分析两种流动型态的内部机理及其特征，在此基础上掌握管道水流或明渠水流水头损失的计算方法。如果要进一步了解水头损失理论，可关注与水头损失密切相关的边界层理论、紊流扩散和绕流阻力等内容，这些内容本章只作了概念性介绍。

第一节 水头损失的分类及水流边界对水头损失的影响

液体的黏滞性是液流能量损失的根本原因。由于黏滞性的存在，液体在流动过程中各液层之间就会产生摩擦阻力，液体克服阻力做功，引起运动液体机械能的损失，即水头损失。为了便于分析研究和计算，根据液流边界的形状和大小是否沿程变化和主流是否脱离固体边壁或形成漩涡，把水头损失分为沿程水头损失 h_f 和局部水头损失 h_j 两大类。

当水流的固体边界形状和大小沿程不变，水流在长而且直的流段中的水头损失称为沿程水头损失，简称沿程损失，以符号 h_f 表示。在产生沿程损失的流段中，液流为均匀流，流线相互平行，主流不脱离边壁，也无漩涡发生。因此，在均匀流条件下，沿水流方向上各过水断面的水力要素和断面平均流速都保持不变，水头损失只有沿程损失，而且单位流程上的沿程水头损失都是相等的。例如，等直径管道中的水流等。

当固体边界的形状、大小或两者之一沿流程急剧变化所产生的水头损失称为局部水头损失，简称局部损失，以符号 h_j 表示。在局部损失发生的局部范围内，主流与边界往往分离并产生漩涡。例如，水流在管道突然收缩或流经阀门时，在固体边界形状发生突然变化处都会产生漩涡,主流与边界分离,如图 4-1 所示,流线弯曲,表现为非均匀的急变流特点。

在急变流情况下,沿程损失和局部损失都会发生,但可分为两种情况,一是边界变化较缓的渐变流,此时各过水断面上的水力要素和断面平均流速是逐渐变化的,可以认为产生的局部水头损失很小,可忽略不计,水头损失只考虑沿程损失。二是边界条件急剧变化的急变流,流线弯曲程度大,断面水力要素和平均流速发生急剧变化。此时虽然两种水头损失均存在,但为了计算上的方便,在计算沿程损失时将发生沿程损失的流程范围考虑到边界突变的断面处,而计算局部损失时,将局部损失发生的范围只认为在边界

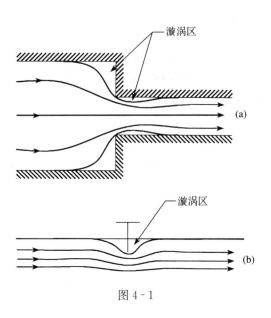

图 4-1

突变的断面处。因此,在计算中边界突变处仅计算局部损失,而其中伴随发生的沿程损失在计算沿程损失时予以考虑。

水流在全流程中,如有若干段长直流段及边界有若干突然改变,而各个局部又互不影响时,水流流经整个流程的水头损失 h_w,是各段沿程损失 h_f 和各个局部损失 h_j 的代数和,即

$$h_w = \sum h_f + \sum h_j \tag{4-1}$$

式中,$\sum h_f$ 表示全流程中各管段沿程水头损失的总和;$\sum h_j$ 表示全流程中各边界突变点局部水头损失的总和。

沿程水头损失和局部水头损失从本质上讲都是液体质点之间相互摩擦和碰撞,或者说,都是流液内摩擦力做功消耗的机械能。产生沿程损失的阻力是内摩擦阻力,称这种阻力为沿程阻力。在产生局部损失的地方,由于主流与边界分离和漩涡的存在,质点间的摩擦和碰撞加剧,因而引起的能量损失比同样长度而没有漩涡时的损失要大得多,称这种阻力为局部阻力。

由此得出结论,液流产生水头损失必须具备两个条件:①液体具有黏滞性;②固体边界的影响,液流内部质点之间存在相对运动。其中起决定作用的是液体具有黏滞性。

第二节 液流的两种流动型态

由于实际液流运动的复杂性,往往采用纯理论的分析方法难以解决问题,必须采用理论分析和实验研究相结合的方法加以探讨。一些学者的实验研究与理论分析往往对科学的发展做出了重大贡献。1883 年,英国工程师雷诺(Osborne Reynolds)完成了一项管流实验,实验结果于 1884 年发表。实验结果表明,流动的液体可分为层流和紊流两种流态。层流和紊流在液流阻力、水头损失、流速分布等各方面的规律都有所不同。该实验后来被称为雷诺实验,是水力学中最著名的实验之一。

一、雷诺实验

雷诺实验装置如图 4-2 所示。从水箱引出一根直径为 d 的长玻璃管，进口为喇叭口形，以便使水流平顺。水箱有溢流设备，以保持水流为恒定流。出口处设有阀门，控制管道流速 v。另设盛有有色液体的容器，置于略高于水箱液面的位置，用细管将有色液体导入喇叭口管道的中心，以观察有色液体的运动轨迹。细管上端设阀门，以控制有色液体的注入量。

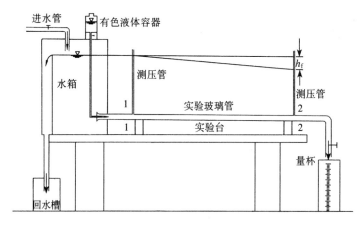

图 4-2

实验时将管道阀门缓缓开启，使水流以较小的流速在管中流动。然后将有色液体的控制阀门打开，使有色液体进入玻璃管。此时就可以看到玻璃管中有一条细直而鲜明的色线流束。这一流束并不与无色的水流流束相混合，如图 4-3（a）所示。

将管道阀门逐渐开大，流速亦逐渐增大，有色液体形成的直线逐渐变得弯曲、动荡，具有弯曲、波形的形状，如图 4-3（b）所示。

继续开大阀门，流速增大，当增大到一定数值后，有色液体不再保持线状，而是交错散乱地运动，并迅速向四周扩散，使全管水流着色，如图 4-3（c）所示。此时液体质点的轨迹极为紊乱，水质点相互混杂和碰撞。

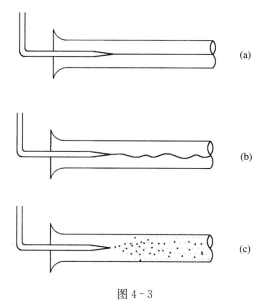

图 4-3

如果实验从大流速向较小流速的过程进行，观察到的现象就以相反的程序出现，但在一种流动型态向另一种流动型态转变的过程中，流速由小到大和由大到小的转换点流速并不相同。

从以上实验中我们可以总结出两点：

（1）当管道流速较小时，各流层的液体质点是有条不紊地运动，互不掺和，有色线条为清晰的直线，这种流动型态叫层流。

(2) 当管道流速较大时,各流层的液体质点在流动过程中,相互混掺,有色线条不再保持直线状,而是向四周扩散,使全管水流着色,如图 4-3 (c) 所示。表现为流动紊乱,这种流动型态叫紊流。

二、沿程水头损失 h_f 和平均流速 v 的关系

层流和紊流质点运动的方式不同,因而水头损失的规律亦不同。

首先通过测量玻璃管不同流速的测压管水头差,即两个测压管之间的沿程水头损失,来分析恒定均匀流情况下,层流和紊流流动型态的沿程水头损失 h_f 与管道平均流速 v 的关系。

在图 4-2 所示的均匀流段上,在测压管位置处分别取断面 1 和断面 2。

由能量方程,并考虑到 $v_1 = v_2$,$z_1 = z_2$,则

$$h_w = h_f = \left(z_1 + \frac{p_1}{\gamma} + \frac{\alpha_1 v_1^2}{2g}\right) - \left(z_2 + \frac{p_2}{\gamma} + \frac{\alpha_2 v_2^2}{2g}\right)$$

$$= \left(z_1 + \frac{p_1}{\gamma}\right) - \left(z_2 + \frac{p_2}{\gamma}\right)$$

$$= \frac{p_1}{\gamma} - \frac{p_2}{\gamma}$$

可见,h_f 就等于两个断面测压管液面的高差,即压力势能的减少。

流量可以用体积法量测。用量杯量出一定时间 t 内流出液体的体积 V,则 $Q = \frac{V}{t}$。由流量可算出流速,$v = \frac{Q}{A} = \frac{Q}{\pi d^2/4}$。以阀门调节流量可以得到不同的 h_f 和 v 值,根据测得的 h_f 和相应的 v 值可以分析 h_f 和 v 的关系。

分析时将 h_f 和 v 的对应值分别点绘在双对数坐标纸中,取 $\lg h_f$ 为纵坐标,$\lg v$ 为横坐标,如图 4-4 所示。

当流速由小逐渐增大进行实验时,所得实验数据点位于图中 $ACDE$ 上,C 点对应的流速是层流转变为紊流的流速,称为上临界流速,用 v_c' 表示。若流速由大逐渐减小,则所得的实验数据点

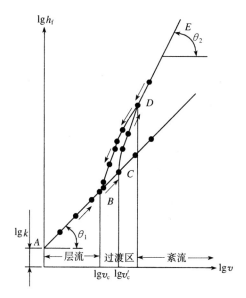

图 4-4

位于 $EDBA$ 上,B 点对应的流速是紊流转变为层流的流速,称为下临界流速,以 v_c 表示,并简称为临界流速。实验表明,上临界流速大于下临界流速,即 $v_c' > v_c$。因此,当管道流速 $v < v_c$ 时为层流(AB 段);当 $v > v_c'$ 时为紊流(DE 段);而 $v_c < v < v_c'$ 时可能是层流也可能是紊流,要看实验进行的程序,这一段称为层流到紊流的过渡段(BD 段)。过渡段的流态很不稳定,即使处于层流状态,一经外界干扰,就会转变为紊流。因此,该段的实验数据比较散乱,没有明确的规律,而对于层流的 AB 段和紊流的 DE 段均可用下列方程表示:

$$\lg h_f = \lg k + m \lg v \tag{4-2}$$

式中,$\lg k$ 是线段 AB (或 DE) 的截距;m 是线段 AB (或 DE) 的斜率。其中截距 $\lg k$ 与实

验所取的管径、管长、管壁的粗糙度等因素有关。而斜率 m 的变化规律有着重要的意义，其规律如下：

线段 AB，流态为层流，$m=1$（$\theta_1=45°$）；

线段 DE，流态为紊流，随着 v 的增大，m 从 1.75 增至 2.0，即 $m=1.75\sim2.0$（$\theta_2>45°$，$m=2.0$ 时，$\theta_2=63.44°$）。

对式（4-2）取反对数得

$$h_f = kv^m \tag{4-3}$$

式中，m 是水头损失 h_f 与流速 v 幂函数关系中的指数。由图 4-4 可知：

层流：$m=1$，说明层流时沿程水头损失 h_f 与流速 v 的一次方成比例。

紊流：$m=1.75\sim2.0$，说明紊流时沿程水头损失 h_f 与流速 v 的 1.75～2.0 次方成比例。

由此可见，m 值随流态而不同。我们的目的是为了确定沿程水头损失，而以上分析表明，不同流态的沿程水头损失有不同的变化规律。因此，必须首先判定液流型态是层流还是紊流。

三、流态的判别——雷诺数

层流与紊流所遵循的规律不同，因此判别流态是很重要的。雷诺发现从层流向紊流转变，不仅取决于管道流速，而且与管道直径和液体的黏滞性有关。这一关系可以用液流的惯性力与黏滞力的比值来描述，这个比值通常就称为雷诺数，用 Re 表示。

对于管道平均流速为 v，管道内径为 d 时，雷诺数 Re 的表达式为

$$Re = \frac{vd}{\nu} \tag{4-4}$$

式中，ν 为液体的运动黏滞系数，与液体的种类和温度有关。

以上实验表明，在层流向紊流过渡或从紊流向层流转变的过程中，存在两个临界流速，即上临界流速和下临界流速。与式（4-4）相对应，则有两个雷诺数。这两个数均称为临界雷诺数，它们分别为

下临界雷诺数　　$Re_c = \dfrac{v_c d}{\nu}$

上临界雷诺数　　$Re_c' = \dfrac{v_c' d}{\nu}$

这样，就可以用 Re_c 和 Re_c' 来判别流态了。但是，因存在两个临界雷诺数，还需要判别实验流速是从小到大变化还是从大到小变化，应用起来非常不方便。经反复实验，发现上临界雷诺数 Re_c' 的数值受实验环境的外界干扰影响较大（如水箱内水流的平静程度、玻璃管入口的形状及光滑程度、试验装置是否振动等），各人试验测得的上临界雷诺数相差甚大。有的得出 12 000，如果实验条件能维持高度平静，对液流无扰动，上临界雷诺数甚至达到 100 000，是一个很不稳定的数值。但是，层流的雷诺数大于下临界雷诺数时，其层流状态是极不稳定的，只要水流一受到外界干扰而发生动荡，将迅速转化为紊流。因此，上临界雷诺数对判断液流型态并没有实际意义。而下临界雷诺数 Re_c 相对比较稳定，其值大约为

$$Re_c \approx 2\,000 \tag{4-5}$$

实际中的水流总是存在不同程度的外界干扰，因此只有下临界雷诺数才能作为判断流动型态的标准。故工程中就把下临界雷诺数简称为临界雷诺数，在流态判别中，只要用实际雷

诺数与临界雷诺数进行比较，就可判定液流流态，即

如果 $Re=\dfrac{vd}{\nu}<2\,000$，流态为层流；

如果 $Re=\dfrac{vd}{\nu}>2\,000$，流态为紊流。

如前所述，雷诺数为液流的惯性力和黏滞力的比值。这就是雷诺数的物理意义。这一点可以通过对两种力各物理量的量纲分析加以说明。

惯性力为质量 m 和加速度 a 的乘积，即 $ma=\rho V\dfrac{\mathrm{d}v}{\mathrm{d}t}$，其量纲为

$$[\rho]\cdot[L^3]\dfrac{[v]}{[T]}=[\rho]\cdot[L^2]\cdot[v^2]$$

黏滞力由牛顿内摩擦定律确定，即 $T=\mu A\dfrac{\mathrm{d}u}{\mathrm{d}y}$，其量纲为 $[\mu]\cdot[L^2]\dfrac{[v]}{[L]}=[\mu]\cdot[L]\cdot[v]$。

惯性力和黏滞力的比值的量纲关系为

$$\dfrac{惯性力}{黏滞力}=\dfrac{[\rho]\cdot[L^2]\cdot[v^2]}{[\mu]\cdot[L]\cdot[v]}=\dfrac{[v]\cdot[L]}{[\nu]} \tag{4-6}$$

式（4-6）为雷诺数的量纲组成。式中，$[v]$ 为特征流速，$[L]$ 为特征长度，$[\nu]$ 为运动黏滞系数。

从上式中我们可以看出，当雷诺数 Re 较小时，意味着黏滞力的作用大，而惯性力的作用小，黏滞力对液流质点的运动起抑制作用，雷诺数小到一定程度后，液流呈层流状态。反之，雷诺数较大时，意味着惯性力的作用大，而黏滞力的作用小，惯性力对液流质点的运动起推动作用，因此液流呈紊流状态。

雷诺实验是在圆形玻璃管中进行的。其他材料、非圆形流动边界的液流，是否也存在层流和紊流呢？如果存在层流和紊流，相应的雷诺数和临界雷诺数怎样确定？

实际上，雷诺数只与液流平均流速、断面特征长度（如管径）和液体性质及温度有关，与流动边界的形状、边界材料性质无关。

对于非圆形流动边界，例如明渠，其特征长度可用水力半径来表征。

在任何形状的过水断面上，水流与固体边界接触的周长称为湿周，以 χ 表示。湿周具有长度的量纲。

过水断面面积 A 与湿周 χ 的比值称为水力半径，以 R 表示，即

$$R=\dfrac{A}{\chi} \tag{4-7}$$

R 的意义是单位湿周的过水断面面积，亦具有长度量纲，因此称为水力半径。

明渠断面的特征长度用水力半径来表示，代入雷诺数表达式，得

$$Re=\dfrac{vR}{\nu} \tag{4-8}$$

前已阐明，当管流雷诺数 Re 的特征长度取直径 d 时，其相应的雷诺数 Re 和临界雷诺数 Re_c 为式（4-4）和式（4-5）。

而有压圆管水流的水力半径为

$$R = \frac{A}{\chi} = \frac{\pi d^2/4}{\pi d} = \frac{d}{4} = \frac{r_0}{2}$$

这说明有压水流圆管的水力半径为直径 d 的 $1/4$ 或半径 r_0 的 $1/2$。

但是，如果圆管内存在自由水面，则水力半径与上式不同，而这种情况就属于明渠水流。

若取管流的特征长度为 R，则明渠的临界雷诺数为

$$Re_c = \frac{vR}{\nu} = \frac{2\,000}{4} = 500 \tag{4-9}$$

这一用水力半径表达的临界雷诺数，既可用于管流，亦可用于明渠水流，是更为普遍的表达形式。即

$Re < 500$，层流。

$Re > 500$，紊流。

第三节　均匀流沿程水头损失与切应力的关系

一、液体均匀流的沿程水头损失

我们知道，物体能够做功，就说这个物体具有能量。水流运动所具有的动能以及压力或重力使水流所具有的势能统称为机械能。而单位重量液体机械能的损失就是水头损失。液体在均匀流条件下只存在沿程水头损失。

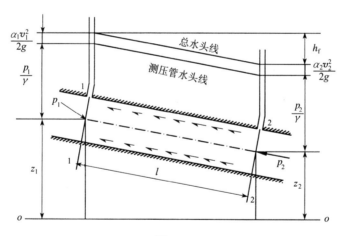

图 4-5

为了确定均匀流的沿程水头损失，在图 4-5 中对 1-1 断面和 2-2 断面列出能量方程，即

$$z_1 + \frac{p_1}{\gamma} + \frac{\alpha_1 v_1^2}{2g} = z_2 + \frac{p_2}{\gamma} + \frac{\alpha_2 v_2^2}{2g} + h_f$$

对均匀流，有 $\dfrac{\alpha_1 v_1^2}{2g} = \dfrac{\alpha_2 v_2^2}{2g}$，上式化简为

$$h_f = \left(z_1 + \frac{p_1}{\gamma}\right) - \left(z_2 + \frac{p_2}{\gamma}\right) \tag{4-10}$$

式 (4-10) 说明在均匀流情况下，两个过水断面之间的沿程水头损失等于两个过水断

面测压管水头差，这就是说液体克服阻力所消耗的能量全部由势能提供。

二、切应力与沿程水头损失的关系

在均匀流情况下，沿程水头损失是液体克服沿程摩擦阻力所做的功，这个阻力就是内摩擦力或称切应力。因此，切应力 τ 与沿程损失 h_f 应有一定的关系。在恒定均匀流条件下，可以导出这种关系，并将这种关系称为均匀流的基本方程。

现以圆管内的恒定均匀流为例进行分析。如图 4-5 所示，取断面 1-1、2-2 及流束的侧壁面为控制面，流束的长度为 l，半径为 r，断面面积为 A'，湿周为 χ'，水力半径为 $R'=\dfrac{A'}{\chi'}$，断面 1-1 和断面 2-2 的形心到基准面 $o-o$ 的铅直距离为 z_1 和 z_2。形心点上的动水压强为 p_1 和 p_2。流束侧表面的切应力为 τ。作用于流束的外力有

(1) 两端断面上的动水压力 $p_1 A'$ 和 $p_2 A'$；
(2) 侧面上的动水压力垂直于流束轴线，在运动方向投影为零；
(3) 侧面上的表面切力为：$T=\tau \chi' l$；
(4) 流束重力：$G=\gamma A' l$，式中，γ 为液体容重。

由于是均匀流，加速度为零，所有外力在流动方向上的平衡方程为

$$p_1 A' - p_2 A' + \gamma A' l \cos\theta - \tau \chi' l = 0$$

式中，$\gamma A' l \cos\theta$ 是重力在流动方向上的投影，因 $\cos\theta = \dfrac{z_1 - z_2}{l}$，以 $\gamma A' l$ 除上式，整理后得

$$\frac{\left(\dfrac{p_1}{\gamma}+z_1\right)-\left(\dfrac{p_2}{\gamma}+z_2\right)}{l} = \frac{\tau \chi'}{\gamma A'} = \frac{\tau}{\gamma R'} \tag{4-11}$$

将式 (4-10) 代入式 (4-11)，又因为水力坡度 $J=\dfrac{h_f}{l}$，所以上式又可写为

$$\tau = \gamma R' J \tag{4-12}$$

式中，γ 为液体容重；R' 为任意大小流束的水力半径；J 为水力坡度；τ 为作用于流束表面的切应力。

对于总流，过水断面面积为 A，湿周为 χ，水力半径为 R，此时的切应力为液流与固体边界接触面上的平均切应力，以 τ_0 表示。均匀流过水断面的压强符合静水压强分布规律，即 $z+\dfrac{p}{\gamma}$ 为常数，因此总流和任意大小流束的水力坡度 J 相等，由此可得

$$\tau_0 = \gamma R J \tag{4-13}$$

式 (4-12) 和式 (4-13) 都称为恒定均匀流的基本方程，它建立了切应力与沿程水头损失之间的关系。

对于无压均匀流，也可以列出流动方向的力平衡方程，同样可以得到与上式相同的结果。所以，均匀流基本方程对有压流和无压流都适用。

应当指出，均匀流基本方程反映了表面切应力与沿程水头损失的关系。但是并不能就此理解为机械能损失就是边界上的切应力造成的。实际上，作为一个研究体系，存在外力和内力两种状态。虽然液体内部切应力成对出现，但它们所做的功并不等于零。这是由于液体是变形体，两层流体的切向位移不等，故内部切应力所做的功不能相互抵消。

三、切应力的分布

利用式（4-12）及式（4-13）可以讨论沿横断面的切应力分布情况。将两式相除得

$$\frac{\tau}{\tau_0} = \frac{R'}{R}$$

对于圆管，将 $R' = \frac{r}{2}$ 及 $R = \frac{r_0}{2}$ 代入，可得

$$\frac{\tau}{\tau_0} = \frac{r}{r_0} \quad (4-14\text{a})$$

或

$$\tau = \frac{r}{r_0}\tau_0 \quad (4-14\text{b})$$

式（4-14）说明在圆管均匀流的过水断面上，切应力呈直线分布，管壁处切应力为最大值 τ_0，在管轴线处切应力为零。切应力的分布如图4-6所示。

设二元明渠恒定均匀流的水深为 h，从渠底计算的纵坐标为 y，可推得明渠任一点 y 处的切应力为

$$\tau = \tau_0 \left(1 - \frac{y}{h}\right) \quad (4-15)$$

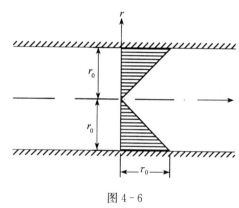

图 4-6

式（4-15）表明二元明渠恒定均匀流断面上的切应力也呈线性变化。

第四节　圆管中的层流运动及其沿程水头损失的计算

虽然切应力与水头损失的关系已由均匀流基本方程中推出，但要得到沿程水头损失计算的实用公式，还需要进一步研究切应力与断面平均流速的关系，以便用断面平均流速作为计算参数。液体作层流运动时，质点的运动有条不紊，层流运动主要受黏滞力的影响，因此层流时的切应力又称黏滞切应力，而黏滞切应力服从牛顿内摩擦定律。由于切应力的大小与液流的流动型态有关，因此我们先从圆管的层流运动开始，探讨层流运动的沿程水头损失计算问题。

圆管层流理论是哈根（Hagen）和泊肃叶（Poiseuille）分别于1839年和1841年提出的，因此圆管层流也称为 Hagen-Poiseuille 流。

一、流速分布

由牛顿内摩擦定律知，半径为 r 处的表面切应力为

$$\tau = -\mu \frac{\mathrm{d}u}{\mathrm{d}r}$$

式中，$\frac{\mathrm{d}u}{\mathrm{d}r}$ 为半径 r 处的流速梯度。如图4-7（a）所示，当 $r = r_0$ 时，由于水流黏附于管壁，

此处的点流速 $u=0$；而管轴处 $r=0$，$u=u_{\max}$。u 随 r 的增大而减小，所以 $\dfrac{\mathrm{d}u}{\mathrm{d}r}<0$。因切应力的大小以正值表示，故上式右端取负号。

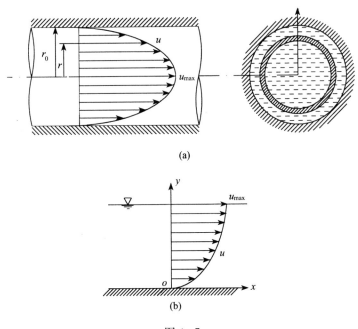

图 4-7

另一方面，由均匀流基本方程

$$\tau = \gamma R'J = \gamma \frac{r}{2}J$$

这两式是从不同的角度表示同一个切应力，故两式应相等，即

$$-\mu \frac{\mathrm{d}u}{\mathrm{d}r} = \gamma \frac{r}{2}J$$

分离变量得

$$\mathrm{d}u = -\frac{\gamma J}{2\mu}r\,\mathrm{d}r$$

上式积分得

$$u = -\frac{\gamma J}{4\mu}r^2 + C$$

式中，积分常数 C 由以下条件确定：当 $r=r_0$ 时，$u=0$，代入上式得

$$C = \frac{\gamma J}{4\mu}r_0^2$$

将积分常数代回原式得

$$u = \frac{\gamma J}{4\mu}(r_0^2 - r^2) \tag{4-16}$$

这就是圆管层流的流速分布规律，它是以管轴为中心的一个旋转抛物面，在管轴线上，即 $r=0$ 处，流速最大，该点流速为

$$u_{\max} = \frac{\gamma J}{4\mu}r_0^2 \tag{4-17}$$

任一点流速与最大流速的关系为

$$u = u_{\max} - \frac{\gamma J}{4\mu} r^2 \qquad (4-18)$$

抛物线型的流速分布是一种典型的层流运动流速分布,不仅在圆管中,在其他边界条件下的层流运动也是如此。例如,在明渠层流条件下,纵断面流速具有抛物线型的分布规律,如图4-7(b)所示。

二、流　量

由式(4-16)可以求得管道通过的流量 Q。因为根据流量的定义,$Q = \int_A u\,dA = vA$,如图4-7(a)所示,选取微分面积为环形面积,$dA = 2\pi r\,dr$,则通过 dA 的流量为

$$dQ = u\,dA = \frac{\gamma J}{4\mu}(r_0^2 - r^2) 2\pi r\,dr$$

积分上式,流量为

$$\begin{aligned} Q &= \int_0^{r_0} \frac{\gamma J}{4\mu}(r_0^2 - r^2) 2\pi r\,dr = \frac{\pi \gamma J}{4\mu}\left(r_0^4 - \frac{1}{2}r_0^4\right) \\ &= \frac{\pi \gamma J}{8\mu} r_0^4 = \frac{\pi \gamma J}{128\mu} d^4 \end{aligned} \qquad (4-19)$$

式(4-19)表明,圆管层流的流量 Q 与管径 d 的四次方成比例,这一关系称为哈根-泊肃叶定律。

三、断面平均流速

将式(4-19)及 $A = \pi r_0^2$ 代入 $v = \dfrac{Q}{A}$,得

$$v = \frac{Q}{A} = \frac{\gamma J}{8\mu} r_0^2 \qquad (4-20a)$$

式(4-20a)与式(4-17)相比较,得

$$v = \frac{1}{2} u_{\max} \qquad (4-20b)$$

可见在层流条件下,圆管断面平均流速 v 是管轴线处最大流速的一半。

四、沿程水头损失

为了实用上的方便,沿程水头损失通常用断面平均流速 v 的函数来表示。由式(4-20a)及 $d = 2r_0$,得水力坡度为

$$J = \frac{h_f}{l} = \frac{32\mu}{\gamma d^2} v$$

$$h_f = \frac{32\mu}{\gamma d^2} lv \qquad (4-21)$$

式(4-21)说明,在圆管层流中,沿程水头损失 h_f 和断面平均流速 v 的一次方成正比。这一结果与雷诺试验的结果是一致的。

一般情况下沿程水头损失用流速水头 $\dfrac{v^2}{2g}$ 表示,则式(4-21)可改写为

$$h_f = \frac{64}{\frac{vd}{\nu}} \frac{l}{d} \frac{v^2}{2g} = \frac{64}{Re} \frac{l}{d} \frac{v^2}{2g}$$

令
$$\lambda = \frac{64}{Re} \quad (4-22)$$

$$h_f = \lambda \frac{l}{d} \frac{v^2}{2g} \quad (4-23)$$

这就是常用的沿程水头损失计算公式。式（4-22）及式（4-23）中 λ 称为沿程阻力系数，又称沿程水头损失系数。式（4-22）表明，圆管层流的沿程阻力系数 λ 仅与雷诺数 Re 有关，且与 Re^{-1} 成正比，与管壁粗糙程度无关。

五、动能修正系数和动量修正系数

利用以上推得的点流速和断面平均流速公式，即式（4-16）及式（4-20a），可分别求得圆管层流时，能量方程中的动能修正系数 α 及动量方程中的动量修正系数 β。

圆管层流的动能修正系数为

$$\alpha = \frac{\int_A u^3 dA}{v^3 A} = \frac{\int_0^{r_0} \left[\frac{\gamma J}{4\mu}(r_0^2 - r^2)\right]^3 2\pi r dr}{\left(\frac{\gamma J}{8\mu} r_0^2\right)^3 \pi r_0^2} = 2$$

圆管层流的动量修正系数为

$$\beta = \frac{\int_A u^2 dA}{v^2 A} = \frac{\int_0^{r_0} \left[\frac{\gamma J}{4\mu}(r_0^2 - r^2)\right]^2 2\pi r dr}{\left(\frac{\gamma J}{8\mu} r_0^2\right)^2 \pi r_0^2} = \frac{4}{3}$$

上式说明，层流的动能修正系数和动量修正系数都大于1，这是由于层流流速分布很不均匀造成的。

例 4-1 有一输油管，管长 $l=50$m，管径 $d=0.1$m。已知油的密度 $\rho=930$kg/m³，动力黏滞系数 $\mu=0.072$N·s/m²。当通过输油管的流量 $Q=0.003$m³/s 时，求输油管的沿程水头损失 h_f、管轴处最大流速 u_{max} 及管壁切应力 τ_0。

解： 先判别液流的流态。

断面平均流速为

$$v = \frac{Q}{A} = \frac{4Q}{\pi d^2} = \frac{0.012}{3.1416 \times 0.1^2} = 0.382 (\text{m/s})$$

油的运动黏滞系数为

$$\nu = \frac{\mu}{\rho} = \frac{0.072}{930} = 0.774 \times 10^{-4} (\text{m}^2/\text{s})$$

液流的雷诺数为

$$Re = \frac{vd}{\nu} = \frac{0.382 \times 0.1}{0.774 \times 10^{-4}} = 493.5$$

因 $Re < 2\,000$，管中液流为层流。

沿程阻力系数为

$$\lambda = \frac{64}{Re} = \frac{64}{493.5} - 0.13$$

因此，沿程水头损失为

$$h_\text{f} = \lambda \frac{l}{d} \frac{v^2}{2g} = 0.13 \times \frac{50}{0.1} \times \frac{0.382^2}{2 \times 9.8} = 0.484(\text{m})$$

管轴处最大流速为

$$u_{\max} = 2v = 2 \times 0.382 = 0.764(\text{m/s})$$

水力坡度为

$$J = \frac{h_\text{f}}{l} = \frac{0.484}{50} = 0.00968$$

由式（4-16），$u = \frac{\gamma J}{4\mu}(r_0^2 - r^2)$，得 $\frac{\mathrm{d}u}{\mathrm{d}r} = -\frac{\gamma J}{2\mu}r$。

由牛顿内摩擦定律，切应力为

$$\tau = -\mu \frac{\mathrm{d}u}{\mathrm{d}r} = \frac{\gamma J}{2}r$$

在管壁处，$r = r_0$，代入上式，得

$$\tau_0 = \frac{\gamma J}{2}r_0 = \frac{\rho g J}{2} \cdot \frac{d}{2} = \frac{930 \times 9.8 \times 0.00968 \times 0.1}{4} = 2.206\ (\text{N/m}^2)$$

第五节　紊流的形成过程及特征

一、紊流形成过程

根据雷诺实验，层流与紊流的主要区别在于，紊流时各流层之间液体质点有不断地互相混掺作用，而层流则无这个现象。

这种质点混掺作用是怎样发生的，最后又是如何导致紊流发生的？

（1）由于液体的黏滞性和边界阻力，过水断面上的流速分布总是不均匀的，因此相邻两层液体之间存在相对运动，使流层之间产生内摩擦力。从液流中选定一流层分析，如图4-8(a)所示。流速较大的流层施加于流速较小流层的切应力是顺流向的，而流速较小的流层施

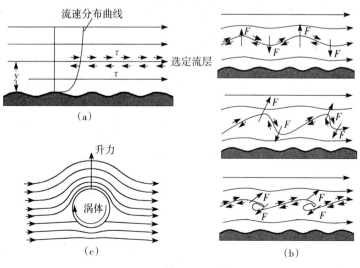

图4-8

加于流速较大流层的切应力是逆流向的，由此构成力矩，使流层有发生旋转的倾向。由于外界微小的干扰使流层发生波动，就会引起局部流速和压强的重新调整，波峰附近由于流线间距发生变化，波峰上面，流束受到挤压，局部过水断面变小，流速增大，压强就会降低；在波谷附近流速和压强也会发生相应的变化，但与波峰处的情况恰好相反，即流速减小，压强增大。这样在微小波动的流层各段承受不同方向的横向压力，这种横向压力促使波峰更凸，波谷更凹，如图4-8（b）所示。当波幅达到一定程度后，在横向压力和切应力的综合作用下，最后形成涡体，如图4-8（c）所示。

（2）涡体形成后不一定就能形成紊流。一方面因为涡体旋转产生的升力有使其脱离原流层的倾向；另一方面因为液体具有黏滞性，黏滞作用又要约束涡体的运动。所以，涡体能否脱离原流层而掺入邻层，取决于惯性力与黏滞力的对比关系，只有当惯性力作用比黏滞力作用大到一定程度后，涡体才能脱离原流层而掺入邻层，这样才能形成紊流，如图4-8（b）所示。

二、紊流运动要素的脉动和时均化

紊流的第一个特征是紊流运动要素是脉动的。

在紊流中，液体质点相互混掺着运动。虽然总体来说质点是朝着主流方向运动，但在固定空间点上，运动要素（流速u、压强p等）的大小和方向都在时刻不断地变化着，这种变化具有随机性。这种运动要素随时间波动的现象就称为脉动或紊动。

如果在恒定流中选一空间点，观察液体质点通过该点的运动状态，则不同时刻就有不同液体质点通过，各质点通过时的流速大小及方向是不同的。某一瞬间通过该定点的液体质点流速称为该定点的瞬时流速。其他运动要素瞬间通过该定点时也有相应的瞬时值。

紊流运动要素的瞬时值可分解为时均值和脉动值两部分。以液流中某一点沿流向的流速u为例，如图4-9（a）所示：

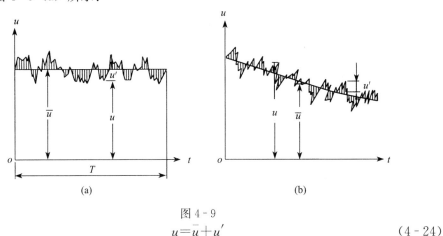

图4-9

$$u=\bar{u}+u' \tag{4-24}$$

式中，u为瞬时流速；$\bar{u}$为时均流速；u'为脉动流速。

时均流速是一定时段的平均值，若取一段足够长的时间过程，在此过程中的时间平均值可由下式定义：

$$\bar{u}=\frac{1}{T}\int_0^T u\mathrm{d}t \tag{4-25}$$

式中，T为计算时段。

T 不能取得过短，否则脉动影响不能消除。T 也不能取得过长，否则难以反映 $\bar{u}$ 的变化规律。时段 T 的选取主要考虑消除脉动影响以能较好地反映 $\bar{u}$ 值的变化为度。水文上用流速仪测定河渠中某一点的 $\bar{u}$ 值，在规范中常规定所取时段 T 的范围。

若以时均流速为起点，脉动流速 u' 可正可负。当瞬时流速 u 大于时均流速 $\bar{u}$ 时，u' 为正；反之为负。

脉动值的时均值等于零。因为脉动流速 u' 是围绕时间平均流速波动的部分，在一定时段 T 内，正负相互抵消为零。证明如下：

$$\bar{u}' = \frac{1}{T}\int_0^T u' \mathrm{d}t = \frac{1}{T}\int_0^T (u - \bar{u})\mathrm{d}t = \bar{u} - \bar{u} = 0$$

由图 4-9（a）可见，在时段 T 内，时均值以上阴影线的面积和时均值以下阴影线的面积相等，这也表明了 $\bar{u}'=0$。

同理，紊流的瞬时压强也可以表示为时均压强 $\bar{p}$ 与脉动压强 p' 之和，即

$$p = \bar{p} + p'$$

紊流的瞬时运动要素 u、p 等随时间不断变化，就此而言，紊流总是非恒定流。然而，研究紊流广泛采用运动要素的时均值。如果时均值不随时间变化，仍然称为恒定流，如图 4-9（a）所示。如果时均值随时间变化，则为非恒定流，如图 4-9（b）所示。今后如果不加说明，就用 u、p 等符号表示紊流的时均值。其他有关流线、均匀流、非均匀流等定义，在时均意义上对紊流仍然适用。

在水力学中，通常关心的是运动要素的时均效应。然而脉动对于水利工程也有着重要的影响。它可以增加建筑物的瞬时荷载；引起建筑物的振动；使水流挟沙能力增强等。当需要研究脉动的强弱程度时，不能用脉动值的时均值来表示，因为脉动值的时均值等于零。为此，常用脉动强度（又称紊动强度）和相对脉动强度来反映脉动的强弱程度。紊动强度的一般表达式为

$$\sigma_i = \sqrt{\overline{u_i'^2}}$$

式中，σ_i 为流速的紊动强度；u_i' 为脉动流速。

三、紊流产生附加切应力

紊流会产生附加切应力是紊流的第二个特征。

我们已经知道，在层流中由于液层间的相对运动引起的切应力，也称为黏滞切应力，符合牛顿内摩擦定律，即

$$\tau = \mu \frac{\mathrm{d}u}{\mathrm{d}y}$$

在紊流中，由于紊流的液体质点互相混掺，除了黏滞切应力 τ 以外，还有由质点混掺（或者脉动）引起的附加切应力，也叫雷诺应力。为了便于区别，我们规定黏滞切应力和附加切应力分别用 τ_1 和 τ_2 来表示，即

$$\tau = \tau_1 + \tau_2 \tag{4-26}$$

式中，τ_1 由牛顿内摩擦定律表达。我们主要考虑 τ_2 的表达式。

许多学者探讨了紊流附加切应力与流速梯度的关系。其中应用较广的是普朗特（Prandtl）于 1925 年提出的混合长度理论，其基本出发点是质点脉动引起动量交换（传递），因此又称为动量传递理论。普朗特的理论基于某些假设，故属于半经验理论。

设有二元恒定均匀紊流，取 xoy 坐标，其时均流速分布如图 4-10 所示。由于是二元均匀流，其时均流速只有一个分量 $\bar{u}=\bar{u}_x$，而脉动流速则有沿 x,y 两个方向的分量 u'_x 和 u'_y。

各液层的 u_x 不同，因此在不同的液层上平均来说具有的动量也是不同的。例如图 4-10 中 a 点处于低流速层，b 点处于高流速

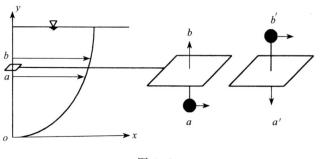

图 4-10

层，则 a 点处质点所具有的 x 方向的动量，平均来说比 b 点的 x 方向动量小。当紊流质点沿 y 方向（横向）以脉动流速 u'_y 运动到新的位置时，各质点之间进行 x 方向的动量交换，并沿主流 x 方向产生相应的力，单位面积上产生的力称为紊流附加切应力，现推导如下：

在图 4-10 中，任取一与 x 轴相平行的微小面积 ΔA。若位于低流速层 a 点处的质点以脉动流速（u'_y 为正值），穿过截面到达 b 点。由于质点来自低流速层，对 b 处的质点起向后拖曳的作用，并在 b 点产生向后脉动流速 u'_x（为负值）。Δt 时间内通过 ΔA 沿 y 轴向上的液体质量 $\Delta m = \rho u'_y \Delta A \Delta t$，引起的动量变化为

$$\Delta m \cdot u'_x = \rho u'_y \Delta A \Delta t \cdot u'_x$$

根据动量定律，沿 x 方向的动量的增量应等于在 x 方向切向力 ΔT 的冲量 $\Delta T \Delta t$，即

$$\Delta T \Delta t = \Delta m \cdot u'_x = \rho u'_x u'_y \Delta A \Delta t$$

上式除以 ΔA，并消去 Δt，得附加切应力 τ_2 为

$$\tau_2 = \rho u'_x u'_y$$

取时间平均得

$$\bar{\tau}_2 = \rho \overline{u'_x u'_y} \tag{4-27a}$$

同理，在图 4-10 中，位于高流速层 b' 点的液体质点以脉动流速 u'_y 向下运动（u'_y 为负值），穿过截面 ΔA 到达低流速层 a' 点。由于质点来自高流速层，对 a' 处的质点起向前推动的作用，并在 a' 点产生向前的脉动流速 u'_x（为正值），由此可得相同的附加切应力表达式。然而由上述可见，u'_x 和 u'_y 总是具有相反的符号，而 τ_2 通常用正值表示，所以，上式右端应加上负号，即

$$\tau_2 = -\rho u'_x u'_y$$

取时间平均得

$$\bar{\tau}_2 = -\rho \overline{u'_x u'_y} \tag{4-27b}$$

这就是紊流附加切应力的表达式，它与脉动流速及液体密度有关。

由于脉动流速是时间的随机值，难以直接应用式（4-27）计算紊流附加切应力。为了解决这个问题，普朗特提出了混掺长度假说。

假定液体质点以脉动流速 u'_y 经过距离 l_1 到达新的位置后，如图 4-11 所示，其本身所具有的运动特性（如速度、动量等）在该处与当地质点一次性交换完毕，而在距离 l_1 的运移过程中与周围的液体质点没有任何交换。普朗特的混掺长度假说，是

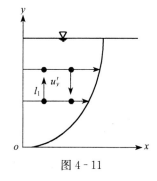

图 4-11

将液体质点运动与气体质点运动等同看待,因为气体分子运行一个平均自由路程才与其他分子碰撞,同时发生动量交换。

由于 l_1 很小,在 l_1 范围内的时均流速可看做线性变化。若低流速层的时均流速为 $\bar{u}_x$,则高流速层的时均流速为 $\bar{u}_x + \frac{\mathrm{d}\bar{u}_x}{\mathrm{d}y}l_1$。两层的时均流速差为

$$\left(\bar{u}_x + \frac{\mathrm{d}\bar{u}_x}{\mathrm{d}y}l_1\right) - \bar{u}_x = \frac{\mathrm{d}\bar{u}_x}{\mathrm{d}y}l_1$$

普朗特又假设 u'_x 是两层液体的流速差引起的,其时均值的绝对值与两层时均流速之差成比例,即

$$|u'_x| \propto \frac{\mathrm{d}\bar{u}_x}{\mathrm{d}y}l_1$$

又假定 $|u'_y|$ 与 $|u'_x|$ 属同一数量级,即

$$|u'_y| \propto |u'_x|$$

同时认为 $|\overline{u'_x \cdot u'_y}|$ 与 $\overline{|u'_x|} \cdot \overline{|u'_y|}$ 成比例,即

$$|\overline{u'_x u'_y}| \propto \overline{|u'_x|} \cdot \overline{|u'_y|}$$

将上述三个假定及比例关系式代入式(4-27b),引入比例系数 k_1 和 k_2 得

$$\bar{\tau}_2 = \rho k_1 k_2 l_1^2 \left(\frac{\mathrm{d}\bar{u}_x}{\mathrm{d}y}\right)^2$$

因为 u'_x 与 u'_y 的乘积为负值,因此上式右端均为正值,无需再加负号。令 $l^2 = k_1 k_2 l_1^2$,则

$$\bar{\tau}_2 = \rho l^2 \left(\frac{\mathrm{d}\bar{u}_x}{\mathrm{d}y}\right)^2$$

式中,l 称为混掺长度,简称掺长。

前面已经提到,若不加说明,紊流的运动要素均指它的时均值,且可省略时均上标。为此以 u 代表沿 x 方向的流速 $\bar{u}_x$,则上式可写为

$$\tau_2 = \rho l^2 \left(\frac{\mathrm{d}u}{\mathrm{d}y}\right)^2 \tag{4-28}$$

式(4-28)就是紊流附加切应力 τ_2 与时均流速梯度的关系。式中,混掺长度 l 由实验确定。

混掺长度的假设虽不尽合理,然而它建立了附加切应力与流速梯度的关系,为进一步研究紊流的流速分布奠定了基础。

所以,在紊流运动时,紊流切应力 τ 是黏滞切应力 τ_1 与附加切应力 τ_2 之和,即

$$\tau = \tau_1 + \tau_2 = \mu \frac{\mathrm{d}u}{\mathrm{d}y} + \rho l^2 \left(\frac{\mathrm{d}u}{\mathrm{d}y}\right)^2 \tag{4-29}$$

四、紊流中存在黏性底层

紊流的第三个特征是紊流中存在黏性底层。

当水流为紊流时,即使雷诺数 Re 很大,紧靠着壁面的极薄液层,由于壁面的限制,紊动受到抑制,切应力主要是黏滞切应力,附加切应力趋于零。把紊流中壁面附近黏滞切应力起主要作用的液层称为黏性底层(又称层流底层),其厚度以 δ_0 表示。在黏性底层里,流速近似地按直线变化,流态基本上属于层流。因此,在紊流中靠近壁面极薄的流层内还存在层流。

显然，Re 越大，δ_0 越小。但不论 Re 多么大，黏性底层始终存在，而且它的作用不可忽视。在黏性底层以外，通过层流和紊流的过渡层以后，才是紊流的核心区。过渡层很小，一般只分为黏性底层和紊流核心区。图 4-12 就是固体边壁处的黏性底层示意图。

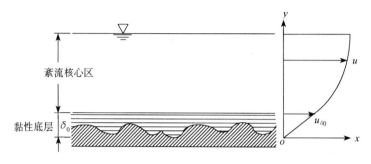

图 4-12

在紊流核心区，黏滞切应力极小，可以认为紊流核心区的紊流切应力等于紊流附加切应力。

黏性底层厚度对紊流沿程阻力规律的研究有重要意义，因此我们有必要了解黏性底层厚度 δ_0 的计算公式。

黏性底层与紊流核心区的分界线由黏性底层流速分布图与紊流核心区流速分布图的交会点确定，如图 4-12 所示。

当 $y=0$ 时，$u=0$，当 $y=\delta_0$ 时，$u=u_{\delta 0}$，$u_{\delta 0}$ 为黏性底层边界处的流速。由线性比例关系，得

$$\frac{u_{\delta 0}}{\delta_0} = \frac{\mathrm{d}u}{\mathrm{d}y}$$

黏性底层的流速近似地按直线分布，切应力只有黏滞切应力，服从牛顿内摩擦定律，因此，黏性底层内的流速梯度和切应力 τ 均为常数，τ 亦等于边界处的切应力 τ_0，则

$$\tau = \tau_0 = \mu \frac{\mathrm{d}u}{\mathrm{d}y} = \mu \frac{u_{\delta 0}}{\delta_0}$$

上式除以 μ，整理得

$$\frac{u_{\delta 0}}{\delta_0} = \frac{\frac{\tau_0}{\rho}}{\frac{\mu}{\rho}} = \frac{\frac{\tau_0}{\rho}}{\nu}$$

令 $u_* = \sqrt{\frac{\tau_0}{\rho}}$，因其具有流速的量纲，称为摩阻流速或剪切流速、切力流速，因此

$$\frac{u_{\delta 0}}{u_*} = \frac{u_* \delta_0}{\nu} \tag{4-30}$$

式（4-30）为黏性底层的相对流速公式。

由于 $\frac{u_{\delta 0}}{u_*}$ 为一无量纲数，常用 N 表示。因此

$$\delta_0 = \frac{N\nu}{u_*} \tag{4-31}$$

考虑到 $\tau_0 = \gamma RJ$ 和 $h_\mathrm{f} = \lambda \frac{l}{d} \frac{v^2}{2g}$，有

$$\tau_0 = \frac{\lambda}{8}\rho v^2$$

因此 $u_* = v\sqrt{\frac{\lambda}{8}}$，将这一关系代入式（4-31）得

$$\delta_0 = \frac{\nu N \sqrt{8}}{v\sqrt{\lambda}} = \frac{Nd\sqrt{8}}{Re\sqrt{\lambda}}$$

根据尼古拉兹（Nikuradse）的实验结果，无量纲数 $N=11.6$，代入上式，得

$$\delta_0 = \frac{32.8d}{Re\sqrt{\lambda}} \tag{4-32}$$

这就是紊流黏性底层厚度 δ_0 的计算公式。由式（4-32）可以看出，管径一定的情况下，黏性底层厚度 δ_0 与雷诺数成反比，雷诺数越大，紊动越剧烈，黏性底层厚度也就越薄。

我们知道，任何固体壁面不管加工得如何精细，都不可能绝对平整，多少总有些凹凸不平，将固体壁面平均的凸出高度称为绝对粗糙度，以 Δ 表示。由于同样的绝对粗糙度 Δ 对于不同的管径 d（或水力半径 R）有着不同结果，因此引入无量纲数 $\frac{\Delta}{d}$ 或 $\frac{\Delta}{R}$，称为相对粗糙度。

当液流为紊流时，根据黏性底层厚度 δ_0 与绝对粗糙度 Δ 的对比关系，将紊流壁面分为以下三类。

（1）当 $\frac{\Delta}{\delta_0} < 0.3$，如图 4-13（a）所示。此时壁面的绝对粗糙度完全被黏性底层所掩盖，

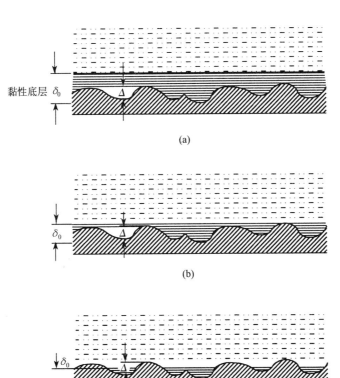

图 4-13

紊流就好像在完全光滑的壁面上流动一样，壁面的绝对粗糙度 Δ 对紊流的流速分布及水头损失没有影响。这种壁面称为紊流光滑面，这样的管道称为紊流水力光滑管，这时的水流是紊流光滑区的水流。

(2) 当 $0.3 \leqslant \frac{\Delta}{\delta_0} \leqslant 6$，如图 4-13（b）所示。此时壁面的绝对粗糙度 Δ 已超过黏性底层厚度并稍许伸入到过渡层中。由于黏性底层不能完全掩盖壁面的凹凸不平，壁面的绝对粗糙度对紊流的流速分布及水头损失发生影响，这种壁面称为紊流过渡粗糙面，这样的管道称为紊流过渡粗糙管，这时的水流是紊流过渡粗糙区的水流。

(3) 当 $\frac{\Delta}{\delta_0} > 6$，如图 4-13（c）所示。此时壁面的绝对粗糙度 Δ 已完全伸入到紊流核心区，壁面的绝对粗糙度 Δ 对紊流的流速分布及水头损失起重要影响，而黏滞性的影响相对来说居于次要地位，甚至可以忽略，这种壁面称为紊流粗糙面，这样的管道称为紊流粗糙管，这时的水流是紊流粗糙区的水流。

必须指出，对于固定的壁面，绝对粗糙度 Δ 是一定的，但当水流的 Re 变化时，δ_0 也随之变化。因此，对同一个绝对粗糙度，由于 Re 不同，可以是光滑面、过渡粗糙面或者是粗糙面。可见壁面的这种分类是从水力学的角度进行的，并不是按照绝对粗糙度的几何尺度分类。因此，也常称为水力光滑面、水力过渡粗糙面和水力粗糙面。

五、紊动使流速分布均匀化

紊流的第四个特征就是使流速分布均匀化。

紊流中由于液体质点的相互混掺以及互相碰撞，使液体各质点间发生动量交换，动量大的质点将动量传递给动量小的质点，促使其加速；动量小的质点影响动量大的质点，促使其减速。然而，在动量交换中不可能发生质量的改变，只有流速发生变化，因此动量交换的结果使断面流速分布趋于均匀化。

关于管道中紊流流速分布的规律，根据理论分析和实验结果，有多种表达式，其中最常用的是流速的对数分布和流速的指数分布。

1. 流速的对数分布 如前所述，紊流中存在黏性底层，切应力为黏滞切应力和紊流附加切应力两部分。但是，在紊流核心区，可以忽略黏滞切应力 τ_1，认为紊流切应力 τ 等于紊流附加切应力 τ_2，即

$$\tau = \rho l^2 \left(\frac{du}{dy}\right)^2 \tag{4-33}$$

由于 Re 很大时黏性底层很薄，所以，由式（4-33）所得的流速分布实际上是除黏性底层以外的全断面的流速分布。

在紊流情况下，普朗特混掺长度 l 可视为与距边壁的距离 y 成比例，即

$$l = ky \tag{4-34}$$

式中，比例系数 k 由实验确定，称为卡门（Karman）常数。尼古拉兹曾由实验得到圆管紊流在近壁处，$k = 0.4$。

由式（4-33）分离变量得

$$du = \frac{1}{l}\sqrt{\frac{\tau}{\rho}} dy = \frac{1}{k}\sqrt{\frac{\tau}{\rho}} \frac{dy}{y}$$

式中，τ 为变量。普朗特假设近壁面 $\tau=\tau_0=$ 常数，τ_0 为壁面上摩阻切应力。此外，引用前述摩阻流速的概念，即 $u_*=\sqrt{\dfrac{\tau_0}{\rho}}$，则

$$du = \frac{1}{k}\sqrt{\frac{\tau_0}{\rho}}\frac{dy}{y} = \frac{u_*}{k}\frac{dy}{y}$$

积分上式得

$$u = \frac{u_*}{k}\ln y + C \qquad (4-35)$$

式（4-35）为紊流流速的对数分布。

以上普朗特假设 $\tau=\tau_0$，$l=ky$，k 为常数，限制在近壁处。然而，实验证明，所得积分结果式（4-35）适用于全断面。

将 $k=0.4$ 代入式（4-35），得

$$u = 5.75 u_* \lg y + C \qquad (4-36)$$

紊流流速的对数分布要比层流的抛物线分布均匀得多，如图 4-14 所示。这是紊流质点互相混掺造成流速分布均匀化。

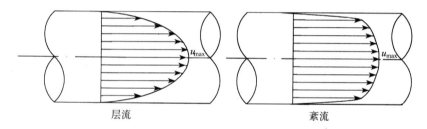

图 4-14

流速分布直接影响到能量方程中的动能修正系数。流速分布越不均匀，动能修正系数越大。由层流的流速分布公式，已导出圆管均匀层流的动能修正系数 $\alpha=2$。而圆管均匀紊流时的动能修正系数一般为 $\alpha=1.05\sim1.1$。

对于光滑圆管，尼古拉兹采用管壁粘贴均匀砂的办法，制成人工砂粒粗糙管进行实验，得出 $k=0.4$，$C=5.5$，得到

（1）紊流光滑管流速分布公式。

$$u = u_*\left(5.75\lg\frac{u_* y}{\nu} + 5.5\right) \qquad (4-37)$$

或

$$\frac{u}{u_*} = 5.75\lg\frac{u_* y}{\nu} + 5.5 \qquad (4-38)$$

以上表明紊流光滑管的流速仅与雷诺数 $\dfrac{u_* y}{\nu}$ 有关。

（2）紊流粗糙管流速分布公式。对于紊流粗糙管，水流阻力和流速主要取决于壁面粗糙度。尼古拉兹通过实验得到相应的流速公式为

$$u = u_*\left(5.75\lg\frac{y}{\Delta} + 8.5\right) \qquad (4-39)$$

或

$$\frac{u}{u_*} = 5.75\lg\frac{y}{\Delta} + 8.5 \qquad (4-40)$$

以上表明，紊流粗糙管的流速仅与粗糙度 $\frac{y}{\Delta}$ 有关。

2. 流速的指数分布 除了对数形式的流速分布公式以外，还有直接由实验数据拟合的指数形式的流速分布公式，较为简单和常用。

根据尼古拉兹对光滑管实验资料（$4 \times 10^3 \leqslant Re \leqslant 3.2 \times 10^6$）的分析，圆管紊流的流速分布可用以下指数形式表示，即

$$\frac{u}{u_{\max}} = \left(\frac{y}{r_0}\right)^{\frac{1}{n}} \tag{4-41}$$

式中，n 与雷诺数有关，见表 4-1。

表 4-1 n 与 Re 的关系

Re	4.0×10^3	2.3×10^4	1.1×10^5	1.1×10^6	2.0×10^6	3.2×10^6
n	6.0	6.6	7.0	8.8	10	10

有了流速分布公式，就可以进一步推求流量和断面平均流速 v，对于二元明渠则可以推求其垂线平均流速。

例 4-2 图 4-15 为二元明渠的流速分布图。试用流速的对数分布公式推求明渠均匀流流速分布曲线上与断面平均流速相等点的位置。

解： 由式(4-39)，$u = u_* \left(5.75 \lg \frac{y}{\Delta} + 8.5\right)$ 变为自然对数公式，即

$$u = u_* \left(2.5 \ln \frac{y}{\Delta} + 8.5\right)$$

单位宽度渠道所通过的流量 q 为

$$q = \int_0^h u \mathrm{d}y = \int_0^h u_* \left(2.5 \ln \frac{y}{\Delta} + 8.5\right) \mathrm{d}y$$

$$= u_* \left(2.5 \int_0^h \ln \frac{y}{\Delta} \mathrm{d}y + 8.5 \int_0^h \mathrm{d}y\right)$$

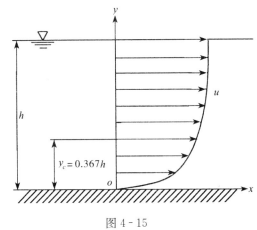

图 4-15

断面平均流速为

$$v = \frac{q}{h} = \frac{1}{h} \int_0^h u \mathrm{d}y = u_* \left(\frac{2.5}{h} \int_0^h \ln \frac{y}{\Delta} \mathrm{d}y + \frac{8.5}{h} \int_0^h \mathrm{d}y\right)$$

$$= u_* \left(5.75 \lg \frac{h}{\Delta} + 6\right)$$

即

$$\frac{v}{u_*} = 5.75 \lg \frac{h}{\Delta} + 6 \tag{4-42}$$

利用条件，即 $u = v$ 时，$y = y_c$，代入式（4-39），得

$$\frac{v}{u_*} = 5.75 \lg \frac{y_c}{\Delta} + 8.5$$

利用与式（4-42）相等的关系，得

$$5.75 \lg \frac{y_c}{\Delta} + 8.5 = 5.75 \lg \frac{h}{\Delta} + 6$$

所以 $\lg \frac{h}{y_c} = 0.435$，即 $\frac{h}{y_c} = 2.72$，

$$y_c = 0.367h$$

由此说明，流速分布曲线上某一点的流速与断面平均流速相等的位置，位于水面以下 $0.633h$ 处，这为我们利用流速仪测量河渠断面平均流速提供了理论依据。在水文测验规范中规定用一点法测垂线平均流速时，其测点水深在 $0.6h$ 处，或相对水深在 0.6 处，就是这个道理。

第六节 沿程阻力系数的变化规律
一、尼古拉兹实验

尼古拉兹对管流理论的主要贡献就是用均匀的砂粒粘贴到管道内壁上，人工制成不同粗糙度的管道，进行了系统的水力学实验，他定义了相对粗糙度的概念，利用不同管径和粘贴了不同粒径砂粒的管道进行了实验，1933 年，他发表了反映不同粗糙度和雷诺数的沿程阻力系数的实验结果。

在层流时我们已求得沿程阻力系数 $\lambda = \frac{64}{Re}$，但在紊流时，至今尚无求沿程阻力系数的理论公式。尼古拉兹为了探讨这一问题，曾进行了一系列实验。它用不同粒径的人工砂贴在不同直径的管道内壁上，以通过不同流量时的流速进行实验，砂粒粒径 Δ 与管道半径 r_0 的比值 $\frac{\Delta}{r_0}$ 称为相对粗糙度，而 $\frac{r_0}{\Delta}$ 称为相对光滑度。尼古拉兹用相对光滑度 $\frac{r_0}{\Delta} = 15$、30.6、60、126、252、507 等六组实验资料绘成阻力系数 λ 与雷诺数 Re 关系曲线，如图 4-16 所示。图中，$Re = \frac{vd}{\nu}$，d 为管径。

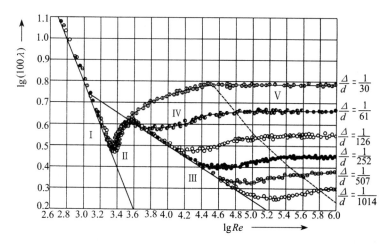

图 4-16

从这个实验曲线上，流动可以根据 λ 的变化规律分为 5 个流区。

1. 层流区 当 $Re < 2\,000$ 时，双对数坐标中沿程阻力系数 λ 与雷诺数 Re 的关系为直

线，而与相对光滑度无关。直线Ⅰ即代表层流时沿程阻力系数的规律，这一规律表明雷诺数越大，沿程阻力系数越小，其数学表达式就是在圆管层流中得出的 $\lambda=\dfrac{64}{Re}$。从实验曲线中可以看出，当 $Re<2\,000$ 时，也就是 $\lg Re<\lg 2\,000=3.3$，沿程阻力系数随雷诺数的变化呈反比关系。

2. 从层流向紊流的过渡区 当 $2\,000<Re<4\,000$ 时，为层流进入紊流的过渡区，试验数据落在直线Ⅱ与直线Ⅲ之间。λ 值仅与 Re 有关，而与相对光滑度无关。因为它的范围很窄，实用意义不大。

3. 紊流光滑区 当 $Re>4\,000$ 时，液流型态已进入紊流，沿程阻力系数取决于黏性底层厚度 δ_0 与绝对粗糙度 Δ 的关系。

当 Re 较小时，黏性底层 δ_0 较厚，可以掩盖或淹没 Δ，管壁就是水力光滑管。其沿程阻力系数 $\lambda=f(Re)$，而与 Δ 无关。不管管壁的相对光滑度如何，所有的实验点子都落在同一直线上。图中直线Ⅲ就代表水力光滑管沿程阻力系数的规律。因为绝对粗糙度愈大，即相对光滑度愈小，就需要较小的雷诺数才能保证管壁为光滑管。所以直线Ⅲ是沿横坐标轴方向向下倾斜的。

4. 紊流过渡粗糙区 在直线Ⅲ与虚线之间的区域Ⅳ为光滑管过渡到粗糙管的过渡粗糙区。随着雷诺数的增大，黏性底层相对变薄，以致不能完全淹没 Δ，而管壁粗糙度已对沿程阻力系数发生影响，所以沿程阻力系数是相对光滑度和雷诺数的函数，即 $\lambda=f\left(\dfrac{r_0}{\Delta},Re\right)$。

5. 紊流粗糙区 虚线以右的区域Ⅴ为紊流粗糙区，各试验曲线均平行于横坐标 $\lg Re$，即 λ 仅与 $\dfrac{r_0}{\Delta}$ 有关，与 Re 无关，属粗糙区。说明该区雷诺数增大，黏性底层继续变薄，紊流绕过壁面凸出高度时已形成小漩涡，沿程阻力主要由这些小漩涡造成，黏性底层的黏滞阻力几乎可以忽略不计。所以此时管壁粗糙度对沿程阻力系数的影响已起主要作用。若给定 l、d、v、Δ，又因为 λ 仅为 $\dfrac{r_0}{\Delta}$ 的函数，而与 Re 无关，由 $h_\mathrm{f}=\lambda\dfrac{l}{d}\dfrac{v^2}{2g}$ 可知，该区沿程水头损失与平均流速的平方成正比，所以紊流粗糙区又称为阻力平方区。

对于明渠水流，1938 年蔡克士大用同样的方法在人工粗糙的矩形明渠中进行实验，得到与尼古拉兹实验相类似的结果。

二、沿程阻力系数的经验公式

根据以上分析，我们已经有了层流的沿程阻力系数理论公式。对于紊流，因其水流内部结构复杂，还没有成熟的理论公式来表达沿程阻力系数，只能根据实验结果和部分理论推导来获得沿程阻力系数的计算公式。

根据尼古拉兹的实验结果，对紊流分区的标准及求沿程阻力系数的半经验公式可归纳如下。

1. 紊流光滑区 $\left(\dfrac{\Delta}{\delta_0}<0.3\right)$

（1）当 $Re<10^5$ 时，沿程阻力系数可用布拉休斯（Blassius）公式计算，即

$$\lambda=\dfrac{0.316\,4}{Re^{0.25}} \tag{4-43}$$

（2）当 Re 更大且属于紊流光滑区时，尼古拉兹公式更适宜，即

$$\frac{1}{\sqrt{\lambda}} = 2\lg(Re\sqrt{\lambda}) - 0.8 \tag{4-44}$$

适用范围 $Re < 10^6$。

2. 紊流过渡粗糙区 $\left(0.3 \leqslant \dfrac{\Delta}{\delta_0} \leqslant 6\right)$　柯列布鲁克（Colebrook）和怀特（White）综合公式为

$$\frac{1}{\sqrt{\lambda}} = -2\lg\left(\frac{\Delta}{3.7d} + \frac{2.51}{Re\sqrt{\lambda}}\right) \tag{4-45}$$

适用范围 $3\,000 < Re < 10^6$。式（4-45）可以说适用于紊流光滑区、粗糙区和过渡粗糙区。因为，当 $\dfrac{\Delta}{d}$ 很小时，式（4-45）括弧内的第一项可忽略，该式就变为光滑区的公式（4-44）。当 Re 很大时，上式括弧内的第二项可忽略，公式就是卡门提出的粗糙区公式（4-47）。

3. 紊流粗糙区（阻力平方区）$\left(\dfrac{\Delta}{\delta_0} > 6\right)$　尼古拉兹公式为

$$\lambda = \frac{1}{\left[2\lg\left(3.7\dfrac{d}{\Delta}\right)\right]^2} \tag{4-46}$$

适用范围 $Re > \dfrac{382}{\sqrt{\lambda}}\left(\dfrac{r_0}{\Delta}\right)$。

卡门公式为

$$\frac{1}{\sqrt{\lambda}} = -2\lg\frac{\Delta}{3.7d} \tag{4-47}$$

以上沿程阻力系数的计算公式中，除紊流光滑区的布拉休斯公式和紊流粗糙区的尼古拉兹公式以外，均为隐函数，不便直接计算。莫迪（Moody）提出了沿程阻力系数的显函数计算公式，即

$$\lambda = 0.005\,5\left[1 + \left(\frac{2\,000\Delta}{d} + \frac{10^6}{Re}\right)^{\frac{1}{3}}\right] \tag{4-48}$$

这个公式在 $4 \times 10^3 < Re < 1 \times 10^7$，$\dfrac{\Delta}{d} < 0.01$ 时，λ 的误差在 $\pm 5\%$ 之间。

巴尔（Barr，1975）给出了另一个沿程阻力系数的显函数计算式：

$$\frac{1}{\sqrt{\lambda}} = -2\lg\left(\frac{\Delta}{3.7d} + \frac{5.128\,6}{Re^{0.89}}\right) \tag{4-49}$$

这一公式在 $Re > 10^5$ 时，计算所得的水力坡度 J 的精度在 $\pm 1\%$。

此外，齐恩（A. K. Jain，1976）为了求解方便，将式（4-45）变换为下列显式公式：

$$\lambda = \frac{1.325}{\left[\ln\left(\dfrac{\Delta}{3.7d} + \dfrac{5.74}{Re^{0.9}}\right)\right]^2} \tag{4-50}$$

齐恩公式的适用范围为 $10^{-6} \leqslant \dfrac{\Delta}{d} \leqslant 0.01$，$5\,000 \leqslant Re \leqslant 10^8$。

三、沿程阻力系数的实验曲线

尼古拉兹的实验研究、卡门（Karman）和普朗特的理论研究为管流阻力构建了理论框架。但是，由于尼古拉兹都是在人工粗糙管道上取得的实验结果，并没有直接应用于工程实际。而实用的各种管道，其粗糙度在大小、空间上都是不均匀的，与尼古拉兹的实验条件不一定吻合。

柯列布鲁克（Colebrook）和怀特（White）对管流阻力理论应用于工程设计起到了重要的推动作用。他们提出了各类实用管道的粗糙度参数，并将卡门和普朗特的光滑区和粗糙区的沿程阻力系数公式相结合，提出了柯列布鲁克-怀特综合公式。

工程实际中管道的绝对粗糙度无法直接测量，但在水力计算中又必须知道管道的粗糙度。为此，将实用管道与人工粗糙管道的实验成果相比较，把具有同一 λ 值的人工粗糙管的 Δ 值作为实用管道的绝对粗糙度，这种用间接方法表示的粗糙度称为当量粗糙度，用 k_s 表示。一些实用管道的当量粗糙度见表 4-2。

表 4-2　各种实用管道当量粗糙度 k_s 值

管道种类	壁 面 情 况	k_s/mm
铜管、玻璃管 铝管	新的、光滑的 新的、光滑的	0.001～0.01 0.0015～0.06
无缝钢管	1. 新的、清洁的、铺设良好的 2. 使用几年加以清洗的；涂沥青的；轻微腐蚀的	0.02～0.05 0.15～0.3
小口径焊接钢管	1. 新的、清洁的 2. 清洗后锈蚀不显著的旧管 3. 轻度锈蚀的旧管 4. 中等锈蚀的旧管	0.03～0.1 0.1～0.2 0.2～0.7 0.8～1.5
大口径焊接钢管	1. 纵缝、横缝都是焊接的 2. 纵缝焊接、横缝铆接、一排铆钉 3. 纵缝焊接、横缝铆接、二排以上铆钉	0.3～1.0 ≤1.8 1.2～2.8
镀锌钢管	1. 镀锌面洁净光滑的新管 2. 镀锌面一般的新管 3. 使用几年的旧管	0.07～0.1 0.1～0.2 0.4～0.7
铸铁管	1. 新管 2. 涂沥青的新管 3. 涂沥青的旧管	0.2～0.5 0.1～0.15 0.12～0.3
钢筋混凝土管	1. 无抹灰面层 　（1）钢模、施工质量好、接缝平滑 　（2）木模、施工质量一般 2. 有抹灰面层并经抹光 3. 有喷浆面层 　（1）表面用钢丝刷刷过并仔细抹光 　（2）表面用钢丝刷刷过，但未抹光	 0.3～0.9 1.0～1.8 0.25～1.8 0.7～2.8 ≥4.0
橡胶软管 塑料管		0.03 0.03

为了使工程计算更简便，莫迪（1944）制作了各种实用管道的 $\lambda-Re$ 曲线图，称为莫迪图（图 4-17）。

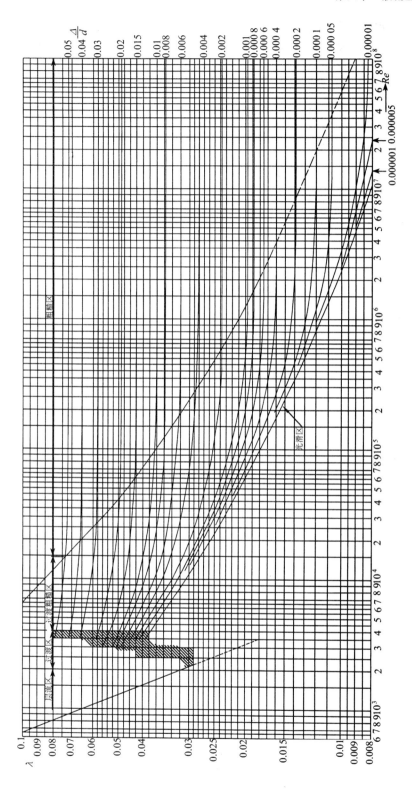

图 4-17 莫迪图

例 4-3 有一水管,内径 d 为 20cm,管壁绝对粗糙度 Δ 为 0.2mm。已知液体的运动黏滞系数 ν 为 $0.015\text{cm}^2/\text{s}$,管道流量为 $5\,000\text{cm}^3/\text{s}$。试计算管道的沿程阻力系数 λ。

解:

1. 基本参数计算

(1) 过水断面面积:$A = \dfrac{\pi d^2}{4} = \dfrac{\pi}{4} \times 20^2 = 100\pi = 314$(cm^2)

(2) 管道平均流速:$v = \dfrac{Q}{A} = \dfrac{5\,000}{314} = 15.9$(cm/s)

(3) 雷诺数及流态:$Re = \dfrac{vd}{\nu} = \dfrac{15.9 \times 20}{0.015} = 21\,220 > 2\,000$,属于紊流

(4) 相对粗糙度:$\dfrac{\Delta}{d} = \dfrac{0.2}{200} = 0.001$

2. 用不同方法计算 λ

(1) 用布拉休斯公式(因为 $Re = 21\,220 < 10^5$,符合布拉休斯公式应用范围)。

$$\lambda = \dfrac{0.316\,4}{Re^{0.25}} = \dfrac{0.316\,4}{21\,220^{0.25}} = 0.026\,2$$

(2) 用柯列布鲁克-怀特公式(因为 $Re = 21\,220$,也在 $3\,000 < Re < 10^6$ 的适用范围之内)。将原式变为以下形式并代入数据:

$$\dfrac{1}{\sqrt{\lambda}} = -2\lg\left(\dfrac{\Delta}{3.7d} + \dfrac{2.51}{Re\sqrt{\lambda}}\right) = -2\lg\left(\dfrac{\Delta}{3.7d} + \dfrac{2.51}{Re}\dfrac{1}{\sqrt{\lambda}}\right)$$

$$= -2\lg\left(\dfrac{0.2}{3.7 \times 200} + \dfrac{2.51}{21\,220}\dfrac{1}{\sqrt{\lambda}}\right)$$

利用迭代试算法计算,迭代过程见表 4-3。

表 4-3 柯列布鲁克-怀特公式沿程阻力系数迭代计算表

计算次数	λ	方程左端	$\dfrac{\Delta}{3.7d}$	$\dfrac{2.51}{Re}\dfrac{1}{\sqrt{\lambda}}$	方程右端	误 差
0	0.026 0	6.201 7	2.7×10^{-4}	7.34×10^{-4}	5.996 7	
1	0.027 8	5.996 7	2.7×10^{-4}	7.09×10^{-4}	6.017 9	0.001 81
2	0.027 6	6.017 9	2.7×10^{-4}	7.12×10^{-4}	6.015 7	0.000 20
3	0.027 6	6.015 7	2.7×10^{-4}	7.12×10^{-4}	6.015 9	0.000 02

表 4-3 中计算次数是 0 的 λ,表示初值。计算次数是 1 的 λ,是从 0 次计算"方程右端"项结果中反算出来的,其他以此类推,直到 λ 的计算误差在满意的范围之内。需要说明的是本公式的迭代计算初值不能设为 0。这种计算在计算机上用 Excel 计算非常方便。

最后的结果为:$\lambda = 0.027\,6$。

(3) 用莫迪图。因 $\dfrac{\Delta}{d} = \dfrac{0.2}{200} = 0.001$,$Re = 21\,220$,查得 $\lambda = 0.027\,6$。

(4) 用齐恩公式计算。该例条件也适用齐恩公式的范围,将已知数据代入公式(4-50)得

$$\lambda = \dfrac{1.325}{\left[\ln\left(\dfrac{\Delta}{3.7d} + \dfrac{5.74}{Re^{0.9}}\right)\right]^2} = \dfrac{1.325}{\left[\ln\left(\dfrac{0.2}{3.7 \times 200} + \dfrac{5.74}{21\,220^{0.9}}\right)\right]^2} = 0.027\,8$$

从本例可知，不同的公式计算结果虽有差别，但从实用上看都是允许的，因为这些公式都是半经验公式，具有一定的适用范围。

第七节　沿程水头损失计算公式

一、沿程水头损失的一般公式——达西-威斯巴赫公式

在第四节中我们曾导出了层流运动沿程水头损失 h_f 的计算公式，即

$$h_f = \lambda \frac{l}{d} \frac{v^2}{2g}, \qquad \lambda = \frac{64}{Re}$$

在紊流条件下，该式阻力系数 λ 须作进一步的分析。

实验表明，在管道或明渠均匀流中，液流边界面上的切应力 τ_0 与流速水头 $\frac{v^2}{2g}$ 及液体容重 γ 成正比，即

$$\tau_0 = k\gamma \frac{v^2}{2g}$$

式中，k 为比例系数，无量纲数，但不一定是常数。

另一方面，我们已经推得了均匀流的基本方程，即

$$\tau_0 = \gamma R J$$

联立以上两式，并注意到 $J = \frac{h_f}{l}$，水力半径与直径的关系 $R = \frac{d}{4}$，则

$$h_f = k \frac{l}{R} \frac{v^2}{2g} = 4k \frac{l}{4R} \frac{v^2}{2g} = \lambda \frac{l}{4R} \frac{v^2}{2g}$$

式中，$\lambda = 4k$，无量纲系数。

对于圆管：
$$h_f = \lambda \frac{l}{d} \frac{v^2}{2g} \tag{4-51}$$

对于渠道：
$$h_f = \lambda \frac{l}{4R} \frac{v^2}{2g} \tag{4-52}$$

式（4-51）及式（4-52）为沿程水头损失的一般表达式，对层流和紊流均适用，称为达西-威斯巴赫（Darcy-Weisbach）公式，λ 就是沿程阻力系数。这是达西（1803—1858）和威斯巴赫（1806—1871）大约在 19 世纪中期推导出来的。

在应用达西-威斯巴赫公式时，首先要计算管流的雷诺数，判断流态和紊流分区，然后根据不同的流态及雷诺数，选用不同的沿程阻力系数计算公式，最后计算沿程水头损失。

计算沿程阻力系数的公式大多为隐函数关系，需要进行试算。如果管道水流属于紊流光滑区，可以用布拉休斯公式导出直接计算沿程水头损失的公式。在工程实践中，塑料管道（大多采用硬聚氯乙烯 UPVC 或聚乙烯 PE 塑料管道）的应用越来越普遍，例如，农业、市政工程、喷灌、滴灌及园林绿地等应用塑料管道输水。塑料管道特别是小口径管道的流态多数属于紊流光滑区，因此管道水头损失的计算，可采用以下实用公式计算，即

$$h_f = \frac{2.62 \times 10^{-5} \nu^{0.25} Q^{1.75} l}{d^{4.75}} \tag{4-53a}$$

或
$$J = \frac{h_f}{l} = \frac{2.62 \times 10^{-5} \nu^{0.25} Q^{1.75}}{d^{4.75}} \tag{4-53b}$$

式中，J 为单位管长的水头损失，也就是管道的水力坡度。如果令

$$S = \frac{2.62 \times 10^{-5} \nu^{0.25}}{d^{4.75}} \tag{4-54}$$

将式 (4-54) 代入式 (4-53a)，则

$$h_f = SlQ^{1.75} \tag{4-55}$$

式中，S 称为管道的比阻率或比阻抗，其值决定于管道的计算内径和沿程阻力系数。只要确定了管道的比阻率，就可以用管长和管道进口流量计算管道的沿程水头损失。在以上公式中，各因子的计算单位是

h_f——沿程水头损失（m）；

ν——水的运动黏滞系数（cm^2/s）；

d——管道计算内径（cm）；

Q——管道的流量（L/h）；

l——管长（m）。

二、哈森-威廉斯（Hazen-Williams）公式

用达西-威斯巴赫公式时，均需要计算沿程阻力系数，也可以利用莫迪图计算。这对于简单管道或单一管段是比较容易的，但对于复杂管网用手工计算，其工作量是很大的。因此，简化的经验公式仍然是很常用的。应用最为普遍的，就是美国灌溉设计手册推荐的哈森-威廉斯（Hazen-Williams）公式，其形式为

$$h_f = 1.13 \times 10^9 \frac{l}{d^{4.871}} \left(\frac{Q}{C_h}\right)^{1.852} \tag{4-56}$$

或

$$J = \frac{h_f}{l} = 1.13 \times 10^9 \frac{Q^{1.852}}{d^{4.871} C_h^{1.852}} \tag{4-57}$$

式中，C_h 为沿程摩擦系数，与管道材料有关，见表 4-4；d 为管道计算内径（mm）；Q 为管道的流量（m^3/h）；l 为管长（m）；h_f 为水头损失（m）。

表 4-4　不同管道材料的哈森-威廉斯公式 C_h 值

管 道 材 料	C_h
塑料管（PVC、PE 管）	140~150
石棉水泥管	140
铜管	130~140
铸铁管	
新管	130
使用 10 年的	107~113
使用 20 年的	89~100
使用 30 年的	74.90
使用 40 年的	64~83
新钢管	130
铝合金管、镀锌钢管	120
普通混凝土管	70~90

哈森-威廉斯公式一般适应管道直径 $d \geqslant 5\mathrm{cm}$，管道为中低流速（$v \leqslant 3\mathrm{m/s}$）的情况。对于塑料管，若采用 $C_h=150$，则比阻率为

$$S = \frac{1.054\ 3 \times 10^5}{d^{4.871}} \tag{4-58}$$

$$h_\mathrm{f} = SlQ^{1.852} \tag{4-59}$$

例 4-4 一管道长度 100m，管道内径为 20cm，管道材料为镀锌钢管，$C_h=120$。当管道流量为 $Q=30\mathrm{L/s}$ 时，计算沿程水头损失。

解： 流量 $Q=30\mathrm{L/s}=108\mathrm{m}^3/\mathrm{h}$，

$$h_\mathrm{f} = 1.13 \times 10^9 \frac{l}{d^{4.871}} \left(\frac{Q}{C_h}\right)^{1.852} = 1.13 \times 10^9 \frac{100}{200^{4.871}} \left(\frac{108}{120}\right)^{1.852} = 0.58(\mathrm{m})$$

从本例看出，应用哈-威公式计算比较简单。

三、谢才（Chezy）公式

在 1769 年法国工程师谢才（Chezy）对明渠均匀流进行了研究，总结出断面平均流速 v 与水力坡度 J 的经验公式，至今仍称为谢才公式，是现今明渠和管道水力计算的基本公式，其形式为

$$v = C\sqrt{RJ} \tag{4-60}$$

或

$$Q = vA = CA\sqrt{RJ} \tag{4-61}$$

式中，R 为水力半径（m）；C 为谢才系数；J 为水力坡度。比较谢才公式两端的量纲，C 的单位是 $\mathrm{m}^{0.5}/\mathrm{s}$。

谢才系数 C 与过水断面形状、壁面粗糙程度以及雷诺数等因素有关，因谢才系数 C 的许多经验公式是在紊流粗糙区条件下总结出来的，因此 C 中不再反映雷诺数的影响。正是由于这个原因，谢才公式一般情况下用于紊流粗糙区。

常用的谢才系数 C 的经验公式有曼宁（Manning）公式：

$$C = \frac{1}{n}R^{\frac{1}{6}} \tag{4-62}$$

式中，水力半径 R 必须以 m 计。n 为反映壁面粗糙程度的系数，称为粗糙系数或糙率。n 值的选择对计算结果影响较大，应用时应慎重选择。表 4-5 列出了各种管道的粗糙系数选择范围。

表 4-5 管道粗糙系数 n 值

管道种类	壁面情况	n
玻璃管		0.008~0.01
有机玻璃管		0.009~0.013
钢管	1. 纵缝和横缝焊接、不缩小过水断面	0.011~0.012 5
	2. 纵缝焊接、横缝铆接，一排铆钉	0.011 5~0.014
	3. 纵缝焊接、横缝铆接，二排以上铆钉	0.013~0.015
铸铁管	1. 有护面层	0.01~0.014
	2. 无护面层	0.011~0.016
混凝土预制管	表面洁净	0.01~0.013

（续）

管道种类	壁 面 情 况	n
混凝土现浇管	1. 无抹灰面层 　（1）钢模、施工质量好、接缝平滑 　（2）光滑木模、施工质量好、接缝平滑 　（3）木模、施工质量一般 2. 有抹灰面层并经抹光 3. 有喷浆面层 　（1）表面用钢丝刷刷过并抹光 　（2）表面只喷浆，未经其他处理	0.012～0.014 0.013 0.014 0.01～0.015 0.013 0.019
陶土管	1. 不涂釉 2. 涂釉	0.01～0.017 0.01～0.014

虽然谢才公式是在明渠均匀流条件下总结出来的，对管道同样也适用。因为我们可以将式（4-60）进行交换，即

$$v = C\sqrt{RJ} = C\sqrt{R}\sqrt{\frac{h_f}{l}}$$

$$h_f = \frac{v^2}{C^2 R} l$$

将此式与达西-威斯巴赫公式相比较，有 $h_f = \frac{v^2}{C^2 R} l = \lambda \frac{l}{4R} \frac{v^2}{2g}$，可得谢才系数与沿程阻力系数的关系，即

$$\lambda = \frac{8g}{C^2} \qquad (4\text{-}63)$$

这一关系是应用谢才公式推导出来的，而谢才公式适用于阻力平方区，因此，式（4-63）也只适用于阻力平方区。

例 4-5 一压力管道水平铺设，长 200m，内径为 10cm，管道粗糙系数 $n=0.015$，沿程水头损失为 24.6m，确定流量是多少。

解：

过水断面积 $A = \frac{\pi}{4}d^2 = \frac{\pi}{4} \times 0.1^2 = 0.00785$（m²）

湿周 $\chi = \pi d = 0.1\pi = 0.314$（m）

水力半径 $R = \frac{A}{\chi} = \frac{0.00785}{0.314} = 0.025$（m）

水力坡度 $J = \frac{h_f}{l} = \frac{24.6}{200} = 0.123$

谢才系数 $C = \frac{1}{n}R^{\frac{1}{6}} = \frac{1}{0.015} \times 0.025^{\frac{1}{6}} = 36.05$

管道流量 $Q = CA\sqrt{RJ} = 36.05 \times 0.00785 \times \sqrt{0.025 \times 0.123} = 0.0157$（m³/s）

第八节 局部水头损失

前面已经讨论了有关沿程水头损失的问题。至于局部水头损失，就其产生的机理来说与沿程水头损失没有区别。但在产生局部损失的地方，主流与边界分离，并在分离区有漩涡存在。在漩涡区内部，紊动加剧，同时主流与漩涡区之间不断有质量与能量的交换，并通过质点与质点间的摩擦和剧烈碰撞消耗大量机械能。因此，局部水头损失要比流段长度相同的沿程水头损失大得多，并与边界条件变化的急剧程度有密切关系。

由于产生局部损失的边界条件类型繁多，难以从理论上进行全面分析。除了水流突然扩大的局部损失在某些假设条件下尚能求得其计算式外，绝大多数的局部损失都要通过实验来确定。

图 4-18 为圆管突然扩大处的水流情况。

设水流由面积为 $A_1=\dfrac{\pi d_1^2}{4}$ 的较小管径流入面积为 $A_2=\dfrac{\pi d_2^2}{4}$ 的较大管道，而且这种变化是突然的。取过水断面 1 在两管交界处，断面 2 在漩涡区末端，则断面 1 和断面 2 均可认为是渐变流断面。

列断面 1、2 的能量方程，并认为 1 到 2 断面的长度很小，水头损失主要是局部损失，沿程损失可以忽略不计，即

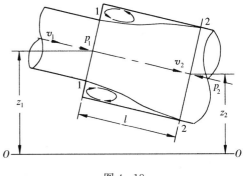

图 4-18

$$h_j = \left(z_1 + \frac{p_1}{\gamma} + \frac{\alpha_1 v_1^2}{2g}\right) - \left(z_2 + \frac{p_2}{\gamma} + \frac{\alpha_2 v_2^2}{2g}\right) \tag{4-64}$$

式中，p_1，z_1 及 p_2，z_2 分别为断面 1、2 形心处的压强和位置高度。

再取断面 1 及 2 两断面之间的液体为控制体，对控制体列动量方程（假设 $\beta_1=\beta_2=\beta$）：

$$\sum F_s = \beta \rho Q(v_2 - v_1)$$

式中，$\sum F_s$ 为控制体中液体所受的力在流动方向的投影，包括：

(1) 过水断面 A_1 上的动水压力 $p_1 A_1$。
(2) 过水断面 A_2 上的动水压力 $p_2 A_2$。
(3) 环形面积 $A_2 - A_1$ 上所受的作用力。

环形面积 $A_2 - A_1$ 与漩涡区接触。现假设环形面积的压强按静水压强规律分布，其压力等于环形面积形心处的压强 p_1 与环形面积的乘积，即 $p_1(A_2 - A_1)$。这一假设通过实验验证是合理的。

(4) 控制体内的液体重力 G 在流动方向的投影为 $\gamma A_2 l \cos\theta$，θ 为管轴与铅垂线之间的夹角，而 $\cos\theta = \dfrac{z_1 - z_2}{l}$。所以，重力 G 在流动方向的投影为 $\gamma A_2 (z_1 - z_2)$。

(5) 壁面对水流的摩擦阻力忽略不计。

作用在面积 1 突然扩大一侧的动水压力是过水断面 1 上的动水压力 $p_1 A_1$ 和环形面积上

的压力 $p_1(A_2-A_1)$ 之和。

将以上关系代入动量方程，得

$$p_1A_1 + p_1(A_2-A_1) - p_2A_2 + \gamma A_2(z_1-z_2) = \beta\rho Q(v_2-v_1)$$

上式除以 γA_2，整理得

$$\left(z_1+\frac{p_1}{\gamma}\right) - \left(z_2+\frac{p_2}{\gamma}\right) = \beta\frac{v_2}{g}(v_2-v_1) \tag{4-65}$$

将式（4-65）代入式（4-64），得

$$h_j = \frac{\beta v_2(v_2-v_1)}{g} + \frac{\alpha_1 v_1^2}{2g} - \frac{\alpha_2 v_2^2}{2g}$$

近似取 $\beta=1$，$\alpha_1=\alpha_2=1$，则

$$h_j = \frac{(v_1-v_2)^2}{2g} \tag{4-66}$$

此式亦称为波达（Borda）公式，它表明管道断面突然扩大的局部水头损失等于流速差的速度水头。

应用连续方程 $v_2=\frac{A_1}{A_2}v_1$，式（4-66）可改写为

$$h_j = \left(1-\frac{A_1}{A_2}\right)^2 \frac{v_1^2}{2g} = \zeta_1 \frac{v_1^2}{2g} \tag{4-67}$$

或

$$h_j = \left(\frac{A_2}{A_1}-1\right)^2 \frac{v_2^2}{2g} = \zeta_2 \frac{v_2^2}{2g} \tag{4-68}$$

式中，$\zeta_1=\left(1-\frac{A_1}{A_2}\right)^2$、$\zeta_2=\left(\frac{A_2}{A_1}-1\right)^2$ 称为突然扩大管道的局部水头损失系数。前者以管道断面扩大前的流速水头 $\frac{v_1^2}{2g}$ 计算水头损失；后者以管道断面扩大后的流速水头 $\frac{v_2^2}{2g}$ 计算水头损失。

突然扩大管道的局部损失公式虽然是以管道为例推导的，对管道流入明渠或明渠流入明渠等形式的过水断面突然扩大也可近似地应用。

我们再通过实验观察一下管道断面突然扩大前、后测压管水头线的变化情况。因式（4-65）中左端表示测压管水头线的变化，对于管道断面突然扩大，必定 $v_2<v_1$，即 $\beta\frac{v_2}{g}(v_2-v_1)<0$，则式左端必然小于零，即 $\left(z_1+\frac{p_1}{\gamma}\right)<\left(z_2+\frac{p_2}{\gamma}\right)$。这说明管道突然扩大之后的水流测压管水头线上升，而流速水头则减小，如图 4-19 所示。

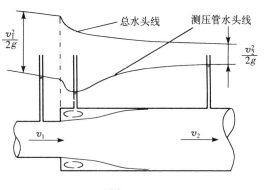

图 4-19

其他情况下局部水头损失 h_j 虽无法从理论上推导，但也可以像突然扩大的局部损失一样，表示为

$$h_j = \zeta \frac{v^2}{2g} \tag{4-69}$$

式中，ζ 称为局部水头损失系数，又称局部阻力系数。式（4-69）是一个局部损失的通用公式，不同的边界变化情况有不同的 ζ 值。表 4-6 列出了一些常用管道的 ζ 值，以便查用。更详细的 ζ 值可查阅有关的水力计算手册。应用表 4-6 时必须注意，表中的 ζ 值与采用的断面流速有关。

表 4-6 局部阻力系数表

名 称	简 图	局部阻力系数 ζ	公 式
管道突然扩大	$v_1 \rightarrow \quad v_2 \rightarrow$	$\zeta = \left(1 - \dfrac{A_1}{A_2}\right)^2$	$h_j = \zeta \dfrac{v_1^2}{2g}$
管道突然缩小	$v_1 \rightarrow \quad v_2 \rightarrow$	$\zeta = 0.5\left(1 - \dfrac{A_2}{A_1}\right)$	$h_j = \zeta \dfrac{v_2^2}{2g}$
管道逐渐扩大	$v_1 \rightarrow \alpha \quad v_2 \rightarrow$	见下表	$h_j = \zeta \dfrac{v_1^2}{2g}$
管道逐渐缩小	$v_1 \rightarrow \alpha \quad v_2 \rightarrow$	$\zeta = k\left(\dfrac{1}{\varepsilon} - 1\right)^2$；$\varepsilon = 0.57 + \dfrac{0.043}{1.1 - A}$，$A = \dfrac{A_2}{A_1}$	$h_j = \zeta \dfrac{v_2^2}{2g}$
等径三通	↓v （汇流）	1.5	$h_j = \zeta \dfrac{v^2}{2g}$
等径三通	↑v （分流）	3.0	$h_j = \zeta \dfrac{v^2}{2g}$

管道逐渐扩大 ζ 值：

D/d \ α	4°	8°	10°	15°	20°	25°	30°
1.1	0.01	0.02	0.03	0.05	0.1	0.13	0.16
1.2	0.02	0.03	0.04	0.06	0.16	0.21	0.25
1.4	0.02	0.04	0.06	0.12	0.23	0.3	0.36
1.6	0.03	0.05	0.07	0.14	0.26	0.35	0.42
1.8	0.03	0.05	0.07	0.15	0.28	0.37	0.44
2.0	0.03	0.05	0.07	0.16	0.29	0.38	0.45
2.5	0.03	0.05	0.08	0.16	0.3	0.39	0.48
3.0	0.03	0.05	0.08	0.16	0.31	0.4	0.48

管道逐渐缩小 k 值：

α	10°	20°	40°	60°	80°	100°	140°
k	0.4	0.25	0.2	0.2	0.3	0.4	0.6

A_1、A_2 分别为减缩前后管道断面面积。

(续)

名称	简图	局部阻力系数 ζ	公式
三通堵头		0.1	$h_j = \zeta \dfrac{v^2}{2g}$
三通堵头		2.0	$h_j = \zeta \dfrac{v^2}{2g}$
管道直角进口		0.5	$h_j = \zeta \dfrac{v^2}{2g}$
管道圆角进口		0.20~0.25	$h_j = \zeta \dfrac{v^2}{2g}$
管道喇叭进口		0.10	$h_j = \zeta \dfrac{v^2}{2g}$
管道交角进口		$\zeta = 0.5 + 0.3\cos\alpha + 0.2\cos^2\alpha$	$h_j = \zeta \dfrac{v^2}{2g}$
淹没出口		1.0	$h_j = \zeta \dfrac{v^2}{2g}$
90°转弯		R/d: 0.5, 1.0, 1.5, 2.0, 3.0, 4.0, 5.0 ζ_{90}: 1.2, 0.8, 0.6, 0.48, 0.36, 0.3, 0.29	$h_j = \zeta_{90} \dfrac{v^2}{2g}$
管道折角		α: 10°, 20°, 30°, 40°, 50°, 60°, 70°, 80°, 90° ζ: 0.04, 0.1, 0.2, 0.3, 0.4, 0.55, 0.7, 0.9, 1.1	$h_j = \zeta \dfrac{v^2}{2g}$
管道任意角		α: 30°, 40°, 50°, 60°, 70°, 80°, 90° ζ: 0.55, 0.65, 0.75, 0.83, 0.88, 0.95, 1	$h_j = \zeta \dfrac{v^2}{2g}$

第四章 液流型态及水头损失

(续)

名 称	简 图	局部阻力系数 ζ							公 式
普通直板闸阀	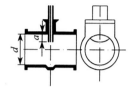	a/d	0.125	0.25	0.375	0.5	0.625	0.75	0.875	$h_j = \zeta \dfrac{v^2}{2g}$
		ζ	0.15	0.26	0.81	2.06	5.52	17	97.8	
无底阀滤网	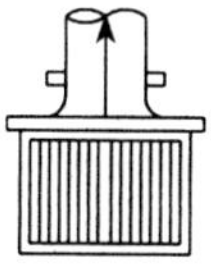	2~3							$h_j = \zeta \dfrac{v^2}{2g}$
有底阀滤网	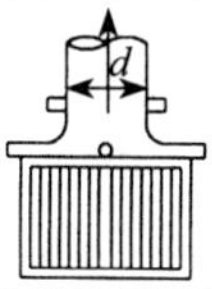	d	40	50	75	100	150	200	300	$h_j = \zeta \dfrac{v^2}{2g}$
		ζ	12	10	8.5	7	6	5.2	3.7	

例 4-6 图 4-20 表示一水箱，下接长 $l=100\text{m}$，管径 $d=0.5\text{m}$ 的管道。入口为直角，$\zeta_1=0.5$；90°急弯一只，$\zeta_2=1.0$；出口处平板闸门，$\zeta_3=5.52$，管道的沿程水头损失系数 $\lambda=0.020$。水流为恒定流，忽略水箱中的流速水头 $\dfrac{\alpha v_0^2}{2g}$，求流量 $Q=0.2\text{m}^3/\text{s}$ 时，水头 H 应为多少？

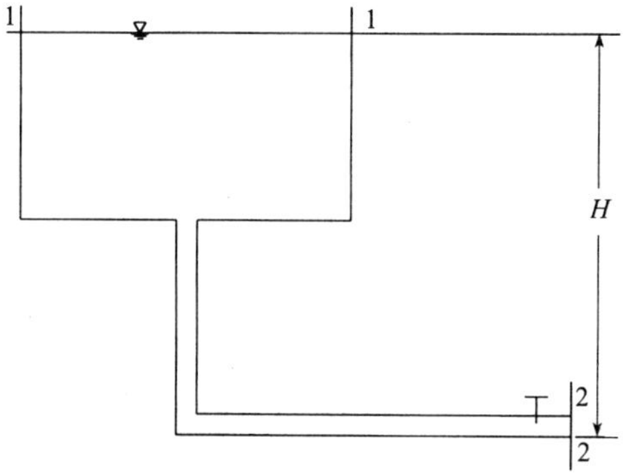

解：列断面 1、2 的能量方程

$$H+0+0=0+0+\frac{\alpha v^2}{2g}+\lambda\frac{l}{d}\frac{v^2}{2g}+\sum\zeta\frac{v^2}{2g}$$

图 4-20

即

$$H=\left(\alpha+\lambda\frac{l}{d}+\sum\zeta\right)\frac{v^2}{2g}$$

式中，

$$\alpha=1$$

$$\sum\zeta=\zeta_1+\zeta_2+\zeta_3=0.5+1.0+5.52=7.02$$

$$v=\frac{Q}{A}=\frac{0.2\times 4}{\pi 0.5^2}=1.02(\text{m/s})$$

$$H=\left(\alpha+\lambda\frac{l}{d}+\sum\zeta\right)\frac{v^2}{2g}$$

$$=\left(1.0+0.02\times\frac{100}{0.5}+7.02\right)\times\frac{1.02^2}{2\times 9.8}=0.64(\text{m})$$

例 4-7 如图 4-21，已知 AB 段管长 $l=15\text{m}$，直径 $d=80\text{mm}$，沿程水头损失系数 $\lambda=0.03$，实验测得 A、B 两断面测压管水头差 $h_w=1.23\text{m}$，1min 从管道中流入水箱的水体积为 0.6m^3，求 90°弯管局部水头损失系数 ζ。

解：通过管道的流量为

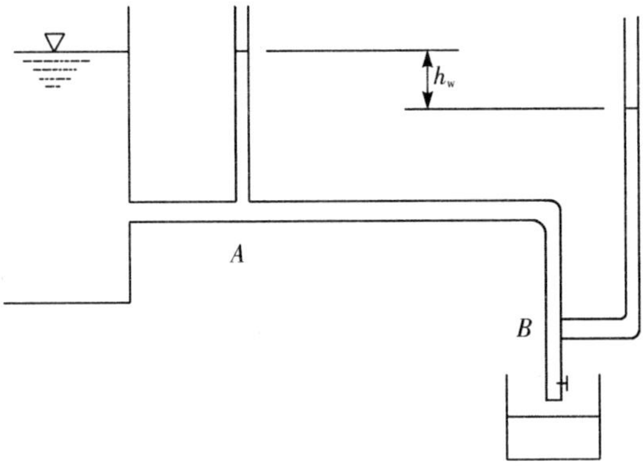

$$Q = \frac{V}{t} = \frac{0.6}{1 \times 60} = \frac{0.6}{60} = 0.01 (\text{m}^3/\text{s})$$

流速为

$$v = \frac{Q}{A} = \frac{10 \times 10^{-3}}{0.785 \times 0.08^2} = 1.989 (\text{m/s})$$

计算得沿程水头损失为

$$h_{f_{AB}} = \lambda \frac{l}{d} \frac{v^2}{2g} = 0.03 \times \frac{15}{0.08} \times \frac{1.989^2}{19.6}$$
$$= 1.136 (\text{m})$$

总水头损失为

$$h_w = h_{f_{AB}} + h_j = 1.23 (\text{m})$$

图 4-21

局部水头损失为

$$h_j = h_w - h_{f_{AB}} = 1.23 - 1.136 = 0.094 (\text{m})$$

局部水头损失系数为

$$\zeta = \frac{h_j}{\frac{v^2}{2g}} = \frac{0.094 \times 19.6}{1.989^2} = 0.4655$$

第九节 边界层理论简介

一、边界层的概念

边界层概念是1904年普朗特针对黏滞流体首先提出的。

实际液体在运动过程中遇到的阻力和能量损失问题一直是一个比较复杂的问题，给求解带来很多困难。因此，人们自然会想到是否能在两种极端雷诺数情况下把问题加以简化，例如在小雷诺数 Re 情况下，只考虑黏滞力，从而在某些简单的边界条件下求解。而当 Re 非常大时，"黏滞项"与其他项相比是否会显得很小，可以将其略去呢？实践表明，即使在大雷诺数情况下，靠近壁面的流动，若略去黏滞性的影响，按理想流体求得的计算结果与实际明显不符。譬如说，对于实际流体，不论是流体绕过物体，还是物体在流体中运动，其阻力都不等于零，但是按理想液体计算，却得出阻力为零的结果。1904年普朗特对大雷诺数流动中，由于黏滞性在边界附近产生的阻力问题，做出了精辟的分析，提出了边界层的概念，这在流体力学的发展史上是一个重大的成就。

实际液体有黏滞性，紧贴边壁的液体粘附在壁面上，流速为零。而水流内部是有流速的，由于黏滞性作用，沿壁面的外法线方向必有流速梯度存在。普朗特提出把固体边界附近，受黏滞性影响的液层称为边界层。这样，就把水流沿着壁面的外法线方向分为性质不同的两种流动，并采用两种不同的研究方法：靠近壁面附近，黏滞性不能忽略，是边界层内的水流。在边界层内，不论雷诺数多么大，都不能当作理想液体，而要按实际液体来研究，是一种黏性流动。在边界层以外的液流，黏滞性的影响可以忽略，可以看做是理想液体或有势流动。

继普朗特之后，边界层理论迅猛发展，已有不少专著，而势流理论在边界层之外亦有了"用武之地"。

边界层的概念可以用一个简单的流动情况加以说明。设一等速平行的平面流动，各处流速均为 u_0。将一薄板平行于水流方向放置，如图 4-22 所示。由于液体的黏滞性，平板表面上的流速为零，同时，平板附近液层的流速也有不同程度的降低，离平板越远，流速越接近于 u_0。取 x、y 坐标如图 4-22 所示。严格地说，黏滞性沿着 y 方向将影响到无穷远处，一般将流速由零增加到 $0.99u_0$ 的厚度定义为边界层厚度，以 δ 表

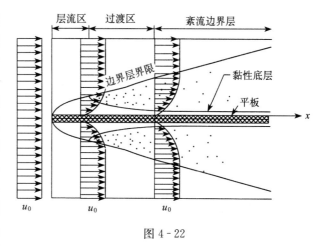

图 4-22

示，边界层的厚度随着 x 的增加而增加，即 δ 是 x 的函数，$\delta(x)$。边界层内水流的流速梯度 $\frac{\partial u}{\partial y} > 0$，边界层以外水流的流速等于或接近于均匀流流速 u_0。

边界层内水流的流态也有层流和紊流之分，亦可用雷诺数来判别，但各物理量的定义不同，其特征长度常取坐标 x，特征流速则取均匀流流速 u_0，即

$$Re_x = \frac{u_0 x}{\nu} \tag{4-70}$$

平板边界层的厚度 δ，从平板前缘的零开始，随着 x 的增加而增大。当 x 较小时，边界层的厚度 δ 很小，流速从零迅速增加到 u_0，流速梯度很大，切应力以黏滞切应力为主，边界层的流态为层流，称为层流边界层。

当 x 增大到一定数值，例如 x_t 之后，经过一段过渡区，水流转化为紊流，称为紊流边界层。在紊流边界层内，紧靠着壁面总有一黏滞底层 δ_0。

应该区别黏滞底层厚度 δ_0 与边界层厚度 δ。虽然两者都是基于液体具有黏滞性这一基本性质，并且都有沿法向的流速梯度，但在黏滞底层 δ_0 中，切应力 τ 以黏滞切应力为主，$\tau = \tau_1$，流动型态为层流。而在黏滞底层以外的紊流边界层内，切应力是黏滞切应力和附加切应力之和，$\tau = \tau_1 + \tau_2$，流动型态为紊流。

试验表明，平板边界层厚度 δ 可用下式计算

层流边界层
$$\delta = \frac{5x}{Re_x^{1/2}} \tag{4-71}$$

紊流边界层
$$\delta = \frac{0.37x}{Re_x^{1/5}} \tag{4-72}$$

此外，由层流边界层转变为紊流边界层的临界雷诺数为 $3.0 \times 10^5 \sim 3.0 \times 10^6$。

液体流经其他固体边界时同样存在边界层。设一管流，水流在进入管道前的流速为均匀流 u_0。一旦进入管道，就在壁面四周形成边界层。

图 4-23 为通过管轴的纵剖面图。类似于平板边界层，从进口起，边界层厚度沿主流方向不断增加，经过一段过渡段 L 以后，边界层厚度从四周壁面发展到管轴线。在 L 内流速分布不断调整，而 L 以后的流速分布稳定不变，成为均匀流，并且均属边界层内的流动。

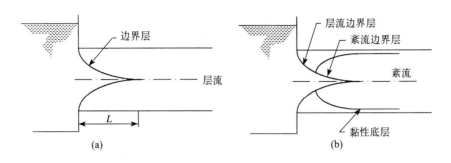

图 4-23

管流过渡段的长度为

液流为层流时：
$$L = 0.065dRe \qquad (4-73)$$

液流为紊流时：
$$L = (40 \sim 50)d \qquad (4-74)$$

二、边界层分离

边界层分离是指边界层脱离固体壁面的现象。

均匀直线流动中的平行薄板上的边界层是边界层中最简单的例子，这样的边界层不会发生分离。当流体绕过非平行板或非流线型物体时，情况大不一样，有可能发生边界层与边壁分离。现以流体绕圆柱体流动的简单情况为例加以说明，如图 4-24 所示。

在图 4-24（a）中，当理想液体到达圆柱时，A 点流速变为零，称为前停滞点。从 A 到 B，流线变密，流速逐渐增大而压强逐渐减小，到 B 点流速最大，压强最小。从 B 到 C 的情况相反，流速减小而压强增大。由于理想液体没有能量

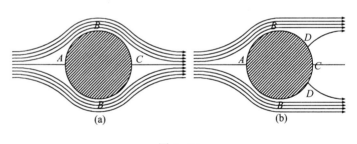

图 4-24

损失，C 点的压强将恢复到与 A 点的压强相同，而流速为零，C 点称为后停滞点。

对于实际液体，如图 4-24（b）所示。由于流体的黏滞性，绕流一开始就在固体表面产生了边界层。虽然从 A 到 B，边界层的液体同样是流速增加，压强减小，从 B 到 C 是流速减小，压强增加。但是，实际液体有能量损失，所以在到达 C 点之前，例如在 D 点处动能已消耗殆尽，流速为零，不能继续流动，而后面继续流来的质点只能绕过它改向前进，于是边界层开始与固体壁面分离。D 点称为分离点，分离点之后出现回流区或漩涡区。回流区的压强小于液流与边壁分离前的压强。这样，圆柱的前半部分压强高于后半部分的压强，前后（或上下游）的压强差形成一个作用于圆柱上的力，这个作用力就称为压差阻力或形状阻力。

在逆压区，摩擦阻力和压差阻力都使流速减小，于是流动越来越慢，导致主流脱离边界。

分离点的位置与固体边界的形状、方位、粗糙情况和雷诺数 Re 等因素有关，这里不予详述。

三、绕流阻力

在水利工程、给排水工程中的闸墩，铁路、公路桥梁的桥墩，以及交通运输和各种飞行器的设计中，绕流阻力的计算都具有重要意义。

当液体绕物体流动时，物体和液体作相对运动，绕流阻力是指和相对运动方向一致的流体作用在物体上的力。绕流阻力是摩擦阻力与压差阻力两部分的和。

绕流阻力 F_D 的计算式为

$$F_D = C_D A \rho \frac{v^2}{2} \qquad (4-75)$$

式中，ρ 为液体密度；v 为物体迎面均匀来流的速度；A 为物体在垂直于来流速度方向上的投影面积；C_D 为阻力系数，取决于物体形状及雷诺数，为一无量纲变量，其值由实验求得。

对于细长物体，如顺流放置的平板或翼型，其摩擦阻力占主导地位。而钝形物体的绕流，如圆球、桥墩，则压差阻力占主导地位。由于液体的黏滞性，摩擦阻力总是存在的，而压差阻力的大小往往取决于固体表面的形状，故压差阻力又称为形状阻力。

习 题

4-1 圆管直径 $d=15$mm，其中流速为 15cm/s，水温为 12℃，试判别水流是层流还是紊流？

4-2 有一管道，管段长度 $L=10$m，直径 $d=8$cm，在管段两端接一水银压差计，如图所示。

当水流通过管道时，测得压差计中水银面高差 $\Delta h=10.5$cm。求水流作用于管壁的切应力 τ_0。

4-3 有一圆管，其直径为 10cm，通过圆管的水流速度为 2m/s，水的温度为 20℃，若已知 λ 为 0.03，试求黏性底层的厚度。

4-4 有一矩形断面渠道，宽度 $b=2$m，渠中均匀流水深 $h_0=1.5$m。测得 100m 渠段

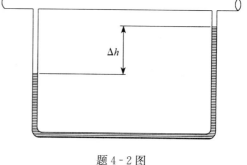

题 4-2 图

长度的沿程水头损失 $h_f=25$cm，求水流作用于渠道壁面的平均切应力 τ_0。

4-5 有一直径为 25cm 的圆管，内壁粘贴有 Δ 为 0.5mm 的砂粒，如水温为 10℃，问流动要保持为粗糙区最小流量需要多少？并求出此时管壁上切应力 τ_0 为多大？

4-6 试求前题圆管中，通过的流量为 5 000cm³/s，20 000cm³/s，200 000cm³/s 时，液流型态各为层流还是紊流？若为紊流应属于光滑区、过渡粗糙区还是粗糙区？其沿程阻力系数各为多少？若管段长度为 100m，问沿程水头损失各为多少？

4-7 为了测定 AB 管段的沿程阻力系

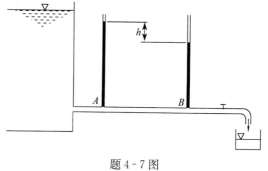

题 4-7 图

数 λ 值，可采用如图所示的装置。已知 AB 段的管长 l 为 10m，管径 d 为 50mm。今测得实验数据：(1) A、B 两测压管的水头差为 0.80m，(2) 经 90s 流入量水箱的液体体积为 0.247m^3。试求该管段沿程阻力系数 λ 值。

4-8 某管道长度 $l=20\text{m}$，直径 $d=1.5\text{cm}$，通过流量 $Q=0.02\text{L/s}$，水温 $T=20℃$。求管道的沿程阻力系数 λ 和沿程头损失 h_f。

4-9 温度 6℃ 的水，在长 $l=2\text{m}$ 的圆管中流过，$Q=24\text{L/s}$，$d=20\text{cm}$，$\Delta=0.2\text{mm}$，试用图解法和计算法求沿程阻力系数 λ 及沿程水头损失。

4-10 为测定弯管的局部阻力系数 ζ 值，可采用如图所示的装置。已知 AB 段管长 l 为 10m，管径 d 为 50mm，该管段的沿程阻力系数 λ 为 0.03，今测得实验数据：(1) A、B 两测压管的水头差为 0.629m，(2) 经 2min 流入水箱的水量为 0.329m^3。试求弯管的局部阻力系数 ζ 值。

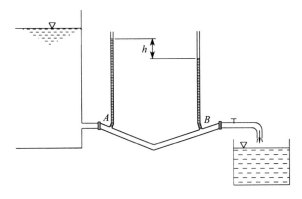

题 4-10 图

4-11 断面形状和尺寸不变的顺直渠道，其中水流为均匀流，紊流粗糙区。当过水断面面积 $A=24\text{m}^2$，湿周 $\chi=12\text{m}$ 时，流速 $v=2.84\text{m/s}$，测得水力坡度 $J=0.002$。求此渠道的粗糙系数 n。

4-12 有一混凝土护面的圆形断面隧洞（无抹灰面层，用钢模板施工，质量良好）。长度 $l=300\text{m}$，直径 $d=5\text{m}$。水温 $t=20℃$。当通过流量 $Q=200\text{m}^3/\text{s}$ 时，分别用达西-威斯巴赫公式及谢才公式计算隧洞的沿程水头损失。

4-13 某管道由直径为 $d_1=45\text{cm}$ 及 $d_2=15\text{cm}$ 的两根管段组成，如图所示。若已知大直径管中的流速 $v_1=0.6\text{m/s}$，求突然收缩处的局部水头损失。

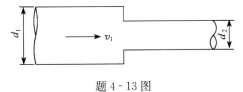

题 4-13 图

第五章 有压管道中的恒定流

有压管道恒定流是指液流充满整个管道横断面，管内没有自由表面，并且处于恒定流状态的流动。各种有压输水管道，例如城市供水管道、水泵进出水管道、虹吸管、有压涵管等都属于有压管道。有压管道中液体的流动（简称管流）又分为恒定流与非恒定流，当所有运动要素均不随时间变化时，称为有压管道恒定流。如果水流不满足恒定流条件，如流速、压力等运动要素随时间变化，就称为有压管道非恒定流。本章仅研究有压管道恒定流问题。

有压管道恒定流可根据沿程水头损失与局部水头损失占总水头损失的比重分为水力长管和水力短管，简称长管和短管。所谓长管是指沿程水头损失在总水头损失中占绝大部分，局部水头损失和流速水头可以忽略不计。一般情况下长管局部水头损失和流速水头占沿程水头损失的5%以下。短管是指局部水头损失和流速水头在总水头损失中所占比重较大，与沿程水头损失相比不能忽略，必须同时考虑两种水头损失。必须指出，长管和短管是根据水力学来分类的，与管道的几何长短并不直接相关。在没有忽略局部水头损失和流速水头的充分依据时，应按短管计算。一般情况下水泵的吸水管、虹吸管、倒虹等均按短管进行水力计算。

有压管道恒定流可以根据管道出流条件分为自由出流和淹没出流。如果管道出口暴露在大气之中，管道出口水流直接流入大气的为自由出流。如果管道出口淹没在水面以下，称为淹没出流或水下出流。

对于自由出流，管道出口的作用水头是指上游水位与管道出口断面形心点之间的高度。对于淹没出流，管道出口的作用水头是指上游水位与下游水位之间的高差。

有压管道还可以根据管道连接的复杂程度分为简单管道和复杂管道。简单管道结构单一；复杂管道管段多，连接复杂，如城市自来水管网、农业喷灌管道系统等就是比较复杂的有压管道，这些管道还可以进一步分为枝状管网和环状管网。如果管道水流形成环行闭合回路，就是环状管网，否则就是枝状管网。此外，有些管道沿流程侧向分流，这类管道就称为沿程泄流管道。管道的这些分类都与水力学计算相联系。

本章主要应用水力学的基本原理，例如连续性方程、能量方程、水头损失理论等来解决实际管道的水力计算问题。由于复杂的实际管网都是由简单的管段所组成，为了便于学习和理解复杂管道的水力分析原理，我们首先从简单管道的水力计算开始，逐步深入到各类实际管道的水力学分析中去。

第一节 简单管道水力计算的基本公式

简单管道是指管道直径相同、沿流程无分支的管道输水系统。

简单管道的水力计算分为自由出流和淹没出流两种情况。

本节中讨论的简单管道水力计算以短管为代表，来分析管道出流量的计算公式和管道测压管水头线和总水头线的绘制。

一、简单管道自由出流

如图 5-1 所示，是由三段不同长度、管径相同的管段连接而成的简单管道，管道上游水位保持恒定不变。以出口断面管轴线为基准面 o-o，对满足渐变流条件的 1-1 和 2-2 断面列出能量方程得

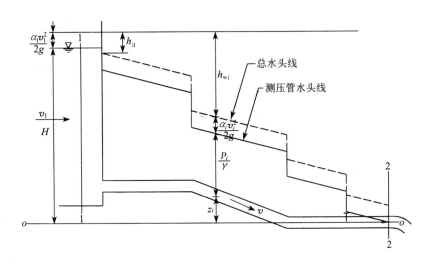

图 5-1

$$H + \frac{\alpha_0 v_0^2}{2g} = 0 + \frac{\alpha v^2}{2g} + h_w$$

式中，v_0 称为行近流速。如果以 $H_0 = H + \frac{\alpha_0 v_0^2}{2g}$ 代入上式得

$$H_0 = \frac{\alpha v^2}{2g} + h_w \tag{5-1}$$

式 (5-1) 表明，管道的总水头 H_0 的一部分转换为出口的流速水头，而另一部分则在流动过程中以水头损失的形式消耗于整个管道上。由于水头损失由沿程水头损失和局部水头损失两部分组成，即

$$h_w = h_f + \sum h_j = \lambda \frac{l}{d} \frac{v^2}{2g} + \sum \zeta \frac{v^2}{2g}$$

将上式代入式 (5-1) 中得

$$H_0 = \left(\alpha + \lambda \frac{l}{d} + \sum \zeta \right) \frac{v^2}{2g}$$

因此，管内流速和流量分别为

$$v = \frac{1}{\sqrt{\alpha + \lambda \frac{l}{d} + \sum \zeta}} \sqrt{2gH_0} \tag{5-2}$$

$$Q = vA = \frac{A}{\sqrt{\alpha + \lambda \frac{l}{d} + \sum \zeta}} \sqrt{2gH_0} = \mu_c A \sqrt{2gH_0} \tag{5-3}$$

式中，$\mu_c = \dfrac{1}{\sqrt{\alpha + \lambda \dfrac{l}{d} + \sum \zeta}}$ 称为管道的流量系数，取动能修正系数 $\alpha = 1$，则流量系数为

$$\mu_c = \dfrac{1}{\sqrt{1 + \lambda \dfrac{l}{d} + \sum \zeta}}$$

如果管道是由不同直径的管段经串联连接而成的复杂管道，则以上各式中的每一项应取相应管段的值，并应用连续性方程将各管段的 v_i 换算为出口管段的流速 v。此外，以上各式中的沿程水头损失是以达西-威斯巴赫公式表示的，如果要用谢才公式表示 h_f，公式形式要作相应改变。

从式（5-3）看出，管道出流量不仅取决于管道直径和作用水头，而且与管道的沿程阻力系数和局部阻力系数有关。由第四章第六节沿程阻力系数的变化规律可知，沿程阻力系数取决于管道液流型态和管壁粗糙度，局部阻力系数与管道边界沿程变化形式有关。

二、简单管道淹没出流

图 5-2 为简单管道淹没出流的情况。

与简单管道自由出流相似，以管道出口中心的水平面为基准面，取符合渐变流条件的 1-1 和 2-2 断面列出能量方程

$$H_1 + \dfrac{\alpha_1 v_1^2}{2g} = H_2 + \dfrac{\alpha_2 v_2^2}{2g} + h_w$$

式中，H_1 和 H_2 分别为上、下游水池的水面与基准面之间的距离。相对于管道断面积来说，上、下游水池的过水断面远大于管道断面，因此，可以近似认为 $\dfrac{\alpha_1 v_1^2}{2g} \approx 0$，$\dfrac{\alpha_2 v_2^2}{2g} \approx 0$，由此得出

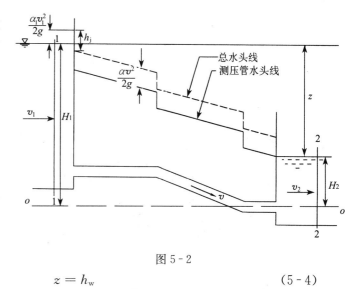

图 5-2

$$z = h_w \tag{5-4}$$

式中，$z = H_1 - H_2$，即淹没出流上下游的水位差。

式（5-4）表明，在淹没出流条件下，管道的作用水头完全消耗在克服沿程水头损失和局部水头损失上。

对图 5-2 中管道内径相同的简单管道，则 $h_w = h_f + \sum h_j = \lambda \dfrac{l}{d} \dfrac{v^2}{2g} + \sum \zeta \dfrac{v^2}{2g}$，将此代入式（5-4）中得

$$v = \dfrac{1}{\sqrt{\lambda \dfrac{l}{d} + \sum \zeta}} \sqrt{2gz} \tag{5-5}$$

$$Q = vA = \frac{A}{\sqrt{\lambda \frac{l}{d} + \sum \zeta}} \sqrt{2gz} = \mu_c A \sqrt{2gz} \qquad (5-6)$$

式中，$\mu_c = \dfrac{1}{\sqrt{\lambda \dfrac{l}{d} + \sum \zeta}}$ 也称为管道的流量系数。

比较自由出流和淹没出流的流量系数，可以看到只要管道水流条件相同，自由出流的流量系数中包含一个动能修正系数（$\alpha=1$），而在淹没出流的流量系数中无此项，但却多了一项管道淹没出口的局部水头损失。如果管道出口水池的流速很小，近似认为 $v_2 \approx 0$，则 $\zeta_{出口}=1$。由此可见，虽然自由出流和淹没出流流量系数计算公式形式不同，但其他条件相同时流量系数的数值是相等的。管流流量系数用符号 μ_c 来表示。

自由出流和淹没出流的流量公式中，如果忽略上游行近流速水头，则在自由出流中管道的作用水头为上游水位与管道出口中心线之间的高差 H，而淹没出流中管道的作用水头为上游水位与下游水位之差 z。

管流水力计算中，水头损失的确定需要判断液流型态，给水管道一般采用钢管或铸铁管，使用一段时间后内壁会锈蚀和结垢，因而管壁阻力增加，导致沿程水头损失增加。舍维列夫对使用两年的旧钢管和铸铁管进行了实验研究，得出当管道断面平均流速 $v \geqslant 1.2 \text{m/s}$ 时，可近似认为管内水流为紊流粗糙区，即阻力平方区紊流。

三、测压管水头线的绘制

绘制有压管道的测压管水头线是为了掌握管道中动水压强沿流程的变化情况。在管道水力计算中，通过绘制测压管水头线就可以很直观地了解管道沿程的压强分布，为管道的合理设计和运行提供科学依据。例如，测压管水头线位于管道中心线以上，该点的压强为正压，反之，如果测压管水头线低于管道中心线，该点的压强则为负压。因此，有必要掌握管道测压管水头线的绘制方法。

绘制测压管水头线有两种方法：

1. 直接计算法 首先选择一个统一的基准面，然后依次对管道的每一断面列出能量方程，计算相应断面上的测压管水头。例如，在图 5-1 中，以管道出口断面的中心线为基准面，管道进口端的总水头为 H_0，由进口断面至管道任一断面之间的总水头损失为 h_{wi}，则应用能量方程可得任一断面处的测压管水头

$$z_i + \frac{p_i}{\gamma} = H_0 - \frac{\alpha v_i^2}{2g} - h_{wi}$$

应用上式可绘出管道的测压管水头线。

直接计算法实际上是以能量方程的基准面为基础计算测压管水头的高度。

2. 总水头线法 首先绘制总水头线，然后从计算断面的总水头 H_i 中减去流速水头就是该断面的测压管水头，即

$$z_i + \frac{p_i}{\gamma} = H_i - \frac{\alpha v^2}{2g}$$

在具体绘制水头线时，沿程水头损失是随着管道长度线性增加的。因此，总水头线总是沿程下降。对简单管道，只要管道材料和内径沿程不变，总水头线沿程下降的坡度也是不变

的。局部水头损失发生在管道水流边界突然变化的管段上，但可以近似认为局部水头损失就发生在边界突变的断面处。因此，总水头线在有局部水头损失的断面垂直下降，下降的高度等于该断面上的局部水头损失。

以图 5-1 为例，绘制总水头线的方法是，首先从管道作用水头 H_0 减去管道进口处的局部水头损失，就是管道进口处总水头线的起点。其次从管道进口到管道断面第一个突变为第一管段，计算其沿程水头损失，并从总水头线的起点值中减去这一沿程损失，就是总水头线在第一个突变断面前的值。再从这一总水头线值中减去第一突变的局部水头损失，就是总水头线在突变断面后的总水头值。依次向管道出口计算，并连接各计算点的总水头值就是总水头线，从总水头线中减去相应断面的流速水头，就是测压管水头线。

管道出口断面的压强受边界条件的控制。在自由出流时，管道出口断面的相对压强为零，则测压管水头线通过管道出口的中心，如图 5-1 所示。

在淹没出流时，如果出口水池过水断面积较大，可以忽略水池中的流速水头，即 $v_2 \approx 0$，此时 $\zeta_{出}=1$，则出口断面处的局部水头损失为

$$h_{j出} = \zeta_{出}\frac{v^2}{2g} = \frac{v^2}{2g}$$

由动量方程，管道出口为突然放大的测压管水头差为

$$\left(z_1 + \frac{p_1}{\gamma}\right) - \left(z_2 + \frac{p_2}{\gamma}\right) = \frac{(v_2 - v_1)v_2}{g}$$

因为 $v_2=0$，所以

$$z_1 + \frac{p_1}{\gamma} = z_2 + \frac{p_2}{\gamma} = H_2$$

这说明管道出口的测压管水头线正好与下游水面相连接，如图 5-3（a）所示。

当下游流速不等于 0，且 $v_2 \neq v_1$，$v_2 < v_1$，由

$$\left(z_1 + \frac{p_1}{\gamma}\right) - \left(z_2 + \frac{p_2}{\gamma}\right) = \frac{(v_2 - v_1)v_2}{g}$$

则

$$z_1 + \frac{p_1}{\gamma} < z_2 + \frac{p_2}{\gamma} = H_2$$

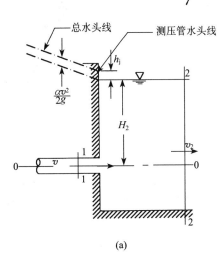 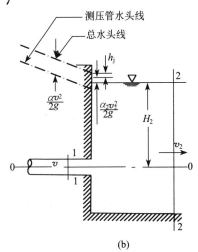

图 5-3

这时管道出口测压管水头线将低于下游水池水面连接，如图 5-3（b）所示。

第二节　简单管道、短管水力计算的类型及实例

一、水力计算的任务

水力计算的主要任务是：

(1) 根据一定的管道布置、管道材料、管道直径和作用水头，计算管道的过水能力，即计算管道在一定条件下的出流量。

(2) 根据一定的管道布置、管道材料、作用水头和管道需要通过的设计流量，计算管道内径尺寸。

(3) 根据一定的管道布置、管道材料、管道直径、作用水头和管道的设计流量，计算管道的水头损失，包括沿程水头损失和局部水头损失。

(4) 根据一定的管道布置、管道材料、管道直径和管道的设计流量，计算并绘制管道的测压管水头线和总水头线。

(5) 根据一定的管道布置、管道材料、管道直径、管道要求的出流量和管道出口要求的工作水头，计算管道进口处的作用水头、水塔高度或水泵扬程。

(6) 根据一定的管道布置、管道材料及管道的设计流量，确定管径 d 和作用水头 H 或 z。

二、水力计算实例

1. 虹吸管的水力计算　虹吸管是指有一段管道高出上游水位，而管道出口则低于下游水面的管道，如图 5-4 所示。

要使虹吸管能通过连续恒定的水流，就必须利用真空泵将管道内的空气抽出，形成一定的真空度，或用灌水的方法使管道内充满水，然后打开下游出水闸阀使虹吸管顶部水体在重力作用下流出管道，造成虹吸管内的局部真空，从而使水流在大气压作用下上升到虹吸管最高点（负压）后流向下游。只要虹吸管内的真空不被破坏，并保持进、出口有一定的高差，水就会不断地由上游流向下游。

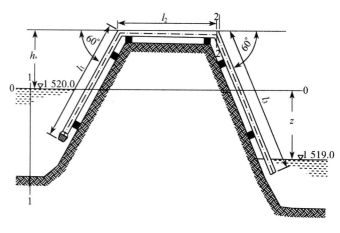

图 5-4

水流能通过虹吸管，是因为上游水面与虹吸管顶部存在压差，而虹吸管内真空值的高低就决定了这个压差的大小。虹吸管的真空值不可能大于理论值 $10mH_2O$，因为 $1at = 10mH_2O$，而且随着不同的海拔高度大气压值在变化。当水在一个大气压下温度升高至 $100℃$，水就会沸腾，产生大量气泡。但温度一定，液面压强降低到一定程度时，水也会沸腾，产生气泡，这就是液体的汽化现象。当虹吸管内压强接近该温度下的汽化压强时，液体

将会产生汽化，从而破坏了水流的连续性，虹吸管也就不会产生连续的水流。所以，虹吸管的允许真空值一般不大于 $7\sim 8mH_2O$。

虹吸管水力计算的内容有：
(1) 计算虹吸管的流量。
(2) 确定虹吸管的允许安装高度。
(3) 校核虹吸管的允许真空值。

例 5-1 某渠道用直径 $d=0.4m$ 的钢筋混凝土虹吸管从河道引水灌溉，如图 5-4 所示。已知干渠水位 1 520.00m，干渠外侧渠道水位 1 519.00m，虹吸管各段的长度为 $l_1=12m$，$l_2=8m$，$l_3=15m$，进水口安装滤水网、无底阀。虹吸管的顶部有两个转折角度为 60°的弯管。试计算：
(1) 通过虹吸管的流量；
(2) 当虹吸管的最大允许真空值为 $h_v=7.0m$ 时，计算虹吸管的最大安装高度。

解：
(1) 通过虹吸管的流量。因为虹吸管的出口在水面以下，属于管道淹没出流。如果不考虑虹吸管进口前渠道的行近流速，则可直接应用淹没出流的公式计算流量。

上下游水位差为
$$z=1\,520-1\,519=1\;(m)$$

确定沿程阻力系数和局部阻力系数。对混凝土管道的 λ 值，先假定管道在阻力平方区工作，再用曼宁公式计算谢才系数 C，然后利用沿程阻力系数和谢才系数的关系确定 λ。

取钢筋混凝土管的粗糙系数 $n=0.014$，则
$$C=\frac{1}{n}R^{1/6}=\frac{1}{0.014}\left(\frac{0.4}{4}\right)^{1/6}=48.664(m^{\frac{1}{2}}/s)$$

$$\lambda=\frac{8g}{C^2}=\frac{8\times 9.8}{48.664^2}=0.033\,1$$

管道各部位的局部阻力系数为：无底阀滤水网 $\zeta_{网}=2.5$，60°折角弯管 $\zeta_{折弯}=0.55$，管道出口 $\zeta_{出口}=1.0$。因此，管道的流量系数为

$$\mu_c=\frac{1}{\sqrt{\lambda\dfrac{l}{d}+\zeta_{网}+2\zeta_{折弯}+\zeta_{出口}}}$$

$$=\frac{1}{\sqrt{0.033\,1\times\dfrac{12+8+15}{0.4}+2.5+2\times 0.55+1}}=0.365\,2$$

所以，虹吸管通过的流量为
$$Q=\mu_c A\sqrt{2gz}=0.365\,2\times\frac{3.141\,6\times 0.4^2}{4}\sqrt{2\times 9.8\times 1}=0.203\,2(m^3/s)$$

虹吸管的流速为
$$v=\frac{Q}{A}=\frac{4\times 0.203\,2}{3.141\,6\times 0.4^2}=1.616\,9(m/s)$$

可近似认为当 $v\geqslant 1.2m/s$ 时，管流属于紊流粗糙区，即阻力平方区，满足谢才公式的应用条件，因此前面的假定是合理的。

(2) 虹吸管最大安装高度。虹吸管中最大真空值一般发生在管道最高且距管道进口最远的位置。本题中最大真空值发生在距进口最远而且最高的第二转折处,即 2-2 断面。

现以上游渠道水面为基准面,令上游水面与 2-2 断面中心之间的高差为 h_s,对上游断面 1-1 与 2-2 断面列能量方程:

$$0 + \frac{p_a}{\gamma} + \frac{\alpha_0 v_0^2}{2g} = h_s + \frac{p_2}{\gamma} + \frac{\alpha v^2}{2g} + \left(\lambda \frac{l_{1-2}}{d} + \sum \zeta\right) \frac{v^2}{2g}$$

式中,l_{1-2} 为从虹吸管进口到 2-2 断面管道的长度。

不计行近流速水头,即 $\frac{\alpha_0 v_0^2}{2g} = 0$,取 $\alpha = 1.0$,则

$$\frac{p_a}{\gamma} - \frac{p_2}{\gamma} = h_s + \left(1 + \lambda \frac{l_{1-2}}{d} + \zeta_\text{网} + \zeta_\text{折弯}\right) \frac{v^2}{2g}$$

若要求管内真空值不大于一定的允许值,即 $\frac{p_a - p_2}{\gamma} \leq h_v$,式中,$h_v$ 为允许真空值,$h_v = 7\text{m}$。则

$$h_s + \left(1 + \lambda \frac{l_{1-2}}{d} + \zeta_\text{网} + \zeta_\text{折弯}\right) \frac{v^2}{2g} \leq h_v$$

$$h_s \leq h_v - \left(1 + \lambda \frac{l_{1-2}}{d} + \zeta_\text{网} + \zeta_\text{折弯}\right) \frac{v^2}{2g}$$

$$= 7 - \left(1 + 0.033\,1 \times \frac{12 + 8}{0.4} + 2.5 + 0.55\right) \times \frac{1.616\,9^2}{2 \times 9.8} = 6.24(\text{m})$$

为了保证虹吸管正常工作,虹吸管顶部离上游水位的高度应当不超过 6.24m。

2. 水泵装置的水力计算

水泵常用来将位置较低处的水提升到较高处,这就需要为水泵输入新的能量。水泵装置是包括吸水管和压水管的一个管道系统,其水力计算包括吸水管和压水管水力计算以及水泵动力机械配用功率的计算等内容。水泵装置如图 5-5 所示。

(1) 吸水管水力计算。吸水管水力计算的主要任务就是确定水泵的安装高度和吸水管直径。

吸水管内径一般根据允许流

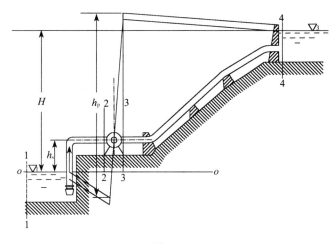

图 5-5

速计算。允许流速是在一定条件下确定的经济流速,当流速确定后,管径为

$$d = \sqrt{\frac{4Q}{\pi v}}$$

当用户需要的流量确定以后,管径与流速成反比。流速选择得越小,需要的管径就越大,意味着工程建设投资就越大;反之,流速选择得越大,需要的管径就越小,则工程建设投资可减少,但水头损失增加,水泵输水系统日常运行的能源消耗增加,使日常运行费用增

加。因此，选择管道的允许流速应当是一个经济比较问题，而不是一个单纯的技术问题。我国各地均根据地区条件制定有城市供水管网的经济流速，通常吸水管的允许流速为 0.8~1.25m/s，或根据有关规范确定。

水泵的最大允许安装高度 h_s，主要取决于水泵的最大允许真空值 h_v 和吸水管的水头损失。在图 5-5 中，以水泵进水池水面为基准面，对断面 1-1 和水泵进口断面 2-2 列能量方程，得

$$\frac{p_a}{\gamma} = h_s + \frac{p_2}{\gamma} + \frac{\alpha_2 v_2^2}{2g} + h_{w_{1-2}}$$

由此得

$$h_s = \frac{p_a}{\gamma} - \frac{p_2}{\gamma} - \frac{\alpha_2 v_2^2}{2g} - \left(\lambda \frac{l}{d} + \sum \zeta\right)\frac{v_2^2}{2g}$$

式中，v_2 为吸水管流速；$\left(\frac{p_a}{\gamma} - \frac{p_2}{\gamma}\right)$ 为 2-2 断面的真空值，其最大不能超过水泵的允许真空值 h_v。所以，水泵的最大允许安装高度 h_s 为

$$h_s \leqslant h_v - \left(\alpha_2 + \lambda \frac{l}{d} + \sum \zeta\right)\frac{v_2^2}{2g} \tag{5-7}$$

在水泵装置水力计算中一般用安装高程这一术语，因此，水泵进水池的设计水位加上水泵安装高度就是水泵的安装高程，它是指泵轴线的高程。

(2) 压水管水力计算。水泵压水管的计算在于确定压力管道直径和管道水头损失，以便在需要的流量和提水高度的条件下选择合理的水泵扬程。

水泵的扬程就是从进水前池水位将水提升到出水池水位高度所必需的单位机械能。也就是出水池水位与进水池水位之间的几何高度，再加上吸水管和压水管的总水头损失。

在图 5-5 中仍以进水池水面为基准面，在进、出水池之间列出能量方程，得

$$h_p = H + h_{w_{1-4}} \tag{5-8}$$

式中，h_p 为需要的水泵扬程；$h_{w_{1-4}}$ 为从 1-1 断面到 4-4 断面之间的总水头损失，包括吸水管水头损失 $h_{w_{1-2}}$ 和压水管水头损失 $h_{w_{3-4}}$ 两部分，即 $h_{w_{1-4}} = h_{w_{1-2}} + h_{w_{3-4}}$；$H$ 为出、进水池水位高差，即水泵提水高度。

要使水泵将一定流量 Q 的液体提升到高度 H，必须要克服进、出水管的水头损失。因此水泵需要输入的机械能功率为

$$N_p = \frac{\gamma Q h_p}{1\,000 \eta} \tag{5-9}$$

式中，N_p 为动力机械的功率 (kW)；Q 为流量 (m^3/s)；h_p 为水泵扬程 (m)；γ 为水的容重 (N/m^3)；η 为水泵和动力机械的总效率。

例 5-2 某水泵装置设计水头下的流量 $Q=0.2m^3/s$，进水池（或泵站前池）设计水位 $\triangledown_1=85m$，出水池水面高程 $\triangledown_3=105m$，吸水管长度 $l_1=10m$，水泵的允许真空值 $h_v=4.5m$，吸水管底阀局部阻力系数 $\zeta_b=2.5$，90°弯管局部阻力系数 $\zeta_c=0.3$，水泵入口前的渐变收缩段局部阻力系数 $\zeta_d=0.1$，吸水管采用内径 $d=500mm$ 的钢管，吸水管沿程阻力系数 $\lambda=0.022$，压力管道采用铸铁管，管道内径 $d=500mm$，压力管长度 $l_2=1000m$，粗糙系数 $n=0.013$，机械效率为 0.7，见图 5-5。试计算：

(1) 水泵的安装高程。

(2) 确定水泵配套的动力机械功率。

解：

(1) 水泵的安装高程。在水泵吸水管上产生局部水头损失的部件有底阀，局部阻力系数 $\zeta_b=2.5$，90°弯管 $\zeta_c=0.3$，水泵入口前的渐变收缩段 $\zeta_d=0.1$。

吸水管流速为

$$v = \frac{Q}{A} = \frac{0.2}{\frac{3.14 \times 0.5^2}{4}} = 1.02 (\text{m/s})$$

根据已知条件以及水泵安装高度计算公式，得

$$h_s = h_v - \left(\alpha + \lambda \frac{l_1}{d} + \sum \zeta\right) \frac{v^2}{2g}$$

$$= 4.5 - \left(1 + 0.022 \times \frac{10}{0.5} + 2.5 + 0.3 + 0.1\right) \frac{1.02^2}{2 \times 9.8}$$

$$= 4.5 - 0.22 = 4.28 (\text{m})$$

水泵安装高程 $\nabla_2 = \nabla_1 + h_s = 85 + 4.28 = 89.28$ (m)。

(2) 水泵配套的动力机械功率。因水泵的总扬程中包括上、下游水池水位差和进、出水管道的水头损失，即 $h_p = H + h_{w1} + h_{w2}$，式中，$h_{w1}$ 为吸水管水头损失，h_{w2} 为压水管水头损失。现逐项计算各部分。

水泵提水高度：

$$H = \nabla_3 - \nabla_1 = 105 - 85 = 20 \text{ (m)}$$

吸水管水头损失：

$$h_{w1} = \left(\lambda \frac{l_1}{d} + \sum \zeta\right) \frac{v^2}{2g} = \left(0.022 \times \frac{10}{0.5} + 2.5 + 0.3 + 0.1\right) \frac{1.02^2}{2 \times 9.8}$$

$$= 0.18 (\text{m})$$

压水管水头损失：假设水泵管道系统水流为阻力平方区紊流，故采用曼宁公式计算沿程水头损失。管道的水力半径为 $R = \frac{d}{4}$，因此

$$C = \frac{1}{n} R^{1/6} = \frac{1}{0.013} \left(\frac{0.5}{4}\right)^{1/6} = 54.39 (\text{m}^{\frac{1}{2}}/\text{s})$$

$$\lambda = \frac{8g}{C^2} = \frac{8 \times 9.8}{54.39^2} = 0.0265$$

压水管与吸水管内径相同，流速相等，则压水管水头损失为

$$h_{w2} = \lambda \frac{l_2}{d} \frac{v^2}{2g} = 0.0265 \times \frac{1000}{0.5} \times \frac{1.02^2}{2 \times 9.8} = 2.7 (\text{m})$$

水泵扬程为

$$h_p = H + h_{w1} + h_{w2} = 20 + 0.18 + 2.7 = 22.88 (\text{m})$$

水泵需要的机械功率为

$$N_p = \frac{\gamma Q h_p}{1000 \eta} = \frac{9800 \times 0.2 \times 22.88}{1000 \times 0.7} = 64.06 (\text{kW})$$

3. 倒虹吸管的水力计算 倒虹吸管是穿过河流、道路、渠道等障碍物的一种输水管道。倒虹吸管中的水流只是一般压力管流，并无虹吸现象。因此，倒虹吸管的水力计算主要是计

算管径、流量以及水头损失。

例 5-3 在甘肃省引大入秦灌溉工程中（引大通河水自流灌溉秦王川），有一座双排钢管倒虹吸工程，其最大工作水头达 107m，属亚洲之最。该倒虹工程中，单管直径 2 650mm，设计流量 32m³/s，最大流量 36m³/s，钢管总长 520m，管道纵向布置如图 5-6 所示，图中标注有纵断面位置坐标和标高坐标。钢管采用 14～22mm 五种规格的钢板制造，计算的粗糙系数 $n=0.012$。该管道进水口设计水位 2 246.4m，出口水位 2 243.44m。试通过计算管道的水头损失，校核该倒虹吸管进、出设计水位差是否能满足要求。

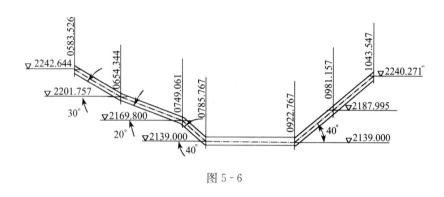

图 5-6

解：

（1）管道流速。用设计流量计算单管流速，即

$$v = \frac{Q}{A} = \frac{\frac{32}{2}}{\frac{2.65^2 \times \pi}{4}} = 2.901 \text{(m/s)}$$

（2）管道沿程水头损失。因管内流速 $v=3.26\text{m/s} \geq 1.2\text{m/s}$，说明管道水流处于紊流粗糙区，满足谢才公式的应用条件。因粗糙系数 $n=0.012$，用曼宁公式计算 λ，即

$$C = \frac{1}{n} R^{\frac{1}{6}} = \frac{1}{0.012} \left(\frac{2.65}{4}\right)^{\frac{1}{6}} = 77.81 \text{(m}^{\frac{1}{2}}\text{/s)}$$

$$\lambda = \frac{8g}{C^2} = \frac{8 \times 9.8}{77.81^2} = 0.013$$

沿程水头损失为

$$h_f = \lambda \frac{l}{d} \frac{v^2}{2g} = 0.013 \times \frac{520}{2.65} \times \frac{2.901^2}{2 \times 9.8} = 1.095 \text{(m)}$$

（3）管道局部水头损失。管道进口局部阻力系数 $\zeta_{进口}=0.5$，管道 20°弯管的局部阻力系数 $\zeta_{弯1}=0.1$，管道 30°弯管的局部阻力系数 $\zeta_{弯2}=0.2$，管道 40°弯管的局部阻力系数 $\zeta_{弯3}=0.3$，管道出口局部阻力系数 $\zeta_{出口}=1.0$。则

$$h_j = \sum \zeta \frac{v^2}{2g} = (0.5+0.1+0.2+2\times0.3+1)\frac{3.26^2}{2\times9.8} = 1.03 \text{(m)}$$

（4）总水头损失。

$$h_w = 1.095 + 1.03 = 2.125 \text{(m)}$$

（5）进、出口水位差。$\Delta h = 2\,246.4 - 2\,243.44 = 2.96$（m），扣除水头损失后管道出口剩余的压力水头为 $2.96 - 2.125 = 0.835$（m），满足水力学要求。

第三节 长管水力计算

在以上介绍的管道水力计算中,水头损失项均包括沿程水头损失和局部水头损失。但在管道水力计算中,当流速水头和局部水头损失两项之和相对沿程水头损失很小时,计算时常常将局部水头损失按沿程水头损失的一定比例估算或完全忽略不计,这样不仅使计算大大简化,而且对计算精确度也影响不大,这就是长管的水力计算问题。

如果管道直径沿程不变,并且没有分支的管道称为简单管道。对自由出流的简单管道,同时忽略局部水头损失和流速水头,这就是长管水力计算中最基本的情况。其他各种复杂管道可以认为是简单管道的组合。所以简单管道的水力计算是复杂管道水力计算的基础。

图 5-7 所示为简单管道自由出流的情况。以通过管道出口断面 2-2 中心的水平面 o-o 为基准面,并选渐变流断面 1-1 和 2-2 列能量方程得

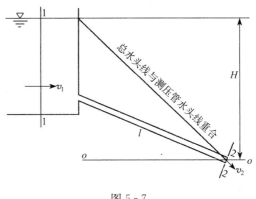

图 5-7

$$H + \frac{\alpha_1 v_1^2}{2g} = \frac{\alpha_2 v_2^2}{2g} + h_w$$

对于水力长管,流速水头和局部水头损失相对较小,均可忽略不计,同时忽略上游水池行近流速水头,则上式简化为

$$H = h_f \tag{5-10}$$

式(5-10)表明水力长管的作用水头 H 全部消耗于沿程水头损失上。

如果管道水流处于阻力平方区,就可以用谢才公式计算沿程水头损失。

由谢才公式 $v = C\sqrt{RJ} = C\sqrt{R\dfrac{h_f}{l}}$,解出沿程水头损失 h_f,并代入式(5-10),得

$$H = h_f = \frac{v^2}{C^2 R} l = \frac{Q^2}{C^2 A^2 R} l$$

令 $K = CA\sqrt{R}$,则上式可写为

$$H = \frac{Q^2}{K^2} l \tag{5-11}$$

式中,K 称为流量模数或特征流量,其物理意义为水力坡度 $J = 1$ 时的流量,其单位与流量 Q 相同。

流量模数 K 综合反映了断面形状、大小和管壁粗糙程度对管道输水能力的影响。对于粗糙系数 n 为定值的圆管,流量模数 K 只是管径 d 的函数。因此,在流量、管长和作用水头确定的条件下,通过计算流量模数 K 就可以确定管径。

由于水力长管的局部水头损失和流速水头均忽略不计,所以水力长管的总水头线与测压管水头线重合。

对于简单管道的淹没出流，公式（5-11）中的水头 H 则为上、下游水池的水面高差 Z，其他均相同。

式（5-11）是水力长管水力计算的公式之一，常常称为流量模数法或应用谢才公式的水头损失计算式，其应用条件必须是管道水流处于阻力平方区。实际上，可以用其他方法和经验公式计算沿程水头损失。由于沿程水头损失计算公式有几种形式，公式来源不同，计算结果也有一定偏差。

第四节 串联、分叉和并联管道水力计算

一、串联管道

由直径不同的简单管段串联而成的管道称为串联管道。

设串联管道中任一管段的直径为 d_i，管长为 l_i，流量为 Q_i。管段末端分出的流量为 q_i，如图 5-8 所示。两个管段的连接点称为节点，节点上流量应当满足连续性方程。因此，如果已知管段末端的分流量，可以用逐段推算的方法得到任一管段流量。在图 5-8 中，串联管道节点的流量连续性方程为

$$Q_{i+1} = Q_i - q_i \quad (5-12)$$

即流入节点的流量等于流出节点的流量。

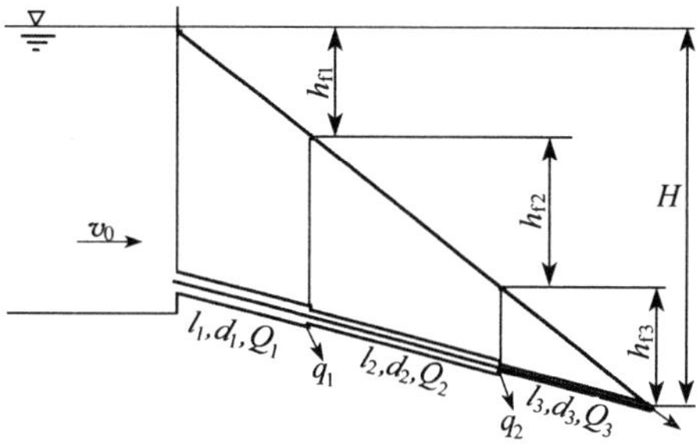

图 5-8

如果确定了任一管段的流量 Q_i，在已知该管段的直径 d_i 和管段长度 l_i 的条件下，就可以确定该管段的沿程水头损失 h_{fi}，将各管段的沿程水头损失累加起来，就是串联管道的总沿程水头损失。串联管道在计算中可以按短管计算，也可以按长管计算。

因串联管道的每一管段都是简单管道，如果不计局部水头损失，按水力长管计算，则

$$H = \sum_{i=1}^{n} h_{fi} = \sum_{i=1}^{n} \frac{Q_i^2}{K_i^2} l_i \quad (5-13)$$

或

$$H = \sum_{i=1}^{n} h_{fi} = \sum_{i=1}^{n} S_i Q_i^m l_i \quad (5-14)$$

式（5-14）中，S_i 为管道的比阻率或比阻抗，公式来源不同，S_i 就有不同的表达式；m 称为流量指数，公式不同，m 也不一样。其他符号同前。

如果采用紊流光滑区的布拉修斯公式计算沿程阻力系数，用达西-威斯巴赫公式计算沿程水头损失，则比阻率为

$$S = \frac{2.62 \times 10^{-5} \nu^{0.25}}{d^{4.75}} \quad (5-15a)$$

流量指数 $m = 1.75$。

采用达西-威斯巴赫公式计算水头损失时，公式中各因子的单位是：沿程水头损失 h_f（m）；管段流量 Q（L/h）；管长 l（m）；管径 d（cm）；水的运动黏滞系数 ν（cm²/s）。

如果采用哈森-威廉斯公式计算沿程水头损失，比阻率为

$$S = \frac{1.13 \times 10^9}{d^{4.871}} \frac{1}{C_h^{1.852}} \qquad (5-15b)$$

对于 PVC 管道，若 C_h 取 150，则

$$S = \frac{1.0543 \times 10^5}{d^{4.871}}$$

流量指数 $m=1.852$。

采用哈森-威廉斯公式计算水头损失时，式中各因子的单位是：沿程水头损失 h_f（m）；管段流量 Q（m³/h）；管长 l（m）；管径 d（mm）。

如果采用谢才公式计算沿程水头损失，并用曼宁公式计算谢才系数，则比阻率为

$$S = 10.29 \frac{n^2}{d^{\frac{16}{3}}} \qquad (5-15c)$$

流量指数 $m=2$，即

$$H = SQ^2 l \qquad (5-16)$$

这是按比阻率计算长管水头损失的基本公式。式中，管径 d（m）；Q（m³/s）；管长 l（m）。

在串联管路中，各管段虽然连接在一个管路系统中，但各管段的管径、流量、管长、流速各不相同，所以，水头损失应分段计算，然后求和，如式（5-13）或式（5-14）。

如果串联管道按短管计算，则应计算不同直径管段连接处的局部水头损失。

由几段不同直径的管段依次连接形成的串联管道，如果沿程没有分流，则各管段流量是沿程不变的；如果存在分流，则各管段流量不同。串联管道的水力计算类型主要有以下三种：

（1）给定管道流量和管道的连接布置，确定总水头损失。

（2）给定允许的总水头损失和管道的连接布置，确定管道的流量。

（3）给定流量和允许总水头损失，确定管道直径。

例 5-4 图 5-9 所示为由三段简单管道组成的串联管道。管道为铸铁管，糙率 $n=0.0125$，$d_1=250$mm，$l_1=400$m，$d_2=200$mm，$l_2=300$m，$d_3=150$mm，$l_3=500$m，总水头 $H=30$m。求通过管道的流量 Q 及各管段的水头损失。

解： 根据 $d_1=250$mm 计算的 $K_1=618.5$L/s，$d_2=200$mm 时的 $K_2=341.0$L/s，$d_3=150$mm 时的 $K_3=158.4$L/s。

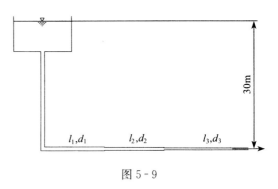

图 5-9

计算各段的水头损失并累加，得

$$H = \frac{Q^2}{K_1^2}l_1 + \frac{Q^2}{K_2^2}l_2 + \frac{Q^2}{K_3^2}l_3$$

$$= \frac{Q^2}{618.5^2} \times 400 + \frac{Q^2}{341.0^2} \times 300 + \frac{Q^2}{158.4^2} \times 500$$

$$= 0.0236 Q^2$$

通过管道的流量为

$$Q = \sqrt{\frac{H}{0.0236}} = \sqrt{\frac{30}{0.0236}} = 35.65 \text{(L/s)}$$

各管段的水头损失分别为

$$h_{f1} = \frac{Q^2}{K_1^2} l_1 = \frac{35.65^2 \times 400}{618.5^2} = 1.27 \text{(m)}$$

$$h_{f2} = \frac{Q^2}{K_2^2} l_2 = \frac{35.65^2 \times 300}{341.0^2} = 3.3 \text{(m)}$$

$$h_{f3} = \frac{Q^2}{K_3^2} l_3 = \frac{35.65^2 \times 500}{158.4^2} = 25.42 \text{(m)}$$

二、分叉管道

两个或两个以上管段在一个节点上分流或汇流，就是分叉或分支管道，管段流量在节点上分流或汇合。

分叉管道的水力计算必须要同时满足两个基本条件：第一，节点流量满足连续性条件，即流入节点的流量等于流出节点的流量；第二，节点上只存在一个压力水头。如图 5-10 所示。

在图 5-10 中，由节点流量连续性条件，得到

$$Q_3 = Q_1 + Q_2 \qquad (5-17)$$

或 $\sum Q = Q_1 + Q_2 - Q_3 = 0$

如果已知分叉管道中的水流方

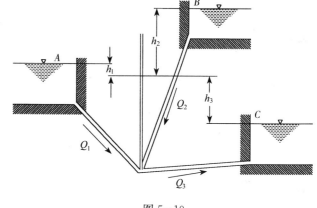

图 5-10

向和流量，则分叉管相当于几条串联管道，分别列出各分支的水头损失计算式，再利用流量连续性条件，联立求解总流量、各分支流量和其他未知水力要素。

例如，在图 5-10 中根据给定的水流方向，就可以列出下列公式：

$$h_1 + h_3 = \frac{Q_1^2}{K_1^2} l_1 + \frac{Q_3^2}{K_3^2} l_3 \qquad (5-18)$$

$$h_2 + h_3 = \frac{Q_2^2}{K_2^2} l_2 + \frac{Q_3^2}{K_3^2} l_3 \qquad (5-19)$$

根据连续性条件式（5-17）得

$$Q_3 = \sqrt{\left[(h_1 + h_3) - \frac{Q_3^2}{K_3^2} l_3\right] \frac{K_1^2}{l_1}} + \sqrt{\left[(h_2 + h_3) - \frac{Q_3^2}{K_3^2} l_3\right] \frac{K_2^2}{l_2}} \qquad (5-20)$$

各管道断面尺寸和几何长度为确定，如果已知各管段的水头损失，从式（5-20）解出总流量 Q_3 后，代入式（5-18）和式（5-19），就可以解出分支管的流量 Q_1 和 Q_2。如果已知总流量 Q_3，也可以解出其他三个未知数。

如果不确定分叉管道中的水流方向和流量，分叉管道水力计算需要进行试算。因为我们

事先还不能确定各管道的流量是多少。所以首先假定节点上的压强水头，该水头与各水源点的高差就是相应管道的水头损失，即 h_1、h_2、h_3，然后根据给定的管长、管径及管道材料，计算管道流量，如果计算的管道流量在节点上满足连续性条件，说明假定的节点水头正确，否则，重新假定节点水头计算，直到节点流量满足连续性条件。

例 5-5 在图 5-11 中，有三个水源或用水点 A、B、C，通过 PVC 管道连接，交汇于 J 点。其中 AJ 管长 1 000m，管径 300mm；BJ 管长 4 000m，管径 500mm；CJ 管长 2 000m，管径 400mm。各水源点的水位标高见图示。试计算各管道通过的流量和节点 J 处的水头。

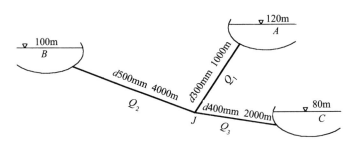

图 5-11

解： 选用哈森-威廉斯公式计算，取系数 $C_h = 140$。各管道分别用 1、2、3 表示 AJ、BJ 和 CJ。各管道的比阻率用下式计算，即

$$S = \frac{1.13 \times 10^9}{d^{4.871}} \frac{1}{C_h^{1.852}}$$

所以

$$S_1 = \frac{1.13 \times 10^9}{d_1^{4.871}} \frac{1}{C_h^{1.852}} = \frac{1.13 \times 10^9}{300^{4.871} \times 140^{1.852}} = 1.028\ 9 \times 10^{-7}$$

$$S_2 = \frac{1.13 \times 10^9}{d_2^{4.871}} \frac{1}{C_h^{1.852}} = \frac{1.13 \times 10^9}{500^{4.871} \times 140^{1.852}} = 8.546\ 1 \times 10^{-9}$$

$$S_3 = \frac{1.13 \times 10^9}{d_3^{4.871}} \frac{1}{C_h^{1.852}} = \frac{1.13 \times 10^9}{400^{4.871} \times 140^{1.852}} = 2.534 \times 10^{-8}$$

假定节点压力水头 110m，则

$$h_1 = 120 - 110 = S_1 Q_1^{1.852} l_1 = 1.028\ 9 \times 10^{-7} \times 1\ 000 Q_1^{1.852}$$

$$Q_1 = \left(\frac{10}{1.028\ 9 \times 10^{-4}}\right)^{\frac{1}{1.852}} = 493.29 \text{m}^3/\text{h} = 0.137 \text{m}^3/\text{s}$$

$$h_2 = 110 - 100 = S_2 Q_2^{1.852} l_2 = 8.546\ 1 \times 10^{-9} \times 4\ 000 Q_2^{1.852}$$

$$Q_2 = 894.33 \text{m}^3/\text{h} = 0.248 \text{m}^3/\text{s}$$

$$h_3 = 110 - 80 = S_3 Q_3^{1.852} l_3 = 2.534 \times 10^{-8} \times 2\ 000 Q_3^{1.852}$$

$$Q_3 = 1\ 308.53 \text{m}^3/\text{h} = 0.363 \text{m}^3/\text{s}$$

根据假定的 J 点水流方向，有

$$\sum Q = Q_1 - (Q_2 + Q_3) = -0.474 \text{m}^3/\text{s}$$

说明节点流量不平衡，需要重新假定节点压力水头，重新计算。

第二次假定节点水头 100m，重复上述计算步骤，得到

$$Q_1 = 0.199 \text{m}^3/\text{s}$$
$$Q_2 = 0$$
$$Q_3 = 0.292 \text{m}^3/\text{s}$$

流量差 $Q_2 + Q_3 - Q_1 = 0.093$，这个流量误差满足要求。所以，三个管道的流量分别是 $Q_1 = 0.199 \text{m}^3/\text{s}$，$Q_2 = 0$，$Q_3 = 0.292 \text{m}^3/\text{s}$。

三、并联管道

由简单管道并联而成的管道称为并联管道。图 5-12 所示为三管段并联，A、B 二点分别为各管段管道的起点和终点。通过每段管道的流量可能不同，但每段管道的水头差 $H = H_A - H_B$ 是相等的。也就是说，并联管道在节点上与分支管道相同，即节点流量满足连续性条件，不管节点上连接多少个管道，也不论各个管道的流量、管径、管长及材料如何，节点水头只有一个，并联的两个节点之间的水头差总是相同的。

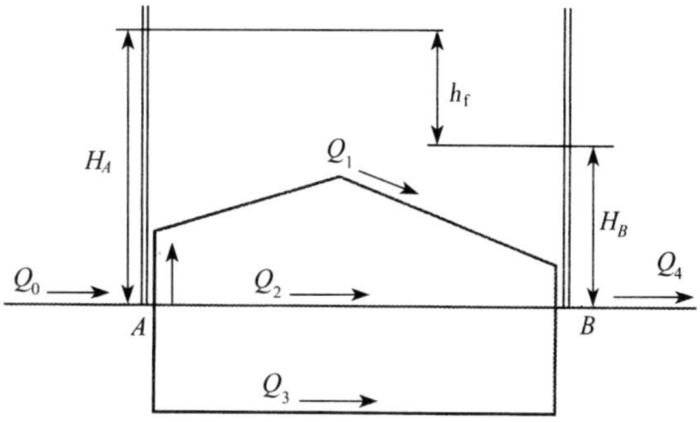

图 5-12

在图 5-12 中，假设并联管道各段管道的流量及流向如图所示，则各并联管道的水头损失有以下关系：

$$h_{f1} = h_{f2} = h_{f3} \tag{5-21}$$

节点 A 和节点 B 的流量存在以下关系：

$$Q_0 = Q_1 + Q_2 + Q_3 \tag{5-22}$$
$$Q_4 = Q_1 + Q_2 + Q_3$$

对于水力长管，因 $h_f = H = \dfrac{Q^2}{K^2} l$，因此根据式（5-21）和式（5-22），共有 4 个方程，存在 Q_1、Q_2、Q_3 及 H 四个未知数，可联立求解。

例 5-6 有一并联管道，如图 5-12 所示，$l_1 = 500\text{m}$，$l_2 = 400\text{m}$，$l_3 = 1\,000\text{m}$，$d_1 = 150\text{mm}$，$d_2 = 150\text{mm}$，$d_3 = 200\text{mm}$。总流量 $Q = 100\text{L/s}$。$n = 0.125$。求每一管段通过的流量 Q_1、Q_2、Q_3 及 A、B 两点间的水头损失。

解： 根据并联管道两节点之间水头差相等的关系，有

$$\frac{Q_1^2}{K_1^2} l_1 = \frac{Q_2^2}{K_2^2} l_2 = \frac{Q_3^2}{K_3^2} l_3$$

所以

$$Q_2 = \frac{K_2}{K_1} Q_1 \sqrt{\frac{l_1}{l_2}}$$

$$Q_3 = \frac{K_3}{K_1} Q_1 \sqrt{\frac{l_1}{l_3}}$$

根据管径和粗糙系数，计算出 K 值，$K_2 = K_1 = 158.4 \text{L/s}$，$K_3 = 341.0 \text{L/s}$。代入以上两式得

$$Q_2 = \frac{158.4}{158.4} Q_1 \sqrt{\frac{500}{400}} = 1.12 Q_1$$

$$Q_3 = \frac{341.0}{158.4}Q_1 \sqrt{\frac{500}{1\,000}} = 1.52Q_1$$

根据节点流量连续性的条件，有

$$Q = Q_1 + Q_2 + Q_3 = Q_1 + 1.12Q_1 + 1.52Q_1 = 3.64Q_1$$

所以
$$Q_1 = \frac{Q}{3.64} = \frac{100}{3.64} = 27.5(\text{L/s})$$

$$Q_2 = 1.12Q_1 = 1.12 \times 27.5 = 30.8(\text{L/s})$$

$$Q_3 = 1.52Q_1 = 1.52 \times 27.5 = 41.8(\text{L/s})$$

A、B 两点间的水头损失为

$$H = \frac{Q_1^2}{K_1^2}l_1 = \frac{27.5^2}{158.4^2} \times 500 = 14.96(\text{m})$$

第五节 沿程均匀泄流管道水力计算

一、沿程均匀泄流管道流量与管长的关系

沿程均匀泄流管道是指沿管长有多个侧向出流孔口或分支管道，一般情况下这些出流孔口间距相等，孔口出流量相同。在管道化的灌溉技术中，如喷灌、滴灌等灌溉系统中，配水支管就是这种沿程泄流管道。在灌溉系统的规划设计中，灌水均匀性是对灌溉系统的最基本要求之一，人们总是想方设法减小各个出流孔口之间的流量变化，以便为沿灌水管道的同类植物提供尽可能均匀的水量。因此，必须要求灌水管道在沿程泄流中要具备较高的出流均匀性。

假定沿程出流孔口的流量相等，而且在整个管道中的流量都是通过这些出流孔口流出的，即管道末端是封闭的，没有贯通流量。

在这些假定条件下，对一个管长为 L，进口流量为 Q，管道上有 n 个出水孔口，每个出水孔口流量为 q，出水孔口间距为 l 的沿程均匀泄流管道，可得到如下关系

$$l = \frac{L}{n} \tag{5-23}$$

$$q = \frac{Q}{n} \tag{5-24}$$

管道上任一孔口前的管段流量为

$$Q_i = q(n - i + 1) \tag{5-25}$$

当 $i=1$ 时，即第 1 个孔口前的管段流量，也就是管道进口流量 $Q=qn$。

二、沿程水头损失的逐段计算法

沿程均匀泄流管道实际上是由各管段组成的串联管道。因此，用串联管道的计算方法，逐段计算沿程水头损失，再累加就是整个管道的水头损失。即

$$h_{fn} = \sum_{i=1}^{n} h_{fi} \tag{5-26}$$

管段沿程水头损失的计算方法可用达西-威斯巴赫公式或哈森-威廉斯公式。

三、沿程水头损失的多口系数法

在逐段计算沿程水头损失时,如果管段数较多,计算就比较复杂。如果将沿程均匀泄流的管道看做一个均匀流管道,管道的流量为进口流量,管径、管长等其他条件与沿程均匀泄流管道相同,用此管道计算沿程水头损失,然后乘一个折减系数,就可得到沿程均匀泄流管道的沿程水头损失,这个折减系数就叫多口系数,它是沿程均匀泄流管道的水头损失与均匀流管道水头损失的比值,即

$$F = \frac{h_{fn}}{h_f}$$

式中,F 为多口系数;h_{fn} 为用逐段法计算的沿程均匀泄流管道的水头损失;h_f 为均匀流管道的水头损失。

需要注意的是,用逐段法计算管段水头损失和计算均匀流管道的水头损失 h_f 时,应当采用同一种类型的公式,以避免公式之间的误差。

由克里斯琴森(Christiansen)推导出的多口系数公式为

$$F = \frac{N\left(\dfrac{1}{m+1} + \dfrac{1}{2N} + \dfrac{\sqrt{m-1}}{6N^2}\right) - 1 + X}{N + X - 1} \tag{5-27}$$

式中,F 为多口系数;N 为孔口数;m 为流量指数,在达西-威斯巴赫公式中,$m=1.75$,在哈森-威廉斯公式中,$m=1.852$。

$$X = \frac{l_1}{l} \tag{5-28}$$

式中,X 为孔口间距修正因子,其中 l_1 为管道进口到第一个孔口之间的距离,l 为孔口间距。如果管道进口到第一个孔口之间的管段长度与所有孔口间距相等,则 $X=1$。

所以,沿程均匀泄流管道的沿程水头损失为

$$h_{fn} = F h_f \tag{5-29}$$

根据达西-威斯巴赫公式($m=1.75$)和哈森-威廉斯公式($m=1.852$),可以将多口系数制成表,在计算沿程均匀泄流管道的沿程水头损失时查用。

例 5-7 水平铺设的一沿程均匀出流管道,长 75m,从管道的末端起每隔 1m 有一个孔口,总数为 75 个。管道为聚乙烯材料,外径为 15mm,壁厚为 1.7mm。管道进口流量为 0.3m³/h,水温为 10℃。试计算管道的沿程水头损失。

解:

(1) 基本参数。水温为 10℃时水的运动黏滞系数为 $\nu = 0.013\,1\text{cm}^2/\text{s}$,孔口流量为 $q = Q/n = 0.3/75 = 0.004\text{m}^3/\text{h} = 4\text{L/h}$,计算内径为 11.6mm。

(2) 在管径、管长、进口流量不变条件下非沿程均匀出流管道的水头损失。应用紊流光滑区的达西-威斯巴赫公式:

$$h_f = \frac{2.62 \times 10^{-5} \nu^{0.25} Q^{1.75}}{d^{4.75}} L$$

$$= \frac{2.62 \times 10^{-5} \times 0.013\,1^{0.25} \times 300^{1.75}}{1.16^{4.75}} \times 75 = 7.103(\text{m})$$

(3) 沿程均匀出流管道的水头损失。因沿程均匀出流管道长 75m,沿程均匀分布 75 个

孔口，因此，从进口到第一个孔口之间的间距与均匀间距的比值 $X=1$，达西-威斯巴赫公式的多口系数 $F=0.3704$。所以均匀出流管道的水头损失为

$$h_{\mathrm{fn}} = Fh_{\mathrm{f}} = 0.3704 \times 7.103 = 2.63(\mathrm{m})$$

四、沿程均匀泄流管道的压力分布

沿程均匀泄流管道如果管内流速很小，可以忽略流速水头时，总水头线与测压管水头线重合，即总水头等于测压管水头。如果忽略沿程分流的局部水头损失，则在沿程均匀泄流管道的进口压力水头中，减去管道从进口到任一断面之间的沿程水头损失，就是该断面处的压强水头。因此，要确定沿程均匀泄流管道的压力分布，只要确定沿程水头损失的分布就可以了。

由于流量与水头损失的关系为指数函数，因此沿程均匀泄流管道流量的沿程变化使水头损失沿管长的变化为曲线形式。在任一断面处的水力坡度 J 为

$$J = \frac{\mathrm{d}h_{\mathrm{f}}}{\mathrm{d}x} = -\frac{\mathrm{d}H}{\mathrm{d}x} \tag{5-30}$$

式中总水头的增量是负值，因为总水头总是沿程减小，而水力坡度总是正值，所以加一负号。

当管道为平坡布置时，如果忽略沿管分流时的局部水头损失，则沿程水头损失沿管长的变化曲线就是总水头沿管长的变化曲线，即总水头线，或称总能量坡度线。因此，任一断面上的压强水头，就是管道进口处的水头减去从进口到该断面之间的水头损失，即

$$H_x = H - h_{\mathrm{fx}} \tag{5-31}$$

如果假定沿程连续且均匀泄流，以管道进口为坐标原点，则距沿程均匀泄流管道进口为 x 处的管段流量为

$$Q_x = q\left(n - \frac{x}{l}\right) \tag{5-32}$$

式中，l 为孔口间距，与管长 L 的关系是：$L=nl$，n 为孔口数。根据沿程水头损失计算公式，距管道进口为 x 处任一断面的水头损失就是

$$h_{\mathrm{fx}} = SxQ_x^m \tag{5-33}$$

式中，m 为流量指数。根据式（5-33），在一微小管段 $\mathrm{d}x$ 上的沿程水头损失是

$$\mathrm{d}h_{\mathrm{fx}} = SQ_x^m \mathrm{d}x = Sq^m\left(n - \frac{x}{l}\right)^m \mathrm{d}x \tag{5-34}$$

积分，得

$$h_{\mathrm{fx}} = \int_0^x \mathrm{d}h_{\mathrm{fx}} = \int_0^x Sq^m\left(n - \frac{x}{l}\right)^m \mathrm{d}x = \frac{Sq^m l}{m+1}\left[n^{m+1} - \left(n - \frac{x}{l}\right)^{m+1}\right]$$

注意到在沿程均匀泄流管中，根据基本假定，S 和 m 只要管径沿程不变，在计算公式确定后不随流量变化，n、l 为已知管道的情况下不变，并有 $L=nl$，$Q=nq$，所以将上式变为

$$h_{\mathrm{fx}} = \frac{Sq^m}{(m+1)l^m}[L^{m+1} - (L-x)^{m+1}] \tag{5-35a}$$

或

$$h_{\mathrm{fx}} = \frac{SQ^m L}{m+1}\left[1 - \left(1 - \frac{x}{L}\right)^{m+1}\right] \tag{5-35b}$$

这就是水平铺设的沿程均匀泄流管道沿程水头损失或总水头曲线的一般方程。

如果分别采用达西-威斯巴赫公式（$m=1.75$）和哈森-威廉斯公式（$m=1.852$），则公式的具体形式分别为

$$h_{fx} = \frac{Sq^{1.75}}{2.75l^{1.75}}[L^{2.75} - (L-x)^{2.75}] \quad (5-36a)$$

式中，$S = \dfrac{2.62 \times 10^{-5} \nu^{0.25}}{d^{4.75}}$。

$$h_{fx} = \frac{Sq^{1.852}}{2.852l^{1.852}}[L^{2.852} - (L-x)^{2.852}] \quad (5-36b)$$

式中，$S = \dfrac{1.13 \times 10^9}{d^{4.871} C_h^{1.852}}$。式中各因子的单位与前述相同。

例 5-8 根据例 5-7 的数据，即沿程均匀出流管道水平铺设，长 75m，孔口数 75 个，孔口间距 1m，管道外径为 15mm，壁厚为 1.7mm。管道进口流量为 0.3m³/h，管道最末端孔口要求的压力水头为 10m，水温为 10℃。试绘制管道进口流量为 0.3m³/h 和 0.6m³/h 时的总水头线，并进行比较。

解：

(1) 基本参数。水温为 10℃ 时水的运动黏滞系数为 $\nu = 0.0131 \text{cm}^2/\text{s}$，孔口流量为 $q = Q/n = 0.3/75 = 0.004 \text{m}^3/\text{h} = 4\text{L/h}$，计算内径为 11.6mm。

(2) 计算管道进口需要的水头。因沿程均匀出流管道的沿程水头损失为 2.63m，所以，管道进口需要的水头为 $10 + 2.63 = 12.63 \text{m}$。

(3) 绘制能坡线。逐点计算水头损失，并从管道进口水头中减去该点的水头损失，就可以画出沿管长的总水头线分布。图 5-13 分别画出了孔口流量为 $q = 4\text{L/h}$ 和 $q = 8\text{L/h}$ 的水头线，可以看出，孔口流量越大，水头损失就越大，水头线的变化就越陡。同时，从图中还可以看出，沿程均匀泄流管道总水头线为一连续变化的曲线，而且距管道进口约 1/2 管长上产生的水头损失最多，水头线变化较大，而在管道末端，水头线变化比较平缓。

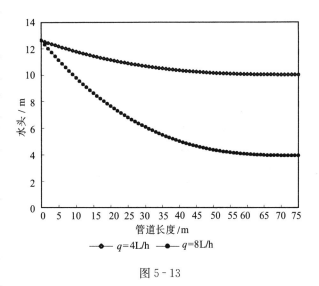

图 5-13

如果沿程均匀泄流管道存在均匀坡度，需要考虑坡度对总水头线的影响。因为有了坡度，管道在不同位置上的位置水头不同，显然，下坡管道由于位置水头使管道末端压强水头会增加，上坡管道与此相反，压强水头随管长而减小。因此，距管道进口为 x 处的压力水头分别是：

下坡管道 $\qquad H_x = H_0 - h_{fx} + ix \qquad (5-37a)$

上坡管道 $\qquad H_x = H_0 - h_{fx} - ix \qquad (5-37b)$

式中，H_0 为管道进口处的水头；i 为管道坡度。

第六节 管网水力计算

一、概 述

为了向更多的用户供水，在给水工程中往往将许多管路组合成为管网。管网按其布置图形可分为树状 [图 5-14 (a)] 及环状 [图 5-14 (b)] 两种。

在树状管网中，从水源到用户的管线，有如树枝状，从一点引出，逐级分流。这种管网的特点是造价较低，供水可靠性较差，一旦管网中有一段发生故障，在该管段下游的各级管段都要受到影响，另外，树状管网的末端管道，由于逐级分流，流量较小，流速较低，甚至停滞，水质容易变坏。

在环状管网中，从水源到用户的管线连接成环，当管网中有一段发生故障时，用隔离闸阀将其与管网断开，进行检修，影响范围只有该管段，其他管线继续可以供水，因而环状管网的供水可靠性较高。另外，环状管网还可以大大减轻水击的破坏。但是，环状管网的造价较高。

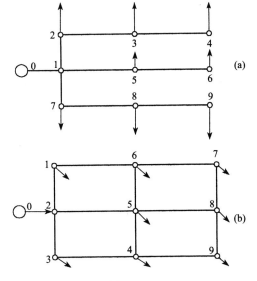

图 5-14

管网内各管段的管径是根据流量 Q 及速度 v 两者来决定的。在流量 Q 一定的条件下，管径随着在计算中所选择的速度 v 的大小而不同。如果流速大，则管径小，管路造价低；然而流速大，导致水头损失大，又会增加水塔高度及抽水的运行费用。反之，如果流速小，管径大，就会减少水头损失，从而减少了抽水运行费用，但另一方面却又提高了管路造价，增加管网建设费用。

所以在确定管径时，应作经济比较。采用一定的流速使得供水的总成本（包括管网建设费用和管网运行费用）最低，这种流速称为经济流速 v_e。

经济流速涉及的因素很多，综合实际的设计经验及技术经济资料，对于中小直径的给水管路：

当直径 $D=100\sim400\text{mm}$，$v_e=0.5\sim1.0\text{m/s}$；

当直径 $D>400\text{mm}$，$v_e=1.0\sim1.4\text{m/s}$。

但这也因地因时而略有不同。

二、树状管网

树状管网的流量推算逐级进行，即从最末端开始逐段推算上一级管段的流量，同分支管道相同，节点流量必须满足连续性方程，节点上无论有多少分支，节点水头只有一个。已知管段流量的条件下，树状管网的水力计算，可分为在一定水头差的条件下确定各级管段的管径和在管径确定的条件下计算水头损失，以确定加压泵站的扬程或水塔高度两种情形。

在新建给水系统的设计中，往往是已知管路沿线地形，各管段长度 l 及通过的流量 Q 和端点要求的自由水头 H_z，要求确定管路的各段直径 d 及水泵的扬程或水塔的高度 H_t。

计算时，首先按经济流速在已知流量下选择管径。然后利用水头损失计算公式，即达西-威斯巴赫公式、哈森-威廉斯公式或谢才公式计算各级管段的沿程水头损失，即

$$h_{fi} = S_i l_i Q_i^m \tag{5-38}$$

在已知管段流量 Q、直径 d 及管长 l 的条件下计算出各段的水头损失。最后按串联管路计算干线中从水塔到管网控制点的总水头损失。管网的控制点是指在管网中水塔至该点的水头损失，地形标高和要求自由水头三项之和最大值的点。对于简单树状管网，可以直观判断。对于复杂树状管网，应通过计算比较确定。

对于水泵扬程或水塔高度 H_t（图 5-15）可按下式求得：

$$H_t = \sum h_{fi} + H_z + z_0 - z_t \tag{5-39}$$

式中，H_z 为控制点要求的压力水头或工作压力；z_0 为控制点地面标高；z_t 为泵站或水塔处的地面标高；$\sum h_{fi}$ 为从水塔到管网控制点的总水头损失。

如果已知管路沿线地形、水塔高度 H_t，管路长度 l，用水点的自由水头 H_z 及通过的流量，要求确定管径。对此情况，根据树状管网各干线的已知条件，算出它们各自的平均水力坡度

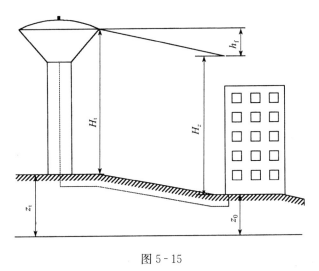

图 5-15

$$J = \frac{\sum h_{fi}}{\sum l_i} = \frac{H_t + (z_t - z_0) - H_z}{\sum l_i} \tag{5-40}$$

选择其中平均水力坡度最小（$J_{\min}$）的那根干线作为控制干线进行设计。

控制干线上按水头损失均匀分配，即各管段水力坡度相等的条件，由式 $h_{fi} = S_i l_i Q_i^m$，计算各管段比阻率

$$S_i = \frac{J}{Q_i^m} \tag{5-41}$$

式中，Q_i 为各管段通过的流量。

按照求得的 S_i 值就可以选择各管段的直径。实际选用时，可取部分管段比阻 S 大于计算值 S_i，部分小于计算值，使得这些管段的组合正好满足在给定水头下通过需要的流量。

当控制干线确定后应算出各节点的水头。并以此为准，继续设计各支线管径。

例 5-9 一树状管网从水塔 O 沿 0—1 干线输送用水，各节点要求供水量如图 5-16 所示。已知每一段管路长度（表 5-1）。此外，水塔处的地形标高和点 4、点 7 的地形标高相同，节点 4 和节点 7 要求的自由水头同为 $H_z = 12\text{m}$。求各管段的直径、水头损失及水塔应有的高度。

解: 采用 PVC 塑料给水管。按 PVC 塑料给水管的生产标准 (PVC 管以公称外径为标准),根据管段流量初步拟定管道直径,再根据应用条件,选择 PVC 给水管道的压力等级,即承压标准,确定相应压力等级下的管道壁厚。据此,可以计算管中实际流速和管段水头损失。如果管中流速过大,使管段水头损失很大,应当调整选择的管径尺寸,重新计算。水头损失用哈森-威廉斯公式计算,其中系数 $C_h=150$。计算的各管段实际流速和水头损失见表 5-1。

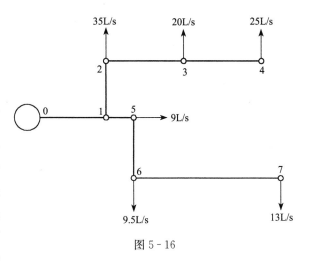

图 5-16

表 5-1 树状管网水头损失计算结果

管段编号	管段长度 /m	管段流量 /(m³·h⁻¹)	计算内径 /mm	采用直径 /mm	管道壁厚 /mm	管段流速 /(m·s⁻¹)	水头损失 /m
4—3	350	90	145.71	160	7.7	1.523	4.614
3—2	350	162	195.49	200	9.6	1.754	4.616
2—1	200	288	260.65	250	11.9	1.992	2.571
7—6	500	46.8	105.07	160	7.7	0.792	1.964
6—5	200	81	138.23	160	7.7	1.371	2.169
5—1	300	113.4	163.56	160	7.7	1.919	6.068
1—0	400	401.4	307.72	315	15.0	1.749	3.085

说明:表中管壁厚度取决于管道的压力等级。

从水塔到两个最远供水点的总沿程水头损失分别为

沿 4—3—2—1—0 线: $\sum h_f = 4.614 + 4.616 + 2.571 + 3.085 = 14.89(\text{m})$

沿 7—6—5—1—0 线: $\sum h_f = 1.964 + 2.169 + 6.068 + 3.085 = 13.29(\text{m})$

采用 4—3—2—1—0 线的总水头损失值,再加上最末端要求的自由水头 12m,则水塔的高度至少为

$$H_t = \sum h_f + H_z = 14.89 + 12 = 26.89(\text{m})$$

三、环状管网

在树状管网中,利用节点流量的平衡关系就可以把每个管段的流量直接计算出来,同时也就确定了水流方向。

在环状管网中,当环状管网形状确定后,节点流量为已知时,为了满足供水要求,通过管网各管段的流量可以有许多分配方案,这是因为环状管网各环不仅包括串联管路,也有并联管路,如果改变一条管段的管径,则所有管段的流量也随之改变。

所以，计算环状管网时，各管段的直径和流量均为未知数。通常情况下，环状管网是在确定了管网的管线布置和各管段的长度，并且管网节点的流量为已知时，环状管网的水力计算就是决定各管段的流量 Q 和各管段的管径 d，从而求出各管段的水头损失 h_f。

研究任一环状管网，可以发现管网的一些几何特征，这就是管网的管段数目 G、环数 L 及节点数目 J 之间存在下列关系，而且无论管网形状如何，这种关系不变。

$$G = J + L - 1 \tag{5-42}$$

式（5-42）的关系是欧拉关于凸多边形的顶、面、边线理论推导而来的。这个关系就是管段数等于节点数加环数减 1。

在树状管网中，环数 $L=0$，则 $G=J-1$。

根据环状管网的水流特点，对其水力计算提供了如下两个基本条件：

（1）根据连续性条件，在各个节点上，流向节点的流量应等于由此节点流出的流量。如以流入节点流量为正值，流出节点的流量为负值，则二者的总和应等于零。即在各节点上

$$\sum Q_i = 0$$

（2）对任一闭合的环路，各管段水头损失的代数和等于零。在一闭合的环内，如以顺时针方向水流所引起的水头损失及流量为正值，逆时针方向水流的水头损失为负值，则二者总和应等于零。即在各环内

$$\sum h_f = 0 \tag{5-43}$$

因水头损失是管径和流量的函数，因此

$$\sum S_i l_i Q_i^m = 0 \tag{5-44}$$

关于环状管网的计算方法，有解管段方程法、节点方程法和解环方程法，也叫哈代-克罗斯（Hardy-Cross）法等，以下介绍解环方程法。

首先我们以只有一个环的简单管网为例。假定环外管道流量已知，只有环内管段流量未知。计算的步骤是：

（1）根据节点流量平衡条件，初步分配组成环的各管段的流量，并满足 $\sum Q_i = 0$。

（2）根据分配各管段的流量 Q_i，计算水头损失。因管段流量是假定的，沿环路的水头损失不一定能满足 $\sum h_f = 0$ 的条件，因此水头损失存在环路闭合差，即

$$h_{fi} = S_i l_i Q_i^m$$
$$\Delta h_{fi} = \sum h_{fi}$$

（3）如果计算的水头损失存在环路闭合差小于允许误差，即

$$\Delta h_{fi} = \sum h_{fi} < \varepsilon$$

说明假设的流量分配是正确的，否则需要重新分配环路流量。

（4）如果水头损失环路闭合差较大，说明最初分配流量不满足闭合条件，在各环路要加入校正流量 ΔQ，第 2 次分配的管段流量是

$$Q_1 = Q_0 + \Delta Q$$

其中，Q_0 表示初次假定的管段流量；Q_1 表示第 1 次修正后的管段流量。

（5）然后返回到步骤（2）重新计算。

在环路加入校正流量 ΔQ，各管段相应得到水头损失增量 Δh_{fi}，如果采用达西-威斯巴赫公式的一般表达形式（即不区分流区），则

$$h_f = \lambda \frac{l}{d} \frac{v^2}{2g} = \frac{8\lambda}{g\pi^2 d^5} lQ^2 = SlQ^2$$

则修正流量后的水头损失为

$$h_{fi} + \Delta h_{fi} = S_i l_i (Q_i + \Delta Q)^2 = S_i l_i Q_i^2 \left(1 + \frac{\Delta Q}{Q_i}\right)^2$$

上式按二项式展开，取前两项得

$$h_{fi} + \Delta h_{fi} = S_i l_i Q_i^2 \left(1 + 2\frac{\Delta Q}{Q_i}\right) = S_i l_i Q_i^2 + 2S_i l_i Q_i \Delta Q$$

如加入校正流量后，环路满足闭合条件，则有

$$\sum (h_{fi} + \Delta h_{fi}) = \sum h_{fi} + \sum \Delta h_{fi} = \sum h_{fi} + 2\sum S_i l_i Q_i \Delta Q = 0$$

于是

$$\Delta Q = -\frac{\sum h_{fi}}{2\sum S_i l_i Q_i} = -\frac{\sum h_{fi}}{2\sum \dfrac{S_i l_i Q_i^2}{Q_i}} = -\frac{\sum h_{fi}}{2\sum \dfrac{h_{fi}}{Q_i}} \qquad (5-45)$$

这就是校正流量的计算公式。按式（5-42）计算，为使 Q_i 与 h_{fi} 取得一致符号，特规定环路内水流以顺时针方向为正，逆时针方向为负。

将 ΔQ 与各管段第一次分配流量相加得第二次分配流量，并以同样的步骤逐次计算，直到满足所要求的精度。

这种重复计算应用计算机是非常方便的。

例 5-10 如图 5-17 所示为水平铺设的两环管网，已知两个用水点的流量分别是 $Q_4 = 0.032 \text{m}^3/\text{s}$, $Q_2 = 0.054 \text{m}^3/\text{s}$。各管段均为铸铁管，粗糙系数 $n = 0.013$，长度及直径见表 5-2。求各管段通过的流量（水头损失闭合差小于 0.5m 即可）。

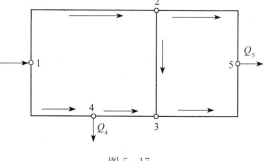

图 5-17

表 5-2

环 号	管 段	长 度/m	直 径/mm
1	2—5	220	200
	5—3	210	200
	3—2	90	150
2	1—2	270	200
	2—3	90	150
	3—4	80	200
	4—1	260	250

解：

（1）初拟流向，分配流量。初拟各管段流向如图 5-17 所示。根据节点流量平衡条件

$\sum Q_i=0$,第一次分配流量。分配值列入表 5-3 内。

(2) 计算各管段水头损失。按分配流量,根据式 $h_{fi}=S_i l_i Q_i^2$,其中

$$S=\frac{64}{\pi^2 C^2 d^5}=10.293\ 59\ \frac{n^2}{d^{5.33}}$$

计算各管段的水头损失,见表 5-3。

(3) 计算环路闭合差。如果闭合差大于规定值,需要计算校正流量 ΔQ,如果闭合差小于规定值,计算结束。

(4) 调整分配流量。将 ΔQ 与各管段分配流量相加,得二次分配流量,然后重复(2)、(3)步骤计算。本题按二次分配流量计算,各环已满足闭合差要求,故二次分配流量即为各管段的通过流量。

表 5-3

环号	管段	管长/m	管径/mm	第一次分配流量/(m³·s⁻¹)	水头损失/m	修正流量	第二次分配流量/(m³·s⁻¹)	水头损失/m
1	2—5	220	200	0.03	1.852		0.027 81	0.013
	5—3	210	200	−0.024	−1.131		−0.026 19	−0.007
	3—2	90	150	−0.006	−0.140		−0.008 19	0.000
	闭合差				0.580	−0.002 19		0.006
2	1—2	270	200	0.036	3.273		0.031 99	0.031
	2—3	90	150	0.006	0.140		0.001 99	0.000
	3—4	80	200	−0.018	−0.242		−0.022 01	−0.001
	4—1	260	250	−0.05	−1.851		−0.054 01	−0.015
	闭合差				1.320	−0.004 01		0.015

习 题

5-1 一简单管道,如图所示。管道长度 800m,水头为 20m,管径 $d=0.15$m,管道中间有两个弯头,每个弯头的局部水头损失系数为 0.3,已知沿程阻力系数 $\lambda=0.025$,试求通过管道的流量。

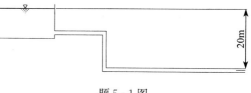

题 5-1 图

5-2 坝下埋设一预制混凝土引水管,直径 D 为 1m,长 40m,进口处有一平板闸门控制流量,闸门全开时的局部水头损失系数 ζ 为 0.4,引水管出口底部高程 62m,当上游水位为 70m,下游水位为 60.5m 时,问闸门全开时的最大引水流量是多少。

5-3 倒虹吸管采用 500mm 直径的铸铁管,长 l 为 125m,进出口水位高程差为 0.5m,根据地形,两转弯角各为 60°和 50°,上下游渠道流速相等。问能通过多大流量? 并绘出测压管水头线及总水头线。

5-4 水泵自吸水井抽水,吸水井与蓄水池用自流管相接,其水位均不变,如图所示。

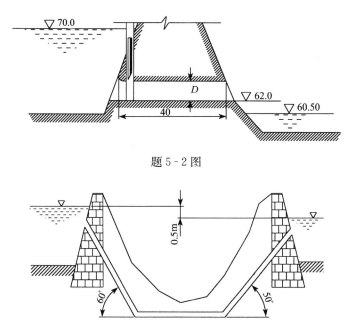

题 5-2 图

题 5-3 图

水泵安装高度 z_s 为 4.5m；自流管长 l 为 20m，直径 d 为 150mm；水泵吸水管长 l_1 为 12m，直径 d_1 为 150mm；自流管与吸水管的沿程阻力系数 λ 为 0.03；自流管滤网的局部水头损失系数 $\zeta=2.0$；水泵底阀的局部水头损失系数 $\zeta=9.0$；90°弯头的局部水头损失系数 $\zeta=0.3$；若水泵进口真空值不超过 $6mH_2O$，求水泵的最大流量是多少？在这种流量下，水池与水井的水位差 z 为多少？

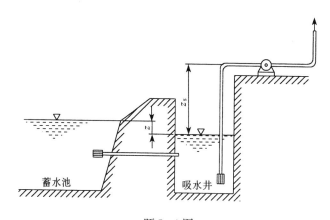

题 5-4 图

5-5 用水泵提水灌溉，水池水面高程▽179.5m，河面水位▽155.0m；吸水管长为 4m、直径 200mm 的钢管，设有带底阀的莲蓬头及 45°弯头一个；压力水管长为 50m、直径 150mm 的钢管，设有逆止阀（$\zeta=1.7$）、闸阀（$\zeta=0.1$）、45°的弯头各一个。机组效率为 80%，已知流量为 50 000 cm^3/s，问要求水泵有多大扬程？

5-6 用虹吸管从蓄水池引水灌溉。虹吸管采用直径 0.4m 的钢管，管道进口处安一莲蓬头，有 2 个 40°转角；上下游水位差 H 为 4m；上游水面至管顶高程 z 为 1.8m；管段长度

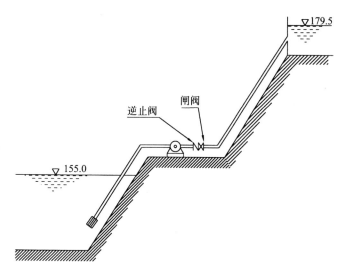

题 5-5 图

l_1 为 8m，l_2 为 4m，l_3 为 12m。要求计算：(1) 通过虹吸管的流量为多少？(2) 虹吸管中压强最小的断面在哪里，其最大真空值是多少？

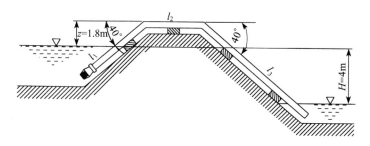

题 5-6 图

5-7 试定性绘出图示管道的总水头线和测压管水头线，并进行标注。图中行近流速均

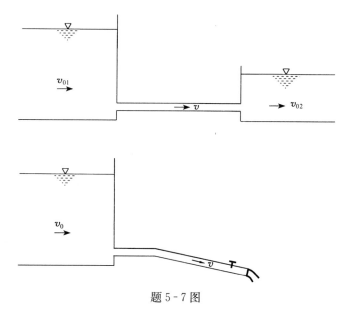

题 5-7 图

不能忽略，出水池流速也不等于零。

5-8　水泵压水管为铸铁管，向 B、C、D 点供水。D 点的服务水头为 4m（即 D 点的压强水头 $\frac{p_D}{\gamma}$ 为 $4mH_2O$）；A、B、C、D 点在同一高程上。今已知 q_B 为 10 000cm³/s，q_C 为 5 000cm³/s，q_D 为 10 000cm³/s；管径 d_1 为 200mm，管长 l_1 为 500m；管径 d_2 为 150mm，管长 l_2 为 450m；管径 d_3 为 100mm，管长 l_3 为 300m。求水泵出口处的压强水头是多少？

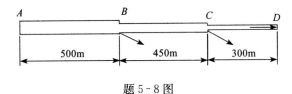

题 5-8 图

5-9　有三个水源点在 J 处交汇，从水源 A 到 J 点 750m 长，管径 120cm，从 B 到 J 点的管长 1 800m，管径 100cm，从 C 到 J 点的管长 3 400m，管径 80cm，全部采用铸铁管。试计算各水源点的流量（已知水温 10℃，各水源点之间的高差见题 5-6 图）。

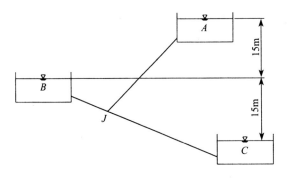

题 5-9 图

5-10　在灌溉供水管道中，有一平坡铺设的沿程泄流管道，管道总长 90m，管径 40mm，为聚乙烯塑料管。在这一管道上每隔 3m 安装一个分支管道，称为灌水毛管，毛管长度均为 100m，管道内径 15mm，毛管上每 2m 有一个出水孔口，孔口流量为 5L/h，为保持孔口流量均匀，在毛管的末端要求保持 8m 水头，水温按 10℃ 考虑。试计算这一灌水单元

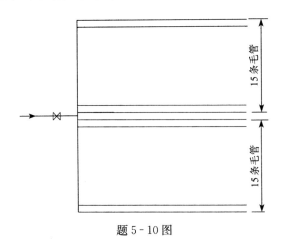

题 5-10 图

总进口需要的压力水头。

5-11 一城镇供水管网如图所示,试确定管网中各管道的流量。管道采用铸铁管,主要供水点和用水点的流量分别是 $Q_1=0.1\text{m}^3/\text{s}$,$Q_2=0.3\text{m}^3/\text{s}$,$Q_3=0.25\text{m}^3/\text{s}$,$Q_4=0.03\text{m}^3/\text{s}$,$Q_5=0.12\text{m}^3/\text{s}$,水温 10℃,管径及管长见图示。

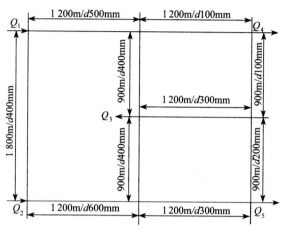

题 5-11 图

第六章 明渠恒定均匀流

第一节 概 述

明渠恒定均匀流是渠槽中各种水流运动状态中最为简单的一种，它所揭示的水流运动规律，是明渠水力计算的基本依据。

一、明渠水流

明渠水流是一种具有自由液面的流动，水流表面压强为大气压强，即相对压强为零。因此，明渠水流也称无压流。不但天然河道、人工渠道中的水流为明渠水流，而且只要管道、隧洞中的水流未充满整个断面，水面与外界大气充分接触，此时水面上的各点压强均为大气压强，其水流也属明渠水流。在水利工程中经常遇到这类流动问题，例如开挖溢洪道或泄洪洞需要有一定的输水能力，以宣泄多余的洪水；为引水灌溉或发电而修建的渠道或无压隧洞，需要确定合理的断面尺寸，等等。这些问题的解决都需要掌握明渠水流的运动规律，应用明渠均匀流的水力计算方法。

明渠水流与有压管道中的恒定流不同，其过水断面水力要素（过水断面积、湿周、水力半径）随水位变化而改变，即水面不受固体边界的约束。其次，由于明渠中沿流程的地形、土质及工程衬砌、管理养护等方面存在差别，对天然河道还有河床植被的差异，这就使得某些渠槽的糙率不仅因沿程有所变化，而且也随水深而变。因此，明渠中的水力计算要比有压管流复杂得多。

实践证明，明渠水流都属于紊流，而且常常是接近和处于阻力平方区的紊流。

明渠水流根据其运动要素是否随时间变化，分为恒定流和非恒定流；明渠恒定流又根据其运动要素是否沿流程变化，分为均匀流与非均匀流。非均匀流又有渐变流和急变流之分。

二、渠道的形式

渠道是约束明渠水流运动的外部条件，渠道边壁的几何特性和水力特性对明渠中的水流运动有着重要的影响，因此，必须对明渠槽身的形式有所了解。

渠道横向几何特性是指横断面的形状和尺寸；纵向几何特性是指渠道底坡及其变化情况。

1. 按横断面的形状分类 渠槽槽身形式按横断面的形状来分，有规则断面槽和不规则断面槽两大类。

人工修筑的渠道都是规则断面槽，常见的断面形式有梯形、矩形、圆形、U形、抛物线形及复式断面等等，如图6-1所示。

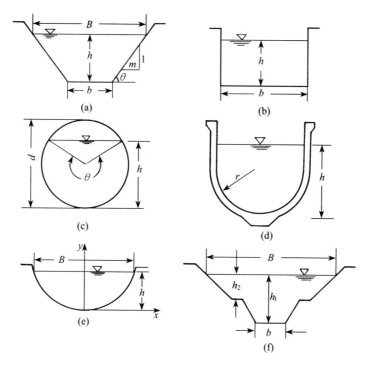

图 6-1　渠道断面形式
(a) 梯形　(b) 矩形　(c) 圆形　(d) U形　(e) 抛物线形　(f) 复式断面

土质地基上的人工渠道，常修成对称梯形断面，如图 6-1（a）所示。以 h 表示水深，b 表示底宽，m 表示边坡系数，它代表边坡倾角 θ 的余切，即 $\cot\theta = \dfrac{m}{1} = m$，则梯形断面水力要素为：

面　　积 $$A = (b+mh)h \tag{6-1}$$

水面宽度 $$B = b+2mh \tag{6-2}$$

湿　　周 $$\chi = b+2h\sqrt{1+m^2} \tag{6-3}$$

水力半径 $$R = \frac{A}{\chi} = \frac{(b+mh)h}{b+2h\sqrt{1+m^2}} \tag{6-4}$$

边坡系数 m 的大小系由土壤的性质和护面情况而定，可参照表 6-1 选定。

表 6-1　梯形渠道的边坡系数 m

土　壤　种　类	边　坡　系　数　m
粉砂	3.0～3.5
细砂、中砂、粗砂 1. 疏松的和中等密实的	2.0～2.5
2. 密实的	1.5～2.0
沙壤土	1.5～2.0
黏壤土、黄土或黏土	1.0～1.5
卵石或砌石	1.0～1.25
半岩性的抗水的土壤	0.5～1.0
风化的岩石	0.25～0.5
未风化的岩石	0～0.25

矩形断面常用于浆砌石渠道、混凝土渠道或渡槽，矩形断面的水力要素可将梯形断面的边坡系数 m 取零而得，即

面　　积：$A=bh$；

水面宽度：$B=b$；

湿　　周：$\chi=b+2h$；

水力半径：$R=\dfrac{bh}{b+2h}$。

底部为半圆形的 U 形断面也比较常见，若半径为 r，水深为 h，其过水断面的水力要素可表示为

面　　积：$A=2r(h-r)+\dfrac{\pi r^2}{2}$；

水面宽度：$B=2r$；

湿　　周：$\chi=2(h-r)+\pi r$；

水力半径：$R=\dfrac{A}{\chi}$。

大型的人工渠道，其横断面也有做成抛物线形式或复式断面形式，如图 6-1（e）、（f）所示。

天然河道的横断面多为不规则断面，一般常由主槽和滩地两部分组成，如图 6-2 所示。天然河道中过水断面的水力要素，一般由实测的横断面图来具体测算，有时也可以用一个或几个单式断面（各水力要素随水深连续变化）组合而成，近似代替河道中的不规则断面。如图 6-3 为一宽浅式的河道断面，它可以近似用水深 h 和水面宽 B 组成的宽矩形来代表，其水力要素为 $A \approx Bh$，$\chi \approx B$，$R \approx h$。

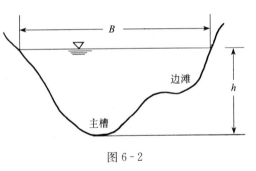

图 6-2

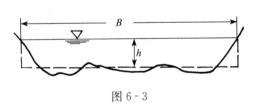

图 6-3

图 6-2 为一宽阔的抛物线形的河道断面，其最大水深为 h，水面宽度为 B，则断面的水力要素可近似地表示为

$$A \approx \dfrac{2}{3}Bh, \quad \chi \approx B, \quad R \approx \dfrac{2}{3}h$$

2. 按断面形状、尺寸是否沿流程变化分类　断面形状和尺寸沿流程不变且渠道轴线为直线的渠道称为棱柱体渠道。如轴线顺直且断面形状大小不变的人工渠道、渡槽等，都属棱柱体渠道。在棱柱体渠道中，水流的过水断面面积仅随水深 h 而变，即 $A=f(h)$。

断面形状、尺寸沿流程变化的顺直渠道，或渠线弯曲的渠道，称为非棱柱体渠道。如梯形断面土渠和矩形断面渡槽之间的过渡段，人工渠道的弯曲段，一般的天然河道等，都属于非棱柱体渠道。在非棱柱体渠道中，过水断面面积既随水深 h 变化又沿流程 s 变化，即 $A=f(h,s)$。

三、渠道的底坡

明渠的底面沿流程纵向下倾程度，或者说在流动方向上单位长度渠底的下降量称为底坡或渠道比降，用 i 表示。如图 6-4 所示，底坡 i 就等于渠底线与水平线夹角 θ 的正弦，即

$$i = \sin\theta = \frac{Z_1 - Z_2}{\Delta S'} = \frac{\Delta Z}{\Delta S'} \tag{6-5}$$

当底坡较小时（通常 $\theta \leqslant 6°$），$\sin\theta$ 和 $\tan\theta$ 之间的差值很小（小于 0.01），可以用 $\tan\theta$ 代替 $\sin\theta$，即用水平距离 ΔS 代替斜距 $\Delta S'$，其相对

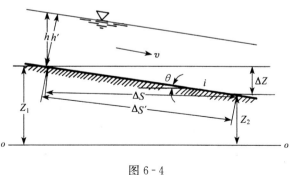

图 6-4

误差在 1% 以下，这在工程上是允许的。由于绝大部分的渠槽纵坡均小于 0.1，故为方便计算，工程上可近似采用

$$i = \tan\theta = \frac{\Delta Z}{\Delta S} \tag{6-6}$$

明渠水流的过水断面是垂直水流方向的横断面，在小底坡时，常近似地用铅垂断面代替过水断面，用铅垂水深代替过水断面的水深，这样做所引起的误差是允许的，又能给水利工程和水文测验时的量测计算带来很大方便。但当渠道坡度很大时，将引起显著的误差。

根据底坡的变化，明渠的底坡可分成三种：渠底沿流程下降的称为顺坡（$i>0$）；渠底水平的称为平坡（$i=0$）；渠底沿流程上升的称为逆坡（$i<0$）。如图 6-5 所示。

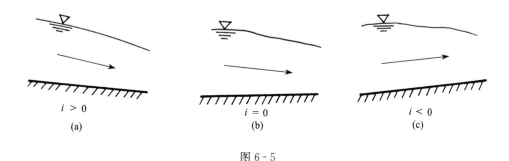

图 6-5

天然河道的河底起伏不平，底坡 i 是沿流程变化的，在进行河道的水力计算时，常用一个平均底坡来代替河道的实际底坡。

第二节 明渠均匀流特性及其产生条件

一、明渠均匀流的特性

由均匀流定义得知，明渠均匀流是指水流中各点流速的大小、方向都沿流程不变的明渠水流，或者说流线为相互平行的直线的明渠水流。由此推出，明渠均匀流具有下列特性：

（1）过水断面的形状、尺寸和水深沿流程不变，因而过水断面面积也是沿流程不变。

(2) 过水断面上的流速分布和断面平均流速沿流程不变，因而水流的动能修正系数和流速水头也沿流程不变。

(3) 由于水深和断面平均流速沿流程不变，所以总水头线、水面线（即测压管水头线）和渠底线是三条相互平行的直线，也就是水力坡度 J、水面坡度（测压管水头线坡度）J_z 和渠底坡度 i 三者相等，如图 6-6 所示，即

$$J = J_z = i \quad (6\text{-}7)$$

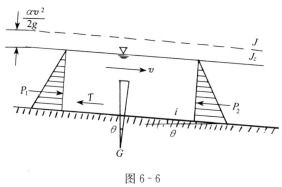

图 6-6

式（6-7）说明，明渠均匀流中的任一流段里，其位能的减少量恰好等于沿程水头损失。

明渠均匀流为等速直线运动，因此从受力情况看，作用在明渠均匀流中任一流段上的所有外力，在水流方向的合力为零。如图 6-6 上所示流段，作用在该段上的外力有：流段的水体重量 G，渠壁的摩阻力 T，作用在两过水断面 1-1 和 2-2 上的动水压力 P_1 和 P_2。根据外力在水流运动方向的合力为零的条件得

$$P_1 + G\sin\theta - T - P_2 = 0$$

由于均匀流中过水断面上动水压强按静水压强规律分布，而且明渠均匀流中过水断面形状、水深、面积沿程不变，故有 $P_1 = P_2$。因而上式变为

$$G\sin\theta = T \quad (6\text{-}8)$$

式（6-8）表明，明渠水流为均匀流时，重力在水流方向的分力和阻力相平衡。若

$$G\sin\theta \neq T$$

则明渠水流变成为非均匀流动：$G\sin\theta > T$，水流做加速运动；$G\sin\theta < T$，水流做减速运动。平底棱柱体明渠中，水体重力沿流向分量 $G\sin\theta = 0$；逆坡棱柱形明渠中，水体重力沿流向分量 $G\sin\theta < 0$，方向同边界阻力 T 相一致。这两种情况下，式（6-8）都不可能成立，即不可能形成均匀流。非棱柱体明渠中水流过水断面面积既是水深的函数，又沿程变化，显然不可能形成满足式（6-8）的均匀流。因此，明渠恒定均匀流只能发生在顺坡棱柱体明渠中。

二、明渠均匀流的形成条件

由明渠均匀流以上特性可知，明渠水流必须同时具备以下条件，才能形成恒定均匀流，即：

(1) 明渠水流为恒定流。如果水流是非恒定流，沿流程各断面的水深，流速随时间变化，因而任一时刻各断面水深、流速等各不相等，不可能是均匀流。

(2) 流量沿流程保持不变，没有水流汇入或分出。若流程上某处水流汇入或分出，根据连续性原理，其上下游各过水断面的水深和流速必然不同，不可能是均匀流。

(3) 明渠在足够长范围内是顺直棱柱体槽。即使是底坡均一的棱柱体明渠，如果轴线弯曲，在弯道中各断面上流速方向不同，水流不是等速直线运动；明渠进出口影响和建筑物干扰形成的上下游非均匀流，都要经过一定流程上速度的调整，才能重新形成均匀流，若明渠顺直段不够长时，不可能完成这种水流调整形成均匀流。

(4) 明渠底坡是正坡（$i>0$），并且在足够长距离上保持底坡大小不变。如前所述，只有正坡棱柱体明渠才可能形成均匀流。显然，底坡变化必然导致渠道中水体重力沿流动方向分量 $G\sin\theta$ 的变化，即底坡变化是对均匀流水流的一种干扰。

(5) 明渠粗糙系数沿程不变。固体边界的粗糙程度直接影响水流阻力的大小，即使是底坡沿程不变的棱柱体明渠，只要粗糙系数沿程变化，边界对水流的阻力也将随之沿程变化，不可能满足明渠均匀流的力学条件。

(6) 明渠段没有闸、坝、桥、涵、陡坡、跌水等建筑物对水流的局部干扰；距进出口有一定距离，进出口对水流的影响已可忽略。这是因为明渠建筑物上下游、进出口等同上下游水流衔接必然有一段非均匀流，水流流速分布不断变化、改组，要经过一段距离才能完成，而达到稳定形式。

工程实践中，明渠上往往有闸、坝、桥墩等建筑物，形成对明渠水流的局部干扰。一般情况下，干扰一旦形成，水流改组，消除干扰影响是逐渐实现的，从理论上讲，要到无穷远处才能完成，最后达到均匀流。实际明渠流中大量存在的是非均匀流。但是，足够长的正坡棱柱体顺直明渠中的水流在流动过程中，各种促使水流加速运动的主动力和阻滞水流的阻力，互相消长，总有接近平衡而形成均匀流的趋势。当水流中相应点的流速向量沿程变化甚微时，即认为是均匀流。一般人工渠槽都是尽可能保持渠线顺直，底坡在较长距离上保持不变，并且采用同一种材料建成形状规则一致的断面。这样，当渠段上没有附属建筑物、流量恒定且沿程不变时，基本上能满足形成均匀流的条件。因此，按明渠均匀流设计渠道是可行的。一般天然河道断面形状及尺寸、底坡、糙率等，沿程多变，不容易形成均匀流，但对于某些顺直整齐一致的河段，也可按均匀流做近似计算。因此，明渠均匀流虽然是明渠水流最简单的流动形式，明渠均匀流理论却是分析明渠水流的重要基础。也是渠道设计的重要依据。

第三节　明渠均匀流的计算公式

明渠均匀流水力计算的基本公式有两个，其一为恒定流的连续方程

$$Q = Av = 常数$$

另一则为均匀流的动力方程，即谢才公式

$$v = C\sqrt{RJ}$$

由于明渠均匀流具有 $J=J_z=i$ 的特点，则上式可写成

$$v = C\sqrt{Ri} \tag{6-9}$$

根据连续方程和谢才公式，可得到计算明渠均匀流的流量公式

$$Q = AC\sqrt{Ri} \tag{6-10}$$

或

$$Q = K\sqrt{i} \tag{6-11}$$

式中，$K=AC\sqrt{R}$ 为流量模数，单位为 m^3/s，它综合反映明渠断面形状、尺寸和粗糙程度对过水能力的影响，表示底坡 $i=1$ 时，渠道中能够通过的均匀流流量。在底坡一定的情况下，流量与流量模数成正比。

明渠中的水流大多处于阻力平方区，目前工程界广泛采用曼宁公式来确定上述公式中的谢才系数 C。

若谢才系数采用曼宁公式计算，则式（6-10）又可写成

$$Q = \frac{A}{n} R^{2/3} i^{1/2} \qquad (6-12)$$

或

$$Q = \frac{\sqrt{i}}{n} \cdot \frac{A^{5/3}}{\chi^{2/3}} \qquad (6-13)$$

明渠粗糙系数 n 值反映了槽壁粗糙度对水流的影响，渠道边壁粗糙状况既是一种几何边界条件，又是一种水力边界条件，它反映了渠道边壁对水流阻力的影响。这些边壁特性将影响明渠水流运动，并反映在明渠均匀流水力计算公式（6-13）中。表 6-2 列有不同渠壁材料、渠道施工条件、管理运行情况的粗糙系数 n 值，供渠道水力计算时参考选用。

水力学中为了区别于明渠非均匀流时的实际水深，在第七章明渠非均匀流中，常把均匀流水深称为正常水深，用 h_0 表示，相应于正常水深 h_0 算出的过水断面面积、湿周、水力半径、谢才系数、流量模数也同样标以下标"0"，即分别以 A_0、χ_0、R_0、C_0、K_0 表示。

严格说来粗糙系数应与渠槽表面粗糙程度及流量、水深等因素有关；对于挟带泥沙的水流还受含沙量多少的影响。但主要的因素仍然是表面的粗糙状况。对于人工渠道，在长期的实践中积累了丰富的资料，实际应用时可参照这些资料选择粗糙系数值（表 6-2）。对于天然河道，由于河床的不规则性，实际情况更为复杂，有条件时应通过实测来确定 n 值，初步选择时也可以参照表 6-2。

表 6-2　渠道及天然河道的粗糙系数 n 值*

渠槽类型及状况	最小值	正常值	最大值
一、渠道			
甲．敷面或衬砌渠道，其材料为			
甲-1. 金属			
a. 光滑钢表面			
1. 不油漆的	0.011	0.012	0.014
2. 油漆的	0.012	0.013	0.017
b. 皱纹的	0.021	0.025	0.030
甲-2. 非金属			
a. 水泥			
1. 净水泥表面	0.010	0.011	0.013
2. 灰浆	0.011	0.013	0.015
b. 木材			
1. 未处理，表面刨光	0.010	0.012	0.014
2. 用木馏油处理，表面刨光	0.011	0.012	0.015
3. 表面未刨光	0.011	0.013	0.015
4. 用狭木条拼成的木板	0.012	0.015	0.018
5. 铺满焦油纸	0.010	0.014	0.017
c. 混凝土			
1. 用刮泥刀做平	0.011	0.013	0.015

(续)

渠槽类型及状况	最小值	正常值	最大值
2. 用板刮平	0.013	0.015	0.016
3. 磨光，底部有卵石	0.015	0.017	0.020
4. 喷浆，表面良好	0.016	0.019	0.023
5. 喷浆，表面波状	0.018	0.022	0.025
6. 在开凿良好的岩石上喷浆	0.017	0.020	
7. 在开凿不好的岩石上喷浆	0.022	0.027	
d. 用板刮平的混凝土底，边壁为			
1. 灰浆中嵌有排列整齐的石块	0.015	0.017	0.020
2. 灰浆中嵌有排列不规则的石块	0.017	0.020	0.024
3. 粉饰的水泥块石圬工	0.016	0.020	0.024
4. 水泥块石圬工	0.020	0.025	0.030
5. 干砌块石	0.020	0.030	0.035
e. 卵石底，边壁为			
1. 用木板浇注的混凝土	0.017	0.020	0.025
2. 灰浆中嵌乱石块	0.020	0.023	0.026
3. 干砌块石	0.023	0.033	0.036
f. 砖			
1. 加釉的	0.011	0.013	0.015
2. 在水泥灰浆中	0.012	0.015	0.018
g. 圬工			
1. 浆砌块石	0.017	0.025	0.030
2. 干砌块石	0.023	0.032	0.035
h. 修整的方石	0.013	0.015	0.017
i. 沥青			
1. 光滑	0.013	0.013	
2. 粗糙	0.016	0.016	
乙. 开凿或挖掘而不敷面的渠道			
a. 渠线顺直，断面均匀的土渠			
1. 清洁，最近完成	0.016	0.018	0.020
2. 清洁，经过风雨侵蚀	0.018	0.022	0.025
3. 清洁，有卵石	0.022	0.025	0.030
4. 有牧草和杂草	0.022	0.027	0.033
b. 渠线弯曲，断面变化的土渠			
1. 没有植物	0.023	0.025	0.030
2. 有牧草和一些杂草	0.025	0.030	0.033
3. 有茂密的杂草或在深槽中有水生植物	0.030	0.035	0.040

(续)

渠槽类型及状况	最小值	正常值	最大值
4. 土底，碎石边壁	0.028	0.030	0.035
5. 块石底，边壁为杂草	0.025	0.035	0.040
6. 圆石底，边壁清洁	0.030	0.040	0.050
c. 用挖土机开凿或挖掘的渠道			
1. 没有植物	0.025	0.028	0.033
2. 渠岸有稀疏的小树	0.035	0.050	0.060
d. 石渠			
1. 光滑而均匀	0.025	0.035	0.040
2. 参差不齐而不规则	0.035	0.040	0.050
e. 没有加以维护的渠道，杂草和小树未清除			
1. 有与水深相等高度的浓密杂草	0.050	0.080	0.120
2. 底部清洁，两侧壁有小树	0.040	0.050	0.080
3. 在最高水位时，情况同上	0.045	0.070	0.110
4. 高水位时，有稠密的小树	0.080	0.100	0.140
二、天然河道			
甲．小河流（洪水位的水面宽＜30m）			
a. 平原河流			
1. 清洁，顺直，无沙滩和深潭	0.025	0.030	0.033
2. 同上，多石或杂草	0.030	0.035	0.040
3. 清洁，弯曲，有深潭和浅滩	0.033	0.040	0.045
4. 同上，但有些杂草和石块	0.035	0.045	0.050
5. 同上，水深较浅，河底坡度多变，平面上回流区较多	0.040	0.048	0.055
6. 同4，但有较多的石块	0.045	0.050	0.060
7. 流动很慢的河段，多草，有深潭	0.050	0.070	0.080
8. 多杂草的河段、多深潭，或林木滩地上的过洪	0.075	0.100	0.150
b. 山区河流（河槽无草树，河岸较陡，岸坡树丛过洪时淹没）			
1. 河底：砾石、卵石间有孤石	0.030	0.040	0.050
2. 河底：卵石和大孤石	0.040	0.050	0.070
乙．大河流（洪水位的水面宽＞30m）相应于上述小河各种情况，由于河岸阻力较小，n值略小			
a. 断面比较规整，无孤石或丛木	0.025		0.060
b. 断面不规整，床面粗糙	0.035		0.100

(续)

渠槽类型及状况	最小值	正常值	最大值
丙. 洪水时期滩地漫流			
a. 草地，无丛木			
1. 短草	0.025	0.030	0.035
2. 长草	0.030	0.035	0.050
b. 耕种面积			
1. 未熟禾稼	0.020	0.030	0.040
2. 已熟成行禾稼	0.025	0.035	0.045
3. 已熟密植禾稼	0.030	0.040	0.050
c. 矮丛木			
1. 稀疏，多杂草	0.035	0.050	0.070
2. 不密，夏季情况	0.040	0.060	0.080
3. 茂密，夏季情况	0.070	0.100	0.160
d. 树木			
1. 平整田地，干树无枝	0.030	0.040	0.050
2. 平整田地，干树多新枝	0.050	0.060	0.080
3. 密林，树下少植物，洪水水位在枝下	0.080	0.120	0.160
4. 密林，树下少植物，洪水水位淹及树枝	0.100	0.120	0.160

* 摘译自 Ven Te Chow: "Open Channel Hydraulics" 1950。

第四节 水力最佳断面与实用经济断面

一、水力最佳断面

从均匀流的公式可以看出，明渠的输水能力（流量）取决于过水断面的形状、尺寸、底坡和粗糙系数的大小。设计渠道时，底坡一般依地形条件或其他技术上的要求而定；粗糙系数则主要取决于渠槽选用的建筑材料。在底坡及粗糙系数已定的前提下，渠道的过水能力则决定于渠道的横断面形状及尺寸。从设计角度考虑，总是希望所选定的横断面形状在通过已知的设计流量时面积最小，或者是过水面积一定时通过的流量最大。符合这种条件的断面，称为水力最佳断面。

把曼宁公式代入明渠均匀流的基本公式可得

$$Q = AC\sqrt{Ri} = \frac{1}{n}A\sqrt{i}R^{2/3} = \frac{\sqrt{i}}{n} \cdot \frac{A^{5/3}}{\chi^{2/3}}$$

分析上式可知：当渠道的底坡 i、粗糙系数 n 及过水断面积 A 一定时，湿周 χ 愈小（或水力半径 R 愈大）通过流量 Q 愈大；或者说当 i、n、Q 一定时，湿周 χ 愈小（或水力半径 R 愈大）所需的过水断面面积 A 也愈小。

湿周是单位流程水流与边界的接触面积，过水断面面积相同时，湿周愈大，则阻力愈大。下面通过过水断面相同，几种不同几何形状的面积、湿周与水力半径比较说明水力最佳断面的实例（图 6-7）。

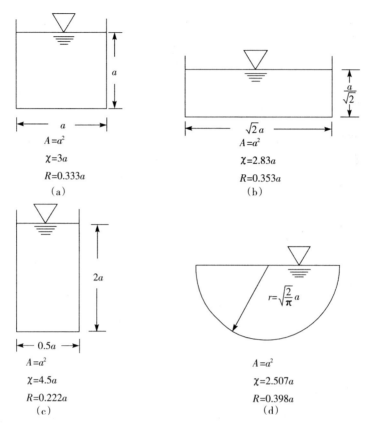

图 6-7

由几何学可知，面积一定时圆形断面的湿周最小，水力半径最大；因为半圆形的过水断面与圆形断面的水力半径相同，所以，在明渠的各种断面形状中，半圆形断面是水力最佳的断面。但半圆形断面难于普遍采用，只有在钢筋混凝土或钢丝网水泥做成的渡槽等建筑物中才采用类似半圆形的断面。

工程中采用较多的是梯形断面，其边坡系数 m 由边坡稳定要求确定。在 m 已定的情况下，同样的过水断面面积 A，湿周的大小因底宽与水深的比值 b/h 而异。根据水力最佳断面的条件：

$$\left. \begin{array}{l} A = 常数 \\ \chi = 最小值 \end{array} \right\} \quad (6-14)$$

即

$$\left. \begin{array}{l} \dfrac{\mathrm{d}A}{\mathrm{d}h} = 0; \\ \dfrac{\mathrm{d}\chi}{\mathrm{d}h} = 0; \quad \dfrac{\mathrm{d}^2\chi}{\mathrm{d}h^2} > 0 \end{array} \right\}$$

$$A = (b+mh)h$$
$$\chi = b + 2h\sqrt{1+m^2}$$

分别写出 A，χ 对 h 的一阶导数并使之为零

$$\frac{\mathrm{d}A}{\mathrm{d}h} = (b+mh) + h\left(\frac{\mathrm{d}b}{\mathrm{d}h} + m\right) = 0$$

$$\frac{\mathrm{d}\chi}{\mathrm{d}h} = \frac{\mathrm{d}b}{\mathrm{d}h} + 2\sqrt{1+m^2} = 0$$

上二式中消去 $\dfrac{\mathrm{d}b}{\mathrm{d}h}$ 后,解得

$$\frac{b}{h} = \beta_\mathrm{m} = 2(\sqrt{1+m^2} - m) = f(m) \tag{6-15}$$

式（6-15）表明：梯形水力最佳断面的宽深比 b/h 值仅与边坡系数 m 有关，由此算得的宽深比，就是梯形断面的最佳形式。

因为

$$R = \frac{A}{\chi} = \frac{(b+mh)h}{b+2h\sqrt{1+m^2}} = \frac{(\beta+m)h^2}{(\beta+2\sqrt{1+m^2})h} = \frac{(\beta+m)h}{\beta+2\sqrt{1+m^2}}$$

用 β_m 代替上式中的 β 值，整理后得

$$R_\mathrm{m} = \frac{h_\mathrm{m}}{2}$$

即梯形水力最佳断面的水力半径等于水深的一半。

矩形断面可以看成为 $m=0$ 的梯形断面。以 $m=0$ 代入以上各式可求得矩形水力最佳断面的 β_m。

$$\beta_\mathrm{m} = \frac{b_\mathrm{m}}{h_\mathrm{m}} = 2$$

即

$$b_\mathrm{m} = 2h_\mathrm{m}$$

即矩形水力最佳断面的底宽 b_m 为其水深的两倍。

二、实用经济断面

对于常用的梯形渠道，按水力最佳断面设计的渠道断面往往是窄深式的（例如，当 $m=1.5$，得 $\beta_\mathrm{m}=0.61$）。对土渠来说，这种断面虽然工程量最小，但不便于施工及维护，不能达到经济的目的，而实际上一个工程"最佳"应该从经济、技术和管理等方面进行综合考虑，所以，无衬护的大型土渠不宜采用梯形水力最佳断面，这导致水力最佳断面在实际应用中有很大的局限性。为此，应求一个宽浅式的梯形断面，使其水深和底宽有一个较广的选择范围，以适应各种情况的需要，而在此范围内又能基本上满足水力最佳断面的要求（即其过水断面面积与水力最佳断面面积相接近），满足这些要求的断面称为实用经济断面。

当流量 Q、底坡 i、粗糙系数 n 及边坡系数 m 为已定的情况下，可导出某断面与水力最佳断面的水力要素之间有如下两个关系。

$$\left(\frac{h}{h_\mathrm{m}}\right)^2 - 2\alpha^{\frac{5}{2}} \cdot \frac{h}{h_\mathrm{m}} + \alpha = 0 \tag{6-16}$$

$$\beta = \frac{b}{h} = \frac{\alpha}{\left(\dfrac{h}{h_\mathrm{m}}\right)^2} \cdot (2\sqrt{1+m^2} - m) - m \tag{6-17}$$

上两式中

$$\alpha = \frac{A}{A_\mathrm{m}} = \frac{v_\mathrm{m}}{v} = \left(\frac{R_\mathrm{m}}{R}\right)^{\frac{2}{3}}$$

具有脚标 m 的量表示水力最佳断面的水力要素。

式（6-16）及式（6-17）为实用经济断面的水力计算公式。由式（6-16）得知，当某一过水断面面积 A 为水力最佳断面面积 A_m 的 1.01～1.04 倍时，相应的水深 h 就是其 0.822～0.683 倍；再将此水深比代入式（6-17），则所求出的 β 值总大于 1。这就达到了上述实用经济断面提出的要求，而且使水深和相应的底宽有一选择范围。今将由式（6-16）和式（6-17）所算出的对应于不同 α 和 m 值的 β 值列于表 6-3 中供选用。

表 6-3 实用经济断面水力计算表

α	1.00	1.01	1.02	1.03	1.04
h/h_m	1.00	0.822	0.760	0.718	0.683
m					
0.00	2.000	2.992	3.530	3.996	4.462
0.25	1.561	2.459	2.946	3.368	3.790
0.50	1.236	2.097	5.564	2.968	3.373
0.75	1.000	1.868	2.339	2.764	3.154
1.00	0.828	1.734	2.226	2.652	3.078
1.25	0.704	1.673	2.199	2.654	3.109
1.50	0.608	1.653	2.221	2.712	3.202
1.75	0.528	1.658	2.271	2.802	3.332
2.00	0.480	1.710	2.377	2.955	3.533
2.50	0.380	1.808	2.583	3.254	3.925
3.00	0.320	1.967	2.860	3.633	4.407

例 6-1 已知渠道流量 Q 为 $10\text{m}^3/\text{s}$，渠道土质为轻壤土，粗糙系数 n 为 0.025，边坡系数 m 为 1.25，初步拟定底坡 i 为 0.0002，试求出几个断面尺寸以供选择。

解：（1）水力最佳断面尺寸计算。将水力最佳断面的 A 值和 R 值代入公式（6-10）整理后得

$$Q = 4(2\sqrt{1+m^2}-m)\frac{\sqrt{i}}{n}\left(\frac{h_m}{2}\right)^{\frac{8}{3}}$$

由上式解得水深

$$h_m = \left[\frac{2^{\frac{8}{3}} \cdot nQ}{4(2\sqrt{1+m^2}-m)\sqrt{i}}\right]^{\frac{3}{8}}$$

$$= \left[\frac{2^{\frac{8}{3}} \times 0.025 \times 10}{4(2\sqrt{1+1.25^2}-1.25)\sqrt{0.0002}}\right]^{\frac{3}{8}}$$

$$= 2.717(\text{m})$$

由式（6-15）解得底宽

$$b_m = 2h(\sqrt{1+m^2}-m) = 2 \times 2.72(\sqrt{1+1.25^2}-1.25) = 1.906(\text{m})$$

断面平均流速为

$$v_\mathrm{m} = \frac{Q}{(b_\mathrm{m} + mh_\mathrm{m})h_\mathrm{m}} = \frac{10}{(1.92 + 1.25 \times 2.72) \times 2.72} = 0.694(\mathrm{m/s})$$

（2）实用经济断面尺寸的计算。底坡与按水力最佳断面设计时的底坡一样。取 $\alpha = 1.01$，由表 6-3 查得 $\dfrac{h}{h_\mathrm{m}} = 0.822$；同时根据 $m=1.25$，又得 $\beta = 1.673$。故

$$h = 0.822 h_\mathrm{m} = 0.822 \times 2.717 = 2.234(\mathrm{m})$$
$$b = \beta h = 1.673 \times 2.234 = 3.737(\mathrm{m})$$

断面平均流速
$$v = \frac{v_\mathrm{m}}{\alpha} = \frac{0.694}{1.01} = 0.687(\mathrm{m/s})$$

水力半径
$$R = \frac{R_\mathrm{m}}{\alpha^{\frac{3}{2}}} = \frac{1.359}{1.01^{\frac{3}{2}}} = 1.339(\mathrm{m})$$

以下分别取 $\alpha = 1.02$，1.03，1.04，用同样方法计算结果见表 6-4。最后，应根据工程的具体条件从表 6-4 选取一组适当的 h、b 值作为设计断面。

表 6-4 实用经济断面计算结果

α	$\dfrac{h}{h_\mathrm{m}}$	$\dfrac{b}{h}$	h/m	b/m	$v/(\mathrm{m \cdot s^{-1}})$	R/m	A/m^2
1.00	1.000	0.704	2.717	1.906	0.694	1.359	14.410
1.01	0.822	1.673	2.234	3.737	0.687	1.339	14.587
1.02	0.760	2.199	2.065	4.541	0.688	1.319	14.522
1.03	0.718	2.654	1.951	5.178	0.673	1.300	14.861
1.04	0.683	3.109	1.856	5.770	0.666	1.281	15.015

第五节　明渠均匀流水力计算中的粗糙系数与允许流速

一、明渠的粗糙系数

在明渠均匀流的水力计算中，谢才系数 C 直接影响着明渠的过水能力，而 C 值的大小与水力半径 R（反映断面形状、尺寸影响）和粗糙系数 n（反映边壁粗糙影响）有关，由曼宁公式 $C = \dfrac{1}{n} R^{1/6}$ 可看出，粗糙系数 n 对谢才系数 C 的影响远比水力半径 R 大。因此，在明渠水力计算中，粗糙系数 n 值选得是否恰当，直接影响着工程的安全和造价。

在设计中，如果对明渠边壁粗糙程度估计过高，选用的 n 值比实际粗糙系数大，则按一定流量设计确定的过水断面面积或底坡就会偏大，也会因此而增大建设工程量和造价；渠道建成后实际运行时，明渠中实际流速可能大于不冲允许流速，就会引起渠道冲刷，造成实际水深及水位降低，导致次级渠道的进水困难，减小经济效益（如减少自流灌溉面积）。反之，如果边壁粗糙系数估得过低，设计采用的 n 值比实际粗糙系数小，则按设计流量计算确定

的过水断面面积或渠道底坡就偏小，造成实际粗糙系数 n 比设计选用值大，边壁对水流的阻力就大，渠道通水运行的实际流速达不到设计值，不能满足要求的流量，或者在设计流量下运行时，水深增大，渠水漫出堤外，造成事故；实际流速低于设计值，还可能导致挟沙水流中的泥沙淤积在渠道中。例如，土渠设计时一般选用 $n=0.025$，而国内某渠道，考虑了施工质量较好等各种因素，在设计中选用了 $n=0.02$，因而节省土石方量达数十万立方米。后来实际证明这一选择是正确的。因此我们决不可轻视一个系数值的选定，必须认真负责地选定客观实际的粗糙系数值。实际应用时，应特别注意研究当地情况和类似的经验。注意以下几点，将有助于正确选用 n 值。

（1）选定 n 值，实际是估计本工程中渠道粗糙程度和水流因素对水流阻力的影响。因此，应当以水头损失一般规律及其影响因素为理论依据。

（2）参考的粗糙系数 n 值，应尽可能是比较成熟的、典型的，见表 6-2。

（3）选用 n 值时，充分考虑本地和外地同类型渠道的实测资料和运用情况。因为粗糙系数 n 值，虽然主要决定于渠道表面材料，但是同时还包含有几何相对粗糙度 $\frac{\Delta}{R}$，渠线不顺直和断面沿程不一等对水流阻力的影响，并且与流量大小、施工质量和建成后的运行养护有关。大型明渠、无压隧洞，流量大，底坡小，施工养护好，可以采用较低的 n 值。

（4）设计文件中，明确提出明渠施工质量和运行养护等要求，并将养护制度编入运行管理条例中，以保证明渠达到和保持设计要求的 n 值。

天然河道的粗糙系数 n 的决定是较困难的。在工程实践上，可根据河道实测水文资料，由流量或流速、断面积，来确定谢才系数 C（$C=v/\sqrt{Ri}$），然后按曼宁公式或其他公式计算 n 值。在缺乏实测资料时，则参考性质类似的河道来选定，表 6-2 中所列天然河道的 n 值也可作为参考。

二、渠道中的允许流速

边壁特性对水流运动要发生影响，反过来，水流运动对边壁也要产生作用和影响。未衬砌的渠道边壁直接为土壤，有些渠道边壁则用建筑材料进行了衬护，但这些边壁只能在一定流速条件下才能保证正常工作。就是说对某种边壁，存在一个不冲允许流速。若实际流速超过了此允许流速，边壁就要被冲刷，甚至破坏。受冲刷的边壁，其粗糙系数将发生改变。为保证渠道正常运行和防止冲刷，应规定渠中流速的上限值和下限值，这种渠道的限值流速就称为允许流速。

有些渠道的水流挟带有泥沙，当渠中流速小于某一流速值时，水流中的泥沙会淤积下来，从而使设计的渠道边壁状况和断面大小发生变化。因此，渠中水流还应受到不淤允许流速的限制。此外，某些渠道还有些特殊限制，例如为使渠道的边壁土壤不滋生水草的允许流速的限制；为使渠道中不发生冰冻现象的允许流速的限制；为使通航渠道不影响船只航行的允许流速的限制，等等。因此，一般情况下，根据渠道输水的任务、技术要求、管理要求等，在渠道设计中对允许流速应作如下考虑：

（1）渠中流速 v（一般应考虑接近渠道的最大流速）应小于不冲允许流速 v'，即 $v<v'$。不冲允许流速主要与边壁土壤类型或衬护材料的物理性质有关，也与流量、水力半径等水力要素有关。各种土质和岩石渠道及人工衬砌渠道的不冲流速可参阅表 6-5。

表 6-5 渠道的不冲允许流速（m/s）

一、坚硬岩石和人工护面渠道

岩石或护面种类	渠道流量/ (m³·s⁻¹)		
	<1.0	1~10	>10
软质水成岩（泥灰岩、页岩、软砾岩）	2.5	3.0	3.5
中等硬质水成岩（臻密砾岩、多孔石灰岩、层状石灰岩、白云石灰岩、灰质砂岩）	3.5	4.25	5.0
硬质水成岩（白云砂岩、砂质石灰岩）	5.0	6.0	7.0
结晶岩、火成岩	8.0	9.0	10.0
单层块石铺砌	2.5	3.5	4.0
双层块石铺砌	3.5	4.5	5.0
混凝土护面（水中不含砂和卵石）	6.0	8.0	10.0

二、土质渠道

	土质	不冲允许流速/ (m·s⁻¹)	说明
均质黏性土	轻壤土	0.60~0.80	（1）均质黏性土质渠道中各种土质的干容量为 12.74~16.66 kN/m³； （2）表中所列为水力半径 $R=1.0$ m 的情况，如 $R \neq 1.0$ m，则应将表中数值乘以 R^a 才得相应的不冲允许流速值。对于砂，砾石，卵石，疏松的壤土、黏土 $a=1/3~1/4$ 对于密实的壤土、黏土 $a=1/4~1/5$
	中壤土	0.65~0.85	
	重壤土	0.70~1.00	
	黏土	0.75~0.95	

	土质	粒径/mm	不冲允许流速/ (m·s⁻¹)
均质无黏性土	极细砂	0.05~0.10	0.35~0.45
	细砂、中砂	0.25~0.50	0.45~0.60
	粗砂	0.50~2.00	0.60~0.75
	细砾石	2.00~5.00	0.75~0.90
	中砾石	5.00~10.00	0.90~1.10
	粗砾石	10.00~20.00	1.10~1.30
	小卵石	20.00~40.00	1.30~1.80
	中卵石	40.00~60.00	1.80~2.20

（2）渠中流速 v 应大于水流悬移泥沙的不淤允许流速 v''，即 $v > v''$，主要取决于水流挟沙能力，以及水流所挟带泥沙的颗粒大小及组成，水流的挟沙能力与平均流速有关。在这方面，有许多根据实测和试验资料得到的经验公式，例如 $v'' = e\sqrt{R}$，式中 R 为水力半径 (m)，e 为系数，其值与悬浮泥沙直径和水力粗度（泥沙颗粒在静水中的沉降速度）有关，还与渠壁粗糙系数有关。近似计算时，对于砂土、黏壤土或黏土渠道，如取 $n=0.025$，悬浮泥沙直径不大于 0.25mm 时，$e=0.5$。有关不淤流速的详细情况还可阅读相关的参考书。

在排水工程中为了防止淤积，渠道流速应不小于 0.4m/s。

（3）为防止渠道边壁滋长水草，以免增加渠道粗糙系数和降低输水能力，一般要求流速不小于 0.5m/s。

（4）北方渠道，为了保证有良好的冬情，一般流速应大于 0.5~0.6m/s，才能使渠道不易结冰，即使结冰，其过程也较缓慢。

因此，在渠道设计时，渠道的流速必须满足下列允许流速的条件：
$$v' > v > v''$$

例 6-2 有一梯形土渠，土质为重壤土，可取粗糙系数 $n=0.025$，边坡系数 $m=1.5$，底宽 $b=1.5\text{m}$，水深 $h=1.2\text{m}$，底坡 $i=0.00035$，求渠道的过水能力，并校核渠道中的流速是否满足不冲不淤要求（已知不淤流速 $v''=0.5\text{m/s}$）。

解：（1）渠道过水能力计算。采用式 $Q=K\sqrt{i}$ 计算，其计算过程如下：

$$A = (b+mh)h = (1.5+1.5\times1.2)\times1.2 = 3.96(\text{m}^2)$$

$$\chi = b+2h\sqrt{1+m^2} = 1.5+2\times1.2\times\sqrt{1+1.5^2} = 5.83(\text{m})$$

$$R = \frac{A}{\chi} = \frac{3.96}{5.83} = 0.679(\text{m})$$

$$K = AC\sqrt{R} = 3.96\times37.5\times\sqrt{0.679} = 122.4(\text{m}^3/\text{s})$$

则流量
$$Q = K\sqrt{i} = 122.4\times\sqrt{0.00035} = 2.29(\text{m}^3/\text{s})$$

$$v = \frac{Q}{A} = \frac{2.29}{3.96} = 0.578\ (\text{m/s})$$

（2）校核流速。查表 6-5，得 $R=1\text{m}$ 时，$v'=0.70\text{m/s}$，则 $R=0.679\text{m}$ 时的不冲允许流速 $v'=0.70\times0.679^{1/4}=0.635\text{m/s}$，不淤允许流速 $v''=0.5\text{m/s}$，则渠道满足 $v''<v<v'$ 的设计要求。

第六节 明渠均匀流的水力计算

渠道水力计算的依据是明渠均匀流的基本公式。在水利工程中，梯形断面渠道应用最为广泛，今以它为例来进行分析。

梯形断面渠道中各水力要素之间存在着下列关系：
$$Q = AC\sqrt{Ri} = f(b,h,m,n,i)$$

这就是说，梯形断面渠道水力计算式中存在着 Q、b、h、m、n、i 六个变量。通常，渠道的边坡系数 m 和粗糙系数 n，可由渠线的地质情况及渠道的施工条件、护面材料等实测确定，或由经验确定（查表 6-1 和表 6-2）。这样，六个变量就只剩四个，只要知道其中三个，就可用均匀流公式求出另一个变量。

工程实践中所提出的渠道水力计算问题大致可分为两类：其一为已成渠道的水力计算；其二是新设计渠道的水力计算。下面就这两类问题来说明其具体的计算方法和步骤。

一、已成渠道的水力计算

已成渠道水力计算的任务是校核其过水能力及流速，或由实测过水断面和流量反推粗糙系数。

（一）已成渠道的过水能力和流速校核

这类问题通常是已知渠道的断面尺寸 b、m、h 和粗糙系数 n、底坡 i，求渠道的流量和流速 v，校核其是否满足设计要求。

例 6-3 某灌溉渠道，土质为黏土，已运用多年，现已实测出其断面尺寸为 $b=0.40\text{m}$，边坡系数 $m=1.5$，渠底至堤顶高差为 0.86m，渠底坡度 $i=0.001$，粗糙系数取 0.025，原

设计流量 $Q_{设}=0.55\text{m}^3/\text{s}$，渠顶的安全超高为 0.2m，试校核渠道的过水能力和流速。

解： 当渠堤的安全超高为 0.2m 时，渠道中的最大水深 $h=0.86-0.2=0.66\text{m}$，此时过水断面的各水力要素为

$$A=(b+mh)h=(0.40+1.5\times 0.66)\times 0.66=0.917(\text{m}^2)$$

$$\chi=b+2h\sqrt{1+m^2}=0.40+2\times 0.66\sqrt{1+1.5^2}=2.78(\text{m})$$

$$R=\frac{A}{\chi}=\frac{0.917}{2.78}=0.330(\text{m})$$

则流量为
$$Q=\frac{A}{n}R^{2/3}\sqrt{i}=\frac{0.917}{0.025}\times 0.330^{2/3}\sqrt{0.001}=0.554\ (\text{m}^3/\text{s})$$

因为计算出的流量 $Q\approx Q_{设}$（$=0.55\text{m}^3/\text{s}$），说明该渠道正好满足设计要求。

渠床的稳定校核可按 $v''<v<v'$ 进行，查表 6-5，$R=1\text{m}$ 时黏土的不冲流速取 $v'=0.85\text{m/s}$，则实际渠道 $R=0.330\text{m}$ 时的不冲流速为 $v'=0.85\times 0.330^{1/4}=0.64\text{m/s}$，渠道的最小允许流速可取 $v''=0.5\text{m/s}$，渠道中的实际流速为

$$v=\frac{Q}{A}=\frac{0.554}{0.917}=0.604(\text{m/s})$$

因此，渠道中的流速满足 $v''<v<v'$ 要求，渠床是稳定的。

（二）反推河渠的粗糙系数 n 值

明渠中的粗糙系数 n 值，一般都按经验查表 6-2 选用。但有时为了检验采用的粗糙系数 n 值是否符合实际，也可用水文测验的办法，取一段长度合适的流段，实测明渠中过水断面、流量、水面坡降或底坡的大小，反推明渠的粗糙系数 n 值。其计算公式可由式（6-12）改写而成：

$$n=\frac{A}{Q}R^{2/3}\sqrt{i}=\frac{A}{Q}R^{2/3}\sqrt{J} \tag{6-18}$$

天然河道中的此类问题将在后面专门介绍。

二、新设计渠道的水力计算

新设计渠道水力计算的任务主要是根据渠道的设计流量确定渠道的过水断面大小（求 b 和 h），或确定渠道的底坡（求 i）。

（一）渠道过水断面大小的确定

当设计流量 Q、渠道的底坡 i、边坡系数 m 和粗糙系数 n 已知时，渠道过水断面大小的影响因素有水深 h 和底宽 b 两个，只能假设一个求解另一个，因此有假设 b 求 h，或假设 h 求 b，或假设宽深比 β（$=\frac{b}{h}$）求 b 和 h 三种计算类型。过水断面大小的解答很多（各种 b、h 组合），选用哪一种 b、h 组合最为合适，工程上常用经济技术比较确定。

由于明渠均匀流公式 $Q=K\sqrt{i}$ 中的流量模数 K，是含有未知数 h（或 b）的高次隐函数，一般无法直接解出未知数。下面介绍几种求解方法。

1. 传统的试算法 以求解正常水深 h_0 为例，传统的试算法为：先算出流量模数 $K=\frac{Q}{\sqrt{i}}$。然后假设一个水深 h，计算相应的过水断面面积 A、湿周 χ、水力半径 R、谢才系数 C，最后算出 $K=AC\sqrt{R}$。若算出 K 等于已知值 K_0，则所假设的水深 h 即为所求的正常水深

h_0。否则，重新假设 h，再计算 K 值，直到算出的 K 值等于已知的 K_0 值为止。

为避免过多的试算次数，通常都假设 3～4 个 h 值，算出相应的 K 值，然后以 h 为纵坐标，K 为横坐标，将计算结果在图上绘成 K—h 关系曲线，再由已知的 K_0 值在曲线图上求出相应的 h_0，具体的作法见例 6-4，图 6-8。

2. 迭代计算法 迭代计算的基本公式可由均匀流关系式（6-13）推导得：

$$\left(\frac{nQ}{\sqrt{i}}\right)^{0.6} = \frac{A}{\chi^{0.4}} \tag{6-19}$$

对梯形断面，过水断面面积与湿周为

$$A = h(b+mh), \qquad \chi = b + 2h\sqrt{1+m^2}$$

当取边坡系数 m 为零时，为矩形断面相应的水力要素。

将梯形渠道面积与湿周公式代入式（6-19）可导出已知梯形渠道底宽 b 求正常水深 h 的迭代公式如下：

$$h^{(j+1)} = \left(\frac{nQ}{\sqrt{i}}\right)^{0.6} \frac{[b+2h^{(j)}\sqrt{1+m^2}]^{0.4}}{b+mh^{(j)}} \tag{6-20}$$

迭代计算水深时可取初值为

$$h^{(0)} = \left(\frac{nQ}{\sqrt{i}b}\right)^{0.6}$$

将式（6-19）中边坡系数以 $m=0$ 替换时，可得出矩形渠道正常水深 h 迭代公式为

$$h^{(j+1)} = \left(\frac{nQ}{\sqrt{i}}\right)^{0.6} \frac{[b+2h^{(j)}]^{0.4}}{b}$$

当已知水深 h 求底宽 b 时，可由面积公式直接导出迭代公式

$$b^{(j+1)} = \left(\frac{nQ}{\sqrt{i}}\right)^{0.6} \frac{[b^{(j)}+2h\sqrt{1+m^2}]^{0.4}}{h} - mh \tag{6-21}$$

以上各式中 j 表示迭代次数。具体的迭代过程为，先计算出式中的常数项，然后任设一初值 $h^{(0)}$［或 $b^{(0)}$］，代入迭代式右边的未知项，解出 $h^{(1)}$，将 $h^{(1)}$ 再回代入式右边的未知项中，解出 $h^{(2)}$，即完成了一个迭代过程。如此重复迭代，直到代入的 h 值与计算出的 h 值十分接近为止，则最后计算的 h 值即为所求的正常水深值。

下面用实例来说明由底宽 b 求水深 h，或由水深 h 求底宽 b 的具体计算方法。

例 6-4 某黏土基础上的灌溉渠道，断面为梯形，边坡系数 $m=1.5$，粗糙系数 $n=0.025$，底宽 $b=5$m，当设计流量 $Q=8$m³/s，底坡 $i=0.0003$ 时，试确定渠堤高。

解：设计的渠道应等于正常水深 h 加上堤顶的安全超高 a，因此，本题主要是求解正常水深 h。

（1）传统的试算法求解。先计算出流量模数 K：

$$K = \frac{Q}{\sqrt{i}} = \frac{8}{\sqrt{0.0003}} = 461.9 (\text{m}^3/\text{s})$$

然后设 $h=1.0$m，则

$$A = (b+mh)h = (5+1.5\times 1.0)\times 1.0 = 6.50 (\text{m}^2)$$

$$\chi = b + 2h\sqrt{1+m^2} = 5 + 2 \times 1 \times \sqrt{1+1.5^2} = 8.61 \text{ (m)}$$

$$R = \frac{A}{\chi} = \frac{6.50}{8.61} = 0.755 \text{ (m)}$$

$$C = \frac{1}{n}R^{1/6} = \frac{1}{0.025} \times 0.755^{1/6} = 38.17 \text{ (m}^{\frac{1}{2}}/\text{s)}$$

$$K = AC\sqrt{R} = 6.50 \times 38.17 \times \sqrt{0.755} = 215.6 \text{ (m}^3/\text{s)}$$

再设 $h = 1.5\text{m}$，2.0m，2.5m，重复上述计算，结果列于表 6-6 中。

表 6-6

$h/$ m	$A = (b+mh)h/$ m^2	$\chi = b+2h\sqrt{1+m^2}/$ m	$R = \dfrac{A}{\chi}/$ m	$C = \dfrac{1}{n}R^{1/6}/$ (m$^{1/2}\cdot$s^{-1})	$K = AC\sqrt{R}/$ (m$^3\cdot$s^{-1})
1.0	6.50	8.61	0.755	38.17	215.6
1.5	10.88	10.41	1.041	40.29	477.9
2.0	16.00	12.21	1.310	41.84	766.2
2.5	21.88	14.01	1.561	43.08	1 177.7

将表中 h 和 K 值绘制成 h—K 关系曲线，如图 6-8 所示。

然后由已知的 K 值在横坐标上取一点 a，作垂线 ab 交 h—K 曲线于 b，过 b 作横轴的平行线 bc 交纵轴于 c，则 c 点的纵坐标 $h = 1.50\text{m}$ 即为所求的正常水深 h_0。

（2）用迭代计算法求解。计算常数项：

$$\left(\frac{nQ}{\sqrt{i}}\right)^{0.6} = \left(\frac{0.025 \times 8}{\sqrt{0.000\ 3}}\right)^{0.6} = 4.339\ 9$$

$$2\sqrt{1+m^2} = 2\sqrt{1+1.5^2} = 3.605\ 6$$

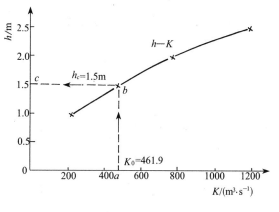

图 6-8

代入迭代式

$$h^{(j+1)} = 4.339\ 9\frac{[5+3.605\ 6h^{(j)}]^{0.4}}{5+1.5h^{(j)}}$$

迭代计算结果列于表 6-7。

表 6-7

迭代次数 j	0	1	2	3	4
代入值 $h^{(j)}/$m	0	1.652 3	1.512 0	1.526 7	1.525 1
计算值 $h^{(j+1)}/$m	1.652 3	1.512 0	1.526 7	1.525 1	1.525 3

迭代计算过程为：设 $h^{(0)} = 0$，代入迭代公式右边的 $h^{(j)}$ 中，解得 $h^{(1)} = 1.652\ 3\text{m}$，又将 $h^{(1)}$ 代入方程右边的 $h^{(j)}$ 中，解得 $h^{(2)} = 1.512\text{m}$，如此迭代计算下去，到第 4 次迭代结果时，

因为$h^{(4)}=1.5253$与$h^{(3)}=1.5251$的相对误差已小于1%，则$h^{(4)}=1.5253$m即为所求的正常水深，可取正常水深$h_0=1.53$m。

根据以上方法求得的正常水深$h_0=1.53$m，当渠堤的安全超高取0.4m时，则堤顶高为h_0和超高之和，即1.53+0.4=1.93m。

例6-5 某渠道采取料石砌护的矩形断面，设计流量$Q_{设}=31$m³/s，渠底坡度$i=0.001$，水深$h=3.5$m，试求渠道底宽b。

解： 由表6-2查得料石砌护渠道的粗糙系数$n=0.015$，下面采用各种方法求b。

(1) 用传统的试算法求解。先计算已知值：

$$K=\frac{Q}{\sqrt{i}}=\frac{31}{\sqrt{0.001}}=980(\text{m}^3/\text{s})$$

再设底宽$b=2.5$m，相应的水力要素为

$$A=bh=2.5\times 3.5=8.75(\text{m}^2)$$

$$\chi=b+2h=2.5+2\times 3.5=9.50(\text{m})$$

$$R=\frac{A}{\chi}=\frac{8.75}{9.50}=0.921(\text{m})$$

$$C=\frac{1}{n}R^{1/6}=\frac{1}{0.015}\times 0.921^{1/6}=65.76(\text{m}^{\frac{1}{2}}/\text{s})$$

则流量模数为

$$K=AC\sqrt{R}=8.75\times 65.76\sqrt{0.921}=552(\text{m}^3/\text{s})$$

继续假设$b=3.0$m、3.5m、4.0m，重复上述计算，并将全部计算结果列于表6-8之中。

表6-8

b/m	$A=bh$/m²	$\chi=b+2h$/m	$R=\dfrac{A}{\chi}$/m	$C=\dfrac{1}{n}R^{1/6}$/(m^{1/2}·s^{-1})	$K=AC\sqrt{R}$/(m³·s^{-1})
2.5	8.75	9.50	0.921	65.76	522
3.0	10.50	10.00	1.050	67.21	723
3.5	12.25	10.50	1.167	68.40	905
4.0	14.00	11.00	1.273	69.40	1 096

根据表6-8计算结果绘制b—K曲线，如图6-9所示，在图中横坐标上取一点a，使其值等于K_0(=980m³/s)，过a点向上作垂线交b—K曲线于c点，则c点对应的纵坐标$b=3.75$m，即为所求值。

(2) 用迭代计算法求解。因矩形断面$A=bh$，则式(6-19)变为

$$b=\frac{1}{h}\left(\frac{nQ}{\sqrt{i}}\right)^{0.6}(b+2h)^{0.4}$$

计算常数项：

$$\frac{1}{h}\left(\frac{nQ}{\sqrt{i}}\right)^{0.6}=\frac{1}{3.5}\left(\frac{0.015\times 31}{\sqrt{0.001}}\right)^{0.6}=1.4335$$

代入上式得
$$b = 1.4335(b+7)^{0.4}$$

设 $b_1 = 5\text{m}$，代入上式右边的 b 中，解出 $b_2 = 3.873$，又将 b_2 代入式右边的 b 中，解出 $b_3 = 3.722$，再将 b_3 代入式右边的 b 中，得 $b_4 = 3.703$，b_4 与 b_3 的相对误差已小于 1%，迭代结束，最后取 $b = 3.70\text{m}$。

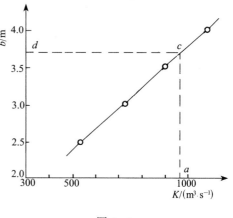

图 6-9

（二）渠底坡度的确定

影响渠道底坡的因素很多，对灌溉渠道，它主要决定于渠线的地形、灌区进水要求，及渠道本身的渠槽稳定要求等因素；对于动力渠道，底坡的大小除决定于地形及渠道的渠槽稳定要求外，还要尽可能减少渠道中的水面比降，以增加电站的出力。因此，渠道底坡的设计，除应满足上述要求外，还应该按技术经济比较来选定。

一般求底坡 i 的计算问题是，已知设计流量 Q、断面的形状和尺寸（b、h、m）、粗糙系数 n 等，可由式（6-10）求得

$$i = \frac{Q^2}{A^2 C^2 R} \tag{6-22}$$

例 6-6 某灌溉渠道上修建一钢丝网混凝土 U 形薄壳渡槽，表面用水泥灰浆抹面，断面为 U 形，底部为半圆，直径 $d = 2.5\text{m}$，上部接垂直边墙，直墙高 0.8m（包括超高 0.3m），如图 6-10 所示。已知设计流量 $Q = 6\text{m}^3/\text{s}$，渡槽长 200m，进口处渠底高程为 38.06m，求渡槽的底坡 i 及出口处的槽底高程。

解： 查表 6-2，水泥灰浆抹面的粗糙系数 $n = 0.012$。

断面直墙段的水深 $\Delta h = 0.8 - 0.3 = 0.5\text{m}$，则水力要素为

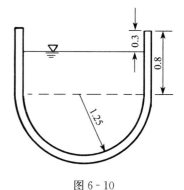

图 6-10
（单位：m）

$$A = \Delta h d + \frac{\pi}{2}\left(\frac{d}{2}\right)^2 = 0.5 \times 2.5 + \frac{3.14}{2}\left(\frac{2.5}{2}\right)^2 = 3.70(\text{m}^2)$$

$$\chi = 2\Delta h + \frac{\pi d}{2} = 2 \times 0.5 + \frac{3.14 \times 2.5}{2} = 4.93(\text{m})$$

$$R = \frac{A}{\chi} = \frac{3.70}{4.93} = 0.75(\text{m})$$

$$C = \frac{1}{n} R^{1/6} = \frac{1}{0.012} \times 0.75^{1/6} = 79.43(\text{m}^{\frac{1}{2}}/\text{s})$$

则底坡为

$$i = \frac{Q^2}{A^2 C^2 R} = \frac{6^2}{3.70^2 \times 79.43^2 \times 0.75} = 0.000556$$

渡槽出口处槽底高程为

$$38.06 - il = 38.06 - 0.000556 \times 200 = 37.95(\text{m})$$

（三）按允许流速的要求设计断面尺寸

当渠道为了保证通航或防止冲刷，给出最大允许流速 v_{max}，而又要以此为控制条件时，就应该按允许流速设计断面。

这类问题的求解方法，可通过下例来说明。

例 6-7 一梯形断面渠道，通过流量 $Q=19.6\text{m}^3/\text{s}$，边坡系数 $m=1.0$，粗糙系数 $n=0.02$，底坡 $i=0.007$，为保证通航，最大允许流速为 $v_{max}=1.45\text{m/s}$，求水深 h 及底宽 b。

解： 首先联解过水断面面积和湿周计算式

$$A=(b+mh)h$$

$$\chi=b+2h\sqrt{1+m^2}$$

$$h=\frac{-\chi\pm\sqrt{\chi^2+4A(m-2\sqrt{1+m^2})}}{2(m-2\sqrt{1+m^2})}$$

水力半径 R 由 $v=C\sqrt{Ri}=\frac{1}{n}R^{2/3}i^{1/2}$ 得

$$R=\left(\frac{nv_{max}}{i^{1/2}}\right)^{3/2}=\left(\frac{0.02\times 1.45}{0.0007^{1/2}}\right)^{3/2}=1.15(\text{m})$$

过水断面面积为

$$A=\frac{Q}{v_{max}}=\frac{19.6}{1.45}=13.5(\text{m}^2)$$

湿周为

$$\chi=\frac{A}{R}=\frac{13.5}{1.15}=11.74(\text{m})$$

将 A、χ 代入，即可求得所需水深

$$h=\frac{-11.74\pm\sqrt{11.74^2+4\times 13.5(1-2\sqrt{1+1^2})}}{2(1-2\sqrt{1+1^2})}$$

据此计算，$h=1.51\text{m}$ 或 $h=4.89\text{m}$，则相应的底宽为

$$b=\chi-2h\sqrt{1+m^2}=11.7-2h\sqrt{1+1^2}$$

当 $h=1.51\text{m}$ 时，$b=7.43\text{m}$；当 $h=4.89\text{m}$ 时，$b<0$。故所需断面尺寸为

$$h=1.51\text{m}, \quad b=7.43\text{m}$$

例 6-8 梯形渠道，已知糙率 $n=0.03$，边坡系数 $m=1.0$，底坡 $i=0.0022$，要求通过流量 $Q=1\text{m}^3/\text{s}$ 时的断面平均流速为 $v=0.8\text{m/s}$，试按均匀流确定过水断面尺寸 b、h。

解： 过水断面面积为

$$A=\frac{Q}{v}=\frac{1.0}{0.8}=1.25=(b+mh)h=(b+h)h$$

可得

$$b=\frac{1.25}{h}-h \qquad \qquad ①$$

符合上式条件可以有无数个水深 h 与底宽 b 的组合方案，但按均匀流条件还应满足

$$Q=AC\sqrt{Ri}=\frac{\sqrt{i}}{n}\frac{A^{\frac{5}{3}}}{\chi^{\frac{2}{3}}}$$

则湿周为

$$\chi=b+2h\sqrt{1+m^2}=b+2\sqrt{2}h=\left(\frac{A^{\frac{5}{3}}\sqrt{i}}{nQ}\right)^{\frac{3}{2}}=\left(\frac{1.25^{\frac{5}{3}}\sqrt{0.0022}}{0.03\times 1.0}\right)^{\frac{3}{2}}=3.415$$

$$b = 3.415 - 2.828h \qquad ②$$

联立①、②式可得

$$\frac{1.25}{h} - h = 3.415 - 2.828h$$

$$1.828h^2 - 3.415h + 1.25 = 0$$

求解上式方程得水深为

$$h = \frac{3.415 - \sqrt{3.415^2 - 4 \times 1.828 \times 1.25}}{2 \times 1.828} = 0.5(\mathrm{m})$$

由②式可得梯形渠道过水断面底宽 $b=2.0\mathrm{m}$。

第七节 粗糙度不同的明渠及复式断面明渠的水力计算

一、断面周界上粗糙度不同的明渠均匀流的水力计算

由于不同的材料具有不同的粗糙系数，因此当明渠的渠底和渠壁采用不同材料时，粗糙系数会沿湿周发生变化。例如边坡为混凝土护面而底部为浆砌卵石的渠道［图 6-11（a）］、利用坞工在山坡上所构成的渠道［图 6-11（b）］等，其各部分湿周具有不同的粗糙系数。此外，深挖的渠道因其下部与上部的土质不同，其下部及上部的粗糙系数亦各不相同，这种湿周的各部分具有不同粗糙系数的渠道称为非均质渠道。非均质渠道的水力计算通常按均质渠道的方法处理，但式（6-12）中的粗糙系数 n 应采用某一等效的粗糙系数 n_r（亦称综合粗糙系数）代替。n_r 与各部分湿周的长度 χ_1，χ_2，…及其相应的粗糙系数 n_1，n_2，…有关。

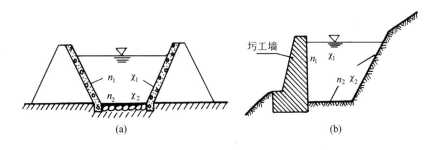

图 6-11

当渠道底部的粗糙系数小于侧壁的粗糙系数时，n_r 按式（6-23）计算

$$n_\mathrm{r} = \sqrt{\frac{n_1^2 \chi_1 + n_2^2 \chi_2}{\chi_1 + \chi_2}} \qquad (6-23)$$

在一般情况下，n_r 也可按加权平均方法估算，即

$$n_r = \frac{n_1 \chi_1 + n_2 \chi_2}{\chi_1 + \chi_2} \qquad (6-24)$$

二、复式断面明渠均匀流的水力计算

当通过渠道的流量变化范围比较大时，渠道的断面形状常采用如图 6-12 (a) 所示的复式断面。复式断面的粗糙系数沿湿周可能不变，也可能发生变化，应视渠道的具体情况而定。但无论粗糙系数沿湿周变化与否，均不能对整个复式断面渠道中的均匀流直接应用公式 (6-12) 来计算流量，否则就会得到一个不符合实际情况的结果：当水深由 $h<h'$ 增加到 $h>h'$ 时，在某一水深范围内流量不但不随着水深的增加而增加，反而会有所减少，如图 6-12 (b) 中虚线所示。这是由于水深从 $h<h'$ 增加到 $h>h'$ 时，过水断面面积虽有所增加，但湿周突然增大许多，使水力半径骤然减少的缘故。图 6-12 中虚线中按公式 (6-10) 计算出的水深—流量关系曲线；而实际的水深—流量关系曲线，应当如图中的实线所示。

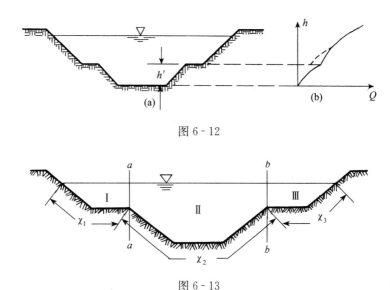

图 6-12

图 6-13

复式断面明渠均匀流的流量一般按下述方法计算：即先将复式断面划分成几个部分，使每一部分的湿周不致因水深的略微增大而产生急剧的增加，例如图 6-13 所示的复式断面，通常用 $a\text{-}a$ 及 $b\text{-}b$ 二铅垂线，将它分为 Ⅰ、Ⅱ 及 Ⅲ 三个部分，然后再对每部分应用公式 (6-10) 则得到

$$Q_\mathrm{I} = A_\mathrm{I} C_\mathrm{I} \sqrt{R_\mathrm{I} i} = K_\mathrm{I} \sqrt{i}$$
$$Q_\mathrm{II} = A_\mathrm{II} C_\mathrm{II} \sqrt{R_\mathrm{II} i} = K_\mathrm{II} \sqrt{i}$$
$$Q_\mathrm{III} = A_\mathrm{III} C_\mathrm{III} \sqrt{R_\mathrm{III} i} = K_\mathrm{III} \sqrt{i}$$

显然，通过复式断面渠道的流量，应为各部分流量 Q_I、Q_II、Q_III、…、Q_n 的总和，于是

$$Q = (K_\mathrm{I} + K_\mathrm{II} + \cdots + K_n)\sqrt{i} = \left(\sum_{i=1}^n K_i\right)\sqrt{i} \qquad (6-25)$$

例 6-9 一复式断面渠道如图 6-14 所示，已知 b_I 与 b_III 为 6m，b_II 为 10m；h_II 为 4m，

h_I 与 $h_Ⅲ$ 为 1.8m；m_I 与 $m_Ⅲ$ 均为 1.5，$m_Ⅱ$ 为 2.0；n 为 0.02；i 为 0.002。求 Q 及 v。

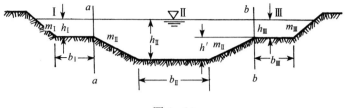

图 6-14

解：用 a-a 及 b-b 铅垂线将所给的复式断面分为Ⅰ、Ⅱ及Ⅲ三个部分，各部分的断面面积分别为

$$A_I = A_Ⅲ = \left(b_I + \frac{m_I h_I}{2}\right) h_I$$
$$= \left(6 + \frac{1.5 \times 1.8}{2}\right) \times 1.8$$
$$= 13.2 (\text{m}^2)$$
$$A_Ⅱ = (b_Ⅱ + m_Ⅱ h') h' + (b_Ⅱ + 2 m_Ⅱ h') h_I$$
$$= [10 + 2(4-1.8)] \times (4-1.8) + [10 + 2 \times 2(4-1.8)] \times 1.8$$
$$= 31.7 + 33.8 = 65.5 (\text{m}^2)$$

各部分的湿周分别为

$$\chi_I = \chi_Ⅲ = b_I + h_I \sqrt{1+m_I^2} = 6 + 1.8\sqrt{1+1.5^2} = 9.25 (\text{m})$$
$$\chi_Ⅱ = b_Ⅱ + 2h'\sqrt{1+m_Ⅱ^2} = 10 + 2\times\sqrt{1+2^2}\times(4-1.8) = 19.8 (\text{m})$$

各部分的水力半径分别为

$$R_I = R_Ⅲ = \frac{A_I}{\chi_I} = \frac{13.2}{9.25} = 1.43 (\text{m})$$
$$R_Ⅱ = \frac{A_Ⅱ}{\chi_Ⅱ} = \frac{65.6}{19.8} = 3.31 (\text{m})$$

各部分的流量模数分别为

$$K_I = K_Ⅲ = A_I C_I \sqrt{R_I} = \frac{1}{n} A_I R_I^{\frac{2}{3}}$$
$$= \frac{1}{0.02} \times 13.2 \times 1.43^{\frac{2}{3}} = 837 (\text{m}^3/\text{s})$$
$$K_Ⅱ = A_Ⅱ C_Ⅱ \sqrt{R_Ⅱ} = \frac{1}{n} A_Ⅱ R_Ⅱ^{\frac{2}{3}}$$
$$= \frac{1}{0.02} \times 65.5 \times 3.13^{\frac{2}{3}} = 7\ 270 (\text{m}^3/\text{s})$$

于是，所给复式断面的流量由公式（6-25）得到

$$Q = (K_I + K_Ⅱ + K_Ⅲ)\sqrt{i}$$
$$= (837 + 7\ 270 + 837)\sqrt{0.000\ 2} = 127 (\text{m}^3/\text{s})$$

复式过水断面的平均流速为

$$v = \frac{Q}{A_I + A_Ⅱ + A_Ⅲ} = \frac{127}{13.2 + 65.5 + 13.2} = 1.38 (\text{m/s})$$

第八节 U形与圆形断面渠道正常水深的迭代计算

一、U形渠道正常水深迭代公式

工程中 U 形渠道一般采用图 6-15 所示的直线段外倾的非标准 U 形断面,由于该断面形式渠底为圆弧形,结构上具有耐冻胀破坏的优点,而且输水能力大,因而已在生产中广泛应用。但由于过水断面分别由底部圆弧段弓形和上部直线段梯形两种几何形状构成,因此水力要素公式为随水深变化的分段函数,且水力计算相对复杂些。其过水断面面积、湿周、水面宽度及水深由图 6-15 分析可表示如下:

$$A = \begin{cases} \Delta h \left(\dfrac{2r}{\sqrt{1+m^2}} + \Delta h m \right) + r^2 \left(\theta - \dfrac{m}{1+m^2} \right) & h \geqslant a \\ r^2 \left(\beta - \dfrac{1}{2} \sin 2\beta \right) & h < a \end{cases} \quad (6\text{-}26)$$

$$\chi = \begin{cases} 2(r\theta + \Delta h \sqrt{1+m^2}) & h \geqslant a \\ 2r\beta & h < a \end{cases} \quad (6\text{-}27)$$

$$B = \begin{cases} 2\left(\dfrac{r}{\sqrt{1+m^2}} + \Delta h \cdot m \right) & h \geqslant a \\ 2r \cdot \sin\beta & h < a \end{cases} \quad (6\text{-}28)$$

$$h = \begin{cases} \Delta h + r(1-\cos\theta) & h \geqslant a \\ r(1-\cos\beta) & h < a \end{cases} \quad (6\text{-}29)$$

式中,Δh 为过水断面梯形高;r 为底弧半径;θ、β 分别为 $h \geqslant a$ 与 $h < a$ 时过水断面底弧圆心角之半;a 为底弧弓形高。公式中角度 θ 及 β 计算时应取弧度值。

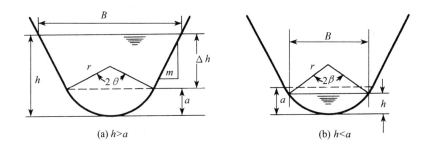

图 6-15 U 形渠道过水断面

由于 U 形渠道过水断面面积 A 与湿周 χ 视水深 $h \geqslant a$ 和 $h < a$ 须分别计算,故由流量 Q 计算水深 h 时必须先判别流量 Q 所对应的过水断面水深大于矢高 a 还是小于 a,判别方法可取同样条件下通过 U 形渠道过水断面弓形面积的流量为分界流量,实际流量大于该分界流量时,则水深大于弓高度;反之则水深小于弓高度。以后所述分界流量意义均与此相同,分界流量以 Q_c 表示。U 形渠道底弧弓形面积为

$$A_g = r^2 \left(\theta - \dfrac{m}{1+m^2} \right)$$

则分界流量为

$$Q_c = \frac{\sqrt{i}}{n}\left[\frac{r^8\left(\theta - \dfrac{m}{1+m^2}\right)^5}{4\theta^2}\right]^{\frac{1}{3}} \quad (6-30)$$

当 $Q \geqslant Q_c$ 时，$h \geqslant a$；$Q < Q_c$ 时，$h < a$。

将式（6-26）和式（6-27）中 $h \geqslant a$ 的过水断面面积 A 及湿周 χ 代入式（6-19），可导出求弓形弦线处水深的迭代公式为

$$\Delta h^{(j+1)} = \frac{\left(\dfrac{nQ}{\sqrt{i}}\right)^{0.6}(2\sqrt{1+m^2}\cdot\Delta h^{(j)}+2r\theta)^{0.4} - r^2\left(\theta - \dfrac{m}{1+m^2}\right)}{\dfrac{2r}{\sqrt{1+m^2}}+m\Delta h^{(j)}} \quad (6-31)$$

计算时可取初值 $\Delta h^{(0)} = 0$，j 为迭代次数。迭代求出 Δh 后，正常水深即可由 $h = a + \Delta h$ 计算出，$a = r(1 - \cos\theta)$。

当 $Q < Q_c$ 时，$h < a$，此时，计算正常水深过程与圆形过水断面相同，计算公式及方法见圆形断面正常水深迭代公式。

二、圆形过水断面正常水深迭代公式

圆形断面（图6-16）是无压输水隧洞常见断面形式之一，其过水断面水力要素为

面积： $\quad A = \dfrac{1}{8}d^2(\theta - \sin\theta) \quad (6-32)$

湿周： $\quad \chi = \dfrac{1}{2}\theta d \quad (6-33)$

水深： $\quad h = \dfrac{1}{2}d\left(1-\cos\dfrac{\theta}{2}\right) \quad (6-34)$

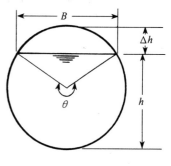

图 6-16

式中，d 为直径，θ 为过水断面圆心角（弧度），取半径为 r，则正常水深 $h = r\left(1-\cos\dfrac{\theta}{2}\right)$，$h$ 为 θ 的函数。将式（6-32）和式（6-33）代入式（6-19），导出求 θ 的迭代公式如下：

$$\theta^{(j+1)} = 2\left(\frac{nQ}{\sqrt{i}}\right)^{0.6}\frac{[\theta^{(j)}]^{0.4}}{r^{1.6}} + \sin\theta^{(j)} \quad (6-35)$$

求出 θ 后，正常水深 h 可由式（6-34）求出。

迭代公式（6-35）含有正弦函数，迭代过程为振荡收敛，若取相邻两次迭代结果的算术平均值计算，可减少迭代次数。迭代初值可取 $\theta = \pi$，迭代计算过程见第七章第九节临界水深的迭代计算。

例 6-10 U 形渠道，底弧半径 $r = 1.80\text{m}$，边坡系数 $m = 0.3$，糙率 $n = 0.014$，底坡 $i = 1/3\,000$，分别计算当流量 $Q = 7.82\text{m}^3/\text{s}$ 和 $Q = 3.0\text{m}^3/\text{s}$ 时的均匀流正常水深。

解：由边坡系数 $m = 0.3$ 得图 6-15 中底弧圆心角

$$\theta = \arctan\frac{1}{m} = 16.7° = 1.279\,3(\text{rad})$$

由式（6-30）计算分界流量为

$$Q_c = \frac{\sqrt{i}}{n}\left[\frac{r^8\left(\theta - \dfrac{m}{1+m^2}\right)^5}{4\theta^2}\right]^{\frac{1}{3}}$$

$$= \frac{1}{0.014 \times \sqrt{3\,000}}\left[\frac{1.8^8\left(1.279\,3 - \dfrac{0.3}{1+0.3^2}\right)^5}{4 \times 1.279\,3^2}\right]^{\frac{1}{3}}$$

$$= 3.36(\text{m}^3/\text{s})$$

(1) 流量 $Q=7.82\text{m}^3/\text{s}$ 时的均匀流正常水深计算。比较可知 $Q_c < Q = 7.82\text{m}^3/\text{s}$，则正常水深 $h_0 > a$，将已知数据代入公式（6-31）先迭代计算 Δh。

$$\Delta h^{(j+1)} = \frac{\left(\dfrac{0.014 \times 7.82}{\sqrt{\dfrac{1}{3\,000}}}\right)^{0.6}\left[2\sqrt{1+0.3^2}\cdot\Delta h^{(j)} + 2\times 1.8 \times 1.279\,3\right]^{0.4} - 1.8^2\left(1.279\,3 - \dfrac{0.3}{1+0.3^2}\right)}{\dfrac{2\times 1.8}{\sqrt{1+0.3^2}} + 0.3\Delta h^{(j)}}$$

$$= \frac{2.020\times[2.088\Delta h^{(j)} + 4.605]^{0.4} - 3.253}{3.448 + 0.3\Delta h^{(j)}}$$

迭代计算过程及结果列于表 6-9。则正常水深为

$$h_0 = \Delta h + r(1 - \cos\theta) = 0.769 + 1.8\times(1 - 0.718\,6) = 2.05(\text{m})$$

表 6-9

迭代次数 j	1	2	3	4	5
代入值 $\Delta h^{(j)}/\text{m}$	0	0.622	0.745	0.765	0.769
计算值 $\Delta h^{(j+1)}/\text{m}$	0.622	0.745	0.765	0.769	0.769

(2) 流量 $Q=3.0\text{m}^3/\text{s}$ 时的均匀流正常水深计算。由前已计算出的分界流量可知 $Q_c > Q = 3.0\text{m}^3/\text{s}$，则正常水深 $h_0 < a$，此时 U 形渠道过水断面为弓形，正常水深计算可按圆形过水断面正常水深迭代公式计算。

比较图 6-15 (b) 和图 6-16，$2\beta = \theta$，将已知数据代入迭代公式（6-35）得

$$2\beta^{(j+1)} = 2\left(\frac{0.014\times 3.0}{\sqrt{\dfrac{1}{3\,000}}}\right)^{0.6}\frac{[2\beta^{(j)}]^{0.4}}{1.8^{1.6}} + \sin 2\beta^{(j)} = 0.362\,2[2\beta^{(j)}]^{0.4} + \sin 2\beta^{(j)}$$

上面迭代公式中迭代初值 $2\beta \neq 0$，初值可在 $0 < 2\beta < 2\theta$ 中任意选取，其中 2θ 为图 6-15 (a) 中的底弧圆心角，这里取初值 $2\beta = 1.2\text{rad}$，迭代计算过程及结果列于表 6-10。

表 6-10

迭代次数 j	1	2	3	4	5	6	7
代入值 $2\beta^{(j)}/\text{rad}$	1.2	1.321 6	1.374 1	1.392	1.397 5	1.399 1	1.399 6
计算值 $2\beta^{(j+1)}/\text{rad}$	1.321 6	1.374 1	1.392	1.397 5	1.399 1	1.399 6	1.399 7

根据迭代得出 $2\beta \approx 1.399\,7\text{rad}$，可由图 6-15 (b) 水深与半径几何关系计算 $Q=3.0\text{m}^3/\text{s}$ 时正常水深为

$$h_0 = r(1 - \cos\beta) = 1.8\times(1 - 0.764\,9) = 0.423(\text{m})$$

第六章 明渠恒定均匀流

习 题

6-1 有一梯形断面渠道,已知底宽$b=8$m,正常水深$h_0=2$m,边坡系数$m=1.5$,粗糙系数$n=0.0225$,底坡$i=0.0002$,试求断面的平均流速及其流量。

6-2 一梯形土渠,按均匀流设计。已知水深h为1.2m,底宽b为2.4m,边坡系数m为1.5,粗糙系数n为0.025,底坡i为0.0016。求流速v和流量Q。

6-3 某水库泄洪隧道,断面为圆形,直径d为8m,底坡i为0.002,粗糙系数n为0.014,水流为无压均匀流,当洞内水深h为6.2m时,求泄洪流量Q。

6-4 红旗渠某段长而顺直,渠道用浆砌条石筑成(n为0.028),断面为矩形,渠道按水力最佳断面设计,底宽b为8m,底坡i为$\dfrac{1}{8000}$,试求通过流量。

6-5 已知流量$Q=3\text{m}^3/\text{s}$,$i_0=0.002$,$m=1.5$,$n=0.025$,试按水力最佳断面设计梯形渠道断面尺寸。

6-6 一梯形渠道,按均匀流设计。已知Q为$23\text{m}^3/\text{s}$,h为1.5m,b为10m,m为1.5及i为0.0005,求n及v。

6-7 一引水渡槽,断面为矩形,槽宽b为1.5m,槽长l为116.5m,进口处槽底高程为52.06m,槽身壁面为净水泥抹面,水流在渠中做均匀流动。当通过设计流量Q为$7.65\text{m}^3/\text{s}$时,槽中水深h应为1.7m,求渡槽底坡i及出口处槽底高程。

6-8 有一浆砌块石砌护的矩形断面渠道,已知底宽$b=3.2$m,渠道中均匀流水深$h_0=1.6$m,粗糙系数$n=0.025$,通过的流量$Q=6\text{m}^3/\text{s}$,试求渠道的底坡i。

6-9 有一棱柱体渠道,断面为梯形,底宽$b=7.0$m,边坡$m=1.5$,为确定该渠道粗糙系数n值,实测渠道中流量$Q=9.45\text{m}^3/\text{s}$,均匀流水深$h_0=1.2$m,流段长$l=200$m内的水面降落$\Delta z=0.16$m,试确定该渠道的粗糙系数$n$。

6-10 有一土渠,断面为梯形,底宽$b=5$m,边坡系数$m=1.0$,粗糙系数$n=0.020$,底坡$i=0.0004$,今已知渠道中的流量$Q=10\text{m}^3/\text{s}$,试用迭代法求渠道中的正常水深h。

6-11 有一梯形断面的引水渠道,通过的流量$Q=35\text{m}^3/\text{s}$,均匀流的水深$h_0=2.10$m,渠道的边坡$m=1.5$,粗糙系数$n=0.025$,底坡$i=0.00065$,试用迭代法求底宽b。

6-12 拟建梯形渠道,水在其中作均匀流动,$Q=1\text{m}^3/\text{s}$,$i_0=0.0022$,$m=1.0$,$n=0.030$,最大允许不冲流速$v'=0.8$m/s,试根据v'设计断面尺寸。

6-13 韶山灌区某渡槽全长588m,矩形断面,钢筋混凝土槽身,n为0.014,通过设计流量Q为$25.6\text{m}^3/\text{s}$,水面宽B为5.1m,水深h为3.08m,问此时渡槽底坡应为多少?并校核此时槽内流速是否满足通航要求(渡槽内允许通航流速$v<1.8$m/s)。

6-14 某电站引水渠,在黏土地段开挖,未加护面,渠线略有弯曲,在使用中,岸坡已因养护不善而生有杂草,糙率$n=0.03$。今测得下列数据:梯形断面的边坡系数$m=1.5$,底宽$b=3.4$m,底坡$i=1/6500$,渠底至堤顶的高差为3.20m,如题6-14图所示。

(1) 当电站引用流量$Q=6.7\text{m}^3/\text{s}$,试求此渠道的均匀流水深h_0。

(2) 因工业发展需要供水,试计算渠道在保证超高为0.5m的条件下,除电站的上述引用流量外,尚能供给工业用水流量多大?并校核此时渠道中是否发生冲刷?

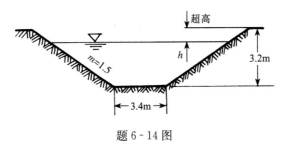

题 6-14 图

(3) 与电站最小水头所相应的渠道中水深为 1.5m，试计算此时渠道中通过的流量为多少？在此条件下，渠道是否发生淤积（$v_{不淤}=0.5$m/s）？

(4) 为了便于运行管理，要求绘制渠道的水位流量关系曲线［在第 (1)、(2)、(3) 问题基础上绘制］。

6-15 有一环山渠道的断面如题 6-15 图所示，水流近似为均匀流，靠山一边按 1：0.5 的边坡开挖（岩石较好，n_1 为 0.027 5），另一边为直立的浆砌块石边墙 n_2 为 0.025，底宽 b 为 2m，底坡 i 为 0.002，求水深为 1.5m 时的过流能力。

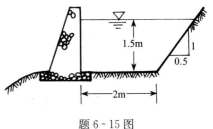

题 6-15 图

6-16 一复式断面渠道如题 6-16 图所示，已知 b_1 为 5m，b_2 和 b_3 为 10m；B_1 为 15.0m，B_2 和 B_3 为 14.5m；边坡系数 m_1 为 2.0，m_2 和 m_3 为 3.0；粗糙系数 n_1 为 0.015，n_2 和 n_3 为 0.035；底坡 i 为 0.001。求洪水水深 h_1 为 4m 时的流量 Q 和断面平均流速 v。

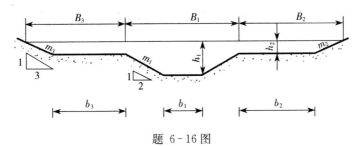

题 6-16 图

6-17 某天然河道的河床断面形状及尺寸如题 6-17 图所示，边滩部分水深为 1.2m，若水流近似为均匀流，河底坡度 i 为 0.000 4，试确定所通过的流量 Q。

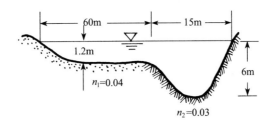

题 6-17 图

第七章 明渠恒定非均匀流

第一节 概 述

明渠中由于渠道横断面的几何形状或尺寸、粗糙度或底坡沿程改变,或在明渠中修建人工建筑物(闸、桥梁、涵洞)等都会改变水流的均匀状态,造成水深和流速等水力要素沿程改变,从而产生非均匀流动。人工渠道或天然河道中的水流大多数都属于非均匀流,因此研究明渠恒定非均匀流对解决生产实际问题有重要意义。

明渠非均匀流是指渠道中过水断面水力要素沿程发生变化的水流,其特点是明渠的底坡线、水面线、总水头线彼此互不平行,故水力坡度 J、水面坡度 J_z、渠底坡度 i 互不相等,即 $J \neq J_z \neq i$,如图7-1所示,因明渠非均匀流水深是沿程变化的,为与均匀流区别起见,将明渠均匀流水深称为正常水深,并以 h_0 表示。

在明渠非均匀流中,若流线是接近于相互平行的直线,或流线间夹角很小、流

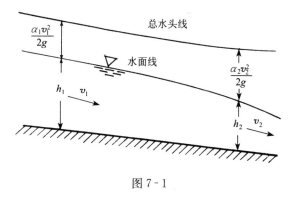

图 7-1

线的曲率半径很大,这种水流称为明渠恒定非均匀渐变流。反之为明渠恒定非均匀急变流。

本章着重研究明渠恒定非均匀渐变流的基本特性及其水力要素(主要是水深)沿程变化的规律,讨论明渠急变流的两种水力现象——水跌与水跃。

第二节 明渠水流的流态及其判别

明渠水流是无压流,存在自由液面,它与有压流不同,具有独特的水流流态——缓流和急流。

下面分别从运动学和能量两个方面来分析这两种流态。

一、缓流和急流的运动学分析

明渠水流从现象上观察,有的比较平缓,如灌溉渠道和平原地区江河中缓缓流动的水流;有的则十分湍急,如山区河道中的水流、从溢洪道和跌水下泄的水流。上述水流现象表明,明渠水流存在两种不同的流态。它们对于所产生的干扰波有着不同的影响,这种影响决定着明渠非均匀流水面线的性质。由于堰、闸、跌坎等水工建筑物及渠道边界的改变都可视为对明渠水流产生了干扰。因此,我们必须首先弄清明渠中干扰波的特点,并对其波速进行分析。

若在静水中沿铅垂方向丢下一块石子，水面将产生一个微小波动，这个波动以石子落水点为中心，以一定的速度 w 向四周传播，在水面上的波形将是一连串的同心圆，如图 7-2 (a) 所示。这种在静水中传播的微波速度 w 称为相对波速。若水流没有摩擦阻力存在，则这种波动将传播到无限远处，并保持波形和波速不变。但实际上由于水流存在着摩擦阻力，波在传播过程中将逐渐衰退乃至消失。

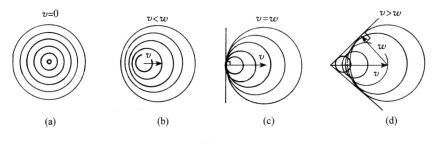

图 7-2

若把石子投入到流动着的明渠水流中，则微波传播的绝对速度应是水流的流速 v 与相对波速 w 的向量和。所产生的干扰波将随着水流向上游和下游传播，以绝对波速向下游为正，此时存在如下三种可能：

(1) 当水流速度 v 小于相对波速 w（$v<w$）时，微波向下游传播的绝对速度 $w'=v+w>0$，微波向上游传播的绝对速度 $w'=v-w<0$，即干扰波能向上游传播，如图 7-2 (b) 所示，这种水流称为缓流。

(2) 当水流速度 v 等于相对波速 w（$v=w$）时，微波向上游传播的绝对速度 $w'=0$，而向下游传播的绝对速度 $w'=2w$。向上游传播的干扰波停滞在干扰源处，即干扰波不能向上游传播，其影响只能被水流带向下游，如图 7-2 (c) 所示，这种水流称为临界流。

(3) 当水流速度 v 大于相对波速 w（$v>w$）时，微波向上游传播的绝对速度 $w'=v-w>0$，即向上游的干扰波被速度大于波速的水流带向下游，不能向上游传播，对上游水流不发生任何影响，如图 7-2 (d) 所示，这种水流称为急流。

由以上分析可见，临界流是缓流和急流的临界状态，用明渠中的相对波速 w 与断面平均流速 v 比较，可以判别明渠水流的流态：

$$\left.\begin{array}{l} 当 v<w \text{ 时，水流为缓流；} \\ 当 v=w \text{ 时，水流为临界流；} \\ 当 v>w \text{ 时，水流为急流。} \end{array}\right\} \quad (7-1)$$

由此可知，只要比较水流的断面平均流速 v 和相对波速 w 的大小，就可判别明渠水流属于哪一种流态，也可判断干扰波是否会往上游传播。因此，必须首先确定微波传播的相对波速 w。

(一) 明渠中微波传播的相对波速

下面我们用能量原理推求相对波速。

我们先求平底矩形棱柱体明渠静水中微波传播的相对波速公式，如图 7-3 所示。假设渠中水深为 h，设开始时，渠中水流处于静止状态，用一竖直平板以一定的速度向左拨一下，在平板的左侧将激起一个微小的干扰波。这个微波以波速 w 向左移动，由于波的传播，使得渠中形成了非恒定流。为此，我们把坐标取在波峰上，建立随波峰运动的运动坐标系，相对于上述运动坐标系来说，波是静止的，水流可视为恒定流。假若忽略摩擦阻力不计，以水平渠底为基准面，对选取较为靠近波峰前的水流断面 1-1 和波峰断面 2-2，建立连续性方程和能量方程。

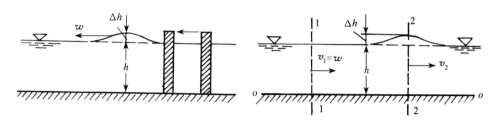

图 7-3

连续性方程：
$$hw = (h + \Delta h)v_2$$

能量方程：
$$h + \frac{\alpha_1 w^2}{2g} = h + \Delta h + \frac{\alpha_2 v_2^2}{2g}$$

令 $\alpha_1 \approx \alpha_2 \approx 1$，由上两式得

$$w = \sqrt{gh \frac{\left(1 + \frac{\Delta h}{h}\right)^2}{1 + \frac{\Delta h}{2h}}}$$

由于波高较小，$\frac{\Delta h}{h} \approx 0$，上式可简化为

$$w = \sqrt{gh} \qquad (7-2)$$

式（7-2）就是矩形断面明渠静水中微波传播的相对波速公式，又称为拉格朗日波速方程，它表明矩形断面明渠静水中微波传播速度与重力加速度和波所在断面的水深有关。

如果明渠断面为任意形状时，上式可写为

$$w = \sqrt{g\bar{h}} \qquad (7-3)$$

式中，$\bar{h} = \frac{A}{B}$，称为断面平均水深，平均水深的几何意义相当于把过水断面面积为 A 的任意形状化成面积相等，而宽度为 B 的矩形对应的水深。

式（7-3）表明，在忽略阻力情况下，微波相对波速与断面平均水深的开平方成正比，水深越大，微波相对波速越大。

以上导出了微波在静水中传播的相对波速公式，而实际水流都是流动的，因此微波传播的绝对速度 w' 应是静水中的相对波速 w 与水流流速 v 的向量和，即

$$w' = v \pm w = v \pm \sqrt{g\bar{h}}$$

式中，取正号时为微波顺水流方向传播的绝对波速，取负号时为微波逆水流方向传播的绝对波速。

若以波向下游传播的速度为正，上式说明了外界对水流的干扰波（例如投石于水中、直立平板在明渠中的迅速移动或闸门启闭等）有时能传至上游而有时则不能向上游传播的原因。实际上，修建于河渠上的各种建筑物可以看做是对水流的连续不断的扰动，如闸（桥）

墩、闸门、水坝等，上述分析的结论仍然是适用的。

（二）明渠水流流态判别的标准——佛汝德数

由以上分析可知，缓流与急流取决于流速较之相对波速的大小，如果以流速 v 与波速 w 的比值作为判别缓流与急流的标准，把流速与波速的比称为佛汝德（Froude）数，用符号 Fr 表示，即

$$Fr = \frac{v}{w} = \frac{v}{\sqrt{g\bar{h}}} \tag{7-4}$$

佛汝德数是一个无量纲数，可作为判别明渠水流流态——缓流与急流的标准，与式（7-1）比较可知：

$$\left.\begin{array}{l} 当\ Fr < 1\ 时，\quad 水流为缓流； \\ 当\ Fr = 1\ 时，\quad 水流为临界流； \\ 当\ Fr > 1\ 时，\quad 水流为急流。 \end{array}\right\} \tag{7-5}$$

佛汝德数在水力学中是一个极其重要的判别数，我们从能量观点来分析一下它的物理意义。把它的形式改写为

$$Fr = \frac{v}{\sqrt{g\bar{h}}} = \sqrt{2\frac{\frac{v^2}{2g}}{\bar{h}}}$$

由上式可以看出，佛汝德数是表示过水断面单位重量液体平均动能与平均势能之比的 2 倍开平方，随着这个比值大小的不同，反映了水流流态的不同。当水流的平均势能等于平均动能的 2 倍时，佛汝德数 $Fr=1$，水流是临界流。佛汝德数愈大，水流的平均动能所占的比例愈大。

佛汝德数的物理意义，还可从液体质点的受力情况来认识。设水流中某液体质点的质量为 $\mathrm{d}m$，流速为 u，则它所受到的惯性力 F 的量纲式为

$$[F] = \left[\mathrm{d}m \cdot \frac{\mathrm{d}u}{\mathrm{d}t}\right] = \left[\mathrm{d}m \cdot \frac{\mathrm{d}u}{\mathrm{d}x} \cdot \frac{\mathrm{d}x}{\mathrm{d}t}\right] = \left[\rho L^3 \cdot \frac{v}{L} \cdot v\right] = [\rho L^2 v^2]$$

重力 G 的量纲式为

$$[G] = [g \cdot \mathrm{d}m] = [\rho g L^3]$$

惯性力和重力之比开平方的量纲式为

$$\left[\frac{F}{G}\right]^{1/2} = \left[\frac{\rho L^2 v^2}{\rho g L^3}\right]^{1/2} = \left[\frac{v}{\sqrt{gL}}\right] = [Fr]$$

这个比值的量纲式与佛汝德数相同，即佛汝德数的力学意义是代表水流的惯性力和重力两种作用的对比关系。当 $Fr=1$ 时，恰好说明惯性力作用与重力作用相等，水流是临界流。当 $Fr>1$ 时，说明惯性力作用大于重力作用，惯性力对水流起主导作用，水流处于急流状态。当 $Fr<1$ 时，说明惯性力作用小于重力作用，这时重力对水流起主导作用，水流处于缓流状态。

二、缓流和急流的能量分析

下面从能量角度来分析明渠中水流的流态。

（一）断面比能

图 7-4 所示为一明渠渐变流，若以 o-o 为基准面，则过水断面上单位重量液体所具有的总能量为

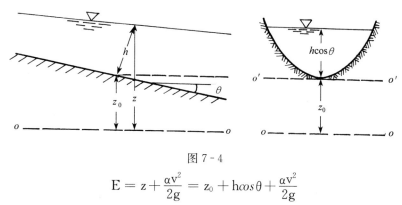

图 7-4

$$E = z + \frac{\alpha v^2}{2g} = z_0 + h\cos\theta + \frac{\alpha v^2}{2g}$$

式中，θ 为渠底与水平面的夹角。

如果我们把参考基准面选在渠底这一特殊位置，把对通过渠底的水平面 o'-o' 所计算得到的单位能量称为断面比能，并以 E_s 来表示，则

$$E_s = h\cos\theta + \frac{\alpha v^2}{2g} \tag{7-6}$$

在实用上，因一般明渠底坡较小，可认为 $\cos\theta \approx 1$，故

$$E_s = h + \frac{\alpha v^2}{2g} = h + \frac{\alpha Q^2}{2gA^2} \tag{7-7}$$

断面比能 E_s 和水流单位液体总能量虽然同是表示单位重量液体所具有的水流机械能，但在概念上二者是有区别的：第一，比能 E_s 只是断面总机械能 E 中反映了水流运动状况的那一部分能量，二者相差的数值是两个基准面之间的高差 z_0，计算各断面的 E 值时，应取同一基准面，而计算 E_s 时则以各断面的最低点为基准；第二，实际水流由于有能量损失，因此水流单位能量 E 总是沿程减少的，即 $\frac{dE}{ds}<0$，但断面比能 E_s 却不同，它的沿程变化表示明渠水流的不均匀程度，E_s 可以沿程减少、不变或增加，只有在均匀流中，$\frac{dE_s}{ds}=0$，断面比能沿程不变。

由式（7-7）可知，当流量 Q 和过水断面的形状及尺寸一定时，断面比能仅仅是水深 h 的函数，即 $E_s=f(h)$，按照此函数可以绘出断面比能 E_s 随水深 h 变化的关系曲线，称为比能曲线。下面来定性地讨论比能曲线的特征。

为便于分析，把比能 E_s 看做 E_{s1} 与 E_{s2} 之和，即 $E_s=E_{s1}+E_{s2}$，其中，$E_{s1}=h$，代表断面比能中势能所占部分，$E_{s2}=\frac{\alpha Q^2}{2gA^2}$，代表断面比能中动能所占部分。当流量一定时，两者均为水深 h 的函数，以 h 为纵坐标，以 E_s 为横坐标，它们随水深的变化规律如图 7-5 所示。E_{s1} 随水深 h 的变化规律与横坐标成 45°的直线，E_{s2} 随水深 h 的变化规律则是两端分别以横轴和纵轴为渐近线的曲线。两条曲线叠加便得图 7-5 所示 E_s—h 比能曲线。可分析比能曲线的特征如下：

当 $h \to 0$ 时，$E_{s1} = h \to 0$，于是 $A \to 0$，则 $E_{s2} = \dfrac{\alpha Q^2}{2gA^2} \to \infty$，故 $E_s = E_{s1} + E_{s2} \to \infty$；

当 $h \to \infty$ 时，$E_{s1} = h \to \infty$，于是 $A \to \infty$，则 $E_{s2} = \dfrac{\alpha Q^2}{2gA^2} \to 0$，故 $E_s = E_{s1} + E_{s2} \to \infty$。

图 7-5 所示的比能曲线的下半支以横坐标轴为渐近线，上半支以 45°直线为渐近线。当水深 h 从 0 变化到∞的过程中，E_s 的值则由∞逐渐减小到最小值 E_{smin} 即图 7-5 所示的 K 点，该点对应的水深为 h_k；水深 h 大于 h_k 以后，E_s 又随水深的增加而逐渐增大，乃至∞。显然，图 7-5 中 K 点把曲线分成上下两支，在上支，断面比能随水深的增加而增加，E_s 为增函数；在下支，断面比能随水深的增加而减小，E_s 为减函数。

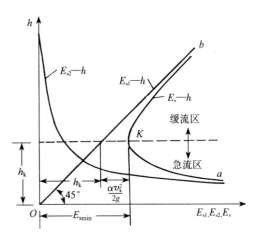

图 7-5 比能曲线

要具体给出一条比能曲线，必须首先给定流量 Q 和断面的形状及尺寸。对于一个已经给定尺寸的断面，当通过不同流量时，其比能曲线是不相同的，如图 7-6 所示。同样，对某一指定的流量，断面的形状及尺寸不同时，其比能曲线也是不相同的，但是，断面比能曲线变化的趋势是一样的。

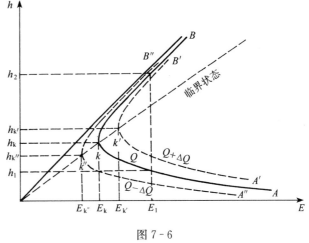

图 7-6

（二）临界水深及其计算

1. 临界水深 在渠道的流量、断面形状和尺寸均确定的情况下，相应于断面比能最小值 E_{smin} 的水深，称为临界水深，以 h_k 表示，如图 7-5 所示。今后凡相应于临界水深时的水力要素均注以脚标 k。将式（7-7）对 h 求导

$$\frac{dE_s}{dh} = \frac{d}{dh}\left(h + \frac{\alpha Q^2}{2gA^2}\right) = 1 - \frac{\alpha Q^2}{gA^3}\frac{dA}{dh}$$

如设过水断面面积 A 对应的水深为 h，水面宽度为 B，当水深增加 dh，则过水断面面积增加 $dA = Bdh$，故 $\dfrac{dA}{dh} = B$（参见图 7-11），代入上式得

$$\frac{dE_s}{dh} = 1 - \frac{\alpha Q^2}{gA^3}B = 1 - \frac{\alpha v^2}{gh} = 1 - Fr^2 \qquad (7-8)$$

式（7-8）表明，断面比能随水深的变化率与佛汝德数有关，也即与流态有关。

比能曲线上支，$\infty > h > h_k$，斜率 $\dfrac{dE_s}{dh} > 0$，即 $1 - Fr^2 > 0$，$Fr < 1$，水流属于缓流，即

$h > h_k$ 时的流动为缓流；

比能曲线下支，$h_k > h > 0$，斜率 $\dfrac{dE_s}{dh} < 0$，即 $1 - Fr^2 < 0$，$Fr > 1$，水流属于急流，即 $h < h_k$ 时的流动为急流；

比能曲线上的 K 点 E_{smin} 处 $\dfrac{dE_s}{dh} = 0$，也就是 $1 - Fr^2 = 0$，$Fr = 1$，即 $h = h_k$ 时的流动是临界流。

由此可知，临界水深把比能曲线分为性质上完全不同的上、下两支，从能量的观点即把明渠水流分成两种流态。因此，临界水深也可作为明渠水流流态的判别标准。

$$\left.\begin{array}{l} 当\ h > h_k\ 时，水流为缓流；\\ 当\ h = h_k\ 时，水流为临界流；\\ 当\ h < h_k\ 时，水流为急流。 \end{array}\right\} \quad (7\text{-}9)$$

2. 临界水深的计算 由临界水深的定义可知，当水深等于临界水深 h_k 时，断面比能具有极小值，即 $\dfrac{dE_s}{dh} = 0$，由式（7-8）得

$$\frac{dE_s}{dh} = 1 - \frac{\alpha Q^2}{gA_k^3}B_k = 0$$

解得

$$\frac{\alpha Q^2}{g} = \frac{A_k^3}{B_k} \tag{7-10}$$

式（7-10）就是临界流所应满足的条件，称为临界流方程。当流量和过水断面形状及尺寸给定时，应用式（7-10）即可求解任意形状过水断面的临界水深 h_k。

（1）矩形断面明渠临界水深的计算。设矩形断面渠宽为 b，则 $B_k = b$，$A_k = bh_k$，代入式（7-10）后可得计算临界水深公式为

$$h_k = \sqrt[3]{\frac{\alpha Q^2}{gb^2}} \tag{7-11a}$$

或

$$h_k = \sqrt[3]{\frac{\alpha q^2}{g}} \tag{7-11b}$$

式中，$q = \dfrac{Q}{b}$，称为单宽流量。

由式（7-11b）还可看出

$$h_k^3 = \frac{\alpha q^2}{g} = \frac{\alpha (h_k v_k)^2}{g}$$

故

$$h_k = \frac{\alpha v_k^2}{g}$$

或

$$\frac{h_k}{2} = \frac{\alpha v_k^2}{2g}$$

则在临界流时，断面比能

$$E_{smin} = h_k + \frac{h_k}{2} = \frac{3}{2}h_k$$

由此可知：在矩形断面明渠中，临界流的流速水头是临界水深的一半，而临界水深则是最小断面比能的 2/3。

(2) 任意形状断面临界水深的计算。若明渠断面形状不规则,过水断面面积 A 与水深之间的函数关系比较复杂,一般不能由临界流方程式(7-10)直接解出临界水深。此时可用试算法、图解法或迭代法求解 h_k。

①试算法:当给定流量及明渠断面形状、尺寸时,临界流方程式(7-10)的左端 $\dfrac{\alpha Q^2}{g}$ 为一定值,该式的右端 $\dfrac{A^3}{B}$ 仅仅是水深的函数。于是可以假定若干个水深,算出若干个与之对应的 $\dfrac{A^3}{B}$ 值,当某一 $\dfrac{A^3}{B}$ 值刚好与 $\dfrac{\alpha Q^2}{g}$ 相等时,其相应的水深即为所求的临界水深 h_k。

②图解法:图解法的实质和试算法相同。当假定不同的水深 h 时,可得出若干个相应的 $\dfrac{A^3}{B}$ 值,将这些值点绘成 $h - \dfrac{A^3}{B}$ 关系曲线图,在曲线上查出与 $\dfrac{A^3}{B} = \dfrac{\alpha Q^2}{g}$ 的值对应的点相应的 h 值即为所求 h_k。

③迭代法:迭代法是将临界流方程式(7-10)构造成 $h = f(h)$ 的迭代公式形式,假定初值,代入迭代公式,经过若干次迭代计算,就可求出临界水深 h_k。几种常见渠道断面的临界水深迭代计算将在第七章第十节中介绍。

(3) 等腰梯形断面临界水深的计算。明渠过水断面为等腰梯形时,可应用迭代法。对于等腰梯形断面,将梯形断面面积 $A_k = (b + mh_k)h_k$ 和水面宽度 $B_k = b + 2mh_k$ 代入临界流方程(7-10)可得

$$\frac{Q^2}{g} = \frac{[(b+mh_k)h_k]^3}{b+2mh_k}$$

将上式整理成迭代公式为

$$h_k = \left(\frac{Q^2}{g}\right)^{1/3} \frac{(b+2mh_k)^{1/3}}{b+mh_k} \tag{7-12}$$

以 $h_k = 0$ 代入式(7-12)等式右端可得迭代初值公式为

$$h_k = \left(\frac{Q^2}{gb^2}\right)^{1/3} \tag{7-13}$$

梯形渠道临界水深还可用由幂级数展开法与曲线拟合法给出的分段公式求解,设 $\eta = \dfrac{m}{b} h_k$,$\eta_n = \dfrac{m}{b} \sqrt[3]{\dfrac{\alpha}{g}\left(\dfrac{Q}{b}\right)^2}$,可给出分段公式如下:

$$\eta = \begin{cases} 1.3(\sqrt{1+1.54\eta_n} - 1) & 0 < \eta_n < 3 \\ 1.12\eta_n^{0.604} - 0.39 & \eta_n \geq 3 \end{cases}$$

应用上式时,可先计算 η_n,再根据 η_n 的值是否小于3,选择满足适用条件的公式计算 η,则可由 $h_k = \dfrac{\eta b}{m}$ 求出临界水深。应用该公式的误差为:当 $0 < \eta_n < 757$ 时,误差小于 0.3%;当 $\eta_n < 2560$ 时,误差小于 0.7%。

梯形渠道临界水深的近似计算,令 $N = 4\eta_n = 4m\left(\dfrac{Q^2}{b^5 g}\right)^{\frac{1}{3}}$,可得临界水深的近似计算公式(王正中等,1999)

$$h_k = \frac{b}{2m}[\sqrt{1+N(1+N)^{0.2}} - 1]$$

例 7-1 一矩形断面明渠，流量 $Q=10\text{m}^3/\text{s}$，底宽 $b=2\text{m}$。要求：(1) 确定临界水深；(2) 计算渠中实际水深 $h=1\text{m}$ 时，水流的佛汝德数、微波波速，并从不同角度来判别水流的流态。

解：(1) 求临界水深

$$q=\frac{Q}{b}=10/2=5(\text{m}^2/\text{s})$$

$$h_\text{k}=\sqrt[3]{\frac{\alpha q^2}{g}}=\sqrt[3]{\frac{1\times 5^2}{9.8}}=1.366(\text{m})$$

(2) 当渠中水深 $h=1\text{m}$ 时，渠中流速为

$$v=\frac{Q}{bh}=\frac{10}{2\times 1}=5\ (\text{m/s})$$

佛汝德数为

$$Fr=\sqrt{\frac{v^2}{gh}}=\sqrt{\frac{5^2}{9.8\times 1}}=1.366$$

微波波速为

$$w=\sqrt{gh}=\sqrt{9.8\times 1}=3.13\ (\text{m/s})$$

用临界水深判别：$h<h_\text{k}$，故渠中水流为急流。

用 Fr 判别：$Fr>1$，水流为急流。

用微波波速判别：$v>w$，水流为急流。

例 7-2 已知梯形渠道底宽 $b=5\text{m}$，边坡系数 $m=1.5$，流量 $Q=6.6\text{m}^3/\text{s}$。求临界水深。

解：(1) 用迭代法求临界水深。计算迭代公式中的常数：

$$\left(\frac{Q^2}{g}\right)^{1/3}=\left(\frac{6.6^2}{9.8}\right)^{1/3}=1.6442$$

代入式 (7-12) 得迭代公式

$$h_\text{k}=1.6442\frac{(5+3h_\text{k})^{1/3}}{5+1.5h_\text{k}}$$

由式 (7-13) 计算出迭代初值为

$$h_\text{k}=\left(\frac{Q^2}{gb^2}\right)^{1/3}=\left(\frac{6.6^2}{9.8\times 5^2}\right)^{1/3}=0.5623(\text{m})$$

迭代计算过程及结果列于表 7-1。

表 7-1

迭代次数 j	1	2	3	4
代入值 $h_\text{k}^{(j)}/\text{m}$	0.5623	0.5301	0.5319	0.5318
计算值 $h_\text{k}^{(j+1)}/\text{m}$	0.5301	0.5319	0.5318	0.5318

经过三次迭代计算，已得出临界水深 $h_\text{k}=0.5318\text{m}$，对工程应用，第二次迭代结果即能得到满足工程要求的精度，因此，迭代法具有较高的计算精度，且适合计算机程序求解。

(2) 用分段公式求临界水深。首先计算：

$$\eta_n = \frac{m}{b}\sqrt[3]{\frac{\alpha}{g}\left(\frac{Q}{b}\right)^2} = \frac{1.5}{5}\sqrt[3]{\frac{1}{9.8}\left(\frac{6.6}{5}\right)^2} = 0.168\ 7 < 3$$

再由分段公式计算：

$$\eta = 1.3\ (\sqrt{1+1.54\eta_n} - 1) = 1.3\ (\sqrt{1+1.54\times0.168\ 7} - 1) = 0.159\ 1$$

则临界水深 $h_k = \dfrac{\eta b}{m} = 0.53\text{m}$。

（3）用近似公式求临界水深。先计算 $N = 4\eta_n = 4\times 0.168\ 7 = 0.674\ 8$，代入近似公式计算得

$$h_k = \frac{b}{2m}[\sqrt{1+N\ (1+N)^{0.2}} - 1] = \frac{5}{2\times 1.5}[\sqrt{1+0.674\ 8\ (1+0.674\ 8)^{0.2}} - 1]$$
$$= 0.537(\text{m})$$

第三节　临界底坡、缓坡与陡坡

由第六章明渠均匀流的公式可知，对于流量和断面形状、尺寸一定的棱柱体明渠，均匀流正常水深 h_0 随着底坡 i 的变化而变化，h_0—i 关系曲线如图 7-7 所示。底坡越陡（i 越大），正常水深越小；反之，底坡越缓（i 越小），正常水深 h_0 越大。当 i 趋近于零时，h_0 趋近于无穷大，这说明平坡渠道（$i=0$）上不可能产生均匀流。如果使底坡变至某一值 i_k 时，均匀流正常水深 h_0 恰好与临界水深 h_k 相等，相应的底坡 i_k 就称为临界底坡。

在临界底坡上作均匀流既要满足临界流方程

$$\frac{\alpha Q^2}{g} = \frac{A_k^3}{B_k}$$

同时又要满足均匀流基本方程

$$Q = A_k C_k \sqrt{R_k i_k}$$

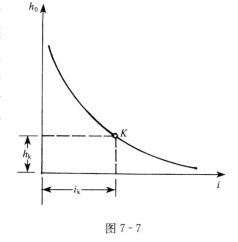

图 7-7

联解上面二式可得临界底坡的计算公式为

$$i_k = \frac{gA_k}{\alpha C_k^2 R_k B_k} = \frac{g\chi_k}{\alpha C_k^2 B_k} \tag{7-14}$$

式中，R_k、χ_k、C_k 分别为渠中水深为临界水深时所对应的水力半径、湿周、谢才系数。式 (7-14) 表明，明渠的临界底坡与断面形状和尺寸、流量及渠道的粗糙系数有关，而与渠道的实际底坡无关。

对于宽浅渠道有 $\chi_k \approx B_k$，于是

$$i_k = \frac{g}{\alpha C_k^2}$$

对于 $i>0$ 的顺坡渠道，比较明渠的实际底坡与其相应（即同流量、同断面尺寸、同粗糙系数）的临界底坡大小关系，可将明渠的底坡分为三类：$i>i_k$，为陡坡；$i=i_k$，为临界底坡；

$i < i_k$,为缓坡。

另外需要注意,对确定的 Q 和 n 值,i 属于哪种底坡是一定的,但同一个 i 在不同的 Q(或 n)值时可能是缓坡,也可能是陡坡。

在上述三种底坡上水流可以做均匀流动,也可以做非均匀流动。如做均匀流动,则三种底坡上的正常水深与临界水深之间有如下关系(参见图 7-7),即

$$\left.\begin{array}{ll} 当 \quad i<i_k, h_0>h_k, & 均匀流为缓流; \\ 当 \quad i=i_k, h_0=h_k, & 均匀流为临界流; \\ 当 \quad i>i_k, h_0<h_k, & 均匀流为急流。 \end{array}\right\} \quad (7-15)$$

即明渠水流做均匀流动时,也可以比较临界底坡与实际底坡来判别水流流态,但必须强调,这种判别只能适用于均匀流的情况,如果是非均匀流,就不一定了。

第四节　明渠水流两种流态的转换——水跃与水跌

一、水　　跃

(一) 水跃现象

水跃是水流从急流过渡到缓流时水面突然跃起的局部水力现象,属于明渠急变流。在闸、坝及陡槽等泄水建筑物下游,常有水跃发生。

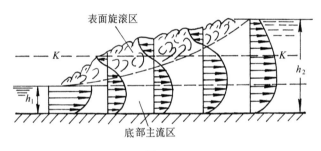

图 7-8

水跃的上部有一个做剧烈回旋运动的表面旋滚,翻腾滚动,掺入大量气泡,旋滚之下是急剧扩散的主流。表面旋滚区和底部主流区的液体质点不断地混掺,水流紊动剧烈,运动要素急剧变化,水跃各断面的流速分布如图 7-8 所示。由于水流运动要素急剧变化,水流紊动混掺强烈,旋滚与主流间质量不断交换,使水跃产生了较大的能量损失。实验表明,完全水跃最大可消除跃前断面水流能量的 70%。因此,水利工程中常利用水跃来消除泄水建筑物下游高速水流中的巨大动能,以保护下游河床免受冲刷。

水跃表面旋滚起点的过水断面 1-1(或水面开始上升处的过水断面)称为跃前断面,该断面处的水深 h_1 称为跃前水深;表面旋滚末端的过水断面 2-2 称为跃后断面,该断面处的水深 h_2 称为跃后水深。跃后水深与跃前水深之差,即 $h_2 - h_1 = a$,称为跃高,跃前断面至跃后断面的水平距离则称为跃长 L_j。见图 7-9。

(二) 水跃基本方程和水跃函数

由于属于明渠急变流的水跃能量损失很大,不可忽略,但又是未知的,所以不能应用能量方程。因此,在推导水跃方程时,必须应用恒定总流的动量方程,下面以平底棱柱体明渠

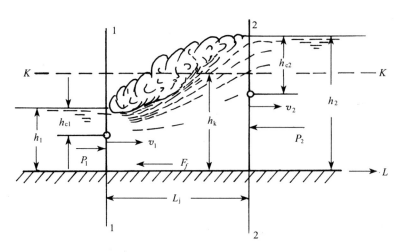

图 7-9

恒定流为例,应用动量方程推求水跃基本方程。

如图 7-9 所示,设 v_1 及 v_2 分别表示水跃前、后断面处的平均流速;β_1 及 β_2 分别表示水跃前、后断面处的水流动量修正系数;P_1 及 P_2 分别表示水跃前、后断面上的动水总压力;F_f 为水跃中水流与渠壁接触面上的摩阻力;Q 为流量;γ 为水的容重。对跃前断面 1-1 和跃后断面 2-2 之间的水跃段沿水流方向写动量方程:

$$\frac{\gamma Q}{g}(\beta_2 v_2 - \beta_1 v_1) = P_1 - P_2 - F_f$$

为了简化上式以便应用,参照水跃实际情况做出如下三项假设:

(1) 跃前和跃后断面处的水流为渐变流,作用于断面上的动水压强符合静水压强分布规律,可得

$$P_1 = \gamma A_1 h_{c1}, \qquad P_2 = \gamma A_2 h_{c2}$$

式中:A_1 及 A_2 分别表示跃前和跃后过水断面的面积,h_{c1} 及 h_{c2} 分别表示跃前和跃后过水断面形心点的水深。

(2) 摩阻力 $F_f = 0$,由于水跃段摩擦阻力 F_f 相对于动水压力 $P_1 - P_2$ 较小,故可忽略不计。

(3) 动量修正系数 $\beta_1 = \beta_2 = 1$。

由连续性方程

$$v_1 = \frac{Q}{A_1}, \quad v_2 = \frac{Q}{A_2}$$

将以上各式代入动量方程,整理化简得

$$\frac{Q^2}{gA_1} + A_1 h_{c1} = \frac{Q^2}{gA_2} + A_2 h_{c2} \tag{7-16}$$

式 (7-16) 就是棱柱体水平明渠的水跃方程。

当明渠断面的形状、尺寸以及通过的流量一定时,水跃方程的左右两边都仅是水深的函数,此函数称为水跃函数,用符号 $J(h)$ 表示,则有

$$J(h) = \frac{Q^2}{gA} + A h_c \tag{7-17}$$

于是，水跃方程（7-16）也可写成如下的形式

$$J(h_1) = J(h_2) \qquad (7-18)$$

式（7-18）表明，在棱柱体水平明渠中，跃前水深 h_1 与跃后水深 h_2 具有相同的水跃函数值，所以也称这两个水深为共轭水深。

当流量和明渠断面的形状、尺寸给定时，水跃函数仅与水深有关，以水深 h 为纵坐标轴，以水跃函数 $J(h)$ 为横坐标轴，绘出 $J(h)$—h 关系曲线，称为水跃函数曲线，如图 7-10 所示。水跃函数曲线具有如下的特性：

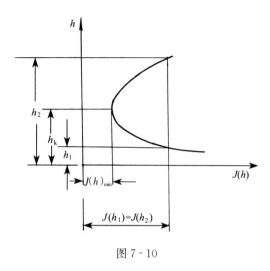

图 7-10

(1) 水跃函数 $J(h)$ 有一极小值 $J(h)_{min}$。与 $J(h)_{min}$ 相应的水深即是临界水深 h_k（证明见例 7-3）。

(2) 当 $h > h_k$ 时（相当于曲线的上半支），$J(h)$ 随着跃后水深的减少而减少。

(3) 当 $h < h_k$ 时（相当于曲线的下半支），$J(h)$ 随着跃前水深的减少而增大。

(4) 跃前水深越小则跃后水深越大，反之，跃前水深越大则跃后水深越小。

（三）水跃的水力计算

1. 共轭水深的计算

(1) 一般方法。当流量、明渠断面形状和尺寸给定时，可应用水跃方程，由已知的一个共轭水深 h_1（或 h_2）来计算另一未知的共轭水深 h_2（或 h_1）。

应用水跃方程解共轭水深时，虽然方程中仅有一个未知数 h_1（或 h_2），但除了明渠断面的形状为简单的矩形外，一般来说，水跃方程中的 A 和 h_c 都是共轭水深的复杂函数。因此，水深不易直接由水跃方程解出。一般采用试算法和图解法，这两种方法对于任意断面形状的明渠都是适用的。

试算法求解共轭水深就是先假设一个共轭水深代入水跃方程，如所假设的水深使水跃方程成立，则该水深即为所求的共轭水深。否则，重新假设直至水跃方程得到满足为止。试算法精度较高，但计算工作量较大。

图解法是利用水跃函数曲线来直接求解共轭水深。若已知跃前或跃后水深，则可应用式（7-17）求出相应的水跃函数值，根据水跃方程 $J(h_1) = J(h_2)$ 即可从水跃函数曲线上简便地求出欲求的共轭水深。例如，当已知 h_1 欲求 h_2 时，首先绘制水跃函数曲线，只需绘出曲线的上半支的有关部分，在曲线上找出与横坐标轴 $J(h) = J(h_1) = J(h_2)$ 对应的点，该点的纵坐标值即是欲求的 h_2。当已知 h_2 求 h_1 时，作法一样，只是此时只需绘出曲线下半支的有关部分。

例 7-3 证明与 $J(h)_{min}$ 相应的水深即是临界水深。

证明： 由微分学得知，与 $J(h)_{min}$ 相应的水深应满足下列方程［令 $J(h)$ 的导数为零得出］，即

$$\frac{\mathrm{d}[J(h)]}{\mathrm{d}h} = \frac{\mathrm{d}\left[\frac{Q^2}{gA} + Ah_c\right]}{\mathrm{d}h} = -\frac{Q^2 B}{gA^2} + \frac{\mathrm{d}(Ah_c)}{\mathrm{d}h} = 0$$

从图 7-11 不难看出，式中 Ah_c 乃是过水断面面积 A 对水面线 o-o 的静矩。为了确定 $\frac{\mathrm{d}(Ah_c)}{\mathrm{d}h}$，今给予水深一增量 Δh（水面线从而上升至 o'-o'）。由水深增量所导致的面积静矩增量 $\Delta(Ah_c)$ 当为

$$\Delta(Ah_c) = \left[A(h_c + \Delta h) + B\Delta h \frac{\Delta h}{2}\right] - Ah_c = \left(A + B\frac{\Delta h}{2}\right)\Delta h$$

式中，方括号内的函数式是以 o'-o' 为轴的新面积的静矩。于是

$$\frac{\mathrm{d}(Ah_c)}{\mathrm{d}h} = \lim_{\Delta h \to 0} \frac{\Delta(Ah_c)}{\Delta h} = \lim_{\Delta h \to 0}\left(A + B\frac{\Delta h}{2}\right) = A$$

将上式代入微分方程，则得

$$\frac{Q^2}{g} = \frac{A^3}{B}$$

上式与临界水深的条件式相同，因此，与 $J(h)_{\min}$ 相应的水深即是临界水深。

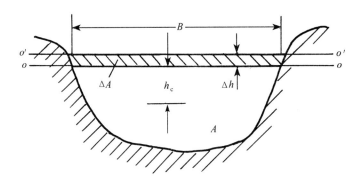

图 7-11

（2）梯形断面明渠共轭水深的计算。梯形渠道是工程中常见的渠道断面类型，其共轭水深计算可应用试算法、查图法等方法，但这些方法计算过程相对复杂和冗繁，下面介绍采用数理分析理论来计算梯形断面明渠的共轭水深的方法。

根据水跃方程式（7-16），当明渠断面的形状、尺寸以及通过的流量一定时，水跃方程的左右两边都仅是水深的函数，即水跃函数 $J(h)$。

$$J(h) = \frac{Q^2}{gA} + Ah_c$$

对底宽为 b，边坡系数为 m 的梯形断面，形心点水深为

$$h_c = \frac{h(3b + 2mh)}{6(b + mh)}$$

代入水跃函数式得

$$J(h) = Ah_c + \frac{Q^2}{gA} = \frac{(3b + 2mh)h^2}{6} + \frac{Q^2}{gA}$$

令 $q = \frac{Q}{b}$，$N = \frac{mq^{2/3}}{b}$，$x = \frac{h_1}{h_k}$，$y = \frac{h_2}{h_k}$，$z = \frac{mh_k}{b}$，将其代入水跃方程，化简得

$$\frac{6N}{gxz(1+zx)} + \frac{x^2 z^2 (3+2zx)}{N^2} = \frac{6N}{gyz(1+zy)} + \frac{y^2 z^2 (3+2zy)}{N^2}$$

当已知跃前水深，上式等式左端已知，只要求出 y，即可得出跃后水深；已知跃后水深，则等式右端已知，求出 x，即得出跃前水深。但由上式求 x 或 y 时，需要求解一元高次方程，显然不易，但可对上式进行数学分析（刘计良，王正中等，2010），得出以下梯形渠道无量纲共轭水深近似计算公式。

已知跃前水深求跃后水深的公式

$$y = \frac{1-\beta x}{(1-\beta)x}$$

已知跃后水深求跃前水深的公式

$$x = \frac{1}{(1-\beta)y + \beta}$$

以上两式是计算梯形渠道水跃无量纲共轭水深的近似计算公式，其中 β 是反映断面形状及流量的回归参数，其回归计算公式为

$$\beta = 0.08N - 0.3 \frac{J(h)}{J(h_k)}$$

式中 $J(h)$ 为水跃函数，若求跃后水深，则将已知跃前水深 h_1 代入计算，反之亦然。$J(h_k)$ 为临界水深的水跃函数值。

例 7-4 一棱柱体梯形明渠中发生水跃。已知流量 $Q=20\text{m}^3/\text{s}$，底宽 $b=2.0\text{m}$，边坡系数 $m=1.0$，跃前水深 $h_1=1.34\text{m}$。求跃后水深 h_2。若渠首调控流量减小到 $Q=6\text{m}^3/\text{s}$，此时跃后水深 $h_2=1.48\text{m}$，求其跃前水深 h_1。

解： 由梯形渠道临界水深迭代计算得 $h_k=1.64\text{m}$，无量纲跃前水深为

$$x = \frac{h_1}{h_k} = \frac{1.34}{1.64} = 0.817$$

再由已知条件计算其他参数如下

$$N = \frac{mq^{2/3}}{b} = \frac{1 \times 4.64}{2} = 2.32$$

跃前及临界水跃函数值为

$$J(h_1) = \frac{(3b+2mh_1)h_1^2}{6} + \frac{Q^2}{gA_1} = 11.72(\text{m}^3)$$

$$J(h_k) = \frac{(3b+2mh_k)h_k^2}{6} + \frac{Q^2}{gA_k} = 10.99(\text{m}^3)$$

$$\beta = 0.08N - 0.3\frac{J(h_1)}{J(h_k)} = -0.134$$

将以上计算代入无量纲跃后水深公式得

$$y = \frac{1-\beta x}{(1-\beta)x} = 1.197$$

由 $y = \frac{h_2}{h_k} = 1.197$，于是可得跃后水深 $h_2 = 1.197 \times 1.64 = 1.964$（m），该条件下跃后水深的精确解为 $h_2 = 1.9875\text{m}$，说明梯形渠道共轭水深近似公式计算结果可以满足工程应用需要。

计算流量减小为 $Q=6\text{m}^3/\text{s}$，跃后水深 $h_2=1.48\text{m}$ 时的跃前水深。

迭代计算临界水深得 $h_k=0.84\text{m}$，无量纲跃后水深及参数 N 为

$$y = \frac{h_2}{h_k} = \frac{1.48}{0.84} = 1.762$$

$$N = \frac{mq^{2/3}}{b} = \frac{1 \times 2.08}{2} = 1.04$$

跃后及临界水跃函数值为

$$J(h_2) = \frac{(3b+2mh_2)h_2^2}{6} + \frac{Q^2}{gA_2} = 3.984(\text{m}^3)$$

$$J(h_k) = \frac{(3b+2mh_k)h_k^2}{6} + \frac{Q^2}{gA_k} = 2.443(\text{m}^3)$$

$$\beta = 0.08N - 0.3\frac{J(h_2)}{J(h_k)} = -0.406$$

将以上计算代入无量纲跃前水深公式得

$$x = \frac{1}{(1-\beta)y+\beta} = 0.482$$

由 $x=\frac{h_1}{h_k}=0.482$，可得跃前水深 $h_1=0.482 \times 0.84 = 0.40$（m）。

(3) 矩形断面明渠共轭水深的计算。矩形断面明渠的共轭水深可直接由水跃方程解出。若渠宽为 b，则单宽流量为 $q=\frac{Q}{b}$，过水断面面积和形心点水深分别为 $A=bh$，$h_c=\frac{h}{2}$ 代入水跃方程（7-16），则得矩形断面水平明渠的水跃方程

$$\frac{q^2}{gh_1} + \frac{h_1^2}{2} = \frac{q^2}{gh_2} + \frac{h_2^2}{2}$$

整理化简，得

$$h_1 h_2^2 + h_1^2 h_2 - \frac{2q^2}{g} = 0$$

上式是关于 h_1 和 h_2 对称的一元二次方程，解方程得

$$h_2 = \frac{h_1}{2}\left(\sqrt{1+8\frac{q^2}{gh_1^3}} - 1\right) \qquad (7-19)$$

或

$$h_1 = \frac{h_2}{2}\left(\sqrt{1+8\frac{q^2}{gh_2^3}} - 1\right) \qquad (7-20)$$

因 $Fr_1^2 = \frac{v_1^2}{gh_1} = \frac{q^2}{gh_1^3}$，故公式（7-19）又可写成如下形式

$$h_2 = \frac{h_1}{2}(\sqrt{1+8Fr_1^2} - 1) \qquad (7-21)$$

$$\eta = \frac{h_2}{h_1} = \frac{1}{2}(\sqrt{1+8Fr_1^2} - 1) \qquad (7-22)$$

式中，η 称为共轭水深比，随着 Fr_1 的增加而增大。

2. 水跃长度计算　水跃长度 L_j 是水跃开始和终止的两个断面间的水平距离。因在水跃段中，水流紊动强烈，底部流速很大，对河床有很强的冲刷破坏性，故一般均需设置护坦加以保护。此外，在跃后段的一定长度范围内也需铺设海漫以免底部冲刷破坏。由于护坦和海漫的长度都与水跃的跃长有关，故跃长的确定具有重要的实际意义。但水跃运动非常复杂，

目前多根据经验公式估算跃长。

矩形明渠水跃跃长公式：

吴持恭公式
$$L_j = 10(h_2 - h_1)Fr_1^{-0.32} \tag{7-23}$$

欧勒弗托斯基（Elevatorski）公式
$$L_j = 6.9(h_2 - h_1) \tag{7-24}$$

陈椿庭公式
$$L_j = 9.4(Fr_1 - 1)h_1 \tag{7-25}$$

Fr_1 为跃前断面的佛汝德数。

平底梯形断面明渠水跃跃长公式：
$$L_j = 5h_2\left(1 + 4\sqrt{\frac{B_2 - B_1}{B_1}}\right) \tag{7-26}$$

式中，B_1、B_2 分别为跃前、跃后断面的水面宽度。

3. 水跃能量损失的计算 平底渠道中，水跃的能量损失可用跃前、跃后断面比能之差表示，即

$$\Delta E = E_1 - E_2 = \left(h_1 + \frac{\alpha_1 v_1^2}{2g}\right) - \left(h_2 + \frac{\alpha_2 v_2^2}{2g}\right) \tag{7-27}$$

在工程实践中，水跃多产生于棱柱体矩形水平明渠中。以 $v_1 = \frac{q}{h_1}$，$v_2 = \frac{q}{h_2}$ 代入，得

$$\Delta E = h_1 - h_2 + \frac{q^2}{2g}\left(\frac{\alpha_1}{h_1^2} - \frac{\alpha_2}{h_2^2}\right)$$

又由于 $\frac{q^2}{2g} = \frac{h_2 h_1^2 + h_1 h_2^2}{4}$，并令 $\alpha_1 = \alpha_2 = 1.0$，代入上式，整理后得

$$\Delta E = \frac{(h_2 - h_1)^3}{4 h_1 h_2} \tag{7-28}$$

式（7-28）为矩形水平明渠中水跃能量损失的计算式。由于设 $\alpha_1 = \alpha_2 = 1.0$，故用式（7-28）计算的能量损失比实际水跃中的能量损失稍大些。

水跃段的能量损失与跃前断面比能 E_1 之比称为水跃的消能系数，用 K_j 表示，即

$$K_j = \frac{\Delta E}{E_1} \tag{7-29}$$

消能系数 K_j 值越大，水跃消能效率越高。

在平底矩形明渠中，以渠底为基准面时，

$$E_1 = E_{s1} = h_1 + \frac{\alpha_1 v_1^2}{2g} = h_1 + \frac{h_1}{2}Fr_1^2, \qquad \Delta E = \frac{(h_2 - h_1)^3}{4 h_1 h_2}$$

其中，$h_2 = \frac{h_1}{2}(\sqrt{1 + 8Fr_1^2} - 1)$，可得

$$K_j = \frac{(\sqrt{1 + 8Fr_1^2} - 3)^3}{8(\sqrt{1 + 8Fr_1^2} - 1)(2 + Fr_1^2)} \tag{7-30}$$

即水跃消能系数是跃前断面佛汝德数的函数，Fr_1 越大，消能效率越高。

当 $Fr_1 = 9.0$ 时，K_j 可达 70%。

当 $Fr_1>9.0$ 时，虽然消能效率可以进一步提高，但实验表明，此时跃后水面的波动很大，并且一直传播到下游，称为强水跃。

当 $4.5\leqslant Fr_1\leqslant 9.0$ 时，水跃的消能效率高（$K_j=44\%\sim 70\%$），同时水跃稳定，跃后水面也较平静，称为稳定水跃。因此，如利用水跃消能，最好能通过工程措施将跃前断面佛汝德数 Fr_1 控制在此范围内。

当 $2.5\leqslant Fr_1\leqslant 4.5$ 时，$K_j<44\%$，同时水跃不稳定：水跃段中的高速底流间歇地向水面蹿升，跃后水面波动大并向下游传播，称为不稳定水跃。

当 $1.7\leqslant Fr_1\leqslant 2.5$ 时，虽然此时水跃的上部仍有旋滚存在，但旋滚小而弱，消能效率很低，称为弱水跃。

而当 $1<Fr_1<1.7$ 时，无表面旋滚出现，水流表面呈现逐渐衰减的波形。这种形式的水跃称为波状水跃，其消能效率很差。

4. 水跃方程的实验验证 水跃的共轭水深计算是以水跃方程为依据的。在推导该理论方程时，曾做过一些假定，这些假定是否正确，有待实验来验证。多年来，人们对棱柱体矩形水平明渠中的水跃进行了广泛的实验研究，积累了丰富的实验资料。对矩形断面明渠，曾由水跃方程导出了共轭水深比 η 的表达式

$$\eta=\frac{1}{2}(\sqrt{1+8Fr_1^2}-1)=f(Fr_1)$$

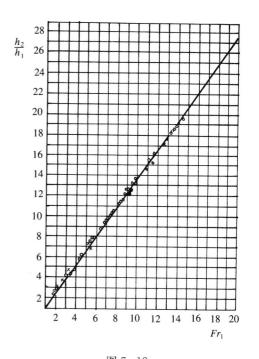

图 7-12

从该式中可以看出共轭水深比 η 是 Fr_1 的函数。以共轭水深比 η 为纵坐标，以跃前断面佛汝德数 Fr_1 为横坐标，根据上式绘出曲线和实验数据点，如图 7-12 所示。从图 7-12 可以看出，实验点据与理论曲线相当吻合。其他断面形状的水平渠槽的水跃实验也证实了水跃方程的误差不大，由此可见，水跃方程（7-16）是可以用于实际计算的。

5. 水跃发生的位置和水跃的形式 以溢流坝为例进行说明。如图 7-13 所示，水流自坝顶下泄时，势能逐渐转化为动能，水深减小，流速增加。到达坝趾的 $c-c$ 断面，流速最大，水深最小，称为收缩断面，相应水深称为收缩水深，以 h_c 表示，h_c 小于临界水深 h_k 时，水流为急流，而河渠中的水流一般多属缓流，其水深 h_t 大于临界水深 h_k，故此处必发生水跃。水跃的位置决定于坝趾收缩断面水深 h_c 的共轭水深 h_c'' 与下游水深 h_t 的相对大小。可能出现下列三种情况。

(1) 当 $h_t=h_c''$ [图 7-13（a）]，跃前断面恰好在收缩断面，称这种水跃为临界式水跃。

(2) 当 $h_t<h_c''$ [图 7-13（b）]，由共轭水深的关系可知，在一定流量下，跃前水深越小，则其跃后水深越大，由于 $h_t<h_c''$，说明与 h_t 相应的跃前水深 h_t' 应大于 h_c，因此水流从收缩断面起要流动一段距离，使水深由 h_c 增至 h_t'，才开始发生水跃。由于水跃发生在收缩断面的下游，称这种水跃为远驱式水跃。

(3) 当 $h_t > h_c''$ [图 7-13 (c)]，这个下游水深要求一个比 h_c 更小的跃前水深 h_t' 与之相对应。而收缩断面水深 h_c 是建筑物下游的最小水深，所以不可能再找到一个比 h_c 更小的水深。由能量关系知：缓流中水深越大，断面比能越大，故与 h_t 相应的断面比能将大于与收缩断面的跃后水深 h_c'' 相应的断面比能。由于下游的实有比能大，表面旋滚将涌向上游，并淹没收缩断面，形成淹没式水跃。

工程中，常用 h_t 与 h_c'' 之比来表示水跃的淹没程度，称为水跃的淹没度系数，用 σ_j 表示。

$$\sigma_j = \frac{h_t}{h_c''}$$

当 $\sigma_j > 1$ 时为淹没式水跃，σ_j 越大，水跃的淹没程度越大；$\sigma_j = 1$ 时，为临界式水跃；$\sigma_j < 1$ 时，为远驱式水跃。

以上对水跃发生位置及形式的判别方法，同样适用于其他形式的泄水建筑物。

二、水　跌

在水流状态为缓流的明渠中，如果明渠底坡突然变成陡坡或明渠断面突然扩大，将引起水面急剧降落。水流由缓流通过临界水深断面转变为急流的局部水力现象称为水跌。

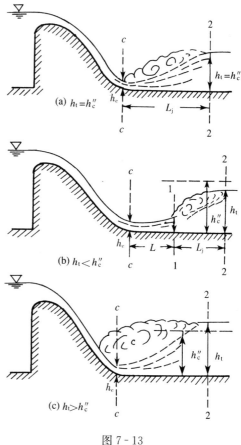

图 7-13

现以平坡明渠末端为跌坎的水流为例，根据断面比能随水深的变化规律，说明水跌发生的必然性。

图 7-14 所示为平底明渠中的缓流，在 A 处突遇一跌坎，明渠对水流的阻力在跌坎处消失，水流以重力为主，自由跌落。取 $o-o$ 为基准面，则水流单位机械能 E 等于断面比能 E_s。根据 E_s—h 关系曲线可知，缓流状态下，水深减小时，断面比能减小，当跌坎上水面

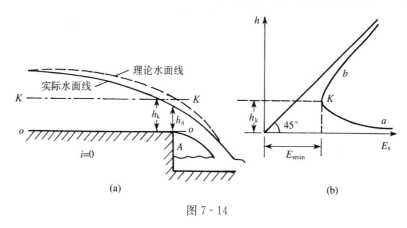

图 7-14

降落时，水流断面比能将沿 E_s—h 曲线从 b 向 K 减小。在重力作用下，坎上水面最低只能降至 K 点，即水流断面比能最小的临界水深位置，如果继续降低，则为急流状态，能量反而增大，这是不可能的，所以跌坎上最小水深只能是临界水深。以上是按渐变流条件分析的结果，其坎上的理论水面线如图 7-14 中虚线所示。而实际上，跌坎处水流流线很弯曲，水流为急变流。实验观测得知：坎末端断面水深 h_A 小于临界水深，$h_k \approx 1.4 h_A$，而临界水深 h_k 发生在坎末端断面上游 $(3 \sim 4) h_k$ 的位置，其实际水面线如图 7-14 中实线所示。

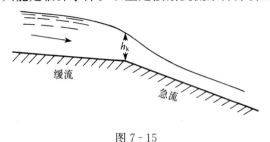

图 7-15

同理，在缓坡渠道中的均匀流为缓流，若在某断面 c-c 处底坡变为陡坡，水流为急流，那么，临界水深 h_k 将发生在而且只能发生在底坡突变的断面处，如图 7-15 所示。

根据发生水跌时，底坡突变断面处的水深为临界水深的特点，常用来估算河渠中的流量。

第五节　明渠恒定非均匀渐变流的微分方程式

如图 7-16 所示，在底坡为 i 的明渠渐变流中，沿水流方向任取一微分流段 ds，设上游断面水深为 h，水位为 z，断面平均流速为 v，渠底高程为 z_0；由于非均匀流中各种水力要素沿流程改变，故微分流段下游断面水深为 $h+dh$，水位为 $z+dz$，平均流速为 $v+dv$。因水流为渐变流，压强水头为零，可对微分流段的上、下游断面建立能量方程。

$$z_0 + h\cos\theta + \frac{\alpha_1 v^2}{2g} = (z_0 - ids) + (h + dh)\cos\theta + \frac{\alpha_2 (v+dv)^2}{2g} + dh_f + dh_j \tag{7-31}$$

令 $\alpha_1 \approx \alpha_2 = \alpha$，又

$$\frac{\alpha(v+dv)^2}{2g} = \frac{\alpha[v^2 + 2vdv + (dv)^2]}{2g} \approx \frac{\alpha(v^2 + 2vdv)}{2g} = \frac{\alpha v^2}{2g} + d\left(\frac{\alpha v^2}{2g}\right)$$

将上式代入式（7-31），化简得

$$ids = \cos\theta dh + d\left(\frac{\alpha v^2}{2g}\right) + dh_f + dh_j \tag{7-32}$$

式中，$d\left(\frac{\alpha v^2}{2g}\right)$ 表示微分流段内流速水头的增量。

dh_f 表示微分流段内沿程水头损失，目前对非均匀流的沿程水头损失尚无精确的计算方法，仍近似地采用均匀流公式计算，即令 $dh_f = \frac{Q^2}{K^2} ds$ 或 $dh_f = \frac{v^2}{C^2 R} ds$。其中，$K$、$v$、$C$、$R$ 等值一般采用流段上、下游断面的平均值。

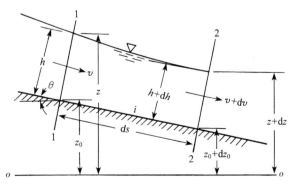

图 7-16

dh_j 表示微分流段内局部水头损失，一般令 d$h_j = \zeta \mathrm{d}\left(\dfrac{v^2}{2g}\right)$，在流段收缩、扩散或弯曲不大的情况下局部水头损失较之沿程水头损失小得多，可以忽略不计；但在某些情况下不计局部水头损失会带来较大误差时，就不能忽略了。

将 dh_f 和 dh_j 代入式（7-31）中，得

$$i\mathrm{d}s = \cos\theta \mathrm{d}h + (\alpha + \zeta)\mathrm{d}\left(\dfrac{v^2}{2g}\right) + \dfrac{Q^2}{K^2}\mathrm{d}s \tag{7-33}$$

若明渠底坡 i 值小于 $\dfrac{1}{10}$（$\theta < 6°$），在实用上一般都采用 $\cos\theta = 1$，常用铅垂水深代替垂直于渠底的水深，则式（7-33）可写作

$$i\mathrm{d}s = \mathrm{d}h + (\alpha + \zeta)\mathrm{d}\left(\dfrac{v^2}{2g}\right) + \dfrac{Q^2}{K^2}\mathrm{d}s \tag{7-34}$$

式（7-33）和式（7-34）是明渠恒定非均匀渐变流的基本微分方程式。

一、水深沿流程变化的微分方程式

现将基本微分方程式转化为水深沿流程变化关系式，以便研究明渠非均匀流中水深沿流程的变化规律。

在实用上，因一般明渠底坡较小，故仅讨论 $i < \dfrac{1}{10}$，$\cos\theta \approx 1$ 的情况。

若将式（7-34）各项除以 ds 并移项，可得

$$i - \dfrac{Q^2}{K^2} = \dfrac{\mathrm{d}h}{\mathrm{d}s} + (\alpha + \zeta)\dfrac{\mathrm{d}}{\mathrm{d}s}\left(\dfrac{v^2}{2g}\right) \tag{7-35}$$

式中，$\dfrac{\mathrm{d}}{\mathrm{d}s}\left(\dfrac{v^2}{2g}\right) = \dfrac{\mathrm{d}}{\mathrm{d}s}\left(\dfrac{Q^2}{2gA^2}\right) = -\dfrac{Q^2}{gA^3}\dfrac{\mathrm{d}A}{\mathrm{d}s}$。

在一般情况下，非棱柱体明渠过水断面积 A 是水深 h 和流程 s 的函数，即 $A = f(h, s)$，故

$$\dfrac{\mathrm{d}A}{\mathrm{d}s} = \dfrac{\partial A}{\partial h}\dfrac{\mathrm{d}h}{\mathrm{d}s} + \dfrac{\partial A}{\partial s}$$

上式中，过水断面积对于水深的偏导数 $\dfrac{\partial A}{\partial h}$ 等于过水断面的水面宽度 B。将以上各式代入式（7-35），化简整理后可得非棱柱体明渠非均匀渐变流水深沿流程变化的微分方程式为

$$\dfrac{\mathrm{d}h}{\mathrm{d}s} = \dfrac{i - \dfrac{Q^2}{K^2} + (\alpha + \zeta)\dfrac{Q^2}{gA^3}\dfrac{\partial A}{\partial s}}{1 - (\alpha + \zeta)\dfrac{Q^2 B}{gA^3}} \tag{7-36}$$

对于棱柱体明渠，$\dfrac{\partial A}{\partial s} = 0$；同时在棱柱体明渠渐变流中局部水头损失很小，一般均可忽略不计，取 $\zeta = 0$，于是上式可简化为

$$\dfrac{\mathrm{d}h}{\mathrm{d}s} = \dfrac{i - \dfrac{Q^2}{K^2}}{1 - \dfrac{\alpha Q^2 B}{gA^3}} = \dfrac{i - \dfrac{Q^2}{K^2}}{1 - Fr^2} \tag{7-37}$$

式（7-37）主要用于分析棱柱体明渠渐变流水面线的变化规律。

二、水位沿流程变化的微分方程式

在天然河道中,常用水位的变化来反映非均匀流的变化规律。因此,需导出水位沿流程变化的关系式。

由图 7-16 可见,$z=z_0+h\cos\theta$,于是
$$dz = dz_0 + \cos\theta \cdot dh$$

又因 $z_0 - ids = z_0 + dz_0$,即 $dz_0 = -ids$,故
$$dz = -ids + \cos\theta \cdot dh$$

将上式代入基本微分方程式(7-33),可得非均匀渐变流水位沿流程变化的微分方程式为

$$-\frac{dz}{ds} = (\alpha+\zeta)\frac{d}{ds}\left(\frac{v^2}{2g}\right) + \frac{Q^2}{K^2} \tag{7-38}$$

式(7-38)主要用于分析计算天然河道水流的水位变化规律。

如所选的河段比较顺直均匀,两断面的面积变化不大,两断面的流速水头差和局部水头损失可略去不计,则式(7-38)可简化为

$$-\Delta z = \frac{Q^2 \Delta s}{K^2} \tag{7-39}$$

第六节　棱柱体明渠中恒定非均匀渐变流水面曲线分析

一、棱柱体明渠中恒定非均匀渐变流水面线分区

当棱柱体明渠中通过一定流量时,由于底坡、上下游进出流边界条件差异及渠道内建筑物所形成的控制水深不同,明渠中的水流可以形成 12 种不同形式的水面线。为便于水面线的分析和掌握,需做出一些约定、分类及命名。

参考线约定为:均匀流正常水深线以 N-N 线表示,临界水深线以 K-K 线表示。

式(7-37)表明水深 h 沿流程 s 的变化是和渠道底坡 i 及实际水流的流态有关。所以对于水面曲线的形式应根据不同的底坡、流态进行具体分析。根据底坡性质共有以下 5 种底坡类型。

(1) 正坡渠道 $i>0$,有三种情况:

①缓坡(mild slope),$i<i_k$,非均匀流水面曲线以 M 表示。

②陡坡(steep slope),$i>i_k$,非均匀流水面曲线以 S 表示。

③临界坡(critical slope),$i=i_k$,非均匀流水面曲线以 C 表示。

(2) 平底渠道(horizontal slope),$i=0$,非均匀流水面曲线以 H 表示。

(3) 逆坡渠道(adverse slope),$i<0$,非均匀流水面曲线以 A 表示。

下面对棱柱体明渠渐变流水面曲线的形状和特点做一些定性分析。

在正坡明渠中,水流有可能做均匀流动,存在正常水深 h_0,另一方面它也存在着临界水深。对于棱柱体明渠,断面形状和尺寸沿程不变,因此,正常水深 h_0 及临界水深 h_k 沿流程各个断面均不变,画出各断面正常水深线 N-N 和临界水深线 K-K,都是平行于渠底的直线。正常水深线 N-N 与临界水深线 K-K 的相对位置关系视明渠属于缓坡、陡坡或临界

坡而定，如图 7-17（a）和（b）所示。缓坡上，N-N 线在 K-K 之上；陡坡上，N-N 线在 K-K 线之下；临界底坡明渠，因正常水深 h_0 和临界水深 h_k 相等，故 N-N 线与 K-K 线重合，如图 7-17（c）所示。

在平底及逆坡棱柱体明渠中，因不可能有均匀流，不存在正常水深，仅存在临界水深，故只有临界水深线 K-K，如图 7-17（d）和（e）所示。

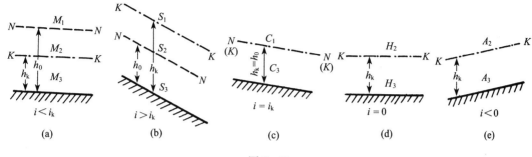

图 7-17

由于明渠中非均匀流实际水深可能在不同水深范围内变化，因此根据实际水深可能存在的范围划分为三个区域。

1 区：凡是非均匀流实际水深既大于正常水深，又大于临界水深，即非均匀流水面线在 N-N 线和 K-K 线二者之上范围的为 1 区，相应的水面线符号下标 1。

2 区：凡是实际水深在正常水深和临界水深之间变化，即非均匀流水面线在 N-N 线和 K-K 线之间范围的为 2 区，相应的水面线符号加下标 2。

3 区：凡是非均匀流实际水深既小于正常水深，又小于临界水深，即非均匀流水面线在 N-N 线和 K-K 线二者之下范围的为 3 区，相应的水面线符号加下标 3。

临界底坡 K-K 线与 N-N 线重合，故不存在 2 区。平底和逆坡渠道可理解为正常水深 $h_0 = \infty$，N-N 线在无限远处，故不存在 1 区。上述分区见图 7-17 所示。

由以上分析可知，棱柱体明渠有 5 种不同底坡，根据水深变化范围可分为 12 个区域。不同底坡和不同区域的水面曲线的形式是不同的。在缓坡上可能产生的水面线有 M_1，M_2，M_3 三种类型；在陡坡上可能产生的水面线有 S_1，S_2，S_3 三种类型；在临界坡上可能产生的水面线有 C_1，C_3 两种类型；在平坡上可能产生的水面线有 H_2，H_3 两种类型；在逆坡上可能产生的水面线有 A_2，A_3 两种类型，共有 12 种类型的水面曲线。

二、棱柱体明渠恒定非均匀渐变流水面曲线的定性分析

下面我们以缓坡（$i < i_k$）明渠中的水面曲线为例，用棱柱体明渠恒定非均匀渐变流水深沿程变化的微分方程（7-37）来定性分析各区水面曲线的形式。

在一条充分长的正坡明渠中，无论发生均匀流还是非均匀流，恒定流的流量是不变的，非均匀流动变化的只是水深和流速，因此式（7-37）中的流量可以用均匀流的流量 $Q = K_0 \sqrt{i}$ 代替，K_0 表示均匀流的流量模数，则式（7-37）可写为

$$\frac{\mathrm{d}h}{\mathrm{d}s} = i \frac{1 - \left(\dfrac{K_0}{K}\right)^2}{1 - Fr^2} \tag{7-40}$$

在缓坡渠道（$i < i_k$）上，非均匀流可能产生在 N-N 线和 K-K 线所确定的 3 个区域，相应

的水面曲线为 M_1 型、M_2 型和 M_3 型。下面按分区逐一分析：

1. 1区（$h_0<h<\infty$）**水深变化范围为 $h_0\sim\infty$，水面线为 M_1 型** 在该区内非均匀流水深 $h>h_0$，故 $K>K_0$，$1-\left(\dfrac{K_0}{K}\right)^2>0$；同时 $h>h_k$，故水流为缓流，则 $Fr<1$，$1-Fr^2>0$，由式（7-40）可知 $\dfrac{\mathrm{d}h}{\mathrm{d}s}>0$，即水深沿流程增加，我们把水深沿流程增加的水面曲线称为壅水曲线，即该区产生 M_1 型壅水曲线。

M_1 型壅水曲线两端的发展趋势分析：由于是壅水曲线，其上游端水深趋近于下限 h_0，当 $h\to h_0$ 时，$K\to K_0$，$1-\left(\dfrac{K_0}{K}\right)^2\to 0$；又 $h>h_k$，非均匀流始终为缓流，$Fr<1$，$1-Fr^2$ 将趋近于某一大于 0 的常数，所以 $\dfrac{\mathrm{d}h}{\mathrm{d}s}\to 0$，这表明 M_1 型水面线上游以 N-N 线为渐近线，即 M_1 型水面曲线上端与正常水深线在无穷远处重合。水面线下游端水深愈来愈大，其极限情况是 $h\to\infty$，则 $K\to\infty$，$1-\left(\dfrac{K_0}{K}\right)^2\to 1$；$Fr^2=\dfrac{v^2}{gh}\to 0$，$1-Fr^2\to 1$，因此水深沿流程的变化率 $\dfrac{\mathrm{d}h}{\mathrm{d}s}\to i$，这表明 M_1 型水面线下游以水平线为渐近线，如图 7-18（a）所示。坝上游水库中的水面曲线即是 M_1 型壅水曲线的实例[图 7-18（b）]。

底坡	水面曲线简图	工程实例
$i<i_k$	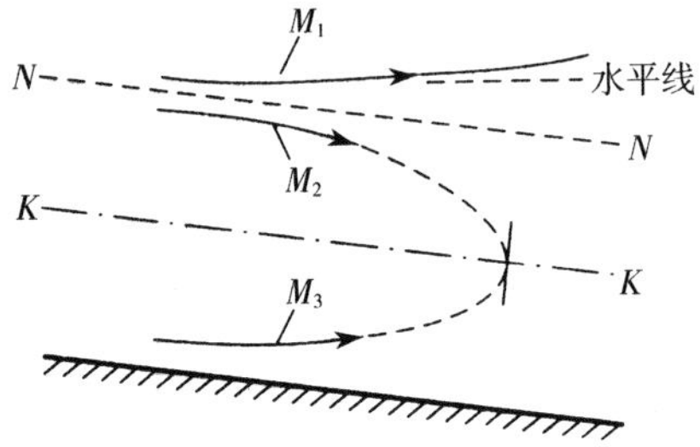 (a)	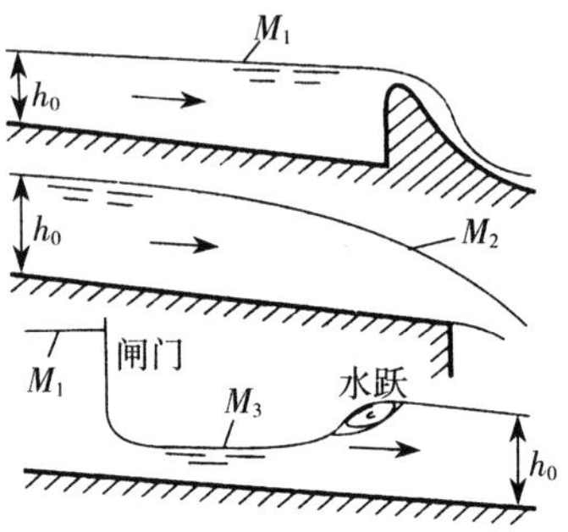 (b)
$i>i_k$	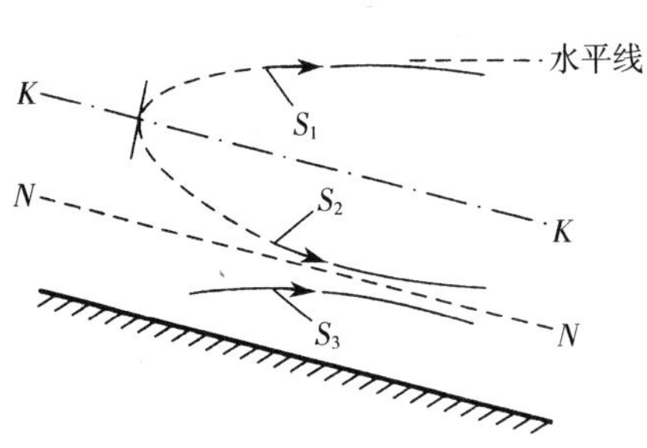 (c)	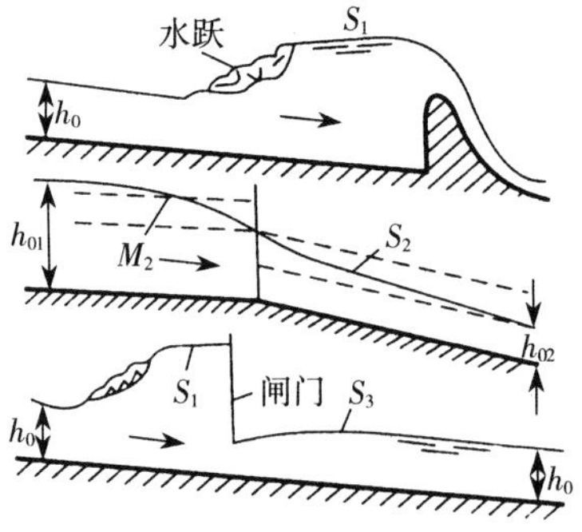 (d)

(续)

底坡	水面曲线简图	工程实例
$i=i_k$	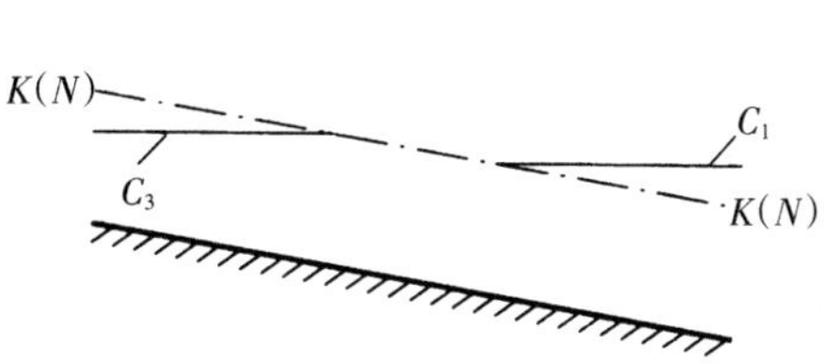 (e)	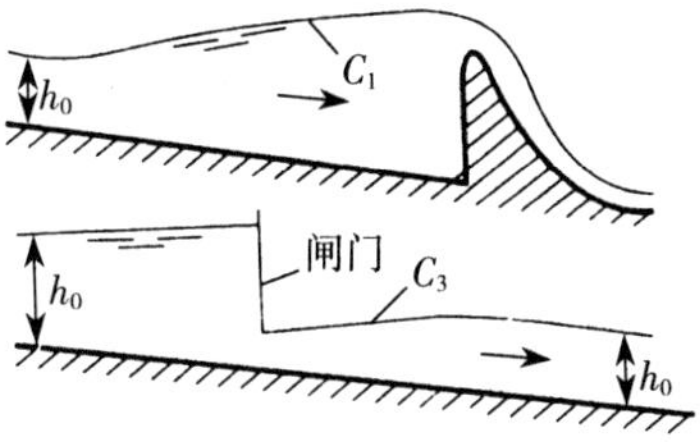 (f)
$i=0$	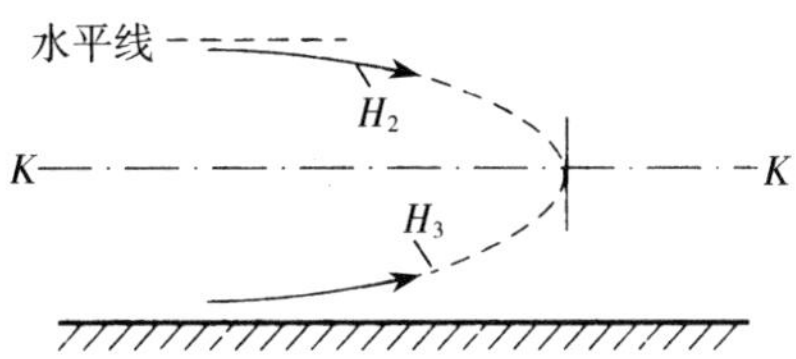 (g)	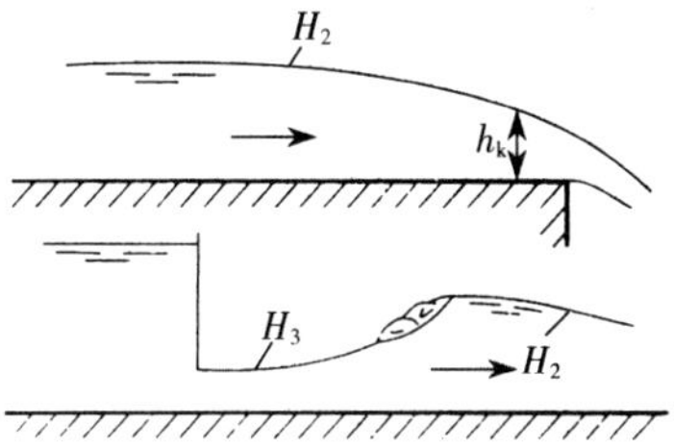 (h)
$i<0$	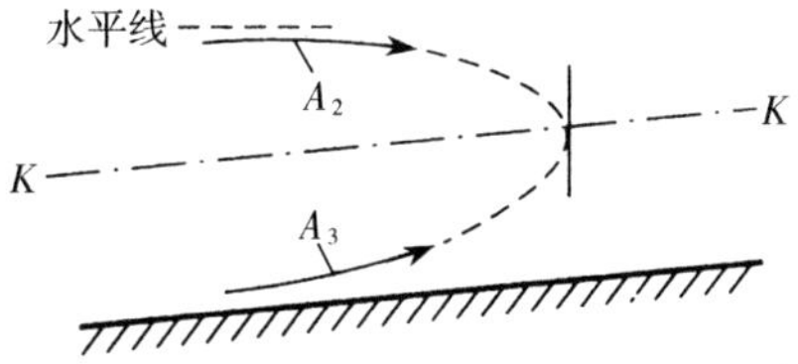 (i)	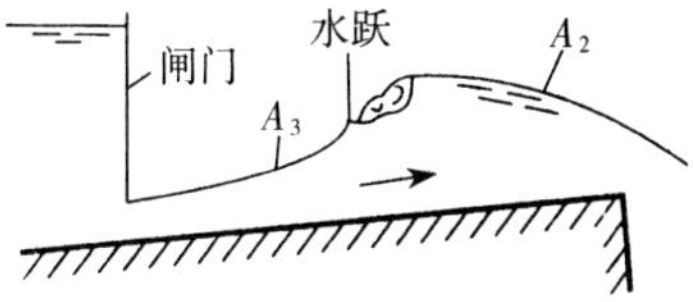 (j)

图 7-18

2. 2 区（$h_k<h<h_0$）**水深变化范围为 $h_k \sim h_0$，水面线为 M_2 型** 在该区内非均匀流水深 $h<h_0$，故 $K<K_0$，$1-\left(\dfrac{K_0}{K}\right)^2<0$；同时 $h>h_k$，故水流仍为缓流，则 $Fr<1$，$1-Fr^2>0$，由式（7-40）可知 $\dfrac{dh}{ds}<0$，即水深沿流程减小，我们把水深沿流程减小的水面曲线称为降水曲线，即该区产生 M_2 型降水曲线。

M_2 型降水曲线的上游端水深趋近于水深上限，其极限情况是 $h \rightarrow h_0$，此时 $K \rightarrow K_0$，$1-\left(\dfrac{K_0}{K}\right)^2 \rightarrow 0$；非均匀流依然是缓流，$Fr<1$，故 $1-Fr^2 \rightarrow$ 常数 >0，所以 $\dfrac{dh}{ds} \rightarrow 0$，即上游端仍以 N-N 线为渐近线。$M_2$ 型降水曲线的下游端水深趋近于其下限，其极限情况是 $h \rightarrow h_k$，但 $h<h_0$，$K<K_0$，$\dfrac{K_0}{K}>1$，$1-\left(\dfrac{K_0}{K}\right)^2<0$；又 $h \rightarrow h_k$ 时，$Fr \rightarrow 1$，$1-Fr^2 \rightarrow 0$，所以 $\dfrac{dh}{ds} \rightarrow -\infty$，这表明，在理论上，水面曲线与 K-K 线有成正交的趋势。表明在 $h \rightarrow h_k$ 的局部范围内流线曲率已经很大，属于急变流，不再符合渐变流规律，因而用现在的渐变流微分方程来讨论它已不符合实际。实际情况是，当 M_2 型曲线在降落到水深接近临界水深时，水面并未

与 K-K 线正交,而是水面坡度变陡,以光滑曲线过渡为急流,出现水跃现象。如图 7-18（a）所示。图 7-18（b）就是当跌水上游为缓坡渠道时,渠道中产生 M_2 型降水曲线的实例。

3. 3区（$0<h<h_k$）**水深变化范围为某一控制水深~h_k,水面线为 M_3 型** 在该区内非均匀流水深 $h<h_k$,故水流为急流,$Fr>1$,$1-Fr^2<0$,$h<h_0$,故 $K<K_0$,$\frac{K_0}{K}>1$,$1-\left(\frac{K_0}{K}\right)^2<0$,由式（7-40）可知 $\frac{dh}{ds}>0$,故水深沿流程增加,即该区产生 M_3 型壅水曲线。

M_3 型壅水曲线的上游端水深最小,其最小水深常常是受来流条件所控制（如闸孔开度等）。下游端水深沿程增加,其水深增大的极限情况是 $h \to h_k$,此时 $Fr \to 1$,$1-Fr^2 \to 0$,所以 $\frac{dh}{ds} \to \infty$,水面曲线与 K-K 线有成正交的趋势。实际水流已属急变流,将发生从急流过渡到缓流的水跃现象,图 7-18（b）所示缓坡渠道闸下出流为急流过渡到缓流就是产生 M_3 型壅水曲线的实例。

同理,对于陡坡、临界坡、平坡及逆坡渠道上的水面曲线型式分析与上述方法类似,从略。各类水面曲线形式及实例如图 7-18 所示。

三、水面曲线分析的一般原则及注意点

分析图 7-18 所列举的 12 种水面线,可以看出它们之间既有共同的规律,又有各自的特点。具体分析时可运用如下原则：

（1）凡在 1 区和 3 区,$\frac{dh}{ds}>0$,水深沿程增加,均为壅水曲线；凡在 2 区,$\frac{dh}{ds}<0$,水深沿程减小,均为降水曲线。3 区上游水深受来流条件控制。

（2）急流过渡为缓流,必然产生水跃,水面线以水跃衔接,水跃位置应满足跃前与跃后水深的共轭关系；缓流过渡为急流,必然产生水跌。这两种水面衔接均属急变流。急流与临界流水流速度大于或等于微波波速,干扰的影响不能往上游传播,只影响下游水面线。

（3）当水深 $h \to h_0$ 时,水面线以 N-N 线为渐近线。当水深 $h \to h_k$ 时,水面线与 K-K 有成正交的趋势。当水深 $h \to \infty$ 时,水面线以水平线为渐近线。水面线以 N-N 为渐近线和与 K-K 线正交也决定了曲线的凹凸性。

以上总结了分析棱柱体明渠中 12 种水面曲线的一般原则,在进行具体的水面曲线分析时还须注意以下几点：

（1）上述 12 种水面曲线,只表示了棱柱体渠道中可能发生的渐变流情况,那么实际情况下在某一底坡上出现的究竟是哪一种水面曲线,应视具体条件而定。但是,实际水流在某一区域内的水面曲线的形状只有一种,同一渠段不可能同时出现两个水面线,即水面曲线的唯一性。

（2）当渠道为正坡渠道时,在非均匀流影响不到的地方,水流保持均匀流,水深将保持正常水深。

（3）12 种水面曲线中,凡下标为 1 和 3 的水面曲线（M_1,S_1,C_1,M_3,S_3,C_3,H_3,A_3）都是水深沿程增加的壅水曲线。下标为 2 的水面曲线（M_2,S_2,H_2,A_2）都是水深沿程减小的降水曲线。

（4）在分析和计算水面曲线时，必须从某个有确定水深（或水位）的已知断面开始，这个断面称为控制断面，其水深称为控制水深。如为缓流，应当从其下游的控制断面向上游推求，因此，对于缓流状态的 M_1，M_2，S_1，C_1，H_2，A_2 型水面线，其控制水深均在下游。如为急流，则应从其上游的控制断面开始向下游推求。因此，对于急流状态的 M_3，S_2，S_3，C_3，H_3，A_3 型水面线，其控制水深必在上游。

例 7-5 一棱柱体渠道，其底坡 $i_1 > i_k$，$i_2 < i_k$。试分析渠道中可能出现的水面曲线。

解：绘出两渠段上 N-N 线和 K-K 线（图 7-19）。由于 $h_{01} < h_k$ 是急流，而 $h_{02} > h_k$ 是缓流，所以从 h_{01} 过渡到 h_{02} 前必然发生水跃。水跃发生的位置将有三种可能：

（1）h_{01} 与 h_{02} 不满足共轭关系，h_{01} 相应的共轭水深小于 h_{02}。此时，水跃发生在 i_1 坡上，穿过 K-K 线。由于跃后断面水深小于 h_{02}，故水跃后又通过壅水曲线 S_1 逐渐增加到 h_{02}，与下游水流衔接，如图 7-19（a）所示。

（2）h_{01} 与 h_{02} 互为共轭水深，此时水跃恰好在底坡衔接处发生，如图 7-19（b）所示。

（3）h_{02} 相应的共轭水深大于 h_{01}。此时，上游均匀流终止于底坡衔接处，并在下游渠道中流动一段距离，水深以 M_3 型曲线逐渐增加，到水深增至为 h_{02} 相应的共轭水深处发生水跃，与下游水流相衔接，如图 7-19（c）所示。

例 7-6 图 7-20 为一灌溉渠道，因地形变化采用两种底坡连接，已知 $i_1 < i_2 < i_k$，各段渠道均充分长，试分析渠道中可能出现的水面曲线类型。

解：（1）由两渠段底坡 $i_1 < i_2 < i_k$ 的条件可知，相应正常水深 $h_{01} > h_{02} > h_k$，可画出两渠段的 N-N 线和 K-K 线。

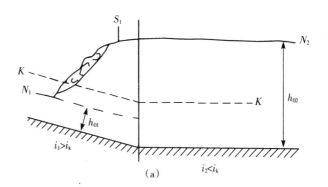

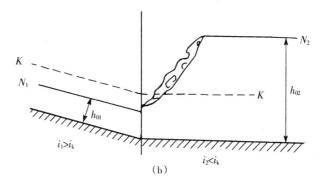

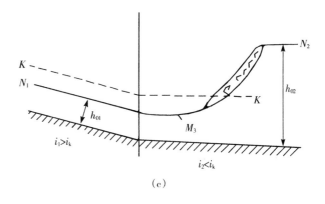

图 7-19

（2）因两段渠道均为顺坡，且渠道充分长，故在 i_1 渠段的上游和 i_2 渠段的下游均存在均匀流。非均匀流的产生是由于底坡变化对水流的干扰所致，而这种影响仅局限在底坡发生变化的上下游有限的渠段范围内，非均匀流水面线的变化是 i_1 渠段水面线上游以 $N_1 - N_1$ 为渐近线衔接，i_2 渠段水面线下游以 $N_2 - N_2$ 为渐近线衔接，因此两渠段中的水深必须由 i_1 渠段的 h_{01} 减小到 i_2 渠段中的 h_{02}，水面线衔接为图中②所示曲线，即在 i_1 渠段产生 M_2 型降水曲线，并与 i_2 渠段的 $N_2 - N_2$ 相接。

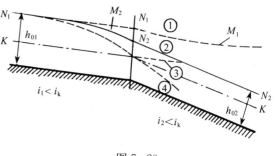

图 7-20

如果 i_1 渠段全部为均匀流，则水流流入 i_2 渠段后，水面线位于 i_2 渠段的 1 区，根据水面曲线分析的原则，在 1 区必产生水深沿程增加的壅水型曲线，即图中虚线①所示的壅水曲线，这样就不可能使水深减小到 h_{02} 与 i_2 渠段的均匀流衔接，故这种情况是不可能发生的。

图中虚线③所示情况，对 i_1 渠段是可能发生的，但在 i_2 渠段的 2 区（只能出现降水曲线）出现了壅水曲线，这种情况也是不可能发生的。

由上述分析可知，只有图中曲线②所示情况是唯一可能产生的水面曲线衔接形式。

第七节　明渠恒定非均匀渐变流水面曲线的计算——逐段试算法

在水利工程中，仅对水面曲线做定性分析是不够的，还需要定量知道非均匀流断面的水力要素变化，如水深、断面平均流速等，即要对水面曲线进行具体计算和绘制。水面曲线的计算结果可以预测水位的变化及对堤岸的影响，平均流速则是提供渠道是否冲淤的主要依据。因此，水面曲线计算是渠道水力计算的重要内容之一。

一般来说，在进行计算之前，要对水面曲线进行定性分析，以判别水面曲线的类型，然后才从控制断面（已知水深）开始计算。明渠水面曲线的计算方法很多，本书着重介绍简明实用的逐段试算法，这种方法不受明渠形式的限制，对棱柱体及非棱柱体明渠均可适用。

一、基本计算公式

在第七章第五节中曾导出明渠恒定非均匀渐变流基本微分方程式为

$$i\mathrm{d}s = \mathrm{d}h + (\alpha + \zeta)\mathrm{d}\left(\frac{v^2}{2g}\right) + \frac{Q^2}{K^2}\mathrm{d}s$$

因渐变流中局部损失很小，可以忽略，即取 $\zeta=0$，并令 $\alpha=1$，上式可改写为

$$\mathrm{d}\left(h + \frac{v^2}{2g}\right) = \left(i - \frac{Q^2}{K^2}\right)\mathrm{d}s$$

或

$$\frac{\mathrm{d}E_s}{\mathrm{d}s} = i - \frac{Q^2}{K^2} = i - J \tag{7-41}$$

式中，$E_s = h + \dfrac{v^2}{2g} = h + \dfrac{Q^2}{2gA^2}$，为断面比能；$K = AC\sqrt{R}$，为流量模数；$J = \dfrac{Q^2}{K^2} = \dfrac{v^2}{C^2 R}$，为水力坡度。

现将式（7-41）微分方程针对一短的 Δs 流段写作差分方程，把水力坡度 J 用流段内平均水力坡度 $\overline{J}$ 去代替，则有

$$\Delta s = \frac{\Delta E_s}{i - \overline{J}} = \frac{E_{sd} - E_{su}}{i - \overline{J}} \tag{7-42}$$

式（7-42）乃是逐段试算法计算水面曲线的基本公式。式中，ΔE_s 为流段的两端断面上断面比能差值，E_{sd}、E_{su} 分别表示 Δs 流段的下游及上游断面的断面比能。

流段的平均水力坡度 $\overline{J}$ 一般采用

$$\overline{J} = \frac{1}{2}(J_u + J_d) \tag{7-43}$$

或

$$\overline{J} = \frac{Q^2}{\overline{K}^2} \tag{7-44}$$

平均值 $\overline{K}$ 或 $\overline{K}^2$ 可用以下三种方法之一计算：

$$\overline{K} = \overline{A}\,\overline{C}\sqrt{\overline{R}} \tag{7-45}$$

$$\overline{K}^2 = \frac{1}{2}(K_u^2 + K_d^2) \tag{7-46}$$

$$\frac{1}{\overline{K}^2} = \frac{1}{2}\left(\frac{1}{K_u^2} + \frac{1}{K_d^2}\right) \tag{7-47}$$

二、计算方法

用逐段试算法计算水面曲线的基本方法，是先把明渠划分为若干流段，然后对每一 Δs 流段应用公式（7-42），由流段的已知断面水深求未知断面水深，逐段推算。

水面曲线的计算类型常见的有两类：

（1）已知两端水深 h_1，h_2，求流段长度 Δs_{1-2}。对棱柱体渠道，这类计算问题可直接由式（7-42）计算，不需要试算。计算时首先在计算渠段间按水深变化的范围划为若干 Δs 小段，分段的多少视精度的要求而定。分段愈多，精度愈高，则各断面的水深是已知的，对每一流段应用公式（7-42）求出，各小段的总和即为所求。参见例 7-7。

（2）已知流段一端水深及两断面间的距离，求另一端的水深。对于非棱柱体渠道，其断面形状和尺寸是沿流程变化的，其中 E_s、$\overline{J}$ 都与水深 h、断面形状与尺寸有关。因此，其计算过程与前不同。具体步骤如下：

①先将计算渠段划分成若干小段 Δs。

②由已知的控制断面水深 h_1（或 h_2）求出该断面的 $\dfrac{\alpha_1 v_1^2}{2g}$（或 $\dfrac{\alpha_2 v_2^2}{2g}$）及水力坡度 $J_1 = \dfrac{v_1^2}{C_1^2 R_1}$（或 $J_2 = \dfrac{v_2^2}{C_2^2 R_2}$）。

③由控制断面向下游（或上游）取给定的 Δs，便可定出断面 2（或断面 1）的形状和尺寸。再假设 h_2（或 h_1），由 h_2（或 h_1）值便可算得 A_2 和 v_2（或 A_1 和 v_1），因而可求得 $\dfrac{\alpha_2 v_2^2}{2g}$（或 $\dfrac{\alpha_1 v_1^2}{2g}$）及 J_2（或 J_1），再由 J_1 和 J_2 求 $\overline{J}$（也可用 $\overline{v}$，$\overline{C}$ 及 $\overline{R}$ 求得 $\overline{J} = \dfrac{\overline{v}^2}{\overline{C}^2 \overline{R}}$）。将 $E_{s1} = h_1 + \alpha_1 \dfrac{v_1^2}{2g}$，$E_{s2} = h_2 + \alpha_2 \dfrac{v_2^2}{2g}$，$\overline{J}$ 及 i 值代入公式（7-42），算出 Δs。如算出的 Δs 值与给定的 Δs

值相等(或很接近)，则所设的 h_2（或 h_1）即为所求。否则重新设 h_2（或 h_1）值，再算 Δs，直至计算值与给定值相等(或很接近)为止。这样，便完成了一个 Δs 流段的计算过程。

④将上面算好的断面作为已知断面，再向下游（或上游）取一 Δs，确定出下一个断面，并设水深 h_2（或 h_1）重复以上试算过程，直到所有断面的水深均求出为止。为了保证计算精度，所取的 Δs 不宜太长，计算精度取决于分段多少，参见例 7-8。

例 7-7 一长直梯形断面明渠，底宽 b 为 20m，m 为 2.5，n 为 0.022，i 为 0.000 1，当通过流量 Q 为 160m³/s 时，渠道末端水深 h 为 6.0m。计算渠道中的水面曲线。

解：(1) 判别水面曲线类型。求均匀流正常水深 h_0：由梯形断面正常水深迭代公式 (6-20) 可求出 $h_0=4.8$m。求临界水深 h_k：由梯形断面临界水深迭代公式 (7-12) 可求出 $h_k=1.72$m。因 $h_0>h_k$，底坡属于缓坡，又因渠道末端水深 $h=6.0\text{m}>h_0$，所以水面曲线一定在1区，发生 M_1 型水面曲线。

M_1 型水面曲线上游端以正常水深线为渐近线。曲线上游端水深比正常水深稍大一些，即

$$h = h_0(1+1\%) = 4.8(1+1\%) = 4.85(\text{m})$$

(2) 水面曲线计算。根据水深变化范围，划分流段，取各流段断面水深分别为 6.0m，5.8m，5.6m，5.4m，5.2m，5.0m，4.85m，应用式 (7-42) 逐段推算，即可求得各相应流段的长度 Δs。以第Ⅰ流段为例具体计算如下。

断面1和2的水深分别为 $h_1=5.8$m，$h_2=6.0$m，求流段长度 Δs_{1-2}。

断面比能为 E_{s1} 和 E_{s2}，已知水深 $h_1=5.8$m，则

$$A_1 = (b_1 + mh_1)h_1 = (20 + 2.5 \times 5.8) \times 5.8 = 200(\text{m}^2)$$

$$v_1 = \frac{Q}{A_1} = \frac{160}{200} = 0.8(\text{m/s})$$

$$\frac{\alpha_1 v_1^2}{2g} = \frac{1 \times 0.8^2}{2 \times 9.8} = 0.033(\text{m})$$

$$E_{s1} = h_1 + \frac{\alpha_1 v_1^2}{2g} = 5.8 + 0.033 = 5.833(\text{m})$$

同理得 $h_2=6.0$m 时，$A_2=210\text{m}^2$，$v_2=0.762$m/s，$E_{s2}=6.03$m。

求平均水力坡度 $\bar{J}$。

$$\chi_1 = b + 2h\sqrt{1+m^2} = 20 + 2 \times 5.8\sqrt{1+2.5^2} = 51.2(\text{m})$$

$$R_1 = \frac{A_1}{\chi_1} = \frac{200}{51.2} = 3.9(\text{m})$$

$$C_1 = \frac{1}{n}R_1^{1/6} = 56.97(\text{m}^{\frac{1}{2}}/\text{s})$$

$$J_1 = \frac{v_1^2}{C_1^2 R_1} = \frac{0.8^2}{56.97^2 \times 3.9} = 0.506 \times 10^{-4}$$

同样可算得

$$\chi_2 = 52.3\text{m}, \quad R_2 = 4.01\text{m}, \quad C_2 = 57.27\text{m}^{\frac{1}{2}}/\text{s}, \quad J_2 = 0.441 \times 10^{-4}$$

则

$$\bar{J} = \frac{1}{2}(J_1 + J_2) = \frac{1}{2}(0.506 + 0.441) \times 10^{-4} = 0.473 \times 10^{-4}$$

第Ⅰ流段长度为

$$\Delta s_{1\text{-}2} = \frac{E_{s2} - E_{s1}}{i - \bar{J}} = \frac{6.030 - 5.833}{0.0001 - 0.0000473} = 3738(\text{m})$$

其余流段计算相同，结果列于表 7-2。

表 7-2

h/m	A/m²	χ/m	R/m	$CR^{1/2}$	v/(m·s⁻¹)	$J=\frac{v^2}{C^2 R}$/10⁻⁴	$\bar{J}$/10⁻⁴	$i-\bar{J}$/10⁻⁴	$\frac{\alpha v^2}{2g}$/m	E_s/m	ΔE_s/m	Δs/m	$\sum \Delta s$/m
6.0	210.0	52.3	4.01	114.73	0.762	0.506			0.030	6.030			0
							0.473	0.527			0.197	3 738	
5.8	200.0	51.2	3.90	112.62	0.800	0.441			0.033	5.833			3 738
							0.507	0.493			0.197	3 996	
5.6	190.5	49.9	3.82	111.08	0.840	0.572			0.036	5.636			7 734
							0.619	0.381			0.196	5 144	
5.4	181.0	49.1	3.68	108.35	0.884	0.666			0.040	5.440			12 878
							0.718	0.282			0.196	6 950	
5.2	171.6	48.0	3.57	106.18	0.932	0.770			0.044	5.244			19 828
							0.833	0.167			0.195	11 677	
5.0	162.5	46.9	3.46	103.98	0.984	0.896			0.049	5.049			31 505
							0.951	0.049			0.145	29 592	
4.85	155.8	46.12	3.38	102.37	1.027	1.006			0.054	4.904			61 097

根据表 7-2 中的 h 及 $\sum \Delta s$ 值，按一定的纵横比例绘出渠道的水面曲线，见图 7-21。

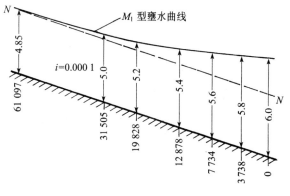

图 7-21

例 7-8 某一边墙成直线收缩的矩形渠道（图 7-22），渠长 60m，进口宽 b_1 为 8m，出口宽 b_2 为 4m，渠底为逆坡，i 为 -0.001，粗糙系数 n 为 0.014，当 Q 为 $18\text{m}^3/\text{s}$ 时，进口水深 h_1 为 2m，要求计算中间断面及出口断面水深。

解：渠道宽度逐渐收缩，故为非棱柱体明渠，求指定断面的水深，必须采用试算法。

（1）计算中间断面的水深。已知中间断面宽度 b 为 6m，今假定其水深 h 为 1.8m，按下列各式计算有关水力要素：

$$A = bh = 6 \times 1.8 = 10.8(\text{m}^2)$$
$$\chi = b + 2h = 6 + 2 \times 1.8 = 9.6(\text{m})$$
$$R = \frac{A}{\chi} = \frac{10.8}{9.6} = 1.125(\text{m})$$
$$CR^{1/2} = \frac{1}{n}R^{2/3} = \frac{1}{0.014} \times 1.125^{2/3} = 77.28(\text{m/s})$$

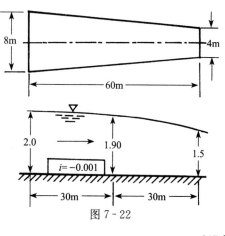

图 7-22

$$v = \frac{Q}{A} = \frac{18}{10.8} = 1.667 (\text{m/s})$$

$$J = \frac{v^2}{C^2 R} = \left(\frac{1.667}{77.26}\right)^2 = 4.653 \times 10^{-4}$$

$$\frac{\alpha v^2}{2g} = \frac{1 \times 1.667^2}{2 \times 9.8} = 0.142 (\text{m})$$

将以上各值列于表 7-3 中。

表 7-3

	b /m	h /m	A /m²	χ /m	R /m	$CR^{1/2}$	v /(m·s⁻¹)	$J = \frac{v^2}{C^2R}$ /10⁻⁴	$\bar{J}$ /10⁻⁴	$i-\bar{J}$ /10⁻⁴	$\frac{\alpha v^2}{2g}$ /m	E_s/m	ΔE_s/m	Δs/m
进口	8	2	16.0	12.0	1.333	86.42	1.13	1.691			0.064 6	2.065		
中	6	1.8	10.8	9.6	1.125	77.26	1.667	4.655	3.173	−13.173	0.141 8	1.942	−0.123	93.4
		1.9	11.4	9.8	1.163	78.99	1.579	3.996	2.844	−12.84	0.127 0	2.027	−0.038	29.6
出口	4	1.6	6.4	7.2	0.889	66.06	2.813	18.11	11.04	−21.04	0.403 7	2.004	−0.023	10.9
		1.5	6.0	7.0	0.857	64.35	3.000	21.73	12.86	−22.86	0.459 2	1.959	−0.068	29.8

又因进口断面宽度及水深已知，按以上公式计算进口断面的各水力要素，将计算结果列于表 7-3 中。

根据表 7-3 中有关数值，代入公式（7-42）中，算出 Δs 为

$$\Delta s = \frac{\Delta E_s}{i - \bar{J}} = \frac{1.942 - 2.065}{-(10 + 3.173) \times 10^{-4}} = 93.4 (\text{m})$$

计算得到 Δs 为 93.4m，与实际长度 30m 相差甚远，说明前面所假设的水深 1.8m 与实际不符合，必须重新假设，故又假设中间断面水深为 1.9m，按以上程序计算，得到 Δs 为 29.58m，与实际长度比较接近，所以可认为中间断面水深为 1.9m。

（2）出口断面水深的计算与前面的计算方法完全一样，不再赘述。从表 7-3 看出，出口水深应为 1.5m。

第八节　天然河道水面曲线的计算

在生产实践中，人们对河流的开发和利用，将改变水流条件。如在河流上修建闸坝会引起河道上游水位壅高，造成一定范围的淹没。此时要对天然河道水面曲线进行计算，以估计库区造成的淹没损失。河道的疏浚、裁弯取直、分流等，也要对天然河道水面线进行计算，为工程设计提供依据。

一、天然河道的基本特点

天然河道的基本特点是其过水断面形状极不规则，河道轴线曲直相间，底坡和粗糙系数往往沿程变化，粗糙系数还随水位而变化。这些因素使得天然河道中水力要素变化复杂，一般情况下水流都是非均匀流。

由于天然河道的上述特点，在进行水面曲线计算时需根据水文及地形的实测资料，首先

把河道分成若干计算流段,然后对每一计算流段进行计算。划分计算流段时应注意以下方面:第一,要求每个计算流段内,过水断面形状、尺寸以及粗糙系数、底坡等变化都不太大;第二,在一个计算流段内,上、下游断面水位 Δz 不能过大,一般对平原河流取 $0.2\sim 1.0\mathrm{m}$,山区河流取 $1.0\sim 3.0\mathrm{m}$,具体视计算精度而定;第三,每个计算流段内没有支流流入或流出。一般天然河流下游多为平原河道,流段可划分得长一些,上游多为山区河道,流段应划分得短一些。

二、一般河道水面曲线计算——试算图解法

将微分方程式(7-38)改写成差分形式。

$$-\Delta z = (\alpha+\zeta)\frac{Q^2}{2g}\Delta\left(\frac{1}{A^2}\right)+\frac{Q^2}{\overline{K}^2}\Delta s \tag{7-48}$$

式中,$-\Delta z=z_\mathrm{u}-z_\mathrm{d}$,$\Delta\left(\frac{1}{A^2}\right)=\frac{1}{A_\mathrm{d}^2}-\frac{1}{A_\mathrm{u}^2}$,$\frac{1}{\overline{K}^2}=\frac{1}{2}\left(\frac{1}{K_\mathrm{u}^2}+\frac{1}{K_\mathrm{d}^2}\right)$,将以上各值代入式(7-48)中,得

$$\begin{aligned} z_\mathrm{u}+(\alpha+\zeta)\frac{Q^2}{2gA_\mathrm{u}^2}-\frac{\Delta s}{2}\frac{Q^2}{K_\mathrm{u}^2} \\ =z_\mathrm{d}+(\alpha+\zeta)\frac{Q^2}{2gA_\mathrm{d}^2}+\frac{\Delta s}{2}\frac{Q^2}{K_\mathrm{d}^2} \end{aligned} \tag{7-49}$$

方程(7-49)中凡具有 u 和 d 脚标者分别表示上游及下游断面的水力要素。方程两端分别表示上游水位和下游水位的函数。令

$$\left.\begin{aligned} f(z_\mathrm{u}) &= z_\mathrm{u}+(\alpha+\zeta)\frac{Q^2}{2gA_\mathrm{u}^2}-\frac{\Delta s}{2}\frac{Q^2}{K_\mathrm{u}^2} \\ \Phi(z_\mathrm{d}) &= z_\mathrm{d}+(\alpha+\zeta)\frac{Q^2}{2gA_\mathrm{d}^2}+\frac{\Delta s}{2}\frac{Q^2}{K_\mathrm{d}^2} \end{aligned}\right\} \tag{7-50}$$

利用上式即可计算天然河道水面曲线,步骤如下:

(1) 首先把河道划分成若干流段。

(2) 若已知下游断面的水位 z_d,按式(7-50)求出函数 $\Phi(z_\mathrm{d})$ 值,反之,若已知上游断面水位 z_u,则求出函数 $f(z_\mathrm{u})$ 值。

(3) 假定若干上游断面水位 z_u,由式(7-50)算出若干个 $f(z_\mathrm{u})$ 值,并绘制 $z_\mathrm{u}-f(z_\mathrm{u})$ 关系曲线,如图7-23所示。

在曲线上找出与 $f(z_\mathrm{u})=\Phi(z_\mathrm{d})$ 相对应的点 A,点 A 的纵坐标值即为所求的上游断面水位 z_u。将该水位作为另一个流段的下游水位,按照以上步骤,逐段推算,得到全河道的水面曲线。

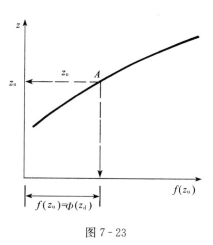

图 7-23

三、复式断面及分叉河道的水面曲线计算

天然河道断面由滩地与主槽组成,称为复式断面,如图7-24所示。有时河道在某处,如河道中由于泥沙淤积形成的江心洲处,其主流在洲头形成分叉,到洲尾再度汇合,称为分

叉河道，如图 7-25 所示。

1. 复式断面水面曲线计算 复式断面河道通过的总流量 Q 应为主槽流量和滩地流量之和，即

$$Q = Q_1 + Q_2 + Q_3 \quad (7-51)$$

式中，Q_1 为主槽流量，Q_2 及 Q_3 分别为左、右滩地的流量。

当河段相当长时，认为主槽及河滩水面落差近似相等，$\Delta z_1 = \Delta z_2 = \Delta z_3 = \Delta z$。

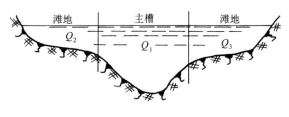

图 7-24

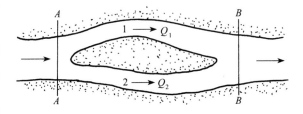

图 7-25

根据公式（7-39）分别写出主槽与两岸滩地的水面曲线公式为

$$\Delta z = \frac{Q_1^2}{\overline{K}_1^2}\Delta s \text{ 或 } Q_1 = \overline{K}_1 \sqrt{\frac{\Delta z}{\Delta s}}$$

$$\Delta z = \frac{Q_2^2}{\overline{K}_2^2}\Delta s \text{ 或 } Q_2 = \overline{K}_2 \sqrt{\frac{\Delta z}{\Delta s}}$$

$$\Delta z = \frac{Q_3^2}{\overline{K}_3^2}\Delta s \text{ 或 } Q_3 = \overline{K}_3 \sqrt{\frac{\Delta z}{\Delta s}}$$

上式中，$\overline{K}_1$、$\overline{K}_2$ 和 $\overline{K}_3$ 分别为主槽及两岸滩地的平均流量模数，Δs 为河段长度。

将 Q_1、Q_2 和 Q_3 的关系式代入式（7-51），可得

$$Q = (\overline{K}_1 + \overline{K}_2 + \overline{K}_3)\sqrt{\frac{\Delta z}{\Delta s}}$$

或

$$\Delta z = \frac{Q^2}{(\overline{K}_1 + \overline{K}_2 + \overline{K}_3)^2}\Delta s \quad (7-52)$$

该式即为复式断面水面曲线计算公式，它与无滩地河道水面曲线计算公式（7-39）形式相同，仅流量模数不同而已。

2. 分叉河道水面曲线计算 分叉河道情况下，水流从断面 A 分为两支流，在断面 B 处汇合，尽管两支流的长度、所通过的流量及平均流量模数不同，但其必须满足以下两个条件：①总流量等于两支流流量之和，即 $Q = Q_1 + Q_2$。②两条支流在分流断面 A 和汇流断面 B 的水位相等，即 $\Delta z_1 = \Delta z_2 = \Delta z$。

若两支流的长度分别为 Δs_1 及 Δs_2，平均流量模数为 $\overline{K}_1$ 和 $\overline{K}_2$，河道总流量为 Q，那么由式（7-39），得

$$\Delta z_1 = \Delta z = \frac{Q_1^2}{\overline{K}_1^2}\Delta s_1 \text{ 或 } Q_1 = \overline{K}_1 \sqrt{\frac{\Delta z}{\Delta s_1}} \quad (7-53)$$

$$\Delta z_2 = \Delta z = \frac{Q_2^2}{\overline{K}_2^2}\Delta s_2 \text{ 或 } Q_2 = \overline{K}_2 \sqrt{\frac{\Delta z}{\Delta s_2}} \quad (7-54)$$

总流流量为

$$Q = Q_1 + Q_2 = \overline{K}_1 \sqrt{\frac{\Delta z}{\Delta s_1}} + \overline{K}_2 \sqrt{\frac{\Delta z}{\Delta s_2}} = \left(\overline{K}_1 + \overline{K}_2 \sqrt{\frac{\Delta s_1}{\Delta s_2}}\right)\sqrt{\frac{\Delta z}{\Delta s_1}} \quad (7-55)$$

或

$$\Delta z = \frac{Q^2 \Delta s_1}{(\overline{K}_1 + \overline{K}_2 \sqrt{\frac{\Delta s_1}{\Delta s_2}})^2}$$

式（7-55）为分叉河道的水面曲线计算公式。计算时，由已知总流量、各支流长度及平均流量模数，利用式（7-55）求得水面落差 Δz，然后代入式（7-53）和式（7-54）即可求得 Q_1 及 Q_2。有了各支流流量则可分别计算出支流的水面曲线。

四、天然河道的粗糙系数

天然河道的粗糙系数与河道形态、土壤性质、植被状况、衬砌情况及水位高低等多种因素有关，因此在计算天然河道水面曲线时，对河道粗糙系数 n 一般采用本河道实测水文资料进行推算，对无实测资料或资料短缺的河道，比照类似河道的粗糙系数确定。

（1）利用河道实测水文资料推算。对某一河段，根据实测的水位 z、流量 Q、断面面积 A、湿周 χ 等，应用谢才公式及曼宁公式可得

$$n = \frac{A}{Q} R^{2/3} J^{1/2} \tag{7-56}$$

式中，J 为水面比降，其他符号同前。

（2）查表法。当河道的实测资料短缺时，天然河道粗糙系数表较多，可根据河道特征，参照类似河道的粗糙系数查表确定。实际应用时可查有关手册。

第九节　弯道水流

人工明渠或天然河道常有弯道存在，当水流从直段进入弯道后，水质点除受重力作用外，还受到离心惯性力的作用。离心惯性力的方向是从凸岸指向凹岸，这时同一横断面的水面不是水平的。在重力和离心惯性力的共同作用下，弯道水流除具有纵向流速外，还存在横向和竖向流速，在水流表面，横向速度指向凹岸；在底部，横向流速指向凸岸。同时，凹岸的竖向水流由表面流向底部，凸岸的竖向水流由底部流向表面，构成横断面上的环形流动，即断面环流，如图 7-26 所示。弯道水流的纵向流动和断面环流叠加后便形成了弯道中的螺旋流，水流质点呈螺旋状流动，如图 7-27 所示。由于弯道水流的上述特性，在弯道上形成明显的凹岸冲刷、凸岸淤积的现象。弯道水流的特点及其相应的运动规律，对河床演变的研究、防淤治沙、合理布置取水建筑物以及导航建筑物都是很重要的。

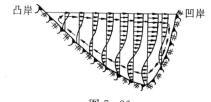

图 7-26

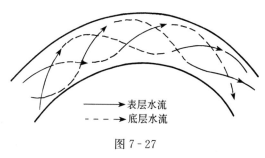

图 7-27

一、横向自由水面方程及超高估算

图 7-28（a）为一弯道横断面图，弯道的曲率中心在 O 点，把坐标原点取在该点上，设凸岸曲率半径为 r_1，凹岸曲率半径为 r_2，取水面上一质点 A，质量为 dm，它具有纵向流速 u，曲率半径为 x，质点所受重力为 $dG = dm \cdot g$，方向垂直向下，与此同时质点所受离心惯性力 $dF = dm \cdot \dfrac{u^2}{x}$，其方向水平指向凹岸。过 A 点作一直线与水面相切，其切线的斜率 $\dfrac{dz}{dx}$ 恰好等于该水流质点 A 所受的离心惯性力和重力之比 $\dfrac{dF}{dG}$。于是

$$\frac{dz}{dx} = \frac{dm \cdot \dfrac{u^2}{x}}{dm \cdot g} = \frac{u^2}{gx}$$

上式化简可改写为

$$dz = \frac{u^2}{gx} dx$$

由上式看出，若能找出纵向流速 u 沿横向分布的规律，代入上式积分，便能得到横向自由水面方程式，但由于弯道水流的复杂性，目前只是极其近似的采用断面平均流速 v 来代替 u，积分上式得

$$z = \frac{v^2}{g} \ln x + C \tag{7-57}$$

式中，C 为积分常数。当 $x = r_1$ 时，$z = 0$，则

$$C = -\frac{v^2}{g} \ln r_1$$

代入式（7-57）得

$$z = \frac{v^2}{g} \ln \frac{x}{r_1} \tag{7-58}$$

该方程便是横向自由水面的近似方程，其自由水面线近似为对数曲线。横断面超高 Δh 为

$$\Delta h = \frac{v^2}{g} \ln \frac{r_2}{r_1} = \frac{v^2}{g} \ln \frac{r_c + \dfrac{B}{2}}{r_c - \dfrac{B}{2}} \approx \frac{Bv^2}{gr_c} \tag{7-59}$$

式中，r_c 为河道中心曲率半径，B 为河道水面宽。

二、断面环流

下面分析断面环流是怎样产生的。如图 7-29 所示，水柱两侧的动水压强分布如图 7-29（a）所示。因为铅垂线上各点的纵向流速自上而下逐渐减小，离心惯性力与质点纵向流

速的平方成正比,与弯道半径成反比,因此作用在水柱各质点的离心惯性力也是由表面向底部逐渐减小,如图7-29(b)所示。由于横向水面比降所引起的压强差 $\rho g J_r$,沿垂线分布是不变的,它与离心力叠加可得作用于水柱的横向合力沿垂线分布,如图7-29(c)所示。当水柱某点处的离心力和动水压强相平衡时,该点的合力为零;在该点以上的各点,离心力大于动水压强差,其合力指向凹岸,所以在水流上部出现流向凹岸的横向流动;反之,在该点以下的各点,离心力小于动水压强差,则水流下部出现流向凸岸的横向流动。因此,沿垂线的横向流速分布如图7-29(d)所示,同时,由于水流运动的连续性,就形成了断面环流,也称弯道副流。

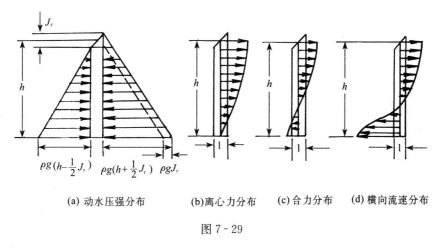

(a) 动水压强分布　　(b)离心力分布　　(c)合力分布　　(d) 横向流速分布

图 7-29

三、弯道的水头损失

水流流经弯道时,由于弯道水流产生了螺旋流动,在弯道顶点下游靠凸岸这边,有时会发生水流分离现象,致使产生漩涡,增大能量损失。因而在弯道中,除沿程水流阻力外,还有弯道附加阻力。由弯道附加阻力引起的水头损失可按下式计算

$$h_{弯} = \zeta_{弯} \frac{v^2}{2g} \tag{7-60}$$

式中,$h_{弯}$ 为弯道附加水头损失;$\zeta_{弯}$ 为弯道水头损失系数。由于环流强度及弯段水流的分离程度均与弯段轴线的曲率半径 R_0 有关,因此,弯道水头损失系数随曲率半径而变。$\zeta_{弯}$ 与 $\frac{R_0}{B}$(其中 B 为水面宽度)的变化大致如表7-4所示。

表 7-4　$\zeta_{弯}$ 与 $\frac{R_0}{B}$ 的关系

$\frac{R_0}{B}$	1.0	2.0	3.0	4.0	5.0	6.0
$\zeta_{弯}$	0.67	0.50	0.44	0.42	0.41	0.40

在天然河道中,河宽远大于水深的情况下断面环流所引起的附加水头损失相对较小,因而可以忽略不计。

第十节 临界水深的迭代计算

临界水深的计算需求解临界流方程（7-10），该式也是计算任意形状过水断面临界水深的基本方程。

已知流量由公式（7-10）计算临界水深时，对不同形状的明渠断面来说，方程（7-10）为临界水深的分数指数幂函数关系，计算临界水深需求解高次方程，水力学中传统的求解方法是试算法、作图法、查图（曲线）法，这些方法不仅计算精度差，且均不便于计算机程序求解。计算方法中对非线性方程的求解是采用迭代法。为便于计算机迭代计算，可将临界流方程（7-10）写成如下等价的迭代函数形式：

$$x = f(x)$$

建立迭代公式为

$$x^{(j+1)} = f[x^{(j)}] \quad j = 0, 1, 2, \cdots\cdots \tag{7-61}$$

式中，x 为临界水深或临界水深的自变量角度；上标 $(j+1)$ 与 (j) 分别表示第 $j+1$ 次迭代和第 j 次迭代，即迭代次数。选取迭代初值 $x^{(0)}$ 后，按上式迭代计算，可得一组水深 $x^{(0)}$，$x^{(1)}$，$x^{(2)}$，……，$x^{(n)}$，若迭代公式收敛，则必能得出充分接近的 $x^{(n-1)}$ 与 $x^{(n)}$，即可求得迭代方程的近似解 $x^{(n)}$。对由临界流方程构造的临界水深迭代公式，计算前一般初值均可取零值。若迭代值为角度，可取某特征角度为迭代初值。现就工程中常用的梯形和矩形以及U形渠道断面，推导适合计算机程序求解临界水深的迭代公式。

生产中采用的U形渠道断面由底部弓形与上部梯形两部分组成，如图7-30所示，其过水断面水力要素已在第六章第八节中式（6-24、25、26、27）给出，临界水深迭代公式可由临界流方程导出。由于U形渠道水力要素公式由分段函数表示，因此，计算临界水深之前须首先判断临界水深 h_k 是大于还是小于弓高 a。计算应分 $h_k \leq a$ 和 $h_k > a$ 两种情况，当过水断面已确定，由流量 Q 求临界水深时，事先无法判别水深属于上述两种情况中的哪一个范围。对此可以U形渠道弓形面积所对应的临界流流量 Q_k 作为分界流量，与计算时渠道实际通过流量 Q 进行比较，以判断临界水深的范围。若 $Q \geq Q_k$，则 $h_k \geq a$；若 $Q < Q_k$，则 $h_k < a$。将U形渠道断面中弓形面积及水面宽度代入临界流公式（7-10），可推导得出分界流量 Q_k 的计算公式为

$$Q_k = \sqrt{\frac{g\sqrt{1+m^2}\left(\theta - \dfrac{m}{1+m^2}\right)^3 r^5}{2}} \tag{7-62}$$

当 $Q \geq Q_k$ 时，$h_k \geq a$，$h_k = \Delta h_k + a$，可先迭代计算出 Δh_k，其迭代公式为

$$\Delta h_k^{(j+1)} = \frac{\left[\dfrac{2Q^2}{g}\left(\dfrac{r}{\sqrt{1+m^2}} + m\Delta h_k^{(j)}\right)\right]^{1/3} - r^2\left(\theta - \dfrac{m}{1+m^2}\right)}{\dfrac{2r}{\sqrt{1+m^2}} + m\Delta h_k^{(j)}} \tag{7-63}$$

当 $Q < Q_k$ 时，$h < a$，此时 $h_k = r(1-\cos\beta_k)$，见图7-30，临界水深为 β_k 的函数，可迭代求出 β_k，再计算 h_k。

$$\beta_k^{(j+1)} = \left[\frac{2Q^2}{gr^5}\sin\beta_k^{(j)}\right]^{1/3} + \frac{1}{2}\sin 2\beta_k^{(j)} \tag{7-64}$$

公式（7-64）也可用于圆形过水断面临界水深的计算。

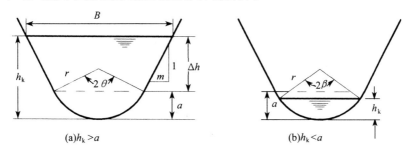

图 7-30

应用式（7-64）迭代计算时，由于公式中包含三角函数，迭代过程为振荡收敛。为加快收敛速度，从第二次迭代开始，可取前相邻两次迭代值的算术平均值代入迭代公式计算。

例 7-9 某电站动力渠道为 U 形断面，底弧半径 $r=1.8$m，侧墙直线段边坡系数 $m=0.3$，设计流量 $Q=7.82$m³/s，加大流量 $Q=10.9$m³/s，计算该 U 形渠道通过设计流量和加大流量时的临界水深。

解： 由 $m=0.3$ 得 $\theta=\arctan\dfrac{1}{m}=1.2793$ (rad)，U 形渠道底弧弓形高 $a=r(1-\cos\theta)=1.8(1-\cos 1.2793)=1.2827$ (m)，将已知值代入式（7-62）得分界流量为

$$Q_k=\sqrt{\dfrac{g\sqrt{1+m^2}\left(\theta-\dfrac{m}{1+m^2}\right)^3 r^5}{2}}=\sqrt{\dfrac{9.8\sqrt{1+0.3^2}\left(1.2793-\dfrac{0.3}{1+0.3^2}\right)^3 1.8^5}{2}}$$
$$=9.89(\text{m}^3/\text{s})$$

当通过设计流量时，因 $Q=7.82<Q_k=9.89$，可知 $h_k<a$，应由公式（7-64）计算 β_k，将各已知值代入式（7-64）得

$$\beta_k^{(j+1)}=[0.6605\sin\beta_k^{(j)}]^{1/3}+\dfrac{1}{2}\sin 2\beta_k^{(j)}$$

迭代初值可取 $\theta=1.2793$ (rad)，迭代计算过程及结果列于表 7-5。从第二次迭代开始，代入值为前两值的算术平均值，即 $\bar{\beta}'=\dfrac{\beta_k^{(j)}+\beta_k^{(j+1)}}{2}$。

表 7-5

迭代次数 j	1	2	3	4	5
代入值 $\beta_k^{(j)}$/rad	1.2793	1.2065	1.1954	1.1933	1.1929
计算值 $\beta_k^{(j+1)}$/rad	1.1337	1.1843	1.1913	1.1926	1.1928

可由 $\beta_k=1.1928$ 计算出通过设计流量时的临界水深为 $h_k=r(1-\cos\beta_k)=1.8\times(1-\cos 1.1928)=1.1357$ (m)。

当通过加大流量时，因 $Q=10.9>Q_k=9.89$，可知 $h_k>a$，应由公式（7-63）计算 Δh_k，将各已知值代入式（7-63）得

$$\Delta h_k^{(j+1)}=\dfrac{[24.2469(1.7241+0.3\Delta h_k^{(j)})]^{1/3}-3.2532}{0.5747+0.3\Delta h_k^{(j)}}$$

迭代计算过程及结果列于表 7-6。

表 7-6

迭代次数 j	1	2	3	4	5
代入值 $\Delta h_k^{(j)}/\text{m}$	0	0.378 3	0.424 2	0.428 5	0.428 9
计算值 $\Delta h_k^{(j+1)}/\text{m}$	0.378 3	0.424 2	0.428 5	0.428 9	0.428 9

迭代计算得出 $\Delta h_k = 0.428\ 9\text{m}$，则通过加大流量时的临界水深 $h_k = \Delta h_k + a = 0.428\ 9 + 1.282\ 7 = 1.711\ 6$ (m)。

习　　题

7-1　矩形渠道渠宽 $b=2.5\text{m}$，粗糙系数 $n=0.02$，底坡 $i=0.000\ 5$，当通过流量 $Q=4.0\text{m}^3/\text{s}$ 时，求：(1) 水流作均匀流时的微波波速；(2) 水流作均匀流时的佛汝德数。

7-2　一矩形断面渠道 b 为 3m，Q 为 $5.2\text{m}^3/\text{s}$，n 为 0.022，i 为 0.001。试分别用几种不同方式判别明渠水流流态（缓流、急流、临界流）。

7-3　圆形无压输水隧洞，管径 $d=2.5\text{m}$，流量 $Q=10.5\text{m}^3/\text{s}$，均匀流水深 $h_0=2.1\text{m}$。求：(1) 临界水深；(2) 临界流流速；(3) 微波波速；(4) 判别均匀流时的流态。

7-4　证明：当断面比能 E_s 以及渠道断面形状、尺寸（b、m）一定时，最大流量相应的水深是临界水深。

7-5　一梯形明渠 b 为 5m，m 为 1.2，n 为 0.015，i 为 0.003。试计算该明渠在通过流量 $Q=15\text{m}^3/\text{s}$ 时的临界底坡，并判别渠道是缓坡还是陡坡。

7-6　梯形渠道，底宽 $b=3\text{m}$，边坡系数 $m=1.0$，糙率 $n=0.015$，底坡 $i=0.001\ 6$，计算流量 $Q=20.0\text{m}^3/\text{s}$ 时的临界底坡及临界水深，并判别流态是急流还是缓流。

7-7　一水跃产生于一棱柱体梯形水平渠段中。已知：Q 为 $25\text{m}^3/\text{s}$，b 为 5.0m，m 为 1.25，h_2 为 3.14m。求 h_1。

7-8　一水跃产生于一棱柱体矩形水平渠段中。已知：底宽 b 为 5.0m，流量 Q 为 $50\text{m}^3/\text{s}$，跃前水深 h_1 为 0.5m，与水跃衔接的渠道下游水深为 4.50m。试确定跃后水深 h_2 并判别水跃的衔接形式（远驱式水跃、临界式水跃、淹没式水跃）。

7-9　水跃发生在直径 $d=1.0\text{m}$ 的水平无压流圆管中，当通过流量 Q 为 $0.8\text{m}^3/\text{s}$ 时，已知跃前断面水深 h_1 为 0.3m，求跃后水深 h_2。

7-10　试定性分析并绘出题 7-10 图中各种情况下渠道中的水面曲线形式。假设各段

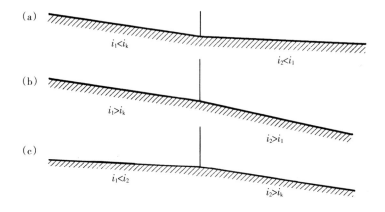

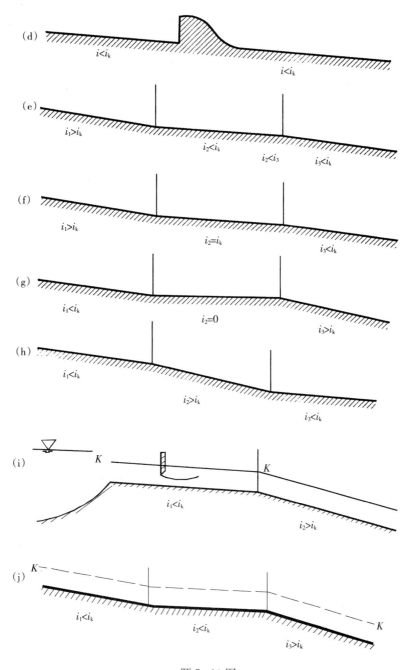

题 7-10 图

渠道均为长直棱柱体明渠,且各段渠道通过流量、断面形状、尺寸及粗糙系数均相同。

7-11 有一梯形断面渠道,底宽 b 为 6m,边坡系数 m 为 2,底坡 i 为 0.0016,n 为 0.025,当通过流量 Q 为 10m³/s 时,渠道末端水深 h 为 1.5m。试计算水面曲线。

7-12 一矩形断面明渠,b 为 8m,i 为 0.00075,n 为 0.025,当通过流量 Q 为 50m³/s 时,已知渠道末端断面水深 h_2 为 5.5m,问上游水深 h_1 为 4.2m 的断面距渠末断面的距离为多少?

7-13　平底矩形渠道后紧接一直线收缩的变宽陡槽，断面仍为矩形，进口宽度 b_1 与上游渠道相等，b_1 为 8m，出口宽度 b_2 为 4m，陡槽底坡 i 为 0.06，n 为 0.016，槽长为 100m。试绘出陡槽中通过设计流量 40m³/s 时的水面曲线。

7-14　为实测某小河的粗糙系数，二测站控制的河段长度为 800m。测得流量 Q 为 25m³/s 时，二测站水位分别为 z_1 为 177.5m 和 z_2 为 177.3m，过水断面面积分别为 A_1 为 27.2m² 和 A_2 为 24.0m²，湿周 χ_1、χ_2 分别为 11.7m 和 10.6m。试估算该河段粗糙系数 n 值。

7-15　某矩形断面渠道，底宽为 4.0m，通过流量为 8.0m³/s。渠道某处有弯段，弯段内半径为 13.7m，外半径为 26.3m，直段平均水深为 1.25m，试计算弯道断面上的横向超高。

第八章 堰流、闸孔出流和桥、涵过流的水力计算

阻挡水流、壅高水位并使水流经其顶部下泄的泄水建筑物称为堰。堰主要用于控制水库或河渠的水位、宣泄洪水或引水。闸也具有阻挡水流、壅高水位的作用，但它使水流从闸门（或胸墙）底缘和闸底板（或闸底坎）之间的孔口流出，更具有灵活调节流量的特点。因此，在许多溢洪道进口、引水渠渠首、输水洞或泄洪洞末端常设置闸门以控制流量。在通常情况下，堰顶也设置闸门，以便控制高水位和灵活调节流量。图8-1所示为几种常见的堰、闸过流情况。

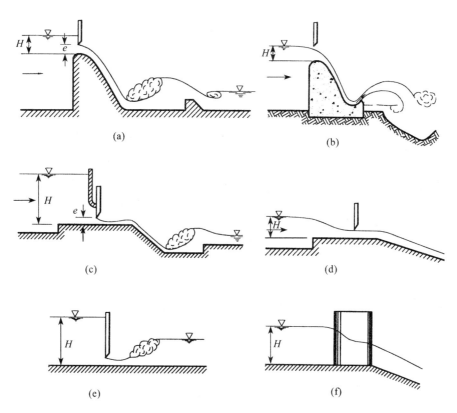

图 8-1

当堰顶无闸门设置时，水流通过堰顶表面自然下泄，属于堰流。但当堰顶设有闸门时，过堰水流可能出现两种不同情况：当堰顶闸门开度 e 较小时，水流受到闸门的控制，闸前水位壅高，水流由闸门底缘和堰顶之间的闸孔流出，属于闸孔出流，如图8-1（a）、（c）所示；当闸门开度 e 较大时，闸门下缘离开水面，对水流不起控制作用，水流从堰顶自然下

泄，属于堰流，如图 8-1（b）、(d) 所示。或者闸门开度不变，当上游堰上水头 H 较大时，过流特征为闸孔出流；而当 H 较小时，则为堰流。对于平底上设置的闸门也有类似情况，如图 8-1（e）、(f) 所示。图 8-1（f) 所示流动现象也属于堰流，它是由于闸墩或边墩对水流的侧向约束而阻挡水流、壅高水位的。

由此可知，堰流和闸孔出流可以互相转化。二者的转化条件与闸孔相对开度 e/H 有关，同时也与闸底坎轮廓形式有关。根据实验，可得堰流和闸孔出流的判别条件为：

当闸底坎为平顶堰 [图 8-1（c）、(d)] 或平底 [图 8-1（e）、(f)] 时

$e/H \leqslant 0.65$ 为闸孔出流

$e/H > 0.65$ 为堰流

当闸底坎为图 8-1（a）、(b) 所示的曲线型堰时

$e/H \leqslant 0.75$ 为闸孔出流

$e/H > 0.75$ 为堰流

堰流和闸孔出流既有共同之处，也有不同之处。

堰流和闸孔出流的共同之处是：①二者都是壅高了上游水位之后，在重力作用下而形成的水流运动；②从能量观点看，二者的出流过程都是一种由势能转化为动能的过程；③二者均属于急变流，过水断面上的压强分布不符合静水压强分布规律；④二者的能量损失中主要为局部水头损失。

堰流和闸孔出流的不同之处是：①闸孔出流受闸门控制，而堰流不受闸门控制；②堰流的水面线是光滑连续降落的，而闸孔出流的水面线被闸门截断，上下游不连续。

由于堰流和闸孔出流存在上述相同之处，因此，对这两种水流现象的研究方法是相似的。但因为还有不同之处，所以这两种水流现象的具体过流规律及影响因素各不相同。在进行堰上设有闸门的组合建筑物的水力计算时，首先要进行堰流和闸孔出流的判别。

堰流和闸孔出流是实际泄洪、引水等工程中极为常见的水流现象。其水力计算的主要任务是研究它们的过流规律、确定过流能力。本章将应用水力学的基本原理，分析各种类型的堰流和闸孔出流的过流特性、影响因素，并介绍相应的水力计算方法。此外，桥、涵过流也是实际工程中极为常见的水流现象，其水力计算的基本原理主要依赖于堰流的水力计算。因此，本章对桥、涵过流特性及其水力计算方法也作简单介绍。

第一节 堰流的分类及水力计算基本公式

一、堰流的分类

堰流的主要水力特征是：上游水位壅高，水流趋近堰顶时，流线收缩，流速增大，由缓流逐渐过渡为急流，溢流水面不仅不受任何约束而具有连续的自由表面，而且具有明显的降落。

在实际工程中，根据不同的使用要求和施工条件，常将堰做成不同的形状，如图 8-2 所示。不同形状、大小的堰之间的主要区别在于堰顶厚度 δ 对过堰水流的影响不同。因此，在水力计算中，常根据堰顶厚度 δ 与堰上水头 H 的比值大小，将相应的堰流分为三类。

（1）薄壁堰流：当 $\delta/H < 0.67$ 时，过堰的水舌形状不受堰顶厚度 δ 的影响，水舌下缘与堰顶呈线接触，水面为单一的降落曲线。这种堰流称为薄壁堰流，如图 8-2（a）、(b) 所

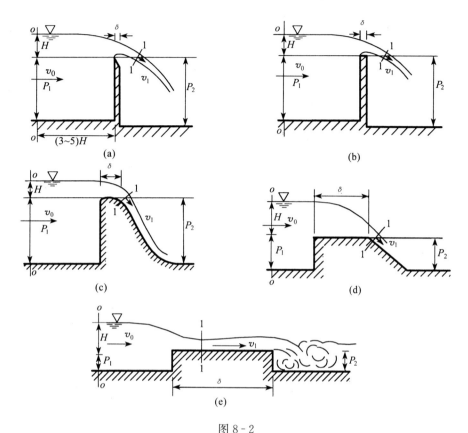

图 8-2

示。薄壁堰流具有很稳定的水位—流量关系，因此常被用作实验室或实际测量中的量水工具，而且堰顶常被做成锐缘形。

(2) 实用堰流：当 $0.67<\delta/H<2.5$ 时，过堰水流受到堰顶的约束和顶托，水舌与堰顶呈面接触，但水面仍为单一的降落曲线，这种堰流称为实用堰流。工程中的实用堰有曲线型实用堰 [图 8-2 (c)] 和折线型实用堰 [图 8-2 (d)] 两种。

(3) 宽顶堰流：当 $2.5<\delta/H<10$ 时，堰顶厚度对水流的顶托作用更为明显，使得水流在进口处出现第一次跌落后，在堰顶形成与堰顶接近平行的有波动的水面，然后出现第二次水面跌落（下游水位较低时），这种堰流称为宽顶堰流。根据这种定义，宽顶堰流又可分为有坎宽顶堰流 [图 8-2 (e)] 和无坎宽顶堰流 [图 8-1 (f)] 两种。无坎宽顶堰流完全是由于断面的侧向收缩、使得其过流现象与有坎宽顶堰流相类似而定义的。实验表明，宽顶堰流的水头损失主要还是局部水头损失，沿程水头损失不必单独考虑。

当 $\delta/H>10$ 后，堰流的主要水流特征不再属于堰流，而为明渠渐变流。

综上所述，三种不同类型堰流的水流特征共性相同，个性有异。因此，它们的过流规律、影响因素、各种系数的确定以及水力计算方法有相同之处，也有具体区别。这在以后的学习中，我们会更进一步地得到理解。上述的划分标准是根据试验得来的。

此外，堰流还有自由出流与淹没出流、有侧收缩过流与无侧收缩过流之分。当下游水位较低、不影响过堰流量时称为自由出流，否则称为淹没出流；当堰顶过流宽度与上游河渠宽度相等时，为无侧收缩过流，当堰顶过流宽度小于上游河渠宽度时，为有侧收缩过流。

二、堰流水力计算的基本公式

应用能量方程可推导出堰流水力计算的基本公式。为此先取通过堰顶的水平面为基准面，再取两个过水断面。如图 8-2 所示，水流行近堰顶时，由于流线收缩，流速加大，水面则逐渐下降。因此，第一个过水断面应取在堰前水面无明显下降的 o-o 断面。该断面堰顶以上的水深 H 称为堰上水头，其断面平均流速 v_0 称为行近流速。实验表明，该断面距堰上游壁面的距离 $L=(3\sim5)H$。对于薄壁堰和实用堰，第二个过水断面取在基准面与水舌中线的交点所在的 1-1 过水断面[图 8-2 (a)、(b)、(c)、(d)]，对于宽顶堰流，第二个过水断面取在距进口约 $2H$ 处的堰顶 1-1 收缩断面[图 8-2 (e)]。

根据上述，o-o 断面可视为渐变流过水断面，而 1-1 断面则为程度不同的急变流，其上的 $z+\dfrac{p}{\gamma}$ 并不为常数，故采用平均值 $\left(z+\dfrac{p}{\gamma}\right)_{cp}$ 表示。由此可列能量方程式为

$$H+\frac{\alpha_0 v_0^2}{2g}=\left(z+\frac{p}{\gamma}\right)_{cp}+(\alpha_1+\zeta)\frac{v_1^2}{2g}$$

式中，v_1 为 1-1 断面的平均流速；α_0、α_1 是相应断面的动能修正系数；ζ 为局部水头损失系数；$\dfrac{\alpha_0 v_0^2}{2g}$ 称为行近流速水头。

令 $H+\dfrac{\alpha_0 v_0^2}{2g}=H_0$，称为堰上的全水头。

令 $\left(z+\dfrac{p}{\gamma}\right)_{cp}=K_1 H_0$，$K_1$ 为一修正系数，称为压强系数。则能量方程可写为

$$H_0-K_1 H_0=(\alpha_1+\zeta)\frac{v_1^2}{2g}$$

即

$$v_1=\frac{1}{\sqrt{\alpha_1+\zeta}}\sqrt{2gH_0(1-K_1)}=\varphi\sqrt{2gH_0(1-K_1)}$$

其中，$\varphi=\dfrac{1}{\sqrt{\alpha_1+\zeta}}$，称为流速系数。

因为 1-1 断面一般为矩形，设其宽度为 b，水舌厚度为 $K_2 H_0$，K_2 为堰顶水流的水股收缩系数。则 1-1 断面的面积为 $A_1=K_2 H_0 b$，通过的流量为

$$Q=K_2 H_0 b v_1=K_2 H_0 b\varphi\sqrt{2gH_0(1-K_1)}$$

令 $\varphi K_2\sqrt{(1-K_1)}=m$，$m$ 称为堰流的流量系数，则

$$Q=mb\sqrt{2g}H_0^{3/2} \tag{8-1}$$

式 (8-1) 即为堰流水力计算的基本公式。由此可知，过堰流量 Q 与堰上全水头 H_0 的二分之三次方成比例，即 $Q\propto H_0^{3/2}$。

从上述推导过程可以看出，影响流量系数 m 的主要因素是 φ、K_1、K_2，即 $m=f(\varphi, K_1, K_2)$。其中，φ 主要反映局部水头损失的影响，K_1 表示堰顶 1-1 断面的平均测压管水头与堰上全水头之比值，K_2 反映了堰顶水股的收缩程度。显然，这些系数均与堰上水头 H、上游堰高 P_1 及堰顶轮廓形状、尺寸等因素有关。因此，不同水头、不同类型、不同尺寸的堰流，其流量系数 m 值各不相同。

关于流量系数 m 值的确定，目前还没有理论方法。在实际应用中所采用的方法均为通

过科学实验归纳出的经验公式或图表。这样的流量系数 m 值均是在下游水位较低的自由出流及堰顶宽度与上游河渠宽度相等的无侧收缩的堰流情况下实验所得。因此,式 (8-1) 只适用于自由出流、无侧收缩的各种堰流计算。

如果下游水位较高,影响到 1-1 断面的水流条件时,则在相同水头 H_0 的作用下,其过流量 Q 将小于由式 (8-1) 的计算值,这时称为淹没出流。解决的办法是在式 (8-1) 右端乘以一个小于 1 的淹没影响系数 σ_s,以反映其影响。

当堰顶存在边墩或闸墩时,即堰顶宽度小于上游河渠宽度时,过堰水流在平面上受到横向约束,流线将出现横向收缩,使水流的有效宽度小于实际的堰顶净宽,局部水头损失 h_j 增大,过堰流量将有所减小。对于这种情况的处理也是在式 (8-1) 右端乘以一个小于 1 的侧收缩影响系数 ε_1,以反映其影响。

淹没系数 σ_s 和侧收缩系数 ε_1 均需要通过实验研究来归纳确定。针对各种具体的堰流,以后我们将逐步介绍。

综上所述,堰流的实际基本计算公式应为

$$Q = m \varepsilon_1 \sigma_s b \sqrt{2g} H_0^{3/2} \tag{8-2}$$

若堰流为自由出流时,取 $\sigma_s = 1$;若堰流为无侧收缩时,取 $\varepsilon_1 = 1$。

第二节 薄壁堰流的水力计算

当堰顶厚度 $\delta/H < 0.67$ 时,属于薄壁堰流。由于薄壁堰流具有稳定的水头—流量关系,因此常被作为水力模型实验和野外测量中的一种有效易行的量水设备。根据其堰口形状,薄壁堰又可分为矩形薄壁堰、三角形薄壁堰、梯形薄壁堰和比例薄壁堰等,如图 8-3 所示。矩形薄壁堰和直角三角形薄壁堰最为常用,在此只介绍这两种薄壁堰流的水力计算。

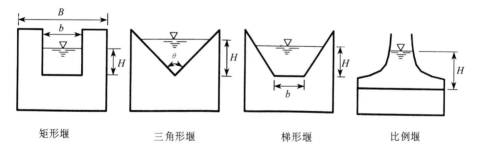

矩形堰　　　三角形堰　　　梯形堰　　　比例堰

图 8-3

一、矩形薄壁堰流

无侧收缩、自由出流时的流量计算公式为

$$Q = mb \sqrt{2g} H_0^{3/2}$$

为便于使用直接测得的堰上水头 H 计算流量,可将式中行近流速水头的影响归集于流量系数 m 中一并考虑,即改写上式为

$$Q = mb \sqrt{2g} \left(H + \frac{\alpha_0 v_0^2}{2g} \right)^{3/2} = m \left(1 + \frac{\alpha_0 v_0^2}{2gH} \right)^{3/2} b \sqrt{2g} H^{3/2}$$

或
$$Q = m_0 b \sqrt{2g} H^{3/2} \tag{8-3}$$

其中，$m_0 = m\left(1 + \dfrac{\alpha_0 v_0^2}{2gH}\right)^{3/2}$，称为包含行近流速水头影响在内的流量系数，可按下列经验公式计算：

$$m_0 = 0.403 + 0.053\frac{H}{P_1} + \frac{0.0007}{H} \tag{8-4}$$

或
$$m_0 = \left(0.405 + \frac{0.0027}{H}\right)\left[1 + 0.55\left(\frac{H}{H+P_1}\right)^2\right] \tag{8-5}$$

其中，H 为堰上水头，P_1 为上游堰高，均以 m 计。

式（8-4）为雷伯克（T. Rehbock）公式，其适用范围为：$H = 0.025 \sim 0.6$m，$P_1 = 0.1 \sim 1.0$m 及 $H/P_1 < 2$；式（8-5）为巴赞（Bazin）公式，其适用范围为：$H = 0.1 \sim 0.6$m，堰宽 $b = 0.2 \sim 2.0$m 及 $H/P_1 \leq 2$。式（8-4）和式（8-5）均为经验公式。

当堰口宽度 b 小于上游河渠宽度 B 时，有侧收缩影响。包含侧收缩影响的流量系数 m_0 可用下面的巴赞（Bazin）公式计算：

$$m_0 = \left(0.405 + \frac{0.0027}{H} - 0.03\frac{B-b}{B}\right)\left[1 + 0.55\left(\frac{H}{H+P_1}\right)^2\left(\frac{b}{B}\right)^2\right] \tag{8-6}$$

当 $B = 0.2 \sim 2.0$m，$P_1 = 0.24 \sim 1.13$m、$H = 0.05 \sim 0.60$m 时，式（8-6）具有较好的精度。当为无侧收缩（即 $b = B$）时，式（8-6）即为式（8-5）。

当下游水位超过堰顶，并在堰下游形成淹没水流时，下游水位将影响过堰流量，形成淹没出流，如图 8-4 所示。淹没出流时，下游水位波动很大，使过堰流量不稳定。因此，用来测量流量的薄壁堰不宜在淹没情况下工作。

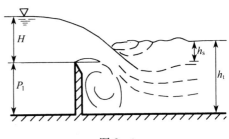

图 8-4

实验证明，当矩形薄壁堰流为无侧收缩、自由出流时，水流最为稳定，测量流量的精度也较高。图 8-5 是在实验室中测得的无侧收缩、自由出流的矩形薄壁堰流的水舌形状。

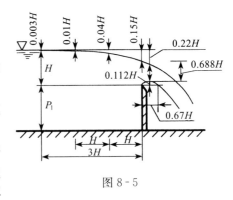

图 8-5

此外，为了保证堰为自由出流，并使过堰水流稳定，还应注意以下两个方面：

（1）堰上水头 H 应大于 2.5cm，不宜过小。否则，水舌在表面张力的作用下将挑射不出，易发生贴附溢流，公式（8-4）或公式（8-5）将不再适用。

（2）堰后水舌下面的空间应与大气相通。否则空气逐渐被水舌带走，压强降低，水舌下面形成局部真空，影响出流稳定。在堰后侧壁上设置通气管是一个有效的措施。

二、直角三角形薄壁堰流

当所测流量较小时，若用矩形薄壁堰测量，则水头过小，测量误差很大。改为三角形薄壁堰后，增大了堰上水头，故可提高小流量的测量精度。

常用的三角形薄壁堰多为直角三角形薄壁堰，如图 8-6 所示。其流量可按下式计算

$$Q = 1.4H^{2.5} \qquad (8-7)$$

式中，H 以 m 计，Q 以 $\mathrm{m^3/s}$ 计。

式 (8-7) 的适用范围为：$P_1 \geqslant 2H$，渠槽宽 $B \geqslant (3 \sim 4)H$。

还有一个较为精确的经验公式

$$Q = 1.343H^{2.47} \qquad (8-8)$$

式中，H 和 Q 的单位同式 (8-7)。

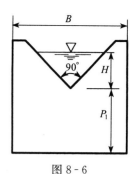

图 8-6

当上述薄壁堰作为量水设备时，测量水头 H 的位置应选在上游距堰板约为 $(3 \sim 5)H$ 的距离处。此外，为了减小水面波动，提高量测精度，在上游水槽中应设置平水栅，如图 8-7 所示。水槽长度及各部分相对长度可参考表 8-1 选取。

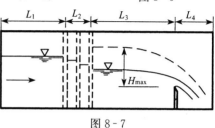

图 8-7

表 8-1　薄壁堰上游水槽长度参考尺寸

长度 堰型	L_1	L_2	L_3	L_4
全宽堰	$>B+3H_{\max}$	$\approx 2H_{\max}$	$>B+5H_{\max}$	$H_{\max}$
矩形收缩堰	$>B+2H_{\max}$	$\approx 2H_{\max}$	$>B+3H_{\max}$	$H_{\max}$
直角三角堰	$>B+H_{\max}$	$\approx 2H_{\max}$	$>B+2H_{\max}$	$H_{\max}$

注：表中 $H_{\max}$ 为最大水头；表中数据是根据试验总结而得到的。

例 8-1　当堰口断面水面宽度为 50cm，堰高 $P_1 = 40$cm，水头 $H = 20$cm 时，分别计算无侧收缩矩形薄壁堰、直角三角形薄壁堰的过流量。

解：(1) 无侧收缩矩形薄壁堰：$b = 0.5$m，$H = 0.2$m，由式 (8-4) 得流量系数为

$$\begin{aligned} m_0 &= 0.403 + 0.053\frac{H}{P_1} + \frac{0.0007}{H} \\ &= 0.403 + 0.053 \times \frac{0.2}{0.4} + \frac{0.0007}{0.2} = 0.433 \end{aligned}$$

由式 (8-3) 得流量为

$$Q_1 = m_0 b \sqrt{2g} H^{3/2} = 0.433 \times 0.5 \times \sqrt{19.6} \times 0.2^{3/2} = 0.0857 (\mathrm{m^2/s}) = 85.7 (\mathrm{L/s})$$

(2) 直角三角形薄壁堰：$H = 0.2$m，由式 (8-7) 得流量为

$$Q_2 = 1.4H^{2.5} = 1.4 \times 0.2^{2.5} = 0.025 (\mathrm{m^3/s}) = 25 (\mathrm{L/s})$$

或由式 (8-8) 得

$$Q_2 = 1.343H^{2.47} = 1.343 \times 0.2^{2.47} = 0.0252 (\mathrm{m^3/s}) = 25.2 (\mathrm{L/s})$$

由上面的例题显而易见，在同样水头作用下，矩形薄壁堰的过流量大于三角形薄壁堰的过流量；而式 (8-7) 和式 (8-8) 的计算结果很接近。

第三节　实用堰流的水力计算

当 $0.67 < \delta/H < 2.5$ 时，称为实用堰。根据其剖面形状，又可分为曲线型和折线型两种

实用堰，如图8-2（c）、（d）所示。曲线型实用堰常用于混凝土修筑的中、高水头溢流坝，堰顶的曲线形状适合水流情况，可提高过流能力。折线型实用堰常用于中、小型溢流坝，具有取材方便和施工简单的优点。

实用堰流的计算公式仍为式（8-2），即

$$Q = m\varepsilon_1\sigma_s b\sqrt{2g}H_0^{3/2}$$

一、曲线型实用堰的剖面形状

一般情况下，曲线型实用堰的剖面形状如图8-8所示。其中，AB段常做成垂直直线，也可做成倾斜直线（图8-10）或倒悬式（图8-11）。AB直线段和CD直线段的坡度主要取决于坝体的稳定性和强度方面的要求。DE为下游反弧段，起上下游衔接作用。反弧半径r可取3～6倍反弧最低点的最大水深，流速大时取大值。堰顶BC曲线段是曲线型实用堰最为重要的部分，它对过流特性影响最大。曲线型实用堰剖面形状的具体设计，主要就是如何确定堰顶BC曲线段，使其更适合水流情况。对此，国内外有许多方法，得出了许多种剖面。但都是按矩形薄壁堰流自由水舌的下缘曲线加以修正而成的。WES型剖面就是其中的一种，它是美国陆军工程兵团水道实验站（Waterways Experiment Station）提出的标准剖面。WES型

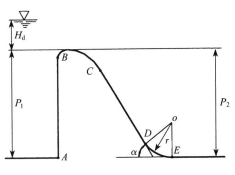

图8-8

剖面使用曲线方程表示，便于施工控制。同时，堰剖面较瘦可节省工程量。因此，我国近时期采用WES型剖面较多，它也是溢洪道设计规范（SL253—2000）规定宜优先采用的一种溢流堰剖面形式。其他还有克-奥（Creager - Офицеров）剖面、渥奇（Ogee）剖面等，但这些剖面目前采用较少。下面我们只讨论WES剖面型实用堰的水力设计及计算问题。

（1）WES剖面堰顶O点下游采用幂曲线，按如下方程控制：

$$x^n = kH_d^{n-1}y \qquad (8-9)$$

式中，H_d为堰剖面的定型设计水头；x、y为O点下游堰面曲线横、纵坐标；n为与上游堰坡有关的指数，见表8-2。k为系数：当$P_1/H_d > 1.0$时，k值见表8-2；当$P_1/H_d \leqslant 1.0$时，取$k = 2.0 \sim 2.2$。

表8-2 WES剖面堰面曲线参数

上游堰面坡度 ($\Delta y/\Delta x$)	k	n	R_1	a	R_2	b
3∶0	2.000	1.850	$0.50H_d$	$0.175H_d$	$0.20H_d$	$0.282H_d$
3∶1	1.936	1.836	$0.68H_d$	$0.139H_d$	$0.21H_d$	$0.237H_d$
3∶2	1.939	1.810	$0.48H_d$	$0.115H_d$	$0.22H_d$	$0.214H_d$
3∶3	1.873	1.776	$0.45H_d$	$0.119H_d$	—	—

(2) WES 剖面堰顶 O 点上游可采用下列三种曲线：
①三段复合圆弧型曲线如图 8-9 所示；
②两段复合圆弧型曲线，如图 8-10 所示，图中 R_1、R_2、k、n、a、b 等参数取值见表 8-2；

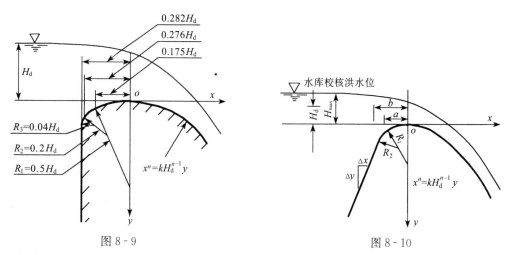

图 8-9　　　　　　　　　　　图 8-10

③椭圆型曲线，如图 8-11 所示，按下列方程控制：

$$\frac{x^2}{(aH_d)^2}+\frac{(bH_d-y)^2}{(bH_d)^2}=1.0 \qquad (8-10)$$

式中，aH_d、bH_d 分别为椭圆的长半轴和短半轴，当 $P_1/H_d \geqslant 2$ 时，$a=0.28\sim 0.30$，$a/b=0.87+3a$；当 $P_1/H_d<2$ 时，$a=0.215\sim 0.28$，$b=0.127\sim 0.163$；当 P_1/H_d 小时，a 与 b 取小值。

此外，当上游堰面采用倒悬时，应满足 $d>H_{max}/2$ 的条件，如图 8-11 所示。

(3) 堰剖面定型设计水头 H_d 的确定：

由上述可知，WES 剖面的尺寸大小与堰剖面定型设计水头 H_d 有关。当堰筑好投入使用后，实际的堰上水头 H 是随流量 Q 的改变而在某一范围（$H_{min}\sim H_{max}$）内变化的。当 $H<H_d$ 时，按 H_d 设计的剖面对这时的 H 来说显得肥大，堰面对水流的顶托作用显著，堰面上的压强势能将增大，动能减小，过流能力降低；当 $H>H_d$ 时，按 H_d 设计的剖面对这时的 H 来说又显得瘦小，过堰水流可能脱离堰面，堰面出现负压。与管嘴出流类似，相当于增大了堰上相对水头，过流能力将增大。因此，在设计 WES 剖面之前，在水头变化范围（$H_{min}\sim H_{max}$）内选择堰剖面定型设计水头 H_d 要十分慎重，既要使低水头泄流时有较大的流量系数，又不会使高水头泄流时堰面产生过大的负压。一般情况下，对于上游堰高 $P_1\geqslant 1.33H_d$ 的高堰，取 $H_d=(0.75\sim 0.95)H_{max}$；对于 $P_1<1.33H_d$ 的低堰，取 $H_d=(0.65\sim 0.85)H_{max}$。$H_{max}$ 为校核流量下

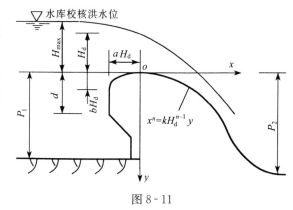

图 8-11

的堰上水头。

有时，在确定 WES 型堰剖面的定型设计水头 H_d 时，还应结合堰面允许负压值综合确定，详见溢洪道设计规范（SL253—2000）。

二、WES 剖面曲线型实用堰的流量系数 m

实验表明，当上游堰面为铅直时，WES 剖面型实用堰的流量系数 m 取决于上游堰高与堰剖面定型设计水头之比 P_1/H_d（称为相对堰高）和堰上全水头与堰剖面定型设计水头之比 H_0/H_d（称为相对水头），即 $m=f(P_1/H_d, H_0/H_d)$。m 值可按表 8-3 确定。

当上游堰面为斜坡时，流量系数 m 值将会受到影响。这时可将表 8-3 中的 m 值乘以一个上游堰面坡度影响系数 c，或直接在公式（8-2）右边乘以一个上游堰面坡度影响系数 c，由此得到考虑了上游堰面坡度影响的流量计算公式

$$Q = cm\varepsilon_1\sigma_s b\sqrt{2g}H_0^{3/2} \tag{8-11}$$

其中，上游堰面坡度影响系数 c 值可按表 8-4 确定。当上游堰面为铅直时，c 值取 1.0。

表 8-3 WES 剖面型实用堰的流量系数 m 值

H_0/H_d \ P_1/H_d	0.2	0.4	0.6	1.0	≥1.33
0.4	0.425	0.430	0.431	0.433	0.436
0.5	0.438	0.442	0.445	0.448	0.451
0.6	0.450	0.455	0.458	0.460	0.464
0.7	0.458	0.463	0.468	0.472	0.476
0.8	0.467	0.474	0.477	0.482	0.486
0.9	0.473	0.480	0.485	0.491	0.494
1.0	0.479	0.486	0.491	0.496	0.501
1.1	0.482	0.491	0.496	0.502	0.507
1.2	0.485	0.495	0.499	0.506	0.510
1.3	0.496	0.498	0.500	0.508	0.513

注：表中 m 值适用于二圆弧、三圆弧和椭圆曲线堰头。

表 8-4 上游堰面坡度影响系数 c 值

上游堰面坡度 ($\Delta y : \Delta x$) \ P_1/H_d	0.3	0.4	0.6	0.8	1.0	1.2	1.3
3:1	1.009	1.007	1.004	1.002	1.000	0.998	0.997
3:2	1.015	1.011	1.005	1.002	0.999	0.996	0.993
3:3	1.021	1.014	1.007	1.002	0.998	0.993	0.988

三、侧收缩系数 ε_1

WES 剖面型实用堰的侧收缩系数 ε_1 可按下面经验公式确定：

$$\varepsilon_1 = 1 - 0.2[\zeta_k + (n-1)\zeta_0]\frac{H_0}{b} \quad (8-12)$$

式中，n 为堰顶闸孔数；H_0 为堰上全水头；$b = nb'$，b' 为每孔净宽；ζ_k 和 ζ_0 分别为边墩和闸墩的形状影响系数。

ζ_k 值取决于边墩头部形状及进水方向。对于正向进水情况，可按图 8-12 选取。

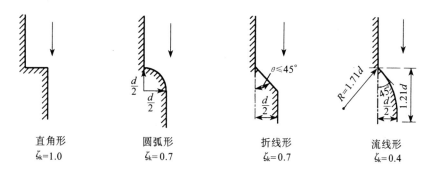

图 8-12 边墩形状示意及形状影响系数

ζ_0 值取决于闸墩头部形状、闸墩头伸向上游堰面的距离 L_u 及淹没程度 h_s/H_0，可查表 8-5。闸墩头部形状见图 8-13。

表 8-5 闸墩形状影响系数 ζ_0 值

墩头形状	$L_u = H_0$	$L_u = 0.5H_0$	$L_u = 0$			
			$h_s/H_0 \leqslant 0.75$	$h_s/H_0 = 0.80$	$h_s/H_0 = 0.85$	$h_s/H_0 = 0.90$
矩形	0.20	0.40	0.80	0.86	0.92	0.98
楔形或半圆形	0.15	0.30	0.45	0.51	0.57	0.63
尖圆形	0.15	0.15	0.25	0.32	0.39	0.46

注：表中数据适用于墩尾形状与墩头形状相同情况；h_s 为超过堰顶的下游水深。

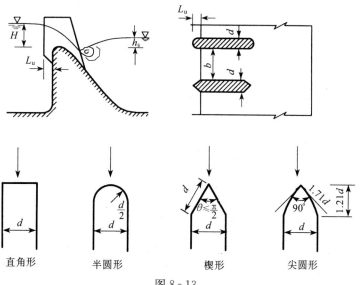

图 8-13

四、淹没系数 σ_s

实验表明，当下游水位超过堰顶至某一高度后，堰下游不仅形成淹没水跃，而且影响过堰流量；当下游护坦高程较高，即下游堰高较小时，对过堰水流也有类似影响。这两种情况均称为淹没出流。计算中，可用淹没系数 σ_s 反映其对过堰流量的影响。

由此可知，σ_s 与 h_s/H_0 及 P_2/H_0 有关。其中，h_s 为下游水深 h_t 超过堰顶的高度，即 $h_s = h_t - P_2$。对于 WES 剖面，σ_s 值可由图 8-14 查取。

由图 8-14 可知，当 $h_s/H_0 \leqslant 0.15$ 及 $P_2/H_0 \geqslant 2$ 时，$\sigma_s = 1$，否则，$\sigma_s < 1$。此时为 WES 剖面型实用堰的淹没判别条件。

例 8-2 某混凝土重力坝溢流坝段，拟采用 WES 剖面实用堰，堰上设置 7 孔闸门，每孔净宽 b 为 14m。已知：设计流量 Q 为 5253m³/s，上游水位高程为 272.0m；相应的下游水位高程为 210.0m；筑坝处河床高程为 190.0m；堰上游面垂直，下游直线段坡度为 $m = \cot\alpha = 0.753$，即 $\alpha = 53°$；边墩头部及闸墩头部为圆弧形，闸墩顶部与堰上游面齐平。试确定：

（1）堰顶高程。
（2）堰的剖面形状。
（3）当上游水位高程为 273.5m 及 270m 时，计算该实用堰通过的流量各为多少。

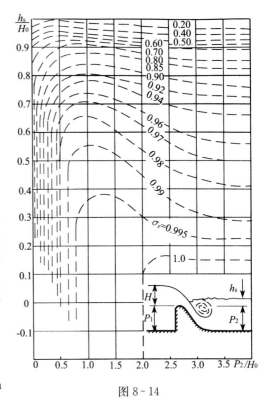

图 8-14

解：（1）确定堰顶高程。上游水位高程减去堰上水头即为堰顶高程。实际上就是要求计算设计水头 H_d。在设计条件下，根据实用堰流公式：

$$H_{0d} = \left(\frac{Q}{\sigma_s \varepsilon_1 m_d n b' \sqrt{2g}}\right)^{2/3}$$

采用 WES 剖面，并假定 $P_1/H_d > 1.33$，则 $m_d = 0.502$，行近流速水头可以忽略不计，即 $H_{0d} \approx H_d$。

设堰为自由出流，则淹没系数 $\sigma_s = 1.0$。侧收缩系数 ε_1 按经验公式计算：

$$\varepsilon_1 = 1 - 0.2[\zeta_k + (n-1)\zeta_0]\frac{H_0}{n b'}$$

式中：$b' = 14$m，孔数 $n = 7$，圆弧形边墩形状系数 $\zeta_k = 0.7$，闸墩顶部与堰上游面齐平，故表 8-5 中 $L_u = 0$，圆弧形闸墩在自由出流时 $h_s/H_d \leqslant 0.15 \leqslant 0.75$，查表 8-5 得 $\zeta_0 = 0.45$。代入上式得

$$\varepsilon_1 = 1 - 0.2[0.7 + (7-1) \times 0.45]\frac{H_d}{7 \times 14} = 1 - 0.0069 H_d$$

则
$$H_d = \left[\frac{5\,253}{1\times(1-0.006\,9H_d)\times 0.502\times 7\times 14\times 4.43}\right]^{2/3}$$

应用试算法由上式求得 $H_d = 8.7\text{m}$

堰顶高程为 $272-8.7=263.3$ (m)

上游堰高为 $263.3-190=73.3$ (m)

而 $P_1/H_d = 73.3/8.7 = 8.43 > 1.33$，故为高堰，取流量系数 $m_d = 0.502$ 合理；行近流速水头可以略去，如图 8-15 所示。下游水位 210m 低于堰顶，即 $h_s < 0$，所以该堰为自由出流，$\sigma_s = 1$。

（2）堰剖面设计。如图 8-15，取 xOy 坐标原点位于堰顶，堰顶 O 点上游采用三段复合圆弧曲线，堰顶上游圆弧段及下游 OC 曲线段的形状、长度，C 点的坐标，反弧半径 r 以及 O'、D、E 点的坐标确定如下。

如图 8-16 所示，堰顶 O 点上游三圆弧的半径及其水平 x 坐标值为

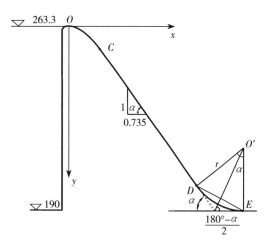

图 8-15

$R_1 = 0.5H_d = 0.5\times 8.7 = 4.35$ (m), $\quad x_1 = -0.175H_d = -1.52$ (m)

$R_2 = 0.2H_d = 1.74$ (m), $\quad x_2 = -0.276H_d = -2.40$ (m)

$R_3 = 0.04H_d = 0.384$ (m), $\quad x_3 = -0.282H_d = -2.453$ (m)

O 点下游的曲线方程为

$$\frac{y}{H_d} = 0.5\left(\frac{x}{H_d}\right)^{1.85}$$

即
$$y = 0.5\times\frac{x^{1.85}}{8.7^{0.85}} = \frac{x^{1.85}}{12.578}$$

按上式算得的坐标值如下表。

x/m	1	2	3	4	5	6
y/m	0.08	0.287	0.607	1.033	1.561	2.188
x/m	7	8	9	10	12	14
y/m	2.91	3.725	4.632	5.628	7.886	10.489

根据表中数据可绘出堰顶下游曲线 OC。

下游直线段 CD 坡度 $m_a = 0.753$，与曲线 OC 相切于 C 点。C 点坐标可由以下方法求得。对堰面曲线求一阶导数：

$$\frac{dy}{dx} = \frac{1.85}{12.578}x^{0.85} = 0.147x^{0.85}$$

直线 CD 的坡度为

$$\frac{dy}{dx} = \frac{1}{m_\alpha} = \frac{1}{0.753}$$

即 $0.147x^{0.85} = \frac{1}{0.753}$

解得 C 点坐标为

$x_C = 13.313\text{m}, \quad y_C = 9.557\text{m}$

根据经验公式确定坝下游反弧半径 r 值：

$r = (0.25 \sim 0.5)(H_d + z_{max})$

上下游水位差为

$z_{max} = 272 - 210 = 62(\text{m})$

$r = 17.675 \sim 35.35\text{m}$，取 $r = 25\text{m}$。

反弧曲线的上端与直线 CD 相切于 D 点，下游与河床水平相切于 E 点。D 点、E 点及反弧曲线圆心 O' 点的坐标可由几何分析方法确定（图 8-17）。

① 反弧曲线圆心 O'：

$$x_{O'} = x_C + m_\alpha(P_2 - y_C) + r\cot\left(\frac{180° - \alpha}{2}\right)$$

$$y_{O'} = P_2 - r$$

本题下游堰高 $P_2 = 73.3\text{m}$，代入已知条件解得

$x_{O'} = 73.776\text{m}, \quad y_{O'} = 48.3\text{m}$

② E 点坐标：

$x_E = x_{O'} = 73.776\text{m}, \quad y_E = P_2 = 73.3\text{m}$

③ D 点坐标：

$x_D = x_{O'} - r\sin\alpha = 73.776 - 25\sin53° = 53.81$ (m)

$y_D = y_{O'} + r\cos\alpha = 48.3 + 25\cos53° = 63.345$ (m)

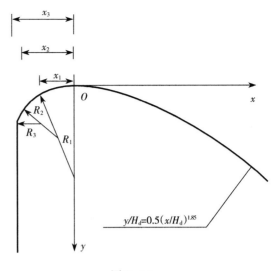

图 8-16

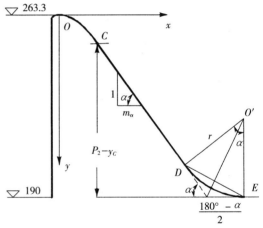

图 8-17

（3）当上游水位为 273.5m 及 270m 时，计算该设计的堰剖面通过的流量。

① 上游水位 273.5m 时：

$$\frac{H_0}{H_d} = \frac{273.5 - 263.3}{8.7} = 1.172$$

查表 8-3，用内插法得 $m = 0.510$，侧收缩系数为

$\varepsilon_1 = 1 - 0.0069H = 1 - 0.0069 \times 10.2 = 0.9296$

$Q = 0.51 \times 0.9296 \times 7 \times 14 \times \sqrt{2g} \times 10.2^{3/2} = 6700.7(\text{m}^3/\text{s})$

② 上游水位 270.0m 时：

$$\frac{H_0}{H_d} = \frac{270 - 263.3}{8.7} = 0.77$$

查表 8-3，用内插法得 $m = 0.482$，此时

$\varepsilon_1 = 1 - 0.0069 \times 6.7 = 0.954$

$$Q = 0.482 \times 0.954 \times 7 \times 14 \times \sqrt{2g} \times 6.7^{3/2} = 3\,460 (\text{m}^3/\text{s})$$

五、折线型实用堰

折线型实用堰多用于中小型工程，具有可以就地取材、施工简单、节省工程造价等优点。折线型剖面形状大多为梯形，如图 8-18 所示。实验表明，折线型实用堰的流量系数 m 与相对堰高 P_2/H、堰顶相对厚度 δ/H_0 以及上、下游坡度（$\cot\theta$）有关，可按表 8-6 选用。

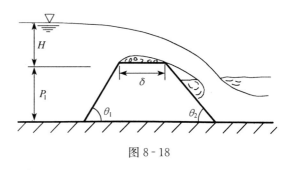

图 8-18

表 8-6 折线型实用堰的流量系数 m 值

P_2/H	堰上游坡 $\cot\theta_1$	堰下游坡 $\cot\theta_2$	流量系数 m	
			$\delta/H=0.5\sim1.0$	$\delta/H=1\sim2$
3～5	0.5	0.5	0.40～0.38	0.36～0.35
	1.0	0	0.42	0.40
	2.0	0	0.41	0.39
2～3	0	1	0.40	0.38
	0	2	0.38	0.36
	3	0	0.40	0.38
	4	0	0.39	0.37
	5	0	0.38	0.36
1～2	10	0	0.36	0.35
	0	3	0.37	0.35
	0	5	0.35	0.34
	0	10	0.34	0.33

折线型实用堰的淹没界限为：当 $\delta/H \approx 2.5$ 时，采用宽顶堰流的淹没界限；当 $\delta/H \approx 0.67$ 时，采用曲线型实用堰流的淹没界限；当 $\delta/H \approx 0.67 \sim 2.5$ 时，其淹没界限介于曲线型实用堰流和宽顶堰流之间。

六、低实用堰简介

一般情况下，当上游堰高 $P_1 < 1.33 H_d$ 时，称为低堰。由表 8-3 可知，低堰的流量系数 m 值有所减小，且随 P_1 的减小而减小。这是由于 P_1 较小时，堰前水流收缩不充分，堰面压强增大，使得过堰流量系数有所减小。虽然如此，但低堰的流量系数比宽顶堰的流量系数要大。这是因为低堰的堰顶相对厚度 δ/H 比宽顶堰的相对厚度为小，其过流特征属于实用堰流，不像宽顶堰那样堰顶对水流具有显著的顶托作用。所以，近几年来在我国的中小型工

程中常用低实用堰代替宽顶堰，应用较为广泛。

低堰的剖面形式较多，主要有各种梯形剖面堰、WES 型低堰、Ogee 低堰和驼峰堰。下面只介绍驼峰堰的剖面形式和水力计算。

驼峰堰是一种较好的低堰堰型，适用于修建在较软的地基上，近年来，在我国许多中小型溢洪道进口多被采用。用驼峰堰代替过去常用的宽顶堰，可以提高过堰流量系数，减少进口所需堰宽，有利于降低工程量和工程投资。驼峰堰的剖面形式有多种多样，溢洪道设计规范（SL253—2000）推荐的驼峰堰剖面形式如图 8-19 所示，其体型参数见表 8-7。

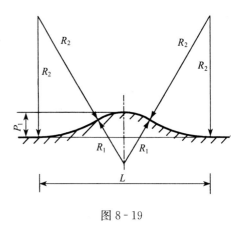

图 8-19

表 8-7 驼峰堰剖面体型参数

类 型	上游堰高 P_1	中圆弧半径 R_1	上、下圆弧半径 R_2	总长度 L
a 型	$0.24 H_d$	$2.5 P_1$	$6 P_1$	$8 P_1$
b 型	$0.34 H_d$	$1.05 P_1$	$4 P_1$	$6 P_1$

驼峰堰的流量计算公式仍然为式（8-2），其中流量系数 m 按下列公式计算：对于表 8-7 中的 a 型：

当 $P_1/H_0 \leqslant 0.24$ 时 $\quad m = 0.385 + 0.171(P_1/H_0)^{0.657}$ (8-13)

当 $P_1/H_0 > 0.24$ 时 $\quad m = 0.452(P_1/H_0)^{-0.0652}$ (8-14)

对于表 8-7 中的 b 型：

当 $P_1/H_0 \leqslant 0.34$ 时 $\quad m = 0.385 + 0.224(P_1/H_0)^{0.934}$ (8-15)

当 $P_1/H_0 > 0.34$ 时 $\quad m = 0.452(P_1/H_0)^{-0.032}$ (8-16)

在水头（或流量）较小时，驼峰堰的流量系数只稍高于宽顶堰流；在水头（或流量）较大时，其流量系数与实用堰流接近。实验表明，当驼峰堰的堰高 $P_1 < 0.5$m 时，其流量系数与宽顶堰流接近。因此，在实际应用中，应当使驼峰堰的堰高 $P_1 > 0.5$m。否则，驼峰堰将起不到低实用堰应起的作用。

例 8-3 某水库溢洪道的设计流量为 $Q_p = 2\,000 \text{m}^3/\text{s}$，采用 WES 型剖面堰溢流坝。已知上游设计水位为 170.0m，相应的下游水位为 110.0m，坝址处河床高程为 100.0m，堰上设置 6 孔闸门，每孔净宽 $b' = 10$m，闸墩头部为半圆形，边墩头部为圆弧形。试确定：(1) 堰顶高程；(2) 当上游水位为 171.5m、下游水位为 113.0m 时，计算所通过的流量。

解：(1) 确定堰顶高程。因为堰顶高程等于上游水位减去堰上水头，为此先求堰剖面定型设计水头 H_d。在设计条件下，由式（8-2）得

$$H_{0d} = \left(\frac{Q}{\sigma_s \varepsilon_1 m_d n b' \sqrt{2g}}\right)^{2/3} \quad (a)$$

对于 WES 型剖面，先假定 $P_1/H_d > 1.33$，$\alpha_0 v_0^2/(2g) \approx 0$，即 $H_{0d} \approx H_d$，查表 8-3 得 $m = 0.501$。

又假设堰为自由出流，$\sigma_s = 1$。查图 8-12 得边墩形状系数 $\zeta_k = 0.7$，查图 8-13 和表 8-

5 得半圆形闸墩的形状系数 $\zeta_0=0.45$。按式 (8-12) 计算侧收缩系数

$$\varepsilon_1 = 1-0.2[\zeta_k+(n-1)\zeta_0]\frac{H_0}{b}$$

$$= 1-0.2\times[0.7+(6-1)\times 0.45]\times\frac{H_d}{60} = 1-0.00983H_d$$

则式 (a) 变为 $H_d=\left[\dfrac{2\,000}{1\times(1-0.00983H_d)\times 0.501\times 6\times 10\times 4.43}\right]^{2/3}$

用试算法求解上式得 $H_d=6.36\text{m}$

堰顶高程为 $170.0-6.36=163.64$ (m)

上游堰高为 $P_1=163.64-100=63.64$ (m)

下游堰高为 $P_2=P_1=63.64\text{m}$

校核:$P_1/H_d=63.64/6.34=10.01>1.33$,故为高堰。取 $\alpha_0 v_0^2/(2g)\approx 0$ 及 $m=0.501$ 是正确的。又因为下游水位低于堰顶高程,故假定自由出流也是正确的,即 $\sigma_s=1$。

(2) 当上游水位为 171.5m 时,$H=171.5-163.64=7.86\text{m}$,因为是高堰,所以取 $H_0\approx H=7.86\text{m}$。又下游水位为 113.0m,低于堰顶高程,为自由出流,取 $\sigma_s=1$。查表 8-5 得闸墩的形状系数 $\zeta_0=0.45$,则侧收缩系数为

$$\varepsilon_1 = 1-0.2\times[0.7+(6-1)\times 0.45]\times\frac{7.86}{6\times 10} = 0.9227$$

由 $H_0/H_d=7.86/6.36=1.24$ 及 $P_1/H_d>1.33$ 查表 8-3 得 $m=0.511$。

由公式 (8-2) 得通过堰顶的流量为

$$Q = \sigma_s\varepsilon_1 mnb'\sqrt{2g}H_0^{3/2}$$

$$= 1\times 0.9227\times 0.511\times 6\times 10\times 4.43\times 7.86^{3/2} = 2\,761.66(\text{m}^3/\text{s})$$

第四节　宽顶堰流的水力计算

当 $2.5<\delta/H<10$ 时,称为宽顶堰流。宽顶堰流的水力计算公式仍为式 (8-2),即

$$Q = \sigma_s\varepsilon_1 mnb'\sqrt{2g}H_0^{3/2}$$

一、流量系数 m

宽顶堰流的流量系数 m 取决于堰顶头部形式和上游相对堰高 P_1/H。

对于堰顶头部为圆角形的宽顶堰 [图 8-20 (a)],其流量系数 m 值可按表 8-8 选用。由表 8-8 可知,堰顶头部为圆角形的宽顶堰的最小流量系数为 0.34。

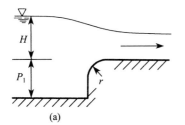
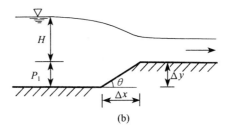

图 8-20

表 8-8　堰顶头部为圆角形的宽顶堰流量系数 m 值

P_1/H \ r/H	0.025	0.050	0.100	0.200	0.400	0.600	0.800	≥1.0
≈0	0.385	0.385	0.385	0.385	0.385	0.385	0.385	0.385
0.2	0.372	0.374	0.375	0.377	0.379	0.380	0.381	0.382
0.4	0.365	0.368	0.370	0.374	0.376	0.377	0.379	0.381
0.6	0.361	0.364	0.367	0.370	0.374	0.376	0.378	0.380
0.8	0.357	0.361	0.364	0.368	0.372	0.375	0.377	0.379
1.0	0.355	0.359	0.362	0.366	0.371	0.374	0.376	0.378
2.0	0.349	0.354	0.358	0.363	0.368	0.371	0.375	0.377
4.0	0.345	0.350	0.355	0.360	0.366	0.370	0.373	0.376
6.0	0.344	0.349	0.354	0.359	0.366	0.369	0.373	0.376
≈∞	0.340	0.346	0.351	0.357	0.364	0.368	0.372	0.375

对于堰顶头部为直角形（$\theta=90°$）和斜面形（$0<\theta<90°$）的宽顶堰[图 8-20（b）]，其流量系数 m 值可按表 8-9 选用。由表 8-9 可知，堰顶头部为直角形的宽顶堰的最小流量系数为 0.32。

表 8-9　堰顶头部为直角形和斜面形的宽顶堰流量系数 m 值

P_1/H	$\cot\theta$ ($\Delta x : \Delta y$)					
	0	0.5	1.0	1.5	2.0	≥2.5
≈0	0.385	0.385	0.385	0.385	0.385	0.385
0.2	0.366	0.372	0.377	0.380	0.382	0.382
0.4	0.356	0.365	0.373	0.377	0.380	0.381
0.6	0.350	0.361	0.370	0.376	0.379	0.380
0.8	0.345	0.357	0.368	0.375	0.378	0.379
1.0	0.342	0.355	0.367	0.374	0.377	0.378
2.0	0.333	0.349	0.363	0.371	0.375	0.377
4.0	0.327	0.345	0.361	0.370	0.374	0.376
6.0	0.325	0.344	0.360	0.369	0.374	0.376
8.0	0.324	0.343	0.360	0.369	0.374	0.376
≈∞	0.320	0.340	0.358	0.368	0.373	0.375

由表 8-8 和表 8-9 可知，当堰高 $P_1\approx 0$ 时，宽顶堰的流量系数 m 值最大，最大值为 0.385。对于堰高 $P_1>0$ 的宽顶堰，如果忽略水头损失，通过最大流量时，可以证明，流量系数也为 0.385。因此，0.385 为宽顶堰理论上的最大流量系数值。

二、侧收缩系数 ε_1

1. 对于单孔宽顶堰流，可用下面的经验公式计算

$$\varepsilon_1 = 1 - \frac{\alpha}{\sqrt[3]{0.2 + \frac{P_1}{H}}} \cdot \sqrt[4]{\frac{b}{B}} \left(1 - \frac{b}{B}\right) \qquad (8-17)$$

式中，α 为闸墩头部及堰顶头部的形状系数。当闸墩头部为矩形、堰顶头部为直角时，取 $\alpha=0.19$；当闸墩头部为圆弧形、堰顶头部为直角或圆角时，取 $\alpha=0.10$。b 为堰顶溢流净宽，B 为上游河渠宽度。

式 (8-17) 的适用范围是：$b/B \geqslant 0.2$ 且 $P_1/H \leqslant 3$。当 $b/B<0.2$ 时，取 $b/B=0.2$；当 $P_1/H>3$ 时，取 $P_1/H=3$。

2. 对于多孔宽顶堰流，侧收缩系数可取边孔和中孔的加权平均值

$$\bar{\varepsilon}_1 = \frac{\varepsilon_1' + (n-1)\varepsilon_1''}{n} \qquad (8-18)$$

式中，n 为堰顶闸孔孔数；ε_1' 为边孔的侧收缩系数，设边孔净宽为 b'，边墩计算厚度为 Δ，取 $b=b'$，$B=b'+2\Delta$，按式 (8-17) 计算 ε_1'；ε_1'' 为中孔的侧收缩系数。设中孔净宽为 b'，闸墩厚度为 d，取 $b=b'$，$B=b'+d$，按式 (8-17) 计算 ε_1''。

宽顶堰流的侧收缩系数 ε_1 值也可以按实用堰流的确定方法确定，即按公式 (8-12) 计算。

三、淹没系数 σ_s

宽顶堰流的淹没过程如图 8-21 所示。

当下游水位较低时，堰顶收缩断面的水深 $h_c<h_k$（临界水深），堰顶水流为急流 [图 8-21 (a)]；当下游水位稍高于 K-K 线（临界水深线）时，堰顶出现波状水跃，但 h_c 仍小于 h_k，收缩断面处为急流 [图 8-21 (b)]。在以上两种情况下，下游水位均不影响过堰流量，为自由出流。

当下游水位继续上涨至收缩断面被淹没以后，堰顶水流呈缓流，流量减小，为淹没出流 [图 8-21 (c)]。

根据实验，宽顶堰流的淹没条件近似为

$$h_s/H_0 > 0.8 \qquad (8-19)$$

式中，$h_s=h_t-P_2$，h_t、P_2 如图 8-21 所示。

宽顶堰流的淹没系数 σ_s 随 h_s/H_0 的增大而减小，可按表 8-10 选用。

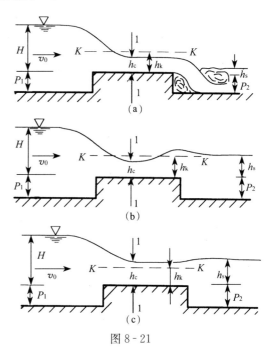

图 8-21

表 8-10 宽顶堰流的淹没系数 σ_s 值

h_s/H_0	0.80	0.81	0.82	0.83	0.84	0.85	0.86	0.87	0.88	0.89
σ_s	1.00	0.995	0.99	0.98	0.97	0.96	0.95	0.93	0.90	0.87
h_s/H_0	0.90	0.91	0.92	0.93	0.94	0.95	0.96	0.97	0.98	
σ_s	0.84	0.82	0.78	0.74	0.70	0.65	0.59	0.50	0.40	

四、无坎宽顶堰流的水力计算

无坎（$P_1=0$）宽顶堰流完全是由于侧向收缩而形成的，与有坎（$P_1\neq0$）宽顶堰流有类似的水流现象，如图 8-22 所示。计算公式仍为式 (8-2)

$$Q = \sigma_s \varepsilon_1 mb \sqrt{2g} H_0^{3/2}$$

但是，侧收缩系数 ε_1 一般不再单独考虑，而是把它包含到流量系数中一并考虑，即取 $m'=m\cdot\varepsilon_1$，m' 为包含了侧收缩影响在内的流量系数。流量系数 m' 分别按单孔和多孔两种情况确定。

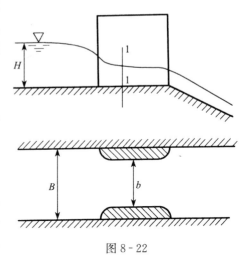

图 8-22

（1）对于单孔无坎宽顶堰流，其流量数 m' 取决于进口两侧翼墙的形式和尺寸。一般常见的翼墙形式有如图 8-23 所示三种。m' 值可按表 8-11 选用。

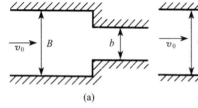
(a)
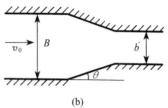
(b)
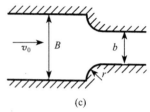
(c)

图 8-23

表 8-11 无坎宽顶堰流的流量系数 m' 值

翼墙形式 b/B	直角形翼墙	八字形翼墙 $\cot\theta$			圆角形翼墙 r/b			
		0.5	1.0	2.0	0.2	0.3	0.4	≥0.5
0.1	0.322	0.344	0.351	0.354	0.350	0.355	0.358	0.361
0.2	0.324	0.346	0.352	0.355	0.351	0.356	0.359	0.362
0.3	0.327	0.348	0.354	0.357	0.353	0.357	0.360	0.363
0.4	0.330	0.350	0.356	0.358	0.355	0.359	0.362	0.364
0.5	0.334	0.352	0.358	0.360	0.357	0.361	0.363	0.366
0.6	0.340	0.356	0.361	0.363	0.360	0.363	0.365	0.368
0.7	0.346	0.360	0.364	0.366	0.363	0.366	0.368	0.370
0.8	0.355	0.365	0.369	0.370	0.368	0.371	0.372	0.373
0.9	0.367	0.373	0.375	0.376	0.375	0.376	0.3770	0.378
1.0	0.385	0.385	0.385	0.385	0.385	0.385	0.385	0.385

在表 8-11 中，当 $b/B=1$ 时，相当于无坎、无侧收缩情况。因此，流量系数等于最大值 0.385，与表 8-8 和表 8-9 所查一致。

(2) 对于多孔无坎宽顶堰流，流量系数取边孔 m_1' 与中孔 m_2' 的加权平均值，即

$$\overline{m}' = \frac{m_1' + (n-1)m_2'}{n} \quad (8-20)$$

其中，m_1' 和 m_2' 分别根据边孔和中孔进口两侧翼墙的形式和尺寸，由表 8-11 查得。

无坎宽顶堰流的淹没条件及淹没系数可近似按有坎宽顶堰流确定。

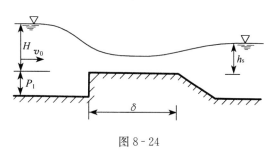

图 8-24

例 8-4 一具有水平顶的堰，共 3 孔，每孔溢流宽度 $b'=3\mathrm{m}$，边墩和闸墩头部均为半圆形，闸墩厚度 $d=1.0\mathrm{m}$，边墩计算厚度 $\Delta=1.5\mathrm{m}$，堰顶头部为直角形，堰高 $P_1=2\mathrm{m}$，堰的剖面如图 8-24 所示。堰顶厚度 $\delta=13.5\mathrm{m}$，上游渠道断面近似为矩形。当堰顶水头 $H=5\mathrm{m}$、下游 $h_s=4.5\mathrm{m}$ 时，试确定：(1) 堰的类型；(2) 通过堰的流量。

解：(1) 堰流的类型。

$$\delta/H = 13.5/5 = 2.7$$

因为 $2.5 < \delta/H < 10$，所以此堰流为宽顶堰流。

(2) 通过堰的流量。由 $P_1/H = 2/5 = 0.4$，查表 8-9 得流量系数 m 为 0.356。

由公式（8-18）计算侧收缩系数：

$$\overline{\varepsilon}_1 = \frac{\varepsilon_1' + (n-1)\varepsilon_1''}{n}$$

对于边孔：$b=b'=3\mathrm{m}$，$B=b'+2\Delta=3+2\times1.5=6\mathrm{m}$，代入式（8-17）得边孔的侧收缩系数为

$$\varepsilon_1' = 1 - \frac{\alpha}{\sqrt[3]{0.2+\dfrac{P_1}{H}}} \cdot \sqrt[4]{\dfrac{b}{B}} \left(1-\dfrac{b}{B}\right) = 1 - \frac{0.1}{\sqrt[3]{0.2+\dfrac{2}{5}}} \cdot \sqrt[4]{\dfrac{3}{6}} \cdot \left(1-\dfrac{3}{6}\right) = 0.950$$

对于中孔：$b=b'=3\mathrm{m}$，$B=b'+d=3+1.0=4\mathrm{m}$，代入式（8-17）得中孔的侧收缩系数为

$$\varepsilon_1'' = 1 - \frac{0.1}{\sqrt[3]{0.2+\dfrac{2}{5}}} \cdot \sqrt[4]{\dfrac{3}{4}} \cdot \left(1-\dfrac{3}{4}\right) = 0.972$$

则

$$\overline{\varepsilon}_1 = \frac{0.950 + (3-1)\times 0.972}{3} = 0.965$$

因为流量未知，所以行近流速水头未知。可采用"逐步逼近法"进行计算。

第一次近似计算：设 $v_{01}\approx 0$，$H_{01}\approx H=5\mathrm{m}$，$h_s/H_{01}\approx 4.5/5=0.9$，查表 8-10 得淹没系数 $\sigma_s=0.84$，则

$$Q_1 = \sigma_s \overline{\varepsilon}_1 nmb'\sqrt{2g}H_0^{3/2}$$
$$= 0.84 \times 0.965 \times 0.356 \times 3 \times 3 \times 4.43 \times 5^{3/2} = 128.55(\mathrm{m}^3/\mathrm{s})$$

第二次近似计算：由已求得的流量，计算行近流速的近似值。上游渠道断面面积为

$$A_0 = (H+P_1) \times (3b'+2d+2\Delta)$$
$$= (5+2) \times (3\times 3 + 2\times 1 + 2\times 1.5) = 98(\mathrm{m}^2)$$

$$v_{02} = \frac{Q_1}{A_0} = \frac{128.55}{98} = 1.31 (\text{m/s})$$

$$H_{02} = H + \frac{\alpha_0 v_{02}^2}{2g} = 5 + \frac{1.31^2}{19.6} = 5.09 (\text{m})$$

$$h_s/H_{02} = 4.5/5.09 = 0.884$$

查表 8-10 得 $\sigma_s = 0.888$，所以

$$Q_2 = 0.888 \times 0.965 \times 0.356 \times 9 \times 4.43 \times 5.09^{3/2} = 139.58 (\text{m}^3/\text{s})$$

第三次近似计算：

$$v_{03} = \frac{139.58}{98} = 1.42 (\text{m/s})$$

$$H_{03} = 5 + \frac{1.42^2}{19.6} = 5.10 (\text{m})$$

$$\frac{h_s}{H_{03}} = \frac{4.5}{5.10} = 0.882$$

查表 8-10 得 $\sigma_s = 0.894$，所以

$$Q_3 = 0.894 \times 0.965 \times 0.356 \times 9 \times 4.43 \times 5.10^{3/2} = 140.94 (\text{m}^3/\text{s})$$

第四次近似计算：

$$v_{04} = 1.43 \text{m/s}, \quad H_{04} = 5.104 \text{m}, \quad \frac{h_s}{H_{04}} = 0.8817, \quad \sigma_s = 0.895$$

$$Q_4 = 0.895 \times 0.965 \times 0.356 \times 9 \times 4.43 \times 5.104^{3/2} = 141.26 (\text{m}^3/\text{s})$$

因为 Q_4 与 Q_3 已经很接近 $\left(\frac{Q_4 - Q_3}{Q_4} = 0.23\%\right)$，所以，可以认为所求流量为 $Q = 141.26 \text{m}^3/\text{s}$。

例 8-5 某一渠首引水闸，底坎采用堰顶头部为直角形的宽顶堰，堰高 $P_1 = 0.5\text{m}$，引水闸宽度与上下游引水渠宽度相同，均为 3m，闸前设计水位 252.20m，下游水深为 1.65m，引水闸闸前行近流速水头忽略不计。闸门全开畅泄时，流量为 $6.0\text{m}^3/\text{s}$，此时堰流淹没系数为 0.9，试确定堰顶高程。

解：堰顶高程为

$$\Delta = 闸前设计水位 - 堰上水头 = 252.2 - H$$

由公式 $Q = \sigma_s \varepsilon_1 m b \sqrt{2g} H_0^{3/2}$，得

$$H \approx H_0 = \left(\frac{Q}{\sigma_s \varepsilon_1 m b \sqrt{2g}}\right)^{2/3}$$

在此，$b = 3\text{m}$，$\varepsilon_1 = 1$，$\sigma_s = 0.9$，$Q = 6.0\text{m}^3/\text{s}$，$P_1 = 0.5\text{m}$，所以

$$H = \left(\frac{6}{0.9 \times 1 \times 3 \times m \times \sqrt{2 \times 9.8}}\right)^{2/3} = \left(\frac{0.502}{m}\right)^{2/3}$$

由于 m 值的大小取决于 P_1/H，按表 8-9 选取，而在此 H 未知，所以需要用试算法进行求解。

先假设 $H = 1.2\text{m}$，则 $P_1/H = 0.5/1.2 = 0.417$，查表 8-9 得 $m = 0.355$，代入式（a）得 $H = 1.26\text{m}$。

再假设 $H = 1.26\text{m}$，则 $P_1/H = 0.5/1.26 = 0.40$，查表 8-9 得 $m = 0.356$，代入式（a）

得 $H=1.26$m，与假设值相同，所以堰上水头 H 为 1.26m。则堰顶高程为
$$\Delta=252.20-1.26=250.94\ (\text{m})$$

第五节　闸孔出流的水力计算

实际工程中的闸门形式主要有平板闸门和弧形闸门两种。闸底坎一般为宽顶堰（包括无坎宽顶堰及平底闸底板）或曲线型实用堰。闸孔出流是一种特殊的孔口出流现象，其出流规律与前面所讲的孔口出流类似。但是，水流通过闸孔的收缩属于部分收缩现象，其出流型态和影响因素具有它自身的特征。

一、闸孔出流的水力特征

1. 水平底板上的闸孔出流特征　图 8-25 所示为平底上的平板闸门 [图 8-25（a）] 和弧形闸门 [图 8-25（b）] 控制的闸孔出流。上游水头为 H，闸门开度为 e，下游水深为 h_t。当 H、e 和 h_t 不随时间变化时，闸孔出流为恒定出流。

闸前水流在水头 H 的作用下，经闸孔流出后，由于液流的惯性作用，流线继续收缩，约在闸孔下游 $(0.5\sim1)e$ 距离处形成水深最小的收缩断面（图 8-25 中的 $c-c$ 断面）。以后由于阻力作用，动能减小，水深又逐渐增大。

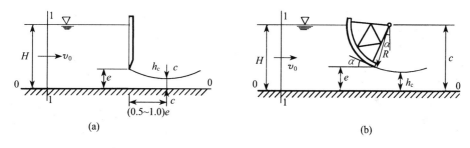

图 8-25

收缩断面的水深 h_c 小于闸门开度 e，可令
$$h_c=\varepsilon_2 e \tag{8-21}$$

其中，ε_2 称为闸孔出流的垂直收缩系数。ε_2 值的大小取决于闸门形式、闸门相对开度 $\dfrac{e}{H}$ 以及闸底坎形式。平板闸门的垂直收缩系数 ε_2 可由理论分析求得，并已经实验验证，可按表 8-12 选用。

表 8-12　平板闸门垂直收缩系数 ε_2 值

e/H	0.10	0.15	0.20	0.25	0.30	0.35	0.40
ε_2	0.615	0.618	0.620	0.622	0.625	0.628	0.630
e/H	0.45	0.50	0.55	0.60	0.65	0.70	0.75
ε_2	0.638	0.645	0.650	0.660	0.675	0.690	0.705

平底上弧形闸门的垂直收缩系数 ε_2 主要取决于闸门底缘切线与水平线的夹角 α，ε_2 与 α 之间的关系可按表 8-13 选用。

表 8-13　弧形闸门垂直收缩系数 ε_2 值

α	35°	40°	45°	50°	55°	60°
ε_2	0.789	0.766	0.742	0.720	0.698	0.678
α	65°	70°	75°	80°	85°	90°
ε_2	0.662	0.646	0.635	0.627	0.622	0.620

表 8-13 中的 α 值可按下式计算

$$\cos\alpha = \frac{c-e}{R} \tag{8-22}$$

其中，R 为弧形闸门的半径；c 为弧形闸门转轴至底板的高度，简称门轴高度。R 和 c 如图 8-25（b）所示。

收缩断面水深 h_c 一般都小于临界水深 h_k，故收缩断面处的水流呈急流状态。而闸孔下游的河渠多为缓坡，下游水深 h_t 大于临界水深 h_k，水流呈缓流状态。因此，根据第七章所学，闸孔后水流从急流向缓流过渡，一定会发生水跃。水跃的位置随下游水深 h_t 的变化而上下移动。

当下游水深 h_t 较小时，水跃则发生在收缩断面下游［如图 8-26（a）所示，称为远驱水跃］，或正好发生在收缩断面处［如图 8-26（b）所示，称为临界水跃］，收缩断面保持急流状态。这时的下游水深 h_t 的大小不影响闸孔的过流能力，称为闸孔自由出流。

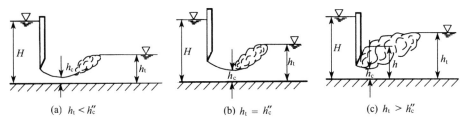

(a) $h_t < h_c''$　　(b) $h_t = h_c''$　　(c) $h_t > h_c''$

图 8-26

当下游水深 h_t 较大时，水跃则发生在收缩断面上游［如图 8-26（c）所示，称为淹没水跃］，收缩断面被水跃旋滚所淹没，闸孔过流能力降低，而且随着下游水深 h_t 的增大继续降低。这说明在此种情况下，下游水深 h_t 的大小影响了闸孔出流，称为闸孔淹没出流。也即，闸孔出流是否为淹没出流，取决于闸后是否出现淹没水跃。

对于有坎宽顶堰上的闸孔出流，只要闸门孔口断面位于宽顶堰进口后一定距离处，且收缩断面仍位于堰顶之上，如图 8-27 所示，则上述分析结果以及关于闸孔出流的垂直收缩系数 ε_2 的确定方法完全适用。

2. 曲线型实用堰上的闸孔出流特征

曲线型实用堰上的闸门一般安装在堰顶之上，如图 8-28 所示。当闸孔泄流时，由

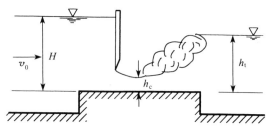

图 8-27

于闸前水流是在整个堰前水深范围内向闸孔汇集的，因此出孔水流的收缩比平底上的闸孔出流更充分、更完善。但是，出闸后的水舌在重力作用下，紧贴堰面下泄，厚度逐渐变薄，不

像平底上的闸孔出流那样出现明显的收缩断面。

曲线型实用堰上的闸孔出流也分为自由出流［图 8-28（a）］和淹没出流［图 8-28（b）］两种。但在实际工程中淹没出流情况十分少见，只有一些低堰上的闸孔出流才可能为淹没出流。淹没出流时，下游水位必须超过堰顶一定高度，否则，仍为自由出流。

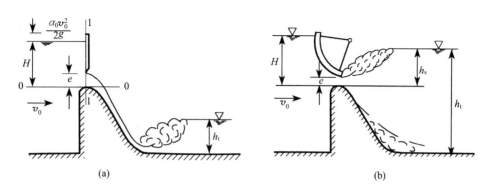

图 8-28

二、闸孔出流的基本计算公式

现以平底板上的闸孔出流为例，应用能量方程和连续性方程推导闸孔出流的基本计算公式。

如图 8-25 所示，取闸门上游的渐变流过水断面为 1-1 断面，以闸底板平面为基准面，列 1-1 断面和闸后收缩断面 c-c 间的能量方程

$$H + \frac{\alpha_0 v_0^2}{2g} = h_c + \frac{\alpha_c v_c^2}{2g} + h_w$$

因为两断面之间距离较短，且为急变流，可以只考虑局部水头损失，故 $h_w = \zeta \frac{v_c^2}{2g}$，$\zeta$ 为局部水头损失系数。

令 $H + \frac{\alpha_0 v_0^2}{2g} = H_0$，称为闸前全水头。则上式可整理成

$$v_c = \frac{1}{\sqrt{\alpha_c + \zeta}} \sqrt{2g(H_0 - h_c)}$$

其中，$(H_0 - h_c)$ 称为闸孔的作用水头。令 $\varphi = \frac{1}{\sqrt{\alpha_c + \zeta}}$，称为流速系数。则

$$v_c = \varphi \sqrt{2g(H_0 - h_c)}$$

所以闸孔出流的流量为

$$Q = A_c v_c = b h_c v_c = b \varepsilon_2 e v_c$$

即

$$Q = \varphi \varepsilon_2 b e \sqrt{2g(H_0 - \varepsilon_2 e)} \tag{8-23}$$

在流速系数 φ 和垂直收缩系数 ε_2 可以确定的情况下，给定上游水头 H 和闸孔开度 e，利用式（8-23）即可求得闸孔的泄流量 Q。

为了更便于应用，式（8-23）还可以化为更简单的形式

$$Q = \varphi \varepsilon_2 \sqrt{1 - \varepsilon_2 \frac{e}{H_0}} \cdot b e \sqrt{2gH_0}$$

令 $\mu = \varphi\varepsilon_2\sqrt{1-\varepsilon_2\dfrac{e}{H_0}}$，$\mu$ 称为闸孔出流的流量系数。则得

$$Q = \mu be\sqrt{2gH_0} \qquad (8\text{-}24)$$

式（8-23）和式（8-24）即为闸孔自由出流的基本计算公式。式（8-24）形式简单，更方便应用。

如果闸孔出流为淹没出流，则闸孔的作用水头由 (H_0-h_c) 减小为 (H_0-h)，h 为收缩断面被淹没后的实际水深，如图 8-26（c）所示，$h > h_c$。淹没出流的流量小于自由出流的流量。但由于 h 位于漩滚区不易确定，实际计算中，是对自由出流的计算公式（8-24）右端乘以一个小于 1 的修正系数 σ_s，得出淹没出流的流量计算公式如下

$$Q = \sigma_s\mu be\sqrt{2gH_0} \qquad (8\text{-}25)$$

其中，σ_s 称为闸孔出流的淹没系数，它反映了下游水深对过闸水流的淹没影响程度；μ 仍为闸孔自由出流的流量系数。

对于有边墩或还有闸墩的闸孔出流，因为侧向收缩相对垂直收缩程度来说影响很小，一般情况下不必考虑。

由式（8-24）或式（8-25）可知，闸孔出流的流量与上游水头的二分之一次方成比例，即 $Q\propto H_0^{1/2}$。这一点与堰流的流量水头关系（$Q\propto H_0^{3/2}$）不同。

对于如图 8-27 所示的有坎宽顶堰上的闸孔出流情况，公式（8-24）和公式（8-25）也适用。

当闸前水头 H 较大或上游闸底坎高度 P_1 较大，而开度 e 较小时，行近流速水头 $\dfrac{\alpha_0 v_0^2}{2g}$ 可以忽略不计，即可取 $H_0 \approx H$ 代入公式进行计算。

三、闸孔出流的流量系数 μ

由上述推导过程可知，平底上的闸孔出流流量系数的表达式为

$$\mu = \varphi\varepsilon_2\sqrt{1-\varepsilon_2\dfrac{e}{H_0}} \qquad (8\text{-}26)$$

对于曲线型实用堰上的闸孔出流，如果取闸孔断面代替 $c\text{-}c$ 断面，类似上述推导可得其流量系数的表达式为

$$\mu = \varphi\sqrt{1-\beta\dfrac{e}{H_0}} \qquad (8\text{-}27)$$

式（8-26）和式（8-27）中的流速系数 φ 反映了过闸水流的局部水头损失和收缩断面或闸孔断面的流速分布不均匀性的影响。φ 值取决于闸孔入口的边界条件，如闸底坎的形式和闸门的形式等。垂直收缩系数 ε_2 反映了水流经过闸孔时流线的垂向收缩程度，它取决于闸孔入口的边界条件和闸孔的相对开度 $\dfrac{e}{H}$。β 为闸孔断面的平均测压管水头与闸孔开度的比值，它也取决于闸孔入孔边界条件和闸孔相对开度。

综上所述，闸孔自由出流的流量系数 μ 值取决于闸底坎形式、闸门形式及闸孔相对开度 $\dfrac{e}{H}$ 的大小等。

1. 宽顶堰上闸孔出流的流量系数 μ 对于平板闸门的闸孔出流，流量系数 μ 可按下面

经验公式计算：

$$\mu = 0.60 - 0.176 \frac{e}{H} \quad (8-28)$$

对于弧形闸门的闸孔出流，流量系数 μ 可按下面的经验公式计算：

$$\mu = \left(0.97 - 0.81 \frac{\alpha}{180°}\right) - \left(0.56 - 0.81 \frac{\alpha}{180°}\right) \frac{e}{H} \quad (8-29)$$

上式的适用范围是：$25° < \alpha \leq 90°$，$0 < \frac{e}{H} < 0.65$。α 值按式（8-22）确定。

2. 曲线型实用堰上闸孔出流的流量系数 μ 对于平板闸门的闸孔出流，流量系数 μ 按下面的经验公式计算：

$$\mu = 0.65 - 0.186 \frac{e}{H} + \left(0.25 - 0.357 \frac{e}{H}\right)\cos\theta \quad (8-30)$$

式中 θ 值如图 8-29 所示。

对于弧形闸门的闸孔出流，流量系数 μ 近似按下式计算：

$$\mu = 0.685 - 0.19 \frac{e}{H} \quad (8-31)$$

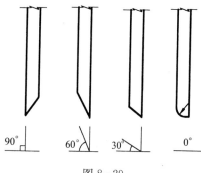

图 8-29

上式的适用范围为 $0.1 < \frac{e}{H} < 0.75$，μ 值也可按表 8-14 查用。

表 8-14　曲线型实用堰上弧形闸门的流量系数 μ 值

e/H	0.05	0.10	0.15	0.20	0.25	0.30	0.35	0.40	0.50	0.60	0.70
μ	0.721	0.700	0.683	0.667	0.652	0.638	0.625	0.610	0.584	0.559	0.535

闸孔出流流量系数 μ 的影响因素与堰流的流量系数 m 相比，多了闸门形式和闸孔相对开度。

四、闸孔出流的淹没系数 σ_s

因为曲线型实用堰上的闸孔淹没出流情况很少见，故在此仅介绍宽顶堰上闸孔出流的淹没系数 σ_s 值的确定方法。

对于平底上的闸孔出流，由前面分析可知，当闸孔后水跃位置向上越过收缩断面时，闸孔为淹没出流。定量判别采用下述方法。

设收缩断面的水深为 h_c，当恰好发生临界水跃时，跃前水深为 h_c，相应的跃后水深为 h_c''，则淹没判别标准为：

当 $h_t \leq h_c''$ 时，　　　　为自由出流；

当 $h_t > h_c''$ 时，　　　　为淹没出流。

h_c'' 按下式计算：

$$h_c'' = \frac{h_c}{2}\left[\sqrt{1 + 8\frac{v_c^2}{gh_c}} - 1\right]$$

根据实验研究结果，淹没系数 σ_s 与潜流比 $\dfrac{h_t - h_c''}{H - h_c''}$ 有关，可由图 8-30 查得。当 $h_t \leqslant h_c''$ 时，σ_s 取 1，否则，σ_s 小于 1。

对于有坎宽顶堰上的闸孔出流，当 h_c'' 所在断面位于堰坎之上时，如图 8-31（a）所示，其淹没出流判别标准及淹没系数 σ_s 的确定方法同平底上的闸孔出流，只是 h_t 应取下游水位高出堰坎的高度。但当 h_c'' 所在断面位于堰坎下游的河渠中时，如图 8-31（b）所示，由于过水断面在垂直方向的扩散，跃后断面在堰顶水平面以上的水深 h'' 将小于 h_c''。在这种情况下，当下游水深 $h_t > h''$（而不是 $h_t > h_c''$）时，闸孔为淹没出流。若令

$$h'' = \beta h_c'' \tag{8-32}$$

则当临界水跃的跃后断面位于闸底坎下游时，其淹没出流的判别标准为

当 $h_t \leqslant \beta h_c''$ 时，   为自由出流；
当 $h_t > \beta h_c''$ 时，   为淹没出流。

其中，β 为小于 1 的系数，其值取决于下游堰坎高度 P_2、下游堰面坡度 $\cot\theta$ 以及收缩断面距堰坎出口的距离等因素，可通过实验得到。目前，关于 β 值的实验研究还不够完善，对于具体工程，需要做模型试验确定。

用 $\dfrac{h_t - \beta h_c''}{H - \beta h_c''}$ 代替 $\dfrac{h_t - h_c''}{H - h_c''}$ 后，淹没系数 σ_s 仍然可由图 8-30 查得。

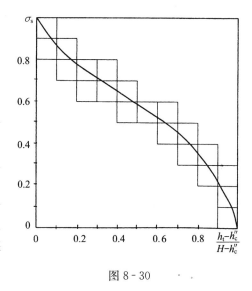

图 8-30

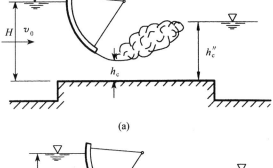

(a)

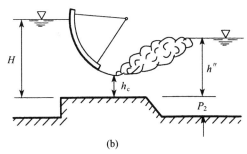

(b)

图 8-31

例 8-6 某矩形渠道中修建一水闸，共两孔，每孔宽度 $b' = 3\text{m}$，闸门为平板闸门，闸底板与渠底齐平，闸前水深 $H = 6\text{m}$，闸门开度 $e = 1.5\text{m}$，求当下游水深 $h_t = 4.0\text{m}$ 时闸孔的出流量（不计行近流速水头）。

解：因为 $\dfrac{e}{H} = \dfrac{1.5}{6} = 0.25 < 0.65$，故为闸孔出流。

先按自由出流计算流量：
由式（8-28）得

$$\mu = 0.60 - 0.176\dfrac{e}{H} = 0.60 - 0.176 \times 0.25 = 0.556$$

由式（8-24）得

$$Q_{自} = \mu b e \sqrt{2gH_0} = 0.556 \times 2 \times 3 \times 1.5 \times \sqrt{19.6 \times 6} = 54.265 \ (\text{m}^3/\text{s})$$

再判别出流形式：由表 8-12 查得，当 $\dfrac{e}{H}=0.25$ 时，$\varepsilon_2=0.622$，则收缩断面水深为

$$h_c = \varepsilon_2 e = 0.622 \times 1.5 = 0.933(\text{m})$$

得

$$v_c = \frac{Q_\text{自}}{b\,h_c} = \frac{54.265}{2 \times 3 \times 0.933} = 9.694(\text{m/s})$$

$$h_c'' = \frac{h_c}{2}\left(\sqrt{1+8\,\frac{v_c^2}{gh_c}}-1\right) = \frac{0.933}{2}\left(\sqrt{1+8\,\frac{9.694^2}{9.8\times 0.933}}-1\right) = 3.789(\text{m})$$

因为 $h_t=4.0\text{m}>h_c''$，所以为淹没出流。

潜流比 $\dfrac{h_t-h_c''}{H-h_c''}=\dfrac{4.0-3.789}{6-3.789}=0.095$，查图 8-30 得淹没系数 $\sigma_s=0.877$，由式（8-25）得闸孔出流量为

$$Q = \sigma_s \mu be\sqrt{2gH_0} = \sigma_s Q_\text{自} = 0.877 \times 54.265 = 47.59(\text{m}^3/\text{s})$$

例 8-7　某一单孔平板闸门，已知设计流量 $Q_d=5.0\text{m}^3/\text{s}$，闸宽 $b=3\text{m}$，闸下游河道正常水深 $h_0=1.5\text{m}$，闸底坎为平顶宽顶堰式，堰高为 0.5m，闸前水头 $H=1.32\text{m}$。试确定通过设计流量时的闸门开启度。

解： 计算公式为

$$Q_d = \sigma_s \mu be\sqrt{2gH_0}$$

$$H_0 \approx H = 1.32\text{m}$$

由于 ε_2、σ_s、μ 均与 e 有关，因此，需要用试算法求解。

设 $e_1=0.65\text{m}$，$\dfrac{e_1}{H}=\dfrac{0.65}{1.32}=0.4924$，查表 8-12 得 $\varepsilon_2=0.6439$。由公式（8-28）得

$$\mu = 0.60 - 0.176\,\frac{e}{H} = 0.60 - 0.176\times 0.4924 = 0.5133$$

所以自由出流时的单宽流量为

$$q_\text{自} = \mu\cdot e\cdot\sqrt{2gH} = 0.5133\times 0.65\times\sqrt{2\times 9.8\times 1.32} = 1.697[\text{m}^3/(\text{s}\cdot\text{m})]$$

收缩断面水深为

$$h_c = \varepsilon_2\cdot e = 0.6439\times 0.65 = 0.419(\text{m})$$

$$h_c'' = \frac{h_c}{2}\left(\sqrt{1+8\cdot\frac{q_\text{自}^2}{gh_c^3}}-1\right) = \frac{0.419}{2}\cdot\left(\sqrt{1+8\times\frac{1.697^2}{9.8\times 0.419^3}}-1\right) = 0.993(\text{m})$$

下游水深为

$$h_t = 1.5-0.5 = 1.0\ (\text{m})$$

潜流比 $\dfrac{h_t-h_c''}{H-h_c''}=\dfrac{1-0.993}{1.32-0.993}=0.021$，查图 8-30 得 $\sigma_s=0.99$，则

$$Q_1 = q_\text{自}\cdot b\cdot\sigma_s = 1.697\times 3\times 0.99 = 5.04(\text{m}^3/\text{s}) \approx Q_d$$

所以，闸门的开启度为 $e=0.65\text{m}$。

第六节　桥孔及涵洞过流的水力计算

一、桥孔过流的水力计算

1. 桥孔过流的水力特征　如图 8-32 所示，当桥的相对宽度不太大（$\delta/H<10$）时，无

压缓流经过桥孔的水力现象与宽顶堰流相似，可视为无坎宽顶堰流。桥孔过流也分为自由出流［图 8-32（a）］和淹没出流［图 8-32（b）］两种。实验表明：

当 $h_t \leqslant 1.25 h_k$ 时，为自由出流；

当 $h_t > 1.25 h_k$ 时，为淹没出流。

其中，h_k 为桥孔中的临界水深；h_t 为桥孔下游水深。

桥孔一般为矩形断面，当为自由出流时，在水流发生侧向收缩的断面处，水流的有效宽度为 b_c，$b_c = \varepsilon_1 b$，b 为桥孔净宽，ε_1 为侧收缩系数，按表 8-15 选用。

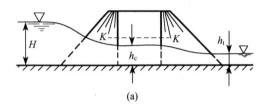

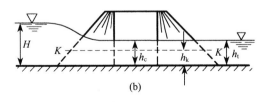

图 8-32

表 8-15　桥孔的侧收缩系数 ε_1 值

桥 台 形 状	侧收缩系数 ε_1
单孔、有锥体填土（锥体护坡）	0.90
单孔、有八字翼墙	0.85
多孔或无锥体填土，或桥台伸出锥体之外	0.80
拱脚浸水的拱桥	0.75

桥孔中的临界水深为

$$h_k = \sqrt[3]{\frac{\alpha Q^2}{(\varepsilon_1 b)^2 g}} \tag{8-33}$$

而 $$Q = m \sigma_s \varepsilon_1 b \sqrt{2g} H_0^{3/2}$$

故 $$h_k = \sqrt[3]{2\alpha m^2 \sigma_s^2} \cdot H_0 \tag{8-34}$$

若取 $m = 0.385$，$\alpha = 1.0$，$\sigma_s = 1.0$，则

$$h_k = 0.6668 H_0, \quad 1.25 h_k = 0.83 H_0 \approx 0.8 H_0$$

由此可见，桥孔的淹没标准与宽顶堰流的淹没标准是相当的，淹没系数 σ_s 可按表 8-10 选用。

当为自由出流时［图 8-32（a）］，$h_c < h_k$，可令 $h_c = \psi h_k$，$\psi < 1$，取决于桥孔的进口形式：

非平滑进口：$\psi = 0.75 \sim 0.80$；

平滑进口：$\psi = 0.80 \sim 0.85$。

当淹没出流时［图 8-32（b）］，取 $h_c \approx h_t$。

2. 桥孔过流的水力计算　桥孔的设计流量 Q 是由水文计算决定的。因此桥孔过流的水力计算任务是在流量 Q 已知的情况下，计算：①所需的桥孔宽度 b，以保证桥底河床不发生冲刷，即桥孔流速 v 不大于桥下铺砌材料或天然基土的不冲允许流速 v'；②核算桥前的壅水水深 H，使其不大于规范允许值 H'。H' 取决于路肩标高及桥梁梁底标高。

桥孔过流的水力计算步骤如下：

(1) 计算桥孔中的临界水深 h_k，判别出流形式：因为 $Q=A_k v_k=\varepsilon_1 b h_k v_k$，代入式（8-33）得

$$h_k = \frac{\alpha v_k^2}{g} \tag{8-35}$$

同时 $Q=A_c v_c=\varepsilon_1 b h_c v_c=\varepsilon_1 b \psi h_k v_c \leqslant \varepsilon_1 b \psi h_k v'$

故 $\varepsilon_1 b h_k v_k \leqslant \varepsilon_1 b \psi h_k v'$

即 $v_k \leqslant \psi v'$

于是，满足防冲刷设计条件下的临界水深为

$$h_k \leqslant \frac{\alpha \psi^2 v'^2}{g} \tag{8-36}$$

将上式计算所得 h_k 值的 1.25 倍与下游水深 h_t 值进行比较，即可判别桥孔的出流形式是否为淹没出流或为自由出流。

(2) 计算所需的桥孔宽度 b：当为自由出流时

$$Q=\varepsilon_1 b h_c v_c$$

将 $h_c=\psi h_k$、$h_k \leqslant \frac{\alpha \psi^2 v'^2}{g}$ 及 $v_c \leqslant v'$ 代入上式得

$$b \geqslant \frac{gQ}{\varepsilon_1 \alpha \psi^3 v'^3} \tag{8-37}$$

当为淹没出流时 $h_c \approx h_t$，$v_c \leqslant v'$，故

$$b \geqslant \frac{Q}{\varepsilon_1 h_t v'} \tag{8-38}$$

根据式（8-37）或式（8-38）可计算出满足防冲要求的桥孔宽度 b。

在公路工程中，桥孔宽度常采用有定型设计的标准宽度 B_0。桥孔的标准宽度可参照表 8-16 选用。选用时，应使 B_0 不小于由式（8-37）或式（8-38）计算的宽度 b 值，即 $B_0 \geqslant b$。

表 8-16 桥孔标准宽度 B_0

桥　类	标准宽度 B_0/m
铁路桥梁	4、5、6、8、10、12、16、20、…
公路桥梁	5、6、8、10、13、16、20、…

选定孔宽 B_0 后，由于 B_0 往往不等于 b，所以应将 B_0 代入式（8-33）重新计算 h_k，验算桥孔出流形式是否变化。

(3) 核算桥前壅水水深 H：按无坎宽顶堰流的计算方法可得

$$H_0 = \left(\frac{Q}{m' \sigma_s b \sqrt{2g}}\right)^{2/3}$$

在上式中，$b=B_0$，故

$$H_0 = \left(\frac{Q}{m' \sigma_s B_0 \sqrt{2g}}\right)^{2/3} \tag{8-39}$$

流量系数 m' 按表 8-11 取值；对于自由出流，$\sigma_s=1$，由式（8-39）可直接计算出 H_0。对于淹没出流，σ_s 与 H_0 有关，可用试算法求解 H_0（见例 8-8）。

求出 H_0 后，可按下式用试算法求得 H：

$$H = H_0 - \left(\frac{\alpha Q^2}{2gA_0^2}\right) \tag{8-40}$$

其中，A_0 为桥前河渠的过水断面面积，与 H 有关。

例 8-8 某一桥孔的设计流量由水文计算得 $Q=35\text{m}^3/\text{s}$，桥头路堤允许壅水水深 $H'=1.70\text{m}$，桥下铺砌允许不冲流速 $v'=3.0\text{m/s}$，进口为单孔，有八字翼墙且较为平滑。上游河道断面近似为矩形，河宽 $B\approx14\text{m}$。下游水深 $h_t=1.55\text{m}$。试确定此桥孔宽度 b。

解：（1）判别桥孔出流形式：由已知的进口条件，取 $\psi=0.8$，由式（8-36）得

$$h_k = \frac{\alpha\psi^2 v'^2}{g} = \frac{1\times 0.8^2 \times 3.0^2}{9.8} = 0.59(\text{m})$$

因为 $1.25h_k=1.25\times 0.59=0.73\text{m}<h_t=1.55\text{m}$，故为淹没出流。

（2）确定桥孔宽度 b：查表 8-15，取 $\varepsilon_1=0.85$，由式（8-38）得

$$b = \frac{Q}{\varepsilon_1 h_t v'} = \frac{35}{0.85\times 1.55\times 3.0} = 8.86(\text{m})$$

选用标准孔径 $B_0=10\text{m}$（$B_0>b=8.86\text{m}$），此时桥下临界水深 h_k 由式（8-33）得

$$h_k = \sqrt[3]{\frac{\alpha Q^2}{(\varepsilon_1 B_0)^2 g}} = \sqrt[3]{\frac{1\times 35^2}{(0.85\times 10)^2 \times 9.8}} = 1.2(\text{m})$$

$1.25h_k=1.25\times 1.20=1.5\text{m}<h_t=1.55\text{m}$，故仍为淹没出流。

（3）核算桥下流速和桥前壅水水深：

$$v_c = \frac{Q}{A_c} = \frac{Q}{\varepsilon_1 B_0 h_t} = \frac{35}{0.85\times 10\times 1.55} = 2.66\text{m/s}<v'=3.0\text{m/s}$$

故满足桥下防冲要求。

由 $b/B=10/14=0.71$，查表 8-11 得 $m'=0.364$，由式（8-39）计算 H_0：

$$H_0 = \left(\frac{Q}{m'\sigma_s B_0 \sqrt{2g}}\right)^{2/3} = \left(\frac{35}{0.364\times \sigma_s \times 10\sqrt{2\times 9.8}}\right)^{2/3} = \left(\frac{2.172}{\sigma_s}\right)^{2/3}$$

因为是淹没出流，σ_s 与 H_0 有关，故用逐步试算法求解：

先取 $\sigma_{s1}=1$，则 $H_{01}=1.677\text{m}$，$\frac{h_t}{H_{01}}=\frac{1.55}{1.677}=0.924$，查表 8-10 得 $\sigma_{s2}=0.764$；取 $\sigma_{s2}=\frac{\sigma_{s2}+\sigma_{s1}}{2}=0.882$，则 $H_{02}=1.824\text{m}$，$\frac{h_t}{H_{02}}=0.85$，查得 $\sigma_{s3}=0.96$；取 $\sigma_{s3}=\frac{\sigma_{s2}+\sigma_{s3}}{2}=0.921$，则 $H_{03}=1.772\text{m}$，$\frac{h_t}{H_{03}}=0.875$，查得 $\sigma_{s4}=0.915$；取 $\sigma_{s4}=\frac{\sigma_{s4}+\sigma_{s3}}{2}=0.918$，则 $H_{04}=1.776\text{m}$，$\frac{h_t}{H_{04}}=0.873$，查得 $\sigma_{s5}=0.921$；取 $\sigma_{s5}=\frac{\sigma_{s4}+\sigma_{s5}}{2}=0.92$，则 $H_{05}=1.773\text{m}$，$\frac{h_t}{H_{05}}=0.874$，查得 $\sigma_{s6}=0.918$；取 $\sigma_{s6}=\frac{\sigma_{s6}+\sigma_{s5}}{2}=0.919$，得 $H_{06}=1.774\text{m}$，$\frac{h_t}{H_{06}}=0.874$，此值与上次相等，故知 $H_0=1.774\text{m}$。

上游壅水水深由式（8-40）计算

$$H = H_0 - \frac{\alpha Q^2}{2gB^2 H^2} = 1.774 - \frac{1\times 35^2}{19.6\times 14^2\times H^2} = 1.774 - \frac{0.319}{H^2}$$

试算上式得 $H=1.66\text{m}<H'=1.70\text{m}$，满足要求。故所求的桥孔宽度可取 $b=$

$B_0 = 10.0 \mathrm{m}$。

二、无压涵洞的水力计算

当涵洞内的水流全部具有自由表面时，称为无压涵洞。实验表明，当 $\dfrac{H}{h_\mathrm{d}}\left(\text{或}\dfrac{H}{d}\right) < 1.1 \sim 1.2$ 时，在下游水位较低、不影响出流的情况下，涵洞内水流呈无压流动，涵洞为无压涵洞。其中 h_d 和 d 分别为非圆形涵洞的高度和圆形涵洞的直径，H 为涵洞进口前水深。

1. 无压涵洞过流的水力特征 无压涵洞的水流情况随涵洞的底坡 i 和长度 L 的不同而不同。当下游水位较低、不影响出流时，各类涵洞的水力特征分析如下：

(1) 缓坡（$0 < i < i_\mathrm{k}$）涵洞：当缓坡涵洞的长度 L 不大时，在进口后 c-c 收缩断面处，水深 h_c 小于涵洞中的临界水深 h_k。c-c 断面以后的水面，或呈 M_3 型壅水曲线，全洞水流均为急流［图 8-33（a）］；或先呈 M_3 型壅水曲线，后以波状水跃向缓流过渡，又呈 M_2 型降水曲线经 h_k 流出洞外［图 8-33（b）］。这两种情况的洞长 L 对过流能力均无影响，其过流特征与宽顶堰流相似。

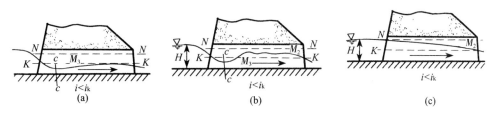

图 8-33

当缓坡涵洞过长时，水流阻力将随之增大。而 c-c 断面的能量必须支付得起过长距离的水头损失。因为等长度缓流比急流的水头损失小，因此，c-c 断面下游的急流段缩短、水跃上移、缓流段向上延长，直至 c-c 断面被淹没，$h_\mathrm{c} > h_\mathrm{k}$，全洞呈缓流状态。水面曲线或为 M_2 型降水曲线并经临界水深流出洞外［图 8-33（c）］，或中间还出现一段均匀流。这样的洞长对过流能力有影响，水流特性与明渠非均匀水流类似。

(2) 陡坡（$i > i_\mathrm{k}$）和临界坡（$i = i_\mathrm{k}$）涵洞：在这两种涵洞的收缩断面处，水流均为急流，$h_\mathrm{c} > h_\mathrm{k}$。陡坡涵洞的水面变化有两种情况，如图 8-34（a）、（b）所示。临界坡涵洞中的水面变化如图 8-34（c）所示。由此可见，在这两种涵洞的收缩断面之后，水流均为急流，洞长 L 对过流能力无影响，过流特征与宽顶堰流相似。

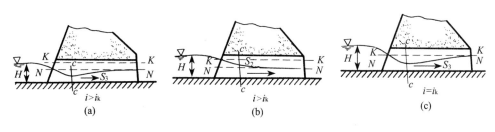

图 8-34

(3) 平坡（$i = 0$）涵洞：平坡涵洞的水流现象与缓坡涵洞相似。当洞长 L 不大时，可能出现两种情况，如图 8-35（a）中的虚线和实线所示。其长度 L 对过流能力均无影响，过流特性与宽顶堰流相似。当洞长 L 较大时，洞长对过流能力有影响，过流特性与明渠水流相同，如图 8-35（b）所示。

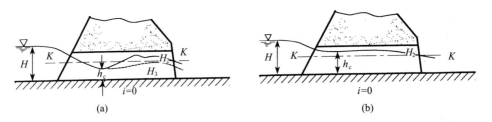

图 8-35

2. 无压涵洞的分类及淹没判别条件 根据涵洞长度对过流能力是否产生影响，将无压涵洞分为短涵洞和长涵洞两种类型，简称短涵和长涵。当洞长不影响过流能力时，称为短涵；当洞长影响过流能力时，称为长涵。

无压涵洞的全长可分为进口段、中间段和出口段三部分，如图 8-36 所示。

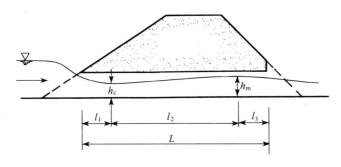

图 8-36

进口段的长度 l_1 和出口段的长度 l_3 可由经验关系决定：

当 $i \approx 0$ 时，$\qquad l_1 = 12.32(1-\varepsilon_1)H \qquad$ (8-41)

当 $i \gg 0$ 时，$\qquad l_1 = (161.7i+12.32)(1+1.64i-\varepsilon_1)H \qquad$ (8-42)

当为自由泄流，且 $0 \approx i < i_k$ 时，$\qquad l_3 \approx 1.2H \qquad$ (8-43)

当为自由泄流，且 $0 < i < i_k$ 时，$\qquad l_3 \approx (0 \sim 8)H \qquad$ (8-44)

当为淹没泄流时，$\qquad l_3 \approx 2H \qquad$ (8-45)

其中，i 为涵洞底坡；ε_1 为涵洞进口侧收缩系数，按表 8-15 选用。

中间段长度等于涵洞总长度减去进、出口段长度，即

$$l_2 = L - l_1 - l_3 \qquad (8-46)$$

短涵和长涵主要取决于中间段的长度 l_2。实验表明，当底坡 i 较小时，中间段的临界长度 l_k 约为

$$l_k = (64-62.755\varepsilon_1)H \qquad (8-47)$$

即：当 $l_2 < l_k$ 时，为短涵；当 $l_2 > l_k$ 时，为长涵。

当 $i < i_k$，但 $i \approx i_k$ 时，l_k 应增大 30%。当 $i \geqslant i_k$ 时，由前面分析过流特性可知，无论 l_2 为多大，均可视为短涵。

上述短涵与长涵的划分只考虑了洞长对涵洞过流的影响，而涵洞是否为淹没过流，还必

须同时考虑下游水深的影响。

对于短涵，当 $h_t < h_k$ 时为自由过流；当 $h_t > h_k$ 时，由 c-c 断面是否被淹没而决定是否为淹没过流。当 c-c 断面未被淹没，$h_c < h_k$，为自由过流；反之，$h_c > h_k$，为淹没过流。

对于长涵，无论下游水深 h_t 大于 h_k 或者小于 h_k，均为淹没过流。所不同的是，当 $h_t < h_k$ 时，淹没程度只取决于涵洞长度，而当 $h_t > h_k$ 时，淹没程度由涵洞长度和下游水深二者共同决定。

3. 无压涵洞过流能力计算 对于矩形断面涵洞，流量按宽顶堰流公式计算

$$Q = m\sigma_s \varepsilon_1 b \sqrt{2g} H_0^{3/2}$$

其中，m 为涵洞进口的流量系数，按表 8-8 或表 8-9 选用；ε_1 为涵洞进口的侧收缩系数，按表 8-15 选用；σ_s 为涵洞过流的淹没系数，可由图 8-37 查取；b 为矩形断面涵洞的宽度，当为非矩形断面时，取 $b = \dfrac{A_k}{h_k}$，A_k 为洞中水深为临界水深 h_k 时的过水断面面积。

当涵洞进口底部与上游河渠底部同高时，取 $m' = m \cdot \varepsilon_1$，这时上式变为

$$Q = m'\sigma_s b \sqrt{2g} H_0^{3/2} \tag{8-48}$$

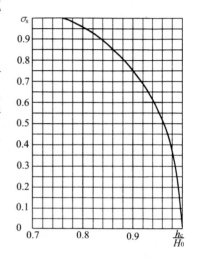

图 8-37

进口段末端 c-c 断面水深 h_c 的确定方法如下：

当为自由过流时，取 $h_c = \psi h_k$，其中 ψ 值的选取可近似与桥孔过流相同；

当为淹没过流时，对于短涵，取中间段末端断面（图 8-36 中的 m-m 断面）水深 $h_m = h_t$，然后向上推算水面曲线至 c-c 断面，得出水深 h_c。对于长涵，当 $h_t < h_k$ 时，取 $h_m = h_k$，由此向上推算水面曲线，得出 h_c；当 $h_t > h_k$ 时，取 $h_m = h_t$，类似上述得出 h_c。

4. 无压涵洞的断面尺寸

(1) 无压涵洞的宽度。对于矩形断面涵洞，满足过流要求的涵洞宽按下式计算

$$b = \dfrac{Q}{m\sigma_s \varepsilon_1 \sqrt{2g} H_0^{3/2}} \tag{8-49}$$

由于 σ_s 和 ε_1 均与 b 无关，因此需要用试算法求解上式。自由过流时 σ_s 取 1。

(2) 无压涵洞的高度。为了保证涵洞为无压流动，设计中必须在洞中通过最大流量时，给急流中可能产生的冲击波浪和掺气水深留有余地，避免洞内因水面波动产生的真空现象而导致对洞体结构受力和过流能力产生不利影响，在洞内水面以上，必须留有足够净空。净空横断面积应不小于涵洞横断面积的 10%～20%，净空高度应不小于 30～40cm。设计时，涵洞高度 h_d 可按下式确定：

当为自由过流时， $h_d \geq (1.10 \sim 1.20) h_m$ (8-50)

当为淹没过流时， $h_d \geq (1.10 \sim 1.20) h_c$ (8-51)

其中，h_m 为中间段末端水深；h_c 为淹没后的 c-c 断面水深。

例 8-9 某矩形断面涵洞，长 $L=140$m，底坡 $i=0.002$，糙率 $n=0.014$，进口具有坡度为 1:1.5 的圆锥体翼墙，底部与上游渠底平齐。涵洞前水深 $H=2.8$m，该处过水断面面

积 $A_0=14.3\text{m}^2$。下游水位较低，出口水流为跌水。设计流量为 $Q=10\text{m}^3/\text{s}$。试确定此无压涵洞的断面尺寸。

解：（1）判别涵洞类型。由表 8-15 查得 $\varepsilon_1=0.9$，则

$$l_1 = 12.32(1-\varepsilon_1)H = 12.32 \times (1-0.9) \times 2.8 = 3.45(\text{m})$$

$$l_3 = 1.2H = 1.2 \times 2.8 = 3.36(\text{m})$$

$$l_2 = L - l_1 - l_3 = 140 - 3.45 - 3.36 = 133.19(\text{m})$$

$$l_k = (64 - 62.755\varepsilon_1)H = (64 - 62.755 \times 0.9) \times 2.8 = 21.06(\text{m})$$

因为 $l_2 > l_k$，故为长涵。又因为涵洞出口为跌水，所以此涵洞的过流形式属于单纯由长度影响的淹没过流。此时 $h_m = h_k$。

（2）求洞宽 b。

$$v_0 = \frac{Q}{A_0} = \frac{10}{14.3} = 0.7(\text{m}^3/\text{s})$$

$$H_0 = H + \frac{\alpha_0 v_0^2}{2g} = 2.8 + \frac{1 \times 0.7^2}{19.6} = 2.82(\text{m})$$

查表 8-9 得 $m=0.385$，设 $\sigma_{s1}=0.9$，则由式（8-49）得

$$b = \frac{Q}{0.385\sigma_{s1}\varepsilon_1\sqrt{2g}H_0^{1.5}} = \frac{10}{0.385 \times 0.9 \times 0.9 \times 4.43 \times 2.82^{1.5}} = 1.53(\text{m})$$

校核 σ_{s1} 值：先判别水面曲线类型，为此计算临界水深：

$$h_k = \sqrt[3]{\frac{Q^2}{b^2 g}} = \sqrt[3]{\frac{10^2}{1.53^2 \times 9.8}} = 1.63(\text{m})$$

由第七章临界底坡公式求得 $i_k=0.0075$。因为 $i=0.002 < i_k$，故洞中水面曲线应为 M_2 型降水曲线。

以中间段末端断面为控制断面，水深 $h_m = h_k = 1.63\text{m}$，向上游推算水面曲线（过程从略），得中间段首端 c-c 断面水深 $h_c = 2.52\text{m}$。

由 $\frac{h_c}{H_0} = \frac{2.52}{2.82} = 0.894$ 查图 8-37 得 $\sigma_{s2} = 0.775 \neq \sigma_{s1} = 0.9$，故应再设 σ_s 值，重复上述计算，直至假设的 σ_s 值与计算值近似相等为止。

设 $\sigma_{s1} = 0.86$，计算得：$b=1.60\text{m}$，$h_k=1.59\text{m}$，$h_c=2.43\text{m}$。

由 $\frac{h_c}{H_0} = \frac{2.43}{2.82} = 0.862$ 查图 8-37 得 $\sigma_{s2} = 0.86 = \sigma_{s1}$，故上述计算结果正确，即涵洞宽度为 $b=1.6\text{m}$。

（3）求洞高。洞高可按式（8-51）计算

$$h_d = (1.10 \sim 1.20)h_c = (1.10 \sim 1.20) \times 2.43 = 2.67 \sim 2.92\text{m}$$

取 $h_d = 2.80\text{m}$。

习 题

8-1 在一矩形渠槽中，安设了一无侧收缩的矩形薄壁堰。已知堰宽 $b=0.5\text{m}$，上下游堰高相同，$P=0.7\text{m}$，下游水深 $h_t=0.6\text{m}$，当堰上水头为 $H=0.4\text{m}$ 时，试求过堰流量。

8-2 在矩形断面平底明渠中设计一无侧收缩的矩形薄壁堰。已知薄壁堰最大流量 $Q=$

$0.25\text{m}^3/\text{s}$，对应的下游水深 $h_t=0.45\text{m}$；为保证堰流为自由出流，堰顶至少应高于下游水面 0.1m，明渠边墙高度为 1m，边墙顶至少也应高于上游水面 0.1m，试设计薄壁堰的高度和宽度。

8-3 某直角三角形薄壁堰，堰高 $P_1=0.65\text{m}$，上游渠槽水面宽度 $B=1.0\text{m}$。今测得堰上水头 $H=0.3\text{m}$，求自由出流时的过堰流量。

8-4 某电站溢洪道拟采用 WES 曲线型实用堰。已知：上游设计水位高程为 267.85m；设计流量 $Q_d=6\,840\text{m}^3/\text{s}$，对应的下游水位高程为 210.5m；筑坝处河底高程为 180m；上游河道近似三角形断面，水面宽度 $B=200\text{m}$，已确定溢流坝做成三孔，每孔净宽 $b'=16\text{m}$；闸墩头部为半圆形，边墩头部为圆弧形。试确定：（1）堰顶高程；（2）当上游水位高程分别为 267.0m 和 269.0m 时，自由出流情况下通过堰的各流量。

8-5 某河中筑有单孔 WES 曲线型实用堰。已知：筑堰处河底高程为 12.20m，堰顶高程为 20.00m，上游设计水位高程为 21.31m，下游水位高程为 16.35m，坝前河道断面近似为矩形，河宽 $B=100\text{m}$，边墩头部为圆弧形。试求上游为设计水位时，通过流量 $Q=100\text{m}^3/\text{s}$ 所需的堰顶宽度 $b=$？

8-6 某溢流坝按 WES 剖面设计，堰顶设计 9 个溢流孔，每孔净宽 $b'=18\text{m}$，边墩头部为圆弧形，中墩头部为半圆形，且与上游堰面位置相齐，坝前河道断面近似为矩形，河宽 $B=200\text{m}$。当设计水位为 48.00m 时，下泄的设计流量为 $Q_d=4\,300\text{m}^3/\text{s}$。试求：下泄最大洪水流量 $Q_{max}=6\,000\text{m}^3/\text{s}$ 时，水库的最高洪水位 ∇_{max}。

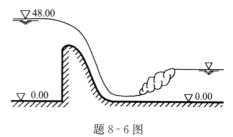

题 8-6 图

8-7 某小型水利工程采用梯形断面浆砌块石溢流坝，无闸墩和翼墙。已知堰宽和河宽相等，即 $b=B=30\text{m}$，上下游堰高 $P_1=P_2=4\text{m}$，堰顶厚度 $\delta=2.5\text{m}$，上游面铅直，下游面坡度为 $1:1$，堰上水头 $H=2\text{m}$，下游水面超过堰顶的水深 $h_s=1\text{m}$，试求过堰流量。

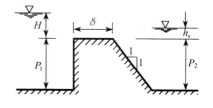

题 8-7 图

8-8 某矩形断面渠道上修建一宽顶堰。堰宽 $b=2\text{m}$，堰高 $P_1=P_2=1.0\text{m}$，边墩头部为方形，堰顶头部为直角形。若 $H=2\text{m}$，求下列情况下的过堰流量：（1）渠道宽度 $B=2\text{m}$，堰顶以上的下游水深 $h_s=1.0\text{m}$；（2）$B=3\text{m}$，$h_s=1.0\text{m}$；（3）$B=3\text{m}$，$h_s=1.8\text{m}$。

8-9 某灌溉进水闸为 3 孔，每孔宽 $b'=10\text{m}$；闸墩头部为半圆形，闸墩厚 $d=3\text{m}$；边墩头部为圆弧形，边墩计算厚度 $\Delta=2\text{m}$；闸前行近流速 $v_0=0.5\text{m/s}$；闸底坎形式及其他数据如图所示。闸底坎圆头半径 $r=2\text{m}$。试确定相应于不同下游水位时的过闸流量：（1）下游水位高程为 17.75m；（2）下游水位

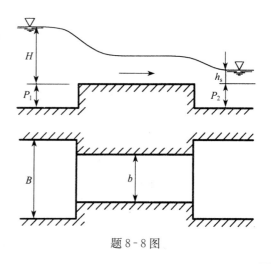

题 8-8 图

高程为 16.70m。

8-10 有一圆角形堰头的无侧收缩宽顶堰,堰高 $P_1=P_2=3.40$m,堰头圆弧半径 $r=0.5$m,堰上水头 H 限制为 0.9m,通过堰的流量为 $Q=22$m³/s。求堰宽 b 以及不使堰流为淹没出流的下游最大水深。

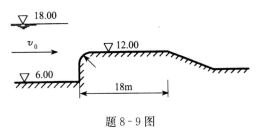

题 8-9 图

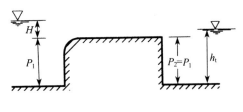

题 8-10 图

8-11 一具有水平顶的堰,各部分尺寸如图所示(图中尺寸单位为 m)。试确定:(1)堰的类型;(2)通过堰的流量。

8-12 某拦河闸共 9 孔,每孔宽为 14m;闸墩厚度为 $d=3.5$m,闸墩头部为半圆形,边墩迎水面为圆弧形,圆弧半径 $r=5$m,计算厚度 $\Delta=3$m;闸前水位高程为 18m;闸底板与上游河底平齐,高程均为 6m;闸前行近流速为 $v_0=3$m/s;下游水位不影响出流。试确定闸门全开时的过闸流量。

8-13 一圆角形堰头的无侧收缩的宽顶堰,流量 $Q=12$m³/s,堰宽 $b=4.80$m;堰高 $P_1=P_2=0.80$m,堰头圆弧半径 $r=0.5$m,上游渠宽与堰宽相同,下游水深 $h_t=1.73$m,求堰上水头 H。

8-14 有一带有胸墙的平底 5 孔进水闸,如图所示。每孔宽度 $b'=4$m,闸下游接一陡坡,闸前水位为 45m,试求:(1)当闸门开度 $e=1.2$m 时的过闸流量(不计行近流速水头 $\dfrac{\alpha_0 v_0^2}{2g}$);(2)当闸门全开时,从胸墙下通过的泄流量(此时流量系数 $\mu=0.85$,行近流速 $v_0=1.0$m/s)。

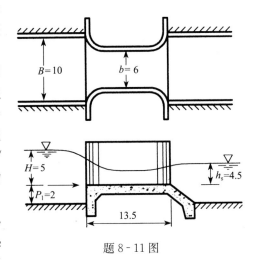

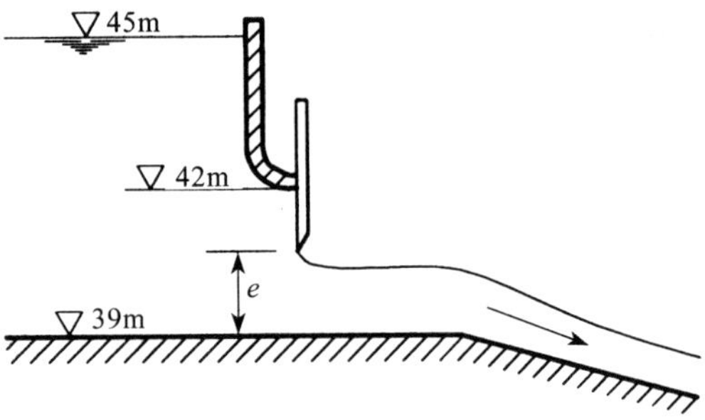

题 8-11 图

题 8-14 图

8-15 在一梯形长渠道上建闸,建闸处为矩形断面,下游用渐变段与梯形渠道相连。过闸流量 $Q=40$m³/s,渠道底宽 $b=12$m,边坡系数 $m=1.5$,渠底坡度 $i=0.0004$,粗糙系数 $n=0.025$。每孔闸宽 $b'=4$,共两孔,当闸门开度 $e=1$m 时,问闸前水深 H 将为多少?(提示:判别闸孔出流形式时,

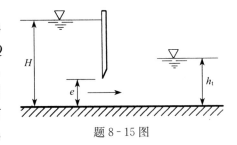

题 8-15 图

需要计算梯形渠道的正常水深 h_0。)

8-16 某水利枢纽设有平底冲沙闸，用弧形闸门控制流量。闸孔宽 $b=10$m，弧形门半径 $R=15$m，门轴高程为 16.0m，上游水位高程为 18.0m，闸底板高程为 6.0m。试计算：闸孔开度 $e=2$m，下游水位高程为 8.5m 及 14.0m 时，通过闸孔的流量（不计行近流速水头的影响）。

8-17 在底宽 $b_1=6.8$m、边坡系数 $m=1.0$ 的梯形渠道中，设置有两孔水闸，用平板闸门控制流量。闸底坎高度为零，闸孔为矩形断面，闸墩头部为半圆形，墩厚 $d=0.8$m；边墩头部为矩形。试求闸孔开度 $e=0.6$m、闸前水深 $H=1.6$m 时，保证通过流量 $Q=9.0\text{m}^3/\text{s}$ 时所需的闸孔宽度 b（下游为自由出流）。

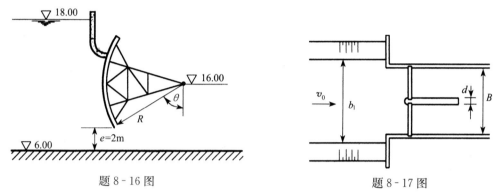

题 8-16 图　　　　　　　　题 8-17 图

8-18 某实用堰顶部设一平板闸门以调节上游水位。闸门底缘的斜面朝向上游，倾斜角为 60°。已知：流量 $Q=30\text{m}^3/\text{s}$，堰上水头 $H=3.6$m，闸孔净宽 $b'=5$m，下游水位低于堰顶，不计行近流速水头。试求所需的闸孔开度 e。

8-19 某实用堰共七孔，每孔宽度 $b'=5$m，堰上设弧形闸门。已知：闸上游水头 $H=5.6$m，闸孔开度 $e=1.5$m，下游水位在堰顶以下，求通过闸孔的流量（不计行近流速水头）。

8-20 已知设计流量 $Q=15\text{m}^3/\text{s}$，取碎石单层铺砌加固河床，其不冲允许流速 $v'=3.5\text{m/s}$，桥下游水深 $h_t=1.3$m，取 $\varepsilon_1=0.90$，上游河道断面近似为矩形，宽度 $B\approx 6$m，$m'=0.37$，$\psi=1$（在一些设计部门，小型建筑物的 ψ 值取 1），允许壅水高度 $H'=2.00$m。试设计桥孔宽度 b。

8-21 某梯形断面渠道，底宽 $b=7.0$m，边坡系数 $m=2.0$，流量 $Q=16\text{m}^3/\text{s}$，设渠中建一矩形单孔桥，桥台有八字形翼墙，桥孔净宽 $b=5.0$m，桥下游水深 $h_t=1.3$m，试求桥前水深（取 $\psi=0.8$）及桥下流速。

8-22 有一无压涵洞，下游水位对涵洞的泄流无影响。涵洞长为 12m，断面为矩形，高 2m，宽 1.5m，底坡 $i=0.0025$，进口具有八字形翼墙，底部与上游渠底同高。洞前水深 $H=1.8$m，该处渠道过水断面近似为矩形，宽度为 $B=5.6$m，求此涵洞通过的流量。

第九章 泄水建筑物下游的水流衔接与消能

第一节 概 述

天然河道中的水流，一般多属缓流，单宽流量沿河宽方向的分布也比较均匀。但是，为了泄水或引水，常常在河道中修建水闸或溢流坝等建筑物，以控制河流或渠道的水位和流量。这些挡水建筑物，抬高了上游河道的水位，当水流经过建筑物泄到下游时，往往具有较高的流速，单位重量水体所具有的动能很大；同时，从泄水建筑物的造价和工程布置要求来说，要尽可能缩短泄流宽度，这样就造成下泄水流的单宽流量加大，能量集中。因此，经泄水建筑物下泄的水流具有很强的冲刷破坏能力，必须采取消能防冲的措施，使得高速集中的水流与下游河道的正常水流衔接起来。这就是本章所要讨论的泄水建筑物下游水流衔接和消能的问题。这些问题如不妥善处理，将会引起下述一些不良后果。

1. 引起河床严重冲刷 如图 9-1 所示，水流自坝顶下泄至坝趾断面所具有的比能为 E_{s1}，下游河道正常水流所具有的比能为 E_{s2}，两者水流比能差 $\Delta E_s = E_{s1} - E_{s2}$ 常常很大，如果下游河床不加保护，必然引起冲刷，形成冲坑，威胁建筑物的安全。

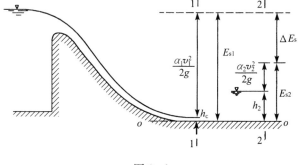

图 9-1

2. 发生折冲水流 经水工建筑物下泄的水流与其下游河渠中心线不对称，或河槽的下游水面宽度 B 比溢流宽度 b 大得多，以及多闸孔的闸门启闭程序不当时，经水工建筑物下泄的水流会向一边偏折，使另一边形成巨大回流，这种现象称为折冲水流。如图 9-2 所示的为某水力枢纽平面布置图，由溢流坝下泄的动能较大，势能较小，所以水位较低，而由水电站泄出的水流速度较小，水位较高，这样便造成横向水位差，以致水电站泄出的水流挤压溢流坝泄出的水流，而使主流偏折，形成折冲水流。折冲水流对工程不利。由于主流偏向左岸，就造成右岸巨大

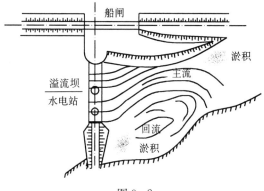

图 9-2

的回流区，而靠近左岸的主流过水断面减小，流速加大，导致对河床及岸壁的冲刷。如在枢纽中设有船闸，则折冲水流对船闸的下游会造成不利的航行条件。而回流往往把主流冲刷的泥沙带到水电站下游形成淤积，影响水电站出力。

因此，在设计水工建筑物时，要选择合理的消能工形式，用最有效的措施将集中下泄水流的部分动能消除，以改善水流在平面上及过水断面上的流态，减少水流对河床及两岸的冲刷，以保证建筑物的安全。

第二节　泄水建筑物下游水流的衔接形式与消能方式

水利工程上为了避免水流对河道的冲刷，必须采取一些减小泄水建筑物下泄水流动能的措施，以满足工程的经济与安全的要求。减小下泄水流的动能，从水力学角度来看主要是增加下游水深，使动能转变为势能，以减少水流对河床的冲刷；或增加下游水流紊动程度，使动能转变为热能消散掉。此外，还可以利用挑流水股与空气的摩擦以及水流掺气等来消能。

利用上述原理设计的水流衔接和消能主要方式一般有下列两类：

（1）利用固体边界将水股分散，增加水流紊动程度，达到消能目的。常用的消能方式有：

①挑流型衔接消能。在溢流坝段末端修建比下游水位高的挑流鼻坎，利用高速下泄水流的动能，因势利导，把水流挑向空中，再落入离建筑物较远的下游河道，使得下泄水流对河床的冲刷远离建筑物，如图9-3所示。挑流水舌与空气的摩擦、掺气以及水舌与下游水流的撞击和在冲坑中产生的漩滚，均可消减能量。

②面流型衔接消能。在泄流建筑物末端修建一个比下游水位低的水平或仰角较小的导流坎，将高速下泄的水流导向下游水流的表层，使之与河床隔离，以减轻对河床的冲刷。在表层高速水流与河床间形成底部漩滚区，以消减能量，如图9-4所示。

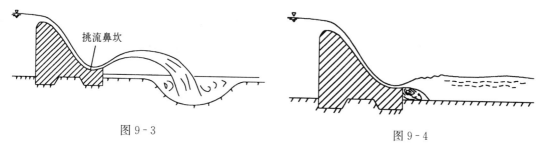

图9-3　　　　　　　　　　　　图9-4

③戽流型衔接消能。在泄流建筑物末端修建一个大反弧且低于下游水位的消能戽斗，将高速下泄的水流挑向下游水面形成涌浪，在戽斗内形成戽漩滚，涌浪尾部形成表面漩滚，戽斗后的主流与河床之间形成底部漩滚，即戽流消能的"三滚一浪"典型流态，达到消能目的，如图9-5所示。

（2）下泄水流通过水跃与下游水流衔接，利用水跃消能。由水跃一章已知。水跃的消能效率很高，可以消耗总能量的40%～67%。由于水跃中的高速水流靠近河渠底部，因此将利用水跃进行水流衔接和消能的方式称为底流型的水流衔接与消能，如图9-6所示。

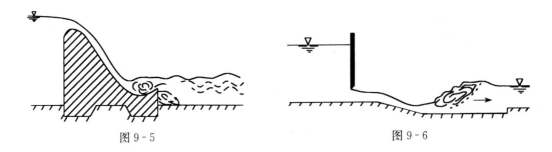

图 9-5　　　　　　　　　　　图 9-6

第三节　收缩断面水深的计算

当水流经泄水建筑物（如闸、坝等）下泄时，势能逐渐减小，动能逐渐增加，在建筑物下游某过水断面上水深达到最小值，平均流速达到最大值，这个断面称为收缩断面，该断面的水深称为收缩断面水深，用 h_c 表示。以溢流坝为例，水流沿溢流坝坝面宣泄至下游，在溢流坝坝趾处形成一收缩断面 c-c，其水深用 h_c 表示，如图 9-7 所示。收缩水深 h_c 的值，可由建立水流（断面 0-0 至断面 c-c）的能量方程得出：

$$E_0 = h_c + \frac{\alpha_c v_c^2}{2g} + h_w \quad (9-1)$$

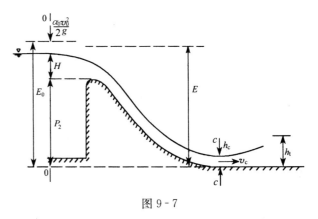

图 9-7

式中，$E_0 = P_2 + H + \frac{\alpha_0 v_0^2}{2g}$ 为相对于收缩断面的上游总水头，h_c 和 v_c 为收缩断面水深与流速，α_c 为收缩断面水流的动能修正系数，h_w 为坝段水流的水头损失，可写成为

$$h_w = \left(\zeta + \lambda \frac{L}{4R}\right) \frac{v_c^2}{2g}$$

其中，ζ 为溢流坝进口段的局部水头损失系数，λ 为坝面沿程水头损失系数，L 为坝面溢流长度。由于沿程水头损失相对较小，可忽略不计。令流速系数 φ

$$\varphi = \frac{1}{\sqrt{\alpha_c + \zeta}}$$

则式（9-1）可写作

$$E_0 = h_c + \frac{v_c^2}{2g\varphi^2} \qquad (9-2)$$

收缩断面处的流速则为

$$v_c = \varphi \sqrt{2g(E_0 - h_c)}$$

一般的收缩断面是矩形断面，断面平均流速以单宽流量 q 计算，即 $v_c = q/h_c$，则式（9-2）可改写为如下两式：

$$E_0 = h_c + \frac{q^2}{2g\varphi^2 h_c^2} \qquad (9\text{-}3)$$

$$h_c = \frac{q}{\varphi\sqrt{2g(E_0 - h_c)}} \qquad (9\text{-}4)$$

以上两式就是溢流坝收缩断面水深的计算关系式,它也适用于其他类型的矩形断面泄水建筑物,只是收缩断面的位置和流速系数要视具体情况来确定,可参考表 9-1。用式 (9-3) 计算收缩水深需要进行试算,式 (9-4) 则为迭代公式,迭代计算方法与第六章和第七章迭代公式相同,收缩水深的迭代初值可取 $h_c = 0$ 代入迭代。

流速系数中局部水头损失系数 ζ 与泄水建筑物类型、上游堰高和进流条件有关,影响因素比较复杂,目前仍以统计试验和原型观测资料得出的经验数据或公式来确定流速系数,如表 9-1。

表 9-1 流速系数 φ 值

	建筑物泄流方式	图 形	φ
1.	堰顶有闸门的曲线实用堰	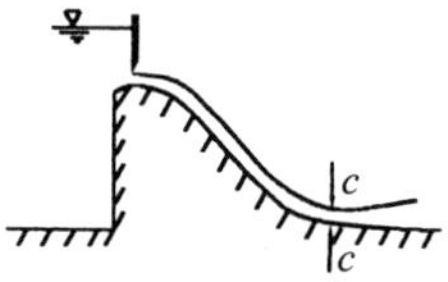	0.95
2.	无闸门的曲线实用堰 (1) 溢流面长度较短 (2) 溢流面长度中等 (3) 溢流面较长	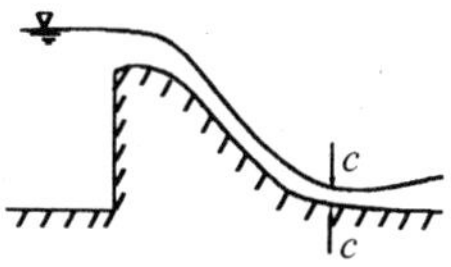	1.00 0.95 0.90
3.	平板闸下底孔出流	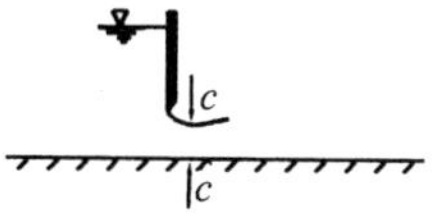	0.95~0.97
4.	折线实用断面(多边形断面)堰	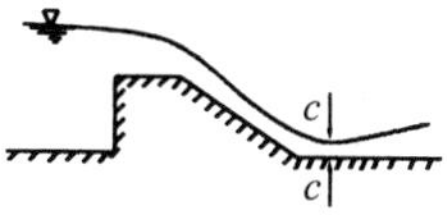	0.80~0.90
5.	宽顶堰		0.85~0.95
6.	跌水	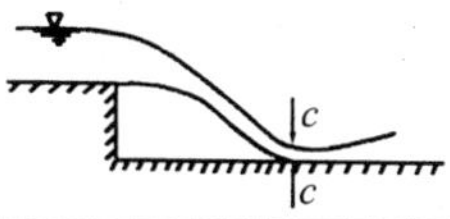	1.00
7.	末端设闸门的跌水	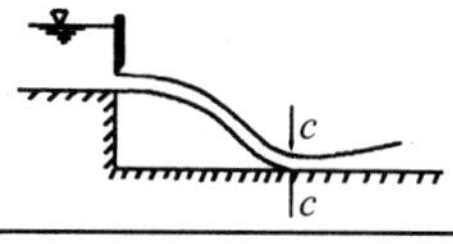	0.97

经验公式

$$\varphi = 1 - 0.0155\frac{P}{H} \qquad (9\text{-}5)$$

适用于 $P/H<30$ 的实用堰。再如中国水利水电科学院陈椿庭根据国内外一些实测资料给出

$$\varphi = (\frac{q^{2/3}}{s})^{0.2} \tag{9-6}$$

式中，s 为坝前库水位与收缩断面底部的高程差，以 m 为单位；单宽流量 q 以 $m^3/(m \cdot s)$ 为单位。

当确定 E_0、q 和选定 φ 后，即可由式(9-3)通过试算法或(9-4)迭代求得收缩水深 h_c。然后由水跃共轭水深关系式求得相应的跃后水深 h_c''。

第四节　底流型衔接与消能

底流消能是借助于一定的工程措施控制水跃位置，通过水跃发生的表面漩滚和强烈紊动来消除余能。

工程中，一般用下游河道天然水深 h_t 与收缩断面的共轭水深 h_c'' 之比来表示水跃的淹没程度，该比值称为水跃的淹没度，用 σ_j 来表示，即

$$\sigma_j = \frac{h_t}{h_c''} \tag{9-7}$$

当 $\sigma_j>1$ 时为淹没水跃。σ_j 值越大则表明水跃的淹没程度越大。当 $\sigma_j=1$ 时，为临界水跃。当 $\sigma_j<1$ 时，则为远驱式水跃。临界式及远驱式水跃都是非淹没水跃，或称为自由水跃，二者之间的区别仅在于它们所产生的水跃发生的位置不同。第七章所讨论的有关水跃的知识（例如：水跃的能量损失及水跃长度的计算），都是针对自由水跃而言。而淹没水跃则有其另外的水流特点。

建筑物下游可能出现的三种水跃衔接形式，虽然都能通过水跃消能，但由于水跃位置和形式的不同，消能的效果和所需的消能建筑物尺寸是各不相同的。

从水工和消能的观点来看，远驱式水跃最为不利。因为在此情况下，建筑物与跃前断面之间，还存在相当长的急流段。在这一段内，流速很高，对河床冲刷能力很大，河床必须有可靠的保护措施。所以，在远驱式水跃衔接的条件下，所需的护坦长度为

$$L_B = L + L_j \tag{9-8}$$

式中，L 为收缩断面 $c-c$ 至跃前断面间急流段的长度；L_j 为水跃长度。

对临界式水跃衔接，虽然所要求的护坦长度（$L_B=L_j$）较远驱式水跃的短，但这种衔接形式是不稳定的。所以，工程设计中，要求下游产生一定淹没程度（$\sigma_j=1.05\sim1.10$）的水跃。这时，护坦长度较小，消能效果也比较好，并能得到较为可靠的淹没水跃。但是水跃的淹没程度也不能太大，否则不仅消能效率降低，护坦长度也将因水跃长度增加而加大。

理论及实验研究表明：当水跃淹没度 $\sigma_j>1.2$ 时，淹没水跃的消能系数 K_j 小于佛汝德数相同时自由水跃的消能系数；淹没水跃的水跃长度，则大于自由水跃的水跃长度。而且，σ_j 愈大，消能率愈小，水跃长度愈大。主要的原因是，淹没程度增加，淹没水跃跃后断面的比能 $(h_t+\frac{\alpha v_t^2}{2g})$ 亦增加，所以消能率降低。同时，淹没程度增加，位于表面漩滚下面的高速主流扩散得愈慢。因此，水跃长度加大。

根据泄水建筑物下游河床的地质情况，消能池可分为降低护坦和在护坦末端加筑消能坎两种基本形式。先讨论降低护坦式消能池的水力计算，即确定池深 d 和池长 L_B，如图 9-8 所示。

第九章 泄水建筑物下游的水流衔接与消能

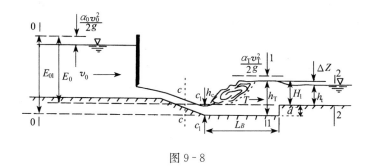

图 9-8

一、降低护坦式消能池

降低护坦式消能池的设计原则是让池内发生稍有淹没的水跃，使出池水流为缓流，以便与下游河道缓流平稳衔接。

1. 池深 d 的确定 池末水深 h_T 略大于临界水跃的跃后水深 h''_{c1}，以保证发生稍有淹没的水跃，即

$$h_T = \sigma_j h''_{c1} = h_t + d + \Delta Z \tag{9-9}$$

对于矩形断面的消能池，应用水跃方程，有

$$h_T = \sigma_j h''_{c1} = \frac{\sigma_j h_{c1}}{2}\left(\sqrt{1 + 8\frac{q^2}{gh_{c1}^3}} - 1\right) \tag{9-10}$$

式中，h_{c1} 为以消能池底为基准面的收缩水深，可由断面 o-o 到收缩断面 c_1-c_1 的能量方程得出，即

$$E_{01} = h_{c1} + \frac{q^2}{2g\varphi^2 h_{c1}^2} \tag{9-11}$$

式中，q 为单宽流量，流速系数 φ 可由表 9-1 选取。

以消能池出口 2-2 断面底部水平面作基准面，对上游 1-1 断面和下游 2-2 断面水流段写能量方程，得

$$H_1 + \frac{\alpha_1 v_T^2}{2g} = h_t + \frac{\alpha_2 v_t^2}{2g} + \zeta \frac{v_t^2}{2g}$$

取 $\alpha = 1.0$ 并整理得

$$\Delta Z = H_1 - h_t = (1+\zeta)\frac{v_t^2}{2g} - \frac{v_T^2}{2g}$$

因 $h_T = \sigma_j h''_{c1}$，将 $v_t = \frac{q}{h_t}$ 及 $v_T = \frac{q}{\sigma_j h''_{c1}}$ 代入上式，则得

$$\Delta Z = \frac{q^2}{2g\varphi'^2 h_t^2} - \frac{q^2}{2gh_T^2} = \frac{q^2}{2g}\left[\frac{1}{(\varphi' h_t)^2} - \frac{1}{(\sigma_j h''_{c1})^2}\right] \tag{9-12}$$

式中，h_t 为下游河道水深，$\varphi' = \frac{1}{\sqrt{1+\zeta}}$ 为池末端出流流速系数，可取 $\varphi' = 0.95$。

由式 (9-9)、式 (9-10)、式 (9-11) 和式 (9-12) 可算出池深 d，因总水头 E_{01} 与池深 d 有关，应采用试算法求解。初步估算时可取 $d = \sigma_j h''_c - h_t$。

2. 池长 L_B 的确定 合理的池长应从平底完全水跃的长度出发来考虑。消能池中的水跃

因受末端垂直壁面阻挡形成强制水跃,实验表明它的长度比无坎阻挡的完全水跃缩短20%~30%,故从收缩断面起算的消能池长为

$$L_B = (0.7 \sim 0.8) L_j \tag{9-13}$$

式中,L_j 为平底完全水跃的长度,可用以下经验公式计算

$$L_j = 6.9(h''_{c1} - h_{c1}) \tag{9-14}$$

例 9-1 某水闸底坎为曲线型低堰,通过单宽流量 $q=11\text{m}^3/(\text{s} \cdot \text{m})$,如图 9-9 所示。

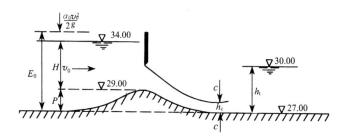

图 9-9

解:(1)首先判别下游水流自然衔接的形式。

$$v_0 = \frac{q}{P+H} = \frac{11}{2+5} = 1.571 (\text{m/s})$$

$$E_0 = P + H + \frac{v_0^2}{2g} = 2 + 5 + \frac{1.571^2}{2 \times 9.8} = 7.126 (\text{m})$$

应用迭代公式(9-4)求收缩断面水深 h_c。查表 9-1,取 $\varphi=0.95$,将已知值代入迭代公式(9-4)得

$$h_c = \frac{q}{\varphi\sqrt{2g(E_0-h_c)}} = \frac{2.615}{\sqrt{7.126-h_c}}$$

迭代计算求得

$$h_c = 1.062 \text{ (m)}$$

计算收缩断面佛汝德数

$$Fr = \frac{q}{\sqrt{gh_c^3}} = \frac{11}{\sqrt{9.8 \times 1.062^3}} = 3.211$$

收缩断面对应的跃后水深

$$h''_c = \frac{h_c}{2}(\sqrt{1+8Fr^2}-1) = \frac{1.062}{2}(\sqrt{1+8 \times 3.211^2}-1) = 4.321 \text{ (m)}$$

给定的下游水深 $h_t=3\text{m}$。因为 $h_t < h''_c$,在自然衔接时将发生远驱式水跃衔接,故决定修建降低护坦的消能池。

(2)求池深 d。为便于计算,将式(9-12)代入式(9-9)整理后为

$$h_T + \frac{q^2}{2gh_T^2} - d = h_t + \frac{q^2}{2g\varphi'^2 h_t^2}$$

上式左端为池深 d 的函数,可令 $f(d) = h_T + \frac{q^2}{2gh_T^2} - d$。右端为某个常数,可令 $C = h_t + \frac{q^2}{2g\varphi'^2 h_t^2}$。假设池深 d 值对函数 $f(d)$ 进行试算,当某个代入的 d 值使 $f(d)=C$ 时,此 d 值

即为所求的池深。本题

$$C = 3 + \frac{11^2}{2 \times 9.8 \times 0.95^2 \times 3^2} = 3.76 \, (\text{m})$$

对 $f(d)$ 试算得数据如下表。

d/m	h_{c1}/m	h_{c1}''/m	h_T/m	$f(d)/\text{m}$	与C值相比
1.20	0.964	4.602	4.832	3.65	偏小
1.30	0.957	4.624	4.85	3.81	接近

可取池深 $d=1.3\text{m}$。相应的 $h_{c1}=0.957\text{m}$；$h_{c1}''=4.624\text{m}$；$h_T=4.85\text{m}$。

(3) 求池长 L_B。由式(9-14)得

$$L_j = 6.9 \, (h_{c1}'' - h_{c1}) = 6.9 \, (4.624 - 0.957) = 25.3 \, (\text{m})$$

池长 $\qquad L_B = 0.75 L_j = 0.75 \times 2.3 = 18.9 \, (\text{m})$

最后确定池深 $d=1.3\text{m}$，池长 $L_B=19\text{m}$。

二、护坦末端修建消能坎形成的消能池

当判明建筑物下游水流为远驱式水跃衔接时，也可采用修建消能坎，使坎前水位壅高，在池内发生稍有淹没的水跃。其水流现象与降低护坦的消能池相比，主要区别在于过消能坎水流不是淹没宽顶堰流而是折线型实用堰流。水力计算的主要任务是确定坎高 c 及池长 L_B，如图 9-10 所示。

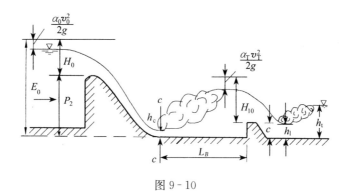

图 9-10

显然，为保证池中发生稍有淹没的水跃，消能坎的高度应满足

$$c = h_T - H_1$$

即

$$c = \sigma_j h_c'' + \frac{q^2}{2g(\sigma_j h_c'')^2} - H_{10} \tag{9-15}$$

式中，h_c'' 是临界水跃的跃后水深。再以堰流公式 $H_{10} = \left(\dfrac{q}{\sigma_s m \sqrt{2g}}\right)^{2/3}$ 代入上式，得

$$c = \sigma_j h_c'' + \frac{q^2}{2g(\sigma_j h_c'')^2} - \left(\frac{q}{\sigma_s m \sqrt{2g}}\right)^{2/3} \tag{9-16}$$

式中，水跃的淹没度 $\sigma_j = 1.05 \sim 1.10$，消能坎的流量系数 $m=0.42$，σ_s 为消能坎的淹没系数。其过流能力与坎顶溢流是否淹没有关，而坎顶溢流状态又取决于坎的高度；现坎高为待

求量，因此，它是否淹没尚不知晓。一般作法是先暂设坎顶为自由溢流，即取 $\sigma_s=1$，从式（9-16）求得坎高 c_0，然后再验算流态。如果消能坎确系自由溢流，此 c_0 值即为所求。如果属淹没溢流，则必须考虑淹没系数 σ_s 的影响重新求 c 值。

σ_s 值取决于消能坎的淹没条件，即

$$\sigma_s = f\left(\frac{h_t - c}{H_{10}}\right) = f\left(\frac{h_s}{H_{10}}\right)$$

可查表 9-2 取用。从表 9-2 中可见，消能坎淹没的条件是 $h_s/H_{10} > 0.45$；若 $h_s/H_{10} \leqslant 0.45$，则淹没系数 $\sigma_s = 1$。

表 9-2　消能坎淹没系数 σ_s

h_s/H_{10}	$\leqslant 0.45$	0.50	0.55	0.60	0.65	0.70
σ_s	1.00	0.990	0.985	0.975	0.960	0.940
h_s/H_{10}	0.72	0.74	0.76	0.78	0.80	0.82
σ_s	0.930	0.915	0.900	0.885	0.865	0.845
h_s/H_{10}	0.84	0.86	0.88	0.90	0.92	0.95	1.00
σ_s	0.815	0.785	0.750	0.710	0.651	0.535	0.00

应用式（9-16）及表 9-2，以试算法即可求得消能坎为淹没溢流时的坎高 c 值。具体计算过程见例 9-2。

必须强调指出：当消能坎为自由溢流时，一定要校核此时坎高 c 下游的水流衔接形式。若为淹没式水跃衔接，则无须修建第二级消能池。若为远趋式水跃衔接，又不准备改用其他底流型消能方式，则必须修建第二级消能池，并校核第二道消能坎后的水流衔接形式，直到坎后产生淹没水跃衔接为止（实际工程中一般不超过三级消能池）。在校核计算中，消能坎的流速系数可用 $\varphi' = 0.90$。

以上两种消能池的池长 L_B 均按式（9-13）和式（9-14）计算。

例 9-2　泄水建筑物下游的消能方式，在满足安全经济的前提下，可对不同技术方案的消能坎式消能池进行比较。如将例 9-1 闸底坎改为宽顶堰，试根据例 9-1 的数据设计一护坦末端修筑消能坎式消能池。

解：例 9-1 给定 $q = 11\text{m}^3/(\text{s}\cdot\text{m})$，$h_t = 3\text{m}$。取流速系数 $\varphi = 0.903$，判别下游水流自然衔接形式，得 $h_c = 1.123\text{m}$，$h_c'' = 4.162\text{m}$，故为远驱式水跃衔接，需修建消能池。

（1）求坎高 c。

① 先假设消能坎为自由溢流，此时 $\sigma_s = 1$，$m = 0.42$，$\sigma_j = 1.05$。由式（9-16）可直接求得 c_0 值：

$$\begin{aligned}
c_0 &= \sigma_j h_c'' + \frac{q^2}{2g(\sigma_j h_c'')^2} - \left(\frac{q}{\sigma_s m \sqrt{2g}}\right)^{2/3} \\
&= 1.05 \times 4.162 + \frac{11^2}{2 \times 9.8(1.05 \times 4.162)^2} - \left(\frac{11}{1 \times 0.42 \sqrt{2 \times 9.8}}\right)^{2/3} \\
&= 4.37 + 0.3233 - 3.271 = 1.422(\text{m})
\end{aligned}$$

验算消能坎的溢流状态：

$$\frac{h_s}{H_{10}} = \frac{h_t - c_0}{H_{10}} = \frac{3 - 1.422}{3.271} = 0.4824 (>0.45)$$

故消能坎为淹没溢流，应考虑淹没系数 σ_s 的影响。

②按坎为淹没溢流计算坎高：采用试算法。可参考 c_0 值假设 c 得到 σ_s 值，再代入公式 $q = \sigma_s m \sqrt{2g} H_{10}^{3/2}$ 算得单宽流量，与给定的单宽流量相比较。经过几次试算，那个试算得到的单宽流量等于给定值所对应的 c 即为所求。

计算中要用到的池末水深 h_T 及其流速水头 $\frac{\alpha_T v_T^2}{2g}$，在（1）的计算中得到：$h_T = 4.37\text{m}$，$\frac{\alpha_T v_T^2}{2g} = 0.3233\text{m}$。

假设 $c_1 = 1.4\text{m}$，则

$$H_1 = h_T - c_1 = 4.37 - 1.4 = 2.97 (\text{m})$$

$$H_{10} = H_1 + \frac{\alpha_T v_T^2}{2g} = 2.97 + 0.3233 = 3.293 (\text{m})$$

因为

$$\frac{h_s}{H_{10}} = \frac{h_t - c_1}{H_{10}} = \frac{3 - 1.4}{3.293} = 0.486 > 0.45$$

查表 9-2 得 $\sigma_s = 0.992$，于是

$$q_1 = \sigma_s m \sqrt{2g} H_{10}^{3/2} = 0.992 \times 0.42 \sqrt{2 \times 9.8} \times 3.293^{3/2} = 11.022 \; [\text{m}^3/(\text{s} \cdot \text{m})]$$

试算所得的单宽流量 q_1，与给定的单宽流量 $q = 11\text{m}^3/(\text{s} \cdot \text{m})$ 相比，相对误差仅 0.002，于是得坎高 $c = 1.4\text{m}$。（注：若试算的单宽流量偏差较大，则可设几次 c 值，作 q—c 辅助曲线，由给定的 q 查得对应的 c 值。）

因为消能坎已是淹没溢流，故不再验算坎后水流的衔接形式。

（2）求池长 L_B。由

$$L_j = 6.9(h_c'' - h_c) = 6.9(4.162 - 1.123) = 20.97 (\text{m})$$

得

$$L_B = 0.75 L_j = 0.75 \times 20.97 = 15.73 (\text{m})$$

最后确定坎高 $c = 1.4\text{m}$，池长 $L_B = 16\text{m}$。

三、消能池的设计流量

前面讨论池深和池长的水力计算，是在某个给定流量及其相应的下游水深条件下进行的。但建成的消能池却要在不同的流量下工作，而它们所要求的消能池尺寸又是各不相同的。因此，为了保证消能池在不同流量时都能起到控制水跃的作用，必须选定消能池的设计流量。

所谓池深的设计流量，系指要求池深为最大值的相应流量。从近似公式 $d = \sigma_j h_c'' - h_t$ 可以看出，d 随着 $(h_c'' - h_t)$ 的增大而加深。所以，当 $(h_c'' - h_t)$ 为最大值时所对应的流量就是池深的设计流量。由于跃后水深 h_c'' 与流量的关系只取决于泄水建筑物的水力条件，而下游水深 h_t 与流量的关系却取决于下游河道的水力条件，二者的规律不尽相同；故一般地说，建筑物下泄的最大流量并不一定就是池深的设计流量。

运用作图法可以简明地确定池深的设计流量。先将所取得的下游水深与流量关系的资料点绘 h_t—q 曲线，再对各级流量计算相应临界水跃的跃后水深 h_c''，将 h_c''—q 曲线点绘在同一张图纸上，如图 9-11 所示。从图上即可找到 $(h_c'' - h_t)$ 为最大时所对应的池深设计流

量 q_d。

所谓池长的设计流量,系指要求池长为最大值的相应流量。从式(9-13)可见,池长与完全水跃长度 L_j 成正比,而 L_j 又与临界水跃的跃后水深 h_c'' 有关,从式(9-14)可知跃后水深 h_c'' 为最大值的流量,就是池长的设计流量 q_L。

池深与池长的设计流量可能不是一个值,这是消能池水力设计中需要注意的问题。

至于消能坎的设计流量,一般是消能坎尺寸最大时的流量。

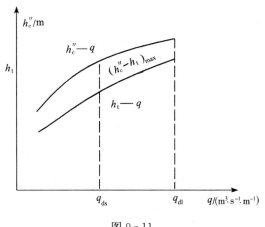

图 9-11

四、综合式消能池的水力计算

有时,若单纯采取降低护坦的方式,开挖量太大;单纯采取消能坎方式,坎又太高,坎后容易出现远驱式水跃衔接。可将上述两种底流式消能工的特点结合起来,采用既降低护坦高程又加筑消能坎的综合式消能池,如图 9-12 所示。这种消能形式可以改善因单纯降低护坦、使开挖量过大或单纯建消力墙、墙体太高、墙后水流衔接不佳等缺点。

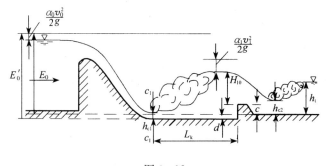

图 9-12

综合式消能池水力计算的基本原理是:先按坎后及池内产生临界式水跃衔接的条件求得一坎高 c 和池深 d,然后将坎高和池深统一下降一高度,使池内和坎后均能产生稍有淹没的淹没式水跃衔接。可先计算消能坎坎高 c;然后再计算消能池池深 d。

1. 坎高 c 的确定 如图 9-12 所示,设坎后水流为稍有淹没的水跃衔接,即 $h_{c2}'' = \dfrac{h_t}{\sigma_j}$,可取水跃淹没度 $\sigma_j = 1.05$ 计算。依次应用如下公式可求得坎高 c:

$$h_{c2} = \frac{h_{c2}''}{2}\left(\sqrt{1 + 8\frac{q^2}{gh_{c2}''^3}} - 1\right) \tag{9-17a}$$

即

$$h_{c2} = \frac{h_t}{2\sigma_j}\left(\sqrt{1 + 8\frac{q^2 \sigma_j^3}{gh_t^3}} - 1\right) \tag{9-17b}$$

消能坎可按堰流计算,坎上全水头可由堰流公式得

$$H_{10} = \left(\frac{q}{m_1\sqrt{2g}}\right)^{\frac{2}{3}} \tag{9-18}$$

再由式（9-4）得

$$E_{10} = H_{10} + c = h_{c2} + \frac{q^2}{2g\varphi_1^2 h_{c2}^2} \tag{9-19}$$

于是的坎高

$$c = h_{c2} + \frac{q^2}{2g\varphi_1^2 h_{c2}^2} - H_{10} \tag{9-20}$$

式中，h_{c2}、h''_{c2} 为坎后收缩水深和其对应的跃后共轭水深，$E_{10} = c + H_{10}$，H_{10} 为消能坎上全水头，m_1 为消能坎流量系数，一般取 0.42，φ_1 为消能坎流速系数，一般可取 $\varphi_1 = 0.85$ 计算。

2. 池深 d 的确定 在已定坎高 c 的基础上，消能池内亦按产生稍有淹没的水跃衔接计算，则消能池末端水深应满足以下几何条件

$$d + c + H_1 = \sigma_j h''_{c1} \tag{9-21}$$

即池深 d 应为

$$d = \sigma_j h''_{c1} - (c + H_1) \tag{9-22}$$

式中，H_1 为消能坎坎上水头，按下式计算

$$H_1 = \left(\frac{q}{m_1\sqrt{2g}}\right)^{\frac{2}{3}} - \frac{q^2}{2g(\sigma_j h''_{c1})^2} \tag{9-23}$$

式（9-22）即为池深的计算公式。计算过程与单纯降低护坦式消能池一样，由于与池深 d 有关，所以，计算 d 时也需要用试算法。

综合式消能池往往比单纯降低护坦或单纯修建消能坎而形成的消能池更经济合理，而且结构形式也不复杂。

如果上述计算所需池深 d 较大，致使开挖量太大时，也可以先给定池深 d，再求解坎高 c。其计算原理与上述类似，读者不难自行分析。

综合式消能池池长可按式（9-13）和式（9-14）计算。

五、辅助消能工

为提高消能效率而附设在消能池中的墩或槛统称辅助消能工。其形体繁多，兹举几种常见者（图9-13）略述其作用。

（1）趾墩：设置在消能池起始断面处。有分散入池水流以加剧紊动掺混的作用。

（2）消能墩：设置在大约 $1/2 \sim 1/3$ 的池长处，布置一排或数排。它可加剧紊动掺混，

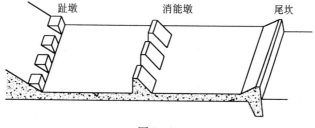

图 9-13

并给水跃以反击力,对于减小池深和缩短池长有良好的作用。

(3) 尾坎(连续坎或齿坎):设置在消能池的末端。它将池中流速较大的底部水流导向下游水体的上层,以改善池后水流的流速分布,减轻对下游河床的冲刷。

以上三种辅助消能工,既可以单独使用某一种,也可以将几种组合起来使用。但要注意,由于消能池前半部分的底流流速很大,因此须考虑趾墩和消能墩的空蚀问题。一般地说,设置趾墩和消能墩处的流速应小于 15~18m/s,其布置的方式与位置以及型体和尺寸应经过试验验证。

第五节　挑流型衔接与消能

利用下泄水流的巨大动能,借助挑流鼻坎将水股向空中抛射再跌落到远离建筑物的下游与河道中水流相衔接,这就是挑流型衔接与消能。水流余能主要通过空中消能和冲刷坑内水垫消能两个过程所耗散。由于空气和挑射水舌的相互作用,使水舌扩散、掺气和碎裂,增强了水舌与空气界面上以及水舌内的摩擦力,从而使射流在空中消耗了部分余能(10%~20%)。水舌跌落后与下游水流撞击并形成淹没扩散,同时在冲刷坑水垫中形成两个大漩滚,产生十分强烈的紊动混掺作用,从而消耗大部分余能。

挑流型衔接与消能的水力计算,主要是确定挑流射程和冲刷坑深度,以检验泄水建筑物是否安全。

一、挑流射程计算

所谓挑流射程,系指挑坎顶端至冲刷坑最深点的水平距离,简称挑距。试验表明,冲刷坑最深点的位置大体上在水舌外缘入水点的延长线上。以图 9-14 的连续式挑流鼻坎为例,则挑流射程为空中射程 L_1 与水下射程 L_2 之和,即

$$L = L_1 + L_2$$

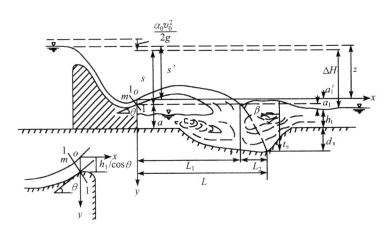

图 9-14

1. 空中射程 L_1　假设挑坎出射断面 1-1 上的流速分布是均匀的,流速方向角与挑角相等,忽略水舌的扩散、掺气、碎裂和空气阻力的影响。取坎顶铅垂水深的水面一点 o 为坐标原点,并认为通过 o 点与 m 点(图 9-14)的流速近似相等。则可按自由抛射体理论得到水

舌外缘的运动方程式

$$x = \frac{v_1^2 \sin\theta\cos\theta}{g}\left(1 + \sqrt{1 + \frac{2gy}{v_1^2 \sin^2\theta}}\right) \quad (9-24)$$

式中，θ 为鼻坎挑角；v_1 为出射断面平均流速。

将水舌外缘入水点的纵坐标 $y = a_1'$ 代入式（9-24），则

$$L_1 = \frac{v_1^2 \sin\theta\cos\theta}{g}\left(1 + \sqrt{1 + \frac{2ga_1'}{v_1^2 \sin^2\theta}}\right) \quad (9-25)$$

式中，a_1' 为坐标原点与下游水面的高差，即 $a_1' = a - h_t + h_1/\cos\theta$，其中，$a$ 为坎高，h_1 为鼻坎末端水深。

由于认为 m 点和 o 点的流速近似相等，则

$$v_1 = \varphi\sqrt{2gs'} \quad (9-26)$$

式中，φ 为坝段水流的流速系数；$s' = s - h_1/\cos\theta$ 为上游水面到 o 点的高差，其中 s 为上游水面到挑坎顶端的高差。

从式（9-26）求得 v_1 代入式（9-25）即可得到空中射程 L_1。但是，式（9-25）是计算的理想射程，没有考虑挑流水舌的空气阻力及自身的扩散、掺气和碎裂等因素的影响，往往与实际射程有明显的偏差。为了解决这个问题，目前采取的办法是，根据原型观测射程的资料，再用理论公式反求流速系数。这样得到的流速系数，既反映了坝段水流的阻力影响，又反映了空中水舌的阻力影响，已不同于一般的流速系数，故特称为"第一挑流系数"，记作 φ_1。从而将式（9-26）改写为实际应用式：

$$v_1 = \varphi_1 \sqrt{2gs'} \quad (9-27)$$

下面介绍估算"第一挑流系数"的两个经验公式，长江水利委员会建议

$$\varphi_1 = \sqrt[3]{1 - \frac{0.055}{K_E^{0.5}}} \quad (9-28)$$

式中，$K_E = \dfrac{q}{\sqrt{g} \cdot z^{1.5}}$ 称为流能比，其中的 z 为上下游水位差。式（9-28）适用于 $K_E = 0.004 \sim 0.15$，当 $K_E > 0.15$，可取用 $\varphi_1 = 0.95$。水利电力部东北勘测设计院科研所建议

$$\varphi_1 = 1 - \frac{0.0077}{\left(\dfrac{q^{2/3}}{s_0}\right)^{1.15}} \quad (9-29)$$

式中，s_0 为坝面流程，近似按 $s_0 = \sqrt{P^2 + B_0^2}$ 计算，P 为挑坎顶端以上的坝高，B_0 为溢流面的水平投影长度。式（9-29）适用于 $q^{2/3}/s_0 = 0.025 \sim 0.25$，当 $q^{2/3}/s_0 > 0.25$ 时，可取用 $\varphi_1 = 0.96$。

以上二式中的单位均以 s、m 计。

将式（9-27）代入式（9-24）和式（9-25）可得

$$x = \varphi_1^2 s' \cdot \sin 2\theta \left(1 + \sqrt{1 + \frac{y}{\varphi_1^2 s' \cdot \sin^2\theta}}\right) \quad (9-30)$$

及

$$L_1 = \varphi_1^2 s' \cdot \sin 2\theta \left(1 + \sqrt{1 + \frac{a_1'}{\varphi_1^2 s' \cdot \sin^2\theta}}\right) \quad (9-31)$$

式（9-31）即鼻坎末端到水舌外缘入水点的射程计算公式。

2. 水下射程 L_2 目前对水舌外缘入水后的运动轨迹有两种处理方法：

（1）一种意见认为水股射入下游水面后属于淹没射流性质，其运动不符合自由抛射的规律，水股外缘将沿着入水角 β 的方向直指冲刷坑的最深点。即

$$L_2 = \frac{t_s}{\tan\beta} \tag{9-32}$$

式中，t_s 为冲刷坑水垫深度。

入水角 β 可以这样求得，对式（9-30）取一阶导数，可得

$$\frac{dy}{dx} = \frac{x}{2\varphi_1^2 s' \cdot \cos^2\theta} - \tan\theta$$

因水舌外缘入水点的 $x = L_1$，其 $dy/dx = \tan\beta$，故将式（9-31）代入上式可得 β 的表达式

$$\tan\beta = \sqrt{\tan^2\theta + \frac{a_1'}{\varphi_1^2 s' \cdot \cos^2\theta}} \tag{9-33}$$

将式（9-33）代入式（9-32）可得水下射程计算公式

$$L_2 = \frac{t_s}{\sqrt{\tan^2\theta + \dfrac{a_1'}{\varphi_1^2 s' \cdot \cos^2\theta}}} \tag{9-34}$$

于是得总射程计算公式为

$$L = \varphi_1^2 s' \cdot \sin 2\theta \left(1 + \sqrt{1 + \frac{a_1'}{\varphi_1^2 s' \cdot \sin^2\theta}}\right) + \frac{t_s}{\sqrt{\tan^2\theta + \dfrac{a_1'}{\varphi_1^2 s' \cdot \cos^2\theta}}} \tag{9-35}$$

对于高坝，可忽略坎顶铅垂水深 $h_1/\cos\theta$，则上式中 $s' \approx s$，$a_1' \approx a_1$（a_1 为挑坎顶端到下游水面的高差）。

（2）另一种意见认为水股入水后仍按抛射体轨迹运动，考虑到又增加了水下射流的阻力影响，引入"第二挑流系数"φ_2 以替换"第一挑流系数"φ_1。这样，就不必单独去计算水下射程 L_2。忽略冲刷坑水位与下游水位的高差，将冲坑最深点的纵坐标 $y = t_s + a_1'$ 代入式（9-30）即可得到总射程计算公式为

$$L = \varphi_2^2 s' \cdot \sin 2\theta \left(1 + \sqrt{1 + \frac{t_s + a_1'}{\varphi_2^2 s' \cdot \sin^2\theta}}\right) \tag{9-36}$$

式中，φ_2 是由实测反算得出的"第二挑流系数"，它综合反映了坝段水流及空中、水下射流阻力的影响。我国根据实测资料进一步得到了两个挑流系数的关系：

$$\varphi_2 = 0.966\varphi_1 \tag{9-37}$$

对于高坝，式（9-36）中的 $s' \approx s$，$a_1' \approx a_1$。

对于冲坑水垫深度 $t_s < 30\text{m}$ 的挑流，用式（9-36）计算总射程 L 比较符合实际，可以满足实用上的精度要求。

二、冲刷坑深度的估算

不仅在挑流射程计算中需要先求出水垫深度 t_s；而且，冲刷坑深度 d_s 及其相对于挑坎的距离 L，系检验挑流冲刷是否影响主体建筑物稳定安全的重要数据。如图 9-15 所示，忽略冲坑水位与下游水位的高差，定义冲刷坑后坡 $i = d_s/L \approx (t_s - h_t)/L$。根据我国实践经验的规定，

按不同的地质条件,规定允许的最大后坡 $i_k = 1/2.5 \sim 1/5$。当 $i < i_k$,则可认为冲刷坑深度不会危及主体建筑物的安全。

关于挑流冲刷的机理,观点也比较多,倾向性的见解是:破坏岩基节理块稳定的主要因素是射流水股对河床的巨大脉动冲击力以及由此而产生作用于岩块的瞬时上举力。概略地说,冲刷坑的深度取决于挑流水舌淹没射流的冲刷能力与河床基岩抗冲能力之间的对比关系。在挑流的初期,水流的冲刷能力大于基岩的抗冲能力,于是开始形成并加深冲刷坑。随着冲刷坑深度的发展,使淹没射流水股沿程扩散和流速沿程降低,冲刷能力也逐渐衰减,直到冲刷能力与抗冲能力相平衡以致冲刷坑不再加深为止。

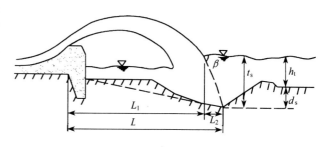

图 9-15

由于冲刷坑比较深,故挑流消能一般用于岩基上的中、高水头泄水建筑物。对于岩基冲刷坑的估算,我国普遍采用下述公式

$$t_s = Kq^{0.5} \cdot z^{0.25} \tag{9-38}$$

式中,q 是挑流水舌入水处的单宽流量,单位为 $m^3/(m \cdot s)$,对于直线式多孔溢流坝的连续式鼻坎,当多孔全开或同一开度泄流时,可以取用挑坎处的单宽流量;z 为上下游水位差,单位为 m;t_s 为冲刷坑水垫深度,单位为 m;K 为主要反映岩基抗冲特性及其他水力因素的"挑流冲刷系数",根据我国经验列出表 9-3 以供选用。

表 9-3 挑流冲刷系数 K

岩基分类	冲刷坑部位岩基构造特征	K 范围	K 平均值	备 注
Ⅰ(难冲)	巨块状、节理不发育,密闭	0.8~0.9	0.85	K 值适用范围:$30° < \beta < 70°$,β 为水舌入水角度
Ⅱ(较易冲)	大块状、节理较发育,多密闭部分微张,稍有充填	0.9~1.2	1.10	
Ⅲ(易冲)	碎块状、节理不育,大部分微张,部分充填	1.2~1.5	1.35	
Ⅳ(很易冲)	碎块状、节理很发育,裂隙微张或张开,部分为黏土充填	1.5~2.0	1.80	

在具体选用 K 值时,对差动式挑坎或水舌入水角较小者取用较小值;对连续式挑坎或水舌入水角较大者取用较大值。

至此,即可算得冲刷坑的深度 $d_s = t_s - h_t$,从而算得挑流总射程 L。再检验冲刷坑后坡 $i (= d_s/L)$ 是否符合规定的要求。

试验研究表明,挑流射程 L 和冲刷坑深度 d_s 随着泄水建筑物下泄单宽流量 q 的增大而增大。一般按泄水建筑物的上游设计水位进行挑流计算来检验主体建筑物是否安全,再以上游校核水位的挑流情况进行校核。

三、挑流鼻坎的形式与尺寸

挑坎的形式很多,常见的有连续式和差动式两种基本形式(图 9-16)。在相同的水力条件下，连续式挑坎的射程比较远，但水舌的扩散较差以致冲刷坑较深。差动式的齿坎和齿槽将出射水流"撕开"，使水舌在垂直方向有较大的扩散，从而减轻了对河床的冲刷，但是齿坎的侧面易受空蚀破坏。

至于差动式挑坎射程 L 的计算，取齿坎和齿槽的平均挑角 $\theta=\dfrac{1}{2}(\theta_1+\theta_2)$，应用式（9-35）或式（9-36）即可计算。

常用的连续式挑坎，主要尺寸有挑角 θ、反弧半径 R 及挑坎高程。合理的尺寸，可以增大射程与减小冲深。

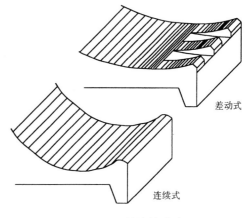

图 9-16 挑坎的形式

（1）挑角 θ：实践表明，当泄流条件确定后，挑角 θ 的大小对射程的影响比较大。按自由抛射体理论，当 $\theta=45°$ 时的射程为最大。但挑角增大会使入水角 β 也增大，从而导致冲刷坑的深度增加。我国工程常取用 $\theta=15°\sim 35°$；高挑坎取较小值，低挑坎或单宽流量大、落差较小时取较大值。

（2）反弧半径 R：试验研究指出，当其他条件相同时，射程随着 R 的增大而加长。不难理解，在反弧段上作曲线运动的水流，必须有部分动能要转化为惯性离心水头，从而使出射水流的功能有所降低。当 R/h 较大时，惯性离心水头较小，动能降低较少，故射程较远；反之，则射程较近，起挑流量也比较大。因此，R/h 值不能太小，但过大又会增加挑坎的工程量。一般按反弧流速的大小采用 $R/h=8\sim 12$ 为宜（h 为校核洪水泄流时反弧最低点处的水深）。

（3）挑坎高程：显然，挑坎高程愈低则出射水流的流速也愈大，这对增加射程是有利的。但过低也会引起新的问题，或因挑坎淹没以致水流不能形成挑射；或因水舌下面被带走的空气得不到充分补充造成局部负压而使射程缩短。考虑到水舌跌落后对尾水的推移作用，坎后的水位会低于水舌落水点下游的水位，故一般取挑坎最低高程等于或略低于最高的下游水位。

例 9-3 某 5 孔溢流坝，每孔净宽 $b=7\mathrm{m}$，闸墩厚度 $d=2\mathrm{m}$。坝顶高程 245m，连续式挑坎坎顶高程 185m，挑角 $\theta=30°$。下游河床岩基属 II 类，高程 175m。溢流面投影长度 $B_0=70\mathrm{m}$。设计水位 251m 时下泄流量 $Q=1\,583\mathrm{m}^3/\mathrm{s}$，对应的下游水位 183m，试估算挑流射程和冲刷坑深度并检验冲刷坑是否危及大坝安全。

解：（1）冲刷坑估算。

$$q=\frac{Q}{nb+(n-1)d}=\frac{1\,583}{5\times 7+(5-1)\times 2}=36.81[\mathrm{m}^3/(\mathrm{m}\cdot\mathrm{s})]$$

$$z=251-183=68(\mathrm{m})$$

II 类岩基、连续式挑坎，查表 9-3 取 $K=1.2$，由式（9-38）得冲坑水垫深度：

$$t_s=Kq^{0.5}\cdot z^{0.25}=1.2\times 36.81^{0.5}\times 68^{0.25}=20.91(\mathrm{m})$$

故冲刷坑深度

$$d_s=t_s-h_t=20.91-(183-175)=12.91(\mathrm{m})$$

(2) 射程估算。

$$P = 245 - 185 = 60 \text{(m)}$$
$$s_0 = \sqrt{P^2 + B_0^2} = \sqrt{60^2 + 70^2} = 92.2 \text{(m)}$$
$$\varphi_2 = 0.966\varphi_1 = 0.966 \times 0.912 = 0.881$$

由于是高坝，故
$$s' \approx s = 251 - 185 = 66 \text{ (m)}$$
$$a_1' \approx a_1 = 185 - 183 = 2 \text{ (m)}$$

按式（9-36）得射程

$$L = \varphi_2^2 s' \cdot \sin 2\theta (1 + \sqrt{\frac{t_s + a_1}{\varphi_2^2 s \cdot \sin^2\theta}})$$

$$= 0.881^2 \times 66 \times \sin 60°(1 + \sqrt{1 + \frac{20.91 + 2}{0.881^2 \times 66 \times \sin^2 30°}})$$

$$= 118.5 \text{(m)}$$

(3) 检验冲刷坑后坡。

$$i = \frac{d_s}{L} = \frac{12.91}{118.5} = \frac{1}{9.18}$$

由于 $i < i_k$（$= 1/2.5 \sim 1/5$），故认为冲刷不致危及大坝的安全。

第六节　面流及戽流流态

一、面流衔接与消能

在泄水建筑物的末端设置一垂直鼻坎，将下泄的高速水股引向下游水流的表层，并逐渐向下游扩散，使靠近河底的流速较小。同时由于下游水位高于坎顶，故在坎后的主流区下部形成激烈的漩滚，可以消耗下泄水流的能量，如图 9-17 所示。

鼻坎末端的切线与水平线之间夹角 θ 较小，一般坎角为 $\theta = 0° \sim 10°$，鼻坎可以做成连续式或差动式的形式。

面流消能对下游河床的冲刷作用不大，可以无须防护，因此有节省工程投资等优点，但是面流消能会引起

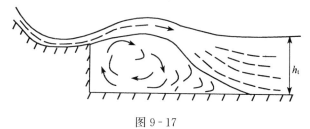

图 9-17

下游水面的激烈波动，因此对岸坡的稳定和航运不利。

面流流态随坎高 c 和单宽流量 q 的不同而有较复杂的变化，试验表明，当 $\theta = 0°$（可以推广至 $\theta = 10°$），单宽流量由小逐渐增大，下游水深 h_t 由小逐渐增加时，面流流态可能出现如图 9-18 所示的四种演变序列，出现四种演变序列的条件及流态为：

(1) A 序列：当 q 较小，坎高 $c > c_{\min}$（$c_{\min}$ 为发生面流的最小坎高）时，依次出现底流→自由面流→淹没面流→回复底流。

最小坎高 $c_{\min}$ 可按下式计算

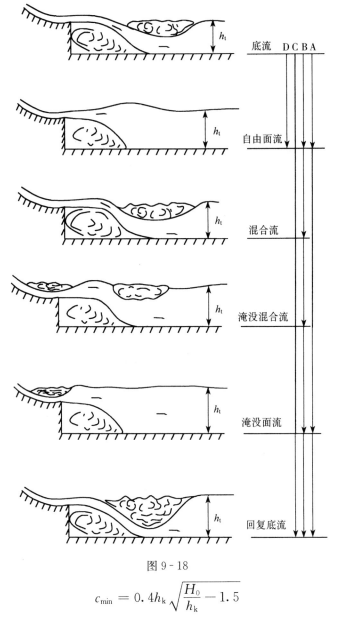

图 9-18

$$c_{\min} = 0.4 h_k \sqrt{\frac{H_0}{h_k} - 1.5}$$

式中，h_k 为临界水深，H_0 为计及行近流速的上游断面的总水头。

(2) B 序列：当 q 较大，$c > c_{\min}$ 时，依次出现底流→自由面流→混合流→淹没混合流→淹没面流→回复底流。本序列为最完全的演变序列。

(3) C 序列：当坎高 $c < c_{\min}$ 时，由底流直接转变为回复底流，不发生典型面流流态。

(4) D 序列：$\dfrac{c}{a_1} < 0.2$（a_1 为下游坝高），呈现底流与自由面流往复出现的交替流。

可见 B 序列是最完全的演变序列。各型流态中，以自由面流、混合流、淹没混合流和淹没面流为典型的面流流态。

各种流态特征的说明见表 9-4。

表 9-4　面流流态特征

图　　示	流态	流态特征
	底流	下游水深较小，水流在坎下游河床中形成远离式水跃。随着水深增大而变临界水跃和淹没水跃
	自由面流	下游水深增加，使主流升到表层，底部有一个较长的漩涡区，表面无漩滚，但有剧烈波浪。从淹没底流转变为自由面流的临界状态称为第一界限状态，相应的下游水深称为第一界限水深，以 h_{t1} 表示
	混合流	下游水深继续增大，出坎水流受到下游水流的顶托，使坎上水股向上弯曲，再因重力影响，而潜入河底，在坎下和下游水面分别出现漩滚，形成面流加底流的混合流，从自由面流转变为混合流的临界状态称为第二界限状态，相应的下游水深称为第二界限水深，以 h_{t2} 表示
	淹没混合流	下游水深再增大，在坎上、坎下和下游水面分别出现三个漩滚，鼻坎被漩滚淹没。从混合流转变为淹没混合流时的临界状态称为第三界限状态，相应的下游水深称为第三界限水深，以 h_{t3} 表示
	淹没面流	下游水深再增大，底流部分水股重新升到水面，而坎上漩滚不变，称为淹没面流。从淹没混合流到淹没面流的临界状态称为第四界限状态，相应的下游水深称为第四界限水深，以 h_{t4} 表示
	回复底流	下游水深再增大，坎上表面漩滚越来越大，以致把主流压到底部，又成为底流，称为回复底流

由表 9-4 可知：面流的水流现象是复杂多变的，受单宽流量、坎高和下游水深等的影响较大，要使下泄水流保持面流的流态，必须有足够的下游水深，即下游水深 h_t 应大于产生淹没底流时的最大水深 h_{t1}（即 $h_t > h_{t1}$），而且水深变化幅度不可太大，下游水深还必须小于发生回复底流时的最小水深，即小于 h_{t4}。

以消能观点来看，最有利的面流流态是出现在自由面流和淹没面流，其次是混合流，最不利和不允许出现的面流流态是底流和回复底流。因为底流的最大流速靠近河床表面，对河床会产生严重冲刷。

面流消能各种界限水深的计算，尚无成熟的理论计算方法，主要靠模型试验来定。也有一些通过总结实验得出的确定界限水深的经验公式或计算图表，可参阅有关书籍。

二、消力戽消能简介

消力戽是指在泄水建筑物末端建造的一个具有较大反弧半径和挑角的低鼻坎。在一定下游水深时,从泄水建筑物下泄的高流速水流,由于受下游水位的顶托作用在戽斗内形成漩滚,主流沿鼻坎挑起,形成涌浪并向下游扩散,在戽坎下产生一个反向漩滚,有时涌浪之后还会产生一个微弱的表面漩滚,这就是典型的消力戽流态,如图 9-19 所示。

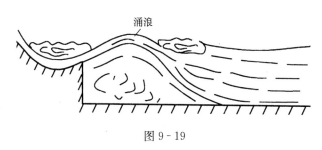

图 9-19

不论是坎角 $\theta=45°$ 的连续式鼻坎消力戽,还是 $\theta=15°\sim45°$ 的差动式鼻坎消力戽,随着下游水深 h_t 由小增大,消力戽的流态将如图 9-20 所示。

(1) 当下游水深较小时,出戽水股被挑出,在水股与河床之间形成空腔,然后产生水跃,如图 9-20(a)所示;或者没有空腔,水跃向消力戽推进,如图 9-20(b)所示;或者在戽内产生间歇性的小漩滚,如图 9-20(c)所示。这三种情况均有高速度水流靠近河床,故属底流流态,这不是建造消力戽所要求的流态。

(2) 当下游水深逐渐加大,至某一个水深 h_{tmin} 时,出戽水股上仰角也加大,射流减小,部分水流失去前进速度,而在戽内形成漩滚,主流沿戽面继续射出时,在下游形成涌浪,然后扩散,开始形成戽流态,这时的下游水深 h_{tmin} 称为戽流态的最小界限水深。

(3) 形成戽流态后,如继续增加下游水深 h_t,即 $h_t>h_{tmin}$,当 h_t 增大到某一水深

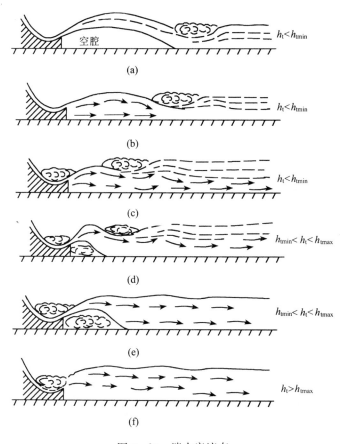

图 9-20 消力戽流态

h_{tmax} 时,戽内及戽后底部漩滚体积加大,涌浪增高,涌浪后漩滚逐渐减小,形成"三滚一浪"或"两滚一浪"的典型流态,如图 9-20(d)所示,这时的下游水深 h_{tmax} 称为戽流态的最大界限水深。

(4) 水舌下坠,当 $h_t>h_{tmax}$ 时,出坎射流水舌下坠,冲刷河床,在坎上及下游形成两个旋转方向相同的大漩滚,如图 9-20(f)所示。当 $h_t=h_{tmax}$ 时则呈现不稳定流态,即射流水舌首先下坠直冲河床,待河床形成较大冲坑后,冲坑内又形成了顺时针的逆流向漩滚。当此

底部漩滚的作用强烈时，下坠水舌被迫抬高，又恢复了"两滚一浪"的流态。待底部漩滚将河床下游砂石卷回冲坑，冲坑被填平后，漩滚作用转弱，水舌又再下坠。如此循环不已，出现"两滚一浪"和水舌下坠的不稳定的交替流态。

由上述可知：底流流态和水舌下坠都是对下游河床不利的，所以水利工程中应保证建筑物下游发生典型消力戽流态，即应满足 $h_{tmin}<h_t<h_{tmax}$ 的条件。

消力戽消能尚无成熟的计算方法，主要靠试验研究决定。近年来，国内也进行了不少试验研究，取得了一些成果，国外也有些研究成果，读者如有需要可参阅有关书籍文献。

第七节 消能技术进展简述

近年来，随着峡谷高坝建设的迅速发展，我国在高水头、大单宽流量的消能防冲技术方面，取得了许多科研成果，并用于工程实践，主要经验大体可概括为三个方面：一是对底、挑、戽（面）流传统的消能形式进行了改进和发展，提高了适应能力，增强了消能效果；二是研制了一批新型高效的消能工，能更加符合高坝消能的特点；三是因地制宜、协调配合，采用多种消能工的联合消能方式。以挑流鼻坎而言，坎型多样化，有扩散式、差动式、窄缝式、匙式以及扭曲扩散斜挑坎等，甚至可以根据水舌落点要求设计出合适的挑坎尺寸。宽尾墩是我国提出的一种新型消能结构，它可使水流碎裂，部分水流脱离主流，大量掺气，并使脱离主流的水流在宽尾墩后一定距离处与主流撞击、混掺，进而扩散至溢流坝全宽度，使下泄水流的能量大大减少。戽面流消能方式也有一些新的发展，如适合高坝、大单宽流量消能要求的戽式消能池，就是集消能池与消力戽作用于一体。此外还有差动式消力戽、反坡式消力戽等。随着高坝大泄量水利枢纽的兴建，很多工程在消能方面采用了联合泄洪消能方式，除了发挥各单项消能工的消能效果外，并将其加以组合，形成整体的新型消能结构。如消能池加宽尾墩加异形挑流鼻坎的联合消能，表、中孔水舌碰撞消能，表孔、宽尾墩、底孔、消能池联合消能，宽尾墩、戽式消能池联合消能。此外，掺气分流墩、隧洞孔板消能等新型消能设施也已应用到工程实际中。

1. 对传统消能形式的改进

（1）底流。近年来在底流消能方面已突破单一的模式，向多种消能工模式发展，如多种消能方式相结合的综合消能工形式：宽尾墩—底孔鼻坎—消力池联合消能工。

（2）挑流。挑流消能在总体布局上有许多创新，不少工程利用表、中、底孔各自的优势，在不同位置、不同高程上组成立体泄洪结构，调动整个泄水空间以充分增加消能效果，取得了明显的效益。

（3）戽面流。传统的消力戽几乎均为单圆弧体型，由于戽斗较小，挑角较大，对于高坝大单宽流量已难适应。高坝消力戽的发展是改进自身的体型并与其他消能设施联合消能。同时使表面波浪尽量加以平伏，砂石磨损予以避免，设法解决检修难的问题。目前提出的适于高坝的优化戽型：差动式、反坡式、戽池式等，其中戽式消力池兼备"戽"与"池"的特点，流态有所改善，消能效率提高。

2. 新型消能工

（1）高低坎大差动消能工。此种消能工或使水流产生三维扩散和撞击，即平面上左右扩散撞击，立面上上、下水股对冲，从而促进紊动掺气，扩大射流入水面积，减轻河床的冲刷。

（2）收缩式消能工。

①窄缝式消能工（图9-21）：窄缝式消能工是一种高效的收缩式消能工，它借助侧壁的收缩，迫使水流变形，增强紊动和掺气，形成竖向和纵向扩散的挑流流态，减小单位面积的入水能量，减轻对下游河床的冲刷，特别适合解决高山狭谷河流的消能泄洪问题。另外，窄缝式消能工也便于水流转向，容易顺应下游河道。

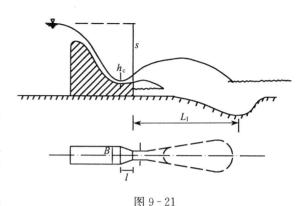

图9-21

②宽尾墩（图9-22）：它是用直线或曲线将溢流坝闸墩的尾部加宽，使坝面溢流沿横向收缩，在坝面上形成一道窄而高的水墙，扩大了与空气的接触面，因而水流的掺气量也相应增大，水舌跌入反弧时，激起较高水冠，水冠厚度约为一般闸墩出流时挑流厚度的4～5倍，由于溢流水舌的大量掺气，对防止坝面空蚀破坏也十分有利。

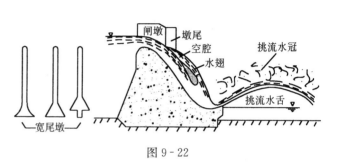

图9-22

（3）掺气分流墩。掺气分流墩设施由水平掺气坎、侧墙挑坎和高出水面的分流墩三部分组成，其作用是整体水流分散成多股水舌，并使各股水舌竖向及纵向扩散、碰撞、碎裂、掺气，以增进掺气减蚀和消能效果。

（4）多级孔板压力消能工。多级孔板压力消能工是一种新型的洞内消能设施，它能有效地削减水头、减少衬砌造价，从而带来显著的经济效益，特别是在导流洞改建成的泄洪洞中采用更为适宜。孔板消能属于突扩式压力消能系统。而多级孔板由于使水流重复收缩与扩大，因此消能效率得以大大提高。

习　题

9-1　曲线型实用堰，下游堰高 $P_2=6m$，单宽流量 $q=8m^3/(s·m)$ 时的流量系数 $m=0.45$。求收缩断面水深 h_c 及临界水跃的跃后水深 h_c''。

9-2　溢流坝坝高 $P=13m$，单宽流量 $q=9m^3/(s·m)$ 时的流量系数 $m=0.45$。若下游水深为 $h_t=5m$；试判别底流衔接形式。

9-3　一单孔溢流坝，护坦宽与堰宽相同。试在下列已知条件下设计一降低护坦消能池：q 为 $8m^3/(s·m)$，H_0 为 $2.4m$，P_2 为 $7m$；下游水深 h_t 为 $3.5m$；φ 取 0.95（图同题9-1）。

9-4　克-奥型曲线溢流坝，上下游坝高分别为 $P_1=11m$，$P_2=10m$，过流宽度 $b=$

40m，在设计水头下流量 $Q=120\text{m}^3/\text{s}$（$m_a=0.49$），下游水深 $h_t=2.5\text{m}$。

(1) 判别下游底流型的衔接形式；

(2) 若需要采取消能措施，就上述水流条件，设计降低护坦的消能池。

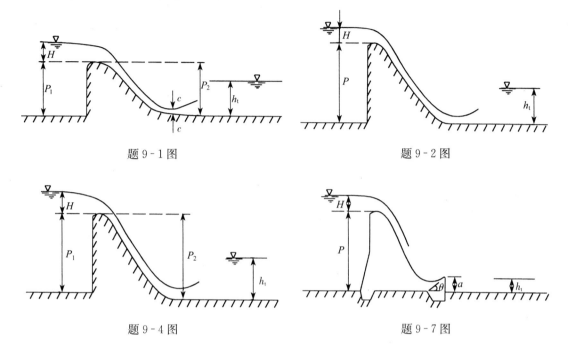

题 9-1 图

题 9-2 图

题 9-4 图

题 9-7 图

9-5 如题 9-4，试设计坎式消能池。

9-6 顶孔由平板闸门控制的溢流坝，今保持坝顶水头 $H=3\text{m}$，调节闸门开度，下游水深与单宽流量的关系见下表。如上游坝高为 $P_1=8.5\text{m}$，流速系数 φ 取 0.9，试选定这组情况下的消能池设计单宽流量。

题 9-6 表 h_t—q 关系

h_t	3.40	3.45	3.50	3.55
$q/(\text{m}^3 \cdot \text{s}^{-1} \cdot \text{m}^{-1})$	5.00	5.50	6.00	6.50

9-7 有一 WES 型溢流坝，坝高 $P=50\text{m}$，连续式挑流鼻坎高 $a=8.5\text{m}$，挑角 $\theta=30°$。下游河床为第Ⅲ类岩基。坝的设计水头 $H_d=6\text{m}$。下泄设计洪水时的下游水深 $h_t=6.5\text{m}$。估算：

(1) 挑流射程；

(2) 冲刷坑深度；

(3) 检验冲刷坑是否危及大坝安全。

第十章 有压管道中的非恒定流

在前面各章节中,所研究的水流运动均被视为或近似被视为恒定流,即流场内液体质点通过空间点的运动要素(如 v、p 等)只随空间位置变化、而不随时间变化或忽略随时间变化,且视水流为不可压缩流体,边界也是不可变形的刚性壁面。其研究结果可以较为准确地解决工程实际中的许多水力学问题。但在实际工程中还会遇到一些运动要素不仅随空间位置变化而且明显地随时间变化的非恒定水流运动现象。例如,当水库水位上涨或下降时,通过有压输水洞的水流则属于有压非恒定流。特别是在水电站或水泵站的有压引水系统中,通常用导叶或阀门调节流量,以达到适应水电站出力变化或水泵站供水量变化的生产要求。这种调节往往是快速的,因此必然引起有压引水管道中的流速发生急剧变化,伴随着将产生管道中液体内部压强迅速交替升降的水力现象。这种交替升降的压强作用在管壁、阀门或其他管道元器件上好像锤击一样,故称这种有压非恒定流为水击现象,简称水击(或称水锤)。交替升降的压强称为水击压强。

水击压强值通常可以达到管道正常工作压强的几十倍,甚至更高,预料不及、处理不当将会导致管道剧烈振动、变形甚至爆裂。所以在水电站或水泵站有压引水系统的设计中,必须进行水击计算,以确定可能出现的最大和最小水击压强值,并研究防止和削弱水击作用的适当措施。

在引水系统中设置调压室,是减小水击压强的作用强度和缩小其影响范围的有效措施。但是,调压系统中产生的水体振荡现象也属于非恒定流。

本章首先给出非恒定流的基本方程组,然后主要讨论有压非恒定流的运动规律,特别是水击现象的定性分析和定量计算,对调压室的工作原理和水力计算也作简单介绍。

与前面各章节相比,本章显著的研究特点是:(1)考虑水流运动的非恒定性;(2)考虑液体的压缩性;(3)考虑管壁材料的弹性变形。

第一节 一维非恒定流动的基本方程

一维非恒定流的基本方程组包括连续性方程和运动方程。

一、连续性方程

利用质量守恒原理,可以推导出连续性方程。

如图 10-1 所示,在实际非恒定总流中取出长度为 ds 的微分段作为控制体,n-n 为上游断面,m-m 为下游断面,坐标 s 的方向与液流运动方向一致。设 n-n 断面的面积为 A,流速为 v,液体密度为 ρ,则在 dt 时段内通过 n-n 断面流入的液体质量为 $\rho vAdt$。在同一时段 dt 内,通过 m-m 断面流出的液体质量应为 $\rho vAdt+\frac{\partial}{\partial s}(\rho vAdt)ds$。故在 dt 时段内流入与

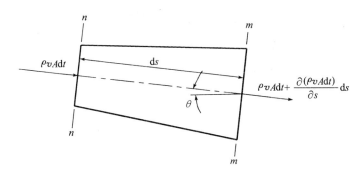

图 10-1

流出该控制体的液体质量差为

$$dm_s = \rho vA\,dt - \left[\rho vA\,dt + \frac{\partial}{\partial s}(\rho vA\,dt)ds\right] = -\frac{\partial}{\partial s}(\rho vA\,dt)ds$$

在时段 dt 初，该控制体内的液体质量为 $\rho A ds$，在时段 dt 末，液体质量应改变为 $\rho A ds + \frac{\partial}{\partial t}(\rho A ds)dt$。故在 dt 时段内控制体内的液体质量变化为

$$dm_t = \frac{\partial}{\partial t}(\rho A\,ds)dt$$

根据质量守恒原理，在 dt 时段内，流入与流出该控制体的液体质量差应等于同一时段内该控制体内的质量变化，即

$$-\frac{\partial}{\partial s}(\rho vA\,dt)ds = \frac{\partial}{\partial t}(\rho A\,ds)dt$$

或写成

$$\frac{\partial}{\partial s}(\rho vA) + \frac{\partial}{\partial t}(\rho A) = 0 \qquad (10-1)$$

式（10-1）即为一维非恒定流的连续性方程。对于具体问题，可以对连续性方程作相应的简化。

如果可以视液体为不可压缩液体，即 $\rho = \text{const}$，但过水断面随时间变化，则式（10-1）可简化为

$$\frac{\partial}{\partial s}(vA) + \frac{\partial A}{\partial t} = 0 \qquad (10-2)$$

式（10-2）将在第十一章中分析明渠非恒定流动时应用。

对于既不考虑液体压缩性，也不考虑管壁材料的弹性，即断面大小保持不变的管道非恒定流，式（10-1）可简化为

$$vA = Q = f(t) \qquad (10-3)$$

式（10-3）表明流量只随时间变化，对于某一瞬间，流量是沿程不变的。调压系统中的液体振荡就属于这种情况。

对于不可压缩液体的恒定流运动，式（10-1）可简化为

$$vA = Q = \text{const}$$

上式即为第三章中推导出的恒定流的连续性方程。这进一步说明了恒定流是非恒定流的特例，恒定流的连续性方程可以直接由非恒定流的连续性方程简化而得。

二、运动方程

利用牛顿第二定律，可以推导出运动方程。

如图 10-2 所示，在非恒定流中取出长度为 $\mathrm{d}s$ 的元流段为研究对象。坐标 s 的方向与液流运动方向一致，管轴线与水平线的夹角为 θ。n-n 为上游断面，m-m 为下游断面。设 n-n 断面的面积为 a、液体密度为 ρ、湿周为 χ、压强为 p；则 m-m 断面的相应各量为 $\left(a+\dfrac{\partial a}{\partial s}\mathrm{d}s\right)$、$\left(\rho+\dfrac{\partial \rho}{\partial s}\mathrm{d}s\right)$、$\left(\chi+\dfrac{\partial \chi}{\partial s}\mathrm{d}s\right)$、$\left(p+\dfrac{\partial p}{\partial s}\mathrm{d}s\right)$。

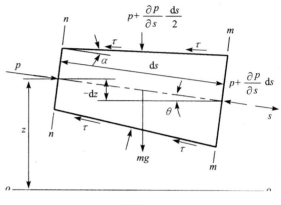

图 10-2

作用在该元流段 $\mathrm{d}s$ 上的外力在坐标 s 方向的分力有：

(1) 作用在元流段上下游断面上的动水压力之差

$$pa - \left(p + \frac{\partial p}{\partial s}\mathrm{d}s\right) \cdot \left(a + \frac{\partial a}{\partial s}\mathrm{d}s\right)$$

(2) 作用在元流段侧面上的动水压力

$$\left(p + \frac{\partial p}{\partial s}\frac{\mathrm{d}s}{2}\right) \cdot \frac{\partial a}{\partial s}\mathrm{d}s$$

(3) 作用在元流段侧面上的摩擦阻力

$$-\tau\left(\chi + \frac{\partial \chi}{\partial s}\frac{\mathrm{d}s}{2}\right) \cdot \mathrm{d}s \cdot \cos\alpha$$

其中，τ 为作用在单位侧面积上的摩擦阻力；α 为元流段的侧壁与管轴线的夹角，α 一般较小，通常可取 $\cos\alpha = 1$。

(4) 重力在坐标 s 方向的分力

$$mg\sin\theta = g\left(\rho + \frac{\partial \rho}{\partial s}\frac{\mathrm{d}s}{2}\right)\left(a + \frac{\partial a}{\partial s}\frac{\mathrm{d}s}{2}\right)\mathrm{d}s \cdot \sin\theta$$

因为 $\sin\theta = -\dfrac{\partial z}{\partial s}$，所以

$$mg\sin\theta = -g\left(\rho + \frac{\partial \rho}{\partial s}\frac{\mathrm{d}s}{2}\right)\left(a + \frac{\partial a}{\partial s}\frac{\mathrm{d}s}{2}\right)\frac{\partial z}{\partial s}\mathrm{d}s$$

根据牛顿第二定律，作用在该元流段 $\mathrm{d}s$ 上的所有外力的合力应等于流段内液体的质量与加速度的乘积，即

$$pa - \left(p + \frac{\partial p}{\partial s}\mathrm{d}s\right) \cdot \left(a + \frac{\partial a}{\partial s}\mathrm{d}s\right) + \left(p + \frac{\partial p}{\partial s}\frac{\mathrm{d}s}{2}\right) \cdot \frac{\partial a}{\partial s}\mathrm{d}s - \tau\left(\chi + \frac{\partial \chi}{\partial s}\frac{\mathrm{d}s}{2}\right) \cdot \mathrm{d}s$$

$$-g\left(\rho + \frac{\partial \rho}{\partial s}\frac{\mathrm{d}s}{2}\right)\left(a + \frac{\partial a}{\partial s}\frac{\mathrm{d}s}{2}\right)\frac{\partial z}{\partial s}\mathrm{d}s = \left(\rho + \frac{\partial \rho}{\partial s}\frac{\mathrm{d}s}{2}\right)\left(a + \frac{\partial a}{\partial s}\frac{\mathrm{d}s}{2}\right)\mathrm{d}s \cdot \frac{\mathrm{d}u}{\mathrm{d}t}$$

由于在非恒定流中，流速 u 是坐标 s 和时间 t 的函数，即 $u=f(s, t)$，故

$$\frac{\mathrm{d}u}{\mathrm{d}t} = \frac{\partial u}{\partial t} + u\frac{\partial u}{\partial s}$$

将 $\dfrac{\mathrm{d}u}{\mathrm{d}t}$ 代入上式，并忽略高阶微量，简化整理得

$$\frac{\partial z}{\partial s} + \frac{1}{\gamma}\frac{\partial p}{\partial s} + \frac{1}{g}\left(\frac{\partial u}{\partial t} + u\frac{\partial u}{\partial s}\right) + \frac{\tau\chi}{\gamma a} = 0 \qquad (10\text{-}4)$$

式（10-4）即为元流非恒定流的运动方程。

对于渐变流，将上式对整个总流过水断面进行积分，并忽略断面上流速分布不均匀性的影响，可得一维非恒定总流的运动方程为

$$\frac{\partial z}{\partial s} + \frac{1}{\gamma}\frac{\partial p}{\partial s} + \frac{1}{g}\left(\frac{\partial v}{\partial t} + v\frac{\partial v}{\partial s}\right) + \frac{\tau_0\chi_0}{\gamma A} = 0 \qquad (10\text{-}5)$$

式中，z、p、v 分别为总流过水断面上的平均高程、平均压强和平均流速；A 为总流过水断面面积；χ_0 为总流过水断面的湿周；τ_0 为总流流段 $\mathrm{d}s$ 侧面上的平均切应力。

式（10-5）是一维非恒定总流运动方程的一般形式，既适用于有压管道的非恒定流，也适用于明渠非恒定流。它主要反映了作用于总流 $\mathrm{d}s$ 段上的所有作用力，即重力、压力、惯性力及阻力的平衡关系。

忽略密度 ρ 随坐标 s 的变化，上式可写成

$$\frac{\partial}{\partial s}\left(z + \frac{p}{\gamma} + \frac{v^2}{2g}\right) + \frac{\tau_0\chi_0}{\gamma A} + \frac{1}{g}\frac{\partial v}{\partial t} = 0 \qquad (10\text{-}6)$$

式（10-6）将被用来讨论水击问题。

将式（10-6）各项同乘以 $\mathrm{d}s$，对于同一时刻 t，沿流向从 1-1 断面至 2-2 断面进行积分，可得一维非恒定总流的能量方程

$$z_1 + \frac{p_1}{\gamma} + \frac{v_1^2}{2g} = z_2 + \frac{p_2}{\gamma} + \frac{v_2^2}{2g} + \int_1^2 \frac{\tau_0\chi_0}{\gamma A}\mathrm{d}s + \frac{1}{g}\int_1^2 \frac{\partial v}{\partial t}\mathrm{d}s \qquad (10\text{-}7)$$

式中，$\int_1^2 \dfrac{\tau_0\chi_0}{\gamma A}\mathrm{d}s$ 表示总流单位重量液体的阻力在 1-1 断面至 2-2 断面间所做的功，即能量损失，以 h_w 表示；$\dfrac{1}{g}\int_1^2 \dfrac{\partial v}{\partial t}\mathrm{d}s$ 表示总流单位重量液体由于当地加速度 $\dfrac{\partial v}{\partial t}$ 而引起的惯性力在 1-1 断面至 2-2 断面之间所做的功，称为惯性水头，以 h_I 表示。这时，上述非恒定总流的能量方程可表示为

$$z_1 + \frac{p_1}{\gamma} + \frac{v_1^2}{2g} = z_2 + \frac{p_2}{\gamma} + \frac{v_2^2}{2g} + h_\mathrm{w} + h_\mathrm{I} \qquad (10\text{-}8)$$

在式（10-8）中，h_w 和 h_I 虽然处于同样的地位，但所表明的意义却并不相同。h_w 是因阻力而损耗的能量，它转化为热能而消失，故 h_w 始终大于零。而 h_I 值则可正可负，当 $\dfrac{\partial v}{\partial t}>0$，即流速随时间增加时，$h_\mathrm{I}$ 为正，表明为了提高 1-1 断面至 2-2 断面之间水体的动能，需要从 1-1 断面水体的原有能量中转移出一部分能量，大小为 h_I；当 $\dfrac{\partial v}{\partial t}<0$，即流速随时间减小时，$h_\mathrm{I}$ 为负，表明由于水流动能的降低，从 1-1 断面到 2-2 断面，水体要释放相应的

惯性能而转化为水流的其他能量。因此，惯性水头 h_1 是隐藏在水体中的一种能量，它参与水流机械能的转化，而 h_w 则具有不可逆转性。

注意，从上述推导过程可以看出：

（1）非恒定总流的能量方程（10-8）是一个以时间 t 为参变量的瞬时方程，p_1、p_2、v_1、v_2、h_w、h_1 以及 γ 均为时间 t 的函数，且为同一时刻的值。

（2）方程（10-8）左右两端的 γ 相同，这是因为在上述推导过程中忽略了密度 ρ 随坐标 s 的变化，但 γ 不一定为常数。对于可压缩液体，γ 应为时间 t 的函数；只有对于不可压缩液体，才能视 γ 为常数。

方程（10-8）将被用来讨论调压系统中的液体振荡问题。

第二节 水击现象

一、阀门突然关闭情况下有压管道中的水击现象

现以简单管道末端阀门突然关闭为例说明水击现象，即水击的发生和变化过程。

如图 10-3 所示，管长为 L，进口端 B 接水库，末端 A 接一调节阀门。为分析方便，忽略水头损失和流速水头，即认为在恒定流时，管路中的测压管水头线是一条与水库水位同高的水平线。

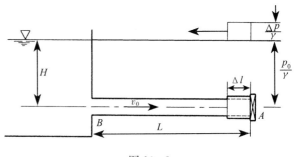

图 10-3

设水击现象发生前，管中水流为恒定流，平均流速为 v_0，平均压强为 p_0。若 A 端阀门突然完全关闭（即关闭时间为零），紧靠阀门的一层水体则以速度 v_0 冲击阀门，速度骤然变为零，动量发生了变化。根据动量定理，动量的变化量等于阀门对水体的反作用力的冲量。因此，水体内部压强升高，产生水击压强 Δp。因为冲量等于作用力乘以作用时间，作用时间越短作用力则越大，水击压强 Δp 也越大。当时间趋于零时，水击压强将趋于无穷大。实际上，由于水体和管壁均为弹性体，在水击压强 Δp 增大的同时，伴随有水体受压和管壁膨胀两种变形。因此，即使阀门关闭时间为零，水击压强也不会升至无穷大，而是升至某一有限值 Δp。这样，紧靠阀门断面长度为 Δl 的液层流速首先变为零，压强升高 Δp，液体被压缩，密度增大，周围管壁膨胀，断面增大。但是 Δl 液层上游的流动还未受到阀门关闭的影响，仍以速度 v_0 继续向下游流动。当碰到停止不动的第一层液体时，也像第一层液体碰到完全关闭的阀门一样，速度骤然变为零。继而压强升高 Δp，液体被压缩，密度增大，周围管壁膨胀，断面增大。这样，一层一层的液体和一段一段的管壁相继发生同样的变化。这种变化由阀门断面产生，迅速向上游传播，直至管道进口断面。实际上这是一种压力波的传播，所到之处压强发生变化，液体密度发生变化，管道横断面积也发生变化，在此，称为水击波的传播。因为是在液体这种弹性介质中的传播，水击波也是一种弹性波。

设 c 为水击波传播的速度，简称水击波速。则在阀门关闭后的 $\dfrac{L}{c}$ 时刻，水击波传至管道

进口 B 断面。时段 $0 < t < \frac{L}{c}$ 为水击波传播的第一阶段，其液体和管壁的变化特征如图 10-4（a）所示。这期间，传播使压强升高 Δp，而传播方向与恒定流方向相反，因此称第一阶段的水击波为增压逆波。

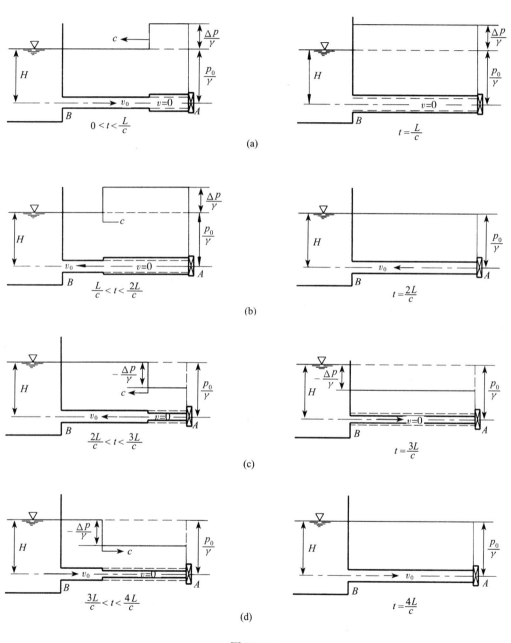

图 10-4

在 $t = \frac{L}{c}$ 时刻，全管流动停止，压强普遍升高 Δp，液体密度增大，管壁膨胀。但上游水库水位是固定不变的，因而管道进口 B 断面在水库一侧的压强始终是 p_0。而另一侧的压强此时则为 $p_0 + \Delta p$，两侧压强不等。在压差 Δp 的作用下，B 断面的液体不能保持平衡，液体由管中向水库流动,其速度大小仍为 v_0（为什么?）。反向流速一经产生,相应液层的压强马上恢复到 p_0,压缩的液体和膨胀的管壁也立即恢复原状。这种变化从 $t=\dfrac{L}{c}$ 时刻开始,由 B 断面逐层向下游传播,在 $t=\dfrac{2L}{c}$ 时刻到达 A 断面。时段 $\dfrac{L}{c}<t<\dfrac{2L}{c}$ 为水击波传播的第二阶段,其液体和管壁的变化特征如图 10-4（b）所示。这期间,水击波的传播使压强降低 Δp,其传播方向与恒定流方向一致。因此,称第二阶段的水击波为减压顺波,它是第一阶段中的增压逆波经管道进口 B 断面的反射波。

时段 $\dfrac{2L}{c}$ 是水击波由阀门至水库传播一个来回所需要的时间,水击计算中称此为一相或一个相长,用 T 表示,即 $T=\dfrac{2L}{c}$。

在 $t=\dfrac{2L}{c}$ 时刻,虽然全管中的液体压强、密度及管壁状态都恢复到正常情况,但全管液体具有一个反向流速 $-v_0$,致使传播并未结束。这时,A 端阀门关闭,无水补充,紧靠阀门处的水流被迫停止,流速由 $-v_0$ 变为零,动量发生了变化,故压强立即降低为 $p_0-\Delta p$。同时,液体膨胀,密度减小,管壁收缩。这种变化又逐层以波速 c 向上游传播,在 $t=\dfrac{3L}{c}$ 时刻到达进口 B 断面。时段 $\dfrac{2L}{c}<t<\dfrac{3L}{c}$ 为水击波传播的第三阶段,其液体和管壁的变化特征如图 10-4（c）所示。这一阶段的水击波称为减压逆波,它是第二阶段中的减压顺波经阀门 A 断面的反射波。

在 $t=\dfrac{3L}{c}$ 时刻,由于管道进口 B 断面两侧的压强又不相等,在压差 Δp 的作用下,紧靠 B 断面的管中液体首先以速度 v_0 向下游流动。这又使得液体内的压强和密度恢复正常,管壁也恢复正常。这种变化也以波速 c 逐层向下游传播,在 $t=\dfrac{4L}{c}$ 时刻到达进口 A 断面。这就是水击波传播的第四个阶段,如图 10-4（d）所示。此阶段的水击波是增压顺波,它是第三阶段中的减压逆波经管道进口 B 断面的反射波。

在 $t=\dfrac{4L}{c}$ 时刻,全管中的液体压强、密度以及管壁状态均恢复正常,同时整个液体具有一个向下游的流速 v_0。很容易看出,此时的全管状态与 $t=0$ 时刻完全相同。这就是说,经历了时段 $0<t<\dfrac{4L}{c}$ 后,水击波的传播完成了一个全过程。在水击计算中,称时段 $0<t<\dfrac{4L}{c}$ 为一个周期。显然,水击波的传播完成一个周期经历了四个阶段、两个相长,即一个周期等于两个相长。

水击波的传播完成一个周期后,并不会停止或消失,而是重复上述过程,周而复始地循环下去。当然,这是不考虑损失的理想分析。实际上损失总是存在的,实际的水击压强将逐渐减弱。经过若干周期以后,水击现象便自行消失。

为了更加清楚地认识水击现象,现将上述描述归纳于表 10-1。

通过上述分析,可以很清楚地了解到,在水击的产生和发展过程中液体的压强和流速沿管路的变化情况,或某一时刻压强和流速沿管路的分布情况。但有时又需要了解某一断面位置的压强或流速随时间的变化情况,现分析如下:

表 10-1 阀门突然关闭情况下的水击特征

阶段	时段	流速变化	流动方向	压强变化	水击波传播方向	运动特征	流体状态	管壁状态
1	$0<t<\dfrac{L}{c}$	$v_0 \to 0$	$B \to A$	增高 Δp	$B \leftarrow A$	减速增压	压缩	膨胀
2	$\dfrac{L}{c}<t<\dfrac{2L}{c}$	$0 \to -v_0$	$B \leftarrow A$	恢复原状	$B \to A$	减速减压	恢复原状	恢复原状
3	$\dfrac{2L}{c}<t<\dfrac{3L}{c}$	$-v_0 \to 0$	$B \leftarrow A$	降低 Δp	$B \leftarrow A$	增速减压	膨胀	收缩
4	$\dfrac{3L}{c}<t<\dfrac{4L}{c}$	$0 \to v_0$	$B \to A$	恢复原状	$B \to A$	增速增压	恢复原状	恢复原状

首先分析阀门断面。从阀门突然关闭 $t=0$ 时刻开始,该断面的压强即由 p_0 增为 $p_0+\Delta p$,而后保持此值。直到从进口 B 断面反射回来的减压波到达阀门 A 断面时刻 ($t=\dfrac{2L}{c}$),压强才由 $p_0+\Delta p$ 突然降为 p_0,再降为 $p_0-\Delta p$。此后,在 $\dfrac{2L}{c}<t<\dfrac{4L}{c}$ 期间,压强保持着 $p_0-\Delta p$。在 $t=\dfrac{4L}{c}$ 时刻,该断面压强又由 $p_0-\Delta p$ 增加到 p_0,再增加到 $p_0+\Delta p$,如图 10-5 所示。阀门 A 断面的压强变化经历了一个周期,以后则周而复始的循环变化下去。

进口 B 断面的压强只是在 $t=\dfrac{L}{c}$、$t=\dfrac{3L}{c}$、$t=\dfrac{5L}{c}$、……的瞬间升高 Δp 或下降 Δp,其余时间均保持为 p_0,如图 10-6 所示。

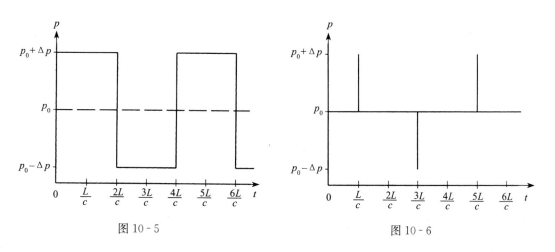

图 10-5   图 10-6

对于管道中的任一断面,如距阀门为 x 的断面,其压强升高将比阀门断面滞后 $\dfrac{x}{c}$ 时段,而又提早 $\dfrac{x}{c}$ 时段结束,如图 10-7 所示。

由上述分析可知,阀门断面处的压强最先升高和降低,且持续时间最长,变幅也最大。因此,阀门断面处的水击现象最为严重。实际中,在进行管道强度设计时,通常要充分考虑阀门断面处的水击压强 Δp 大小,并以此为设计依据。

二、阀门突然关闭情况下的水击压强

在了解了水击现象的产生及传播过程之后，可进一步讨论水击压强 Δp 的计算问题。

从上述对水击现象的分析可知，水击压强 Δp 是由于外界原因迫使水体动量发生变化而随之产生的。因此，可用动量定理推导水击压强的计算公式。

取长度为 Δl 的管段来研究，如图 10-8 所示。Δl 管段两端分别为 1-1 和 2-2 断面。设管段中原有流速为 v_0，压强为 p_0，液体密度为 ρ，管道的横截面积为 A。

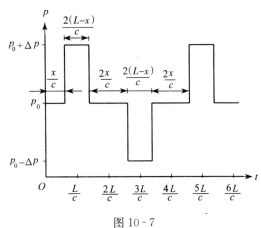

图 10-7

若阀门突然部分关闭（关闭至某一开度，而不是关闭至零）而产生水击后，经 Δt 时段，水击波以波速 c 由 1-1 断面传至 2-2 断面，则 Δl 流段内的流速由 v_0 减小为 v_e，压强由 p_0 增为 $p_0+\Delta p$，水体被压缩，密度变为 $\rho+\Delta \rho$，同时管壁膨胀，横断面积由 A 增大为 $A+\Delta A$。则 Δl 流段内的流体动量由 $\rho A v_0 \Delta l$ 变为 $(\rho+\Delta\rho)(A+\Delta A)v_e \Delta l$，动量变化量为

$$(\rho+\Delta\rho)(A+\Delta A)v_e \Delta l - \rho A v_0 \Delta l$$

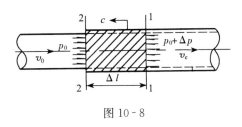

图 10-8

忽略二阶小量后得

$$\rho A \Delta l (v_e - v_0)$$

作用在 Δl 流段上的外力等于作用在两端断面上的压力差，即

$$p_0 A - (p_0+\Delta p)(A+\Delta A) = -(p_0 \Delta A + \Delta p A + \Delta p \Delta A)$$

忽略二阶小量，并注意到 $p_0 \Delta A \ll \Delta p A$，可忽略 $p_0 \Delta A$，得外力在 Δt 时段内对流段的冲量为

$$-\Delta p A \Delta t$$

由动量定理得

$$\rho A \Delta l (v_e - v_0) = -\Delta p A \Delta t$$

因为 $\Delta l / \Delta t = c$，所以上式变为

$$\Delta p = \rho c (v_0 - v_e) \tag{10-9}$$

式（10-9）即为阀门突然关闭情况下的水击压强计算公式。若用水柱高表示水击压强，则得

$$\Delta H = \frac{c}{g}(v_0 - v_e) \tag{10-10}$$

当阀门突然完全关闭时，取 $v_e = 0$，相应的水击压强为

$$\Delta p = \rho c v_0 \tag{10-11}$$

或为

$$\Delta H = \frac{c}{g} v_0 \tag{10-12}$$

三、阀门逐渐关闭情况下的水击现象

在实际中，阀门关闭总是在一段时间内完成的。设阀门关闭时间为 T_s。在 T_s 时间内，阀门是逐渐关闭的，管道中的流速由 v_0 逐渐变为 v_e 或 0，水击压强也是逐渐增大的。根据高等数学微分学的概念，这个逐渐变化的过程可视为由一系列微小的突然关闭过程所叠加。每一个微小的突然关闭所产生的水击压强均可用式（10-9）计算，可得一系列的水击压强 Δp_1、Δp_2、$\cdots$、Δp_n。当 Δp_1 产生后，马上以波速 c 从阀门断面向上游水库方向传播，Δp_2、Δp_3、$\cdots$ 相继滞后 Δt 时间尾随其后，

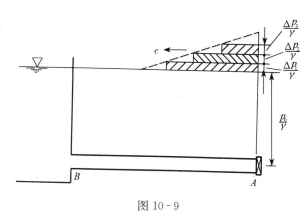

图 10-9

如图 10-9 所示。到达水库断面后，均以减压波的方式反射回来。

如果 $T_s < \dfrac{2L}{c}$，则当阀门逐渐关闭结束时，从上游反射回来的减压波还未到达阀门断面，如图 10-10（b）所示，阀门断面的水击压强 Δp 等于 Δp_1、Δp_2、$\cdots$、Δp_n 的叠加，即

$$\Delta p = \sum_{i=1}^{n} \Delta p_i$$
$$= \sum_{i=1}^{n} \rho c (v_{i-1} - v_i)$$
$$= \rho c (v_0 - v_e)$$

上式即为式（10-9）。这说明：只要阀门关闭时间 $T_s < \dfrac{2L}{c}$，则阀门断面的最大水击压强 Δp 不受阀门关闭时间 T_s 长短的影响，可按突然关闭情况计算。

如果 $T_s = \dfrac{2L}{c}$，则在阀门逐渐关闭结束的同时，从上游反射回来的减压波也正好到达阀门断面。如图 10-10（d）所示，阀门断面的水击压强 Δp 刚好也可以达到最大值

$$\Delta p = \rho c (v_0 - v_e)$$

如果 $T_s > \dfrac{2L}{c}$，则当从上游反射回来的减压波到达阀门断面时，阀门逐渐关闭还未结束。在这种情况下，由于上游反射回来的减压波要抵消阀门继续关闭产生的增压波，使得阀门断面的水击压强值不可能达到上述两种情况下的最大值 Δp，如图 10-10（e）所示。设此种情况下的最大水击压强值为 $\Delta p'$，则 $\Delta p' < \Delta p$。$\Delta p'$ 值的大小与阀门关闭时间 T_s 和关闭规律有关。

在水力学中，称 $T_s \leqslant \dfrac{2L}{c}$ 时产生的水击为直接水击（包括 $T_s = 0$ 情况），称 $T_s > \dfrac{2L}{c}$ 时产生的水击为间接水击。发生直接水击时，阀门断面的最大水击压强 Δp 可直接用式（10-9）计算。而发生间接水击时，阀门断面的最大水击压强 $\Delta p'$ 的计算则较为复杂。需要在建立适

合水击计算的基本微分方程式的基础上，用解析法或其他方法进行分析计算。但对于逐渐完全关闭情况，也可近似按式（10-13）计算：

$$\Delta p' = \rho c v_0 \frac{T}{T_s} = \rho v_0 \cdot \frac{2L}{T_s} \quad (10-13)$$

图 10-10 (a) 表示关闭时间 $T_s = 0$ 时沿管道的最大水击压强分布情况，对应时刻为 $t = \frac{L}{c}$；图 10-10 (c) 表示关闭时间 $T_s < \frac{2L}{c}$ 时沿管道的最大水击压强分布情况，对应时刻为 $t = \frac{T_s}{2} + \frac{L}{c} > T_s$。

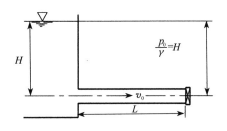

四、水击波的传播速度

由前面的分析可知，水击波所到之处，液体的压强、密度、流速以及管壁状态均发生变化。但是，无论如何，液体的质量总是守恒的。因此，可用质量守恒原理来推导水击波传播速度的计算公式。

仍取图 10-8 所示的流段为研究对象。根据质量守恒原理，在 Δt 时间内，从 2-2 断面流进流段内的液体质量与从 1-1 断面流出的液体质量之差，应等于同一时间内流段中液体的质量增量。

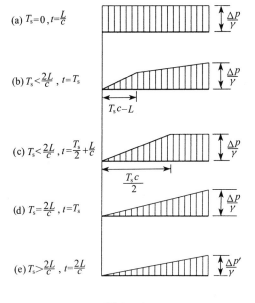

图 10-10

在 Δt 时间内，从上游 2-2 断面流进流段内的液体质量为 $\rho A v_0 \Delta t$，从下游 1-1 断面流出的液体质量为 $(\rho + \Delta \rho)(A + \Delta A) v_e \Delta t$，流进与流出的液体质量差为

$$\rho A v_0 \Delta t - (\rho + \Delta \rho)(A + \Delta A) v_e \Delta t$$

忽略高阶小量后得

$$[\rho A (v_0 - v_e) - (\rho \Delta A + \Delta \rho A) v_e] \Delta t$$

Δt 时段初流段中原有的液体质量为 $\rho A \Delta l$，Δt 时段末流段中的液体质量为 $(\rho + \Delta \rho)(A + \Delta A) \Delta l$，在 Δt 时间内，流段中液体的质量增量为

$$(\rho + \Delta \rho)(A + \Delta A) \Delta l - \rho A \Delta l$$

忽略高阶小量后得

$$(\rho \Delta A + \Delta \rho A) \Delta l$$

根据前述应有

$$(\rho \Delta A + \Delta \rho A) \Delta l = [\rho A (v_0 - v_e) - (\rho \Delta A + \Delta \rho A) v_e] \Delta t$$

因为 $\frac{\Delta l}{\Delta t} = c$，代入上式整理得

$$\rho A (v_0 - v_e) = (c + v_e)(A \Delta \rho + \Delta \rho A)$$

在一般情况下，$v_e \ll c$，可以忽略上式右端的 v_e，这时上式变为

$$v_0 - v_e = c\left(\frac{\Delta\rho}{\rho} + \frac{\Delta A}{A}\right)$$

将式（10-9）中的（v_0-v_e）代入上式，并取极限后可得

$$c = \frac{1}{\sqrt{\rho\left(\frac{1}{\rho}\frac{d\rho}{dp} + \frac{1}{A}\frac{dA}{dp}\right)}} \tag{10-14}$$

其中，$\frac{1}{\rho}\frac{d\rho}{dp}$ 反映了液体的压缩性。根据第一章中对液体压缩性的讨论可知

$$\frac{1}{\rho}\frac{d\rho}{dp} = \frac{1}{K} \tag{10-15}$$

式中，K 为液体的体积弹性系数，对于水，$K=2.06\times10^9\text{N/m}^2$。

$\frac{1}{A}\frac{dA}{dp}$ 反映了管壁材料的弹性。对于直径为 D、横断面积为 A 的均质薄壁管道，当压强增加 dp 时，管壁膨胀，管径增加 dD，横断面积增加 $dA=d\left(\frac{1}{4}\pi D^2\right)=\frac{1}{2}\pi D dD$。则

$$\frac{1}{A}\frac{dA}{dp} = \frac{1}{dp}\frac{dA}{A} = \frac{\frac{1}{2}\pi D dD}{\frac{1}{4}\pi D^2}\cdot\frac{1}{dp} = 2\frac{dD}{D}\cdot\frac{1}{dp} \tag{10-16}$$

根据虎克定理，直径的增量 dD 与管壁应力增量 $d\sigma$ 之间的关系为

$$\frac{dD}{D} = \frac{d\sigma}{E} \tag{10-17}$$

式中，E 为管壁材料的弹性系数。表 10-2 给出了常用管壁材料的弹性系数。

表 10-2　常用管壁材料的弹性系数 E 及其与水的体积弹性系数之比 K/E

	管　壁　材　料					
	钢管	铸铁管	石棉水泥管	钢筋混凝土管	木管	橡皮管
$E/$(N·m^{-2})	20.6×10^{10}	9.81×10^{10}	3.24×10^{10}	2.06×10^{10}	9.86×10^9	$2.0\times10^6\sim8.0\times10^6$
K/E	0.01	0.02	0.06	0.1	0.21	1 030～257.7

对于管壁厚度为 δ 的均质薄壁圆管，应用第二章所讨论的水静力学原理可得管壁所承受的横向拉应力为

$$\sigma = \frac{pD}{2\delta}$$

则

$$d\sigma = \frac{D}{2\delta}\cdot dp \tag{10-18}$$

将式（10-18）代入式（10-17）后再代入式（10-16）得

$$\frac{1}{A}\frac{dA}{dp} = \frac{D}{E\delta} \tag{10-19}$$

最后将式（10-15）和式（10-19）代入式（10-14）后，可得均质薄壁圆管中的水击波传播速度的计算公式为

$$c = \frac{\sqrt{\frac{K}{\rho}}}{\sqrt{1+\frac{K}{E}\cdot\frac{D}{\delta}}} \tag{10-20}$$

由式（10-20）可知，在其他条件一定的情况下，水击波的传播速度 c 随管壁材料的弹性系数 E 的增大而增大。当 $E\to\infty$ 时，即管道为绝对刚体时，水击波的传播速度 c 最大，用 c_m 表示，且

$$c_m = \sqrt{\frac{K}{\rho}} \tag{10-21}$$

c_m 正是不受管壁边界影响时的水击波传播速度，也就是声波在液体中的传播速度。c_m 的大小与液体的种类、压强和温度有关。对于水，当压强为 1～25at、温度为 10℃ 左右时，$c_m \approx 1\,435$ m/s。这时，式（10-20）可写为

$$c = \frac{c_m}{\sqrt{1+\frac{K}{E}\cdot\frac{D}{\delta}}} = \frac{1\,435}{\sqrt{1+\frac{K}{E}\cdot\frac{D}{\delta}}} \tag{10-22}$$

由式（10-20）或式（10-22）还可以看出：水击波的传播速度 c 随管径 D 的增大而减小；随管壁厚度 δ 的增大而增大。而由式（10-9）知道水击压强 Δp 随水击波速 c 的增大而增大。因此，为了减小水击压强 Δp 值，可以在管壁材料强度允许的条件下，选择管径较大、管壁较薄的管道为好。

此外，式（10-20）或式（10-22）还表明，水击波的传播速度 c 与管道长度 L、阀门关闭时间 T_s 及关闭规律 [阀门相对开度 $\tau = f(t)$] 无关。

以上是对阀门关闭情况下产生的水击现象进行的分析描述，并导出了直接水击压强的计算公式。对于阀门开启情况，水击现象的性质与关闭情况完全相同。只是阀门开启时，阀门断面所产生的初生水击波是增速减压逆波，而由上游反射回来的则是增速增压顺波。以后的传播与反射以此延续下去。公式（10-9）对阀门开启情况完全适用，只是此时 $v_0 < v_e$，Δp 应为负值。

例 10-1 某输水管道，全长 $L=1\,000$ m，管径 $D=300$ mm，壁厚 $\delta=10$ mm，管中流速 $v_0=3.0$ m/s。当末端阀门在一秒钟内完全关闭发生水击时，求最大水击压强 Δp 值。管壁材料的弹性系数为 $E=20.6\times 10^{10}$ N/m²。

解：先计算水击波速 c。由式（10-20）得

$$c = \frac{\sqrt{\frac{K}{\rho}}}{\sqrt{1+\frac{K}{E}\cdot\frac{D}{\delta}}} = \frac{\sqrt{\frac{2.06\times 10^9}{1\,000}}}{\sqrt{1+\frac{2.06\times 10^9}{2.06\times 10^{11}}\times\frac{300}{10}}} = 1\,258.82 \text{(m/s)}$$

判别水击类型：

相长　　　　　$T = \dfrac{2L}{c} = \dfrac{2\times 1\,000}{1\,258.82} = 1.59$ (s)

因为 $T > T_s = 1$ s，所以此时发生直接水击。由式（10-9）可计算出最大水击压强值：

$$\Delta p = \rho c(v_0 - v_e) = 1\,000 \times 1\,258.82 \times (3.0 - 0) = 3\,776.46 \text{(kN/m}^2\text{)}$$

用水柱高表示为

$$\Delta H = \frac{\Delta p}{\gamma} = \frac{3\,776.46}{9.8} = 385.35 \text{ (m)}$$

这相当于 38 个大气压产生的压强，其值极大，设计管道时必须予以重视。

五、水击的防止和利用

由于水击压强很大，可使管壁破裂而造成损失，因此必须采取措施加以防止。目前工程中主要有以下几种措施：

（1）增大管径减小流速，可以部分地减小水击压强。这种措施适用于计算的水击压强值略有偏大的情况。

（2）缩短管道长度。这主要是在地形和地质条件允许的情况下，通过合理的布置管线来实现的。

（3）设置调压室，如图 10-11 所示。调压室利用其较大的底部面积和自由水面来反

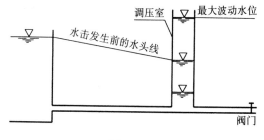

图 10-11

射水击波，可减小水击压强、缩小水击的影响范围。这是减小水击压强的最有效的措施，但造价较高。关于调压室的工作原理及其水力计算，将在本章的第六节中讨论。

（4）延长阀门关闭时间 T_s，减慢水击压强的上升速度，在水击压强上升不高时即与从上游反射回来的减压波叠加，从而减小水击压强值。

（5）采取合理的阀门关闭规律，控制水击压强的上升速度，使其值最小。

（6）安装减压阀（放空阀），当压强升高至某值时，减压阀能自动打开，将部分水从管中放出，可以使管中流速变化缓慢，降低压强升高值；当压强降低后，减压阀又会自动关闭。其缺点是，对阀门快速开启时产生的负水击不能减缓。

水击现象有它不利的一面，但也有可以利用的一面。例如，利用水击压强的作用将水由低处送往高处的水击扬水机（也称水锤泵），如图 10-12 所示。其工作原理是：水由进水管流进工作室。充满工作室后，水便通过由于自重作用打开的阀门 A 射到管外，同时，阀门 A 被射流逐渐托起，而后突然关闭。在阀门 A 突然关闭的瞬间，工作室内产生增压水击波，沿进水管向上游传播，压强急

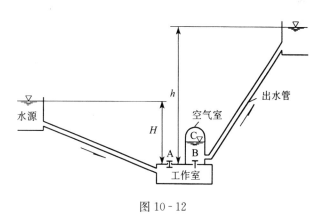

图 10-12

剧上升。工作室内急剧升高的水击压强又将阀门 B 顶开，水流进入空气室 C 内，使其内压强增大，将水通过出水管送往高处。阀门 A 称为水击阀，阀门 B 称为压水阀。由于水击现象是周期性的，所以水击阀 A 和压水阀 B 是随工作室内的水击压强时开时闭、周期性变化的，水流则被间断地、相继送往高处。

水击扬水机是一种无需动力装置而能自动地连续不断地工作的提水设备。它构造简单，

运行可靠，在实际中被广泛应用。

第三节 水击计算的基本方程

对非恒定流的连续性方程和运动方程进行整理和简化，可得出更适合水击计算的基本微分方程组，即连续性方程和运动方程。

一、水击计算的连续性方程

在水击波的传播过程中，动水压强 p、断面平均流速 v、液体密度 ρ 以及断面面积 A 均为坐标 s 和时间 t 的函数。展开式（10-1）得

$$\rho v \frac{\partial A}{\partial s}+\rho A \frac{\partial v}{\partial s}+v A \frac{\partial \rho}{\partial s}+\rho \frac{\partial A}{\partial t}+A \frac{\partial \rho}{\partial t}=0 \qquad (10-23)$$

又

$$\begin{cases} \dfrac{\partial A}{\partial t} = \dfrac{\mathrm{d} A}{\mathrm{d} t} - v \dfrac{\partial A}{\partial s} \\ \dfrac{\partial \rho}{\partial t} = \dfrac{\mathrm{d} \rho}{\mathrm{d} t} - v \dfrac{\partial \rho}{\partial s} \end{cases}$$

代入上式后整理得

$$\frac{1}{A} \frac{\mathrm{d} A}{\mathrm{d} t} + \frac{1}{\rho} \frac{\mathrm{d} \rho}{\mathrm{d} t} + \frac{\partial v}{\partial s} = 0$$

上式第一项中的 $\dfrac{\mathrm{d} A}{\mathrm{d} t}$ 表示过水断面随时间的变化率，即管壁的弹性；第二项中的 $\dfrac{\mathrm{d} \rho}{\mathrm{d} t}$ 表示液体密度随时间的变化率，即液体的弹性。二者都是由于水击压强 Δp 的产生而引起的，因此上式又可写成

$$\left(\frac{1}{A} \frac{\mathrm{d} A}{\mathrm{d} p} + \frac{1}{\rho} \frac{\mathrm{d} \rho}{\mathrm{d} p}\right) \frac{\mathrm{d} p}{\mathrm{d} t} + \frac{\partial v}{\partial s} = 0$$

由式（10-14）解出 $\left(\dfrac{1}{A} \dfrac{\mathrm{d} A}{\mathrm{d} p} + \dfrac{1}{\rho} \dfrac{\mathrm{d} \rho}{\mathrm{d} p}\right)$ 后代入上式，则得

$$\frac{1}{\rho c^2} \frac{\mathrm{d} p}{\mathrm{d} t} + \frac{\partial v}{\partial s} = 0 \qquad (10-24)$$

由于在工程上通常用测压管水头 H 反映压强 p 的大小，所以对式（10-24）再进行如下变化：因为 $p = \rho g(H-z)$，所以

$$\begin{aligned}
\frac{\mathrm{d} p}{\mathrm{d} t} &= \frac{\partial p}{\partial t} + v \frac{\partial p}{\partial s} \\
&= \rho g\left(\frac{\partial H}{\partial t} - \frac{\partial z}{\partial t}\right) + g(H-z) \frac{\partial \rho}{\partial t} + v \rho g\left(\frac{\partial H}{\partial s} - \frac{\partial z}{\partial s}\right) + v g(H-z) \frac{\partial \rho}{\partial s} \\
&= \rho g\left(\frac{\partial H}{\partial t} - \frac{\partial z}{\partial t}\right) + v \rho g\left(\frac{\partial H}{\partial s} - \frac{\partial z}{\partial s}\right) + g(H-z) \frac{\mathrm{d} \rho}{\mathrm{d} t}
\end{aligned}$$

上式中：$\dfrac{\partial z}{\partial t}=0, \dfrac{\partial z}{\partial s}=-\sin\theta$，$\theta$ 为管轴线与水平面的夹角，见图 10-2。

$$\frac{\mathrm{d}\rho}{\mathrm{d}t} = \frac{\mathrm{d}\rho}{\mathrm{d}p}\frac{\mathrm{d}p}{\mathrm{d}t} = \frac{\rho}{K}\frac{\mathrm{d}p}{\mathrm{d}t}$$

所以有
$$\frac{\mathrm{d}p}{\mathrm{d}t}\Big[1-\frac{1}{K}\rho g(H-z)\Big]=\rho g\frac{\partial H}{\partial t}+v\rho g\Big(\frac{\partial H}{\partial s}+\sin\theta\Big)$$

将上式代入式 (10-24) 中，整理得
$$\frac{\partial H}{\partial t}+v\frac{\partial H}{\partial s}+v\sin\theta+\frac{c^2}{g}\Big[1-\frac{1}{K}\rho g(H-z)\Big]\frac{\partial v}{\partial s}=0$$

由于水的弹性系数 K 值很大，一般情况下，$\frac{1}{K}\rho g(H-z)$ 的值远远小于 1，所以在上式中可以忽略 $\frac{1}{K}\rho g(H-z)$，则上式变为

$$\frac{\partial H}{\partial t}+v\frac{\partial H}{\partial s}+v\sin\theta+\frac{c^2}{g}\frac{\partial v}{\partial s}=0 \tag{10-25}$$

式 (10-25) 即为适用于水击计算的连续性方程。

对于水平管道，或忽略管道倾斜度的影响，可取 $\sin\theta=0$；考虑到一般情况下，$v\frac{\partial H}{\partial s}\ll\frac{\partial H}{\partial t}$，忽略 $v\frac{\partial H}{\partial s}$，则连续性方程又可简化为

$$\frac{\partial H}{\partial t}=-\frac{c^2}{g}\frac{\partial v}{\partial s} \tag{10-26}$$

二、水击计算的运动方程

对于圆管，以 $A=\frac{1}{4}\pi D^2$、$\chi_0=\pi D$、$\tau_0=\frac{1}{8}\lambda\rho v^2$ 以及 $z+\frac{p}{\gamma}=H$ 代入前面已经导出的非恒定流运动方程式 (10-5) 后得

$$g\frac{\partial H}{\partial s}+\frac{\partial v}{\partial t}+v\frac{\partial v}{\partial s}+\frac{\lambda v|v|}{2D}=0 \tag{10-27}$$

式中，D 为管道直径；λ 为沿程阻力系数；最后一项中以 $v|v|$ 代替 v^2 表示水头损失项的符号与管中水流速度 v 的符号一致。

式 (10-27) 即为适用于水击计算的运动方程。

如果忽略水头损失，并且考虑到 $v\frac{\partial v}{\partial s}\ll\frac{\partial v}{\partial t}$，忽略 $v\frac{\partial v}{\partial s}$，则运动方程又可简化为

$$\frac{\partial H}{\partial s}=-\frac{1}{g}\frac{\partial v}{\partial t} \tag{10-28}$$

综上所述，适用于水击计算的基本微分方程组有两组：

(1) 考虑水头损失及管道倾斜度影响的基本微分方程组。

连续性方程：$\left.\begin{aligned}&\frac{\partial H}{\partial t}+v\frac{\partial H}{\partial s}+v\sin\theta+\frac{c^2}{g}\frac{\partial v}{\partial s}=0\\[2pt]&g\frac{\partial H}{\partial s}+\frac{\partial v}{\partial t}+v\frac{\partial v}{\partial s}+\frac{\lambda v|v|}{2D}=0\end{aligned}\right\}$ (10-29)
运动方程：

(2) 忽略水头损失及管道倾斜度影响的简化的基本微分方程组。

连续性方程：$\left.\begin{aligned}&\frac{\partial H}{\partial t}=-\frac{c^2}{g}\frac{\partial v}{\partial s}\\[2pt]&\frac{\partial H}{\partial s}=-\frac{1}{g}\frac{\partial v}{\partial t}\end{aligned}\right\}$ (10-30)
运动方程：

利用上述水击计算的基本微分方程式组（10-29）或（10-30）可进行水击问题的求解。其方法目前主要有以下几种：

（1）解析法。简化的基本微分方程组（10-30）是一组典型的双曲线型偏微分方程，解析法就是从此方程组出发，先将其化为波动方程，求出其通解，再结合初始条件和边界条件可逐步求得任意断面在任意时刻的水击压强。其特点是物理意义明确，方法简单易行。但只适用于不计水头损失的简单管道。

（2）差分法。考虑水头损失及管道倾斜度影响的基本微分方程组（10-29）是一组一阶拟线性双曲型偏微分方程，求其精确解是困难的。差分法的原理是利用差商代替偏导数，然后求差分方程的近似解。

（3）特征线法。是将偏微分方程组（10-29）沿特征线变为常微分方程组，然后再变为差分方程求近似解。特征线法的特点是精度较高，且能应用于复杂管道系统。

本书将介绍利用解析法和特征线法进行水击计算的基本原理。

第四节　水击计算的解析法

水击计算的主要任务是确定管道系统中的最大水击压强增高值和水击压强降低值。前者主要提供压力管道的强度设计依据，后者是检验压力管道的布置是否合理的重要根据。前面讲过，对于简单管道，最大水击压强增高值和水击压强降低值均发生在阀门断面。利用下面介绍的解析法的结果，对求解阀门断面的水击压强值非常方便。

一、水击简化方程组的通解

因为水击波总是自阀门断面产生后，首先从阀门断面出发向上游水库方向传播的，所以，将指向下游的 s 坐标改为由阀门指向上游的 x 坐标更方便水击压强的计算。故将 $\frac{\partial}{\partial s}$ 的各项改为 $-\frac{\partial}{\partial x}$ 后，简化的基本微分方程组（10-30）变为

连续性方程

运动方程

$$\left.\begin{aligned}\frac{\partial H}{\partial t} &= \frac{c^2}{g}\frac{\partial v}{\partial x} \\ \frac{\partial H}{\partial x} &= \frac{1}{g}\frac{\partial v}{\partial t}\end{aligned}\right\} \quad (10-31)$$

将上组方程中的两个方程式分别对 t 和 x 各求一次偏导数，并考虑到连续函数的混合偏导数连续时，其值与求导顺序无关，经整理后可得

$$\left.\begin{aligned}\frac{\partial^2 H}{\partial x^2} &= \frac{1}{c^2}\frac{\partial^2 H}{\partial t^2} \\ \frac{\partial^2 v}{\partial x^2} &= \frac{1}{c^2}\frac{\partial^2 v}{\partial t^2}\end{aligned}\right\} \quad (10-32)$$

该组方程即为数理方程中描述波动现象的波动方程。根据数理方程理论，波动方程的通解可表达为

$$\begin{cases} H - H_0 = F(t - \frac{x}{c}) + f(t + \frac{x}{c}) & (10\text{-}33) \\ v - v_0 = -\frac{g}{c}[F(t - \frac{x}{c}) - f(t + \frac{x}{c})] & (10\text{-}34) \end{cases}$$

式中，H_0、v_0 分别为水击现象发生前恒定流状态的测压管水头及断面平均流速；H、v 分别为水击现象发生后距阀门断面为 x 的断面在 t 时刻的测压管水头及断面平均流速，均为时间 t 和断面位置 x 的函数，即 $H=H(t,x)$，$v=v(t,x)$；F、f 分别为两个未知函数，称为波函数，取决于管道的边界条件。

虽然函数 $F\left(t-\frac{x}{c}\right)$ 和 $f\left(t+\frac{x}{c}\right)$ 是未知的，求解也比较困难，但是它们却具有明显而重要的物理意义。说明如下：

设在一简单管道中发生水击现象，t_1 时刻有一逆波（向上游传播）通过该管道，在距阀门为 x_1^1（下标表示时刻，上标表示断面位置，以下类同）的断面，其波函数值为 $F\left(t_1-\frac{x_1^1}{c}\right)$，在距阀门为 x_1^2 的断面的波函数值为 $F\left(t_1-\frac{x_1^2}{c}\right)$，如图 10-13 中的实线所示。经过 Δt 时间后，该逆波传至新的位置，如图 10-13

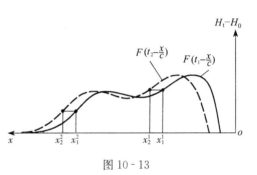

图 10-13

中的虚线所示。原来两个断面位置 x_1^1 和 x_1^2 的波函数也分别传播到了新的断面位置 x_2^1 和 x_2^2，则两个相应的波函数值应为 $F\left(t_2-\frac{x_2^1}{c}\right)$ 和 $F\left(t_2-\frac{x_2^2}{c}\right)$。

因为 $x_2^1 = x_1^1 + c\Delta t$，$x_2^2 = x_1^2 + c\Delta t$，所以有

$$F\left(t_2-\frac{x_2^1}{c}\right) = F\left[(t_1+\Delta t)-\left(\frac{x_1^1+c\Delta t}{c}\right)\right] = F\left(t_1-\frac{x_1^1}{c}\right)$$

$$F\left(t_2-\frac{x_2^2}{c}\right) = F\left[(t_1+\Delta t)-\left(\frac{x_1^2+c\Delta t}{c}\right)\right] = F\left(t_1-\frac{x_1^2}{c}\right)$$

又因为选取 x_1^1 和 x_1^2 是任意的，由此可知，$F\left(t-\frac{x}{c}\right)$ 作为逆波在传播过程中，保持波形不变。因此，称 $F\left(t-\frac{x}{c}\right)$ 为逆波函数。

同理可以说明，$f\left(t+\frac{x}{c}\right)$ 作为顺波在传播过程中，保持波形不变。称 $f\left(t+\frac{x}{c}\right)$ 为顺波函数。

因为水击波的传播经第一相 $\left(t=\frac{2L}{c}\right)$ 之后，阀门断面不仅产生水击波（直接水击不再产生），而且还将上游传过来的水击顺波反射为逆波传向上游。因此，$F\left(t-\frac{x}{c}\right)$ 应该理解成 t 时刻通过距阀门为 x 之断面的所有水击逆波叠加的总和；$f\left(t+\frac{x}{c}\right)$ 为 t 时刻通过距阀门为 x 之断面的所有水击顺波叠加的总和。

所以，通解式（10-33）和式（10-34）的物理意义是：t 时刻通过距阀门为 x 之断面的水击压强水头增量 $\Delta H = H - H_0$ 及流速增值 $\Delta v = v - v_0$ 是同一时刻通过该断面的所有水击逆波和所有水击顺波叠加的结果，如图 10-14 所示。这一点，无论对于直接水击或间接水击都是适用的。对于直接水击，可以通过进一步分析图 10-5、图 10-6 和图 10-7 得到证实。

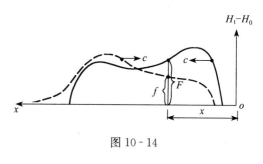

图 10-14

由通解式（10-33）和式（10-34）可知，要求解任意断面任意时刻的水击压强水头 $[H(t,x) - H_0]$ 和流速 $v(t,x)$ 值，首先得求解出两个波函数 $F\left(t - \dfrac{x}{c}\right)$ 和 $f\left(t + \dfrac{x}{c}\right)$ 的表达式。但是，根据数理方程理论，波函数 $F\left(t - \dfrac{x}{c}\right)$ 和 $f\left(t + \dfrac{x}{c}\right)$ 的具体形式取决于管道两端的边界条件。对于不同的管道情况，具有不同的形式。即使在给定管道边界条件的情况下，求解 $F\left(t - \dfrac{x}{c}\right)$ 和 $f\left(t + \dfrac{x}{c}\right)$ 也十分困难。好在设计中感兴趣的是水头 $H(t,x)$ 和流速 $v(t,x)$ 的分布和变化过程，并不是 $F\left(t - \dfrac{x}{c}\right)$ 和 $f\left(t + \dfrac{x}{c}\right)$。根据 $F\left(t - \dfrac{x}{c}\right)$ 和 $f\left(t + \dfrac{x}{c}\right)$ 的物理意义，通过下面的变换，可以避免求解 $F\left(t - \dfrac{x}{c}\right)$ 和 $f\left(t + \dfrac{x}{c}\right)$，而直接得到便于计算水头 $H(t,x)$ 和流速 $v(t,x)$ 的表达式，即连锁方程。

二、水击计算的连锁方程

将式（10-33）减式（10-34）后得

$$2F\left(t - \dfrac{x}{c}\right) = H - H_0 - \dfrac{c}{g}(v - v_0) \qquad (10\text{-}35)$$

在管道中取 A、B 两个断面，位置分别为 x_1 和 x_2，如图 10-15 所示。若在 t_1 时刻水击逆波传至 A 断面，其水头为 $H_{t_1}^A$，流速为 $v_{t_1}^A$。代入式（10-35）后得

$$2F\left(t_1 - \dfrac{x_1}{c}\right) = H_{t_1}^A - H_0 - \dfrac{c}{g}(v_{t_1}^A - v_0)$$

经 Δt 时间后，即在 $t_2 = t_1 + \Delta t$ 时刻，水击逆波则传至 B 断面，相应的水头为 $H_{t_2}^B$，流速为 $v_{t_2}^B$。代入式（10-35）后得

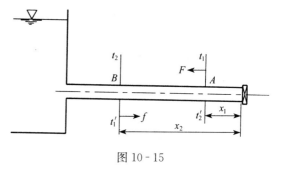

图 10-15

$$2F\left(t_2 - \dfrac{x_2}{c}\right) = H_{t_2}^B - H_0 - \dfrac{c}{g}(v_{t_2}^B - v_0)$$

因为逆波函数 F 在传播过程中保持大小不变，所以有 $F\left(t_1 - \dfrac{x_1}{c}\right) = F\left(t_2 - \dfrac{x_2}{c}\right)$，故由以上二式可得

$$(H_{t_1}^A - H_0) - (H_{t_2}^B - H_0) = \frac{c}{g}(v_{t_1}^A - v_{t_2}^B)$$

或写为
$$\Delta H_{t_1}^A - \Delta H_{t_2}^B = \frac{c}{g}(v_{t_1}^A - v_{t_2}^B) \tag{10-36}$$

式中：$\Delta H_{t_1}^A = H_{t_1}^A - H_0$；$\Delta H_{t_2}^B = H_{t_2}^B - H_0$。

式（10-36）给出了由水击逆波所形成的 A 断面在 t_1 时刻和 B 断面在 t_2 时刻的水头与流速之间的关系。若已知 A 断面在 t_1 时刻的 $H_{t_1}^A$ 和 $v_{t_1}^A$，则 B 断面在 t_2 时刻的 $H_{t_2}^B$ 和 $v_{t_2}^B$ 间的关系由式（10-36）确定。

将式（10-33）和式（10-34）相加后得
$$2f\left(t + \frac{x}{c}\right) = H - H_0 + \frac{c}{g}(v - v_0) \tag{10-37}$$

若在 t_1' 时刻水击顺波传至 B 断面，其水头为 $H_{t_1'}^B$，流速为 $v_{t_1'}^B$。经 Δt 时间后，即在 $t_2' = t_1' + \Delta t$ 时刻，水击顺波则传至 A 断面，相应的水头为 $H_{t_2'}^A$，流速为 $v_{t_2'}^A$。将 $H_{t_1'}^B$、$v_{t_1'}^B$ 和 $H_{t_2'}^A$、$v_{t_2'}^A$ 分别代入式（10-37），并注意到顺波函数 f 在传播过程中保持大小不变，类似上面的推导，可得下面的关系式

$$(H_{t_1'}^B - H_0) - (H_{t_2'}^A - H_0) = -\frac{c}{g}(v_{t_1'}^B - v_{t_2'}^A)$$

或写为
$$\Delta H_{t_1'}^B - \Delta H_{t_2'}^A = -\frac{c}{g}(v_{t_1'}^B - v_{t_2'}^A) \tag{10-38}$$

式中：$\Delta H_{t_2'}^A = H_{t_2'}^A - H_0$；$\Delta H_{t_1'}^B = H_{t_1'}^B - H_0$。

式（10-38）给出了由水击顺波所形成的 B 断面在 t_1' 时刻和 A 断面在 t_2' 时刻的水头与流速之间的关系。若已知 B 断面在 t_1' 时刻的 $H_{t_1'}^B$ 和 $v_{t_1'}^B$，则 A 断面在 t_2' 时刻的 $H_{t_2'}^A$ 和 $v_{t_2'}^A$ 间的关系由式（10-38）确定。

联合应用式（10-36）和式（10-38），即可根据已知断面在特定时刻的水头和流速，求解另一断面在水击波传到该断面时刻的水头和流速。逐步推演下去，即可得到任意断面的水头和流速随时间的变化过程。因为在推演过程中，需要对式（10-36）和式（10-38）交替使用，因此，称式（10-36）和式（10-38）为水击计算的连锁方程。

在实际分析水击现象时，分析无量纲的相对值的变化规律要比分析有量纲的绝对值的变化规律更具有普遍意义。令 $\zeta = \frac{\Delta H}{H_0}$，表示相对水头增值；$\eta = \frac{v}{v_m}$，表示相对流速，其中 v_m 为管道在恒定流时的最大流速。则式（10-36）和式（10-38）可化为如下形式

$$\zeta_{t_1}^A - \zeta_{t_2}^B = 2\phi(\eta_{t_1}^A - \eta_{t_2}^B) \quad (逆波) \tag{10-39}$$
$$\zeta_{t_1'}^B - \zeta_{t_2'}^A = -2\phi(\eta_{t_1'}^B - \eta_{t_2'}^A) \quad (顺波) \tag{10-40}$$

其中，$\phi = \frac{cv_m}{2gH_0}$ 为反映管道断面特性的无量纲数，称为管道特征系数。对于给定的管道来说，ϕ 值为一常数。

式（10-39）和式（10-40）为连锁方程的无量纲形式。可用于不计水头损失及管道倾斜度影响的简单管道的水击计算。

三、定解条件

定解条件包括初始条件和边界条件。应用连锁方程计算简单管道的水击压强时，必须在

已知初始条件和边界条件的情况下才能进行。

1. 初始条件 初始条件是指水击现象发生前，恒定流动时管道中的水头 H_0 和流速 v_0，可以通过恒定流的水力计算确定，在此不再赘述。

2. 边界条件 边界条件是指管道系统中特定断面的水流条件。例如，简单管道的入口断面和出口断面的水流条件、串联管道在连接处的水流条件、分叉管道在分叉处的水流条件等。在此先讨论简单管道的边界条件，串联管道和分叉管道的边界条件将放在第五节中讨论。

对于如图 10-3 所示的简单管道，边界条件包括上游 B 断面和末端 A 断面两个水流条件：

上游 B 断面一般和水库连接。B 断面的压强只与水库水位有关，不受管道内非恒定流的影响。所以，上游 B 断面的边界条件是：在水击波的传播过程中，上游 B 断面的水头保持为常数，即

$$\Delta H_t^B = H_t^B - H_0 = 0$$

或
$$\zeta_t^B = 0 \tag{10-41}$$

末端 A 断面一般与流量控制设备或阀门相连，故 A 断面的水流条件与流量控制设备的类型、控制规律或阀门启闭规律有关。对于水电站引水管道来说，由于不同类型的水轮机的流量控制设备各不相同，所以 A 断面的边界条件往往比较复杂。在此，我们仅讨论一种最简单的情况：管道末端与一阀门相接，阀门出流类似于孔口出流。

设阀门全开时的出流孔口面积为 Ω_m；初始时刻的出流孔口面积为 Ω_0；出流过程中流量系数 μ 保持不变。则按孔口出流规律，在初始时刻，即恒定流时，末端 A 断面的出流量为

$$Q_0 = \mu \Omega_0 \sqrt{2gH_0} \tag{10-42}$$

相应的管中流速为

$$v_0 = \frac{Q_0}{A} \tag{10-43}$$

其中，A 为管道的横断面积。

在同一水头 H_0 作用下，阀门全开时通过管道的最大流量为

$$Q_m = \mu \Omega_m \sqrt{2gH_0} \tag{10-44}$$

相应的管中流速为

$$v_m = \frac{Q_m}{A} \tag{10-45}$$

在水击波传播过程中的任意时刻 t，设阀门的开启面积为 Ω_t，末端 A 断面的水头为 H_t^A，则通过 A 断面的流量为

$$Q_t = \mu \Omega_t \sqrt{2gH_t^A} \tag{10-46}$$

式（10-46）除以式（10-44）得

$$\eta_t^A = \frac{v_t^A}{v_m} = \frac{\Omega_t}{\Omega_m} \sqrt{\frac{H_t^A}{H_0}}$$

因为 $H_t^A = H_0 + \Delta H_t^A = H_0 + \frac{\Delta H_t^A}{H_0} H_0 = (1+\zeta_t^A) H_0$，取 $\tau_t = \frac{\Omega_t}{\Omega_m}$，称为末端阀门相对开度，$\tau_t = 0 \sim 1$。则上式变为

$$\eta_t^A = \tau_t \sqrt{1+\zeta_t^A} \qquad (10-47)$$

根据水电站的运行可靠性要求，流量控制设备的控制规律或阀门启闭规律可以事先给定，即事先给定阀门相对开度 τ_t 随时间 t 的变化规律 $\tau_t = f(t)$。这时由式（10-47）就确定了末端 A 断面的相对流速 η_t^A 和相对水头增值 ζ_t^A 之间的关系。因此，式（10-47）就是末端 A 断面的边界条件。

需要说明的是，式（10-47）是按孔口出流规律推导出的关系式，严格讲，这个边界条件只适合于末端 A 断面与以针阀控制流量的冲击式水轮机相连情况。对于连接于反击式水轮机的管道末端，其流速变化不仅与导水叶开度及水头有关，还与水轮机转速有关，其边界条件应由水轮机特性曲线确定。如果硬要引用式（10-47），只能作为一种粗略的近似。

四、水击压强的解析法

水击计算的解析法就是利用连锁方程，结合边界定解条件，推导出水击压强的计算公式，从而达到可以直接计算间接水击压强增高值和降低值的目的。

在实际工程中，最感兴趣的是确定管道中的最大水击压强值。由第二节分析水击现象可知，管道末端 A 断面为水击波的发源地，水击压强最早产生。而从上游 B 断面反射回来的减压波总是最后到达 A 断面。所以，最大水击压强增高值总是发生在 A 断面，而且总是在每一相 $\left(t = iT = \dfrac{2L}{c} i, \ i=1, \ 2, \ \cdots\right)$ 末发生剧烈变化。因此，只要计算出管道末端 A 断面在各相末的水击压强值，即可知道最大水击压强增高值和水击压强降低值。

在下面的讨论中，为了计算各相末 A 断面的水击压强值，在应用连锁方程时，取各相末时刻为各计算时刻，即取时间 t 分别为 0、T、$2T$、$3T$、$\cdots$，并用各相的序数 0、1、2、3、$\cdots$代替连锁方程中各变量的时间下标，如：$\zeta_{t=0}^A \to \zeta_0^A$，$\zeta_{t=2L/c}^A \to \zeta_1^A$，$\zeta_{t=4L/c}^A \to \zeta_2^A$ 等。

1. 第一相末水击压强的计算公式 在 $t=0$ 至 $t=\dfrac{L}{c}$ 即 0.5 相时段内，水击波由下游 A 断面传至上游进口 B 断面，应用逆波连锁方程（10-39）得

$$\zeta_0^A - \zeta_{0.5}^B = 2\phi(\eta_0^A - \eta_{0.5}^B)$$

结合 A 断面的初始条件 $\zeta_0^A = 0$、$\eta_0^A = \tau_0\sqrt{1+\zeta_0^A} = \tau_0$ 及 B 断面边界条件 $\zeta_{0.5}^B = 0$，由上式可得

$$\eta_{0.5}^B = \eta_0^A = \tau_0$$

即

$$\frac{v_{0.5}^B}{v_m} = \frac{v_0^A}{v_m}$$

这表明 $t=0.5$ 相时进口 B 断面保持恒定流速。

从 $t=0.5$ 相时刻开始，水击波由上游进口 B 断面向下游反射，至 $t=1.0$ 相时到达 A 断面。应用顺波连锁方程（10-40）得

$$\zeta_{0.5}^B - \zeta_{1.0}^A = -2\phi(\eta_{0.5}^B - \eta_{1.0}^A)$$

将上面求出的 $\eta_{0.5}^B = \tau_0$ 及上、下游的边界条件 $\zeta_{0.5}^B = 0$，$\eta_{1.0}^A = \tau_{1.0}\sqrt{1+\zeta_{1.0}^A}$ 代入上式后得

$$\tau_{1.0}\sqrt{1+\zeta_{1.0}^A} = \tau_0 - \frac{\zeta_{1.0}^A}{2\phi} \qquad (10-48)$$

式（10-48）即为第一相末管道末端相对水击压强增值的计算公式。

2. 第 n 相末水击压强的计算公式 继续应用逆波连锁方程（10-39）得

$$\zeta_{1.0}^A - \zeta_{1.5}^B = 2\phi(\eta_{1.0}^A - \eta_{1.5}^B)$$

将边界条件 $\zeta_{1.5}^B = 0$、$\eta_{1.0}^A = \tau_{1.0}\sqrt{1+\zeta_{1.0}^A}$ 代入上式，并考虑到式（10-48）得

$$\eta_{1.5}^B = \tau_{1.0}\sqrt{1+\zeta_{1.0}^A} - \frac{\zeta_{1.0}^A}{2\phi} = \tau_0 - \frac{\zeta_{1.0}^A}{\phi}$$

再应用顺波连锁方程（10-40）得

$$\zeta_{1.5}^B - \zeta_{2.0}^A = -2\phi(\eta_{1.5}^B - \eta_{2.0}^A)$$

将边界条件 $\zeta_{1.5}^B = 0$、$\eta_{2.0}^A = \tau_{2.0}\sqrt{1+\zeta_{2.0}^A}$ 及 $\eta_{1.5}^B = \tau_0 - \frac{\zeta_{1.0}^A}{\phi}$ 代入上式得

$$\tau_{2.0}\sqrt{1+\zeta_{2.0}^A} = \tau_0 - \frac{\zeta_{2.0}^A}{2\phi} - \frac{\zeta_{1.0}^A}{\phi} \tag{10-49}$$

式（10-49）为第二相末管道末端相对水击压强增值的计算公式。

这样继续推演下去，可得水击现象发生后第 n 相末管道末端 A 断面相对水击压强增值的计算公式为

$$\tau_n\sqrt{1+\zeta_n^A} = \tau_0 - \frac{\zeta_n^A}{2\phi} - \sum_{i=1}^{n-1}\frac{\zeta_i^A}{\phi} \tag{10-50}$$

实际上，式（10-50）是不计水头损失及管道倾斜度影响时简单管道水击压强计算的普遍形式，对于直接水击和间接水击的计算都是适用的。

对于间接水击，若已知阀门关闭规律 $\tau-t$ 关系，则可依次计算出管道末端 A 断面在各相末的相对水击压强增值，即依次取 $n=1、2、3、\cdots$ 代入式（10-50）进行计算。这样就能确定出末端 A 断面的水击压强增值随时间的变化过程和最大水击压强增值。

对于直接水击，管道末端 A 断面的最大水击压强值虽然发生在阀门完全关闭时刻 $\left(t=T_s<T=\frac{2L}{c}\right)$，但是最大水击压强值可以一直保持到第一相末。所以，可以应用式（10-50）或式（10-48）直接计算第一相末的水击压强增值即为直接水击压强增值。设初始时刻的阀门开度为 τ_0（相应的管中流速为 v_0），完全关闭时刻的开度为 τ_e（相应的管中流速为 v_e），代入式（10-48）得

$$\tau_e\sqrt{1+\zeta_{1.0}^A} = \tau_0 - \frac{\zeta_{1.0}^A}{2\phi}$$

因为 $\eta_{1.0}^A = \tau_e\sqrt{1+\zeta_{1.0}^A} = \frac{v_e}{v_m}$、$\eta_0^A = \frac{v_0}{v_m} = \tau_0$ 及 $\phi = \frac{cv_m}{2gH_0}$，代入上式后得

$$\zeta_1^A = \frac{\Delta H_1^A}{H_0} = \frac{c(v_0-v_e)}{gH_0}$$

或

$$\Delta H_1^A = \frac{c}{g}(v_0 - v_e)$$

上式即直接水击压强的计算公式（10-10）。因此，公式（10-10）可以理解为公式（10-50）的特殊情况，或特例。

例 10-2 某压力钢管，上游与水库相接，下游接冲击式水轮机的控制阀门。已知：压力钢管的长度 $L=800\text{m}$，管径 $D=2\,400\text{mm}$，管壁厚度 $\delta=20\text{mm}$，水头 $H_0=150\text{m}$，阀门全开时管道中最大流速 $v_m=4\text{m/s}$。若设定阀门启闭时间 $T_s=1.2\text{s}$，试求下列不同情况下管道末端阀门处的最大水头或最低水头：

（1）阀门由初始相对开度 $\tau_0=1$ 直线关闭至 $\tau_e=0.5$；

(2) 阀门由初始相对开度 $\tau_0=1$ 直线关闭至 $\tau_e=0$；
(3) 阀门由初始相对开度 $\tau_0=0.5$ 直线开启至 $\tau_e=1$。

解： 首先需要计算水击波速。查表 10-2 得钢管的 $\frac{K}{E}=0.01$，将已知数据代入式（10-20）得

$$c=\frac{\sqrt{K/\rho}}{\sqrt{1+\frac{K}{E}\cdot\frac{D}{\delta}}}=\frac{1\,435}{\sqrt{1+0.01\times\frac{2.4}{0.02}}}=967.48\,(\text{m/s})$$

相长

$$T=\frac{2L}{c}=\frac{2\times 800}{967.48}=1.65\,(\text{s})$$

因为 $T<T_s=1.2\text{s}$，所以题目中所给的三种情况均发生直接水击。

(1) 当阀门由初始相对开度 $\tau_0=1$ 直线关闭至 $\tau_e=0.5$ 时，虽然发生直接水击，但由于阀门关闭结束时，题目中没有告诉管中流速 v_e 的大小，而只告诉了阀门开度 $\tau_e=0.5$，因此，不能用式（10-10）而只能用式（10-48）计算管道末端的水击压强水头。

由式（10-48）得

$$\frac{1}{2}\times\sqrt{1+\zeta^A}=1-\frac{\zeta^A}{2\phi}$$

式中

$$\phi=\frac{cv_m}{2gH_0}=\frac{967.48\times 4}{2\times 9.8\times 150}=1.316\,3$$

将 ϕ 值代入上式，解得

$$\zeta^A=\frac{\Delta H^A}{H_0}=0.844\,8$$

水头增值为

$$\Delta H^A=\zeta^A H_0=0.844\,8\times 150=126.72\,(\text{m})$$

管道末端阀门处的最大水头值为

$$H^A=H_0+\Delta H^A=150+126.72=276.72\,(\text{m})$$

(2) 当阀门由初始相对开度 $\tau_0=1$ 直线关闭至 $\tau_e=0$ 时，$v_e=0$，既可以由式（10-10）计算，也可以由式（10-48）计算。

由式（10-10）得

$$\Delta H^A=\frac{c}{g}(v_0-v_e)=\frac{967.48}{9.8}\times(4-0)=394.89\,(\text{m})$$

由式（10-48）得

$$0\times\sqrt{1+\zeta^A}=1-\frac{\zeta^A}{2\phi}$$

所以

$$\zeta^A=2\phi=2\times 1.316\,3=2.632\,6$$

$$\Delta H^A=\zeta^A H_0=2.632\,6\times 150=394.89\,(\text{m})$$

可见两种方法计算结果一致。对应地，管道末端阀门处的最大水头值为

$$H^A=H_0+\Delta H^A=150+394.89=544.89\,(\text{m})$$

(3) 当阀门由初始相对开度 $\tau_0=0.5$ 直线开启至 $\tau_e=1$ 时，由式（10-48）得

$$1\times\sqrt{1+\zeta^A}=0.5-\frac{\zeta^A}{2\times 1.316\,3}$$

由上式解得
$$\zeta^A = \frac{\Delta H^A}{H_0} = -0.5157$$

水头增值为
$$\Delta H^A = -\zeta^A H_0 = -0.5157 \times 150 = -77.355 \text{ (m)}$$

管道末端阀门处的最低水头值为
$$H^A = H_0 + \Delta H^A = 150 - 77.355 = 72.645 \text{ (m)}$$

例 10-3 某水电站的压力钢管长 $L=420\text{m}$，自水库引水，末端由阀门控制流量。已知水头 $H_0=125\text{m}$，管中的最大流速为 $v_m=3.9\text{m/s}$，水击波的传播速度 $c=988\text{m/s}$。若阀门在 $T_s=4\text{s}$ 内按两段直线关闭规律由全开至完全关闭时，试计算阀门断面的最大水击压强值。两段直线关闭规律如图 10-16 所示，当 $t=0\sim 1.2\text{s}$ 时，$\tau = 1 - \frac{t}{2.5}$；当 $t=1.2\sim 4\text{s}$ 时，$\tau = \frac{0.52}{T_s - 1.2}(T_s - t)$。

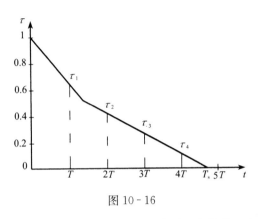

图 10-16

解： 要求阀门断面的最大水击压强值，需要计算出的各相末的水击压强值 H_1、H_2、…，从中找出最大值 $H_{\max}$ 即为所求。

相长
$$T = \frac{2L}{c} = \frac{2 \times 420}{988} = 0.85 \text{ (s)}$$

因为 $T < T_s$，故发生间接水击。

管道特征系数为
$$\phi = \frac{c v_m}{2 g H_0} = \frac{988 \times 3.9}{2 \times 9.8 \times 125} = 1.5727$$

初始时刻 $t=0$，阀门初始开度 $\tau_0 = 1$。

第一相末时刻 $t=T=0.85\text{s}$，相应的阀门开度 $\tau_1 = 1 - \frac{t}{2.5} = 1 - \frac{0.85}{2.5} = 0.66$。

由式（10-48）得
$$0.66 \times \sqrt{1 + \zeta_1^A} = 1 - \frac{\zeta_1^A}{2\phi} = 1 - \frac{\zeta_1^A}{2 \times 1.5727}$$

解上式可得第一相末阀门断面的相对水击压强增值 $\zeta_1^A = 0.5559$，则
$$\Delta H_1 = \zeta_1^A H_0 = 0.5559 \times 125 = 69.49 \text{ (m)}$$
$$H_1 = H_0 + \Delta H_1 = 125 + 69.49 = 194.49 \text{ (m)}$$

对于第二相末，$t = 2T = 2 \times 0.85 = 1.7\text{s}$，相应的阀门开度为
$$\tau_2 = \frac{0.52}{T_s - 1.2} \times (T_s - t) = \frac{0.52}{4 - 1.2} \times (4 - 1.7) = 0.4271$$

取 $n=2$，由式（10-50）得
$$0.4271 \times \sqrt{1 + \zeta_2^A} = 1 - \frac{\zeta_2^A}{2 \times 1.5727} - \frac{0.5559}{1.5727} = 0.6465 - \frac{\zeta_2^A}{3.1454}$$

解上式可得第二相末阀门断面的相对水击压强增值 $\zeta_2^A = 0.4282$，则

$$\Delta H_2 = \zeta_2^A H_0 = 0.428\,2 \times 125 = 53.53(\mathrm{m})$$
$$H_2 = H_0 + \Delta H_2 = 125 + 53.53 = 178.53(\mathrm{m})$$

第三、四、…各相末水击压强的计算方法与上类似，结果列于表10-3。

表 10 - 3

	时 刻/s	阀门相对开度	相对水头增值	水头增值/m	水 头/m
初始时刻	$t_0=0$	$\tau_0=1$	$\zeta_0^A=0$	$\Delta H_0^A=0$	$H_0^A=125$
第一相末	$t_1=T=0.85$	$\tau_1=0.659\,9$	$\zeta_1^A=0.555\,9$	$\Delta H_1^A=69.49$	$H_1^A=194.49$
第二相末	$t_2=2T=1.7$	$\tau_2=0.427\,1$	$\zeta_2^A=0.428\,2$	$\Delta H_2^A=53.53$	$H_2^A=178.53$
第三相末	$t_3=3T=2.55$	$\tau_3=0.269\,2$	$\zeta_3^A=0.236\,0$	$\Delta H_3^A=29.50$	$H_3^A=154.50$
第四相末	$t_4=4T=3.4$	$\tau_4=0.111\,3$	$\zeta_4^A=0.305\,4$	$\Delta H_4^A=38.18$	$H_4^A=163.18$
第五相末	$t_5=5T=4.25$	$\tau_5=0$	$\zeta_5^A=0.094\,5$	$\Delta H_5^A=11.81$	$H_5^A=136.81$
第六相末	$t_6=6T=5.1$	$\tau_6=0$	$\zeta_6^A=-0.094\,5$	$\Delta H_6^A=-11.81$	$H_6^A=113.19$
第七相末	$t_7=7T=5.95$	$\tau_7=0$	$\zeta_7^A=0.094\,5$	$\Delta H_7^A=11.81$	$H_7^A=136.81$
…	…	…	…	…	…

由表10-3所示的计算的结果可知，阀门断面的最大水击压强值为$\Delta H_{\max}^A=69.49\mathrm{m}$，最大水头值为$H_{\max}^A=194.49\mathrm{m}$。最大值发生在第一相末时刻。另外，在阀门关闭完以后的各相末，水击压强出现等值正负交替变化的过程，永不衰减、消失。这是因为计算中没有计入水头损失所造成的。实际上，水击压强值是逐渐衰减的，经过几个周期以后，会自行消失。

第五节　水击计算的特征线法

对于考虑水头损失及管道倾斜度影响的基本微分方程组（10-29），由于它的非线性，求其精确解是十分困难的。特征线法是目前求解这类双曲型偏微分方程组的较为有效的方法。特征线法的优点是物理图像清晰，力学意义明确，便于计算机编程，有足够的精确度，能解算考虑水头损失影响的复杂管道系统的水击问题。

特征线法的原理是：将偏微分方程组（10-29）转化为特殊的全微分方程，即特征方程，然后再转变为一阶有限差分方程，求其近似解。

一、特征线方程及特征方程

将基本微分方程组（10-29）改写为

$$L_1 = g\frac{\partial H}{\partial s} + \frac{\partial v}{\partial t} + v\frac{\partial v}{\partial s} + \frac{\lambda v|v|}{2D} = 0 \qquad (10\text{-}51)$$

$$L_2 = \frac{\partial H}{\partial t} + v\frac{\partial H}{\partial s} + v\sin\theta + \frac{c^2}{g}\frac{\partial v}{\partial s} = 0 \qquad (10\text{-}52)$$

将上面两个方程式用一个待定系数ω进行线性组合如下：
$$L = L_1 + \omega L_2 = 0$$

即　　$L = \left[\dfrac{\partial v}{\partial t} + \dfrac{\partial v}{\partial s}\left(v + \omega\dfrac{c^2}{g}\right)\right] + \omega\left[\dfrac{\partial H}{\partial t} + \dfrac{\partial H}{\partial s}\left(v + \dfrac{g}{\omega}\right)\right] + \omega v\sin\theta + \dfrac{\lambda v|v|}{2D} = 0$

$$(10\text{-}53)$$

线性组合后的方程 L 完全可以代替方程组 L_1 和 L_2，且数目减少了一个。但是，方程 L 仍然包含两个因变量（水头 H、流速 v）和两个自变量（时间 t、坐标 s），且为偏微分方程，不能直接求解。如果能够设法适当选择系数 ω，使其变为常微分方程，求解将可实现。

设 $H = H(s, t)$、$v = v(s, t)$ 是方程（10-53）的解，则它们的全微分为

$$\frac{dH}{dt} = \frac{\partial H}{\partial t} + \frac{\partial H}{\partial s}\frac{ds}{dt} \tag{10-54}$$

$$\frac{dv}{dt} = \frac{\partial v}{\partial t} + \frac{\partial v}{\partial s}\frac{ds}{dt} \tag{10-55}$$

将式（10-54）、式（10-55）与式（10-53）比较可知，如果

$$\frac{ds}{dt} = v + \omega \frac{c^2}{g} \tag{10-56}$$

及

$$\frac{ds}{dt} = v + \frac{g}{\omega} \tag{10-57}$$

满足，则式（10-53）可以变为常微分方程，即

$$\frac{dv}{dt} + \omega \frac{dH}{dt} + \omega v \sin\theta + \frac{\lambda v |v|}{2D} = 0 \tag{10-58}$$

式（10-56）和式（10-57）应该相等，则待定系数 ω 满足关系式

$$v + \omega \frac{c^2}{g} = v + \frac{g}{\omega}$$

解上式可得 $\omega = \pm \frac{g}{c}$，说明 ω 是两个不同的实数。将 ω 代回式（10-56）和式（10-57）得

$$\frac{ds}{dt} = v \pm c \tag{10-59}$$

式（10-59）是式（10-58）成立必须满足的两个条件。

在 $s-t$ 平面上，式（10-59）代表两族曲线，称为特征线，式（10-59）称为特征线方程。沿特征线，式（10-58）成立，称式（10-58）为特征方程，或相容性方程。

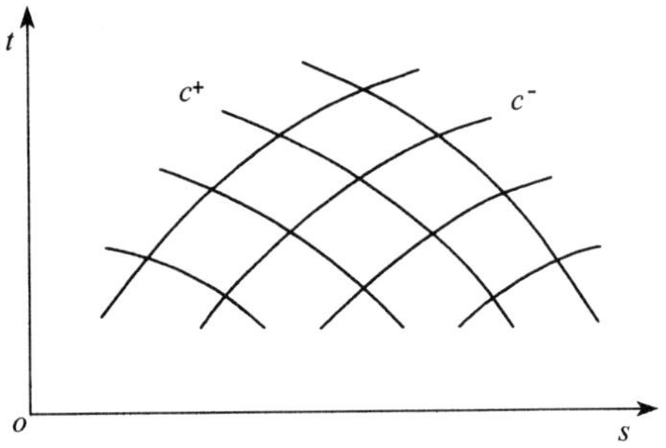

另外，式（10-59）的物理意义是：$\frac{ds}{dt} = v + c$ 反映了水击顺波波峰的运动规律；$\frac{ds}{dt} = v - c$ 反映了水击逆波波峰的运动规律。因此，称 $\frac{ds}{dt} = v + c$ 代表的特征线为顺波特征线，用 c^+ 表示；称 $\frac{ds}{dt} = v - c$ 代表的特征线为逆波特征线，用 c^- 表示，如图 10-17 所示。

图 10-17

将 ω 的两个值代入式（10-58），并与式（10-59）对应组合，可得两个常微分方程组。

沿 c^+：
$$\begin{cases} \dfrac{\mathrm{d}v}{\mathrm{d}t} + \dfrac{g}{c}\dfrac{\mathrm{d}H}{\mathrm{d}t} + \dfrac{g}{c}v\sin\theta + \dfrac{\lambda}{2D}v\mid v\mid = 0 & (10\text{-}60) \\ \dfrac{\mathrm{d}s}{\mathrm{d}t} = v + c & (10\text{-}61) \end{cases}$$

沿 c^-：
$$\begin{cases} \dfrac{\mathrm{d}v}{\mathrm{d}t} - \dfrac{g}{c}\dfrac{\mathrm{d}H}{\mathrm{d}t} - \dfrac{g}{c}v\sin\theta + \dfrac{\lambda}{2D}v\mid v\mid = 0 & (10\text{-}62) \\ \dfrac{\mathrm{d}s}{\mathrm{d}t} = v - c & (10\text{-}63) \end{cases}$$

上述两对常微分方程组统称为特征方程组。这样，我们就把求解偏微分方程组（10-29）转化成为求解常微分形式的特征方程组。在推导特征方程组的过程中，没有做过任何数学近似。因此，特征方程组的解就是原来偏微分方程组（10-29）所描述的水击问题的解。

二、特征方程组的求解

在特征方程组中，特征线方程（10-61）和（10-63）实际上分别是常微分方程（10-60）和（10-62）的约束条件。只有沿着相应的特征线 c^+ 或 c^-，才能对常微分方程（10-60）或（10-62）进行积分求解，并非在整个 s—t 平面上可以积分求解。也即特征线法只能沿着特征线，即跟踪水击波的波峰位置求解各水力要素（水头 H 和流速 v）。

如图 10-18 所示，在 s—t 平面上，过 A 点作一条顺波特征线 c^+，其方程为式（10-61），常微分方程（10-60）仅沿此特征线可以积分；过 B 点作一条逆波特征线 c^-，其方程为式（10-63），常微分方程（10-62）仅沿此特征线可以积分。如果已知 A 点和 B 点位置 s_A、s_B，以及在 t_i 时刻相应断面的水头 H_i^A、H_i^B 和流速 v_i^A、v_i^B，那么两条特征线的交点 P 的位置 s_P 及对应时刻 t_{i+1} 可由式（10-61）和式（10-63）联合解出。P 点在 t_{i+1} 时刻的水头 H_{i+1}^P 和流速 v_{i+1}^P 则可由常微分方程

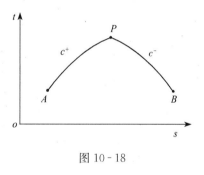

图 10-18

（10-60）和（10-62）的积分式联合求出。这样，从已知的 A、B 两点在 t_i 时刻的水头和流速，就能求出新的未知交点 P 的位置和在 t_{i+1} 时刻的水头和流速。重复运用这种方法，可逐点求出后继时刻、各点的水头和流速。

1. 有限差分方程 将方程式（10-60）中的各项同乘以 $c\mathrm{d}t/g = \mathrm{d}s/g$，然后沿图 10-18 中的顺波特征线 c^+ 积分可得

$$\dfrac{c}{g}\int_{v_A}^{v_P}\mathrm{d}v + \int_{H_A}^{H_P}\mathrm{d}H + \sin\theta\int_{t_A}^{t_P}v\mathrm{d}t + \dfrac{\lambda}{2gD}\int_{s_A}^{s_P}v\mid v\mid \mathrm{d}s = 0 \quad (10\text{-}64)$$

同理将方程式（10-62）中的各项同乘以 $c\mathrm{d}t/g = \mathrm{d}s/g$，然后沿图 10-18 中的逆波特征线 c^- 积分可得

$$\dfrac{c}{g}\int_{v_B}^{v_P}\mathrm{d}v - \int_{H_B}^{H_P}\mathrm{d}H - \sin\theta\int_{t_B}^{t_P}v\mathrm{d}t + \dfrac{\lambda}{2gD}\int_{s_B}^{s_P}v\mid v\mid \mathrm{d}s = 0 \quad (10\text{-}65)$$

由于上面两式中的最后两项的被积函数 v 或 $v\mid v\mid$ 随时间 t 或随位置 s 的变化规律事先并不知道，因此上面两个式子的积分不能完全实现。实际计算中可采用近似值代替精确积分。而且，除了摩阻很大的管道以外，对于大多数问题，采用一阶近似就可以满足要求。一

阶近似就是用已知点 A 或 B 的流速 v_A 或 v_B 取代上面两个式子中的被积函数 v。这样，式（10-64）和式（10-65）的积分结果为

$$H_P - H_A + \frac{c}{g}(v_P - v_A) + v_A(t_P - t_A)\sin\theta + \frac{\lambda}{2gD}v_A|v_A|(s_P - s_A) = 0 \quad (10-66)$$

$$H_P - H_B - \frac{c}{g}(v_P - v_B) + v_B(t_P - t_B)\sin\theta - \frac{\lambda}{2gD}v_B|v_B|(s_P - s_B) = 0 \quad (10-67)$$

式（10-66）和式（10-67）即为特征方程式（10-60）和式（10-62）的有限差分形式。相应的特征线方程的有限差分形式为

$$s_P - s_A = (v_A + c)(t_P - t_A) \quad (10-68)$$

$$s_P - s_B = (v_B - c)(t_P - t_B) \quad (10-69)$$

2. 有限差分方程的应用 在有压管道的水击计算中，管道中的水流流速 v 远小于水击波的传播速度 c。因此，特征线方程（10-68）和（10-69）中的 v_A 和 v_B 可以略去，特征线方程变为

$$s_P - s_A = c(t_P - t_A) \quad (10-70)$$

$$s_P - s_B = -c(t_P - t_B) \quad (10-71)$$

特征线变成了斜率为 $\pm c$ 的直线。为了便于说明，在此只讨论这种简单情况。

将一根管子等分成 I 段，每一段的长度为 Δs，时间步长取 $\Delta t = \Delta s/c$。这样就将 $s-t$ 平面划分成了如图 10-19 所示的矩形网格。两条特征线（10-70）和（10-71）即为网格的对角线。

对照图 10-19 所示的矩形网格，特征方程的有限差分形式（10-66）和（10-67）可改写成

沿 c^+：$\quad H_i^j - H_{i-1}^{j-1} + \frac{c}{g}v_i^j - v_{i-1}^{j-1}\left(\frac{c}{g} - \Delta t\sin\theta - \frac{\lambda\Delta s}{2gD}|v_{i-1}^{j-1}|\right) = 0 \quad (10-72)$

沿 c^-：$\quad H_i^j - H_{i+1}^{j-1} - \frac{c}{g}v_i^j + v_{i+1}^{j-1}\left(\frac{c}{g} + \Delta t\sin\theta - \frac{\lambda\Delta s}{2gD}|v_{i+1}^{j-1}|\right) = 0 \quad (10-73)$

其中，变量的上标 j 或 $j-1$ 表示时刻；下标 i 或 $i-1$、$i+1$ 表示网格节点对应的断面位置，如图 10-19 所示。

在方程组（10-72）和（10-73）中，$j-1$ 时刻各节点断面的水头 H 和流速 v 总是已知的。因此，联立求解可得 j 时刻、任意节点 i 断面的水头 H_i^j 和流速 v_i^j，即

$$H_i^j = \frac{1}{2}\Big[H_{i-1}^{j-1} + H_{i+1}^{j-1} + \frac{c}{g}(v_{i-1}^{j-1} - v_{i+1}^{j-1}) - \Delta t\sin\theta(v_{i-1}^{j-1} + v_{i+1}^{j-1})$$

$$- \frac{\lambda\Delta s}{2gD}(v_{i-1}^{j-1}|v_{i-1}^{j-1}| - v_{i+1}^{j-1}|v_{i+1}^{j-1}|)\Big] \quad (10-74)$$

$$v_i^j = \frac{1}{2}\Big[\frac{g}{c}(H_{i-1}^{j-1} - H_{i+1}^{j-1}) + (v_{i-1}^{j-1} + v_{i+1}^{j-1}) - \frac{g\Delta t\sin\theta}{c}(v_{i-1}^{j-1} - v_{i+1}^{j-1})$$

$$- \frac{\lambda\Delta t}{2D}(v_{i-1}^{j-1}|v_{i-1}^{j-1}| + v_{i+1}^{j-1}|v_{i+1}^{j-1}|)\Big] \quad (10-75)$$

将 i 从 1 变化到 $I-1$，利用上面两式，可算得 j 时刻、网格内部各节点，即 $i=1$, 2, …, $I-1$ 等各节点断面的水头 H_i^j 和流速 v_i^j。因为 $j=0$ 时刻，即初始时刻各节点断面的水头 H_i^0 和流速 v_i^0 是已知的，所以计算从 $j=1$ 时刻，即 $t=1\times\Delta t$ 时刻开始，重复上述方法

进行，可依次计算 $j=1$，2，3，…，即 $t=1\times\Delta t$，$t=2\times\Delta t$，$t=3\times\Delta t$，…时刻网格内部各节点的水头和流速，直到达到计算要求为止。

从图 10-19 可以看出，从第一时段 Δt 开始，管道两端节点（$i=0$ 和 $i=I$ 节点）的计算不能应用由两个特征方程联立导出的公式（10-74）和（10-75）。上游端点（$i=0$）的水头 H_0^j 和流速 v_0^j 仅由逆波特征线 c^- 对应

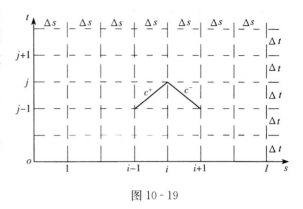

图 10-19

的逆波特征方程（10-73）所确定；下游端点（$i=I$）的水头 H_I^j 和流速 v_I^j 仅由顺波特征线 c^+ 对应的顺波特征方程（10-72）所确定。各自只有一个关系式，却包含了两个未知数（水头和流速）。因此，必须附加管道两端节点的边界条件才能进行完全计算。另外，从图 10-19 还可以看出，从第一时段 Δt 开始，管道两端节点的边界情况就要影响到内部节点的计算结果。所以边界条件的确定，不仅必要，而且至关重要。

3. 边界条件及边界处水头 H^j 和流速 v^j 的计算公式　下面讨论几种常用的边界条件：

（1）管道上游为已知水位的水库。对于管道上游端接大水库的情况，在很短的瞬变期间，通常可以假定水库水位是恒定不变的。这时的边界条件可写为

$$H_0^j = H_u = \text{常数} \tag{10-76}$$

其中，H_u 为已知的水库水位。将式（10-76）代入逆波特征方程（10-73）后，可得 j 时刻管道上游进口节点的流速 v_0^j 为

$$v_0^j = \frac{g}{c}(H_u - H_1^{j-1}) + v_1^{j-1}(1 + \frac{g\Delta t\sin\theta}{c} - \frac{\lambda\Delta t}{2D}|v_1^{j-1}|) \tag{10-77}$$

如果上游水库水位为一变数（如调压室水位），但给定为时间的函数，即 $H_u = f(t)$，则可由已知时间 t 计算出 H_u，然后再代入上式计算 v_0^j。

（2）管道上游端的流量 Q_0^j 为时间 t 的已知函数。当水流是从一个水泵流出时，流量可视为时间 t 的函数，如

$$Q_0^j = Q_0 + \Delta Q\sin\omega t$$

上式即为此种情况的边界条件。由于 Q_0^j 在任何时间都是已知的，可将 $v_0^j = Q_0^j/A$ 直接代入方程（10-73）后，得 j 时刻管道上游进口节点的水头 H_0^j 为

$$H_0^j = H_1^{j-1} + \frac{c}{gA}Q_0^j - v_1^{j-1}(\frac{c}{g} + \Delta t\sin\theta - \frac{\lambda\Delta s}{2gD}|v_1^{j-1}|) \tag{10-78}$$

（3）管道下游端为一阀门。这种情况下的边界条件在第四节中已经讨论过了，即管道下游端为一阀门的边界条件为式（10-47）

$$\eta_t^A = \tau_t\sqrt{1+\zeta_t^A}$$

还原为用有量纲的水头和流速表示，并对照图 10-19 所示的网格节点变量表示，上式可变为

$$v_I^j = \frac{v_m}{\sqrt{H_0}}\tau_j\sqrt{H_I^j} \tag{10-79}$$

其中，v_m 为阀门全开时的管中流速；H_0 为恒定流时管道末端的作用水头；τ_j 为 j 时刻管道末端的阀门相对开度。

将上式与顺波特征方程（10-72）联立求解，可得 j 时刻管道下游末端节点的水头 H_I^j 和流速 v_I^j 为

$$\begin{cases} v_I^j = -\dfrac{c}{g}C + \sqrt{\left(\dfrac{c}{g}C\right)^2 + 2CC_p} \\ H_I^j = C_p - \dfrac{c}{g}v_I^j \end{cases} \qquad (10-80)$$

其中，$C = \dfrac{v_m^2 \tau_j^2}{2H_0}$；$C_p = H_{I-1}^{j-1} + v_{I-1}^{j-1}\left(\dfrac{c}{g} - \Delta t \sin\theta - \dfrac{\lambda \Delta s}{2gD} \mid v_{I-1}^{j-1} \mid \right)$。

（4）管道下游为一封闭端（或盲端）。如果在水电站引水隧洞中还分岔有一条泄洪支洞，那么在正常发电情况下，泄洪支洞末端的泄洪闸门是关闭的。因电站运行发生水击现象时，在整个水击波的传播过程中，可视泄洪支洞末端为一封闭端。

在这种情况下，边界条件为 $Q_I^j = 0$，或 $v_I^j = 0$。代入顺波特征方程（10-72）后，可得 j 时刻管道下游末端节点的水头 H_I^j 为

$$H_I^j = H_{I-1}^{j-1} + v_{I-1}^{j-1}\left(\dfrac{c}{g} - \Delta t \sin\theta - \dfrac{\lambda \Delta s}{2gD} \mid v_{I-1}^{j-1} \mid \right) \qquad (10-81)$$

（5）管道下游端为开敞孔口。在水电站引水隧洞中的泄洪支洞和电站同时运行，即一边泄洪一边发电的情况下，泄洪支洞末端可视为一开敞不变的孔口，其边界条件为 $\tau_j = 1$。代入公式（10-80），即可计算 j 时刻管道下游末端的水头 H_I^j 和流速 v_I^j。

（6）两根或多根管道的连接处。如图 10-20 所示为四根管道的连接，如果不计局部水头损失，按图示水流方向，则边界条件为

$$H_{I_1,1}^j = H_{I_2,2}^j = H_{0,3}^j = H_{0,4}^j = H^j \qquad (10-82)$$

$$Q_{I_1,1}^j + Q_{I_2,2}^j - Q_{0,3}^j - Q_{0,4}^j = 0 \qquad (10-83)$$

其中，I_1、I_2、I_3、I_4 分别为①、②、③、④号管道的分段数；变量的第一个下标表示连接处节点分别在各管道中的节点号；第二个下标表示对应管道的编号；上标表示计算时刻。

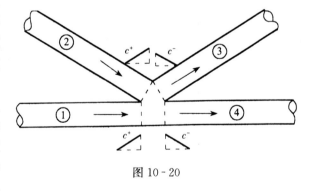

图 10-20

上述边界条件中包含了 4 个关系式、8 个未知变量。另外，管①和管②末端的水头和流速的关系满足顺波特征方程（10-72），管③和管④起始端的水头和流速的关系满足逆波特征方程（10-73），即

$$H_{I_1,1}^j - H_{I_1-1,1}^{j-1} + \dfrac{c_1}{g}v_{I_1,1}^j - v_{I_1-1,1}^{j-1}\left(\dfrac{c_1}{g} - \Delta t \sin\theta_1 - \dfrac{\lambda_1 \Delta s_1}{2gD_1} \mid v_{I_1-1,1}^{j-1} \mid \right) = 0 \qquad (10-84)$$

$$H_{I_2,2}^{j} - H_{I_2-1,2}^{j-1} + \frac{c_2}{g}v_{I_2,2}^{j} - v_{I_2-1,2}^{j-1}\left(\frac{c_2}{g} - \Delta t\sin\theta_2 - \frac{\lambda_2\Delta s_2}{2gD_2}\mid v_{I_2-1,2}^{j-1}\mid\right) = 0 \quad (10\text{-}85)$$

$$H_{0,3}^{j} - H_{1,3}^{j-1} - \frac{c_3}{g}v_{0,3}^{j} + v_{0,3}^{j-1}\left(\frac{c_3}{g} + \Delta t\sin\theta_3 - \frac{\lambda_3\Delta s_3}{2gD_3}\mid v_{0,3}^{j-1}\mid\right) = 0 \quad (10\text{-}86)$$

$$H_{0,4}^{j} - H_{1,4}^{j-1} - \frac{c_4}{g}v_{0,4}^{j} + v_{0,4}^{j-1}\left(\frac{c_4}{g} + \Delta t\sin\theta_4 - \frac{\lambda_4\Delta s_4}{2gD_4}\mid v_{0,4}^{j-1}\mid\right) = 0 \quad (10\text{-}87)$$

其中：c_1、c_2、c_3、c_4 分别为①、②、③、④号管中的水击波速；

θ_1、θ_2、θ_3、θ_4 分别为①、②、③、④号管道的倾斜角；

λ_1、λ_2、λ_3、λ_4 分别为①、②、③、④号管道的沿程阻力系数；

Δs_1、Δs_2、Δs_3、Δs_4 分别为①、②、③、④号管道的分段长度；

D_1、D_2、D_3、D_4 分别为①、②、③、④号管道的内径。

将以上 8 个关系式（10-82）、（10-83）、（10-84）、（10-85）、（10-86）和（10-87）联立求解，可得各管道在连接处的水头和流速

$$H_{I_1,1}^{j} = H_{I_2,2}^{j} = H_{0,3}^{j} = H_{0,4}^{j} = H^{j}$$
$$= \frac{\dfrac{gA_1}{c_1}C_{p1} + \dfrac{gA_2}{c_2}C_{p2} + \dfrac{gA_3}{c_3}C_{d3} + \dfrac{gA_4}{c_4}C_{d4}}{\displaystyle\sum_{i=1}^{4}\dfrac{gA_i}{c_i}} \quad (10\text{-}88)$$

$$\left.\begin{aligned} v_{I_1,1}^{j} &= \frac{-H^j + C_{p1}}{c_1/g} \\ v_{I_2,2}^{j} &= \frac{-H^j + C_{p1}}{c_2/g} \\ v_{0,3}^{j} &= \frac{H^j - C_{d3}}{c_3/g} \\ v_{0,4}^{j} &= \frac{H^j - C_{d4}}{c_4/g} \end{aligned}\right\} \quad (10\text{-}89)$$

其中：A_1、A_2、A_3、A_4 分别为①、②、③、④号管道的横断面面积；

$$C_{p1} = H_{I_1-1,1}^{j-1} + v_{I_1-1,1}^{j-1}\left(\frac{c_1}{g} - \Delta t\sin\theta_1 - \frac{\lambda_1\Delta s_1}{2gD_1}\mid v_{I_1-1,1}^{j-1}\mid\right);$$

$$C_{p2} = H_{I_2-1,2}^{j-1} + v_{I_2-1,2}^{j-1}\left(\frac{c_2}{g} - \Delta t\sin\theta_2 - \frac{\lambda_2\Delta s_2}{2gD_2}\mid v_{I_2-1,2}^{j-1}\mid\right);$$

$$C_{d3} = H_{1,4}^{j-1} - v_{1,3}^{j-1}\left(\frac{c_3}{g} + \Delta t\sin\theta_3 - \frac{\lambda_3\Delta s_3}{2gD_3}\mid v_{1,3}^{j-1}\mid\right);$$

$$C_{d4} = H_{1,4}^{j-1} - v_{1,4}^{j-1}\left(\frac{c_4}{g} + \Delta t\sin\theta_4 - \frac{\lambda_4\Delta s_4}{2gD_4}\mid v_{1,4}^{j-1}\mid\right).$$

对于串联管道，相当于两根管道相连接。其连接处的计算，只需在上述计算过程中去掉一个流入管道和一个流出管道即可。

有了上述关于各种边界节点处水头和流速的计算方法或计算公式，就可进行简单管道或复杂管道的水击计算。对于复杂管道系统，每根管道内部各节点断面在任一瞬间可以独立进

行计算，与系统中的其他管道无关。但每根管道的端部边界条件必须和与其相连的管道或其他边界元件相吻合，而每一边界条件在任一瞬间也可以单独处理。求解的显式特点是这一特征线法得以广泛应用的优势。

4. 管系的分段　从上面的讨论可以看出，无论对于简单管道或复杂管道，在整个系统的计算过程中，Δt 是作为常数对待的，即具有公共时步 Δt。对于简单管道，分段长度 Δs 也为常数，只要求 $\Delta t = \dfrac{\Delta s}{c} = \dfrac{L}{I \cdot c}$（其中 I 为正整数）满足即可。但是，对于复杂管道系统，由于各管道的长度 L_k 和水击波速 c_k 大小不一，就需要相当小心地选择 Δt 和每一根管道的分段数 I_k，使得每一根管道均满足公共时步关系式

$$\Delta t = \frac{L_1}{I_1 \cdot c_1} = \frac{L_2}{I_2 \cdot c_2} = \frac{L_3}{I_3 \cdot c_3} = \cdots$$

式中，I_1、I_2、I_3、$\cdots$ 是各管道的分段数，均为正整数。

显然，每一根管道的分段长度 Δs_1、Δs_2、Δs_3、$\cdots$ 也不相等。Δt 应为水击波在各管道中传播时间 $\dfrac{L_1}{c_1}$、$\dfrac{L_2}{c_2}$、$\dfrac{L_3}{c_3}$、$\cdots$ 的最大公约数。但是，在大多数情况下，这个最大公约数并不存在，上式不可能恰好满足。管道系统越复杂（管道个数越多），越不可能满足。这时，可以通过稍稍调整一下水击波速 c_1、c_2、c_3、$\cdots$ 的大小来满足上式。因为实际中的水击波速不可能计算得十分准确，稍稍调整是允许的。调整后的上式变为

$$\Delta t = \frac{L_1}{I_1 \cdot c_1 (1 \pm \Psi_1)} = \frac{L_2}{I_2 \cdot c_2 (1 \pm \Psi_2)} = \frac{L_3}{I_3 \cdot c_3 (1 \pm \Psi_3)} = \cdots \quad (10\text{-}90)$$

式中，Ψ_1、Ψ_2、Ψ_3、$\cdots$ 为水击波速的允许偏差，一般应小于某个极限值，如 0.1%。通常情况下，用稍稍调整水击波速来满足公共时步 Δt 要求，比调整管道长度的办法更好一些。

5. 编程计算框图　用上述特征线法进行水击计算时，编程上机计算不仅可以大幅度减轻人工计算的工作量，而且可以大大提高计算精度。编程计算框图如图 10-21 所示。

其中：J 为计算过程的总时步数，则计算总时间为 $T_\text{总} = J \cdot \Delta t$；$K$ 为管道个数；I_k 为第 k 根管道的分段数。

根据上面所示计算框图，计算者可以根据自己习惯所用的计算机语言，如 FORTRAN 语言、True BASIC 语言，或其他语言，编制利用特征线法进行水击计算的计算程序。

第六节　调压室系统中的水面振荡

当水电站的引水隧洞或引水道较长时，由于电站的负荷变化在引水道中产生的水击现象大多为直接水击，水击压强值非常大，而且受压范围也很大。为了减小水击压强，缩小受压范围，避免管壁破裂，在引水道中设置调压室是最为有效的工程措施。

一、调压室的工作原理

调压室是具有自由水面和一定容积的井式（在山体中开凿的）或塔式（在地表筑起的）建筑物，因此也称为调压井或调压塔。图 10-22 所示为一井式调压室及与之连接的引水道系统。

当水电站因负荷变化而在引水道中产生的水击波从阀门断面（或导水叶）传至调压室

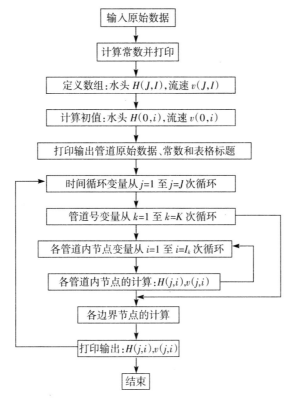

图 10-21

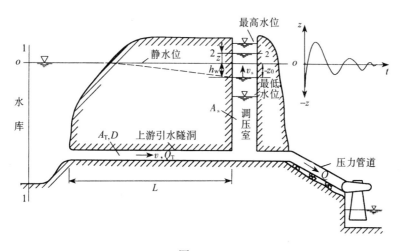

图 10-22

时，由于调压室具有自由表面，并能储存一定量的水体，水击波被调压室反射回下游引水道，使调压室上游的引水道不承受或减轻承受水击波的作用。例如，当水电站甩负荷紧急关闭阀门时，立刻在引水道中产生了水击波。但当水击压力波传至调压室时，受压的水体将从底部涌入调压室，从而制止或削弱了向上游传播的压力波，保护了上游引水道免受高压作用。同时，调压室成为水击波传播的上游边界，代替了水库对水击波的反射作用，大大缩短了水击波的传播距离，使水击波尽快地返回到下游阀门断面，使原来的直接水击变为间接水击，从而削弱了最大水击压强值，并能使引水系统中的非恒定流动在较短的时间内平稳下来，达到新的恒定状态。

在水电站引水系统中设置调压室以后，通常称调压室下游的引水道为压力管道，称调压室上游的引水道为引水隧洞或引水道。显然，调压室的位置越靠近电站，其作用越加显著。所以在布置调压室时，如果地形、地质条件允许，应尽可能减小下游压力管道的长度。

在实际应用中，根据具体的工程特点，调压室具有各种具体的形式。图10-22所示为一圆筒式调压室，也是各种形式中最为简单的一种。为了便于阐明调压室中水位振荡的物理特性，并导出水力计算的基本方程，下面的讨论只针对圆筒式调压室进行。

二、调压室中的水位波动现象

如图10-22所示，在水电站正常运行时，即在恒定流情况下，调压室中的水位维持在一个固定高程，且低于上游水库水位一个高度h_w。h_w为水库与调压室之间的水头损失。当水电站突然丢弃负荷、关闭阀门、减少引用流量时，首先引起调压室下游压力管道中的流速减小或停止。而上游引水隧洞中的水流因惯性作用，继续向下游流动。到达调压室底部时，遇到速度减缓或停止的水体，被迫涌入调压室，使调压室中的水位上升。同时，引水隧洞中的流速也逐渐减小，直到调压室水位上升超过水库水位某一值时，引水隧洞中的流速和调压室水位上升速度均减小为零，水流运动暂时停止。接着由于调压室水位高于水库水位，水体将作反向流动，即从调压室经引水隧洞流入水库，调压室水位开始下降。当调压室水位降至低于水库水位某一值时，水体的反向流动停止，水流运动又处于暂时的静止状态。此后，水流又加速流向调压室，调压室水位再度回升，从而作反复的上升和下降运动，即水位波动或水面振荡。由于摩阻损失的存在，这种振荡是衰减的，最后将静止下来，达到新的恒定状态。

当水电站突然增加负荷、开启阀门、增大引用流量时，调压室水位也发生类似的波动现象。所不同的是，在这种情况下，上游引水隧洞中的水体因惯性作用不能立即适应流量突然增加的需要，而是由调压室首先泄放出一部分水体。所以，调压室水位是先下降，然后再回升。

从上述讨论可知，原来作为一个运动整体的有压引水系统，由于设置了调压室，可以视为被分成了两部分：一部分是调压室下游的压力管道。这是水击波传播和反射的区域，直接承受水击波的作用。另一部分是调压室上游的引水隧洞。这部分受水击波的影响较小或者不受水击波的影响，但却在引水隧洞和调压室之间产生了大量水体作往复运动的振荡现象。

无论是下游压力管道中水击波的传播和反射，或是上游引水隧洞—调压室间的水体振荡，都属于非恒定流运动，而且都起源于下游流量的改变。但它们的运动特征却差别很大。下游压力管道中水击波的传播和反射是一种周期很短（一般只有几秒，甚至不到一秒）、并能在较短时间内消失的弹性波运动，弹性力起主导作用。所到之处，不仅压强发生急剧变化，而且水体和管壁也发生弹性变形，但水头损失相对水击压强值来说却很小。所以在计算中必须考虑液体的压缩性和管壁的弹性，可以不计入水头损失。而上游引水隧洞—调压室间的水体振荡类似于"U"形管中的液体振荡现象。起主导作用的力是惯性力和摩阻力。振荡周期也很长，一般为几十秒，甚至几百秒。伴随着大量水体的往复运动，引水隧洞内的压强只发生缓慢且不大的变化，液体不遭受明显的压缩，管壁也不发生显著的膨胀。因此，在计算中可以不考虑液体的压缩性和管壁的弹性，作为不可压缩液体的非恒定流处理，但必须考虑水头损失。

显而易见，由于下游压力管道、上游引水隧洞以及调压室共存于同一引水系统之中，它们的运动应该是相互制约的。但是，对于圆筒式调压室，由于横断面很大，水击波可以得到充分反射，引水隧洞基本不受水击波作用。同时，由于上游水体振荡周期很长，当水击压强达到最大值时，调压室水位只发生了很小的变化。而当调压室水位上升到最高值时，水击波的传播和反射已经经历了无数周期，水击现象早已消失。因此，在实际计算中，可将下游压力管道的水击计算和调压室中的水位波动计算分开进行，而不考虑相互影响。计算下游压力管道的水击时，视调压室水位尚未改变，而且维持起始的恒定水位。计算调压室中的水位波动时，又可认为下游压力管道已经适应了水轮机引用流量的改变，其通过流量等于水轮机所需流量。

当然，也可以将下游压力管道、上游引水隧洞以及调压室作为一个整体进行非恒定流计算，既可以得到下游压力管道中水击压强的变化过程，也可以得到调压室水位的波动过程。但由于时间步长 Δt 受水击计算的限制，不能太大。所以想要得到一个完整的调压室水位波动衰减过程，计算工作量很大。下面我们对调压室水位波动计算将按上述分开计算方案进行。

三、调压室水位波动计算

下面针对图 10-22 所示圆筒式调压室和上游引水隧洞进行讨论。

1. 调压系统的基本方程组　调压系统的基本方程组包括能量方程和连续性方程。

以水库水面为基准面，对水库中 1-1 断面和任意时刻调压室水面 2-2 列非恒定流的能量方程

$$0 = z + \frac{\alpha_2 v_2^2}{2g} + h_{w1} + h_{w2} + \frac{L}{g}\frac{dv}{dt} + \frac{h+z}{g}\frac{dv_2}{dt}$$

其中：z 为任意时刻调压室水面相对基准面的高度，规定向上为正；L 为上游引水隧洞的长度；v 为上游引水隧洞中的水流流速；h_{w1} 为上游引水隧洞中的全部水头损失，$h_{w1} = \zeta_c \frac{v^2}{2g}$，$\zeta_c$ 为上游引水系统的水头损失系数；v_2 为圆筒式调压室水位上升速度，$v_2 = \frac{dz}{dt}$；h_{w2} 为调压室中的水头损失；h 为调压室底部至基准面的高度。

由于调压室的横断面积远远大于引水隧洞的横断面积，且其高度远小于引水隧洞的长度，所以，调压室中的流速水头 $\frac{\alpha_2 v_2^2}{2g}$、水头损失 h_{w2} 以及惯性水头 $\frac{h+z}{g}\frac{dv_2}{dt}$ 均可忽略不计。这时，能量方程变为

$$z = -\left(\zeta_c \frac{v^2}{2g} + \frac{L}{g}\frac{dv}{dt}\right) \tag{10-91}$$

设上游引水隧洞的流量为 Q_T，流入调压室的流量为 Q_s，调压室下游水轮机的引用流量为 Q。根据调压室底部水流的连续性，连续性方程可表示为

$$Q_T = Q_s + Q$$

设上游引水隧洞的横断面积为 A_T，调压室的横断面积为 A_s。则连续性方程可表示为

$$v = \frac{1}{A_T}\left(Q + A_s \frac{dz}{dt}\right) \qquad (10-92)$$

式（10-91）和式（10-92）即为调压系统的基本方程组。

2. 调压室水位波动计算 求解基本方程组式（10-91）和式（10-92），可得两个未知函数 $v(t)$ 和 $z(t)$，调压室水位波动过程便由函数 $z(t)$ 所确定。但由于摩阻项 $\zeta_c \frac{v^2}{2g}$ 的存在，使得方程组具有非线性，一般情况下直接求其解析解非常困难。

目前，在实际工程中求解基本方程组式（10-91）和式（10-92）主要有以下两种方法：解析法，在几种特殊情况下，可直接对方程组式（10-91）和式（10-92）求其解析解；数值解法，数值解法是一种近似解法，结果以数值形式给出，可适应各种复杂情况的计算。在目前微机应用较为普遍的情况下，数值解法更具有其应用空间。

下面简单介绍一下这两种求解方法：

(1) 解析法。当忽略上游引水隧洞中的水头损失，即取 $\zeta_c = 0$ 时，可以直接对基本方程组进行积分求解。这时，方程组式（10-91）和式（10-92）变为

$$z = -\frac{L}{g}\frac{dv}{dt}$$

及

$$v = \frac{1}{A_T}\left(Q + A_s \frac{dz}{dt}\right)$$

将上面两式消去流速 v 合并后得

$$\frac{d^2 z}{dt^2} = -\frac{gA_T}{LA_s}z \qquad (10-93)$$

这是一个二阶齐次常微分方程。它表明，调压室水位上升的加速度与离开基准面的距离 z 成正比，但方向与离开基准面的方向相反，即始终指向基准面。式（10-93）的通解为

$$z = C_1 \cos\sqrt{\frac{gA_T}{LA_s}} \cdot t + C_2 \sin\sqrt{\frac{gA_T}{LA_s}} \cdot t$$

引入初始条件：当 $t=0$ 时，$z=0$ 及 $\frac{dz}{dt} = \frac{A_T}{A_s}(v_0 - v_e)$，得 $C_1 = 0$，$C_2 = (v_0 - v_e)\sqrt{\frac{LA_T}{gA_s}}$。其中，$v_0$ 为非恒定流发生前上游引水隧洞的水流流速，v_e 为下游水轮机引用流量改变后相应的上游引水隧洞的水流流速，$v_e = \frac{Q}{A_T}$。

将 C_1 和 C_2 代入上式得

$$z = (v_0 - v_e)\sqrt{\frac{LA_T}{gA_s}} \sin\sqrt{\frac{gA_T}{LA_s}} \cdot t \qquad (10-94)$$

上式表明，调压室水位按正弦曲线规律等幅波动，幅值为 $C_2 = (v_0 - v_e)\sqrt{\frac{LA_T}{gA_s}}$，角频率为 $\omega = \sqrt{\frac{gA_T}{LA_s}}$，波动周期为 $T = \frac{2\pi}{\omega} = 2\pi\sqrt{\frac{LA_s}{gA_T}}$。

将式（10-94）代入连续性方程（10-92），可得上游引水隧洞中的流速变化规律为

$$v = v_e + (v_0 - v_e)\cos\sqrt{\frac{gA_T}{LA_s} \cdot t} \qquad (10-95)$$

上游引水隧洞中的流速按余弦曲线规律变化。

由式（10-94）和式（10-95）可知，发生非恒定流以后，调压室水位和引水隧洞中的流速均作等幅波动变化，永不消失。这是由于上述求解没有考虑水头损失所至。实际上，水头损失总是存在的，在水位波动过程中，能量将逐渐减小，波动是衰减的。经过若干周期以后，波动消失，整个引水系统将达到一个新的恒定流状态。

当计入上游引水隧洞中的水头损失 h_{w1} 时，只能在水轮机突然全甩负荷和突然全增负荷两种情况下，才可以直接对基本方程组进行积分求解。在此不做讨论，有兴趣者，可以查阅有关参考书籍。

（2）数值解法。对基本方程组式（10-91）和式（10-92）求数值解，其方法有多种多样。例如，可以先将基本方程组写成差分格式，然后用试算法或迭代法逐时段进行重复计算，可得调压室水位值和上游引水隧洞流速值的变化过程。下面介绍一种方便简单的数值求解方法——四阶龙格库塔法。

将基本方程组式（10-91）和式（10-92）改写成如下形式

$$\begin{cases} \dfrac{\mathrm{d}v}{\mathrm{d}t} = -\dfrac{g}{L}(z + Fv|v|) \\ \dfrac{\mathrm{d}z}{\mathrm{d}t} = \dfrac{1}{A_s}(A_T v - Q) \end{cases} \tag{10-96}$$

其中，$F = \dfrac{\zeta_c}{2g}$。

取计算时段为 Δt，则四阶龙格库塔法的格式为

$$\begin{cases} v_{i+1} = v_i + \dfrac{\Delta t}{6}(K_1 + 2K_2 + 2K_3 + K_4) \\ z_{i+1} = z_i + \dfrac{\Delta t}{6}(M_1 + 2M_2 + 2M_3 + M_4) \end{cases} \tag{10-97}$$

其中

$$\begin{cases} K_1 = f_1(v_i, z_i) \\ K_2 = f_1(v_i + \dfrac{\Delta t}{2}K_1, z_i + \dfrac{\Delta t}{2}M_1) \\ K_3 = f_1(v_i + \dfrac{\Delta t}{2}K_2, z_i + \dfrac{\Delta t}{2}M_2) \\ K_4 = f_1(v_i + \Delta t K_3, z_i + \Delta t M_3) \end{cases} \tag{10-98}$$

$$\begin{cases} M_1 = f_2(v_i, z_i) \\ M_2 = f_2(v_i + \dfrac{\Delta t}{2}K_1, z_i + \dfrac{\Delta t}{2}M_1) \\ M_3 = f_2(v_i + \dfrac{\Delta t}{2}K_2, z_i + \dfrac{\Delta t}{2}M_2) \\ M_4 = f_2(v_i + \Delta t K_3, z_i + \Delta t M_3) \end{cases} \tag{10-99}$$

$$\begin{cases} f_1(v, z) = -\dfrac{g}{L}(z + Fv|v|) \\ f_2(v, z) = \dfrac{1}{A_s}(A_T v - Q) \end{cases} \tag{10-100}$$

这是一步格式。利用 i 时刻的调压室水位 z_i 和上游引水隧洞流速 v_i，由式（10-100）、

式（10-98）和式（10-99）可顺序求出 K_1、K_2、K_3、K_4、M_1、M_2、M_3、M_4，然后代入式（10-97）即可得到 $i+1$ 时刻的水位 z_{i+1} 和流速 v_{i+1}。重复计算，可得到引水隧洞-调压室系统中水体振荡的全过程，即调压室水位 z 和上游引水隧洞流速 v 的变化过程。这个工作最便于编程让计算机来完成。

另外，关于采用四阶龙格库塔法的格式进行计算的收敛性和稳定性问题，可查阅有关数值计算方法的参考书籍。

以上讨论了调压室水位波动计算，由此可以得到调压室水位波动的最高振幅 z_m 和最低振幅 z_n。它们是决定调压室高度和底部高程的重要依据。而调压室的横截面大小则取决于调压室水位波动的稳定性。关于调压室水位波动的稳定性问题，将在有关水电站的专业课程中讨论，在此不做赘述。

习　题

10-1　如图所示为一引水管，管长 $L=100\text{m}$，管径 $D=10\text{cm}$，粗糙系数 $n=0.0125$，水头 $H=9\text{m}$。开始时下游末端阀门全开。现将阀门在 100s 的时间内进行缓慢关闭，使管中流速均匀的减小为 0.75m/s。(1) 计算阀门关闭前管中恒定流流量和流速（按长管计算）；(2) 计算阀门关闭后 50s 管中的瞬时流量，并计算该时刻管道中间 1-1 断面和末端 2-2 断面的惯性水头、流速水头和测压管水头。

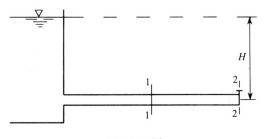

题 10-1 图

10-2　某压力钢管，上游与水库相接，下游接冲击式水轮机的控制阀门。已知：压力钢管的长度 $L=800\text{m}$，管径 $D=2400\text{mm}$，管壁厚度 $\delta=20\text{mm}$，水头 $H_0=150\text{m}$。若在 $T_s=0.1\text{s}$ 时间内阀门部分关闭使管中流速由 $v_0=3\text{m/s}$ 减小为 $v_e=2.8\text{m/s}$。求：(1) 管道中发生的水击类型；(2) 计算管道末端阀门断面的水击压强增高值；(3) 计算水击波的波前位置；(4) 计算 $\dfrac{\partial v}{\partial t}$、$\dfrac{\partial p}{\partial t}$ 和 $v\dfrac{\partial v}{\partial x}$，$v\dfrac{\partial p}{\partial x}$ 以及 $v\dfrac{\partial v}{\partial x}\bigg/\dfrac{\partial v}{\partial t}$，$v\dfrac{\partial p}{\partial x}\bigg/\dfrac{\partial p}{\partial t}$。

10-3　仿照图 10-4，绘出阀门突然完全开启后在 $t=\dfrac{L}{c}$、$t=\dfrac{2L}{c}$、$t=\dfrac{3L}{c}$ 及 $t=\dfrac{4L}{c}$ 时刻的水击压强分布、水流方向及管壁膨胀和收缩状态示意图。

10-4　某输水钢管的直径 $D=100\text{mm}$，壁厚 $\delta=7\text{mm}$，流速 $v_0=1.0\text{m/s}$，试求阀门突然完全关闭时，水击波的传播速度 c 和压强增高值 Δp。又如钢管改用铸铁管，其他条件不变，水击压强有何变化？

10-5　直径 $D=100\text{mm}$ 的引水钢管，上游接水库，下游由阀门控制流量。管壁厚度 $\delta=2\text{mm}$，管长 $L=300\text{m}$。恒定流时的引用流量为 $Q_0=0.03\text{m}^3/\text{s}$。如果末端阀门于 $T_s=0.2\text{s}$ 内从全开线性完全关闭，求最大水击压强值，并绘出阀门断面压强随时间的变化过程图。如改用橡皮管，壁厚改为 $\delta=10\text{mm}$，试比较同样条件下发生的水击情况。

10-6　某输水钢管自水库引水，末端用阀门控制流量。已知：管长 $L=400\text{m}$，管径

$D=300$mm，管壁厚度 $\delta=4$mm。初始时刻为恒定流，阀门全开，作用水头为 $H_0=15$m，流量为 $Q=0.15\text{m}^3/\text{s}$。要求：(1) 计算阀门突然完全关闭时的最大水击压强值以及与此相应的管壁应力。(2) 若直径改为 $D=400$mm，其他条件保持不变，其最大水击压强值又为多少？(3) 绘出管道中间断面的水击压强及流速随时间的变化过程图。

10-7 某水电站的引水钢管长 $L=300$m，上游接水库，下游末端由阀门控制流量。已知：恒定流时的水头为 $H_0=125$m，管中最大流速 $v_m=3.85$m/s；水击波的传播速度 $c=970$m/s。若阀门在 $T_s=0.5$s 时间内由全开至完全关闭，试求：(1) 阀门处的最大水击压强值；(2) 绘制阀门关闭完瞬间的管道压强分布图；(3) 在关闭完瞬间，分别距水库 150m 和 200m 之两断面处的水击压强值。

10-8 假设水库水位不变，试应用水击波的传播与反射概念说明：

$$F\left(t-\frac{x}{c}\right)=-f\left[t+\frac{2(L-x)}{c}+\frac{x}{c}\right]$$

并根据此关系式来证明简单管道末端阀门断面处满足

$$H_i+H_{i-1}-2H_0=-\frac{c}{g}(v_i-v_{i-1})$$

即

$$\zeta_i+\zeta_{i-1}=-2\phi(\eta_i-\eta_{i-1})$$

10-9 已知某压力钢管的恒定流水头 $H_0=225$m，管长 $L=450$m，管中最大流速 $v_m=4.6$m/s。末端阀门关闭时间 $T_s=3.0$s，阀门关闭规律为 $\tau=\left(1-\dfrac{t}{T_s}\right)^{1.2}$。发生水击时，水击波的传播速度 $c=1\,000$m/s。试判别水击类型，并计算阀门断面的最大水击压强值。

10-10 有一压力管道，长度 $L=2\,000$m，管径 $D=2.5$m，管壁厚度 $\delta=25$mm，管壁材料的弹性系数 $E=20.106\times10^{10}\text{N/m}^2$。恒定流时通过管道的流量为 $Q_0=10\text{m}^3/\text{s}$。当管道末端阀门关闭时间 $T_s=3.0$s 时，问产生直接水击还是间接水击？若关闭时间改为 $T_s=6.0$s，又产生什么水击？若关闭时间仍为 $T_s=3.0$s，但在距电站上游 $L'=500$m 处设置了调压室，这时将产生什么水击？如果产生直接水击，问水击压强值为多少？

10-11 某水电站引水系统中设置有调压室。上游引水隧洞的长度 $L=4\,000$m，横断面的形状和大小沿程不变，横断面面积为 $A_T=4.0\text{m}^2$。恒定流时，引水隧洞的流速为 $v_0=1.0$m/s。调压室为圆筒式，横截面面积为 $A_s=16.0\text{m}^2$。如不计水头损失，试求调压室中的水面振荡周期 T 以及调压室水位高出水库水位的最大高度 z_m。

10-12 图示为一等直径 U 形管，管内盛水长度 $L=1.0$m，内径 $D=4.0$cm。在平衡状态时，U 形管两边水面平齐。由于受到扰动，起始时刻左侧水面低于平衡位置 0.1m，右侧水面高于平衡位置 0.1m，之后 U 形管中的水体便产生振荡现象。

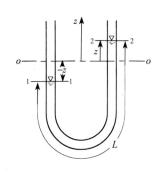

题 10-12 图

若不计摩阻影响，试求水面振荡的表达式 $z=f(t)$，并计算右侧水面下降至 $z=-0.1$m 的时间，以及该时刻水面振荡的速度和加速度。

第十一章 明渠非恒定流

第一节 概 述

在明渠水流中，过水断面上的水力要素如流量、流速及水位等随时间不断变化的流动称为明渠非恒定流。例如，天然河道中汛期的洪水涨落过程，水库、湖泊因堤坝溃决引起的灾害性洪水过程，灌溉渠道因调节节制闸或分水闸而导致上下游渠道中水位的波动过程，以及河流入海口附近的潮汐现象等都是非恒定流的典型例子。严格说，自然界或水利工程中大多数明渠水流均属于非恒定流，我们所研究的恒定流，实际上是把那些特定时段内水力要素随时间变化较缓慢的水流近似按恒定流问题来处理。

研究河渠中非恒定流的运动规律及其计算方法，对于洪水预报、水库调度、灌溉渠道流量调度等有着重要的实际意义。

明渠非恒定流的研究最早起源于 18 世纪后期法国数学家拉普拉斯（P. S. Laplace）和拉格朗日（I. L. Lagrange）对浅水波波速公式的推导，拉格朗日于 1781 年首先提出浅水中的波速公式，并于 1788 年创立了浅水中常水深水波理论。其后，圣·维南（Saint-Venant）于 1871 年在法国科学院学会会刊上发表了关于明渠非恒定流理论在河道洪水和河道潮波传播中的应用方面的两篇论文，也就是圣·维南非恒定流偏微分方程的基本理论。此后的上百年里，众多研究者试图修正，或改进圣·维南方程，但其结果并无实质上的变化，给出的某些方程虽然从形式上似乎更加完善了，而一旦为了应用对其简化后又回到圣·维南方程的形式。

明渠非恒定流的研究一直是围绕圣·维南偏微分方程组而进行的，一百多年来这一基本理论虽有发展，但进展不快。而在围绕这两个偏微分方程的计算方法和明渠非恒定流的数值模拟技术方面，随着计算机的广泛应用以及计算机性能和计算速度的不断提高，却有了飞速的进展，采用数值计算求解圣·维南偏微分方程组的计算方法层出不穷。进入 20 世纪 90 年代以来，微型机的性能无论从内存容量与计算速度上，都已赶上或超过了昔日的大型计算机，这更进一步促进了数值模拟技术的快速发展，过去数值计算中所谓的耗费机时、内存不足等矛盾今日已不复存在。这也为非恒定流数值计算方法的研究创造了极为有利的技术条件。

第二节 明渠非恒定流的特性及波的分类

一、明渠非恒定流的主要特性

（1）明渠非恒定流的基本特征是过水断面上的水力要素既是时间 t 的函数，又是流程 s 的函数。因此，明渠非恒定流必定是非均匀流。对于一维明渠非恒定流来说，水力要素为

$$\begin{cases} v = v(s,t) \\ h = h(s,t) \end{cases} \text{或} \begin{matrix} Q = Q(s,t) \\ z = z(s,t) \end{matrix} \qquad (11-1)$$

式中，v、Q、h 和 z 分别代表过水断面上的流速、流量、水深和水位。

(2) 明渠非恒定流是一种具有自由表面的波动现象，属于重力波的范畴。这种波的主要作用力是重力、惯性力以及摩擦阻力。它不同于有压管道中的水击波，水击波是一种弹性波，其中起主要作用的力是惯性力和弹性力。重力波是一个大类，风成波、潮汐波、船行波和海洋地震引起的波浪都属于重力波，它们除具有共性外，又具有各自的个性。如风成波中，水质点基本上沿着一定的轨道作往复循环运动，

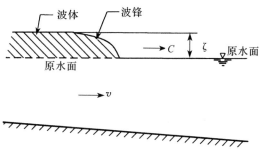

图 11-1

其结果使水面形成一种高低起伏的波浪运动，沿程几乎没有流量的传递，这类波称为振动波或推进波。而明渠非恒定流则是河渠中某处因某种原因发生水面涨落或流量增、减变化，形成波动，并向上、下游传播出去的结果；水流质点是随着这种波动而移动的，故有流量的传递。这种波动称做运行波（也称移动波、位移波）。运行波所到之处就会引起该断面处流量 Q 及水位 z（或水深 h）发生变化。波传到之处，水面高出或低于原水面的水体部分称为波体，波体的前锋称为波锋（或称波额），如图 11-1 所示，波锋顶点至原水面的高度称为波高，以 ζ 表示，波锋推进的速度称为波速，以 ω 表示，水流平均流速以 v 表示。

(3) 明渠非恒定流的波动为浅水波或长波。如水深 h 与波长 l 之比小于 $1/20$，则整个水体都能被波动所干扰，这种情况下的水波称为浅水波或称长波。许多河流、渠道中的非恒定流一般都满足这一条件，故明渠非恒定流属于浅水中的长波，即 $\dfrac{h}{l} \leqslant \dfrac{1}{20}$。分析这种波动时必须考虑阻力的影响，其基本方程是非线性的。

(4) 明渠非恒定流中过水断面的水位流量关系曲线呈绳套形曲线，见图 11-2 所示。在定床明渠恒定流时，水面坡度不随时间变化，故过水断面上的水位与流量关系：$Q=Q(z)$ 为水位（或水深）的单值函数。而在非恒定流时，水位与流量关系呈绳套形曲线，即同一水位，对应出现两个流量。产生绳套形曲线的原因主要有水力学因素和河床变形因素。对河床

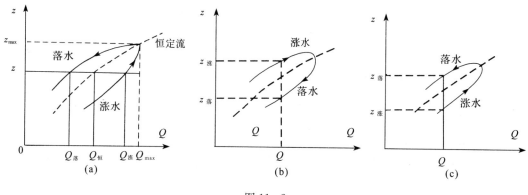

图 11-2

冲淤变形强度不大的情况，则绳套形的产生，主要是由水力学条件所决定的。在涨水过程中，一般总是上游先涨水，使水面坡度变陡；在落水过程中，一般总是上游先退水，使水面坡度变缓。水面线与恒定流相比，出现了附加水面坡度，涨水时附加水面坡度为正，流量比恒定流时的大；落水时附加水面坡度为负，流量比恒定流时的小。从而形成了逆时针方向的绳套形曲线，如图11-2（a）所示。对河床冲淤变化较大的情况，由于河道断面形态、糙率等因素还将随河床的冲淤变化而变化，其水位流量关系呈现两种现象：一种是河床涨水时冲刷多，落水时淤积少，经过一个洪峰后，河床被冲刷加深，使得随后落水期间通过同流量时所需要的水位可小于涨水期的水位。在涨冲强落淤弱的河段，这一作用会超过洪水涨落过程中附加坡度的影响，这是造成这种河段水位流量关系呈现顺时针方向的绳套形曲线的主要原因，如图11-2（b）所示；另一种是因来沙量大，河床落水时淤积大于涨水时冲刷的时候，这时的水位流量关系就会呈现逆时针方向的绳套形曲线，如图11-2（c）所示。

二、运行波的分类

明渠中发生非恒定流时波动所及区域必然引起流量和水位的改变，所以水流必然是非均匀流。由于波动发生的起始条件和形成过程的不同，明渠非恒定流有不同的波动类型。

1. 根据波动的传播方向和水面涨落情况分类

（1）顺行涨水波（顺行正波）。波的传播方向与水流的流程坐标 s 的正方向相同，且为水位上涨的波，如闸门的突然开大，其下游就会产生顺行涨水波，如图11-3（a）所示。

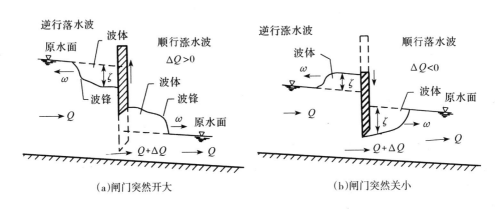

(a)闸门突然开大　　　　　(b)闸门突然关小

图 11-3

（2）逆行落水波（逆行负波）。波的传播方向与 s 轴正向相反且为水位下降的波，如闸门突然开大，其上游就会产生逆行落水波，如图11-3（a）所示。

（3）顺行落水波（顺行负波）。波的传播方向与 s 轴正向相同且水位下降的波，如闸门突然关小，在其下游就会产生顺行落水波，如图11-3（b）所示。

（4）逆行涨水波（逆行正波）。波的传播方向与 s 轴正向相反且水位上涨的波，如闸门突然关小，在其上游则会发生逆行涨水波，如图11-3（b）所示。

涨水波由于后行波波速大于前行波波速，故而波额较为明显且陡峻。灌溉过程中流量调节较大时，渠首闸或节制闸的开大，闸后发生的涌波或闸门关小闸前产生的涌波就是涨水波的实例。

落水波由于后行波波速小于前行波波速，故而波额平缓且不太明显，闸门开度增大后，闸上游产生的波或闸门关小时闸后产生波就是落水波的实例。

2. 根据运行波水面坡度的平缓与陡峻分类

（1）连续波。当波动发生过程比较缓慢，波长常为波高的几百倍以上，这种波动称为连续波，连续波是一种非恒定渐变流动。

（2）断波（不连续波）。如果波动发生过程短骤，则水面坡度也相应地有突变的特征。因而瞬时水面线坡度很陡，在波体的局部地方，如坡降，甚至会呈现陡峭的台阶形状。在此情况下已属明渠非恒定急变流，水力要素不再是流程 s 和时间 t 的函数，且 $\frac{\partial A}{\partial t}, \frac{\partial A}{\partial s}, \frac{\partial v}{\partial t}, \frac{\partial v}{\partial s}$ 中至少有一个变为无穷大。这种波动则称为断波。渠道中闸门迅速开启及溃坝后下游产生的涌波等都是断波典型的例子。

第三节　明渠非恒定渐变流的基本方程——圣·维南方程组

明渠非恒定流的基本问题是确定水力要素如流量 Q 或流速 v 与水位 z 或水深 h 沿流程 s 和随时间 t 的变化规律，亦即建立公式（11-1）的具体表达式。圣·维南方程组就是表征明渠非恒定渐变流水力要素随时间和空间变化的函数关系式，它由非恒定流连续性方程和运动方程所组成。

一、明渠非恒定流的连续方程

从有旁侧入流的明渠非恒定流中取出长为 ds 的微小流段进行分析：根据质量守恒原理，在 dt 时段中，流入与流出该流段的液体质量之差应等于流段内液体质量的增量。对明渠水流，液体可视为不可压缩的连续介质，故质量守恒等价于液体体积即水量的守恒。假设 t 时刻的水面为 a-a，$t+dt$ 时刻的水面为 b-b，q_l 为

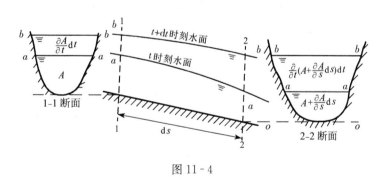

图 11-4

单位长度上的侧向汇流流量（汇入流量取正号，流出流量取负号），流段的上下游过水断面为 1-1 和 2-2，并设两过水断面水力要素为 A。由于非恒定渐变流水力要素是流程 s 和时间 t 的连续函数，因而可应用数学分析方法得出两过水断面在 t 时刻和 $t+dt$ 时刻的水力要素，见图 11-4 所示。

假设两过水断面水力要素可视为线性变化，则在 dt 时段内从 1-1 断面和旁侧流入 ds 流段的液体体积与从 2-2 断面流出的液体体积之差，应等于 dt 时段中流段内液体体积的增量。

流入和流出流段的液体体积之差为

$$\left(Q+\frac{1}{2}\frac{\partial Q}{\partial t}\mathrm{d}t\right)\mathrm{d}t+q_l\mathrm{d}s\mathrm{d}t-\left[\left(Q+\frac{\partial Q}{\partial s}\mathrm{d}s\right)+\frac{1}{2}\frac{\partial}{\partial t}\left(Q+\frac{\partial Q}{\partial s}\mathrm{d}s\right)\mathrm{d}t\right]\mathrm{d}t$$

$$=q_l\mathrm{d}s\mathrm{d}t-\frac{\partial Q}{\partial s}\mathrm{d}s\mathrm{d}t-\frac{1}{2}\frac{\partial^2 Q}{\partial s\partial t}\mathrm{d}s\mathrm{d}t^2 \tag{11-2}$$

$\mathrm{d}t$ 时段中流段内液体体积的增量为

$$\frac{1}{2}\left[A+\frac{\partial A}{\partial t}\mathrm{d}t+A+\frac{\partial A}{\partial s}\mathrm{d}s+\frac{\partial}{\partial t}\left(A+\frac{\partial A}{\partial s}\mathrm{d}s\right)\mathrm{d}t\right]\mathrm{d}s-\left(A+\frac{1}{2}\frac{\partial A}{\partial s}\mathrm{d}s\right)\mathrm{d}s$$

$$=\frac{\partial A}{\partial t}\mathrm{d}s\mathrm{d}t+\frac{1}{2}\frac{\partial^2 A}{\partial s\partial t}\mathrm{d}t\mathrm{d}s^2 \tag{11-3}$$

根据液体流动的连续性，式（11-2）和式（11-3）应相等，各项同除以 $\mathrm{d}s\mathrm{d}t$，并忽略高阶微量后可得

$$\frac{\partial A}{\partial t}+\frac{\partial Q}{\partial s}=q_l \tag{11-4}$$

式（11-4）就是有旁侧入流的明渠非恒定流连续方程，它适用于任意断面形状的明渠。该式说明：单位时间内、单位流程上，过水断面面积随时间的变化率与流量沿程的变化率之和等于旁侧入流量。

如无旁侧入流，即 $q_l=0$，则得

$$\frac{\partial A}{\partial t}+\frac{\partial Q}{\partial s}=0 \tag{11-5}$$

式（11-5）表明在明渠非恒定流中，过水断面面积随时间的变化率与流量沿程的变化率之和等于零。若 $\frac{\partial Q}{\partial s}<0$，必然 $\frac{\partial A}{\partial t}>0$，这说明在微分流段内如果流量沿程减小，则水位将随时间上涨，发生涨水波。反之若 $\frac{\partial Q}{\partial s}>0$，则有 $\frac{\partial A}{\partial t}<0$，这表明在微分流段内如果流量沿程增加，则水位将随时间下降，明渠中会产生落水波。若 $\frac{\partial Q}{\partial s}=0$，必有 $\frac{\partial A}{\partial t}=0$，即在微分流段内流量沿程不变，明渠水流为恒定流。

因 $Q=Av$，故式（11-5）又可写成如下形式

$$\frac{\partial A}{\partial t}+v\frac{\partial A}{\partial s}+A\frac{\partial v}{\partial s}=0 \tag{11-6}$$

根据复合函数求导法则，有 $\frac{\partial A}{\partial t}=\frac{\partial A}{\partial z}\frac{\partial z}{\partial t}=B\frac{\partial z}{\partial t}$（$B$ 为水面宽度），代入式（11-4），则连续方程还可写成以水位和流量为因变量的偏微分方程形式。

$$B\frac{\partial z}{\partial t}+\frac{\partial Q}{\partial s}=q_l \tag{11-7}$$

同理，也可导出以水位和流速、水深和流速为因变量的偏微分方程形式。

二、明渠非恒定渐变流的运动方程

明渠非恒定渐变流的运动方程可分别应用动量定理、动能定理、牛顿第二定律等导出。这一方程建立在如下假定之上。

（1）对明渠非恒定渐变流，如图 11-5 所示，假定水面波动是渐变的，其垂直于流向的加速度很小，过水断面上的动水压强符合静水压强分布规律，即对于同一过水断面上的测压

管水头 $z+\dfrac{p}{\gamma}=$ 常数，如取水面点，则测压管水头就等于水位 z。

（2）对于微分时段的非恒定渐变流，由于系长波渐变的瞬时流态，可忽略局部水头损失，仅考虑沿程水头损失，可近似应用恒定流阻力公式计算沿程水头损失。

（3）根据一元流的分析方法，假定过水断面上的流速为均匀分布。并假定过水断面上横向水面是水平的。

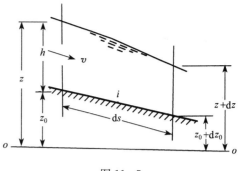

图 11-5

（4）假定河床为定床，底坡 $i\leqslant 0.1$（底坡线与水平线夹角 $\theta\leqslant 6°$），因此 $\sin\theta\approx\tan\theta$，$\cos\theta\approx 1$。

第十章已经推导出一维非恒定流的运动方程式（10-5），如图 11-5 所示，考虑明渠非恒定流的特点，以水位 z 代表测压管水头，改写式（10-5），可得明渠非恒定渐变流运动方程。

式（10-5）中 $\dfrac{\tau_0\chi}{\gamma A}$ 项代表单位重量液体在单位流程上的沿程水头损失，根据上述假定，应用谢才公式，则 $\dfrac{\tau_0\chi}{\gamma A}=\dfrac{\partial h_f}{\partial s}=J=\dfrac{v^2}{C^2 R}=\dfrac{Q^2}{K^2}$；而 $\dfrac{\partial}{\partial s}\left(\dfrac{v^2}{2g}\right)=\dfrac{v}{g}\dfrac{\partial v}{\partial s}$，故式（10-5）可以改写成

$$-\frac{\partial z}{\partial s}=\frac{1}{g}\frac{\partial v}{\partial t}+\frac{v}{g}\frac{\partial v}{\partial s}+\frac{v^2}{C^2 R} \tag{11-8}$$

对于非恒定流，某一瞬时的水面坡度与底坡 i 和水深沿程变化率之间有下列关系：

$$-\frac{\partial z}{\partial s}=i-\frac{\partial h}{\partial s}$$

于是式（11-8）又可以写成

$$i-\frac{\partial h}{\partial s}-\frac{v^2}{C^2 R}=\frac{1}{g}\left(\frac{\partial v}{\partial t}+v\frac{\partial v}{\partial s}\right) \tag{11-9}$$

式（11-8）和式（11-9）均为明渠非恒定渐变流运动方程，对棱柱体明渠和非棱柱体明渠均适用。两方程式中各项的物理意义如下：$-\dfrac{\partial z}{\partial s}=J_z$，为水面坡度，它代表单位重量液体势能的沿程变化率；i 为重力项，代表单位重量液体重力在流动方向的分量，也称底坡；$-\dfrac{\partial h}{\partial s}$ 为压力项，代表水深沿程变化率；$\dfrac{1}{g}\dfrac{\partial v}{\partial t}+\dfrac{v}{g}\dfrac{\partial v}{\partial s}$ 为惯性项，代表沿水流方向作用在单位重量液体上的惯性力，其中 $\dfrac{1}{g}\dfrac{\partial v}{\partial t}$ 是由当地加速度所引起的惯性力，$\dfrac{v}{g}\dfrac{\partial v}{\partial s}$ 是由迁移加速度所引起的惯性力；J 或 $\dfrac{v^2}{C^2 R}$ 为阻力项，代表作用在单位重量水流上的阻力，也称水力坡降。因此，从力学的观点分析，运动方程表示在明渠非恒定流中，沿流动方向所有外力与惯性力是平衡的，即明渠非恒定渐变流运动方程也是动力平衡方程。

前面已经推导得出了明渠非恒定流的连续方程和运动方程，这两个方程联立可构成一组偏微分方程组，称为圣·维南方程组。该方程组的自变量是流程 s 和时间 t，因变量是表征非恒定

流的两个水力要素。即圣·维南方程组可以表示成因变量是以 z 和 Q 或 h 和 Q 等组合而成的偏微分方程组。

根据 $v=\dfrac{Q}{A}$，并由连续方程可得 $\dfrac{\partial A}{\partial t}=-\dfrac{\partial Q}{\partial s}$，则

$$\frac{\partial v}{\partial t}=\frac{1}{A}\frac{\partial Q}{\partial t}-\frac{Q}{A^2}\frac{\partial A}{\partial t}=\frac{1}{A}\frac{\partial Q}{\partial t}+\frac{Q}{A^2}\frac{\partial Q}{\partial s}, \quad \frac{\partial v}{\partial s}=\frac{1}{A}\frac{\partial Q}{\partial s}-\frac{Q}{A^2}\frac{\partial A}{\partial s}\bigg|_z$$

式中，$\dfrac{\partial A}{\partial s}\bigg|_z=\dfrac{\partial A}{\partial s}\bigg|_h+Bi$，其中 $\dfrac{\partial A}{\partial s}\bigg|_z$ 和 $\dfrac{\partial A}{\partial s}\bigg|_h$ 分别表示水位或水深不变时，过水断面面积沿程变化率。将以上两式代入式（11-8）整理，并与式（11-7）联立，可得到以水位 z 和流量 Q 组合的圣·维南方程组如下

$$\left.\begin{aligned}&B\frac{\partial z}{\partial t}+\frac{\partial Q}{\partial s}=q_l\\&\frac{\partial Q}{\partial t}+\frac{2Q}{A}\frac{\partial Q}{\partial s}+\left[gA-B\left(\frac{Q}{A}\right)^2\right]\frac{\partial z}{\partial s}=\left(\frac{Q}{A}\right)^2\frac{\partial A}{\partial s}\bigg|_h-\frac{gQ^2}{AC^2R}\end{aligned}\right\} \quad (11-10a)$$

同理，可导出以水深 h 和流量 Q 为因变量的圣·维南方程组

$$\left.\begin{aligned}&B\frac{\partial h}{\partial t}+\frac{\partial Q}{\partial s}=q_l\\&\frac{\partial Q}{\partial t}+\frac{2Q}{A}\frac{\partial Q}{\partial s}+\left[gA-B\left(\frac{Q}{A}\right)^2\right]\frac{\partial h}{\partial s}=\left(\frac{Q}{A}\right)^2\frac{\partial A}{\partial s}\bigg|_h+gA\left(i-\frac{Q^2}{K^2}\right)\end{aligned}\right\} \quad (11-10b)$$

式中：B 为水面宽度（m）；q_l 为旁侧入流量 [m³/(s·m)]；K 为流量模数（m³/s）；A 为过水断面面积（m²）；g 为重力加速度（m/s²）；i 为渠道底坡；C 为谢才系数；R 为水力半径（m），其余符号同前。

在上述方程推导过程中，并没有限定明渠的断面形状，因此，上述方程适用于棱柱体或非棱柱体明渠中非恒定渐变流，对棱柱体渠道，水深不变时，过水断面面积沿流程的变化率 $\dfrac{\partial A}{\partial s}\bigg|_h=0$，此时式（11-10）可简化为仅适用于棱柱体明渠非恒定流的圣·维南方程组。需要说明的是，一般情况下旁侧入流量所产生的动量变化率较小，影响区域也较小，推导运动方程时可以忽略不计，故运动方程中并未包含旁侧入流项；实际计算时，旁侧入流的影响可在连续方程中考虑，这样处理是可以满足工程实际需要的。

三、圣·维南方程组解法简介

圣·维南方程组属于一阶拟线性双曲型偏微分方程组，目前还无法求得其精确的解析解，实践中常采用数值计算方法求其近似解。方程中的两个因变量 z、Q 就是明渠非恒定流计算中待求的未知量（或称未知函数）。其求解是在给定初始条件和边界条件下，对方程进行离散化，求其数值解。求解过程一般分为两步：第一步是把方程组的求解域离散化，即将微分方程连续的定解域离散到定解域中的一些网格点（结点）上，把偏微分方程转化为一组代数方程。第二步是求解这组代数方程，给出这些离散点（结点）上解的近似值。

对圣·维南方程组进行离散化的方法，目前有特征线法、直接差分法和有限元法等。特征线法是根据偏微分方程理论，将具有特征线的偏微分方程组变换为与之等价的常微分方程组，然后对该常微分方程组进行数值求解；此方法物理概念明确，数学分析严谨，计算结果在数值解法中精度较高，因而是较常采用的一种基本解法。由于离散域的形式不同，特征线法又分为

特征线网格法和矩形网格特征差分法。

直接差分法是将圣·维南方程组的微商直接改为差商，再对由此得到的一组代数方程进行联解。直接差分法又分显格式与隐格式两种。显格式在根据前一时瞬的已知量求解下一时瞬未知量时，是逐点分别求解的。隐格式则需求解一个大型代数方程组，将下一时瞬全流段各分段断面上的未知量同时求出。直接差分法也是目前求解明渠非恒定流问题常用的数值方法。

近年来，已开始用有限元法来求解二元明渠非恒定流问题。这一方法用于边界条件复杂，水面宽阔的二元明渠水流如河口、海洋的潮汐水力计算能显示出较大的优越性。河流或渠道中的非恒定流一般属一元流问题，采用有限元求解并无明显优点，故求解仍以特征线法、差分法为主。

本章将主要介绍特征线法。无论采用哪种计算方法，都必须结合具体的水流初始条件和边界条件进行。因此，下面讨论求解圣·维南方程组的初始条件和边界条件。

四、初始条件和边界条件

明渠非恒定流的初始条件为某一时刻 $t=t_0$ 时，全计算流段的水位 z_0（或水深 h_0）和流量 Q_0（或流速 v_0），即

$$\left. \begin{array}{ll} z_{t_0} = z_0(s) & \text{或} \quad h_{t_0} = h_0(s) \\ Q_{t_0} = Q_0(s) & \text{或} \quad v_{t_0} = v_0(s) \end{array} \right\} \tag{11-11}$$

初始条件也就是非恒定流计算的起始时间之前的流动状况，可以是尚未受到扰动的恒定流流动，也可以是已经产生非恒定流流动的某一时刻。

明渠非恒定渐变流的边界条件，是指需求解的流段上下游两端过水断面水力要素在整个计算时段中的变化过程。边界条件有三种类型，即流量随时间变化过程 $Q=Q(t)$；水位随时间变化过程 $z=z(t)$；流量水位函数关系 $Q=f(z)$。具体的边界条件可以是多种多样的，对于上游断面的边界条件，一般是水位或流量随时间的变化过程，也可以是水深或流速随时间的变化过程，其数学表达式为

$$z_{s=0} = z(t) \quad \text{或} \quad Q_{s=0} = Q(t) \tag{11-12}$$

下游断面的边界条件一般有两种：一种边界条件是水位流量关系，即

$$Q_{s=l} = Q(z) \tag{11-13}$$

另一种下游边界条件是水位或流量随时间的变化过程

$$z_{s=l} = z(t) \quad \text{或} \quad Q_{s=l} = Q(t) \tag{11-14}$$

流量随时间变化过程不能同时施加于上、下游边界，因为若上、下游边界同时应用流量随时间变化过程函数 $Q(t)$ 作为边界条件，那么，非恒定流的模拟结果则完全取决于初始水流状态，流入和流出计算流段的水体体积就完全由边界流量过程函数所决定。而实际情况是，初始条件只在调节开始后一定的时间范围内影响非恒定流的计算结果，影响时间长短取决于边界点干扰波传播至另一边界所需的时间，其后影响将消失，转变为边界条件的影响占优势。但两端边界均以流量随时间的变化为边界控制条件时，则水位与流量之间便失去了联系，从而使初始水体体积始终存储在渠道内并影响最终的结果。

若边界断面水流条件为缓流，以水位随时间变化过程为边界条件时，必须附加水深大于临界水深的条件。水位过程作为边界条件较多采用常水位控制，即 $z=$ 常数。此条件可作用于下游边界，也可用于上游边界。其函数关系可依实际的水位变化确定。

必须指出的是，水位流量关系不能用于上游边界条件。因为由 $Q=Q(z)$ 所反映的流量随水位的增加是无界的，流量的增加引起水位的增加，进而又导致流量增加。

五、明渠非恒定流水位流量关系

本章第二节中已经阐述了明渠非恒定流的水位流量呈绳套形关系。这里我们通过对非恒定流运动方程的分析，进一步说明其多值函数关系。

无旁侧入流一元明渠非恒定流运动方程式（11-8）可以写成

$$J_z = \frac{1}{g}\frac{\partial v}{\partial t} + \frac{v}{g}\frac{\partial v}{\partial s} + J_f \tag{11-15}$$

式中，$J_z = -\frac{\partial z}{\partial s}$ 为水面坡度，$J_f = \frac{v^2}{C^2 R}$ 为水力摩阻坡度。

Y. S. Yu 和 John S. McNown（1964）对洛杉矶机场附近地表径流的测量结果表明，一元非恒定流运动方程中两项加速度项与水深比降项都不足河底比降和阻力项的百分之一。F. M. Henderson（1966）对"陡坡冲击层地区的天然河流"与"速涨洪水"的分析研究也得出类似的结果。因此，为便于分析，略去方程（11-15）中非线性加速度项 $\frac{1}{g}\frac{\partial v}{\partial t}$、$\frac{v}{g}\frac{\partial v}{\partial s}$，则式（11-15）成为

$$J_z = J_f$$

即

$$Q = \frac{1}{n}\left(\frac{A^5}{\chi^2}\right)^{\frac{1}{3}} J_z^{1/2} \tag{11-16}$$

其中：Q 为流量；n 为渠道粗糙系数；A 为过水断面面积；χ 为湿周。

令 i 为渠道底坡，h 为水深，s 为流程坐标，则水面坡降为

$$J_z = i - \frac{\partial h}{\partial s}$$

于是式（11-16）可写成

$$Q = \frac{1}{n}\left(\frac{A^5}{\chi^2}\right)^{1/3}\left(i - \frac{\partial h}{\partial s}\right)^{1/2} \tag{11-17}$$

式（11-17）为定床条件下任意形状明渠非恒定流水位与流量函数关系。其中 $\frac{\partial h}{\partial s}$ 为水深沿程变化率，涨水时，水面坡度较恒定流时大，水深沿程减小，$\frac{\partial h}{\partial s}<0$，即 $i-\frac{\partial h}{\partial s}>i$，故流量较同样水深时的恒定流大；落水时，水面坡度较恒定流时小，水深沿程增加，$\frac{\partial h}{\partial s}>0$，即 $i-\frac{\partial h}{\partial s}<i$，故流量较相应水位时的恒定流小，从而形成逆时针方向的绳套形曲线。涨水与退水时水面线与恒定流水面线关系见图 11-4 所示。

明渠非恒定流中的水位流量过程线一般是由流量随时间增加的涨水曲线接以流量随时间减少的退水曲线组成的，当水深随时间变化过程较快时，水深沿程变化就不能忽略（$\frac{\partial h}{\partial s}\neq 0$），水深随时间变化与水面比降的关系可由下式表达

$$J_z = i - \frac{\partial h}{\partial s} = i + \frac{3}{5v}\frac{\partial h}{\partial t} \tag{11-18}$$

以 $v=\dfrac{Q}{A}$ 代入上式再将其代入式（11-16）得

$$Q = \frac{1}{n}\left(\frac{A^5}{\chi^2}\right)^{1/3}\left(i + \frac{3A}{5Q}\frac{\partial h}{\partial t}\right)^{1/2} \tag{11-19}$$

分析式（11-19）易知，涨水过程中，由于 $\dfrac{\partial h}{\partial t}>0$，因此，同一水位下非恒定流的水面坡度比恒定流时大，流量也就增大；落水过程中，$\dfrac{\partial h}{\partial t}<0$，在同一水位情况下，非恒定流的水面坡度比恒定流的小，因而流量也就减小，正是由于在同一水位下，非恒定流涨水与退水时过水断面对应的水面坡度有不同的数值。因此，形成了如图 11-2 所示的绳套形水位流量关系曲线。

第四节 特征线法

特征线法是数学上对于拟线性双曲型偏微分方程的一种求解方法。特征线法的基本作法是把偏微分方程组——圣·维南方程的求解转化为对常微分方程——特征方程组的求解。因此，须先将圣·维南方程组化成与之等价的常微分方程组。

一、特征方程及其物理意义

考虑因变量为 z、Q，且对棱柱体渠道，式（11-9）中 $\left.\dfrac{\partial A}{\partial s}\right|_z = Bi$，则有旁侧入流的圣·维南方程组为

$$B\frac{\partial z}{\partial t} + \frac{\partial Q}{\partial s} = q_l \tag{11-20}$$

$$\frac{\partial Q}{\partial t} + \frac{2Q}{A}\frac{\partial Q}{\partial s} + \left[gA - B\left(\frac{Q}{A}\right)^2\right]\frac{\partial z}{\partial s} = B\left(\frac{Q}{A}\right)^2 i - \frac{gQ^2}{AC^2R} \tag{11-21}$$

把圣·维南偏微分方程组转化为常微分方程的过程是，将具有 $\left[\dfrac{L^2}{T}\right]$ 量纲的连续方程式（11-20）各项同乘以具有量纲 $\left[\dfrac{L}{T}\right]$ 的某量 λ，使其与动量方程式（11-21）具有相同的量纲 $\left[\dfrac{L^3}{T^2}\right]$，然后对它们进行线性组合，就可将原为两个偏微分方程构成的方程组化为与之等价的，由两个特征线方程和两个特征方程所构成的常微分方程组。于是问题变为常微分方程的求解，其解也就是原偏微分方程组的解。

取式（11-21）中 $B\left(\dfrac{Q}{A}\right)^2 i - \dfrac{gQ^2}{AC^2R} = N$，其特征方程和特征线方程组合过程如下。

对式（11-20）各项乘以具有 $\left[\dfrac{L}{T}\right]$ 量纲的物理量 λ 后该式量纲与式（11-21）相同，因而可进行线性组合，将乘以 λ 后量纲相同的两式相加，组合的结果为

$$\lambda B\left(\frac{\partial z}{\partial t} + \frac{gA - Bv^2}{\lambda B}\frac{\partial z}{\partial s}\right) + \frac{\partial Q}{\partial t} + (2v + \lambda)\frac{\partial Q}{\partial s} = \lambda q + N$$

令

$$\frac{gA - Bv^2}{\lambda B} = 2v + \lambda = \frac{\mathrm{d}s}{\mathrm{d}t}$$

代入上式得

$$\lambda B\left(\frac{\partial z}{\partial t}+\frac{\partial z}{\partial s}\cdot\frac{\mathrm{d}s}{\mathrm{d}t}\right)+\left(\frac{\partial Q}{\partial t}+\frac{\partial Q}{\partial s}\cdot\frac{\mathrm{d}s}{\mathrm{d}t}\right)=\lambda q+N$$

显然上式左端括弧中两项分别为函数 $z(s,t)$ 和 $Q(s,t)$ 的全微分 $\frac{\mathrm{d}z}{\mathrm{d}t}$ 和 $\frac{\mathrm{d}Q}{\mathrm{d}t}$，即

$$\lambda B\frac{\mathrm{d}z}{\mathrm{d}t}+\frac{\mathrm{d}Q}{\mathrm{d}t}=\lambda q+N \tag{11-22}$$

又由 $\frac{gA-Bv^2}{\lambda B}=2v+\lambda$ 整理得

$$\lambda^2+2v\lambda-\frac{gA-Bv^2}{B}=0$$

上式为物理量 λ 的一元二次方程，求解得

$$\lambda_{\pm}=-v\pm\sqrt{g\frac{A}{B}}$$

显而易见，λ 的量纲为 $\left[\dfrac{\mathrm{L}}{\mathrm{T}}\right]$。将求解的 $\lambda_{\pm}$ 代入 $\dfrac{\mathrm{d}s}{\mathrm{d}t}=2v+\lambda$ 可得特征线方程为

$$\frac{\mathrm{d}s}{\mathrm{d}t}=\omega_{\pm}=v\pm\sqrt{g\frac{A}{B}}$$

其中顺特征线方程为

$$\frac{\mathrm{d}s}{\mathrm{d}t}=v+\sqrt{g\frac{A}{B}} \tag{11-23}$$

逆特征线方程为

$$\frac{\mathrm{d}s}{\mathrm{d}t}=v-\sqrt{g\frac{A}{B}} \tag{11-24}$$

如将 λ_+ 代入式（11-22），则得相应于顺特征线 $\dfrac{\mathrm{d}s}{\mathrm{d}t}=v+\sqrt{g\dfrac{A}{B}}$ 的顺特征方程为

$$B(\omega_-)\frac{\mathrm{d}z}{\mathrm{d}t}-\frac{\mathrm{d}Q}{\mathrm{d}t}=(\omega_-)q-N \tag{11-25}$$

将 λ_- 代入式（11-22），则得相应于逆特征线 $\dfrac{\mathrm{d}s}{\mathrm{d}t}=v-\sqrt{g\dfrac{A}{B}}$ 的逆特征方程为

$$B(\omega_+)\frac{\mathrm{d}z}{\mathrm{d}t}-\frac{\mathrm{d}Q}{\mathrm{d}t}=(\omega_+)q-N \tag{11-26}$$

这样，就把原来一对偏微分方程变为两对常微分方程。

沿顺特征线方向

$$\left.\begin{aligned}\frac{\mathrm{d}s}{\mathrm{d}t}&=v+\sqrt{g\frac{A}{B}}\\ B(\omega_-)\frac{\mathrm{d}z}{\mathrm{d}t}-\frac{\mathrm{d}Q}{\mathrm{d}t}&=(\omega_-)q-N\end{aligned}\right\} \tag{11-27}$$

沿逆特征线方向

$$\left.\begin{aligned}\frac{\mathrm{d}s}{\mathrm{d}t}&=v-\sqrt{g\frac{A}{B}}\\ B(\omega_+)\frac{\mathrm{d}z}{\mathrm{d}t}-\frac{\mathrm{d}Q}{\mathrm{d}t}&=(\omega_+)q-N\end{aligned}\right\} \tag{11-28}$$

上述特征线方程及特征方程具有下列几方面的物理意义：

（1）明渠非恒定流是一种波动，它是元波传播、叠加和反射等基本波动现象的综合，这种波动既可由圣·维南偏微分方程组描述，也可由与之等价的一组常微分方程——特征线方程和特征方程描述。

（2）元波传播速率为 $\dfrac{\mathrm{d}s}{\mathrm{d}t}=\omega_{\pm}$，其中 ω_+ 为顺行波波速（向下游）；ω_- 为逆行波波速（向上游）。根据 $\dfrac{\mathrm{d}s}{\mathrm{d}t}=\omega_{\pm}$，在 s—t 平面上确定的曲线即特征线就是元波波峰移动的轨迹。

（3）元波是波动信息的传递者，元波到达后，水流特性即水情就开始改变，其变化规律由特征方程确定。因此，沿特征线、水情直接受特征方程的控制。

（4）缓流中波动既可向上游传播，也可向下游传播，其特征方向 $\dfrac{\mathrm{d}s}{\mathrm{d}t}$ 即特征线的切线方向也表示缓流中的波动速度，其值可正可负；因而一族特征线指向下游，另一族指向上游。指向下游的为顺特征线，指向上游的为逆特征线。但这与流程坐标 s 方向的选取有关，在涉及不同的非恒定流问题时具体确定。急流中由于波速大于水流速度，波动不能向上游传播，其特征方向或干扰波波速 $\dfrac{\mathrm{d}s}{\mathrm{d}t}=\omega_{\pm}$ 均为正，故两族特征线均指向下游，但其斜率不同，见图 11-6 所示。

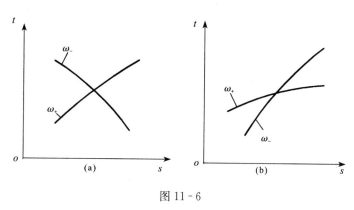

图 11-6

根据特征线方程和特征方程所代表的物理意义，对特征线法的求解域，按干扰波沿特征线传播的特点及缓流与急流的不同，可分为不同特点的区域。如图 11-7(a) 所示，$t=0$ 的初始条件与 $s=0$ 及 $s=L$ 的上、下游的边界条件给定时，从 oL 上出发的任意两条顺、逆特征线，决定下一时刻解的两特征线

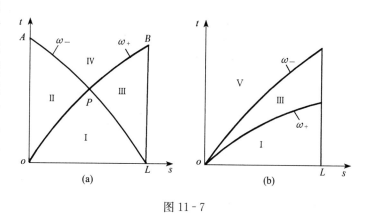

图 11-7

交点必在 oPL 所确定范围，即 Ⅰ 区。从 oA 出发的顺特征线与从 oL 出发的逆特征线，其交点必在 Ⅱ 区。从 oL 出发的顺特征线与从 LB 出发的逆特征线，其交点必在 Ⅲ 区。从 oA 出发的顺特征线与从 LB 出发的逆特征线，其交点必在 Ⅳ 区。同样也可分析急流的情况。综上分析，可对特征线网格上划分出五种不同的定解区域。

Ⅰ 区：其解只依赖于初始条件，并受初始条件控制，而与上、下游边界条件无关。

Ⅱ区：其解受初始条件及上游边界条件控制。

Ⅲ区：其解受初始条件及下游边界条件的控制。

Ⅳ区：其解同时受初始条件及上、下游边界条件控制。

Ⅴ区：只针对急流，其解只受上游边界条件控制，上游须给定两个边界条件。

上述分析，可由影响区和依赖区进一步说明。如图 11-7 (a) 所示，由于干扰波（扰动）在缓流中可沿顺、逆特征线向上、下游传播，结果使得在某点 P 发生的干扰波，仅能影响到从该点出发的，界于顺、逆两特征线之间的区域，这一区域称为 P 点的影响区，该区域以外范围不受干扰波的影响。反之，如在某时刻 t_0，有从另外两点出发的顺、逆特征线相交于 P 点 (s_0, t_0)，则 P 点的波动情况或水情，仅依赖于早些时刻来源于该两特征线之间所有各点的扰动特性。而该区以外范围干扰波的传播，在 t_0 以前，还没有到达 s_0，P 点还感受不到它们的影响，因此，这一区域称为 P 点的依赖区。

对急流的情况，其影响区及依赖区如图 11-7 (b) 所示。每一点的波动特性因干扰波只向下游传播，故仅与上游干扰波有关，并只影响下游网点的波动特性。因而急流非恒定流计算不需要下游边界条件，但上游边界必需规定两个边界条件。

二、特征差分格式及其求解方法

求解圣·维南方程组的特征线法，可分为特征线网格法和矩形网格法两类。由于前者所建立的特征线网格很不规则，不便于进行计算机数值求解，因此现多采用矩形网格特征差分法。这一方法是将求解域的距离 s 时间 t 平面划分成许多矩形网格，网格的交点称为结点。这里规定：用 $i=0,1,2,\cdots,n$ 表示距离的分段序号；用 $j=0,1,2,\cdots,m$ 表示时间的分段序号。例如 $(i,j+2)$ 结点，即表示该点的距离为 s_i，时间为 t_{j+2}，见图 11-8 所示。$\Delta s_i = s_{i+1} - s_i$ 称为距离步长，即渠段计算单元长度；$\Delta t = t_{j+1} - t_j$ 称为时间步长。M 结点的坐标 (s_i, t_j) 简写为 (i,j)，相应的因变量为 $z(s_i, t_j)$ 简写为 z_i^j，$Q(s_i, t_j)$ 简写为 Q_i^j，且水位 z_i^j，流量 Q_i^j 称为网格函数。

对求解域进行矩形网格划分的目的是要把微分方程的连续问题离散化，用有限个矩形网格点代替原连续区域，用数值积分或数值微商（差分法）来逼近微分方程，建立网格函数的代数方程组，在离散点（结点）上求解网格函数的值。对明渠非恒定流问题而言，圣·维南方程数值求解的结果也只是结点断面一系列 Δt 时间间隔的水位与流量。

关于求解圣·维南方程特征线法的特征差分格式，较常用的方法根据所采用的近似积分公式可分为三种格式：

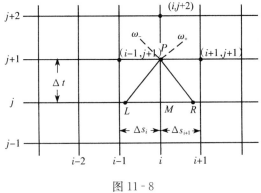

图 11-8

(1) 柯朗格式（Courant's scheme），为显解格式，计算无须迭代。

(2) 一阶精度格式（First-order accuracy scheme）简称一阶格式，一阶格式为隐格式，求解需用迭代法，一般采用牛顿-拉夫申（Newton-Raphson）迭代法计算。

(3) 二阶精度格式（Second-order accuracy scheme）简称二阶格式，这一格式是采用梯形数值积分公式，计算亦要用迭代法。

本书采用二阶格式。以下的分析，我们都假定 j 时层及其以后时层是经过计算得到的已知时层，$j+1$ 时层为待计算的未知时层。设由 $j+1$ 时层某一待求点 P 向已知时层 j 做顺、逆特征线 ω_+ 及 ω_-，该两特征线与已知 j 时层的交点为 L 和 R，分别落在与 M 点相邻的距离步长 DM 和 ME 之间，如图 11-8 所示。网格划分取 Δt 为等时间步长，而 Δs_{i-1}，Δs_i，Δs_{i+1} 一般取为不等距离步长（也可取为等距离步长）。将式（11-23）和式（11-24）特征线方程写为

$$\left.\begin{aligned} ds &= (\omega_+)dt = \left(v + \sqrt{g\frac{A}{B}}\right)dt \\ ds &= (\omega_-)dt = \left(v - \sqrt{g\frac{A}{B}}\right)dt \end{aligned}\right\} \tag{11-29}$$

对式（11-29）采用梯形数值积分公式可得如下差分形式的特征线方程为

$$\left.\begin{aligned} s_P - s_L &= \overline{(\omega_+)}_{P,L} \Delta t \\ s_P - s_R &= \overline{(\omega_-)}_{P,R} \Delta t \end{aligned}\right\} \tag{11-30}$$

式中：$\overline{(\omega_+)}_{P,L} = \frac{1}{2}[(\omega_+)_P + (\omega_+)_L]$；$\overline{(\omega_-)}_{P,R} = \frac{1}{2}[(\omega_-)_P + (\omega_-)_R]$。

将式（11-25）和式（11-26）特征方程写为

$$\left.\begin{aligned} B(\omega_-)dz - dQ &= [(\omega_-)q - N]dt \\ B(\omega_+)dz - dQ &= [(\omega_+)q - N]dt \end{aligned}\right\} \tag{11-31}$$

设 $\psi_- = (\omega_-)q - N$；$\psi_+ = (\omega_+)q - N$。其中 $N = B\left(\frac{Q}{A}\right)^2 i - \frac{gQ^2}{AC^2R}$。

亦对式（11-31）采用梯形数值积分公式，其差分形式的特征方程为

$$\left.\begin{aligned} \overline{(B\omega_-)}_{P,L}(z_P - z_L) - (Q_P - Q_L) &= \overline{(\psi_-)}_{P,L} \Delta t \\ \overline{(B\omega_+)}_{P,R}(z_P - z_R) - (Q_P - Q_R) &= \overline{(\psi_+)}_{P,R} \Delta t \end{aligned}\right\} \tag{11-32}$$

公式中带上画线项表示其下标两点相应值的算术平均值，即

$$\overline{(B\omega_-)}_{P,L} = \frac{1}{2}[(B\omega_-)_P + (B\omega_-)_L]$$

$$\overline{(B\omega_+)}_{P,R} = \frac{1}{2}[(B\omega_+)_P + (B\omega_+)_R]$$

$$\overline{(\psi_-)}_{P,L} = \frac{1}{2}[(\psi_-)_P + (\psi_-)_L]$$

$$\overline{(\psi_+)}_{P,R} = \frac{1}{2}[(\psi_+)_P + (\psi_+)_R]$$

上述公式中各物理量的下标表示相应的网格结点，见图 11-8 所示。所得二阶格式特征线方程（11-30）与特征方程（11-31）中已知时层 L，R 点因不在网格结点上，需用插值法先求出 s_P、s_L 及网格函数 z_L、z_R、Q_L、Q_R，再求出未知时层 P 点的 s_P 及网格函数 z_P、Q_P。为保证求解精度，计算采用迭代法进行，迭代初值即 0 次迭代值用柯朗格式求出。

所谓柯朗格式是以图 11-8 中已知点 M 的特征方向代替 P 点的特征方向，并以 M 点的已知量计算特征方程的系数及非导数项所得到的线性逼近格式。

计算程序为：假定为等距离步长，首先由 L 点和 R 点（图 11-8）的位置进行线性内插，计算 z_L、z_R、Q_L、Q_R 线性内插公式为

$$\frac{z_M - z_L}{z_M - z_D} = \frac{s_M - s_L}{\Delta s} = \frac{s_P - s_L}{\Delta s}, \quad \frac{Q_M - Q_L}{Q_M - Q_D} = \frac{s_M - s_L}{\Delta s} = \frac{s_P - s_L}{\Delta s}$$

以 M 点 $(\omega_+)_M$ 代表 P 点 $(\omega_+)_P$，则 $s_P - s_L = (\omega_+)_M \Delta t$，代入上两式可得

$$\left. \begin{array}{l} z_L = \dfrac{\Delta t}{\Delta s_i}(\omega_+)_M(z_D - z_M) + z_M \\ Q_L = \dfrac{\Delta t}{\Delta s_i}(\omega_+)_M(Q_D - Q_M) + Q_M \end{array} \right\} \quad (11\text{-}33)$$

同理可得

$$\left. \begin{array}{l} z_R = \dfrac{\Delta t}{\Delta s_{i+1}}(\omega_-)_M(z_M - z_E) + z_M \\ Q_R = \dfrac{\Delta t}{\Delta s_{i+1}}(\omega_-)_M(Q_M - Q_E) + Q_M \end{array} \right\} \quad (11\text{-}34)$$

由上述四式可求出 z_L、Q_L、z_R、Q_R，则特征差分方程式 (11-32) 即为

$$\left. \begin{array}{l} (B\omega_-)_M(z_P - z_L) - Q_P + Q_L = (\psi_-)_M \Delta t \\ (B\omega_+)_M(z_P - z_R) - Q_P + Q_R = (\psi_+)_M \Delta t \end{array} \right\} \quad (11\text{-}35\text{a})$$

式 (11-35a) 为一关于网格函数 z_P，Q_P 的二元一次方程组，求解无需迭代，解之可得计算 z_P，Q_P 的公式如下：

$$\left. \begin{array}{l} z_P = \dfrac{[(\psi_-)_M - (\psi_+)_M]\Delta t + (B\omega_-)_M z_L - (B\omega_+)_M z_R + Q_R - Q_L}{(B\omega_-)_M - (B\omega_+)_M} \\ Q_P = Q_R + (B\omega_+)_M(z_P - z_R) - (\psi_+)_M \Delta t \end{array} \right\} \quad (11\text{-}35\text{b})$$

或 $\quad Q_P = Q_L + (B\omega_-)_M(z_P - z_L) - (\psi_-)_M \Delta t$

由于非恒定渐变流中邻近的顺、逆特征线具有近似平行的特点，因此柯朗格式以 M 点的特征方向代替 P 点的特征方向是有其合理性的。

应用上述公式求解特征线方程和特征方程的迭代步骤如下：

(1) 用柯朗格式式 (11-33)、式 (11-34) 和式 (11-35)，求 0 次迭代值（初值）：$s_L^{(0)}$、$s_R^{(0)}$、$z_L^{(0)}$、$z_R^{(0)}$、$Q_L^{(0)}$、$Q_R^{(0)}$、$z_P^{(0)}$、$Q_P^{(0)}$。

其中 $s_L^{(0)}$、$s_R^{(0)}$ 用特征线差分方程计算，即

$$s_L^{(0)} = s_M - (\omega_+)_M \Delta t, \quad s_R^{(0)} = s_M - (\omega_-)_M \Delta t$$

(2) 第一次迭代值，$s_L^{(1)}$、$s_R^{(1)}$ 用下式求出，

$$s_L^{(1)} = s_P - \overline{(\omega_+)}_{P,L}^{(0)} \Delta t$$
$$s_R^{(1)} = s_P - \overline{(\omega_-)}_{P,R}^{(0)} \Delta t$$

(3) 已知时层网格函数第一次迭代值 $z_L^{(1)}$、$Q_L^{(1)}$、$z_R^{(1)}$、$Q_R^{(1)}$ 为了与二阶精度格式匹配，用具有二阶精度的二次插值公式计算。即

$$z_L^{(1)} = z_D + \frac{z_M - z_D}{s_M - s_D}(s_L^{(1)} - s_D) + \left[\frac{(s_L^{(1)} - s_D)(s_L^{(1)} - s_M)}{s_E - s_M}\right] \cdot \left[\frac{z_E - z_D}{s_E - s_D} - \frac{z_M - z_D}{s_M - s_D}\right]$$

$$Q_L^{(1)} = Q_D + \frac{Q_M - Q_D}{s_M - s_D}(s_L^{(1)} - s_D) + \left[\frac{(s_L^{(1)} - s_D)(s_L^{(1)} - s_M)}{s_E - s_M}\right] \cdot \left[\frac{Q_E - Q_D}{s_E - s_D} - \frac{Q_M - Q_D}{s_M - s_D}\right]$$

$$z_R^{(1)} = z_D + \frac{z_M - z_D}{s_M - s_D}(s_R^{(1)} - s_D) + \left[\frac{(s_R^{(1)} - s_D)(s_R^{(1)} - s_M)}{s_E - s_M}\right] \cdot \left[\frac{z_E - z_D}{s_E - s_D} - \frac{z_M - z_D}{s_M - s_D}\right]$$

$$Q_R^{(1)} = Q_D + \frac{Q_M - Q_D}{s_M - s_D}(s_R^{(1)} - s_D) + \left[\frac{(s_R^{(1)} - s_D)(s_R^{(1)} - s_M)}{s_E - s_M}\right] \cdot \left[\frac{Q_E - Q_D}{s_E - s_D} - \frac{Q_M - Q_D}{s_M - s_D}\right]$$

(4) 未知时层网格函数第一次迭代值 $z_P^{(1)}$、$Q_P^{(1)}$ 用特征方程求出

$$\overline{(B\omega_-)}_{P,L}^{(0),(1)}(z_P^{(1)}-z_L^{(1)})-Q_P^{(1)}+Q_L^{(1)}=\overline{(\psi_-)}_{P,L}^{(0),(1)}\Delta t$$

$$\overline{(B\omega_+)}_{P,R}^{(0),(1)}(z_P^{(1)}-z_R^{(1)})-Q_P^{(1)}+Q_R^{(1)}=\overline{(\psi_+)}_{P,L}^{(0),(1)}\Delta t$$

上两式中系数项用下式计算

$$\overline{(B\omega_-)}_{P,L}^{(0),(1)}=\frac{1}{2}[(B\omega_-)_P^{(0)}+(B\omega_-)_L^{(1)}]$$

$$\overline{(B\omega_+)}_{P,R}^{(0),(1)}=\frac{1}{2}[(B\omega_+)_P^{(0)}+(B\omega_+)_R^{(1)}]$$

$$\overline{(\psi_-)}_{P,L}^{(0),(1)}=\frac{1}{2}[(\psi_-)_P^{(0)}+(\psi_-)_L^{(1)}]$$

$$\overline{(\psi_+)}_{P,R}^{(0),(1)}=\frac{1}{2}[(\psi_+)_P^{(0)}+(\psi_+)_R^{(1)}]$$

网格函数 z_P、Q_P 的第一次迭代值求出后，则一个迭代过程完成，如果取水位与流量的计算精度分别为 ε_z、ε_Q，当 $|z_P^{(0)}-z_P^{(1)}|\leqslant\varepsilon_z$ 且 $|Q_P^{(0)}-Q_P^{(1)}|\leqslant\varepsilon_Q$ 时，结束迭代。反之，再将第一次迭代值作为 0 次迭代值，重复第（2）步到第（4）步，反复进行迭代，直到满足精度要求为止。

三、边界点的计算

1. 上下游边界　上述计算格式只适用于内点，如图 11-9 所示网格，对上游边界即左边界 P 点而言，仅有一条通过 P 点的逆特征线，未知数为 s_R、z_P、Q_P，应有三个方程式才能定解。但只有两个方程式即逆特征线方程和逆特征方程。逆特征线方程为

$$s_P-s_R=(\omega_-)_M\Delta t \qquad \text{柯朗格式}$$

或

$$s_P-s_R=\overline{(\omega_-)}_R\Delta t \qquad \text{二阶格式}$$

相应的逆特征方程为

$$(B\omega_+)_M(z_P-z_R)-Q_P+Q_R=(\psi_+)_M\Delta t \qquad \text{柯朗格式}$$

或

$$\overline{(B\omega_+)}_{P,R}(z_P-z_R)-Q_P+Q_R=\overline{(\psi_+)}_{P,R}\Delta t \qquad \text{二阶格式}$$

因此尚缺一个方程，须由上游边界条件补充。

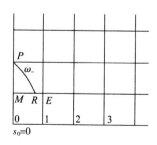
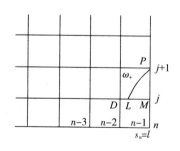

图 11-9

同理可分析下游边界，对下游边界即右边界 P 点而言，也仅有一条通过 P 点的顺特征线，未知数为 s_L、z_P、Q_P，应有三个方程式才能定解。同样也只有两个方程式即顺特征线方程和顺特征方程。顺特征线方程为

$$s_P - s_L = (\omega_+)_M \Delta t \qquad \text{柯朗格式}$$

或
$$s_P - s_L = \overline{(\omega_+)}_R \Delta t \qquad \text{二阶格式}$$

相应的顺特征方程为
$$(B\omega_-)_M(z_P - z_L) - Q_P + Q_L = (\psi_-)_M \Delta t \qquad \text{柯朗格式}$$

或
$$\overline{(B\omega_-)}_{P,L}(z_P - z_L) - Q_P + Q_L = \overline{(\psi_-)}_{P,L} \Delta t \qquad \text{二阶格式}$$

尚缺一个方程，须由下游边界条件补充。

上、下游边界条件（$s_0 = 0$ 与 $s_n = l$，l 为渠段长度）有如下三种情况。

①已知：$z = z(t)$，水位过程；

②已知：$Q = Q(t)$，流量过程；

③已知：$Q = f(z)$，水位流量关系。

2. 初始条件 初始条件根据计算流段的渠道过水断面形状及水流条件，可按第六、七章恒定均匀流或恒定非均匀流计算确定。对棱柱体渠段恒定流，可按均匀流对待，此时各结点断面初始水位均为常数，即均匀流正常水深加渠底高程。对有控制闸门的渠道，闸门有调时，闸前壅水，水面线为缓流壅水曲线，闸前为水深控制断面，可按恒定非均匀流计算沿渠各结点断面水位。无论闸门是否全开，沿渠各结点断面的初始流量均不变。

上述边界条件与边界点的顺特征线方程，顺特征方程（下游）或逆特征线方程，逆特征方程（上游）构成封闭系统，可以定解边界上的未知网格函数值 z_P 或 Q_P。

另外，边界点计算有两点须加以重视：

（1）描述边界条件的数学模型必须正确，否则，非恒定流计算不可能得出正确的结果，或失真较大。

（2）边界点的差分格式精度应与内点一致。否则，即使内点具有二阶精度格式，两边界点只具有一阶精度格式，则数值计算的结果也仅具有一阶精度。

四、特征差分格式的稳定性条件

特征差分法是在未知时层上逐点求解的。求解过程中须先求出已知时层 j 上的点 L、R 的位置及其网格函数 z、Q。而它们是通过 L 点和 R 点分别落在 D、M 和 M、E 两点之间，进行内插计算得到的。因此，L、R 点的距离坐标必须满足下列条件

$$s_{i-1} \leqslant s_L \leqslant s_i \qquad \text{和} \qquad s_i \leqslant s_R \leqslant s_{i+1}$$

这一条件与柯朗稳定性条件

$$\frac{\Delta t}{\Delta s} \leqslant \frac{1}{\dfrac{ds}{dt}} = \frac{1}{v + \sqrt{g\dfrac{A}{B}}} \tag{11-36}$$

是等价的。如图 11-10 所示，若有 $\dfrac{\Delta t}{\Delta s}$

$> \dfrac{dt}{ds} = \dfrac{1}{v + \sqrt{g\dfrac{A}{B}}}$ $\left(\text{即} \dfrac{\Delta t}{\Delta s} > \dfrac{1}{\dfrac{ds}{dt}}\right)$，则

由 P 点引出的顺特征线与已知时层 j

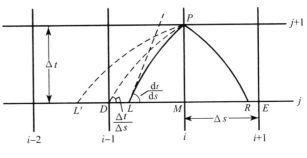

图 11-10

的交点 L 必落在 D 点以外的 L'。同样由 P 点引出的逆特征线与 j 时层交点 R 也必落在 E' 以外,这显然不符合特征差分求解过程中分别由 D、M 点上的值和 M、E 点的值内插求解 L、R 点有关值的要求。此种情况会引起计算的不稳定。解决的办法是在编写计算机程序时,安排自动检查并调整步长的语句,即当不满足柯朗条件时,程序可自动减少时间步长 Δt,或自动增加距离步长 Δs,以保证稳定性得以满足。

第五节 计算实例

有一灌溉输水渠道,渠首进水闸上游为水库,进水闸与节制闸之间渠道长 7 522m,底坡 $i=\dfrac{1}{7\,000}$,粗糙系数 $n=0.015$。渠道断面为梯形,底宽 $b=5.0$m,边坡系数 $m=1.25$。灌溉过程中进水闸全开,下游节制闸部分开启,恒定流流量 $Q_0=12.0\text{m}^3/\text{s}$,闸前水位 3.6m。因流量调度需要,节制闸需在 20min 内减小流量到 $6.0\text{m}^3/\text{s}$。需要确定在此情况下上游进水闸处流量变化过程和下游节制闸前水位变化过程。

水库库容很大,渠道流量调度可认为不影响上游水位,即上游水位保持不变。调节节制闸之前的初始时刻,渠道中水流为恒定非均匀流,水面线为壅水曲线。确定初始条件需按恒定非均匀流求出水面线。

本实例数值计算采用矩形网格特征差分法中的柯朗格式进行求解。

一、步长与初始条件

(1) 步长选择。本例取等距离步长,将计算渠段划分为 10 段,共 11 个断面,见图 11-11 所示。每单元流段长度即距离步长 $\Delta s=\dfrac{L}{10}=752.2$m。时间步长应满足柯朗稳定条件,须按水深最小断面的水力要素由式(11-36)确定时间步长。根据均匀流计算的最小水深断面在渠首 0-0 断面,该断面水深 $h=2.673$m,过水断面水力要素如下:

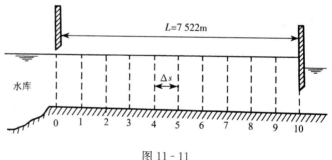

图 11-11

面积 $A=(b+2mh)h=(5+2\times1.25\times2.673)\times2.673=22.296(\text{m}^2)$

水面宽 $B=b+2mh=5+2\times1.25\times2.673=11.692\,5(\text{m})$

平均水深 $\bar{h}=\dfrac{A}{B}=\dfrac{22.296}{11.692\,5}=1.908\,5(\text{m})$

平均流速 $v=\dfrac{Q}{A}=\dfrac{12.0}{22.296}=0.538\,2(\text{m/s})$

由式(11-36)得 $\Delta t\leqslant\dfrac{\Delta s}{v+\sqrt{g\bar{h}}}=\dfrac{752.2}{0.538\,2+\sqrt{9.8\times1.908\,5}}=154.68$(s),计算中取 $\Delta t=60$s,满足柯朗稳定条件。

(2) 初始条件。根据图 11-11 所划分的 11 个断面和恒定流流量 $Q_0 = 12.0 \text{m}^3/\text{s}$，按恒定非均匀流计算水面线，为便于水位计算，假定 10 断面渠底高程为 0.0m，计算得出初始条件列于表 11-1。

表 11-1

断面	0	1	2	3	4	5	6	7	8	9	10
水深 h/m	2.673	2.758	2.845	2.936	3.026	3.110	3.214	3.310	3.407	3.496	3.600
水位 z/m	3.748	3.725	3.705	3.688	3.671	3.647	3.644	3.632	3.622	3.603	3.600
流量 Q/(m³·s⁻¹)	12.0	12.0	12.0	12.0	12.0	12.0	12.0	12.0	12.0	12.0	12.0

二、数值计算

(1) 圣·维南方程组：本例根据计算任务，取以 z、Q 为因变量的圣·维南方程组式 (11-20) 和式 (11-21)，公式中谢才系数按曼宁公式计算。

(2) 特征关系式：按式 (11-27) 和式 (11-28) 计算。

(3) 差分方程：差分方程分内点计算公式和外点计算公式。

内点按公式 (11-33)、(11-34)、(11-35a)、(11-35b) 计算。

外点即边界点，分上游边界和下游边界。

上游边界（左边界）：插值点函数 z_R、Q_R 由式 (11-34) 计算，网格函数 Q_P 按下式计算（柯朗格式）

$$Q_P = Q_R + (B\omega_+)_M (z_P - z_R) - (\psi_+)_M \Delta t$$

本例上游边界为常水位，即 $z_P = 3.748 \text{m}$。

下游边界（右边界）：插值点函数 z_L、Q_L 由式 (11-33) 计算，网格函数 z_P 按下式计算（柯朗格式）

$$z_P = z_L + \frac{Q_P - Q_L + (\psi_-)_M \Delta t}{(B\omega_-)_M}$$

下游边界条件为节制闸调控时的流量过程：

$$Q(t) = \begin{cases} Q_0 + \dfrac{\Delta Q}{\Delta t}(t - t_0) = 12.0 - \dfrac{6}{60} t & 0 \leqslant t \leqslant 20 \\ Q_1 = 6.0 & t > 20 \end{cases}$$

计算取初始时刻 $t_0 = 0$，Q_1 为节制闸调节后闸下通过流量。

三、计算结果

计算得出了渠道起始断面（0 断面）的流量过程和末端断面（10 断面）的水位过程。结果见图 11-12 和表 11-2。

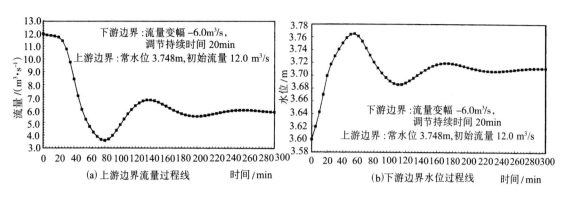

图 11-12

表 11-2 渠道起始断面流量和最终断面水位随时间变化过程

时间/s	0断面流量/($m^3 \cdot s^{-1}$)	10断面水位/m	时间/s	0断面流量/($m^3 \cdot s^{-1}$)	10断面水位/m	时间/s	0断面流量/($m^3 \cdot s^{-1}$)	10断面水位/m
0	12.000 0	3.600 0	70	3.882 2	3.742 5	140	6.769 6	3.704 5
5	11.864 6	3.619 8	75	3.653 6	3.731 4	145	6.707 3	3.708 5
10	11.831 4	3.642 7	80	3.580 5	3.720 9	150	6.594 2	3.712 0
15	11.787 4	3.669 9	85	3.689 4	3.711 7	155	6.447 7	3.714 9
20	11.700 6	3.699 3	90	3.968 3	3.703 7	160	6.284 3	3.717 2
25	11.415 8	3.717 4	95	4.366 8	3.696 8	165	6.117 8	3.718 6
30	10.767 3	3.730 3	100	4.818 3	3.691 3	170	5.958 6	3.719 3
35	9.731 7	3.740 9	105	5.265 3	3.687 6	175	5.814 6	3.719 3
40	8.421 3	3.750 5	110	5.672 2	3.685 8	180	5.692 1	3.718 7
45	7.100 5	3.758 7	115	6.023 9	3.686 2	185	5.595 8	3.717 6
50	6.018 4	3.764 0	120	6.313 0	3.688 2	190	5.529 1	3.716 2
55	5.232 6	3.765 1	125	6.536 7	3.691 2	195	5.492 5	3.714 6
60	4.664 1	3.761 3	130	6.689 2	3.695 9	200	5.484 9	3.712 9
65	4.225 3	3.753 2	135	6.766 9	3.700 2	205	5.502 9	3.711 3

第六节 明渠非恒定急变流——断波

断波是明渠水流中出现的一种间断或移动水跃,属于明渠非恒定急变流,其特征是波锋陡峻,形成台阶式前缘,而且在波动的短暂时间内可保持这个形状,其水力要素不再是时间 t 和流程 s 的函数。根据这个特征,这种波称为不连续波,如海面涌潮、水电站因水轮机导叶关闭在压力前池中产生的涌波、溃坝后向下游传播的涌波等。

断波的形成可视为在无限短的时间内由起始断面发生的一个个元波叠加起来的结果。以顺行涨水波为例,流量刚改变所引起的第一个元波的波速为

$$\omega' = v_0 + \sqrt{g\frac{A_0}{B_0}} \tag{11-37}$$

式中，A_0, B_0, v_0 分别表示流量未改变时（波未到达时）过水断面的面积、水面宽度和断面平均流速；ω' 为元波波速，以区别于波锋运动的速度 ω。对顺行涨水断波，由于水面不断涨高，后行的元波波速都将稍大于前行的元波而赶超它，故波锋相应变陡，形成台阶式的形状，如图 11-13（a）所示。而对顺行落水断波，因后行元波波速总是小于前行的元波波速，结果使波锋逐渐坦化，如图 11-13（b）所示。

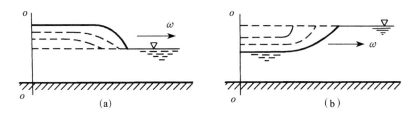

图 11-13

断波波锋向前移动的速度称为波速，以 ω 表示。断波波锋到达某一断面时，立即干扰该断面的水情，使水深、流速和流量等水力要素发生变化。断波到达某断面所引起的流量变化值称为波流量。

一、连续方程及波流量

分析断波运动过程，可以发现只有在断波波锋处，或者说波锋经过后，水力要素才发生变化。也就是说只在波锋附近的水流才表现出非恒定流的特性。如采用运动坐标，则可将非恒定流问题转化为恒定流问题。因而可用恒定流方程来分析。如图 11-14 所示，断波波锋与原水面的高差称为波高，以 ζ 表示，平行于波速方向取一速度与波速 ω 相等的运动坐标，则运动着的波对于动坐标是相对静止的，而水流相对于动坐标的流速将分别由原来的 v_0 和 v，改变为 $v_0 - \omega$ 和 $v - \omega$。设断波波锋到达某一断面时流量的变化即波流量为 ΔQ，根据恒定流连续方程可得

$$(v - \omega)A = (v_0 - \omega)A_0 \tag{11-38}$$

引入流量 $Q_0 = v_0 A, Q = vA$，整理可得

$$Q - Q_0 = \omega(A - A_0) \tag{11-39}$$

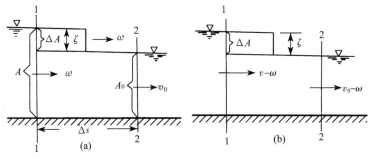

图 11-14

设 $\Delta Q = Q - Q_0$ 为波流量，波锋到达前后的过水断面面积差为 $\Delta A = A - A_0$，则有

$$\Delta Q = \omega \Delta A = \zeta B' \omega \tag{11-40}$$

式中，$B' = \frac{1}{2}(B + B_0)$，$B_0$ 与 B 为波锋到达前后的水面宽度；ζ 为波高。式（11-40）为断波波流量、波高和波速之间的关系。

二、动量方程

如图 11-15 所示，建立与波速相同的动坐标系，取断波前后的两断面 1-1 和 2-2 所围的水体，不计重力分力和边界摩阻力，应用恒定流动量定理得

$$\frac{\gamma}{g} A_0 (v_0 - \omega)[(v_0 - \omega) - (v - \omega)] = P - P_0 \quad (a)$$

或 $\quad \dfrac{\gamma}{g} A_0 (v_0 - \omega)^2 - \dfrac{\gamma}{g} A (v - \omega)^2 = P - P_0$

即 $\quad \dfrac{\gamma}{g} A_0 (v_0 - \omega)^2 + P_0 = \dfrac{\gamma}{g} A (v - \omega)^2 + P$

$$\tag{11-41}$$

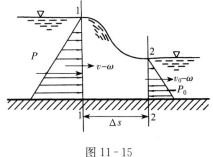

图 11-15

式中，P 和 P_0 为断面 1-1、2-2 的动水压力。式（11-41）就是明渠非恒定急变流的动量方程式。

三、断波波速

以 $A = A_0 + \Delta A$，$v = v_0 + \Delta v$ 代入连续方程式（11-38）得

$$(A_0 + \Delta A)[\omega - (v_0 + \Delta v)] = A_0 (\omega - v_0)$$

整理得 $\quad\quad\quad\quad \Delta v = \dfrac{(\omega - v_0) \Delta A}{A_0 + \Delta A} \tag{11-42}$

设 $\Delta P = P - P_0$，则由动量方程式(a)可得

$$\frac{\gamma}{g} A_0 (v_0 - \omega)(v_0 - v) = \Delta P$$

即 $\quad\quad\quad\quad \dfrac{\gamma}{g} A_0 (\omega - v_0) \Delta v = \Delta P$

将式（11-42）代入上式得

$$(\omega - v_0)^2 = \frac{gA \Delta P}{\gamma A_0 \Delta A}$$

得波速为 $\quad\quad\quad\quad \omega = v_0 \pm \sqrt{\dfrac{gA \Delta P}{\gamma A_0 \Delta A}} \tag{11-43}$

同理可得 $\quad\quad\quad\quad \omega = v \pm \sqrt{\dfrac{gA_0 \Delta P}{\gamma A \Delta A}} \tag{11-44}$

式中根号前取正号相应于顺波波速，负号相应于逆波波速。式（11-43）和式（11-44）均为断波波锋传播的速度公式。

上两式应用于实际计算时，须确定动水压强差 ΔP。如图 11-15，近似认为 1-1 和 2-2 断面上的动水压强符合静水压强分布规律，则压强差为

$$\Delta P = P - P_0 = \gamma(Ay_c - A_0 y_{0c})$$

式中，y_c 为面积 A 形心点水深，y_{0c} 为面积 A_0 形心点水深。设 y_c' 为面积 ΔA 形心点的水深，波高为 ζ，根据面积矩的性质，面积矩 Ay_c 为

$$Ay_c = (A_0 + \Delta A)y_c = A_0 y_{0c} + A_0 \zeta + \Delta A$$

代入上式得动水压强差

$$\Delta P = \gamma(A_0 \zeta + \Delta A y_c')$$

上式代入式（11-43）得

$$\omega = v_0 \pm \sqrt{\frac{g}{\gamma} \frac{A\gamma(A_0\zeta + \Delta A y_c')}{A_0 \Delta A}} = v_0 \pm \sqrt{g\left(\zeta + \frac{A_0}{\Delta A}\zeta + y_c' + \frac{\Delta A}{A_0}y_c'\right)}$$

平均水面宽 $B' = \frac{1}{2}(B + B_0)$，如果取 $\Delta A = \zeta B'$，$y_c' = \frac{1}{2}\zeta$，可得简化的断波波速公式如下

$$\omega = v_0 \pm \sqrt{g\left(\frac{A_0}{B'} + \frac{2}{3}\zeta + \frac{B'}{2A_0}\zeta^2\right)}$$

式中，$\frac{A_0}{B'}$ 代表断面平均水深，以 $\overline{h_0}$ 表示，则上式为

$$\omega = v_0 \pm \sqrt{g\left(\overline{h_0} + \frac{3}{2}\zeta + \frac{1}{2}\frac{\zeta^2}{\overline{h_0}}\right)} \tag{11-45}$$

公式中根号前符号为顺行波取正号，逆行波取负号。波高 ζ 规定涨水波为正，落水波为负，v_0 为断面平均流速。

根据式（11-40）和式（11-45）可导出波高的迭代公式如下

$$\zeta^{(j+1)} = \frac{\omega \zeta^{(j)}}{v_0 \pm \sqrt{g\left(\overline{h_0} + \frac{3}{2}\zeta^{(j)} + \frac{(\zeta^{(j)})^2}{2\overline{h_0}}\right)}} \tag{11-46}$$

公式中各符号意义同前，波高 ζ 的上标 j 和 $j+1$ 表示迭代次数。

例 11-1 有一灌溉渠道，断面为矩形，渠宽 $b = 3.5$m，自节制闸下泄出流量为 6.0m³/s 时，下游渠道水深为 1.5m，如将闸门突然开大，流量增至 9.0m³/s，试求下游渠道中断波的波速和波高。

解：闸门突然开大时，闸下游将产生顺涨波，波流量 $\Delta Q = 9.0 - 6.0 = 3.0$（m³/s）。

由波流量公式（11-40）可得 $\zeta\omega = \frac{\Delta Q}{B'}$，矩形渠道 $B' = b = 3.5$m，代入具体数值得 $\zeta\omega = 0.857$，$v_0 = \frac{Q_0}{A_0} = \frac{6.0}{3.5 \times 1.5} = 1.142$（m/s）。

将以上数据代入波速迭代公式（11-46），取迭代初值 $\zeta^{(0)} = 0.1$，迭代计算得波高 $\zeta = 0.114$m，根据 $\zeta\omega = 0.857$，求出波速 $\omega = 7.539$m/s。

习　题

11-1 洪水波在传播过程中为什么会发生波的坦化？试从波速公式进行分析。

11-2 已知河渠洪水波在某时刻过水断面面积随时间的变化率为 0.5m²/s，如无旁侧入流，则此时流量沿程变化率是多少？此时的洪水波是涨水顺波还是落水逆波？

11-3 有一电站动力渠道,渠首为水库,渠道末端为电站压力前池,引水渠长5 089m,底坡 $i=0.0002$,粗糙系数 $n=0.013$。渠道断面为梯形,底宽 $b=5$m,边坡为1:3。初始恒定流时流量为30.0m³/s,运行中水轮机流量变化规律是在20min内从30.0m³/s线性地增至150m³/s,然后流量保持不变。由于水库库容很大,渠首水位保持不变,该断面水深 $h=4.5$m,且不随流量变化。恒定流时,渠末前池水深 $h=5.5$m。将渠段分为11个断面,渠首为0断面,流程坐标 s 指向下游,由恒定流水面线计算,各断面初始水力要素列于表11-3。用矩形网格特征差分法计算:(1)渠道起始断面的流量过程线;(2)渠道末断面水位过程线。

表11-3

断面	0	1	2	3	4	5	6	7	8	9	10
水深 h/m	4.5	4.5	4.7	4.8	4.9	5.0	5.1	5.2	5.3	5.4	5.5
流量 Q/(m³·s⁻¹)	30.0	30.0	30.0	30.0	30.0	30.0	30.0	30.0	30.0	30.0	30.0
流段 Δs/m	513.4	512.1	510.9	509.9	509.0	508.1	507.4	506.7	506.1	505.6	

11-4 某电站动力渠道,断面为梯形,底宽4.0m,边坡1:0.5,通过流量为24.0m³/s时水深为3.2m,求引水流量由24.0m³/s突然减小到15.0m³/s时的波高和波速。

第十二章 液体三元流理论基础

第一节 概 述

第三章中我们应用一元总流分析方法求得渐变流过水断面上流速的平均值、压强的分布及液流作用于固壁周界上的总作用力,这种分析方法忽略了液体的横向运动,用断面平均流速来描述液体沿流动方向的运动,反映了液体运动的基本规律,可以用来解决工程水力学中大量实际生产问题。实践中也有许多问题单靠一元流的分析方法是无能为力的。例如,分析河道、港湾中水流的流态与冲淤变化,需要了解流场中的流速分布;分析水流能量损失,需要研究水流内部结构,等等。这些问题都有必要研究整个流场中各个运动要素的变化规律,而实际液体流动一般多属于三元流动范畴,如果问题涉及流场中水力要素的分布或研究液流内部结构等,就要应用流场分析法来解决。本章主要介绍液体三元流的基本理论,并建立反映液体三元流动普遍规律的微分方程。

三元流流场理论把液体看做是充满一定空间而由无数液体质点组成的连续介质运动,运动液体所占据的空间叫做流场。不同时刻,每个运动液体质点在流场中都有它一定的空间位置、流速、加速度、压强等,研究液体的运动规律就是求解流场中这些运动要素的变化情况。分析的方法是在流场中任意取出一个液体的微分平行六面体进行研究,即应用机械运动的一般原理,建立液体运动规律的微分方程。这一方法把液体运动看做是三元流动,运动液体的质点在空间 x、y、z 三个坐标轴方向均有各运动要素的分量,所以研究的是液体最普遍的运动形式。由于三元流分析方法求得的是一组偏微分方程,而且是非线性的,应用它来求解边界条件是比较复杂的问题,尚有一定的困难,但随着计算机的广泛应用以及数值计算技术的发展,采用数值计算方法求解这些微分方程,已成为当代水力学研究的重要手段。因此,学习和掌握液体三元流理论的基本知识是十分必要的。

第二节 运动液体质点的流速、加速度

一般情况下,流场中液体质点的运动要素既是空间位置的函数,又是时间的函数。采用直角坐标系用欧拉法描述流动,流速场各流速分量可表示为

$$\left.\begin{aligned} u_x &= u_x(x,y,z,t) \\ u_y &= u_y(x,y,z,t) \\ u_z &= u_z(x,y,z,t) \end{aligned}\right\} \tag{12-1}$$

对流场中某固定点 M,则上式中 x、y、z 为常数,t 为变量,可求得不同时刻通过该固定点时液体质点流速的变化情况。若令 t 为常数,x、y、z 为变量,可求得同一瞬间在流场内通过不同空间点的液体质点的流速分布情况。

液体质点的加速度 a 在 x、y、z 三个方向的分量可以求流速关于时间的导数得出

$$\left.\begin{array}{l} a_x = \dfrac{\mathrm{d}u_x}{\mathrm{d}t} = \dfrac{\partial u_x}{\partial t} + \dfrac{\partial u_x}{\partial x}\dfrac{\mathrm{d}x}{\mathrm{d}t} + \dfrac{\partial u_x}{\partial y}\dfrac{\mathrm{d}y}{\mathrm{d}t} + \dfrac{\partial u_x}{\partial z}\dfrac{\mathrm{d}z}{\mathrm{d}t} \\ a_y = \dfrac{\mathrm{d}u_y}{\mathrm{d}t} = \dfrac{\partial u_y}{\partial t} + \dfrac{\partial u_y}{\partial x}\dfrac{\mathrm{d}x}{\mathrm{d}t} + \dfrac{\partial u_y}{\partial y}\dfrac{\mathrm{d}y}{\mathrm{d}t} + \dfrac{\partial u_y}{\partial z}\dfrac{\mathrm{d}z}{\mathrm{d}t} \\ a_z = \dfrac{\mathrm{d}u_z}{\mathrm{d}t} = \dfrac{\partial u_z}{\partial t} + \dfrac{\partial u_z}{\partial x}\dfrac{\mathrm{d}x}{\mathrm{d}t} + \dfrac{\partial u_z}{\partial y}\dfrac{\mathrm{d}y}{\mathrm{d}t} + \dfrac{\partial u_z}{\partial z}\dfrac{\mathrm{d}z}{\mathrm{d}t} \end{array}\right\} \quad (12\text{-}2)$$

因为 $\mathrm{d}x$、$\mathrm{d}y$、$\mathrm{d}z$ 为液体质点在 $\mathrm{d}t$ 时段内运动的距离 $\mathrm{d}s$ 在各坐标方向的投影,则有 $\dfrac{\mathrm{d}x}{\mathrm{d}t} = u_x$,$\dfrac{\mathrm{d}y}{\mathrm{d}t} = u_y$,$\dfrac{\mathrm{d}z}{\mathrm{d}t} = u_z$,代入式(12-2)得

$$\left.\begin{array}{l} a_x = \dfrac{\mathrm{d}u_x}{\mathrm{d}t} = \dfrac{\partial u_x}{\partial t} + u_x\dfrac{\partial u_x}{\partial x} + u_y\dfrac{\partial u_x}{\partial y} + u_z\dfrac{\partial u_x}{\partial z} \\ a_y = \dfrac{\mathrm{d}u_y}{\mathrm{d}t} = \dfrac{\partial u_y}{\partial t} + u_x\dfrac{\partial u_y}{\partial x} + u_y\dfrac{\partial u_y}{\partial y} + u_z\dfrac{\partial u_y}{\partial z} \\ a_z = \dfrac{\mathrm{d}u_z}{\mathrm{d}t} = \dfrac{\partial u_z}{\partial t} + u_x\dfrac{\partial u_z}{\partial x} + u_y\dfrac{\partial u_z}{\partial y} + u_z\dfrac{\partial u_z}{\partial z} \end{array}\right\} \quad (12\text{-}3)$$

式(12-3)写成矢量形式为

$$\boldsymbol{a} = \frac{\partial \boldsymbol{u}}{\partial t} + (\boldsymbol{u} \cdot \nabla)\boldsymbol{u} \quad (12\text{-}4)$$

式(12-4)中等式右端第一项 $\dfrac{\partial \boldsymbol{u}}{\partial t}$ 为固定点上时间变化引起的加速度,即时变加速度或当地加速度;第二项 $(\boldsymbol{u} \cdot \nabla)\boldsymbol{u}$ 表示空间位置变化引起的加速度,即位变加速度或迁移加速度。式中 $\nabla = \dfrac{\partial}{\partial x}\boldsymbol{i} + \dfrac{\partial}{\partial y}\boldsymbol{j} + \dfrac{\partial}{\partial z}\boldsymbol{k}$,称为哈密顿算子。

第三节　流线方程及迹线方程

我们在第三章中从欧拉法和拉格朗日法出发,已分别引出了流线和迹线的概念。本书将根据流线和迹线的定义,建立液体三元流动的流线与迹线微分方程,对微分方程积分,可求得流线方程和迹线方程。

一、流线微分方程

根据流线的定义,可以求得流线的微分方程,假定在流线上某一点 M 开始,沿流线截取一微分线段 $\mathrm{d}s$,该微分段可近似看成是直线,它在 ox、oy 及 oz 轴上的投影分别为 $\mathrm{d}x$、$\mathrm{d}y$ 及 $\mathrm{d}z$。令该 M 点液体质点的流速为 u,它在各坐标方向的分量为 u_x、u_y、u_z(图 12-1),则流速矢量的方向余弦为

$$\cos(\boldsymbol{u}, x) = \frac{u_x}{u}$$

$$\cos(\boldsymbol{u}, y) = \frac{u_y}{u}$$

$$\cos(\boldsymbol{u}, z) = \frac{u_z}{u}$$

流线上 M 点切线的方向余弦为

$$\cos(s,x) = \frac{dx}{ds}$$

$$\cos(s,y) = \frac{dy}{ds}$$

$$\cos(s,z) = \frac{dz}{ds}$$

因流线上每一点的流速向量与流线相切，故有

$$\frac{u_x}{u} = \frac{dx}{ds}, \qquad \frac{u_y}{u} = \frac{dy}{ds}, \qquad \frac{u_z}{u} = \frac{dz}{ds}$$

由上式可得

$$\frac{dx}{u_x} = \frac{dy}{u_y} = \frac{dz}{u_z} = \frac{ds}{u} \quad (12-5)$$

式（12-5）就是液体三元运动时的流线微分方程。式中 u 及其分量 u_x、u_y、u_z 都是变量（x，y，z，t）的函数。因为流线是流场中指定瞬时的空间曲线，所以这里的 t 不是独立变量，而是一个参变量，对于某指定瞬时，可将 t 作为常数处理。对于不同时刻，可能有不同的流线。

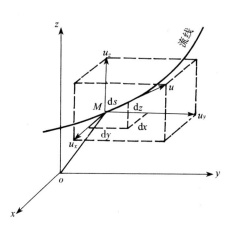

图 12-1

例 12-1 已知速度分布为

$$u_x = 1 - y, \qquad u_y = t$$

求 $t=1$ 时通过点（0，0）的流线方程。

解： 将速度分量代入式（12-5）得

$$\frac{dx}{1-y} = \frac{dy}{t}$$

即

$$tdx = (1-y)dy$$

以 t 为参数，积分得

$$xt + C_1 = y - \frac{1}{2}y^2$$

式中，C_1 为积分常数，C_1 取不同值便得一族流线。以 $t=1$，$x=0$，$y=0$ 代入上式，得 $C_1=0$，所求流线方程为

$$y^2 - 2y + 2x = 0$$

二、迹线微分方程

迹线是指流场中液体质点运动的轨迹，用拉格朗日法描述液体运动，跟踪某一确定的液体质点的运动过程，就得到一条确定的迹线。设微分线段 ds 为核液体质点在 dt 时段内的位移，dx、dy、dz 代表 ds 沿各坐标轴方向的分量，根据流速、时间、位移三者之间的关系，有

$$dx = u_x dt$$

$$dy = u_y dt$$

$$dz = u_z dt$$

于是可得迹线微分方程

$$\frac{\mathrm{d}x}{u_x} = \frac{\mathrm{d}y}{u_y} = \frac{\mathrm{d}z}{u_z} = \mathrm{d}t \tag{12-6}$$

求解常微分方程（12-6），即可得迹线方程。在迹线方程中，时间 t 是自变量。

第四节　液体微团运动的基本形式

液体质点运动除了与刚体一样有平移和转动外，还有变形运动（包括线变形和角变形），即液体质点运动可归结为平移、转动和变形三种基本运动形式的组合。因此，液体运动远比刚体运动复杂得多，而液体运动与刚体运动的最大区别就在于液体存在变形运动。

设于时刻 t，在流场中任取一正交六面体的液体微团。选取六面体一个角点 $A(x, y, z)$ 为基点，设 t 瞬时 A 点的速度为 u_A，u_A 在 x、y、z 三个坐标轴上的分量分别为 u_x，u_y，u_z。其他各点

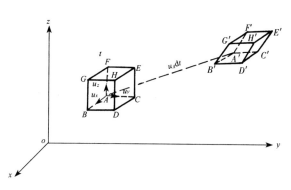

图 12-2

的速度都与 A 点不同，其变化可根据该点位置增量用泰勒级数表示。现另取微团中距 A 点 $\mathrm{d}s$ 处的 P 点分析，设该点坐标为 $(x+\mathrm{d}x, y+\mathrm{d}y, z+\mathrm{d}z)$，则该点在各坐标轴上的速度分量按泰勒级数展开为

$$\left. \begin{array}{l} u_{P_x} = u_x + \dfrac{\partial u_x}{\partial x}\mathrm{d}x + \dfrac{\partial u_x}{\partial y}\mathrm{d}y + \dfrac{\partial u_x}{\partial z}\mathrm{d}z \\[6pt] u_{P_y} = u_y + \dfrac{\partial u_y}{\partial x}\mathrm{d}x + \dfrac{\partial u_y}{\partial y}\mathrm{d}y + \dfrac{\partial u_y}{\partial z}\mathrm{d}z \\[6pt] u_{P_z} = u_z + \dfrac{\partial u_z}{\partial x}\mathrm{d}x + \dfrac{\partial u_z}{\partial y}\mathrm{d}y + \dfrac{\partial u_z}{\partial z}\mathrm{d}z \end{array} \right\} \tag{12-7}$$

由于该微团上各点速度不同，因此在经过微小时段 $\mathrm{d}t$ 之后，当该微团运动到新的位置时，其形状和大小一般都将发生变化，即该微团将变成斜平行六面体，如图 12-2 所示。

为进一步研究质点的运动形成，对式（12-7）进行适当的数学变换。即对第一式右端加减 $\dfrac{1}{2}\dfrac{\partial u_y}{\partial x}\mathrm{d}y$ 及 $\dfrac{1}{2}\dfrac{\partial u_z}{\partial x}\mathrm{d}z$；对第二式右端加减 $\dfrac{1}{2}\dfrac{\partial u_x}{\partial y}\mathrm{d}x$ 及 $\dfrac{1}{2}\dfrac{\partial u_z}{\partial y}\mathrm{d}z$；对第三式右端加减 $\dfrac{1}{2}\dfrac{\partial u_x}{\partial z}\mathrm{d}x$ 及 $\dfrac{1}{2}\dfrac{\partial u_y}{\partial z}\mathrm{d}y$，整理后得

$$\left. \begin{array}{l} u_{P_x} = u_x + \dfrac{\partial u_x}{\partial x}\mathrm{d}x + \dfrac{1}{2}\left[\left(\dfrac{\partial u_x}{\partial y} + \dfrac{\partial u_y}{\partial x}\right)\mathrm{d}y + \left(\dfrac{\partial u_x}{\partial z} + \dfrac{\partial u_z}{\partial x}\right)\mathrm{d}z - \left(\dfrac{\partial u_y}{\partial x} - \dfrac{\partial u_x}{\partial y}\right)\mathrm{d}y + \left(\dfrac{\partial u_x}{\partial z} - \dfrac{\partial u_z}{\partial x}\right)\mathrm{d}z\right] \\[8pt] u_{P_y} = u_y + \dfrac{\partial u_y}{\partial y}\mathrm{d}y + \dfrac{1}{2}\left[\left(\dfrac{\partial u_y}{\partial z} + \dfrac{\partial u_z}{\partial y}\right)\mathrm{d}z + \left(\dfrac{\partial u_y}{\partial x} + \dfrac{\partial u_x}{\partial y}\right)\mathrm{d}x - \left(\dfrac{\partial u_z}{\partial y} - \dfrac{\partial u_y}{\partial z}\right)\mathrm{d}z + \left(\dfrac{\partial u_y}{\partial x} - \dfrac{\partial u_x}{\partial y}\right)\mathrm{d}x\right] \\[8pt] u_{P_z} = u_z + \dfrac{\partial u_z}{\partial z}\mathrm{d}z + \dfrac{1}{2}\left[\left(\dfrac{\partial u_z}{\partial x} + \dfrac{\partial u_x}{\partial z}\right)\mathrm{d}x + \left(\dfrac{\partial u_z}{\partial y} + \dfrac{\partial u_y}{\partial z}\right)\mathrm{d}y - \left(\dfrac{\partial u_x}{\partial z} - \dfrac{\partial u_z}{\partial x}\right)\mathrm{d}x + \left(\dfrac{\partial u_z}{\partial y} - \dfrac{\partial u_y}{\partial z}\right)\mathrm{d}y\right] \end{array} \right\}$$

$$\tag{12-8}$$

引入下式线变形率及角转速符号，并令

$$\varepsilon_{xx} = \frac{\partial u_x}{\partial x}, \qquad \varepsilon_{yy} = \frac{\partial u_y}{\partial y}, \qquad \varepsilon_{zz} = \frac{\partial u_z}{\partial z} \qquad (12-9)$$

式（12-9）分别表示微团在 x、y、z 方向的单位时间、单位长度的线变形率，简称线变率。

$$\left. \begin{array}{l} \varepsilon_{xy} = \varepsilon_{yx} = \dfrac{1}{2}\left(\dfrac{\partial u_y}{\partial x} + \dfrac{\partial u_x}{\partial y}\right) \\[6pt] \varepsilon_{yz} = \varepsilon_{zy} = \dfrac{1}{2}\left(\dfrac{\partial u_z}{\partial y} + \dfrac{\partial u_y}{\partial z}\right) \\[6pt] \varepsilon_{zx} = \varepsilon_{xz} = \dfrac{1}{2}\left(\dfrac{\partial u_x}{\partial z} + \dfrac{\partial u_z}{\partial x}\right) \end{array} \right\} \qquad (12-10)$$

式（12-10）表示微团在 xoy、yoz、zox 坐标平面的角变形速率，简称角变率。

$$\left. \begin{array}{l} \omega_x = \dfrac{1}{2}\left(\dfrac{\partial u_z}{\partial y} - \dfrac{\partial u_y}{\partial z}\right) \\[6pt] \omega_y = \dfrac{1}{2}\left(\dfrac{\partial u_x}{\partial z} - \dfrac{\partial u_z}{\partial x}\right) \\[6pt] \omega_z = \dfrac{1}{2}\left(\dfrac{\partial u_y}{\partial x} - \dfrac{\partial u_x}{\partial y}\right) \end{array} \right\} \qquad (12-11)$$

式（12-11）表示微团绕 x、y、z 轴的旋转角速度，简称角转速。则式（12-18）可简写成

$$\left. \begin{array}{l} u_{P_x} = u_x + \varepsilon_{xx}\mathrm{d}x + (\varepsilon_{xy}\mathrm{d}y + \varepsilon_{xz}\mathrm{d}z) + (\omega_y\mathrm{d}z - \omega_z\mathrm{d}y) \\ u_{P_y} = u_y + \varepsilon_{yy}\mathrm{d}y + (\varepsilon_{yz}\mathrm{d}z + \varepsilon_{yx}\mathrm{d}x) + (\omega_z\mathrm{d}x - \omega_x\mathrm{d}z) \\ u_{P_z} = u_z + \varepsilon_{zz}\mathrm{d}z + (\varepsilon_{zx}\mathrm{d}x + \varepsilon_{zy}\mathrm{d}y) + (\omega_x\mathrm{d}y - \omega_y\mathrm{d}x) \end{array} \right\} \qquad (12-12)$$

式（12-11）及式（12-12）称为柯西（Cauchy）-海姆霍尔兹（Helmholtz）方程。

为了简化分析，先考虑液体质点在 xoy 平面的运动，再推广到三维空间。

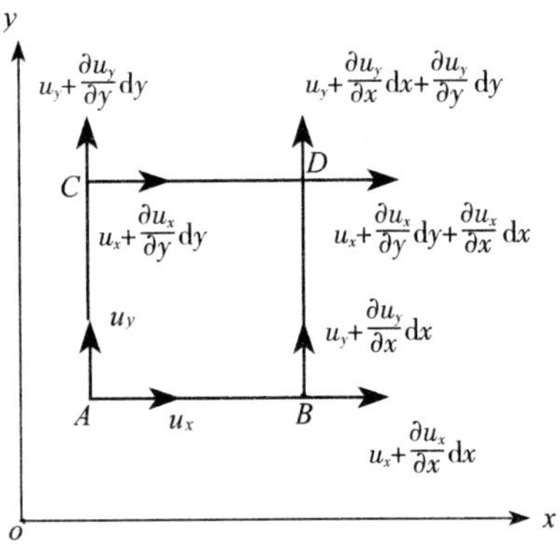

假定液体微团平行于 xoy 平面的投影为 $ABCD$，在 t 瞬时，各角点沿 x、y 方向的速度分量如图 12-3 所示。下面分析证明上述液体微团的几种运动形式。

图 12-3

一、平　移

平移是指液体质点在运动过程中任一方向的长度和方位均不变的运动。

由图 12-3 可以看出，A、B、C、D 各点速度分量中均含有 u_x、u_y 项。若暂不考虑 B、C、D 各点的分速度与 A 点分速度的相差部分，则经过 $\mathrm{d}t$ 时段后，整个矩形平面将沿 x 方向移动距离 $u_x\mathrm{d}t$，沿 y 方向移动距离 $u_y\mathrm{d}t$。推广到三维空间，则沿 z 方向移动距离 $u_z\mathrm{d}t$。因此 u_x、u_y、u_z 是整个液体微团在 x、y、z 各方向的平移速度。图 12-4

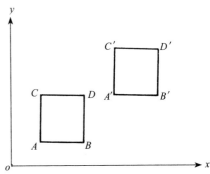

图 12-4

所示即为方形液体微团 ABCD，经过某一瞬时 dt 之后，平移到 $A'B'C'D'$ 的位置，其各边形状尺寸及方位均与原来相同，这就是一种单纯的平移运动。

二、线 变 形

线变形是指液体质点在运动过程中，仅存在各方向的伸长或缩短。

先分析液体微团在 xoy 平面投影面 ABCD 沿 x 方向的线变形。A、C 边的速度分量为 u_x；B、D 边的速度分量为 $u_x+\frac{\partial u_x}{\partial x}\mathrm{d}x$。因此 B、D 边相对于 A、C 边的速度增量为 $\frac{\partial u_x}{\partial x}\mathrm{d}x$。经 dt 时段后，微团运动到新的位置，在 x 方向拉伸或缩短 $\frac{\partial u_x}{\partial x}\mathrm{d}x\mathrm{d}t$，如图 12-5 所示，这就是液体微团的线变形。定义微团单位时间单位长度的变化为线变形率，则 x 方向的线变形率为 $\frac{\frac{\partial u_x}{\partial x}\mathrm{d}x\mathrm{d}t}{\mathrm{d}x\mathrm{d}t}=\frac{\partial u_x}{\partial x}$。同理可导出 y 方向的线变形率为 $\frac{\partial u_y}{\partial y}$，$z$ 方向的线变形率为 $\frac{\partial u_z}{\partial z}$。

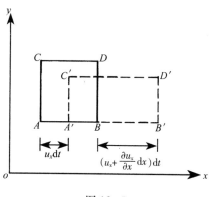

图 12-5

三、角变形和旋转

角变形是指液体微团在运动过程中，两边夹角发生的变化。

旋转是指液体微团在运动过程中，两边以同一方向转动相同的角度，两边的方位发生变化，而两边的夹角大小不变。

下面推求角变形率表达式（12-10）与旋转角速度表达式（12-11）。

如图 12-6 所示，以微团投影面 AC 和 AB 边为例，分析微团的角变形和旋转。C 点在 x 方向较 A 点速度快（或慢）$\frac{\partial u_x}{\partial y}\mathrm{d}y$，B 点在 y 方向较 A 点快（或慢）$\frac{\partial u_y}{\partial x}\mathrm{d}x$。经过 dt 时段，C 点较 A 点沿 x 方向多移动距离 $\frac{\partial u_x}{\partial y}\mathrm{d}y\mathrm{d}t$，B 点较 A 点沿 y 方向多移动距离 $\frac{\partial u_y}{\partial x}\mathrm{d}x\mathrm{d}t$。设在 dt 时段内，AB 边与 AC 边转动的微小角度为 dα 与 dβ。由于 dt 与 dα、dβ 均为无限小量，可用其正切表示

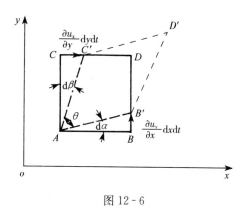

图 12-6

$$\mathrm{d}\alpha \approx \tan(\mathrm{d}\alpha) = \frac{\frac{\partial u_y}{\partial x}\mathrm{d}x\mathrm{d}t}{\mathrm{d}x} = \frac{\partial u_y}{\partial x}\mathrm{d}t$$

$$\mathrm{d}\beta \approx \tan(\mathrm{d}\beta) = \frac{\frac{\partial u_x}{\partial y}\mathrm{d}y\mathrm{d}t}{\mathrm{d}y} = \frac{\partial u_x}{\partial y}\mathrm{d}t$$

此时可能出现三种情况：

(1) 当 $\frac{\partial u_y}{\partial x} = \frac{\partial u_x}{\partial y}$ 时，即 $\mathrm{d}\alpha = \mathrm{d}\beta$，且 AC 边与 AB 相向旋转，微团发生单纯的角变形，由矩形变成平行四边形 [图 12-7（a）]；

(2) 当 $\frac{\partial u_y}{\partial x} = -\frac{\partial u_x}{\partial y}$ 时，即 $\mathrm{d}\alpha = -\mathrm{d}\beta$，则 AC 边与 AB 同向旋转，微团只发生整体旋转而无角变形，由矩形变成平行四边形 [图 12-7（b）]；

(3) 当 $\left|\frac{\partial u_y}{\partial x}\right| \neq \left|\frac{\partial u_x}{\partial y}\right|$ 时，即 $\mathrm{d}\alpha \neq \mathrm{d}\beta$，此时微团同时发生角变形和旋转 [图 12-7（c）]。

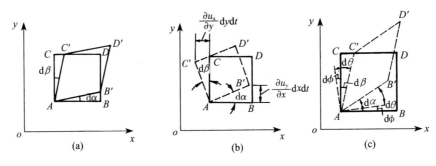

图 12-7

以上（1）、（2）是两种特殊情况，（3）则为一般情况下的角变形和旋转。设在一般情况下，微团的旋转角度为 $\mathrm{d}\phi$，变形角度为 $\mathrm{d}\theta$，如图 12-7（c）所示，有

$$\mathrm{d}\alpha = \mathrm{d}\theta + \mathrm{d}\phi, \qquad \mathrm{d}\beta = \mathrm{d}\theta - \mathrm{d}\phi$$

联解该方程组，得

$$\mathrm{d}\phi = \frac{1}{2}(\mathrm{d}\alpha - \mathrm{d}\beta) = \frac{1}{2}\left(\frac{\partial u_y}{\partial x} - \frac{\partial u_x}{\partial y}\right)\mathrm{d}t$$

$$\mathrm{d}\theta = \frac{1}{2}(\mathrm{d}\alpha + \mathrm{d}\beta) = \frac{1}{2}\left(\frac{\partial u_y}{\partial x} + \frac{\partial u_x}{\partial y}\right)\mathrm{d}t$$

定义微团在单位时间内旋转的角度为旋转角速度；单位时间内的角变形为角变形率。以符号 ω 表示旋转角速度，且下标取绕其旋转的坐标轴符号。则微团绕 z 轴的旋转角速度为

$$\omega_z = \frac{\mathrm{d}\phi}{\mathrm{d}t} = \frac{1}{2}(\mathrm{d}\alpha - \mathrm{d}\beta) = \frac{1}{2}\left(\frac{\partial u_y}{\partial x} - \frac{\partial u_x}{\partial y}\right)$$

同理可得微团绕 x 轴的旋转角速度 $\omega_x = \frac{1}{2}\left(\frac{\partial u_z}{\partial y} - \frac{\partial u_y}{\partial z}\right)$；绕 y 轴的旋转角速度 $\omega_y = \frac{1}{2}\left(\frac{\partial u_x}{\partial z} - \frac{\partial u_z}{\partial x}\right)$，即式(12-11)。

根据定义，微团在 xoy 平面上的角变形率为

$$\varepsilon_{xy} = \frac{\mathrm{d}\theta}{\mathrm{d}t} = \frac{1}{2}\left(\frac{\partial u_y}{\partial x} + \frac{\partial u_x}{\partial y}\right)$$

同理可得，微团在 yoz 平面上的角变形率 $\varepsilon_{yz} = \frac{1}{2}\left(\frac{\partial u_z}{\partial y} + \frac{\partial u_y}{\partial z}\right)$，在 zox 平面上的角变形率

$$\varepsilon_{zx} = \frac{1}{2}\left(\frac{\partial u_x}{\partial z} + \frac{\partial u_z}{\partial x}\right)。$$

将上述讨论结果推广到过 A 点的另外两个平面，及 xoz 和 yoz 坐标平面中，就可得到反映三元流液体微团基本运动形式的线变率、角变率、角转速以及速度分量关系式（12-9）、（12-10）、（12-11）、（12-12）。所以，流场中任何一点的流速一般都可以认为是由平移、转动及变形三种运动形式所组成。

以上从平面问题出发，分析了矩形液体微团由于各点速度分量不同所引起的四种运动形式。在以上几种运动中，必须指出的是：根据液体微团在运动过程中是否存在旋转角速度，即 ω 是否为零，可把液流分为有旋流和无旋流。下面的分析将说明转动的存在与否怎样影响流动的性质。

第五节　有旋流和无旋流

根据液体微团在运动过程中有无旋转可将液流分为有旋流和无旋流，无旋流也称为势流。若液体微团无旋转，即旋转角速度 $\boldsymbol{\omega}=0$（$\boldsymbol{\omega}=\omega_x\boldsymbol{i}+\omega_y\boldsymbol{j}+\omega_z\boldsymbol{k}$），称为无旋流（或称无涡流）；反之称为有旋流（或称有涡流）。按定义，对无旋流，必有 $\omega_x=0$，$\omega_y=0$，$\omega_z=0$。若其中任一个旋转角速度分量不等于零，即为有旋流。

必须注意，液流是否为有旋流，取决于液体微团自身是否旋转，而不是根据其运动轨迹是否为圆形或类似圆形曲线而定的。如图 12-8 所示，图（a）中液体微团虽然绕圆心 O 做圆周运动，但其运动过程中自身方位始终保持不变，亦即其自身并无旋转，因此仍为无旋流。图（b）中液体微团虽做直线运动，但运动过程中微团方位在变化，即自身在转动，故仍为有旋流。

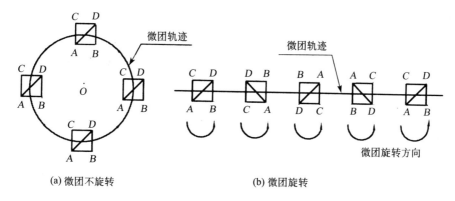

(a) 微团不旋转　　　　(b) 微团旋转

图 12-8

根据无旋流液体微团旋转角速度分量均为零，由式（12-11）可得无旋流有下列关系式

$$\left.\begin{array}{r}\dfrac{\partial u_z}{\partial y}=\dfrac{\partial u_y}{\partial z}\\[4pt]\dfrac{\partial u_x}{\partial z}=\dfrac{\partial u_z}{\partial x}\\[4pt]\dfrac{\partial u_y}{\partial x}=\dfrac{\partial u_x}{\partial y}\end{array}\right\} \qquad (12-13)$$

由高等数学可知式（12-13）是使表达式 $(u_x dx + u_y dy + u_z dz)$ 为函数 $\varphi(x, y, z, t)$ 的全微分的必要和充分条件（t 为时间参变数）。因此，对无旋流，存在下列关系：

$$u_x dx + u_y dy + u_z dz = \frac{\partial \varphi}{\partial x} dx + \frac{\partial \varphi}{\partial y} dy + \frac{\partial \varphi}{\partial z} dz = d\varphi$$

$$u_x = \frac{\partial \varphi}{\partial x}, \quad u_y = \frac{\partial \varphi}{\partial y}, \quad u_z = \frac{\partial \varphi}{\partial z} \tag{12-14}$$

我们称函数 $\varphi(x, y, z, t)$ 为流速势函数（简称流速势），无旋流也称为有势流（简称势流）。对于有势流，只要求得流速势函数 $\varphi(x, y, z, t)$，即可按式（12-14）求得流速分布。

例 12-2 水桶中的水从桶底中心处的小孔流出时，可观察到桶中水以通过孔中心的铅垂轴近似地做圆周运动，各质点的速度与该质点距铅垂轴的距离 r 成反比，即 $u = \frac{k}{r}$，k 为一常数。试判别水流运动类型。

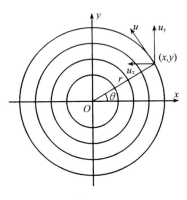

图 12-9

解： 设做圆周运动的水质点 $P(x, y)$ 的速度 u 的分量为（图 12-9）

$$u_x = -u\sin\theta = -\frac{k}{r} \cdot \frac{y}{r} = -\frac{ky}{r^2} = -\frac{ky}{x^2 + y^2}$$

$$u_y = u\cos\theta = \frac{k}{r} \cdot \frac{x}{r} = \frac{kx}{r^2} = \frac{kx}{x^2 + y^2}$$

$$u_z = 0$$

因 $u_z = 0$，而 u_x、u_y 与 z 无关，故 $\frac{\partial u_x}{\partial z} = 0, \frac{\partial u_y}{\partial z} = 0, \frac{\partial u_z}{\partial x} = 0, \frac{\partial u_z}{\partial y} = 0$。代入式（12-11）得 $\omega_x = \omega_y = 0$。

对速度分量求偏导数得

$$\frac{\partial u_x}{\partial y} = \frac{k(y^2 - x^2)}{(x^2 + y^2)^2}$$

$$\frac{\partial u_y}{\partial x} = \frac{k(y^2 - x^2)}{(x^2 + y^2)^2}$$

可知 $\frac{\partial u_x}{\partial y} = \frac{\partial u_y}{\partial x}$，因此有 $\omega_z = 0$。所以该流动为无旋流，但液流水质点却做圆周运动。此外，该液流是有角变形和线变形的，角变率为

$$\varepsilon_{xy} = \frac{1}{2}\left(\frac{\partial u_y}{\partial x} + \frac{\partial u_x}{\partial y}\right) = \frac{k(y^2 - x^2)}{(x^2 + y^2)^2} \neq 0$$

线变率为

$$\varepsilon_{xx} = \frac{\partial u_x}{\partial x} = \frac{2kxy}{(x^2 + y^2)^2} \neq 0$$

$$\varepsilon_{yy} = -\frac{\partial u_y}{\partial y} = -\frac{2kxy}{(x^2 + y^2)^2} \neq 0$$

例 12-3 已知圆管恒定均匀流的速度分布为

$$u_x = \frac{\gamma J}{4\mu}(r_0^2 - r^2) = \frac{\gamma J}{4\mu}[r_0^2 - (z^2 + y^2)]$$

$u_y = u_z = 0$（r_0 为圆管半径，J 为水力坡降，γ 为液体重度，μ 为液体动力黏滞系数），试判别液流是否为有旋流。

解： 根据流速分量求角速度得

$$\omega_x = \frac{1}{2}\left(\frac{\partial u_z}{\partial y} - \frac{\partial u_y}{\partial z}\right) = 0$$

$$\omega_y = \frac{1}{2}\left(\frac{\partial u_x}{\partial z} - \frac{\partial u_z}{\partial x}\right) = -\frac{\gamma J}{4\mu}z \neq 0$$

$$\omega_z = \frac{1}{2}\left(\frac{\partial u_y}{\partial x} - \frac{\partial u_x}{\partial y}\right) = \frac{\gamma J}{4\mu}y \neq 0$$

可知除了 x 轴上（$y=0$，$z=0$）的液体质点为无旋流外，其余液体质点均为有旋流。此时液体质点的运动轨迹为平行于管轴的直线，但却做有旋运动。可见均匀流不一定是无旋运动。

其次可求得线变率和角变率为

$$\varepsilon_{xx} = \frac{\partial u_x}{\partial x} = 0, \qquad \varepsilon_{yy} = \frac{\partial u_y}{\partial y} = 0, \qquad \varepsilon_{zz} = \frac{\partial u_z}{\partial z} = 0$$

$$\varepsilon_{xy} = \frac{1}{2}\left(\frac{\partial u_y}{\partial x} + \frac{\partial u_x}{\partial y}\right) = -\frac{\gamma J}{4\mu}y$$

$$\varepsilon_{yz} = \frac{1}{2}\left(\frac{\partial u_z}{\partial y} + \frac{\partial u_y}{\partial z}\right) = 0$$

$$\varepsilon_{xz} = \frac{1}{2}\left(\frac{\partial u_x}{\partial z} + \frac{\partial u_z}{\partial x}\right) = -\frac{\gamma J}{4\mu}z$$

可见液体质点无线变形，但有角变形。

关于有旋流动，其基本特征是流场中有角转速 ω 存在，如同流速一样，角转速 ω 也是矢量。用描述流速的方法来描述角转速，可引出与流线、流管、元流类似的涡线、涡管、元涡的概念，2 倍角转速（2ω）称为旋度，旋度与元涡断面面积的乘积叫涡通量。详细内容读者可阅读其他水力学或流体力学书籍。

第六节 液体流动的连续性方程

在流场中取直角坐标系 x、y、z，如图 12-10 所示。以任一点 O' 为中心取微小正六面体为控制体。其边长为 dx、dy、dz。设瞬时 t 控制体中心 O' 点的坐标为 (x, y, z)，密度为 $\rho(x, y, z, t)$，流速为 $u(x, y, z, t)$，流速分量为 u_x、u_y、u_z，也是位置坐标和时间的函数。

根据质量守恒定理，在 dt 时段内，流入与流出微小控制体的液体质量之差，应等于该控制体内质量的变化。先分析 x 方向的流动，设液体从 $EFGH$ 面流入控制体，从 $ABCD$ 面流出控制体。$EFGH$ 面中心点的流速为 $(u_x - \frac{\partial u_x}{\partial x}\frac{dx}{2})$；密度为 $(\rho - \frac{\partial \rho}{\partial x}\frac{dx}{2})$。$ABCD$ 面中心点的流速为 $(u_x + \frac{\partial u_x}{\partial x}\frac{dx}{2})$；密度为 $(\rho + \frac{\partial \rho}{\partial x}\frac{dx}{2})$。在 dt 时段内沿 x 方向流入与流出控制体的液体质量之差为

$$\left[\left(\rho-\frac{\partial\rho}{\partial x}\frac{\mathrm{d}x}{2}\right)\left(u_x-\frac{\partial u_x}{\partial x}\frac{\mathrm{d}x}{2}\right)\mathrm{d}y\mathrm{d}z-\left(\rho+\frac{\partial\rho}{\partial x}\frac{\mathrm{d}x}{2}\right)\left(u_x+\frac{\partial u_x}{\partial x}\frac{\mathrm{d}x}{2}\right)\mathrm{d}y\mathrm{d}z\right]\mathrm{d}t$$

$$=-\left(\rho\frac{\partial u_x}{\partial x}+u_x\frac{\partial\rho}{\partial x}\right)\mathrm{d}x\mathrm{d}y\mathrm{d}z\mathrm{d}t=-\frac{\partial}{\partial x}(\rho u_x)\mathrm{d}x\mathrm{d}y\mathrm{d}z\mathrm{d}t$$

同理可得在 $\mathrm{d}t$ 时段内沿 y、z 方向流入与流出控制体的液体质量之差为

$$-\frac{\partial}{\partial y}(\rho u_y)\mathrm{d}x\mathrm{d}y\mathrm{d}z\mathrm{d}t$$

$$-\frac{\partial}{\partial z}(\rho u_z)\mathrm{d}x\mathrm{d}y\mathrm{d}z\mathrm{d}t$$

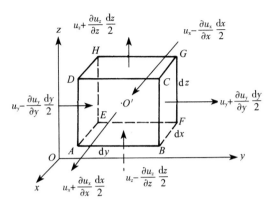

则 $\mathrm{d}t$ 时段内，从 x、y、z 方向流入与流出控制体的液体质量之差为以上三项之和，即

$$-\left[\frac{\partial}{\partial x}(\rho u_x)+\frac{\partial}{\partial y}(\rho u_y)+\frac{\partial}{\partial z}(\rho u_z)\right]\mathrm{d}x\mathrm{d}y\mathrm{d}z\mathrm{d}t$$

在 $\mathrm{d}t$ 时段内，控制体内液体质量的变化为

$$\frac{\partial}{\partial t}(\rho\mathrm{d}x\mathrm{d}y\mathrm{d}z)\mathrm{d}t$$

图 12-10

根据质量守恒定理可得

$$-\left[\frac{\partial}{\partial x}(\rho u_x)+\frac{\partial}{\partial y}(\rho u_y)+\frac{\partial}{\partial z}(\rho u_z)\right]\mathrm{d}x\mathrm{d}y\mathrm{d}z\mathrm{d}t=\frac{\partial}{\partial t}(\rho\mathrm{d}x\mathrm{d}y\mathrm{d}z)\mathrm{d}t$$

同除以 $\mathrm{d}x\mathrm{d}y\mathrm{d}z\mathrm{d}t$，并移项得

$$\frac{\partial\rho}{\partial t}+\frac{\partial}{\partial x}(\rho u_x)+\frac{\partial}{\partial y}(\rho u_y)+\frac{\partial}{\partial z}(\rho u_z)=0 \tag{12-15a}$$

式（12-15a）为液体三元流动连续性方程的一般形式，既可应用于可压缩液体，也可应用于不可压缩液体。对于恒定流，不论液体是否可压缩，均有 $\frac{\partial\rho}{\partial t}=0$，则式（12-15a）可简化成下列形式

$$\frac{\partial}{\partial x}(\rho u_x)+\frac{\partial}{\partial y}(\rho u_y)+\frac{\partial}{\partial z}(\rho u_z)=0 \tag{12-15b}$$

对于不可压缩液体，由于密度 $\rho=$ 常数，式（12-15a）可进一步简化成下列形式

$$\frac{\partial u_x}{\partial x}+\frac{\partial u_y}{\partial y}+\frac{\partial u_z}{\partial z}=0 \tag{12-16}$$

这就是不可压缩液体的连续性微分方程，对恒定流和非恒定流都适用。

从第十二章第四节中知道 $\frac{\partial u_x}{\partial x}$、$\frac{\partial u_y}{\partial y}$、$\frac{\partial u_z}{\partial z}$ 分别表示液体微团在 x、y、z 三个方向的线变率，因此连续性方程表明液体微团在这三个方向的线变率的总和必须等于零。即如果在一个方向有拉伸，则在另一个方向就必有压缩。

第七节 恒定平面势流

在第十二章第五节中已经根据液体运动过程中质点有无旋转把液流分为有势流动

（无旋流动）和有旋流动。严格地讲，只有理想液体才可能产生势流，因为理想液体没有切应力，只有正应力，合力都通过液体质点中心，因而不存在使其转动的力矩；而实际液体是有黏性的，流动过程中必然产生切应力，从而产生力矩使液体质点转动，所以都是有旋流。但在某些情况下，当黏滞性对流动的作用微小得可以忽略时，可以把实际液流按有势流动来处理，以求得近似解。例如，从静止开始的波浪运动，从溢洪道下泄的水流，地下水渗流，等等。1904年普朗特提出边界层理论后，把流动分为边界层以内和边界层以外两个区域，边界层以内的流动液体黏性不可忽略，而边界层以外则可以看做是理想液体流动，按势流问题对待，从而使势流理论得到了更为广泛地应用。

液体的平面流动也称二元流。在自然界和实际工程中，严格意义上的平面流动是很少的，但当某些流动的运动要素在某一个方向上的变化相对于其他方向上的变化很小时，就可以按平面流动来做近似处理。例如宽浅的河道中的水流、很宽的溢流坝面水流、矩形闸孔出流等，都可近似地作为平面流动问题处理，这样只要研究某一个流动平面上液流的情况，就可了解整个流场的情况。在这种情况下，所研究的流动平面是铅垂面。

一、流速势和等势线

第十二章第五节已述及，在恒定有势流中，满足式（12-13），它是 $u_x\mathrm{d}x+u_y\mathrm{d}y+u_z\mathrm{d}z$ 存在全微分的必要与充分条件。于是一定存在某一函数 $\varphi(x, y, z)$，并有

$$\mathrm{d}\varphi = u_x\mathrm{d}x + u_y\mathrm{d}y + u_z\mathrm{d}z \tag{12-17}$$

而 $\varphi(x, y, z)$ 的全微分又可写成

$$\mathrm{d}\varphi = \frac{\partial\varphi}{\partial x}\mathrm{d}x + \frac{\partial\varphi}{\partial y}\mathrm{d}y + \frac{\partial\varphi}{\partial z}\mathrm{d}z \tag{12-18}$$

比较以上两式可知，函数 $\varphi(x, y, z)$ 关于 x、y、z 的偏导数与流速分量满足式（12-14）。根据以上关系式，流速势函数可表达为下面的积分函数形式

$$\varphi(x,y,z) = \int(u_x\mathrm{d}x + u_y\mathrm{d}y + u_z\mathrm{d}z) \tag{12-19}$$

对于 xoy 平面的恒定平面势流，则以上公式中 $z=0$、$u_z=0$，不难得出平面势流势函数的积分形式。

在势流流场内，把势函数 φ 相等的点连接起来得到的面，称为等势面。对于平面势流，势函数相等的点则构成一条曲线，称为等势线。平面势流的等势线方程可表示为

$$\left.\begin{array}{r}\varphi(x,y) = 常数\\ \mathrm{d}\varphi = 0\end{array}\right\} \tag{12-20}$$

给出不同的常数值，可在势流场内得到一簇等势线。

可以证明，等势线斜率与流线斜率的乘积为 -1，因此等势线与流线正交，等势面就是过水断面。

平面流动的连续性方程为

$$\frac{\partial u_x}{\partial x} + \frac{\partial u_y}{\partial y} = 0$$

将式（12-14）流速分量与势函数关系式代入上式，可得恒定平面势流的一个重要关系式

$$\frac{\partial^2 \varphi}{\partial x^2} + \frac{\partial^2 \varphi}{\partial y^2} = 0 \tag{12-21}$$

即势函数 φ 满足拉普拉斯方程，为调和函数。因此平面势流问题就归结为在定解条件下求解拉普拉斯方程的问题。拉普拉斯方程为二阶线性齐次偏微分方程，其解服从叠加原理，即它的通解可由其特解叠加而成。因此，可用势流叠加的方法来求复杂的势流问题，也可采用复变函数法、分离变量法等解析法求解势流问题。然而工程中的势流问题一般都很复杂，解析法往往无能为力，目前多采用流网法（图解法）、水电比拟法以及差分法或有限元法等数值计算方法求解此类问题。

二、流函数及其性质

在恒定平面势流中，除流速势函数 φ 以外，还存在另一个标量函数 $\psi(x, y, z)$，称为流函数。由流线方程式（12-5），平面流动的流线方程为 $\dfrac{\mathrm{d}x}{u_x} = \dfrac{\mathrm{d}y}{u_y}$，即

$$u_x \mathrm{d}y - u_y \mathrm{d}x = 0 \tag{12-22}$$

不可压缩液体二元流连续性方程为

$$\frac{\partial u_x}{\partial x} + \frac{\partial u_y}{\partial y} = 0$$

即

$$\frac{\partial u_x}{\partial x} = \frac{\partial(-u_y)}{\partial y} \tag{12-23}$$

由高等数学知，式（12-23）是使式（12-22）为某一函数全微分的充分必要条件，令此函数为 ψ，则

$$\mathrm{d}\psi = u_x \mathrm{d}y - u_y \mathrm{d}x \tag{12-24}$$

与流线方程式（12-22）比较，可见沿流线有

$$\mathrm{d}\psi = u_x \mathrm{d}y - u_y \mathrm{d}x = 0 \tag{12-25}$$

$$\psi(x, y) = \int \mathrm{d}\psi = \int (u_x \mathrm{d}y - u_y \mathrm{d}x) = C$$

式中 C 为积分常数。可见，在同一流线上各点的流函数为一常数，即流函数值相等的点连接而成的曲线就是流线，这是流函数的重要物理性质之一。也正是因为函数 ψ 的这一性质，故称它为流函数。常数 C 取不同的值，便得到流场中的流线簇。

因为流函数 ψ 的全微分又可写为

$$\mathrm{d}\psi = \frac{\partial \psi}{\partial x}\mathrm{d}x + \frac{\partial \psi}{\partial y}\mathrm{d}y \tag{12-26}$$

比较上式与式（12-24），可得流函数与流速分量之间的关系为

$$u_x = \frac{\partial \psi}{\partial y}, \qquad u_y = -\frac{\partial \psi}{\partial x} \tag{12-27}$$

对平面势流，式（12-11）中的 $\omega_z = 0$，即 $\dfrac{\partial u_y}{\partial x} - \dfrac{\partial u_x}{\partial y} = 0$，将式（12-27）代入可得

$$\frac{\partial^2 \psi}{\partial x^2} + \frac{\partial^2 \psi}{\partial y^2} = 0 \tag{12-28}$$

式（12-28）表明，平面势流的流函数也满足拉普拉斯方程，也是调和函数，这是流函数的第二个重要的物理性质。再比较势函数和流函数与流速分量的关系，即由式（12-14）与式（12-27）可得

$$\left.\begin{array}{l}u_x = \dfrac{\partial \varphi}{\partial x} = \dfrac{\partial \psi}{\partial y} \\ u_y = \dfrac{\partial \varphi}{\partial y} = -\dfrac{\partial \psi}{\partial x}\end{array}\right\} \tag{12-29}$$

式（12-29）是联系流速势函数与流函数的一对很重要的关系式，在数学分析中称为柯西-黎曼条件。

还可以证明流函数的另一个重要的物理性质，即同一时刻任意两条流线之间的单宽流量等于代表该两条流线的流函数值之差。证明如下：

如图 12-11 所示，取某一时刻平面流动中的任意两条相邻的流线 ψ 与 $\psi + \mathrm{d}\psi$，由于是平面流动，流线间过水断面在垂直于流动平面的 z 方向可取单位宽度，那么两条流线之间通过的流量就是单宽流量，用 $\mathrm{d}q$ 表示。因相邻两流线的间距很小（$\mathrm{d}\psi$），过水断面 ab 可视为平面，设 a 点的坐标为 (x, y)，则从图分析看出 b 点坐标为 $(x-\mathrm{d}x, y+\mathrm{d}y)$。设 ab 断面上的两个流速分量为 u_x、u_y，断面 ab 的水平和铅垂投影为 cb 和 ac，则单宽流量

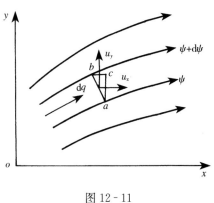

图 12-11

$$\mathrm{d}q = u \cdot ab = u_x ac + u_y cb$$

从图中几何关系可知 $ac = \mathrm{d}y$，$cb = -\mathrm{d}x$，故上式也可写成

$$\mathrm{d}q = u \cdot ab = u_x \mathrm{d}y - u_y \mathrm{d}x$$

将式（12-27）代入上式得

$$\mathrm{d}q = \dfrac{\partial \psi}{\partial y}\mathrm{d}y + \dfrac{\partial \psi}{\partial x}\mathrm{d}x = \mathrm{d}\psi \tag{12-30}$$

积分后得

$$q = \int_{\psi_1}^{\psi_2} \mathrm{d}\psi = \psi_2 - \psi_1 \tag{12-31}$$

式中，流函数的单位为 m^2/s。

例 12-4 已知平面流动的流速场为 $\begin{cases} u_x = y^2 - x^2 + 2x \\ u_y = 2xy - 2y \end{cases}$，问：（1）此流速场是否存在流函数 ψ？如存在，试求该流函数。（2）是否存在势函数 φ？如存在，求该势函数。

解：（1）由所给流速场可求得

$$\dfrac{\partial u_x}{\partial x} = -2x + 2, \qquad \dfrac{\partial u_y}{\partial y} = 2x - 2$$

代入不可压缩液体平面流动连续性方程得

$$\frac{\partial u_x}{\partial x}+\frac{\partial u_y}{\partial y}=-2x+2+2x-2=0$$

满足连续性方程，所以存在流函数 ψ。由

$$u_x=\frac{\partial \psi}{\partial y}=y^2-x^2+2x$$

得
$$\psi=\int(y^2-x^2+2x)\mathrm{d}y=\frac{1}{3}y^3-x^2y+2xy+f_1(x)$$

由此求得
$$\frac{\partial \psi}{\partial x}=-2xy+2y+f_1'(x)=-u_y=-(2xy-2y)$$

比较可得
$$f_1'(x)=0$$

积分得
$$f_1(x)=C_1$$

于是可得流函数

$$\psi=\frac{1}{3}y^3-x^2y+2xy+C_1$$

（2）由已知流速分量可求得

$$\omega_z=\frac{1}{2}\left(\frac{\partial u_y}{\partial x}-\frac{\partial u_x}{\partial y}\right)=\frac{1}{2}(2y-2y)=0$$

可知液体作无旋流，所以存在速度势 φ。由

$$u_x=\frac{\partial \varphi}{\partial x}=y^2-x^2+2x$$

得
$$\varphi=\int(y^2-x^2+2x)\mathrm{d}x=y^2x-\frac{1}{3}x^3+x^2+f_2(y)$$

由此求得
$$\frac{\partial \varphi}{\partial y}=2xy+f_2'(y)=u_y=2xy-2y$$

比较可得
$$f_2'(y)=-2y$$

积分得
$$f_2(y)=-y^2+C_2$$

所以势函数为

$$\varphi=xy^2-\frac{1}{3}x^3+x^2-y^2+C_2$$

三、等势线与流线的关系

在恒定平面势流中，势函数取常数则为等势线方程，即等势线方程为 $\varphi=C$。于是由式（12-17）和式（12-18）可得

$$\mathrm{d}\varphi=\frac{\partial \varphi}{\partial x}\mathrm{d}x+\frac{\partial \varphi}{\partial y}\mathrm{d}y=u_x\mathrm{d}x+u_y\mathrm{d}y=0$$

由上式可知，等势线上某一点的斜率为

$$K_1=\frac{\mathrm{d}y}{\mathrm{d}x}=-\frac{u_x}{u_y}$$

等流函数线即流线方程为 $\psi=C$，由流函数的微分式（12-25），通过同一点的流线方程为 $u_x\mathrm{d}y-u_y\mathrm{d}x=0$，于是得流线上该点的斜率为

$$K_2=\frac{\mathrm{d}y}{\mathrm{d}x}=\frac{u_y}{u_x}$$

通过同一点的等势线斜率与流线斜率的乘积为

$$K_1 \cdot K_2 = -\frac{u_x}{u_y} \cdot \frac{u_y}{u_x} = -1$$

此结果证明，通过平面势流中任意一点的等势线与流线相互正交。

四、流　　网

从前面的分析可知，在平面势流中必同时存在着势函数 φ 与流函数 ψ 两个函数。$\varphi=C_1$ 构成一条等势线，C_1 取不同的常数就构成一簇等势线；$\psi=C_2$ 构成一条流线，C_2 取不同的常数就构成一簇流线。这两组曲线形成的网格，就称为流网。流网具有如下的性质：

（1）由于流线与等势线具有相互正交的性质，所以，流网是正交网格。

（2）流网每一网格的边长之比，等于流速势函数 φ 与流函数 ψ 的增量值之比。

（3）对于规则边界中的正方形流网网格或不规则边界中的曲边正方形流网网格，任意两条流线间的单宽流量 Δq 为常量。

性质（1）已在等势线与流线的关系中得到证明，下面分别证明性质（2）与性质（3）。

如图 12-12 所示，在流场中选取一点 M，通过 M 点作等势线 φ_2 和流线 ψ_3，并绘出相邻的等势线 φ_1，φ_3，φ_4 和流线 ψ_1，ψ_2，ψ_4，等势线间距为 $\mathrm{d}s$，流线间距为 $\mathrm{d}n$。

以流网中 M 点所在网格为例，M 点处流速 u 的方向就是该点流线的切线方向，并垂直于该点的等势线方向。如以流速 u 的方向作为势函数 φ 的增值方向，将此方向逆时针旋转 90°则为流函数 ψ 的增值方向。从图 12-12 中可得

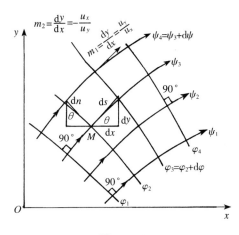

图 12-12

$$u_x = u \cdot \cos\theta \qquad \mathrm{d}x = \mathrm{d}s \cdot \cos\theta$$
$$u_y = u \cdot \sin\theta \qquad \mathrm{d}y = \mathrm{d}s \cdot \sin\theta$$

由于
$$\mathrm{d}\varphi = \frac{\partial \varphi}{\partial x}\mathrm{d}x + \frac{\partial \varphi}{\partial y}\mathrm{d}y = u_x \mathrm{d}x + u_y \mathrm{d}y = \boldsymbol{u} \cdot \mathrm{d}\boldsymbol{s}$$

即
$$u = \frac{\mathrm{d}\varphi}{\mathrm{d}s} \tag{12-32}$$

式（12-32）表明流速势函数 φ 沿流向增加。

再由式（12-30）流函数与流量的关系可知
$$\mathrm{d}\psi = \mathrm{d}q = u \cdot \mathrm{d}n$$

即
$$u = \frac{\mathrm{d}\psi}{\mathrm{d}n} \tag{12-33}$$

由式（12-32）和式（12-33）可得
$$\frac{\mathrm{d}\varphi}{\mathrm{d}\psi} = \frac{\mathrm{d}s}{\mathrm{d}n} \tag{12-34}$$

式（12-34）即为所要证明的性质（2）的结论。

在绘制流网时，各流线之间的 $d\varphi$ 值和各等势线之间的 $d\psi$ 值各为一个固定的常数。因此，网格的边长 ds 和 dn 之比应该满足式（12-34）的关系。将式（12-34）改写为差分形式

$$\frac{\Delta\varphi}{\Delta\psi} = \frac{\Delta s}{\Delta n} \tag{12-35}$$

为求解方便，常取 $\Delta\varphi = \Delta\psi$，则 $\Delta s = \Delta n$。这样，绘成的流网所有的网格就是正交的曲边正方形，网格的两条对角线也应该互相垂直平分。

根据流函数的性质，不可压缩液体恒定平面流动中，任意两条流线间的单宽流量等于该两条流线所代表的流函数值之差。即 $q = \psi_2 - \psi_1$，写成差分形式，则得

$$\Delta q = \Delta\psi = 常数 \tag{12-36}$$

式（12-36）即为所要证明的性质（3）的结论。

根据性质（3），可直观地从流网图中流线分布的疏密判断流速分布情况。在两流线间任选两个过水断面，设流速分别为 u_1 和 u_2，两断面处流线间距为 Δn_1 及 Δn_2，由于任意两条流线间通过的单宽流量均为常量，根据连续性方程有

$$\Delta q = u_1 \Delta n_1 = u_2 \Delta n_2 = 常数$$

或

$$\frac{u_1}{u_2} = \frac{\Delta n_2}{\Delta n_1}$$

上式说明，流网中流线密集的区域，流速较大；流线稀疏的区域，流速较小。所以流网图形可清晰地表示出流速分布情况。

五、流网的绘制

绘制流网时，要先确定边界条件，边界条件一般有固体边界、自由表面边界及入流断面和出流断面边界等。

固体边界上的运动学条件是垂直于边界的流速分量为零，液体必然沿着固定边界流动，所以固体边界就是一条流线，等势线必须与边界正交。

恒定流自由表面边界的运动条件与固体边界一样，也是一条流线，和液面垂直的分速度等于零，等势线应与之垂直。与固体边界不同的是自由表面的压强一般是大气压强，这是自由表面上已知的动力学条件。此外，固体边界的位置、形状为已知，而自由表面的位置、形状事先未知时，则需要根据自由表面的动力学条件在流网绘制过程中加以确定。因此，绘制有自由表面的流网比较复杂。

入流断面和出流断面的流动条件，有一部分应该是已知的，根据这些已知条件确定断面上流线的位置。如断面位于流速分布均匀的流段里，则因任意两条相邻流线之间的流量 Δq 是一个常数，因而流线的间距必然相等。

在绘制流网时，一般是根据流网的性质徒手描绘，其步骤如下：

（1）用铅笔按一定比例绘出流动边界，如图 12-13（a）中 ab 与 cd。

（2）按液流的流动趋势试绘流线。

（3）根据流网的正交性绘等势线，网格应绘成曲边正方形，初步绘出流网图。

（4）检验流网的网格是否为曲边正方形，即在流网网格上绘出对角平分线，如对角平分线正交平分，则绘出的流网为曲边正方形，否则应对网格进行修改。一般在变化复杂的边界处，往往不能保证所有网格都为曲边正方形，但实践证明，它对流网整体的准确度影响不大。

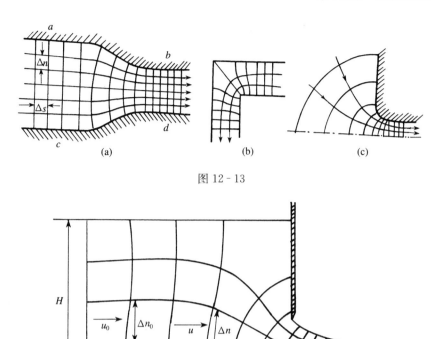

图 12-13

图 12-14

（5）对于具有自由表面边界的液流，还需利用能量方程检验已知点的压强。例如，图 12-14 所示的闸孔出流，闸上游水面边界流线已知，下游水面边界流线待定，下游水面上各点应满足

$$H + \frac{u_0^2}{2g} = z + \frac{p}{\gamma} + \frac{u^2}{2g}$$

上式左端为上游总水头。如不满足，应重新修改自由水面和流网。

流网经反复修改，直到基本满足流网性质为止。流网的网格绘得愈密，流网的精度愈高，但绘制工作量也愈大。因此，可视工程的重要程度来确定网格的大小。

绘出流网后，可根据已知点的流速，求得流场中任一点的流速。如图 12-14 中，闸前水深 H 和上游流速 u_0 均已知，Δn_0 可在图上量得，由连续性方程

$$u_0 \Delta n_0 = u \Delta n$$

可求得其他点的流速

$$u = u_0 \frac{\Delta n_0}{\Delta n}$$

求出流速后，可进一步根据能量方程求得相应点的压强。

流网的具体绘制以及利用流网求解水力学问题的方法，将在第十三章渗流中介绍。

第八节　实际液体的应力特征和应力与变形率关系

本章以上各节从运动学的角度分析了液体运动规律。建立了液体在流场中一点的连续性方程，分析了液体微团的三元运动（平移、线变形、角变形、旋转），并进一步建立了有涡

流动、有势流动、流函数、流速势函数、流网等概念。应用这些理想液体的势流理论来研究低黏性大雷诺数情况下的液体运动，所得的流速分布除在壁面附近以外的流区内是符合实际的，而且压强分布几乎在全流场范围内都与实际一致。但在计算阻力等其他问题时，则会得到错误的结果。对于高黏性或低雷诺数情况下的黏性液体运动，则势流解与实际相差甚远。为此，需要研究具有黏性的实际液体的三元流动问题。

本节研究实际液体流动的应力特征和应力与变形率关系，以便为建立液体的运动微分方程奠定基础。

一、液流质点的应力状态

在静止液体中，由于液体质点之间没有相对运动，液体的黏滞性不起作用，因而质点只承受压应力即静水压强。

在流动的理想液体中，由于没有黏滞性，虽有质点的相对运动（边界处），也不会产生切应力。因此理想液流中只有动水压强。

在有黏性的实际液流中，不仅有压应力，而且还有切应力存在，故其表面力的方向不与作用面相垂直，可以分解成相互正交的一个法向应力（正应力）和两个切向应力。分别用符号 p 和 τ 表示法向应力和切向应力，并用第一个下标表示作用面的法线方向，第二个下标表示应力的作用方向。如在任一点取一个垂直于 x 轴的平面，则在该平面上作用有法向应力 p_{xx} 与切向应力 τ_{xy} 和 τ_{xz}，应力的方向规定为：当作用面的外法线方向与坐标轴指向一致时，应力方向与坐标轴指向一致为正，反之为负；当作用面的外法线方向与坐标轴指向相反时，应力方向与坐标轴指向相反为正，反之为负。

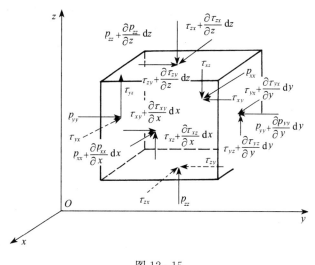

图 12-15

在液流中取一个以 A 点为中心，边长为 $\mathrm{d}x$、$\mathrm{d}y$、$\mathrm{d}z$ 的微小正六面体液体微团，各表面的应力如图 12-15 所示。当 $\mathrm{d}x$、$\mathrm{d}y$、$\mathrm{d}z$ 同时趋向于零时，正六面体趋于一点。在过该点的 3 个相互垂直的作用面上，有 3 个法向应力分量 p_{xx}、p_{yy}、p_{zz} 和 6 个切向应力分量 τ_{xy}、τ_{yx}、τ_{xz}、τ_{zx}、τ_{yz}、τ_{zy}，这 9 个应力分量就反映了该点的应力状态。

可以证明，在 6 个切应力分量中存在下列关系：

$$\tau_{xy} = \tau_{yx}, \quad \tau_{xz} = \tau_{zx}, \quad \tau_{yz} = \tau_{zy} \tag{12-37}$$

因此，在 9 个应力分量中，实际上只有 6 个是独立的。

二、应力与变形率的关系

牛顿内摩擦定律给出的液体切应力大小为

$$\tau_{yx} = \mu \frac{\mathrm{d}u_x}{\mathrm{d}z}$$

绪论中已证明流速梯度 $\frac{\mathrm{d}u_x}{\mathrm{d}z}$ 实质上是表示液体的切应变率（又称剪切应变率或角变形率）。即

$$\frac{\mathrm{d}u_x}{\mathrm{d}z} = \frac{\mathrm{d}\theta}{\mathrm{d}t}$$

上式表明切应力与剪切变形速度成比例，将这个结论推广到一般空间流动，称为广义牛顿内摩擦定律。由第十二章第四节知，xoy 平面上的角变形速度为

$$\frac{\mathrm{d}\theta}{\mathrm{d}t} = \frac{\partial u_y}{\partial x} + \frac{\partial u_x}{\partial y} = 2\varepsilon_{xy}$$

则切应力

$$\tau_{yx} = 2\mu\varepsilon_{xy} = \mu\left(\frac{\partial u_y}{\partial x} + \frac{\partial u_x}{\partial y}\right) \tag{12-38}$$

同理，对 3 个互相垂直的平面均可得出

$$\left.\begin{aligned}\tau_{yx} = \tau_{xy} = 2\mu\varepsilon_{xy} = \mu\left(\frac{\partial u_y}{\partial x} + \frac{\partial u_x}{\partial y}\right) \\ \tau_{xz} = \tau_{zx} = 2\mu\varepsilon_{zx} = \mu\left(\frac{\partial u_x}{\partial z} + \frac{\partial u_z}{\partial x}\right) \\ \tau_{zy} = \tau_{yz} = 2\mu\varepsilon_{yz} = \mu\left(\frac{\partial u_z}{\partial y} + \frac{\partial u_y}{\partial z}\right)\end{aligned}\right\} \tag{12-39}$$

上式为黏性液体中切应力的普遍表达式。

对于法向应力，若以 p 表示动水压强，各个方向的法向应力可以认为等于这个动水压强加上一个附加应力，即

$$\left.\begin{aligned}p_{xx} = p + \Delta p_x \\ p_{yy} = p + \Delta p_y \\ p_{zz} = p + \Delta p_z\end{aligned}\right\} \tag{12-40}$$

这些附加应力可认为是由液体黏滞性引起的，因而和液体变形有关。对于不可压缩液体，通过分析可得出附加应力和线变率之间有类似式（12-38）的关系，即

$$\left.\begin{aligned}\Delta p_x = -2\mu\varepsilon_{xx} = -2\mu\frac{\partial u_x}{\partial x} \\ \Delta p_y = -2\mu\varepsilon_{yy} = -2\mu\frac{\partial u_y}{\partial y} \\ \Delta p_z = -2\mu\varepsilon_{zz} = -2\mu\frac{\partial u_z}{\partial z}\end{aligned}\right\} \tag{12-41}$$

上式代入式（12-40）可得法向应力与线变率的关系。

三、实际液体三元流动的法向应力特征

实际液体流动时，由于黏性的影响，不仅存在切应力，而且一点处各方向上的法向应力的大小也彼此不等。将式（12-41）代入式（12-40）并相加，则得

$$p_{xx} + p_{yy} + p_{zz} = 3p - 2\mu\left(\frac{\partial u_x}{\partial x} + \frac{\partial u_y}{\partial y} + \frac{\partial u_z}{\partial z}\right)$$

根据不可压缩液体的连续性方程

$$\frac{\partial u_x}{\partial x} + \frac{\partial u_y}{\partial y} + \frac{\partial u_z}{\partial z} = 0$$

可得
$$p = \frac{1}{3}(p_{xx} + p_{yy} + p_{zz}) \tag{12-42}$$

式（12-42）表示实际液流中，动水压强等于3个互相垂直平面上的法向应力的平均值。一般情况下，它是位置坐标的函数，非恒定流时还与时间有关。

第九节 液流的运动微分方程

我们在第十二章第六节中建立的连续性方程是描述液体运动的一个基本方程。由于它没有涉及运动中的作用力和能量等概念，因此在理想液体和实际液体中都适用。本节我们将在研究液流内部应力特征的基础上，从牛顿第二运动定律出发，先建立应力形式的运动微分方程，再建立不可压缩黏性液体运动微分方程（纳维埃-斯托克斯方程）、理想液体运动微分方程（欧拉方程）和以时均值表示的黏性液体紊流时均运动微分方程（雷诺方程）。

一、应力形式的运动微分方程

在黏性液体中取出如图 12-15 所示的一个微小正六面体作为控制体，设其边长分别为 $\mathrm{d}x$、$\mathrm{d}y$、$\mathrm{d}z$，设液体是均质的，密度为 ρ，沿3个坐标轴方向的单位质量力为 X、Y、Z。作用于各表面的应力可认为是均匀分布的，现分析沿 x 轴方向作用于该控制体的力。

1. 质量力

$$X \cdot \rho \mathrm{d}x\mathrm{d}y\mathrm{d}z$$

2. 表面力 表面力有压力和切力，可由作用于表面的动水压强和切应力乘以相应表面的面积得出：

$$p_{xx}\mathrm{d}y\mathrm{d}z - (p_{xx} + \frac{\partial p_{xx}}{\partial x}\mathrm{d}x)\mathrm{d}y\mathrm{d}z - \tau_{yx}\mathrm{d}x\mathrm{d}z + (\tau_{yx} + \frac{\partial \tau_{yx}}{\partial y}\mathrm{d}y)\mathrm{d}x\mathrm{d}z$$

$$-\tau_{zx}\mathrm{d}x\mathrm{d}y + (\tau_{zx} + \frac{\partial \tau_{zx}}{\partial z}\mathrm{d}z)\mathrm{d}x\mathrm{d}y$$

根据牛顿第二运动定律 $\sum \boldsymbol{F} = m\boldsymbol{a}$，其 x 的分量式为

$$X \cdot \rho \mathrm{d}x\mathrm{d}y\mathrm{d}z + p_{xx}\mathrm{d}y\mathrm{d}z - (p_{xx} + \frac{\partial p_{xx}}{\partial x}\mathrm{d}x)\mathrm{d}y\mathrm{d}z - \tau_{yx}\mathrm{d}x\mathrm{d}z + (\tau_{yx} + \frac{\partial \tau_{yx}}{\partial y}\mathrm{d}y)\mathrm{d}x\mathrm{d}z$$

$$-\tau_{zx}\mathrm{d}x\mathrm{d}y + (\tau_{zx} + \frac{\partial \tau_{zx}}{\partial z}\mathrm{d}z)\mathrm{d}x\mathrm{d}y = (\rho \mathrm{d}x\mathrm{d}y\mathrm{d}z)\frac{\mathrm{d}u_x}{\mathrm{d}t}$$

同理可得 y 和 z 方向的分量式，将其化简整理后一并写为

$$\left. \begin{array}{l} X + \dfrac{1}{\rho}\left(-\dfrac{\partial p_{xx}}{\partial x} + \dfrac{\partial \tau_{yx}}{\partial y} + \dfrac{\partial \tau_{zx}}{\partial z}\right) = \dfrac{\mathrm{d}u_x}{\mathrm{d}t} \\[2mm] Y + \dfrac{1}{\rho}\left(-\dfrac{\partial p_{yy}}{\partial y} + \dfrac{\partial \tau_{xy}}{\partial x} + \dfrac{\partial \tau_{zy}}{\partial z}\right) = \dfrac{\mathrm{d}u_y}{\mathrm{d}t} \\[2mm] Z + \dfrac{1}{\rho}\left(-\dfrac{\partial p_{zz}}{\partial z} + \dfrac{\partial \tau_{xz}}{\partial x} + \dfrac{\partial \tau_{yz}}{\partial y}\right) = \dfrac{\mathrm{d}u_z}{\mathrm{d}t} \end{array} \right\} \tag{12-43}$$

式（12-43）即为以应力形式表示的运动微分方程，简称应力微分方程。

二、纳维埃-斯托克斯方程

对于符合牛顿内摩擦定律的黏性不可压缩液体,可将反映应力特征的关系式(12-39)、(12-40)、(12-41)及不可压缩液体连续性方程 $\dfrac{\partial u_x}{\partial x}+\dfrac{\partial u_y}{\partial y}+\dfrac{\partial u_z}{\partial z}=0$ 代入应力方程(12-43),并将加速度项以展开形式表示,整理可得沿 x 方向的方程为

$$X-\frac{1}{\rho}\frac{\partial p}{\partial x}+\nu\left(\frac{\partial^2 u_x}{\partial x^2}+\frac{\partial^2 u_x}{\partial y^2}+\frac{\partial^2 u_x}{\partial z^2}\right)=\frac{\partial u_x}{\partial t}+u_x\frac{\partial u_x}{\partial x}+u_y\frac{\partial u_x}{\partial y}+u_z\frac{\partial u_x}{\partial z}$$

同理可得沿 y、z 方向的方程,一并写为

$$\left.\begin{aligned}X-\frac{1}{\rho}\frac{\partial p}{\partial x}+\nu\left(\frac{\partial^2 u_x}{\partial x^2}+\frac{\partial^2 u_x}{\partial y^2}+\frac{\partial^2 u_x}{\partial z^2}\right)=\frac{\partial u_x}{\partial t}+u_x\frac{\partial u_x}{\partial x}+u_y\frac{\partial u_x}{\partial y}+u_z\frac{\partial u_x}{\partial z}\\ Y-\frac{1}{\rho}\frac{\partial p}{\partial y}+\nu\left(\frac{\partial^2 u_y}{\partial x^2}+\frac{\partial^2 u_y}{\partial y^2}+\frac{\partial^2 u_y}{\partial z^2}\right)=\frac{\partial u_y}{\partial t}+u_x\frac{\partial u_y}{\partial x}+u_y\frac{\partial u_y}{\partial y}+u_z\frac{\partial u_y}{\partial z}\\ Z-\frac{1}{\rho}\frac{\partial p}{\partial z}+\nu\left(\frac{\partial^2 u_z}{\partial x^2}+\frac{\partial^2 u_z}{\partial y^2}+\frac{\partial^2 u_z}{\partial z^2}\right)=\frac{\partial u_z}{\partial t}+u_x\frac{\partial u_z}{\partial x}+u_y\frac{\partial u_z}{\partial y}+u_z\frac{\partial u_z}{\partial z}\end{aligned}\right\}$$

(12-44)

式(12-44)为不可压缩液体运动微分方程。它由纳维埃(Navier)于1821年首先提出,后由斯托克斯(Stokes)于1845年完善而成,故称为纳维埃-斯托克斯方程,简称 N-S 方程。

N-S 方程是研究液体运动最基本的方程之一,方程组中的液体密度 ρ,运动黏滞系数 ν,单位质量力 X、Y、Z 一般都是已知量。未知量有动水压强 p,流速分量 u_x、u_y、u_z 共4个,N-S 方程组与连续性方程联立共4个方程,在理论上是可求解的。但实际上 N-S 方程是二阶非线性非齐次的偏微分方程,求其普遍解在数学上存在

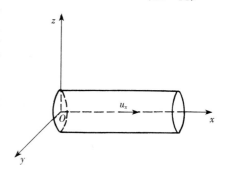

图 12-16

着一定的困难,仅对某些简单问题才能求得解析解,例如两平行板之间和圆管中的层流问题等。但随着计算机的广泛应用和数值计算技术的发展,对于许多工程技术中的实际问题应用 N-S 方程采用数值计算的方法已能迅速求得其近似解。

例 12-5 试用纳维埃-斯托克斯方程求水平放置的圆管层流运动的流速及流量表达式(图 12-16)。

液体在水平放置的管道中作层流运动时,液体质点只有沿轴向的流动而无横向运动,若取圆管中心轴为 x 轴,则 $u_x\neq 0$,$u_y=u_z=0$。现取纳维埃-斯托克斯方程组中第一式分析

$$X-\frac{1}{\rho}\frac{\partial p}{\partial x}+\nu\left(\frac{\partial^2 u_x}{\partial x^2}+\frac{\partial^2 u_x}{\partial y^2}+\frac{\partial^2 u_x}{\partial z^2}\right)=\frac{\partial u_x}{\partial t}+u_x\frac{\partial u_x}{\partial x}+u_y\frac{\partial u_x}{\partial y}+u_z\frac{\partial u_x}{\partial z}$$

恒定流时,$\dfrac{\partial u_x}{\partial t}=0$。质量力只有重力时,$X=0$,因 $u_y=u_z=0$,所以 $u_y\dfrac{\partial u_x}{\partial y}=0$,$u_z\dfrac{\partial u_x}{\partial z}=0$,$\dfrac{\partial u_y}{\partial y}=0$,$\dfrac{\partial u_z}{\partial z}=0$。由连续性方程 $\dfrac{\partial u_x}{\partial x}+\dfrac{\partial u_y}{\partial y}+\dfrac{\partial u_z}{\partial z}=0$,可知 $\dfrac{\partial u_x}{\partial x}=0$。由此可得 $u_x\dfrac{\partial u_x}{\partial x}=0$,$\dfrac{\partial^2 u_x}{\partial x^2}=0$。

将以上结果代入 N-S 方程第一式，可简化为

$$\frac{\partial p}{\partial x} = \mu \left(\frac{\partial^2 u_x}{\partial y^2} + \frac{\partial^2 u_x}{\partial z^2} \right) \tag{12-45}$$

因 $\frac{\partial u_x}{\partial x} = 0$ 所以 u_x 沿 x 轴方向不变，由式（12-45）可知 $\frac{\partial p}{\partial x}$ 与 x 无关，即动水压强 p 沿 x 方向的变化率 $\frac{\partial p}{\partial x}$ 为常数。可写成

$$\frac{\partial p}{\partial x} = 常数 = -\frac{\Delta p}{L} \tag{12-46}$$

式中，Δp 为沿 x 方向长度为 L 的管段上的压强降落。由于压强是沿水流方向下降的，所以应在 Δp 前加一负号。

因为圆管中的液流是轴对称的，$\frac{\partial^2 u_x}{\partial y^2}$ 与 $\frac{\partial^2 u_x}{\partial z^2}$ 相同，而且 y 与 z 都是沿圆管的径向，故 x、y 可用极坐标 r 表示。而 u_x 与 x 无关，仅为 r 的函数，所以 u_x 对 r 的偏导数可直接写成全导数

$$\frac{\partial^2 u_x}{\partial y^2} = \frac{\partial^2 u_x}{\partial z^2} = \frac{\partial^2 u_x}{\partial r^2} = \frac{d^2 u_x}{d r^2} \tag{12-47}$$

将式（12-46）与式（12-47）代入式（12-45）可得

$$-\frac{\Delta p}{L} = 2\mu \frac{d^2 u_x}{d r^2}$$

或写成

$$\frac{d^2 u_x}{d r^2} = -\frac{\Delta p}{2\mu L} \tag{12-48}$$

将式（12-48）积分

$$\frac{d u_x}{d r} = -\frac{\Delta p}{2\mu L} r + C_1$$

在管轴线处，$r = 0, \frac{d u_x}{d r} = 0$，得 $C_1 = 0$。代入上式再积分，得

$$u_x = -\frac{\Delta p}{4\mu L} r^2 + C_2$$

由管壁处的边界条件：$r = r_0$ 时，$u_x = 0$，得 $C_2 = \frac{\Delta p}{4\mu L} r_0^2$。于是得

$$u_x = \frac{\Delta p}{4\mu L}(r_0^2 - r^2) \tag{12-49}$$

上式表明：圆管中层流过水断面上的流速是按旋转抛物面规律分布的，见图 12-17 所示。

由图 12-17 分析可知

$$dQ = u_x 2\pi r dr$$

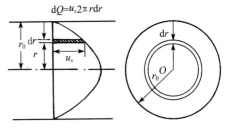

图 12-17

积分可得通过圆管层流过水断面的总流量

$$Q = \int_0^{r_0} u_x 2\pi r dr = \frac{\pi \Delta p}{2\mu L} \int_0^{r_0} (r_0^2 - r^2) r dr = \frac{\pi \Delta p}{8\mu L} r_0^4 \tag{12-50}$$

过水断面平均流速

$$v = \frac{Q}{A} = \frac{Q}{\pi r_0^2} = \frac{\Delta p}{8\mu L} r_0^2 \tag{12-51}$$

三、理想液体的运动微分方程——欧拉方程

对于理想液体，由于没有黏性，即 $\nu = 0$，则式（12-44）可简化为

$$\left.\begin{array}{l} X - \dfrac{1}{\rho}\dfrac{\partial p}{\partial x} = \dfrac{\mathrm{d}u_x}{\mathrm{d}t} \\[6pt] Y - \dfrac{1}{\rho}\dfrac{\partial p}{\partial y} = \dfrac{\mathrm{d}u_y}{\mathrm{d}t} \\[6pt] Z - \dfrac{1}{\rho}\dfrac{\partial p}{\partial z} = \dfrac{\mathrm{d}u_z}{\mathrm{d}t} \end{array}\right\} \quad (12\text{-}52)$$

式（12-52）是由欧拉于1775年首先导出，故称为欧拉运动微分方程。

由于数学上的困难，理想液体的运动微分方程仅在某些特定条件下才能求解，关于其积分，可参考有关的流体力学或水力学书籍。

对处于相对平衡或静止状态的液体，则加速度 $\dfrac{\mathrm{d}u_x}{\mathrm{d}t}=0, \dfrac{\mathrm{d}u_y}{\mathrm{d}t}=0, \dfrac{\mathrm{d}u_z}{\mathrm{d}t}=0$，代入式（12-52）可得出液体的欧拉平衡微分方程

$$\left.\begin{array}{l} X - \dfrac{1}{\rho}\dfrac{\partial p}{\partial x} = 0 \\[6pt] Y - \dfrac{1}{\rho}\dfrac{\partial p}{\partial y} = 0 \\[6pt] Z - \dfrac{1}{\rho}\dfrac{\partial p}{\partial z} = 0 \end{array}\right\} \quad (12\text{-}53)$$

上式就是第二章中所建立的液体平衡微分方程式（2-3）。

四、紊流时均运动方程——雷诺方程

上面介绍的 N-S 方程是反映液流普遍运动规律的基本方程。但是，由于方程中所涉及的运动要素均为瞬时值，而紊流的瞬时运动要素因脉动是关于时间的随机函数，所以，用 N-S 方程直接研究实际液体紊流运动，存在着很大的困难。为此，对 N-S 方程进行时间平均，建立以运动要素时均值表示的运动微分方程——紊流时均运动微分方程，亦称雷诺方程。

下面以 x 方向为例进行推导。

利用时均法规则：若两瞬时量为 $A = \overline{A} + A', B = \overline{B} + B'$（其中 $\overline{A} = \dfrac{1}{T}\int_0^T A\mathrm{d}t, \overline{B} = \dfrac{1}{T}\int_0^T B\mathrm{d}t$ 为时均值；A', B' 为脉动值），则

$$\overline{A+B} = \overline{A} + \overline{B}, \quad \overline{\overline{A}\,\overline{B}} = \overline{A}\,\overline{B}$$
$$\overline{\overline{B}A'} = 0, \quad \overline{AB} = \overline{A}\,\overline{B} + \overline{A'B'}$$
$$\overline{\dfrac{\partial \overline{A}}{\partial s}} = \dfrac{\partial \overline{A}}{\partial s}$$

对不可压缩液体三元流连续性方程（12-16）时均化得

$$\dfrac{\partial \overline{u}_x}{\partial x} + \dfrac{\partial \overline{u}_y}{\partial y} + \dfrac{\partial \overline{u}_z}{\partial z} = 0 \quad (12\text{-}54)$$

对 N-S 方程式（12-44）时均化，并用式（12-54）代入，整理得

$$\overline{X} - \frac{1}{\rho}\frac{\partial \overline{p}}{\partial x} + \nu \nabla^2 \overline{u}_x = \frac{d\overline{u}_x}{dt} + \frac{\partial}{\partial x}(\overline{u'_x u'_x}) + \frac{\partial}{\partial y}(\overline{u'_y u'_y}) + \frac{\partial}{\partial z}(\overline{u'_z u'_z})$$

同理对 N-S 方程 y、z 方向时均化,代入式(12-54)整理,与上式一并写成

$$\left.\begin{aligned}\overline{X} - \frac{1}{\rho}\frac{\partial \overline{p}}{\partial x} + \nu \nabla^2 \overline{u}_x + \frac{1}{\rho}\left[\frac{\partial}{\partial x}(-\rho\overline{u'_x u'_x}) + \frac{\partial}{\partial y}(-\rho\overline{u'_x u'_y}) + \frac{\partial}{\partial z}(-\rho\overline{u'_x u'_z})\right] &= \frac{d\overline{u}_x}{dt}\\ \overline{Y} - \frac{1}{\rho}\frac{\partial \overline{p}}{\partial y} + \nu \nabla^2 \overline{u}_y + \frac{1}{\rho}\left[\frac{\partial}{\partial x}(-\rho\overline{u'_y u'_x}) + \frac{\partial}{\partial y}(-\rho\overline{u'_y u'_y}) + \frac{\partial}{\partial z}(-\rho\overline{u'_y u'_z})\right] &= \frac{d\overline{u}_x}{dt}\\ \overline{Z} - \frac{1}{\rho}\frac{\partial \overline{p}}{\partial z} + \nu \nabla^2 \overline{u}_z + \frac{1}{\rho}\left[\frac{\partial}{\partial x}(-\rho\overline{u'_z u'_x}) + \frac{\partial}{\partial y}(-\rho\overline{u'_z u'_y}) + \frac{\partial}{\partial z}(-\rho\overline{u'_z u'_z})\right] &= \frac{d\overline{u}_z}{dt}\end{aligned}\right\} \quad (12-55)$$

式(12-55)为不可压缩液体紊流时均运动微分方程,该方程由雷诺(O. Reynolds)于 1894 年首先提出,故亦称雷诺方程。

将雷诺方程组(12-55)和 N-S 方程组(12-44)比较,可以看出雷诺方程比 N-S 方程多出以下 9 项:

$$\frac{1}{\rho}\frac{\partial(-\rho\overline{u'_x u'_x})}{\partial x}, \quad \frac{1}{\rho}\frac{\partial(-\rho\overline{u'_x u'_y})}{\partial y}, \quad \frac{1}{\rho}\frac{\partial(-\rho\overline{u'_x u'_z})}{\partial z}$$

$$\frac{1}{\rho}\frac{\partial(-\rho\overline{u'_y u'_x})}{\partial x}, \quad \frac{1}{\rho}\frac{\partial(-\rho\overline{u'_y u'_y})}{\partial y}, \quad \frac{1}{\rho}\frac{\partial(-\rho\overline{u'_y u'_z})}{\partial z}$$

$$\frac{1}{\rho}\frac{\partial(-\rho\overline{u'_z u'_x})}{\partial x}, \quad \frac{1}{\rho}\frac{\partial(-\rho\overline{u'_z u'_y})}{\partial y}, \quad \frac{1}{\rho}\frac{\partial(-\rho\overline{u'_z u'_z})}{\partial z}$$

式中:$-\rho\overline{u'_x u'_x}$,$-\rho\overline{u'_y u'_y}$,$-\rho\overline{u'_z u'_z}$ 是由脉动产生的附加法向应力,$-\rho\overline{u'_x u'_y}$,$-\rho\overline{u'_x u'_z}$,$-\rho\overline{u'_y u'_x}$,$-\rho\overline{u'_y u'_z}$,$-\rho\overline{u'_z u'_x}$,$-\rho\overline{u'_z u'_y}$ 是由脉动而产生的附加切向应力,称为紊流附加应力,也称雷诺应力。

雷诺方程组中由于具有附加的雷诺应力项,它与时均流动的连续性方程联合共有 4 个方程式,却含有 10 个未知量(3 个时均流速,1 个时均压强和 6 个雷诺应力)。所以说雷诺方程组是一个不封闭的方程组,即方程式的数目少于未知量的数目。因此,当它仅与时均连续方程联解时,还不能求解紊流问题,必须补充其他关系式。但是它对进一步探讨紊流运动打下了理论基础。

习 题

12-1 求速度场为 $u_x = x + 2t$,$u_y = -y + t$,$u_z = 0$ 的加速度表示式及流线方程。绘出 $t = 0$ 时通过 $x = 1$、$y = 2$ 点的流线,并问是否满足不可压缩流体的连续性方程。

12-2 已知速度场为 $u_x = -\frac{cyt}{r^2}$、$u_y = \frac{cxt}{r^2}$,$u_z = 0$,式中 c 为常数,$r = \sqrt{x^2 + y^2}$,求流线方程,画出 $t = 2\text{s}$ 时,$x = 2$、$y = 1$ 的流线;绘出流场示意图并说明其所代表的流动概况。

12-3 当圆管中断面上流速分布为 $u = u_m(1 - \frac{r^2}{r_0^2})$ 时,求角转速 ω_x、ω_y、ω_z 和角变率 ε_{xy}、ε_{yz}、ε_{zx},并问该流动是否为有势流动?

12-4 当圆管中断面上流速分布为 $u = u_m\left(1 - \frac{r}{r_0}\right)^{1/7}$ 时,求角转速 ω_x、ω_y、ω_z 和角变率

ε_{xy}、ε_{yz}、ε_{zx}，并问该流动是否为有势流动？

12-5 若 $u_x = yzt$、$u_y = zxt$、$u_z = xyt$，证明所代表的流速场是一个不可压缩的有势流动，并求其势函数。

12-6 平面流动的流速为直线分布，如图所示。若 $y_0 = 4m$ 处 $u_0 = 100m/s$，求流函数 ψ 的表示式，并问是否为有势流动？

12-7 若流动的势函数分别为 (1) $\varphi = 2xy$，(2) $\varphi = $ arccot$(\frac{y}{x})$，求这两种流动的流函数 ψ。

12-8 流速场为 (1) $u_r = 0$，$u_\theta = c/r$，(2) $u_r = 0$，$u_\theta = \omega^2 r$，求半径为 r_1 和 r_2 的两流线间流量的表示式。

12-9 水流从直水槽流到宽度相同的弯水槽，如图所示。宽度 $b = 2m$，弯道内半径 $r_1 = 3m$，外半径 $r_2 = 5m$。假设弯道内为平面势流，流速分布为 $u_r =$ 常数。求弯道内外两壁处的速度及水位差。

12-10 如图所示为平板闸门下的泄流流网图，闸门开度 $a = 0.3m$，上游水深 $H = 0.97m$，下游均匀流处水深 $h = 0.187m$，试求：(1) 过闸单宽流量 q；(2) 作用在 1m 宽闸门上的动水总压力。

12-11 圆筒闸门泄水时纵剖面图如附图所示。闸门直径 $D = 2m$，上游水深 $H = 2m$，下游水深 $h = 0.9m$，上游来水流速 $v_0 = 2.0m/s$。绘制平面流网，求 AB 面上的压强分布。

12-12 证明下列流动是可能的：

(1) $\psi = 20y$，证明是有势流动，并验证是代表平行于 x 轴的均匀流场，流速为 $30m/s$。

(2) $\psi = 10y - 3x$，证明是有势流动，并验证是代表和 x 轴成 $30°$ 的均匀流场，流速为 $8m/s$。

(3) $\psi = -4x^2$，证明是涡流动，并验证是代表平行于 y 轴的非均匀流场其流速与距 y 轴的距离成正比。

12-13 试求直角内流动 $\psi = a(x^2 - y^2)$ 的角变率表示式。

12-14 已知黏性流体平面流动的流速分量为

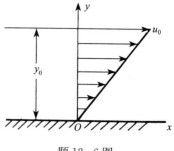

题 12-6 图

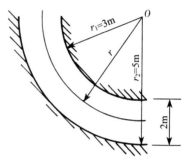

题 12-9 图

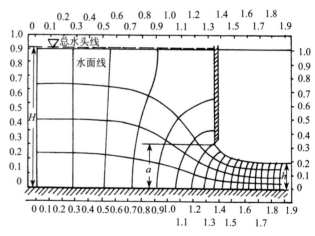

题 12-10 图

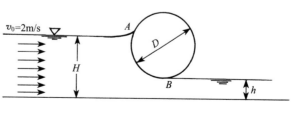

题 12-11 图

$$\left.\begin{array}{l}u_x = Ax \\ u_y = -Ay\end{array}\right\} A \text{ 为常数}$$

试求：(1) 应力 p_{xx}、p_{yy}、τ_{xy} 及 τ_{yx}；(2) 假设忽略外力作用，且 $x=y=0$ 处压强为 p_0，写出压强分布表达式。

第十三章 渗 流

广义上讲，渗流是指流体在孔隙介质中的流动。流体包括水、石油及气体等各种流体；孔隙介质包括土壤、岩层及堆石体等各种多孔和裂隙介质。在水利工程中，渗流则是指水在土壤或岩层中的流动，又称为地下水运动。

渗流理论在水利、土建、给水排水、环境保护、地质、石油、化工等许多领域都有广泛的应用。在水利工程中，最常遇到的渗流问题有：土壤及透水地基上水工建筑物的渗漏及稳定，水井、集水廊道等集水建筑物的设计计算，水库及河渠岸边的侧渗等，如图 13-1 所示。这些渗流问题，就其水力学内容来说，主要应解决以下几个问题：

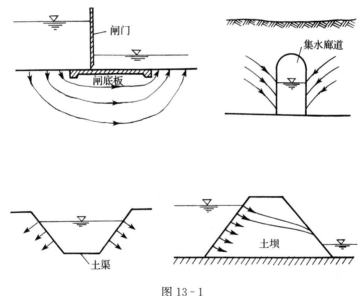

图 13-1

(1) 确定渗透流量；
(2) 确定浸润线的位置；
(3) 计算渗透压强及渗透压力；
(4) 计算渗透流速。

本章的任务就是研究水在土壤中的运动规律，并讨论如何应用渗流理论解决上述实际问题。

第一节 渗流的基本概念

土壤是孔隙介质的典型代表，水在土壤中的渗流运动，是水流与土壤在一定边界条件下相互作用的结果。要研究渗流问题，首先必须弄清水在土壤中存在的形式和土壤的渗透特性。

一、水在土壤中存在的形式

按照土壤中水分所承受的作用力，水在土壤中的形式可以分为气态水、附着水、薄膜水、毛细水和重力水。

气态水是以水蒸气的形式存在于土壤孔隙中；附着水和薄膜水都是受分子力的作用而吸附于土壤颗粒四周的，很难运动。这三种水数量很少，在渗流中一般不予考虑。毛细水是在表面张力作用下，存在于土壤中的细小孔隙中，除某些特殊情况（极细颗粒中的渗流或渗流试验）外，往往也可忽略不计。

重力水是指受重力作用在土壤孔隙中运动的水，它充满了渗流区域中土壤的大孔隙。重力水对土壤颗粒有压力作用，它的运动可以带动土壤颗粒运动，严重时造成土壤结构破坏，危及建筑物的安全。所以，重力水是渗流研究的主要对象。

二、土壤的渗流特性及分类

土壤的渗流特性主要指土壤的透水性，它是衡量土壤透水能力的重要指标。土壤的透水能力与土壤孔隙的大小、多少、形状、分布有关，也与土壤颗粒的粒径、形状、均匀程度、排列方式有关。一般来说，疏松的土壤、颗粒均匀的土壤，其透水能力相对较大。

土壤的密实程度可用土壤的孔隙率 ε 来反映。孔隙率 ε 是表示一定体积的土壤中，孔隙的体积 w 与土壤总体积 W（包含孔隙体积）的比值，即

$$\varepsilon = \frac{w}{W} \tag{13-1}$$

孔隙率 ε 总是小于 1 的，ε 值越大，表示土壤的透水性也越大，而且其容纳水的能力也越大。

土壤颗粒的均匀程度，常用土壤的不均匀系数 η 来反映，即

$$\eta = \frac{d_{60}}{d_{10}}$$

式中，d_{60} 表示土壤经过筛分后，占 60% 重量的土粒所能通过的筛孔直径；d_{10} 表示占 10% 重量的土粒所能通过的筛孔直径。一般 η 值总是大于 1，η 值越大，表示土壤颗粒越不均匀。均匀颗粒组成的土壤，$\eta = 1.0$。

自然界中土壤的结构相当复杂，但从渗流特性的角度，可将土壤进行分类。若土壤的透水性能不随空间位置而变化，称为均质土壤；反之，称为非均质土壤。若土壤中的任意一点各个方向的透水性能都相同，称为各向同性土壤；否则，称为各向异性土壤。显然，均质各向同性土壤的透水性能与空间位置和渗流方向均无关，是最简单、最基本的一类土壤。

土壤按水的存在状态，又可以分为饱和带和非饱和带，非饱和带又称为包气带。饱和带中土壤孔隙全部为水所充满，主要为重力水区，也包括饱和的毛细水区。非饱和带中的土壤孔隙为水和空气所共同充满，其中气态水、附着水、薄膜水、毛细水和重力水都可能存在。非饱和带中水的流动规律与饱和带中重力水的流动规律不同，因为非饱和带中的作用力，除重力外还有土壤颗粒表面对水的吸引力和水气交界面的表面张力，同时非饱和带的液流横断面和渗透性能都随着含水量的变化而异。

本章主要讨论饱和带中均质各向同性土壤的渗流问题。

三、渗流模型

水在土壤中沿着孔隙流动，实际土壤孔隙的大小、形状和分布是极不规则的，因此渗流水质点的运动轨迹也错综复杂〔图13-2（a）〕。要研究水流在每个孔隙中的真实流动状况是非常困难的，实际上也无必要。在实际工程中，我们主要关心渗流的宏观运动规律及平均效果，为了研究问题方便，通常采用一种假想的渗流来代替实际的渗流，这种假想的渗流即称之为"渗流模型"。

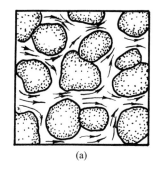 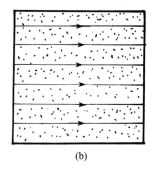

图 13-2

所谓渗流模型，则是不考虑渗流路径的迂回曲折，只考虑它的主要流向，认为水流充满了渗流区的全部空间，包括土壤颗粒所占据的空间，如图13-2（b）所示。在渗流模型中，渗流的运动要素可作为渗流区域空间点坐标的连续函数来研究。以渗流模型取代实际的渗流，必须满足如下几点：

（1）渗流模型的边界形状及其边界条件与实际渗流相同。

（2）通过渗流模型某一断面的流量与实际渗流通过该断面的流量相等。

（3）在渗流模型的某一个确定作用面上，渗流压力要与实际渗流在该作用面上的渗流压力相等。

（4）渗流模型的阻力与实际渗流的阻力相等，也就是说相同流段上水头损失应当相等。

那么，渗流模型的流速与实际渗流的流速是否相同呢？在渗流模型中，取一微小过水断面面积 ΔA，通过该断面的流量为 ΔQ，则渗流模型的流速为

$$u = \frac{\Delta Q}{\Delta A}$$

式中，ΔA 内有一部分面积为土粒所占据，所以孔隙的过水断面面积 $\Delta A'$ 要比 ΔA 小，且 $\Delta A' = \varepsilon \Delta A$，$\varepsilon$ 为土壤的孔隙率。因此，在相应断面孔隙中的实际渗流流速为

$$u' = \frac{\Delta Q}{\varepsilon \Delta A} = \frac{u}{\varepsilon}$$

由于孔隙率 $\varepsilon < 1$，所以 $u' > u$，即渗流模型的流速小于实际渗流的流速。

引入渗流模型之后，将渗流视为连续介质运动，这样，前面关于地面水运动的有关概念和研究方法，都可以直接引用到渗流研究中，例如流线、过水断面、断面平均流速、动水压强、测压管水头等。按运动要素是否随时间变化，渗流也可分为恒定渗流和非恒定渗流；按流线是否为平行直线，也可分为均匀渗流和非均匀渗流，非均匀渗流又分为渐变渗流和急变渗流。从有无地下自由液面，渗流可分为有压渗流和无压渗流，本章主要研究恒定渗流。

应当指出，由于渗流流速很小，为了方便问题的研究，流速水头 $\frac{u^2}{2g}$ 可以忽略不计。例如，当渗流流速 $u=2\text{cm/s}$ 时，其流速水头 $\frac{u^2}{2g}=0.02\text{cm}$，即使是对于砂土来说其渗流速度也远小于2cm/s，所以完全可以不计流速水头的影响。这样，渗流的总水头 H 就等于位置

水头 z 与压强水头 $\frac{p}{\gamma}$ 之和,也就是测压管水头,即

$$H = z + \frac{p}{\gamma}$$

因此,对于渗流来说总水头线与测压管水头线重合。渗流总是从势能高的地方流向势能低的地方,测压管水头线沿流程只能下降。

第二节 渗流的基本定律——达西定律

关于渗流运动的基本规律,早在1852—1855年间就由法国工程师达西(H.Darcy)通过实验研究而总结出来,一般称为达西定律。达西的实验研究是针对均质砂土中的均匀渗流进行的,但是他的研究成果已被后来的学者推广应用到整个渗流计算中,达西定律成为渗流研究中最基本的公式。

一、达西定律

达西实验装置如图13-3所示,在一个等直径的直立圆筒内装入颗粒均匀的砂土,上端开口与大气相通,水由进水管a注入圆筒,并由溢流管b保持圆筒内水位恒定不变。在筒的侧壁相距 l 的1-1、2-2两个断面上安装测压管,在砂土的下部安装滤水板,渗流量 Q 可由容器c测量。当圆筒上部水位保持恒定不变时,通过均质砂土的渗流是恒定流,其测压管的液面保持不变。

由于渗流流速很小,可以不计流速水头的影响,因此渗流中的总水头 H 可用测压管水头来表示:

$$H = z + \frac{p}{\gamma} \quad (13-2)$$

1-1与2-2断面之间的水头损失 h_w 就等于其测压管水头差 ΔH,水力坡度 J 就等于测压管水头坡度,即

$$J = \frac{h_w}{l} = \frac{\Delta H}{l}$$

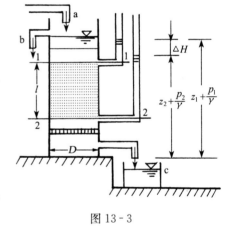

图13-3

达西分析了大量的实验资料,发现在不同尺寸的圆筒内装不同粒径的砂土,其渗流量 Q 与圆筒的断面面积 A 和水力坡度 J 成正比,并且与土壤的透水性能有关,即

$$Q \propto AJ$$

引入比例系数 k,则

$$Q = kAJ = kA\frac{h_w}{l} \quad (13-3)$$

断面平均流速为

$$v = \frac{Q}{A} = kJ \quad (13-4)$$

其中,k 为反映孔隙介质透水性能的一个综合系数,称为渗透系数,它具有流速的量纲。

式 (13-4) 即为达西定律，它表明在均质孔隙介质中的恒定渗流，其渗透流速与水力坡度的一次方成正比，因此也称为渗流线性定律。

实验中的渗流区为一圆柱形的均质砂土，属于均匀渗流，可以认为断面上各点的流动状态是相同的，任一点的渗透流速 u 等于断面平均流速 v，所以达西定律也可用于断面上任一点，即

$$u = kJ \tag{13-5}$$

达西定律是从均质砂土的恒定均匀渗流实验中总结得到的，经过后来的大量实践和研究，认为可将其推广应用到其他孔隙介质的非恒定渗流、非均匀渗流等各种渗流运动中去，此时的达西定律表示式只能用式 (13-5)，而且 u 和 J 都随位置而变化，水力坡度 J 应以微分形式表示，即

$$J = -\frac{\mathrm{d}H}{\mathrm{d}s} \tag{13-6}$$

任一点的渗透流速可写成如下形式

$$u = -k\frac{\mathrm{d}H}{\mathrm{d}s} \tag{13-7}$$

二、达西定律的适用范围

达西定律表明渗流的水头损失和流速的一次方成正比，后来范围较广的实验进一步揭示，随着渗透流速的加大，水头损失也将与流速的 1～2 次方成正比，当流速大到一定数值后，水头损失与流速的平方成正比。所以，在应用中应注意达西定律的适用范围。

水头损失与流速的一次方成正比，这正是液体做层流运动所遵循的规律，由此可见达西定律只能适用于层流渗流或线性渗流。凡超出达西定律适用范围的渗流，统称之为非线性渗流。

由于土壤的透水性质很复杂，对于线性渗流和非线性渗流，很难找到确切的判别标准。曾有学者提出以颗粒直径作为控制标准，但大多数学者认为仍以雷诺数来判别更为适当。而且，很多研究结果表明，由线性渗流到非线性渗流的临界雷诺数也不是一个常数，而是随着颗粒直径、孔隙率等因素而变化。巴甫洛夫斯基给出，当 $Re < Re_c$ 时渗流为线性渗流，Re 为渗流的实际雷诺数，Re_c 为渗流的临界雷诺数：

$$Re = \frac{1}{0.75\varepsilon + 0.23}\frac{vd}{\nu} \tag{13-8}$$

式中：ε 为土壤的孔隙率；d 为土壤有效粒径，一般可用 d_{10} 来代表；v 为渗流断面平均流速；ν 为运动黏滞系数。

$$Re_c = 7 \sim 9 \tag{13-9}$$

在水利工程中，大多数渗流运动是服从达西定律的，只有在砾石、碎石等大孔隙介质中的渗流，例如堆石坝、堆石排水体的情况，渗流才不符合达西定律。对颗粒极细的土壤如黏土等，有资料表明，渗流流速 u 与水力坡度差 $(J - J_0)$ 成正比，式中 J_0 为起始水力坡度，这个问题尚有待进一步研究，目前黏土的渗流计算，一般仍采用达西定律。

渗流水头损失规律的一般表达式可概括为下列形式

$$J = au + bu^2 \tag{13-10}$$

式中，a、b 是两个待定系数，由实验确定。当 $b=0$，上式即为达西定律，适用于线性渗流；当 $a=0$，渗流进入阻力平方区；当 a 和 b 均不等于零时，则处于上述两种情况之间的非线

性渗流。所以式（13-10）即为一般的渗流非线性定律。

应当指出，以上讨论的各种渗流水头损失的规律，都是针对没有发生渗流变形的情况而言的。当土壤颗粒因渗流作用而运动，或土壤结构因渗流而失去稳定，出现渗流变形时，渗流水头损失将服从另外的规律，这将在其他课程中阐述。

本章所讨论的内容，仅限于符合达西定律的线性渗流。

三、渗透系数

在应用达西定律进行渗流计算时，首先需要确定土壤的渗透系数 k 值，它是反映土壤渗流特性的一个综合指标。其数值的大小取决于很多因素，但主要与土壤孔隙介质的特性和液体的物理性质有关。由于水利工程中的渗流问题主要是以水为研究对象，温度对物理性质的影响可以忽略不计，所以 k 值只随孔隙介质而不同。因此，我们可以把渗透系数单纯理解为反映孔隙介质性质对透水能力影响的一个参数。即便如此，要精确确定 k 值仍是比较困难的，一般确定渗透系数的常用方法有如下三种：

1. 室内测定法 为了能够较真实地反映土的透水性能，在现场取若干土样，不加扰动并密封保存，然后在室内测定其渗透系数。通常使用的实验设备如图 13-3 所示，如果实验中的渗流符合达西定律，测得水头损失与流量后，即可由式（13-3）推出土壤的渗透系数，即

$$k = \frac{Ql}{Ah_w} \tag{13-11}$$

由于天然土壤不是完全均质的，所取土样又不可能太多，故不可能完全反映真实情况，但这种方法毕竟是从实际出发的，而且设备简单，易于操作，费用较低，是一种常用方法。

2. 现场测定法 在所研究的渗流区域现场进行实测，是一种较为可靠的方法。其主要优点是不用选取土样，使土壤结构保持原状，可以获得大面积的平均渗透系数值。因规模较大，费用高，一般多用于重要的大型工程。

现场测定法一般是采用钻孔抽水或压水试验，测定渗流参数（如流量、水头等），再依据相应的理论公式反求出渗透系数 k 值。

3. 经验法 在进行初步估算时，若缺乏可靠的实际资料，则可以参照有关规范的值数选用 k 值，或者由检验公式估算 k 值。显然，这种方法的可靠性较差，只能用于粗略估算。现将各类土壤渗透系数的参考值列于表 13-1，供估算时选用。

表 13-1 土壤的渗透系数参考值

土 壤	渗 透 系 数 k	
	m/d	cm/s
黏　　土	<0.005	$<6\times10^{-6}$
亚黏土	0.005～0.1	$6\times10^{-6}\sim1\times10^{-4}$
轻亚黏土	0.1～0.5	$1\times10^{-4}\sim6\times10^{-4}$
黄　　土	0.25～0.5	$3\times10^{-4}\sim6\times10^{-4}$
粉　　砂	0.5～1.0	$6\times10^{-4}\sim1\times10^{-3}$
细　　砂	1.0～5.0	$1\times10^{-3}\sim6\times10^{-3}$
中　　砂	5.0～20.0	$6\times10^{-3}\sim2\times10^{-2}$

(续)

土 壤	渗 透 系 数 k	
	m/d	cm/s
均质中砂	35~50	$4×10^{-2}$~$6×10^{-2}$
粗 砂	20~50	$2×10^{-2}$~$6×10^{-2}$
均质粗砂	60~75	$7×10^{-2}$~$8×10^{-2}$
圆 砾	50~100	$6×10^{-2}$~$1×10^{-1}$
卵 石	100~500	$1×10^{-1}$~$6×10^{-1}$
无填充物卵石	500~1 000	$6×10^{-1}$~$1×10$
稍有裂隙岩石	20~60	$2×10^{-2}$~$7×10^{-2}$
裂隙多的岩石	>60	$>7×10^{-2}$

第三节 恒定无压均匀渗流和非均匀渐变渗流

若渗流区域位于不透水基底上,且渗流具有自由表面,这种流动称为无压渗流。无压渗流的自由表面称为浸润面,自由表面与纵断面的交线称为浸润线。在自然界中,不透水基底一般是起伏不平的,为方便起见,可近似认为不透水基底为平面,仍以 i 表示基底坡度,其底坡也可以分为三类:$i>0$ 为正坡,$i=0$ 为平坡,$i<0$ 为负坡。在多数情况下,渗流区域在横向很宽阔,一般作为棱柱体宽矩形断面讨论。

一、均匀渗流

如图 13-4 所示,在正坡($i>0$)不透水基底上形成无压均匀渗流。因均匀流水深 h_0 沿流程不变,浸润线是一条直线且平行不透水基底,水力坡度 $J=-\dfrac{\mathrm{d}H}{\mathrm{d}s}=i=$ 常数。根据达西定律式(13-4),断面平均流速 v 为

$$v = ki \quad (13-12)$$

通过过水断面 A_0 的流量 Q 为

$$Q = kiA_0 \quad (13-13)$$

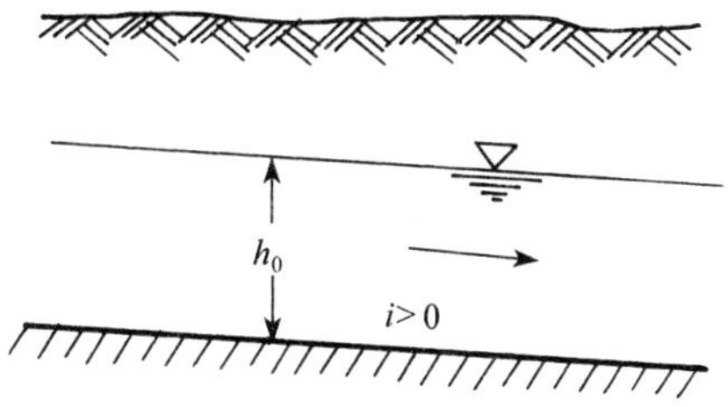

对于矩形断面,$A_0=bh_0$,故单宽渗流量 q 为

图 13-4

$$q = kh_0 i \quad (13-14)$$

式中:h_0 为均匀渗流水深;k 为土壤的渗透系数;i 为不透水基底坡度。

二、渐变渗流的基本公式

达西定律所给出的计算公式(13-4)和(13-5),是用于计算均匀渗流的断面平均流速及渗流区域任意点上的渗流流速。为了研究渐变渗流的运动规律,还必须建立恒定无压非均匀渐变渗流的断面平均流速的计算公式。

如图 13-5 所示为一渐变渗流,因流线是近似平行的直线,故过水断面近似于平面,同一过水断面上各点的测压管水头相等。由于渗流流速很小,可不计流速水头的影响,所以同

一过水断面上各点的总水头也相等。

若在相距为 ds 的过水断面 1-1 和 2-2 之间任取一条流线 AB，按照式（13-7），A 点处渗透流速 u 为

$$u = -k\frac{dH}{ds}$$

由于渐变流过水断面总水头 $H=z+\dfrac{p}{\gamma}=$ 常数，所以水头差 $dH=H_1-H_2=$ 常数，因渐变渗流的流线曲率很小，两个过水断面之间各条流线的长度 ds 也近似相等，所以同一过水断面上各点的水力坡度 $J=-\dfrac{dH}{ds}$ 也相等，各点的渗透流速为

$$u = -k\frac{dH}{ds} = 常数 \tag{13-15}$$

断面平均流速 $v=u$，即

$$v = -k\frac{dH}{ds} \tag{13-16}$$

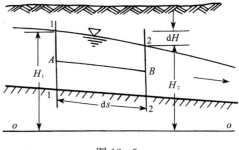

图 13-5

式（13-16）即为渐变渗流的基本公式，它是法国学者杜比（J.Dupuit）于 1857 年首先推导出来的，故又称为杜比公式。杜比公式表明，在渐变渗流中，同一过水断面上各点的流速相等并且等于断面平均流速，流速分布为矩形分布。但不同过水断面上的流速则不相等，如图 13-6 所示。显然，杜比公式不适用于流线曲率很大的急变渗流。

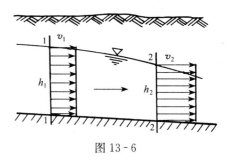

图 13-6

三、地下河槽渐变渗流的浸润曲线

现在利用杜比公式（13-16），建立渐变渗流的流量 Q、水深 h 和底坡 i 等之间的关系式，作为分析和计算非均匀流渐变流浸润线的依据。

在图 13-7 所示的渐变流中任取一过水断面，该断面总水头 H 为

$$H = z + h$$

其中：h 为水深；z 为过水断面底部到基准面的高度。故

$$\frac{dH}{ds} = \frac{dz}{ds} + \frac{dh}{ds} = -i + \frac{dh}{ds}$$

根据杜比公式（13-13），断面平均流速为

$$v = -k\frac{dH}{ds} = k\left(i - \frac{dh}{ds}\right) \tag{13-17}$$

通过过水断面 A 的流量为

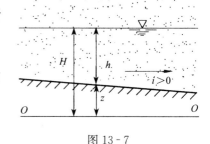

图 13-7

$$Q = Av = kA(i - \frac{dh}{ds}) \tag{13-18}$$

式（13-18）即为棱柱体地下河槽恒定非均匀渐变渗流的基本微分方程式。

在非均匀渐变渗流中，类似于地面水的水面曲线，地下河槽的浸润线也将因底坡不同而有不同的形式，但因在渗流研究中，可以忽略 $\frac{\alpha v^2}{2g}$，断面比能 $E_s = h$，故不存在临界水深 h_k，相应的急流、缓流、陡坡、缓坡、临界坡的概念也不存在。因此，在地下河槽中只有正坡、平坡、负坡三种底坡，渗流实际水深也只需与均匀渗流的正常水深作比较。由此可见，渐变渗流的浸润线要比明渠的水面曲线形式简单，在三种底坡上共有四种形式的浸润线。

1. 正坡（$i > 0$） 如图 13-8 所示，在正坡的地下河槽中，可以存在均匀渗流，若 Q 用均匀渗流的公式表示，以 h_0 表示均匀渗流的水深，则 $Q = bh_0 ki$，代入式（13-18），因 $A = hb$，得

$$\frac{dh}{ds} = i(1 - \frac{h_0}{h}) \tag{13-19}$$

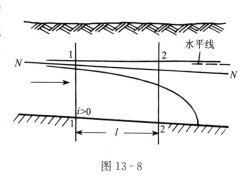

图 13-8

以 h_0 作正常水深参考线 N-N（图 13-8），N-N 线将渗流划分为两个区域，N-N 线以上为 1 区，N-N 线之下为 2 区。

1 区：$h > h_0$，由式（13-19）得 $\frac{dh}{ds} > 0$，说明水深沿流程增加，故 1 区的浸润线为壅水曲线。在曲线的上游端，当水深 $h \to h_0$ 时，$\frac{h_0}{h} \to 1$，$\frac{dh}{ds} \to 0$，即浸润线在上游端以 N-N 为渐近线。在曲线的下游端，当水深 $h \to \infty$ 时，$\frac{h_0}{h} \to 0$，$\frac{dh}{ds} \to i$，即浸润线在下游端以水平线为渐近线。

2 区：$h < h_0$，$1 - \frac{h_0}{h} < 0$，由式（13-19）可知 $\frac{dh}{ds} < 0$，说明水深沿流程减小，故 2 区的浸润线为降水曲线。在曲线的上游端，当水深 $h \to h_0$ 时，$\frac{dh}{ds} \to 0$，浸润线的上游端仍以 N-N 线为渐近线。在曲线的下游端，当水深 $h \to 0$ 时，$\frac{dh}{ds} \to -\infty$，浸润线在下游端趋向与不透水基底垂直。

1 区及 2 区的浸润线形状如图 13-8 所示。

为了进行浸润线计算，需对式（13-19）作积分，令 $\frac{h}{h_0} = \eta$，由式（13-19）得

$$\frac{dh}{ds} = i\left(1 - \frac{1}{\eta}\right)$$

利用 $\frac{dh}{ds} = h_0 \frac{d\eta}{ds}$，并将上式分离变量得

$$ds = \frac{h_0}{i}[d\eta + \frac{d(\eta - 1)}{\eta - 1}] \tag{13-20}$$

从断面 1-1 到断面 2-2 对上式积分，得

$$l = \frac{h_0}{i}\left(\eta_2 - \eta_1 + \ln\frac{\eta_2-1}{\eta_1-1}\right) = \frac{h_0}{i}\left(\eta_2 - \eta_1 + 2.3\lg\frac{\eta_2-1}{\eta_1-1}\right) \quad (13-21)$$

式中：$\eta_2 = \frac{h_2}{h_0}$，$\eta_1 = \frac{h_1}{h_0}$，l 为 1-1 与 2-2 两断面之间的距离。利用式（13-21）可进行矩形地下河槽浸润线及其他有关计算。

2. 平坡（$i=0$） 如图 13-9 所示，将 $i=0$ 代入式（13-18）得

$$Q = -kA\frac{\mathrm{d}h}{\mathrm{d}s}$$

对于矩形断面，$q = \frac{Q}{b}$，$A = bh$，上式又可以写成

$$\frac{\mathrm{d}h}{\mathrm{d}s} = -\frac{q}{kh} \quad (13-22)$$

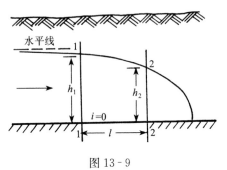

图 13-9

因 $i=0$ 中不可能产生均匀渗流，不存在正常水深 N-N 线，故浸润线只有一种形式。因 Q、k、h 均为正值，从式（13-22）可知 $\frac{\mathrm{d}h}{\mathrm{d}s} < 0$，所以浸润线只能是降水曲线。在曲线的上游端，当水深 $h \to \infty$ 时，$\frac{\mathrm{d}h}{\mathrm{d}s} \to 0$，浸润线的上游端以水平线为渐近线。在曲线的下游端，当水深 $h \to 0$ 时，$\frac{\mathrm{d}h}{\mathrm{d}s} \to -\infty$，浸润线与不透水基底有正交的趋势。浸润线形状如图 13-9 所示。

为了对式（13-22）进行积分，将式（13-22）分离变量得

$$\frac{q}{k}\mathrm{d}s = -h\mathrm{d}h$$

从断面 1-1 到断面 2-2 对上式积分，并令 $l = s_2 - s_1$，得

$$l = \frac{k}{2q}(h_1^2 - h_2^2) \quad (13-23)$$

上式即为平底地下河槽浸润曲线计算公式。

3. 逆坡（$i<0$） 如图 13-10 所示，令 $i' = -i$，代入式（13-18），得

$$Q = -kA\left(i' + \frac{\mathrm{d}h}{\mathrm{d}s}\right) = -kbh\left(i' + \frac{\mathrm{d}h}{\mathrm{d}s}\right) \quad (13-24)$$

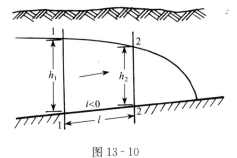

图 13-10

由于 $i'>0$，今设想所研究的渗流量 Q，在虚拟的正坡 i' 上形成均匀渗流，其过水断面面积 $A_0' = bh_0'$，于是均匀渗流流量 $Q = kbh_0'i'$，代入式（13-24）并整理得

$$\frac{\mathrm{d}h}{\mathrm{d}s} = -i'\left(1 + \frac{h_0'}{h}\right) \quad (13-25)$$

由式（13-25）可知，因 i'、h_0' 及 h 均为正值，故 $\frac{\mathrm{d}h}{\mathrm{d}s} < 0$，在逆坡地下河槽中的浸润曲线一定是降水曲线。与平坡上的浸润线分析相似，该浸润线的上游端以水平线为渐近线，下游端趋近与不透水基底垂直。浸润线形状如图 13-10 所示。

现对微分方程式（13-25）进行积分，令 $\frac{h}{h_0'}=\eta'$，则 $\frac{dh}{ds}=h_0'\frac{d\eta'}{ds}$，代入式（13-25）并分离变量，得

$$\frac{i'}{h_0'}ds = -\frac{\eta'}{1+\eta'}d\eta'$$

从断面 1-1 到 2-2 对上式积分，并且令 $l=s_2-s_1$，得

$$l = \frac{h_0'}{i'}\left(\eta_1' - \eta_2' + 2.3\lg\frac{\eta_2'+1}{\eta_1'+1}\right) \tag{13-26}$$

式中：$\eta_2'=\frac{h_2}{h_0'}$，$\eta_1'=\frac{h_1}{h_0'}$，利用式（13-26）可以进行逆坡地下河槽的浸润线及有关计算。

需要指出的是，无论何种底坡，当水深 $h\to 0$ 时，浸润线的下游端均趋向与不透水基底垂直，这时的流动已属于急变渗流，超出了式（13-19）的适用范围，实际当中，这时浸润线的下游端将以某一个不等于零的水深为终点，这个水深的数值则取决于具体的边界条件。

例 13-1 如图 13-11 所示，在某渠道与河流之间有一透水土层，渗透系数 $k=0.005\text{cm/s}$，不透水基底的底坡 $i=0.02$，从渠中渗出的水深 $h_1=1.0\text{m}$，渗入河流时的水深 $h_2=1.9\text{m}$，渠道与河流相距 $l=180\text{m}$，试求：(1) 每米长渠道向河道的渗透流量 q；(2) 计算并绘制浸润曲线。

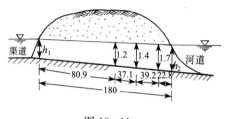

图 13-11

解：（1）先求正常水深 h_0。由题意可知，$h_2>h_1$，$i>0$，故浸润曲线为正坡 1 区的壅水曲线，今利用式（13-21）计算正常水深 h_0。

$$l = \frac{h_0}{i}\left(\eta_2 - \eta_1 + 2.3\lg\frac{\eta_2-1}{\eta_1-1}\right)$$

因 $\eta_1=\frac{h_1}{h_0}$，$\eta_2=\frac{h_2}{h_0}$，上式可改写成

$$il - h_2 + h_1 = 2.3 h_0 \lg\frac{h_2-h_0}{h_1-h_0}$$

将 $h_1=1.0\text{m}$，$h_2=1.9\text{m}$，$l=180\text{m}$ 代入上式得

$$h_0 \lg\frac{1.9-h_0}{1.0-h_0} = \frac{1}{2.3}(0.02\times 180 - 1.9 + 1.0) = 1.174$$

由上式经试算求得 $h_0=0.945\text{m}$。

每米长渠道的渗流量由式（13-14）计算

$$q = kih_0 = 0.005\times 10^{-2}\times 0.02\times 0.945 = 9.45\times 10^{-7}[\text{m}^3/(\text{s}\cdot\text{m})]$$

（2）计算浸润线。已知起始断面水深 $h_1=1.0\text{m}$，假设 $h_2=1.2\text{m}$，则 $\eta_1=\frac{h_1}{h_0}=1.058$，$\eta_2=\frac{h_2}{h_0}=1.27$，利用式（13-21）计算相应的距离

$$l = \frac{h_0}{i}\left(\eta_2 - \eta_1 + 2.3\lg\frac{\eta_2-1}{\eta_1-1}\right)$$

$$l = \frac{0.945}{0.02}\left(1.27 - 1.06 + 2.3\lg\frac{1.27-1}{1.06-1}\right) = 80.9(\text{m})$$

再取 $h_1=1.2\text{m}$，设 $h_2=1.4\text{m}$，以此类推，可计算出各段的 l 值，计算结果列表如下。根据表中的 h 及 l 值绘制浸润曲线如图 13-11 所示。

h/m	$\eta=\dfrac{h}{h_0}$	l/m
1.0	1.06	
1.2	1.27	80.9
1.4	1.48	37.1
1.7	1.80	39.2

例 13-2 集水廊道是汲取地下水源或降低地下水位的一种集水建筑物。如图 13-12 所示，在水平不透水层上修建长 $L=100\text{m}$ 的矩形断面集水廊道，含水层原有水深 $H=7.6\text{m}$，修建集水廊道后，在距廊道边缘 $s=800\text{m}$ 处，地下水位开始下降，廊道中水深 $h=3.6\text{m}$，土壤渗透系数 $k=0.04\text{cm/s}$，c 点距廊道的距离 $s_c=400\text{m}$，试求（1）集水廊道排出的总渗流量 Q；（2）c 点处地下水位的降低值 Δh_c。

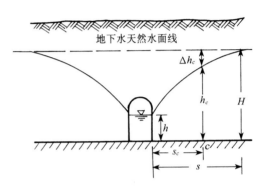

图 13-12

解： 若从集水廊道向外排水，其两侧一定范围内的地下水均流向廊道，水面不断下降，当抽水稳定后，将形成对称于廊道轴线的浸润曲面。由于浸润曲面的曲率很小，可近似看做无压恒定渐变渗流，廊道较长，所有垂直于廊道轴线的剖面，渗流情况相同，可视为平面渗流问题。所以，本例题属水平不透水层上无压恒定平面渐变渗流的水力计算。

（1）排水总量 Q。廊道中汇积的地下水是由两侧土层渗出的，每一侧的单宽渗流量为

$$q=\frac{Q}{2L}$$

利用平底河槽浸润线公式（13-23），得

$$l=\frac{k}{2\times\dfrac{Q}{2L}}(h_1^2-h_2^2)=\frac{kL}{Q}(h_1^2-h_2^2) \qquad (13\text{-}27)$$

根据题意，当 $l=s$ 时，$h_1=H$，$h_2=h$，代入上式得

$$Q=\frac{kL}{s}(H^2-h^2)$$

代入已知数据，解得

$$Q=\frac{0.04\times10^{-2}\times100}{800}(7.6^2-3.6^2)=2.24(\text{L/s})$$

（2）c 点处的水位降深 Δh_c。设 c 点处渗流水深为 h_c，将 $l=s_c$，$h_1=h_c$，$h_2=h$ 代入式（13-27），得

$$s_c=\frac{kL}{Q}(h_c^2-h^2)$$

或

$$h_c^2=\frac{Qs_c}{kL}+h^2$$

代入已知数据解得

$$h_c^2 = \frac{2.24 \times 10^{-3} \times 400}{0.04 \times 10^{-2} \times 100} + 3.6^2 = 35.36$$

故
$$h_c = 5.95 \text{m}$$

c 点处的地下水位降低值 $\Delta h_c = H - h_c = 7.6 - 5.95$，$\Delta h_c = 1.65 \text{m}$。

第四节　井的渗流

井是一种用于汲取地下水或排水的集水建筑物。按照井底的位置可分为普通井和承压井两种基本类型。在地下无压透水层中所开掘的井称为普通井，普通井也称为潜水井，用于汲取无压地下水。根据井底是否达到不透水层，承压井也可分为完全井和非完全井。当井底直达不透水层，称为完全井，若井底未达到不透水层的，则称为非完全井。承压井也称自流井，它可以穿过一层或多层不透水层，在承压含水层中汲取承压地下水。

严格地讲，井的渗流运动属于非恒定渗流，但当地下水补给充沛，开采量远小于天然补给量的地区，经过较长时间的抽水后，井的渗流可近似作为恒定渗流来研究。

本节仅讨论完全井及井群恒定渗流的计算。

一、普 通 井

普通完全井如图 13-13 所示，含水层深度为 H，掘井以后井中初始水位与原地下水的水位齐平，当从井中开始抽水后，井周围的地下水开始向井中渗流形成漏斗形的浸润面，井中水位和周围地下水位逐渐下降。当含水层的范围很大，抽水流量保持不变，一定时间后可形成恒定渗流，此时井水中深 h 及漏斗形浸润面的位置和形状均保持不变。

对均质各向同性土壤而言，当井的周围范围很大且无其他干扰时，井的渗流具有轴对称性，通过井中心线沿径向的任何剖面上，流动情况都是相同的，故可简化为平面问题。如果再进一步忽略水力要素沿垂直方向的变化，井

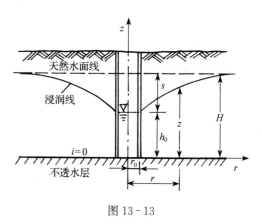

图 13-13

的渗流便可近似认为是一元渐变渗流，可运用杜比公式进行分析。

选坐标系如图 13-13 所示，若任取一距井轴为 r 的过水断面，设该断面上水深为 z，其过水断面为圆柱面，面积 $A = 2\pi r z$，如果以不透水层顶面为基准面，该断面上各点的水力坡度为

$$J = \frac{dz}{dr}$$

根据杜比公式（13-16），该过水断面的平均流速为

$$v = k \frac{dz}{dr}$$

井的渗流量为

$$Q = Av = 2\pi r z k \frac{dz}{dr} \quad (13-28)$$

分离变量得

$$2z dz = \frac{Q}{\pi k} \frac{dr}{r}$$

积分后得

$$z^2 = \frac{Q}{\pi k} \ln r + C \quad (13-29)$$

积分常数 C 由边界条件确定，当 $r = r_0$ 时，$z = h_0$，代入式（13-29）得

$$C = h_0^2 - \frac{Q}{\pi k} \ln r_0$$

将 C 代入式（13-29），得

$$z^2 - h_0^2 = \frac{Q}{\pi k} \ln \frac{r}{r_0} \quad (13-30)$$

或

$$z^2 - h_0^2 = \frac{0.73 Q}{k} \lg \frac{r}{r_0} \quad (13-31)$$

式中，h_0 为井中水深；r_0 为井的半径。式（13-31）即为普通完全井的浸润线方程，可用来确定沿井的径向剖面上的浸润线。

从理论上讲，在离井较远的地方，浸润线应该是以地下水的天然水面线为渐近线，即当 $r \to \infty$ 时，$z = H$。但在实用上，常引入一个近似的概念，认为井的抽水影响是有限的，即存在着一个影响半径 R，在影响半径以外的区域，地下水位将不受该井的影响。近似认为当 $r = R$ 时，$z = H$（原含水层深度），代入式（13-31），可得普通完全井的出水量公式为

$$Q = 1.36 k \frac{H^2 - h_0^2}{\lg \frac{R}{r_0}} \quad (13-32)$$

利用式（13-32）计算井的出水量时，要先确定影响半径 R，它主要与土壤的渗透性能有关，需要用实验方法或野外实测方法来确定。在初步计算中，R 可用如下经验公式估算

$$R = 3\,000 s \sqrt{k} \quad (13-33)$$

式中，s 为井水面降深，$s = H - h_0$；R，s 均以 m 计，k 为渗透系数，以 m/s 计。

在粗略估算时，影响半径可在下列范围取用，细粒土 $R = 100 \sim 200$m；中粒土 $R = 250 \sim 500$m；粗粒土 $R = 700 \sim 1\,000$m。

由于影响半径是一个近似的概念，所以由不同方法确定的 R 值相差较大。然而从井的出水量公式（13-32）可以看出，流量与影响半径的对数值成反比，所以影响半径的变化对流量计算不会带来很大误差。

对于普通非完全井，如图 13-14 所示，由于井底未达到不透水层，水流不仅沿井壁四周渗入井内，在井底也有渗流，因此渗流情况比较复杂，不能运用一维渐变渗流的杜比公式来进行分析。目前，多采用普通完全井的公式乘以大于 1 的修正系数来计算，即

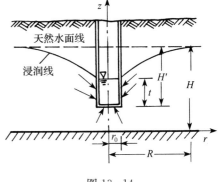

图 13-14

$$Q = 1.36k \frac{H'^2 - t^2}{\lg \frac{R}{r_0}} [1 + 7\sqrt{\frac{r_0}{2H'}} \cos(\frac{\pi H'}{2H})] \qquad (13-34)$$

式中，H' 为原地下水面到井底的深度，t 为井中水深，其余符号含义同前。

例 13-3 为了实测土壤的渗透系数，在该区打一普通完全井，在距井轴 $r_1 = 50$m 和 $r_2 = 10$m 处分别钻一个观测孔，如图 13-15 所示，待井抽水持续一段时间后，实测两个观测孔中水面的稳定降深 $s_1 = 0.7$m，$s_2 = 1.5$m。设含水层深度 $H = 4.5$m，稳定的抽水流量 $Q = 4.5$L/s，试求井区附近土壤的渗透系数 k 值。

解： 由题意可知观测孔水深

$$h_1 = H - s_1 = 4.5 - 0.7 = 3.8 \text{(m)}$$
$$h_2 = H - s_2 = 4.5 - 1.5 = 3.0 \text{(m)}$$

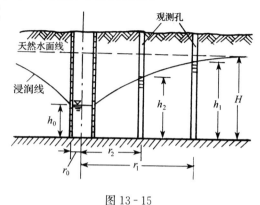

图 13-15

设井的半径为 r_0，井中水深为 h_0，根据普通完全井浸润线方程式 (13-31)，可得

$$h_1^2 - h_0^2 = \frac{0.73Q}{k} \lg \frac{r_1}{r_0}$$

$$h_2^2 - h_0^2 = \frac{0.73Q}{k} \lg \frac{r_2}{r_0}$$

两式相减，得

$$h_1^2 - h_2^2 = \frac{0.73Q}{k} \lg \frac{r_1}{r_2}$$

故

$$k = \frac{0.73Q}{h_1^2 - h_2^2} \lg \frac{r_1}{r_2}$$

代入已知数据，得

$$k = \frac{0.73 \times 0.0045}{3.8^2 - 3.0^2} \times \lg \frac{50}{10} = 0.042 \text{(cm/s)}$$

二、承压完全井

承压完全井如图 13-16 所示，设承压含水层为具有同一厚度 t 的水平含水层，在不抽水时，井中水位将上升到 H 高度。如果以井底不透水层顶面为基准面，H 即为天然状态下含水层的测压管水头，它总是大于含水层厚度 t，有时甚至高出地面，使地下水会自动流出井外。若含水层储水量极为丰富，而抽水量不大且流量恒定时，经过一段时间的抽水后，井四周的测压管水头线将形成一个稳定的轴对称漏斗形曲面，如图 13-16 中的虚线所示。此时和普通完全井一样，也可按

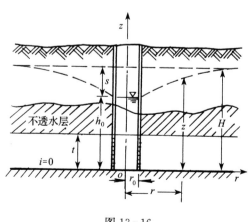

图 13-16

一维恒定渐变渗流处理。

取距井中心轴为 r 的圆柱形过水断面，该面积 $A=2\pi rt$，根据杜比公式，该过水断面的平均流速为

$$v=k\frac{\mathrm{d}z}{\mathrm{d}r}$$

通过该断面的流量为

$$Q=Av=2\pi rtk\frac{\mathrm{d}z}{\mathrm{d}r}$$

将上式分离变量并积分得

$$z=\frac{Q}{2\pi kt}\ln r+C \tag{13-35}$$

式中 C 为积分常数，由边界条件确定。当 $r=r_0$ 时，$z=h_0$，代入上式得

$$C=h_0-\frac{Q}{2\pi kt}\ln r_0$$

因此式（13-35）可写成

$$z-h_0=\frac{Q}{2\pi kt}\ln\frac{r}{r_0}$$

或

$$z-h_0=0.37\frac{Q}{kt}\lg\frac{r}{r_0} \tag{13-36}$$

式（13-36）即为承压完全井的测压管水头线方程。

同样引入影响半径 R 的概念，设 $r=R$ 时，$z=H$，可确定承压完全井的出水量公式为

$$Q=2.73\frac{kt(H-h_0)}{\lg\frac{R}{r_0}} \tag{13-37}$$

由于井中水面降深 $s=H-h_0$，则式（13-37）也可写成

$$Q=2.73\frac{kts}{\lg\frac{R}{r_0}} \tag{13-38}$$

式中，t、H、h_0 及 r_0 的含义如图 13-16 所示，k 为渗透系数，影响半径 R 仍可按普通完全井的方法确定。

三、井 群

为了灌溉农田或降低地下水位，在一个区域内经常是打许多井来同时抽水，若各井之间的距离较近、井与井之间的渗流互相发生影响，这种情况称为井群。由于井群的浸润面相当复杂，其水力计算与单井不同，需应用势流叠加原理进行分析。井群大致可分为普通井群、承压井群和混合井群（同时包括承压井和普通井）三大类，下面仅讨论普通完全井的井群计算。

如图 13-17 所示，在水平不透水层上有 n 个普通完全井，在井群的影响范围内取一点 A，各井的半径、出水量以

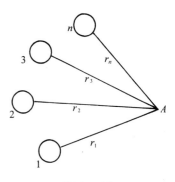

图 13-17

及到 A 点的水平距离分别为 r_{01}、r_{02}、$\cdots$、r_{0n}，Q_1、Q_2、$\cdots$、Q_n，r_1、r_2、$\cdots$、r_n。

由于渗流可以看做是有势流，所以有流速势函数存在，可以证明 z^2 为普通完全井的势函数（证明从略）。当井群的各井单独工作时，井中水深为 h_{01}、h_{02}、$\cdots$、h_{0n}，在 A 点处相应的地下水位分别为 z_1、z_2、$\cdots$、z_n。由式（13-30）得各井的浸润线方程分别为

$$z_1^2 = \frac{Q_1}{\pi k} \ln \frac{r_1}{r_{01}} + h_{01}^2$$

$$z_2^2 = \frac{Q_2}{\pi k} \ln \frac{r_2}{r_{02}} + h_{02}^2$$

$$\cdots\cdots$$

$$z_n^2 = \frac{Q_n}{\pi k} \ln \frac{r_n}{r_{0n}} + h_{0n}^2$$

当 n 个井同时工作时，必然形成一个公共的浸润面，根据势流叠加原理，A 点处的势函数应为各井单独工作时在该点的势函数值之和，即 A 点的水位 z 可以写成

$$z^2 = \frac{Q_1}{\pi k} \ln \frac{r_1}{r_{01}} + \frac{Q_2}{\pi k} \ln \frac{r_2}{r_{02}} + \cdots + \frac{Q_n}{\pi k} \ln \frac{r_n}{r_{0n}} + C \tag{13-39}$$

式中，C 为某一常数，需由边界条件确定。若各井的出水量相同，$Q_1 = Q_2 = \cdots = Q_n = \dfrac{Q_0}{n}$，其中，$Q_0$ 为井群的总出水量，设井群的影响半径为 R，若 A 点在影响半径上，因 A 点离各井很远，可近似认为 $r_1 = r_2 = \cdots = r_n = R$，此时 A 点的水位 $z = H$。将这些关系代入式（13-39）得

$$C = H^2 - \frac{Q_0}{\pi k}[\ln R - \frac{1}{n} \ln(r_{01} \cdot r_{02} \cdots r_{0n})]$$

将 C 值代入式（13-39），得

$$z^2 = H^2 - 0.73 \frac{Q_0}{k}[\lg R - \frac{1}{n} \lg(r_1 \cdot r_2 \cdots r_n)] \tag{13-40}$$

上式即为普通完全井井群的浸润线方程，可用来确定普通完全井井群中某点 A 的水位 z 值。

井群的总出水量为

$$Q_0 = 1.36 \frac{k(H^2 - z^2)}{\lg R - \frac{1}{n} \lg(r_1 \cdot r_2 \cdots r_n)} \tag{13-41}$$

式中，H 为含水层厚度，z 为井群工作时浸润面上某点 A 的水位，k 为渗透系数，R 为井群的影响半径，可由抽水试验测定或按如下经验公式估算。

$$R = 575 s \sqrt{kH} \tag{13-42}$$

式中，s 为井群中心点在抽水稳定后的水面降深（m）；H 为含水层厚度（m）；k 为渗透系数（m/s）。

若各井的出量不相等，则井群的浸润线方程为

$$z^2 = H^2 - \frac{0.73}{k}(Q_1 \lg \frac{R}{r_1} + Q_2 \lg \frac{R}{r_2} + \cdots + Q_n \lg \frac{R}{r_n}) \tag{13-43}$$

式中，Q_1，Q_2，$\cdots$，Q_n 为各井的出水量，其余符号的含义同式（13-41）。

例 13-4 如图 13-18 所示，为降低某圆形基坑施中的地下水位，在半径 $r = 20\text{m}$ 的圆周上均匀布置 4 眼机井，各井的半径 r_0 相同，含水层厚度 $H = 15\text{m}$，渗透系数 $k = 0.001 \text{m}/$

s,欲使基坑中心 O 点的水位降深 $s=3.0$m,试求:(1)各井的抽水量;(2)距井群中心点 $r_a=10$m 处的 a 点水位降深。

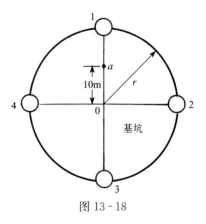

图 13-18

解:(1)设各井的抽水量为 Q,先由式(13-42)计算井群的影响半径 R。
$$R = 575s\sqrt{kH} = 575 \times 3.0 \times \sqrt{0.001 \times 15} = 211(\text{m})$$
基坑中心点的水位为
$$z = H - s = 15 - 3.0 = 12(\text{m})$$
由题意可知 $r_1=r_2=r_3=r_4=r=20$m,利用式(13-41)计算井群的总抽水量为
$$Q_0 = 1.36 \times \frac{k(H^2 - z^2)}{\lg R - \frac{1}{n}\lg(r_1 \cdot r_2 \cdot r_3 \cdot r_4)}$$

代入已知数据,得
$$Q_0 = 1.36 \times \frac{0.001(15^2 - 12^2)}{\lg 211 - \frac{1}{4}\lg(20^4)} = 0.108(\text{m}^3/\text{s})$$

每眼井的抽水量 $Q = \frac{Q_0}{n} = \frac{0.108}{4} = 0.027 \text{m}^3/\text{s}$。

(2)设 a 点处的水位为 z,利用井群的浸润线方程式(13-40),得
$$z^2 = H^2 - 0.73\frac{Q_0}{k}\left[\lg R - \frac{1}{n}\lg(r_1 \cdot r_2 \cdot r_3 \cdot r_4)\right]$$

对于 a 点,$r_1=10$m,$r_3=30$m,$r_2=r_4=\sqrt{10^2+20^2}=22.36$m,代入上式,得
$$z^2 = 15^2 - 0.73 \times \frac{0.108}{0.001}\left[\lg 211 - \frac{1}{4}\lg(10 \times 22.36 \times 30 \times 22.36)\right]$$
$$z^2 = 123.37$$
$$z = 11.11\text{m}$$

所以 a 点的水位降深 $s_a = H - z = 15 - 11.11 = 3.89$m。

第五节 土坝渗流

土坝是水利工程中应用最广的挡水建筑物之一,土坝挡水后,通过坝体的渗流直接关系到土坝的安全稳定和蓄水量的损失。国内外的有关资料表明,在失事的土坝中,有近 50% 的土坝是由于渗流问题而破坏的。由此可见,土坝渗流的分析和计算是很重要的。

当坝体较长,垂直坝轴线的横断面形状和尺寸不变时,除坝体两端外,土坝渗流可视为平面渗流问题,如果断面的形状和地基条件也比较简单,又可作为渐变渗流来处理。实际工程中,土坝的类型及边界条件有很多种,以下仅介绍在水平不透水层上均质土坝的恒定渗流问题,其他类型的土坝渗流计算可进一步参考有关书籍。

土坝渗流计算的主要任务是确定坝内浸润线的位置及经过坝体的渗透流量。

某水平不透水层上的均质土坝如图 13-19 所示,上游水体从边界 AB 渗入坝体,从下

游边界 CD 流出坝体，C 点称为逸出点，C 点距下游水面的距离 a_0，称为逸出点高度。渗流在坝内形成浸润面 AC，当上游水深 H_1 和下游水深 H_2 不变时，可视为恒定渐变渗流。

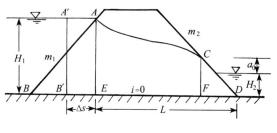

图 13-19

在实用上，土坝渗流计算常采用"分段法"，并且又分为三段法和两段法两种。三段法是由巴甫洛夫斯基提出的，他是将坝内渗流区划分为三段，第一段为上游楔形段 ABE，第二段为中间段 $AEFC$，第三段为下游楔形段 CFD。对每一段应用渐变流基本公式建立流量表达式，然后通过三段的联合求解，即可确定土坝渗流量及逸出点水深 h_C，并可绘出浸润线 AC。两段法是在三段法的基础上简化而来的，将上游楔形段和中间段合并，把土坝渗流区划分成上游段 $A'B'FC$ 和下游段 CFD 两段，下面我们用二段法来分析土坝渗流。

在两段法中，把上游楔形段 ABE 用假想的等效矩形体 $AA'B'E$ 代替，如图 13-19 所示，即认为水流从垂直面 $A'B'$ 渗入坝体，而矩形体的宽度 Δs 的确定，应使在相同的上游水深 H_1 和单宽流量 q 的作用下，分别通过矩形体 $AA'B'E$ 和楔形体 ABE 到达 AE 断面的水头损失相等。根据实验研究，等效矩形体的宽度 Δs 可由下式确定：

$$\Delta s = \frac{m_1}{1+2m_1} H_1 \qquad (13-44)$$

式中，m_1 为土坝上游面的边坡系数。

一、上游段的计算

以坝底不透水层为基准面，将该段可视为渐变渗流。渗流从过水断面 $A'B'$ 到 CF 的水头差 $\Delta H = H_1 - (H_2 + a_0)$，过水断面 $A'B'$ 与 CF 之间的平均渗流路径长 $\Delta L = \Delta s + L - m_2(H_2 + a_0)$。$m_2$ 为土坝下游面的边坡系数，故上游段的平均水力坡度为

$$J = \frac{\Delta H}{\Delta L} = \frac{H_1 - (H_2 + a_0)}{\Delta s + L - m_2(H_2 + a_0)}$$

根据杜比公式，上游段的平均渗透流速为

$$v = kJ = k \frac{H_1 - (H_2 + a_0)}{\Delta s + L - m_2(H_2 + a_0)}$$

上游段单位坝长的平均过水断面面积 $A = \frac{1}{2}(H_1 + H_2 + a_0)$，则上游段所通过的单宽渗透流量为

$$q = v \cdot A = k \frac{H_1^2 - (H_2 + a_0)^2}{2[\Delta s + L - m_2(H_2 + a_0)]} \qquad (13-45)$$

由于式（13-45）中的 a_0 尚未确定，还无法由式（13-45）直接计算 q。

二、下游段的计算

当下游水深 $H_2 \neq 0$ 时，应将该段分为 Ⅰ、Ⅱ 两部分，第 Ⅰ 部分位于下游水面以上，为无压渗流；第 Ⅱ 部分位于下游水面以下，为有压渗流，如图 13-20 所示，近似认为下游段

内流线为水平线。

1. 第Ⅰ部分 在距坝底为 z 处任取一元流 dz，该元流长为 $m_2(H_2+a_0-z)$，相应流段上的水头损失为 (H_2+a_0-z)，水力坡度为 $\frac{1}{m_2}$，该元流的单宽渗流量为

$$dq_{\text{I}} = u \cdot dz = k \cdot \frac{1}{m_2} \cdot dz$$

通过第Ⅰ部分的单宽渗流量为

$$q_{\text{I}} = \int dq_{\text{I}} = \int_{H_2}^{H_2+a_0} \frac{k}{m_2} dz = \frac{k}{m_2} a_0 \quad (13-46)$$

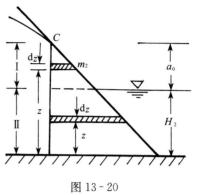

图 13-20

2. 第Ⅱ部分 同理，在距坝底 z 处取一元流 dz，该元流长为 $m_2(H_2+a_0-z)$，相应流段上的水头损失为 $H_2+a_0-H_2=a_0$，水力坡度为 $\dfrac{a_0}{m_2(H_2+a_0-z)}$，该元流的单宽渗流量为

$$dq_{\text{II}} = k \cdot \frac{a_0}{m_2(H_2+a_0-z)} dz$$

通过第Ⅱ部分的单宽渗流量为

$$q_{\text{II}} = \int dq_{\text{II}} = \int_0^{H_2} \frac{ka_0}{m_2} \cdot \frac{1}{H_2+a_0-z} dz$$

$$q_{\text{II}} = \frac{ka_0}{m_2} \ln\left(\frac{H_2+a_0}{a_0}\right) = \frac{2.3ka_0}{m_2} \lg\left(\frac{H_2+a_0}{a_0}\right) \quad (13-47)$$

下游段单宽总渗流量为

$$q = q_{\text{I}} + q_{\text{II}} = \frac{ka_0}{m_2}\left[1 + 2.3\lg\left(\frac{H_2+a_0}{a_0}\right)\right] \quad (13-48)$$

联解方程式（13-45）和（13-48），可求得土坝单宽渗流量 q 及逸出点高度 a_0，求解时可用试算法。

三、浸润线

土坝渗流的浸润线方程可直接利用平底矩形地下河槽的浸润线公式推求，取 xoy 坐标如图 13-21 所示，在距 o 点为 x 处取一过水断面，水深为 y，由式（13-23）可得

$$x = \frac{k}{2q}(H_1^2 - y^2)$$

该式即为水平不透水层上均质土坝的浸润线方程。设一系列 y 值，可由该式算得一系列相应的 x 值，点绘成浸润线 $A'C$，如图 13-21 所示。但因实际浸

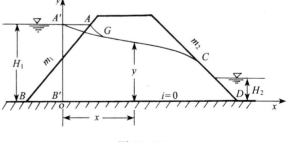

图 13-21

润线是从 A 点开始的，并在 A 点处与水面 AB 垂直，故应对浸润线的起始端加以修正。可从 A 点绘制一条垂直 AB 的曲线，并且与 $A'C$ 在某点 G 相切，曲线 AGC 即为所求的浸润曲线，该曲线在逸出点 C 应与下游坝面相切。

第六节 渗流运动的基本微分方程

在前面我们以达西定律为基础,讨论了一元渐变渗流的水力计算问题,而没有涉及渗流场的求解。然而,在实际工程中的许多渗流问题是不能视为一元流或渐变流的。例如,带有板桩的闸基渗流(图 13-22),由于渗流区域的边界极不规则,流线曲率很大,属于急变渗流。另外,对闸基渗流来说,不仅需要了解渗流的宏观效果(如渗透流量、平均渗透流速等),而且需要弄清渗流区内各点的渗透流速及动水压强,尤其是闸底板上的动水压强及闸下游附近河底的渗透流速,这些都是水闸设计的重要依据。当水闸轴线长度远大于横向尺寸时,在离开水闸轴线两端的一定范围内,可认为渗流是二元渗流(或平面渗流)。只要研究任一横断面的渗流运动,也就掌握了整个闸基的渗流情况。否则,这种渗流则属于三元渗流。所以渗流场的求解是十分重要的。为此,首先应建立渗流运动的基本微分方程。

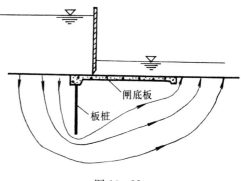

图 13-22

一、渗流的连续性方程

根据渗流模型的概念,认为渗流也是连续介质运动,若在渗流场中任取一微分六面体,假定液体不可压缩,土壤骨架亦不变形,同第十二章中推导三元流连续方程的方法一样,对微分六面体应用质量守恒原理,同样可得

$$\frac{\partial u_x}{\partial x}+\frac{\partial u_y}{\partial y}+\frac{\partial u_z}{\partial z}=0 \tag{13-49}$$

式(13-49)即为恒定渗流的连续性方程,该式与第十二章中的连续性方程式(12-16)的形式完全相同,只是这里的 u_x、u_y、u_z 是指渗流模型中某点的流速。

二、渗流的运动方程

假定渗流存在于均质各向同性土壤中,渗透系数为 k,根据达西定律式(13-5),渗流场中任一点的渗透流速可写为

$$u = kJ = -k\frac{\mathrm{d}H}{\mathrm{d}s}$$

式中,H 为渗流场中任一点的总水头,由于渗透流速很小,流速水头可忽略不计。在实用上,H 可视为测压管水头,即

$$H = z + \frac{p}{\gamma}$$

渗透流速在三个坐标方向的投影为

$$u_x = -k\frac{\partial H}{\partial x}$$
$$u_y = -k\frac{\partial H}{\partial y} \tag{13-50}$$

$$u_z = -k\frac{\partial H}{\partial z}$$

式（13-50）即为恒定渗流的运动方程，它也可以通过在渗流场中取微分六面体，对微分六面体运用牛顿第二定律而导出。

连续方程式（13-49）和运动方程式（13-50），构成了渗流运动的基本微分方程组，通过联解微分方程组，可求得 u_x、u_y、u_z 及 H 四个未知数，从而可得到渗流的流速场和压强场。

三、渗流亦为有势流

根据第十二章对液体质点运动基本形式的分析，液体质点旋转角速度 ω 的三个分量为

$$\omega_x = \frac{1}{2}(\frac{\partial u_z}{\partial y} - \frac{\partial u_y}{\partial z})$$

$$\omega_y = \frac{1}{2}(\frac{\partial u_x}{\partial z} - \frac{\partial u_z}{\partial x})$$

$$\omega_z = \frac{1}{2}(\frac{\partial u_y}{\partial x} - \frac{\partial u_x}{\partial y})$$

对于均质各向同性土壤，渗透系数 k 是常数，将运动方程（13-50）代入上式得

$$\omega_x = \frac{k}{2}(\frac{\partial^2 H}{\partial y \partial z} - \frac{\partial^2 H}{\partial z \partial y}) = 0$$

$$\omega_y = \frac{k}{2}(\frac{\partial^2 H}{\partial z \partial x} - \frac{\partial^2 H}{\partial x \partial z}) = 0 \quad (13\text{-}51)$$

$$\omega_z = \frac{k}{2}(\frac{\partial^2 H}{\partial x \partial y} - \frac{\partial^2 H}{\partial y \partial x}) = 0$$

可见，均质各向同性土壤中符合达西定律的渗流是无涡流，亦为有势流。因而一定存在着流速势函数 φ，使得

$$u_x = \frac{\partial \varphi}{\partial x}$$

$$u_y = \frac{\partial \varphi}{\partial y} \quad (13\text{-}52)$$

$$u_z = \frac{\partial \varphi}{\partial z}$$

比较式（13-50）与式（13-52）可知，在渗流中流速势函数的形式为

$$\varphi = -kH \quad (13\text{-}53)$$

可见等势线必然也是等水头线，因等势面上任一点的流速矢量与等势面垂直，故流速矢量也必然与等水头面垂直。

若将式（13-52）代入式（13-49），得

$$\frac{\partial^2 \varphi}{\partial x^2} + \frac{\partial^2 \varphi}{\partial y^2} + \frac{\partial^2 \varphi}{\partial z^2} = 0 \quad (13\text{-}54)$$

即流速势函数也满足拉普拉斯方程。

若将式（13-53）代入式（13-54），得

$$\frac{\partial^2 H}{\partial x^2} + \frac{\partial^2 H}{\partial y^2} + \frac{\partial^2 H}{\partial z^2} = 0 \quad (13\text{-}55)$$

由此可知，不可压缩液体的恒定渗流，水头函数 H 也满足拉普拉斯方程。这样，求解渗流问题就可归结为求解在一定边界条件下的拉普拉斯方程的问题，找出渗流场流速势函数 φ（或水头函数 H）之后，就可求得渗流场中任一点的渗透流速 u 和渗透压强 p。

对于平面渗流，由第十二章的分析可知，渗流场不但存在流速势函数 φ，还存在着流函数 ψ，而且 φ 与 ψ 是共轭调和函数。因此，所有求解恒定平面势流的方法都可应用于解恒定平面渗流。

四、渗流场的边界条件

在应用上述微分方程求解具体的渗流问题时，还必须给出渗流场的边界条件。对于不同的渗流运动，其边界条件也不同。现以图 13-23 所示均质土坝恒定渗流为例，说明确定渗流场边界条件的基本原则。

1. 不透水边界　不透水边界是指不透水岩层或不透水的建筑物轮廓，如图 12-23 中的 2-5 即为不透水边界。因液体不能穿过该边界而只能沿着边界流动，垂直于边界的流速分量必等于零，即 $\dfrac{\partial H}{\partial n}=\dfrac{\partial \varphi}{\partial n}=0$，$n$ 为不透水边界的法线方向。不透水边界必定是一条流线，该边界上流函数 $\psi=$ 常数。

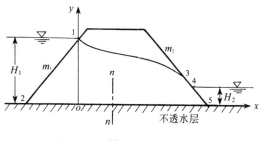

图 13-23

2. 透水边界　透水边界是指上游入渗及下游渗出的边界，如图 13-23 中的 1-2 和 4-5 均为透水边界。不难看出，透水边界上各点的水头相等，例如在边界 1-2 上 $H=H_1$，在边界 4-5 上 $H=H_2$，所以透水边界线是等势线（亦为等水头线），液体穿过透水边界时，流速与之正交，流线必垂直于此边界。

3. 浸润面边界　浸润面就是土坝内的潜水面，如图 13-23 中的 1-3。浸润面上各点的压强等于大气压强，即相对压强 $p=0$，该面上各点的水头 $H=y$，不是常数值，所以浸润面不是等水头面。在恒定渗流中，浸润面的位置形状不随时间而改变。

由于沿着浸润线的法线方向 $\dfrac{\partial H}{\partial n}=\dfrac{\partial \varphi}{\partial n}=0$，故图 13-23 中的浸润线 1-3 也是一条流线，该线上流函数 $\psi=$ 常数。

4. 逸出段边界　当浸润线出口的位置（逸出点）高于下游水面时，形成了逸出段边界，如图 13-23 中的 3-4。该边界上的每一个点都是坝内一条流线的终点，水流沿着逸出段边界流入下游，但它不再具有渗流的性质，故 3-4 不能视为流线。在逸出段边界上各点压强均为大气压强，但各点的位置高度不同，水头函数 H 随位置而改变，由此可知该边界也不是等水头线。

五、渗流解法简介

以上导出了渗流的基本微分方程，并结合水平不透水层上均质土坝渗流说明了如何确定边界条件，下面简要介绍求解渗流问题的一般方法：

1. 解析法　即结合渗流场具体的边界条件和初始条件求解渗流的基本微分方程组，求得水头函数 H 或流速势函数 φ 的解析解，从而得到流速和压强的具体函数式。解析解虽然具有普遍意义，由于实际渗流问题的复杂性，严格地解析解常很困难，所能求解的空间渗流问题也很有限。对于平面渗流，解析法常采用复变函数理论来求解。对于一元恒定渗流，解析法多用于求解地下河槽渐变渗流问题。

2. 数值法 由于实际渗流的边界条件复杂多样，当无法求得解析解时，可采用数值法求得渗流场的近似解。其中常用的数值法为有限差分法和有限单元法。数值法的计算工作量是非常巨大的，随着电子计算机的迅速普及，不仅使数值法能够用于解决实际问题，而且计算速度快并达到了相当高的精度。现在，数值法已成为求解各种复杂渗流问题的主要方法。本章将在第八节中对有限差分法作简要介绍。

3. 图解法 图解法也是一种近似方法，但只能应用于求解服从达西定律的恒定平面渗流，或者推广应用于轴对称渗流问题。图解法也称流网法，利用流网可求得渗透流速、渗透流量及渗透压强等运动要素值。图解法简捷方便，一般能满足工程精度要求，因而应用较为普遍，本章主要介绍这种解法。

4. 实验法 实验法是将渗流场按一定比例缩制成模型，用模型来模拟自然条件进而解答渗流问题。实验法一般包括沙槽模型法，狭缝槽法和水电比拟法等。

其中水电比拟法设备简单、量测精确，应用较为广泛。关于水电比拟法，本章将在第九节中作进一步阐述。

第七节 用流网法求解平面急变渗流

在透水地基上修建堰、闸等水工建筑物之后，由于存在着上下游水头差 H，故在透水地基中形成渗流，如图 13-24 所示。

建筑物的底板是不透水的，渗流无自由表面，属有压渗流。当建筑物的轴线较长、基底轮廓的断面形式和不透水层的边界条件不变时，除建筑物的轴线两端外，均可视为平面渗流。一般来讲，底板轮廓的横断面是极不规格的，渗流又属平面急变渗流。

既然渗流可以作为一种有势流，平面渗流又存在着流函数，根据第十二章的讨论，可用流网法求解平面急变渗流。下面以闸基渗流为例，见图 13-25，对均质各向同性土壤的恒定有压平面渗流进行讨论。

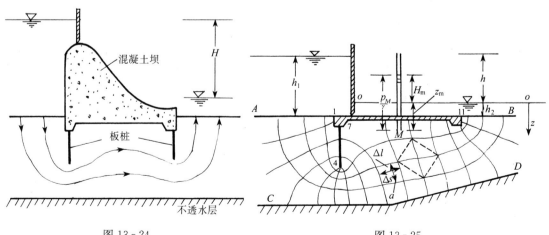

图 13-24　　　　　　　　　　　图 13-25

一、平面有压渗流流网的绘制

流网的原理及绘制流网的一般原则和方法,在第十二章中已作了介绍,这里不再重复。但在第十二章中所研究的问题是泛指一般的平面势流,下面针对本问题的特点并结合图 13-25 作进一步说明。

(1) 首先要根据渗流区域的边界条件,确定边界上的流线及等势线。闸底板轮廓线 1-4-7-11 为一条边界流线。不透水层表面 C-D 为另一条边界流线,如果透水地基很深,可不必将流网绘到不透水层表面,这时以闸底板水平投影的中点为圆心,以闸底板水平投影长度的 2 倍为半径,或以板桩垂直尺寸的 3~5 倍为半径,在透水地基区域内绘圆弧并与上下游河床相交,此圆弧线即为另一条边界流线。

上游河床 A-1 上各点的测压管水头 $z+\dfrac{p}{\gamma}=$ 常数,所以 A-1 是一条边界等水头线,即边界等势线。同理,下游河床 11-B 是另一条边界等势线。

(2) 由于流网的网格是曲线正方形(正交方格),初步绘制流网时,可先按边界流线的趋势大致绘出中间的流线及等势线,流线和等势线都应是光滑的曲线,而且彼此正交。尤其要注意在边界处的正交。

(3) 初绘的流网很难完全满足曲线正方形网格,一般需要反复修改。网格多,计算精度相对较高,但修改时费事,有时改变一个网格会牵动全局。为了检验流网的正确性,可在流网中绘出网格的对角线(如图 13-25 中虚线所示),若对角线也构成了曲线正方形网格,说明所绘的流网是正确的。

(4) 边界形状通常是不规则的,由于流网的流线及等势线条数有限,在边界突变的局部区域很难保证网格为曲线正方形,有时成为三角形或多边形。这就应该着眼于整个流网,只要绝大多数网格满足上述要求即可,个别网格不符合要求不至于影响整个流网的准确度。

对于均质各向同性土壤,流网的形状与上下游水位无关,与渗透系数无关,只取决于渗流区域的边界条件。从理论上讲,流网法也可用于求解无压渗流问题,但因浸润线的位置是待定的,绘制及修改流网较繁琐,故工程中较少采用。

二、利用流网求解渗流问题

在取得了正确的流网之后,即可利用流网求解渗流问题。如图 13-25 所示,上游水深为 h_1,下游水深为 h_2,上下游水头差 $h=h_1-h_2$。设流网有 n 条等水头线(包括上下游的边界等水头线,图中 $n=16$),将渗流场分为 $(n-1)$ 区域,由流网的性质可知,任意两条等水头线间的水头差均相等,即 $\Delta h=\dfrac{h}{n-1}$。设流网有 m 条流线(包括边界流线在内,图中 $m=5$),将渗流场又可划分为 $(m-1)$ 条流带,由流网的性质同样可知,任意两条相邻流线之间的单宽渗流量相等。

1. 计算渗透流速 渗流区域任一流网网格的平均水力坡度为

$$J=\frac{\Delta h}{\Delta s}=\frac{h}{(n-1)\Delta s} \tag{13-56}$$

式中,Δs 为该网格的平均流线长度。根据达西公式,所求网格处的渗透流速为

$$u = kJ = \frac{kh}{(n-1)\Delta s} \tag{13-57}$$

2. 计算单宽渗流量 设任意一条流带的单宽渗流量为 Δq，则通过闸基的单宽渗流量为

$$q = (m-1)\Delta q$$

为了计算 Δq，需要任选一个网格，求出该网格的渗透流速 u，并量出该网格过水断面的高度 Δl，如在图 13-25 中取网格 a，则

$$\Delta q = u \cdot \Delta l = \frac{kh\Delta l}{(n-1)\Delta s} \tag{13-58}$$

所以
$$q = (m-1)\frac{kh\Delta l}{(n-1)\Delta s} = kh\frac{m-1}{n-1}\cdot\frac{\Delta l}{\Delta s}$$

由式（13-58）可知，只要在流网中任选一个网格，量出该网格内的流线平均长度 Δs 和等势线平均长度 Δl，并数出流线条数 m 和等势线条数 n，即可求得单宽渗流量。

由于流网的网格是曲线正方形，即 $\Delta l = \Delta s$，则又有

$$q = kh\frac{m-1}{n-1} \tag{13-59}$$

3. 计算渗透压强 渗流场中任一点的测压管水头为

$$H = z + \frac{p}{\gamma}$$

式中，z 及 $\frac{p}{\gamma}$ 分别为该点的位置水头和渗透压强水头。为了计算方便，通常以下游水面为基准面 o-o（下游无水时以下游河床为基准面），z 轴取铅垂向下为正，如在图 13-25 中取 M 点，则该点的测压管水头为

$$H_M = -z_M + \frac{p_M}{\gamma}$$

M 点的渗透压强为

$$p_M = \gamma(H_M + z_M) \tag{13-60}$$

式中，z_M 为该点在下游水面以下的垂直深度，H_M 为该点的测压管水头。

在水利工程中，我们最关心的是渗流对建筑物基础底部的铅垂作用力。为此，需求出闸底板各点的渗透压强。一般是先计算出等水头线与闸底板交点处的测压管水头 H 值，以下游水面为零点，铅垂向上画出 H 分布图，其面积为 Ω_1。然后绘出闸底板的 z 分布图，其面积为 Ω_2，如图 13-26 所示。则作用在闸底板上的渗透压强

$$p = \gamma(H + z)$$

渗透压强分布图的面积为 $\Omega = \Omega_1 + \Omega_2$。作用在单位长度闸底板上的渗透压力为

$$P = \gamma\Omega_1 + \gamma\Omega_2 = \gamma\Omega$$

必须指出，在水工计算中，常将 $\gamma\Omega_1$ 称为渗透压力，$\gamma\Omega_2$ 称为浮托力，而把两者之和 P 则称为扬压力，这是应当引起注意的。

例 13-5 某溢流坝筑于透水地基上，其基础轮廓及流网如图 13-27 所示，上游水深

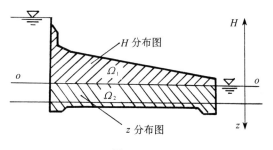

图 13-26

$h_1=22$m,下游水深$h_2=3$m,渗透系数$k=5\times10^{-5}$m/s,坝轴线总长$l=150$m,其余尺寸如图示,高程的单位为 m。

试求:(1)C点的渗透流速;(2)坝基的总渗流量;(3)B点的渗透压强;(4)标注A点的测压管液面。

解:由流网可知,等水头线条数$n=20$,流线条数$m=5$。上下游水头差$h=h_1-h_2=22-3=19$(m)。

(1)求C点的渗透流速。利用式(13-57)计算,其中Δs由流网图上量得$\Delta s=3.2$m,所以C点的渗透流速为

$$u_C=\frac{kh}{(n-1)\Delta s}=\frac{5\times10^{-5}\times19}{(20-1)\times3.2}=1.56\times10^{-3}(\text{cm/s})$$

(2)确定坝基的总渗流量。因流网的网格为曲线正方形,由式(13-59)得单位长度坝基的渗流量为

$$q=kh\frac{m-1}{n-1}=5\times10^{-5}\times19\times\frac{5-1}{20-1}=2\times10^{-4}(\text{m}^2/\text{s})$$

坝基的总渗流量为

$$Q=ql=2\times10^{-4}\times150=0.03(\text{m}^3/\text{s})$$

(3)求B点的渗透压强。以下游水面为基准面o-o,铅垂向下取z轴为正。已知B点在基准面以下的垂直距离$z_B=100-99+3=4$(m),任意相邻两条等水头线的水头差$\Delta h=\frac{h}{n-1}=1$(m),B点位于第 10 条和第 11 条等水头线中间,该点的测压管水头$H_B=h-9.5\Delta h=19-9.5=9.5$(m)。由式(13-60)得$B$点的渗透压强为

$p_B=\gamma(H_B+z_B)=9\ 800(9.5+4)=$
$9\ 800\times13.5=132.3(\text{kN/m}^2)$

(4)标注A点的测压管液面。因A点位于第 2 条等水头线上,该点的测压管水头$H_A=h-\Delta h=19-1=18$(m),故A点的测压管液面比上游水面低 1m,如图 13-27 所示。

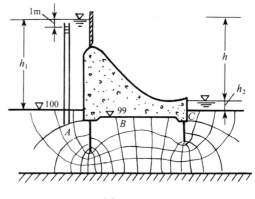

图 13-27

第八节 有限差分法解渗流问题简介

用有限差分法求解平面渗流问题是将求解域划分为有限个差分网格(最简单的为矩形网格),用有限个网格结点(即离散点)代替连续的求解域,然后将偏微分方程的导数用差商代替,推导出含离散点上有限个未知数的差分方程组。求差分方程组(即代数方程组)的解,就作为微分方程定解问题的数值近似解。它是一种直接将微分问题变为代数问题的近似数值解法。下面结合堰闸透水地基的恒定平面渗流问题,作一简要介绍。

恒定平面渗流的水头函数H满足拉普拉斯方程,即

$$\frac{\partial^2 H}{\partial x^2}+\frac{\partial^2 H}{\partial y^2}=0 \quad (13-55a)$$

若将渗流区域划分为矩形网格（图 13-28），则任一计算网格结点 0 的水头满足

$$\left(\frac{\partial^2 H}{\partial x^2}\right)_0+\left(\frac{\partial^2 H}{\partial y^2}\right)_0=0 \quad (13-60)$$

将矩形网格边长取为 Δx 及 Δy，在所划分的网格中任取相邻的 4 个网格，如图 13-29 所示，采用二阶中心差分格式，式（13-60）可化为差分方程

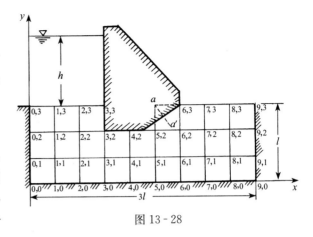

图 13-28

$$\frac{H_3-2H_0+H_1}{(\Delta x)^2}+\frac{H_4-2H_0+H_2}{(\Delta y)^2}=0 \quad (13-61)$$

或写成

$$H_0=\frac{1}{2(1+\lambda^2)}(\lambda^2 H_1+\lambda^2 H_3+H_4+H_2) \quad (13-62)$$

式中，$\lambda=\dfrac{\Delta x}{\Delta y}$，下标 0、1、2、3、4 为相应网格结点的编号。应用式（13-62）可对整个渗流场中未知 H 值的结点写出类似的方程，结合边界条件进行求解。

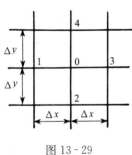

图 13-29

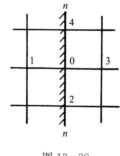

图 13-30

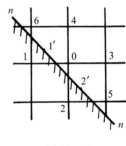

图 13-31

当边界上的 H 值已知时，可以建立足够的方程来求解内部网格结点的 H 值。如果边界上的 H 值未知，则利用达西定律 $u_n=-k\dfrac{\partial H}{\partial n}$ 可对这些点建立方程。n 是边界的法线方向，u_n 是 n 方向上的渗透流速分量。如图 13-30 所示，不透水边界的法线方向 n 与 x 轴方向一致，并设边界外有与点 3 对称的映像点 1，根据达西定律，得

$$u_n=-k\frac{H_3-H_1}{2\Delta x}$$

因不透水边界 $u_n=0$，故 $H_3=H_1$，代入式（13-62）便得

$$H_0=\frac{1}{2(1+\lambda^2)}(2\lambda^2 H_3+H_4+H_2)$$

对于如图 13-31 所示的不透水边界，同理可得 $H_1=H_1'$，$H_2=H_2'$，H_1' 可以通过 H_0、H_4、H_6 用内插法定出，同样 H_2' 可通过 H_0、H_3、H_5 用内插法定出。于是便得到了 H_1 和

H_2，再利用式（13-62）对 H_0 建立方程。这种处理边界条件的方法一般称为映象点法。

当求出渗流场各点的水头 H 值之后，利用达西定律便可求得各点的渗透流速 u 值，有了 H 值和 u 值，就不难确定渗透压强 p 和单宽渗透流量 q，继而求出基底渗透压力。

例 13-6 如图 13-28 所示坝基渗流，上游水深为 h_1，下游无水，河底近似为水平面，以下游河床为基准面，上游透水边界上各点的水头 $H=h_1$，下游透水边界上各点的水头 $H=0$。取差分网格长 $\Delta x = \Delta y = \dfrac{L}{3}$，$\lambda = \dfrac{\Delta y}{\Delta x} = 1.0$，以 x、y 坐标给出各网格结点的位置，除上下游边界上的网格结点之外，求其余 30 个网格结点的 H 值。

解：为便于讨论，将各点的水头 H 除以 h_1，即以水头 H 的无量纲数来表示，上游边界 $H=1$，下游边界 $H=0$，根据式（13-62）并在边界上利用映象点法，可对 30 个网格结点建立方程如下：

$$H_{0,0} = \frac{1}{4}(H_{1,0} + H_{1,0} + H_{0,1} + H_{0,1})$$

$$H_{0,1} = \frac{1}{4}(H_{1,1} + H_{1,1} + H_{0,2} + H_{0,0})$$

$$H_{0,2} = \frac{1}{4}(H_{1,2} + H_{1,2} + H_{0,3} + H_{0,1})$$

$$H_{1,0} = \frac{1}{4}(H_{0,0} + H_{2,0} + H_{1,1} + H_{1,1})$$

$$H_{5,0} = \frac{1}{4}(H_{4,0} + H_{6,0} + H_{5,1} + H_{5,1})$$

$$H_{5,1} = \frac{1}{4}(H_{4,1} + H_{6,1} + H_{5,2} + H_{5,0})$$

$$H_{5,2} = \frac{1}{4}(H_{4,2} + H_{6,2} + H_{a'} + H_{5,1})$$

$$\vdots$$

其中，$H_{a'}$ 由线性内插法求得，若以点 (5, 2) 为原点，a' 点的位置为 $\left(\dfrac{2}{3} \times \dfrac{L}{3}, \dfrac{1}{12} \times \dfrac{L}{3}\right)$，可得

$$H_{a'} = H_a = \left[H_{5,2} + \frac{2}{3}(H_{6,2} - H_{5,2})\right] + \frac{1}{12}\left\{\left[H_a + \frac{2}{3}(H_{6,3} - H_a)\right] - \left[H_{5,2} + \frac{2}{3}(H_{6,2} - H_{5,2})\right]\right\}$$

$$= \frac{11}{35}(H_{5,2} + 2H_{6,2})$$

用迭代法通过计算机解上述 30 个线性方程组，可求得 30 个网格结点的 H 值，计算结果见表 13-2。

表 13-2 有限差分法计算结果

点	0, 0	1, 0	2, 0	3, 0	4, 0	5, 0	6, 0	7, 0	8, 0	9, 0
H	0.853	0.836	0.779	0.677	0.532	0.382	0.257	0.174	0.129	0.114
点	0, 1	1, 1	2, 1	3, 1	4, 1	5, 1	6, 1	7, 1	8, 1	9, 1
H	0.872	0.855	0.801	0.698	0.535	0.368	0.238	0.155	0.113	0.100
点	0, 2	1, 2	2, 2	3, 2	4, 2	5, 2	6, 2	7, 2	8, 2	9, 2
H	0.924	0.913	0.873	0.778	0.542	0.319	0.163	0.096	0.067	0.058

由于上述结果是以水头 H 的无量纲数分析得到的，实际结果应将表 13-2 中各值乘以 h_1，例如点 (0, 0) 的水头 $H=0.853h_1$，点 (0, 1) 的水头 $H=0.872h_1$ 等。

第九节 渗流场的水电比拟法

因渗流场和电场可由相同的数学物理方程（拉普拉斯方程）来描述，这表明两者之间存在着相似关系，渗流要素和电流要素也具有数学和物理上的类比关系，因而可以用电场来模拟渗流场。通过测量电场中的有关物理量来解答渗流问题，这种方法称为水电比拟法，简称电拟法。前苏联水力学专家 H. H. 巴甫洛夫斯基于 1922 年首先将这种方法应用于渗流研究，可解决复杂边界的渗流问题。目前在渗流的研究中水电比拟法仍然有着广泛应用。

水电比拟法也可用于解决空间渗流、非恒定渗流和非均质土壤中的渗流，本节只讨论均质各向同性土壤中的恒定平面渗流的问题，从水电比拟法实验的类型来说，仅介绍连续介质的水电比拟实验。

一、水电比拟法的原理

由物理学已知，当电场中只有电阻时，任一点的电流密度 i 在坐标轴的投影为

$$i_x = -\sigma \frac{V}{x}, \quad i_y = -\sigma \frac{V}{y}, \quad i_z = -\sigma \frac{V}{z} \tag{13-63}$$

式中，σ 为电场中导电介质的导电系数，V 为该点的电位。

按照电荷守恒的克希霍夫第一定律有

$$\frac{\partial i_x}{\partial x} + \frac{\partial i_y}{\partial y} + \frac{\partial i_z}{\partial z} = 0 \tag{13-64}$$

若电场中导电系数 σ 为常数，将式 (13-63) 代入上式，得

$$\frac{\partial^2 V}{\partial x^2} + \frac{\partial^2 V}{\partial y^2} + \frac{\partial^2 V}{\partial z^2} = 0 \tag{13-65}$$

由此可见，电场中的电位 V 和渗流场中的水头 H 一样，都满足拉普拉斯方程。因此，电场和渗流场中的相应物理量之间就存在着类比关系，见表 13-3。

表 13-3 渗流场与电场相应物理量对照表

渗 流 场		电 流 场	
物理量	表达式	物理量	表达式
水头	H	电位	V
等水头线	$H=$ 常数	等电位线	$V=$ 常数
水头函数满足拉普拉斯方程	$\frac{\partial^2 H}{\partial x^2} + \frac{\partial^2 H}{\partial y^2} + \frac{\partial^2 H}{\partial z^2} = 0$	电位函数满足拉普拉斯方程	$\frac{\partial^2 V}{\partial x^2} + \frac{\partial^2 V}{\partial y^2} + \frac{\partial^2 V}{\partial z^2} = 0$
渗透系数	k	导电系数	σ
渗透流速	u	电流密度	i
达西定律	$u_x = -k \frac{\partial H}{\partial x}$ $u_y = -k \frac{\partial H}{\partial y}$ $u_z = -k \frac{\partial H}{\partial z}$	欧姆定律	$i_x = -\sigma \frac{\partial V}{\partial x}$ $i_y = -\sigma \frac{\partial V}{\partial y}$ $i_z = -\sigma \frac{\partial V}{\partial z}$

(续)

渗 流 场		电 流 场	
渗透流量	Q	电流	I
在不透水边界上 （n 为该边界法向）	$\dfrac{\partial H}{\partial n}=0$	在绝缘边界上 （n 为该边界法向）	$\dfrac{\partial V}{\partial n}=0$

从表 13-3 中的对应关系可以看出，如果用导电材料做成的模型，与所研究的渗流区域做到几何形状相似、边界条件相似、导电系数与渗透系数相似，那么通过在电场中量测等电位线，即可得到渗流场中的等水头线（等势线），然后根据流网的性质加绘流线即得渗流流网。

如何来实现渗流场和电场的相似呢？

（1）对于几何相似，一般是通过正态模型实现的，即将渗流区域按一定比例缩制成模型电场。

（2）对于边界条件相似，可将渗流区域的各种边界条件分类模拟：不透水边界在模型电场中做成不导电的绝缘边界。因透水边界为一条等水头线，在模型电场中可用导体做成等电位边界，并且使上下游相应的等电位边界也保持一定的电位差。

（3）对于导电系数与渗透系数相似，若渗流区域为均质各向同性土壤，则模型电场中可用导电系数为常数的导体来代替。模拟渗流区的导体一般有固体和液体两种。液体有食盐溶液、硫酸铜溶液等，也可用普通的自来水。

二、水电比拟法的实验设备及测试

如图 13-32 所示为一闸基渗流，渗流区域为均质各向同性土壤。因渗流为平面有压渗流，现将渗流区域按一定比例做成一个几何相似的盘子且水平放置。上、下游河床透水边界 C_1 及 C_2 在模型上用极良导体铜条做成（图 13-33），以保持在同一段边界上的电位相等。这种装置又称为汇流板。闸基地下轮廓（包括板桩）C_3 和不透水层边界 C_4（假定含水层很深）用绝缘材料有机玻璃做成。盘底板也常用有机玻璃做成。在盘内盛以均匀厚度的导电溶液食盐水，厚度不宜过薄，通常采用厚度为 $1\sim 2\mathrm{cm}$。为此模型四周的汇流板及绝缘体要有一定高度，以便装入导电溶液。

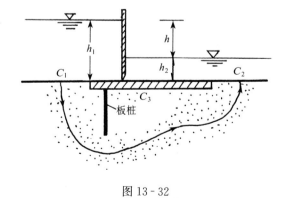

图 13-32

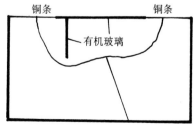

图 13-33

模型中的电器设备是基于惠斯登电桥原理，如图 13-33 所示。以交流电作为电源，汇

流板的电位 V_1 和 V_2 由电源和可调节的变压器来保证供给。量测电路由 R_1、R_2、R_3 及 R_4 四个电阻，一个探针 B 和一个检流计组成。移动 3 点的位置可改变 R_1 与 R_2 的比值，同样，移动探针与模型接触点（4 点）的位置，可改变 R_3 与 R_4 的比值，检流计的作用是验证 3 点与 4 点之间有无电流通过，简图见图 13 - 35。

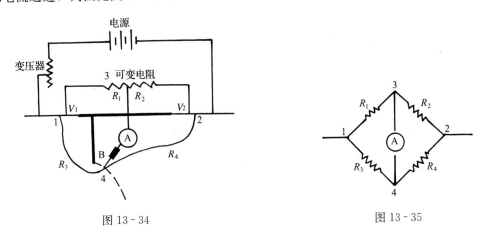

图 13 - 34　　　　　　　　　　　　　　　图 13 - 35

在电拟模型上绘制等电位线时，当固定 3 点，亦即取定了 R_1 与 R_2 的比值，此时若移动 4 点至通过检流计的电流为零，说明此时 3 点的电位 V_3 与 4 点的电位 V_4 相等，由电桥原理可得下列关系

$$\frac{V_1 - V_4}{V_1 - V_2} = \frac{R_1}{R_1 + R_2} \tag{13-66}$$

式（13-66）中的 $(V_1 - V_2)$ 为两汇流板之间的电位差，与渗流的上下游水头差 h 相对应。由式（13-66）可计算出 4 点的电位 V_4。当保持 3 点位置不动，继续移动探针头，还可找到一些使检流计无电流通过的点子，这些点上的电位均为 V_2，连接这些点就得到一条等电位线，即渗流场中的一条等水头线。改变 3 点的位置，重复上述步骤，即可画出不同的等水头线，见图 13 - 36。有了正确的等水头线之后，根据流网的性质补绘出流线，即可得到渗流的流网。

对于该流网的流线，也可用实验的方法实测得到，所不同的是需将透水边界与不透水边界互相对换位置，如图 13 - 37 所示，仍保持原来所用全部电位差 $(V_1 - V_2)$ 的大小，在新的边界条件下所测得的等电位线即为原渗流场的流线。

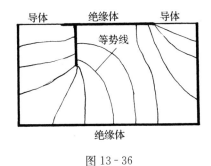　　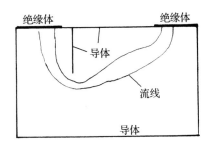

图 13 - 36　　　　　　　　　　　　　　　图 13 - 37

水电比拟法也可用于绘制无压平面渗流的流网，但由于浸润线及渗出段的边界模拟比较复杂，其应用受到一定限制。

第十三章 渗 流

习 题

13-1 在实验中，根据达西定律测定某种土壤的渗透系数，实验装置如图 13-3 所示。已知圆筒直径 $D=30$ cm，两测压管之间的距离 $l=40$ cm，测压管水头差 $\Delta H=80$ cm，6h 的渗水量为 85L，试求该土壤的渗透系数 k 值。

13-2 某地下河槽不透水层坡度 $i=2.5\times10^{-3}$，渗流区域土壤为细砂，形成均匀渗流的水深 $h_0=10$ m，试求单宽渗流量 q。

13-3 有一不透水层底坡 $i=0.0025$，土壤渗透系数 $k=0.05$ cm/s，在相距 $L=500$ m 的两个钻孔中，测得水深分别为 $h_1=3$ m 及 $h_2=4$ m，试计算地下水单宽渗流量并绘制浸润线。

13-4 设河道左侧有一含水层，渗透系数 $k=0.002$ cm/s，其底部不透水层的坡度 $i=0.005$。河道中水深 $h_2=1.0$ m，在距河道岸边 $l=1\,000$ m 处地下水深 $h_1=2.5$ m。试求：(1) 地下水补给河道的单宽渗流量 q_1；(2) 若在河道中修建挡水建筑物，使河道中水位抬高 4m，当 h_1 不变时，计算地下水补给河道的单宽渗流量 q_2。

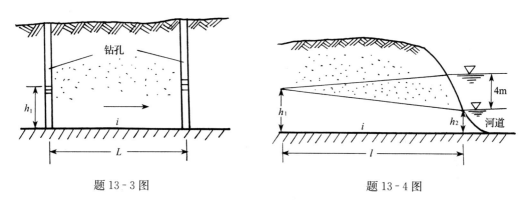

题 13-3 图　　　　　　　　　　　题 13-4 图

13-5 某河道左侧的含水层由两种土壤组成，已知砾石的渗透系数 $k_1=6\times10^{-2}$ cm/s，细砂的渗透系数 $k_2=2\times10^{-3}$ cm/s，其余尺寸如图示，高程的单位为 m。求两种土壤交界面处的水位高程。

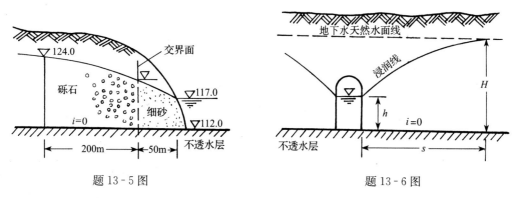

题 13-5 图　　　　　　　　　　　题 13-6 图

13-6 在水平不透水层上修建一条长 $L=120$ m 的集水廊道，已知含水层厚度 $H=$

6.7m，排水后，廊道中水深 $h=3.8$m，集水廊道的影响范围 $s=200$m，当廊道排水总量 $Q=0.015$m³/s，试确定土壤的渗透系数 k 值。

13-7 在水平不透水层上打一普通完全井，已知井的半径 $r_0=10$cm，含水层深度 $H=8$m，土壤为细砂，渗透系数 $k=0.001$cm/s，试求当井中水深 $h_0=3$m 时的出水量，并给出井中水位和出水量的函数关系。

13-8 设在水平透水层上有一无压含水层，天然状态下含水层水深 $H=10$m，土壤渗透系数 $k=0.04$cm/s，在含水层上原有一个民用井，现距民用井轴线距离 $S=200$m 处打一眼机井（普通完全井），井的半径 $r_0=0.2$m，当机井抽水时，要求民用井水位下降值 $\Delta z \leqslant 0.5$m，试求：(1) 机井中的水深 h_0；(2) 机井的最大出水量 Q（井的影响半径 $R=1\,000$m）。

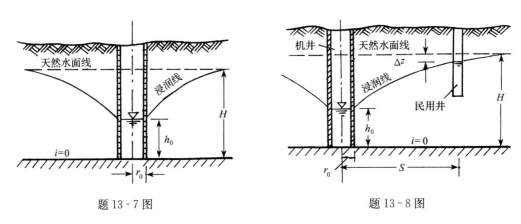

题 13-7 图　　　　　　　　　题 13-8 图

13-9 如图所示，采用普通完全井井群，用以降低基坑中的地下水位。已知各井的半径均为 $r_0=0.15$m，含水层深度 $H=10$m，土壤渗透系数 $k=0.01$cm/s，井的影响半径 $R=700$m，井距 $a=25$m，$b=20$m，各井的出水量相同，欲使基坑中心点 A 水位降低 3m，试求各井的抽水流量 Q。

13-10 某均质土坝建于水平不透水地基上，坝高为 17m，上游水深 $H_1=15$m，下游水深 $H_2=0$，上下游边坡系数分别为 $m_1=3.0$，$m_2=2.0$，坝顶宽度 $b=12$m，渗透系数 $k=3\times10^{-4}$cm/s，试求土坝单宽渗流量并绘制浸润线。

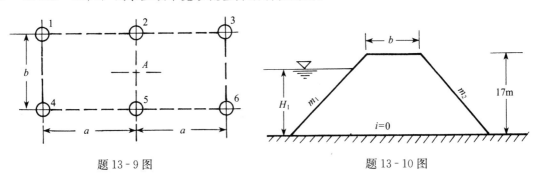

题 13-9 图　　　　　　　　　题 13-10 图

13-11 试绘出如下各图中透水地基的流网图。

13-12 有一水闸闸基流网如图所示。高程以 m 为单位，闸底板厚 $d=1$m，土壤渗透系数 $k=0.001$cm/s，不计流网以外的渗流，试求：(1) A 点渗透流速（$\Delta s=9.5$m）；(2)

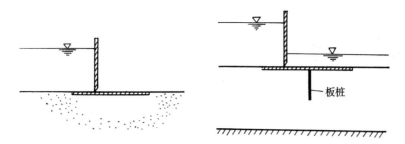

题 13-11 图

B 点及 C 点的渗透压强；(3) 闸基单宽渗流量；(4) 标注 B 点及 C 点的测压管液面高度。

13-13 如图所示为一筑于透水地基上的混凝土坝，已知上游水深 $h_1=20$m，下游水深 $h_2=2$m，板桩长 $S=11$m，坝底宽 $L=30$m，土壤为细砂，渗透系数 $k=4\times10^{-3}$cm/s，其余尺寸如图示，尺寸以 m 计。试求：(1) 绘制闸基的渗流流网；(2) 绘制坝基底部的渗透压强分布图（$L=30$m 范围内）；(3) 计算每米坝长所作用的渗透压力。

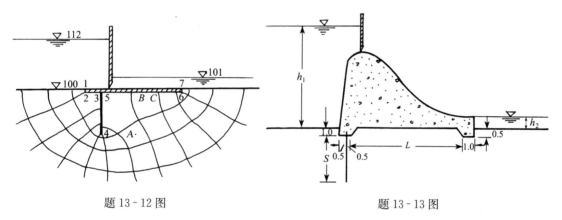

题 13-12 图   题 13-13 图

第十四章 水力相似原理及模型试验简介

第一节 概 述

在本章以前所讲述的是应用水力学基本理论和计算公式来求解水力学问题。这些公式中，有理论的、有经验的（实验的），还有半经验半理论的。在推导和分析理论公式的过程中，常常做了各式各样的假设，而这些假设是否正确，理论公式能不能使用，计算误差有多大，等等，都要通过室内试验（有时也通过原型工程观测）才能做出验证。那些经验或半经验公式，只有少数是通过对原型工程的水流运动分析和实测资料整理而总结出来的，多数则是通过分析室内模型试验资料得到的。此外，在实际工程设计中，原则上总是设法尽量设计得简单而实用。但由于考虑到地形、地质、经济、施工、技术诸因素，使得工程设计又不得不复杂化，从而形成了各式各样的水流边界条件。水流现象总是比较复杂的，而不是简单的和一元的。对这样一些实际问题，要完全依靠理论来解决有很多困难，实际上也是不可能的。

综上所述，对于复杂多变的液流问题，如果没有实验成果的验证，仅靠理论分析或计算，毕竟没有十分把握。为了解决实际工程中一些复杂的流动问题，还必须借助室内水力学试验方法，或称为模型试验方法，这是一种重要的研究水流运动的方法。

这里所指的试验仅指水力试验，或水力学模型试验。在水力学研究中，从水流的内部机理直至与水流接触的各种复杂边界，包括水力机械、水工建筑物等诸多方面的设计、施工与运行管理等有关的水流问题，都可应用水力学模型试验来进行研究。即在一个和原形水流相似而缩小了几何尺寸的模型中进行实验。以预演或重演原型中的水流现象，从而检验原型工程设计得是否正确合理。当然，实现上述目的前提是原型中的实际水流与模型中的水流达到完全的相似。

本章所研究的水力相似原理，就是研究两个水流现象相似应具有什么性质，两水流现象要达到相似应具备什么条件。根据相似原理进行水力模型试验研究，目的是解决在水工建筑物设计或施工中，以及水力机械中等有关水力学问题。一般水力试验的任务有：

（1）观察水流现象。为了了解水流运动内部机理，研究影响因素较多、边界条件较复杂的流动问题，在寻求理论解答之前，有必要对水流现象进行观察和分析。例如，层流和紊流运动、三元流、某些局部阻力、绕流阻力等问题。

（2）量测水流的参数和系数。在实际工程中，有些水流参数和系数还无法求得理论值，而只有通过实验来测定。如沿程阻力系数、粗糙系数、流量系数，二元流和三元流的流速分布与压强分布及其有关参数，等等。

（3）对一些理论公式或计算结果做验证性试验。一般大中型水利工程，在进行理论计算和设计以后，都应通过实验验证，以论证理论计算是否正确，或者说明其误差大小、工程设计是否合理等。

要达到上述要求，模型设计必须正确，各种物理量的转换关系必须正确。而水力相似原理正是解决这些问题的理论基础，也就是说水力模型设计是建立在相似理论的基础上的。

第二节 相似理论的基本概念

如果模型中的水流所有物理量都与原形中的水流相应点上对应的物理量保持各自一定的比例关系，则这两种流动现象就是相似的，这就是流动相似的基本含义。流动相似性根据力学原理可分为以下三种：

一、几何相似（geometric simularity）

几何相似指模型与原型几何形状和边界条件的相似，即模型与原型间相应长度的比例 λ_L 为一定值。设几何长度为 L，面积为 A，体积为 V，则原型与模型所对应的几何量有如下比例关系

长度比尺：
$$\lambda_L = \frac{L_P}{L_M} \tag{14-1}$$

面积比尺：
$$\lambda_A = \lambda_L^2 \tag{14-2}$$

体积比尺：
$$\lambda_V = \lambda_L^3 \tag{14-3}$$

式中，物理量的下标"P"和"M"分别表示原型量和模型量，λ 表示各种物理量的比尺（原型量与模型量的比值）。从上面的公式可以看出，几何相似是通过长度比尺 λ_L 来表达的，如果知道了原型的几何尺寸，就可按比尺 λ_L 设计模型的几何尺寸。

在水工模型制作中必须遵守的基本法则为：尽可能在工艺上保证一定的几何相似性，对由于某一方面无法达到完全相似而导致水流运动的某种程度的变态必须心中有数，以免发生未能预知的误差。

二、运动相似（kinematic simularity）

运动相似是指模型与原型两个流动中任何对应质点的迹线是几何相似的，而且任何对应质点流过相应位移所需的时间又是具有同一比例的，或者说，两个流动的速度场（或加速度场）是几何相似的，这两个流动就是运动相似的。

设时间比尺为
$$\lambda_t = \frac{t_P}{t_M}$$

则速度比尺为
$$\lambda_v = \frac{v_P}{v_M} = \lambda_L \lambda_t^{-1} \tag{14-4}$$

加速度比尺为
$$\lambda_a = \lambda_L \lambda_t^{-2} \tag{14-5}$$

三、动力相似（dynamic simularity）

原型和模型流动中任何对应点上作用着同名的力，各同名力互相平行且具有同一比值则称该两流动为动力相似。

$$\lambda_F = \frac{F_P}{F_M} \tag{14-6}$$

以上三种相似是模型和原型保持完全相似的重要特征，它们是互相联系、互为条件的。几何相似是运动相似、动力相似的前提条件，动力相似是决定流动相似的主导因素，运动相似是几何相似和动力相似的表现，它们是一个统一的整体，是缺一不可的。

模型和原型的流动相似，它们的物理属性必须是相同的，尽管它们的尺度不同，但它们必须服从同一运动规律，并为同一物理方程所描述，才能做到几何、运动和动力的完全相似。按牛顿第二定律：

$$F = ma = m\frac{du}{dt} = \rho V \frac{du}{dt}$$

如要做到两个液流系统对应点之间的作用力保持一定的比例，则要求质量与加速度之间也保持一定的比例，即

$$\lambda_F = \frac{F_P}{F_M} = \frac{m_P a_P}{m_M a_M} = \lambda_m \lambda_a = \lambda_\rho \lambda_L^3 \lambda_v \lambda_t^{-1} = \lambda_\rho \lambda_L^2 \lambda_v^2 \tag{14-7}$$

或写成

$$\frac{\lambda_F}{\lambda_\rho \lambda_L^2 \lambda_v^2} = 1$$

或

$$\frac{F_P}{\rho_P L_P^2 v_P^2} = \frac{F_M}{\rho_M L_M^2 v_M^2} \tag{14-8}$$

其中，F 可以是几种力的合力。

在相似原理中把无量纲数 $F/(\rho l^2 v^2)$ 叫做牛顿数，用 Ne 表示。在两个相似的流动中，牛顿数应相等，即

$$Ne_P = Ne_M \tag{14-9}$$

这是流动相似的重要判据，称为牛顿相似准则。牛顿数是作用力 F 与惯性力 ma 之比，牛顿数相等就是模型与原型中两个流动的作用力与惯性力之比应相等。

对水流来说，作用力可能同时有几种力，如重力、黏滞力、压力等，但牛顿数中的力只表示所有作用力的合力，而这个合力是由哪些力组成的并未揭示。因此，牛顿相似准则只是流体力学相似的普遍准则，在具体的模型试验中必须根据一个或几个特定的相似准则选择比尺关系。

确定相似准则的方法一般有如下三种：

（1）根据相似定义，相似体系中同名物理量之间成一固定的比例。对力学体系，我们就根据某体系中不同的作用力之间所保持的固定关系，寻求表示这种体系主要特征的相似准则。

（2）研究体系中各物理因素的量纲之间的关系，得出一系列无量纲的相似准数，这就是量纲分析法。

（3）分析描述这种体系的物理方程式——这类相似体系必须共同遵守的量的规律，得出相似准数。这种方法较严格可靠，但有时现象复杂或未知，不能列出物理方程。

第三节　液体作用力与特种模型律

一、液体作用力

不同的水流现象中作用于质点上的力是不同的。使液体产生运动的常见作用力有以下几

种，其量纲表示如下：

(1) 惯性力　　$I=ma$　　　　　　$[I] = [\rho L^3][L/T^2] = [\rho L^2 v^2]$
(2) 重　力　　$G=mg$　　　　　　$[G] = [\rho L^3][g] = [\gamma L^3]$
(3) 黏滞力　　$T=\tau A$　　　　　　$[T] = [\tau L^2] = [\mu v/L][L^2] = [\mu L v]$
(4) 压　力　　$P=pA$　　　　　　$[P] = [pL^2]$
(5) 弹性力　　$E=KA$　　　　　　$[E] = [KL^2]$
(6) 表面张力　$S=\sigma L$　　　　　　$[S] = [\sigma L]$

如果上述作用力都对液体运动起作用，则完全的动力相似必须符合

$$\lambda_I = \lambda_G = \lambda_T = \lambda_P = \lambda_E = \lambda_S = \lambda_F \tag{14-10}$$

将牛顿相似准则中的惯性力与各种力相比，就可得到各种力保持相似所需满足的相似准数，例如

$$\lambda_G = \lambda_\rho \lambda_g \lambda_L^3$$

$$\lambda_I = \lambda_\rho \lambda_L^2 \lambda_v^2$$

则

$$\frac{\lambda_I}{\lambda_G} = \frac{\lambda_\rho \lambda_L^2 \lambda_v^2}{\lambda_\rho \lambda_g \lambda_L^3} = \frac{\lambda_v^2}{\lambda_g \lambda_L} = 1$$

$$\frac{v_P^2}{g_P L_P} = \frac{v_M^2}{g_M L_M}$$

$$\frac{v_P}{\sqrt{g_P L_P}} = \frac{v_M}{\sqrt{g_M L_M}}$$

$$Fr_P = Fr_M$$

同理可得各种力保持相似所需满足的相似准数如表 14-1。

表 14-1

作用力比值	结果	特 性 参 数		
		形式	符号	名称
$\dfrac{惯性力}{重力}$	$\dfrac{v^2}{gL}$	$\dfrac{v}{\sqrt{gL}}$	Fr	佛汝德数
$\dfrac{惯性力}{黏滞力}$	$\dfrac{\rho L v}{\mu}$	$\dfrac{\rho L v}{\mu}$	Re	雷诺数
$\dfrac{惯性力}{压力}$	$\dfrac{\rho v^2}{P}$	$\dfrac{\rho v^2}{P}$	Eu	欧拉数
$\dfrac{惯性力}{弹性力}$	$\dfrac{\rho v^2}{K}$	$\dfrac{\rho v^2}{K}$	Ca	柯西数
$\dfrac{惯性力}{表面张力}$	$\dfrac{\rho L v^2}{\sigma}$	$\dfrac{L v^2}{\sigma/\rho}$	We	韦伯数

二、近似的力学相似

不同的水流现象中作用于质点上的力是不同的，一般自然界的水流总是同时作用着几种力，要想同时满足各种力的相似，事实上是很困难的。例如在一个模型上要同时满足 Re 相等和佛汝德数 Fr 相等的条件就不易做到，这是因为：

由 $Fr_P = Fr_M$，可得 $\lambda_v = \lambda_L^{1/2}$；

由 $Re_P = Re_M$，可得 $\lambda_v \lambda_L = \lambda_\nu$；

同时满足上述两条件，则 $\lambda_\nu = \lambda_L^{3/2}$。

因为 $\lambda_L > 1$，因此 $\lambda_\nu = \nu_P/\nu_M$ 也应大于 1，即模型中的运动黏滞系数 ν_M 应小于原型中液体 ν_P 的 $\lambda_L^{3/2}$ 倍，如果 λ_L 不大，则还有可能选择到一种合适的模型液体，如果 λ_L 较大，则要选择一种相似的模型液体几乎是不可能的。例如 $\lambda_L = 50$ 则 $\nu_M = \dfrac{1}{354}\nu_P$，运动黏滞系数这样小的液体在自然界中是不存在的。通常在模型中所采用的液体与原型相同，则 λ_L 必须等于1，也就是说原型与模型的几何尺寸应完全相同，既不能放大也不能缩小，这就只能做原型实验。

由上可知，若要求同时满足各种力的相似，则可以说无法达到，但在实际水流中，在某种具体条件下，总有一种作用力起主要作用，而其他作用力是次要的。因此在模型试验时可以把实际问题简化，只要抓住所研究的问题中起主要作用的力，使之满足该主要作用力的相似准则，而忽略其他较次要的力，这种相似虽是近似的，但实践证明是能满足要求的。

三、特种模型律（special model law）

在实际问题中，流体运动中的某些力在一些情况下常常不起作用或影响甚微，所以近似的动力相似仍然具有现实意义。如果只单独考虑某一种主要作用力，使其满足相似的关系，从而推导出原型和模型间各量的相似定律，就是特种模型律，下节将介绍几种常用的特种模型相似律。

第四节 相似准则

根据对水流运动起主导作用的力建立起原形和模型两个流动之间的相似关系，叫做相似准则，或称模型相似律。因此，针对某一具体的水流现象进行模型试验时，可将其中起主要作用的某个单项力代入牛顿相似准数 Ne 中的作用力 F 项，则可求得表示该单项力相似的相似准则。随着主要作用力的不同，可得到不同的模型相似准则。现在让我们来推导单项力作用下的相似准则：

一、重力相似准则（佛汝德模型律）

当液体运动中起主要作用的力为重力，而忽略其他作用力时，根据牛顿相似准则就可求出只有重力作用下液流相似的准则。

重力可表示为

$$G = \gamma V = \rho g V$$

根据式（14-10），有

$$\lambda_G = \lambda_F$$

由此可得

$$\lambda_\rho \lambda_g \lambda_L^3 = \lambda_\rho \lambda_L^2 \lambda_v^2$$

或

$$\frac{\lambda_v^2}{\lambda_g \lambda_L} = 1 \tag{14-11}$$

也可写成
$$\frac{v_P^2}{g_P L_P} = \frac{v_M^2}{g_M L_M}$$

或
$$Fr_P = Fr_M$$

由此可知，作用力只有重力时，两个相似系统的佛汝德数应相等，这就叫做重力相似准则，或称佛汝德准则，所以要做到重力作用相似，模型与原型之间各物理量的比尺不能任意选择，必须遵循佛汝德准则。现将各种物理量的比尺与 λ_L 的关系推导如下：

因 $g_P = g_M$，故 $\lambda_g = 1$。

(1) 流速比尺： $\qquad\qquad \lambda_v = \lambda_L^{0.5}$ \hfill (14-12)

(2) 流量比尺： $\qquad\qquad \lambda_Q = \lambda_A \lambda_v = \lambda_L^2 \lambda_L^{0.5} = \lambda_L^{2.5}$ \hfill (14-13)

(3) 时间比尺： $\qquad\qquad \lambda_t = \dfrac{\lambda_L}{\lambda_v} = \lambda_L^{0.5}$ \hfill (14-14)

(4) 力的比尺： $\qquad\qquad \lambda_F = \lambda_\rho \lambda_L^2 \lambda_v^2 = \lambda_\rho \lambda_L^3$ \hfill (14-15)

若模型与原型液体一样，$\lambda_\rho = 1$，则 $\lambda_F = \lambda_L^3$。

(5) 压强比尺：$\quad \lambda_p = \lambda_F / \lambda_A = \lambda_\rho \lambda_L \qquad$ 当 $\lambda_\rho = 1$ 时 $\lambda_p = \lambda_L$

(6) 功的比尺：$\quad \lambda_W = \lambda_F \lambda_L = \lambda_\rho \lambda_L^4$

(7) 功率的比尺：$\quad \lambda_N = \lambda_W / \lambda_t = \lambda_\rho \lambda_L^{3.5}$

二、黏滞力相似准则（雷诺模型律）

如果液流中主要作用力为黏滞力 T，根据黏滞力表达式
$$T = \mu A \frac{du}{dy}$$

由此式可得
$$\lambda_T = \frac{T_P}{T_M} = \lambda_\mu \lambda_L \lambda_v$$

根据式（14-10），有 $\lambda_T = \lambda_F$，因此可得
$$\lambda_\mu \lambda_L \lambda_v = \lambda_\rho \lambda_L^2 \lambda_v^2 \tag{14-16}$$

由绪论知 $\mu = \rho \nu$，所以，$\lambda_\mu = \lambda_\rho \lambda_\nu$，代入式（14-16）并简化得
$$\frac{\lambda_v \lambda_L}{\lambda_\nu} = 1 \tag{14-17}$$

而 vL/ν 为无量纲数，由前面的分析可知，$Re = vL/\nu$ 称为雷诺数。因此黏滞力相似，要求原型与模型中的雷诺数相等，即
$$\frac{v_P L_P}{\nu_P} = \frac{v_M L_M}{\nu_M}$$

或
$$Re_P = Re_M \tag{14-18}$$

式（14-18）说明，水流处于层流状态，黏滞力起主要作用的两个相似液流，它们的雷诺数相等。同样，如果两个液流的雷诺数相等，那么这两个液流是在黏性阻力作用下动力相似，这就是黏滞力相似准则（或称雷诺数相似准则）。因此，水流为层流时，若既要满足重力相似，又要使黏滞力相似，两者的 Fr、Re 都必须相等，这实际上是很难达到的。

由雷诺数相似准则推导模型与原型各物理量的模型比尺的关系如下：

(1) 流速比尺: $$\lambda_v = \lambda_\nu / \lambda_L \qquad (14-19)$$

如果模型与原型用同一种液体，则 $\lambda_\nu = 1$，由此可得 $\lambda_v = 1/\lambda_L$。

比较 $\lambda_v = \lambda_L^{0.5}$ 和 $\lambda_v = 1/\lambda_L$ 可知，黏滞力起主要作用水流的动力相似，不能同时满足重力作用下水流的动力相似。

(2) 流量比尺: $$\lambda_Q = \lambda_L^2 \lambda_v = \lambda_\nu \lambda_L \qquad (14-20)$$

(3) 时间比尺: $$\lambda_t = \lambda_L/\lambda_v = \lambda_L^2/\lambda_\nu \qquad (14-21)$$

(4) 力的比尺: $$\lambda_F = \lambda_\rho$$

(5) 压强比尺: $$\lambda_p = \lambda_\rho \lambda_L^{-2}$$

(6) 功的比尺: $$\lambda_W = \lambda_\rho \lambda_L$$

(7) 功率的比尺: $$\lambda_N = \lambda_\rho \lambda_L / \lambda_t = \lambda_\rho \lambda_\nu \lambda_L^{-1}$$

应用雷诺模型律主要研究不可压缩液体中物体受液体内部摩擦力（黏滞力）影响下的运动现象，或研究管道内无自由液面不可压缩液体的流动问题，例如潜体阻力、绕流阻力、有压管流等问题。

如果模型与原型采用相同的液体，则 $\lambda_\nu = 1$，故 $\lambda_v = \lambda_L^{-1}$。

若 L_M 较原型 L_P 缩小 λ_L 倍，则模型中流速需要增大 λ_L 倍，才能保持水流运动的完全动力相似。此外，管流模型靠雷诺模型律设计，所解决的实际问题有限，除特殊需要外，一般水工模型试验中雷诺模型律很少应用。

至于研究输水管道进出口水流问题，因受重力作用，故仍应用佛汝德模型律；研究输水管道内部水流情况时，必须保证紊流的雷诺数位于阻力平方区，同时对施测数值应加以适当的校正。

具有自由液面而流速甚低的层流及渗流，因黏滞力影响较大，且受重力作用，故设计此类模型时常将雷诺模型律和佛汝德模型律结合使用，即动力相似条件 λ_{Fr} 和 λ_{Re} 应同时成立，由此可得

$$\frac{\lambda_v}{\sqrt{\lambda_g \lambda_L}} = \frac{\lambda_v \lambda_L}{\lambda_\nu}$$

将 $\lambda_g = 1$ 代入上式后即得

$$\lambda_L = \lambda_\nu^{2/3} \quad \text{或} \quad \lambda_\nu = \lambda_L^{3/2} \qquad (14-22)$$

从式（14-22）可知，这种模型比例确定于所选择的液体。如果模型液体与原型相同，$\lambda_L = 1$，则失去模型试验的意义，故模型液体应选择黏滞性较小的液体，λ_L 也不能太大。

三、阻力相似准则

主要作用力为阻力，其大小 $T = \tau_0 \chi L$，因 $\tau_0 = \gamma R J$，故

$$\lambda_T = \frac{T_P}{T_M} = \lambda_\gamma \lambda_L \lambda_J \lambda_L^2 = \lambda_\gamma \lambda_J \lambda_L^3$$

根据式（14-10），有 $\lambda_T = \lambda_F$，因此可得

$$\lambda_\gamma \lambda_J \lambda_L^3 = \lambda_\rho \lambda_L^2 \lambda_v^2$$

因为 $\lambda_\gamma = \lambda_\rho \lambda_g$，由上式可得

$$\frac{\lambda_v^2}{\lambda_g \lambda_L \lambda_J} = 1 \qquad (14-23)$$

也可以写为

$$\frac{v_P^2}{g_P L_P J_P} = \frac{v_M^2}{g_M L_M J_M} \tag{14-24}$$

或

$$\frac{Fr_P}{\sqrt{J_P}} = \frac{Fr_M}{\sqrt{J_M}} \tag{14-25}$$

式（14-25）为阻力相似准则。由此可看出，要阻力相似除保证重力相似所要求的 Fr 相等外，还必须满足保证模型与原型中水力坡度 J 相等。由此亦可得出，如果 $J_M = J_P$，即原型和模型中水力坡降相等，则可用重力相似准则设计阻力相似的模型。

因为 $J = h_f/L$，$h_f = \lambda \dfrac{l}{d} \dfrac{v^2}{2g}$，所以 $\lambda_J = \dfrac{\lambda_\lambda \lambda_v^2}{\lambda_l \lambda_g}$，将此值代入式（14-23），得

$$\lambda_\lambda = 1$$

即

$$\lambda_P = \lambda_M \quad \text{（沿程阻力系统）} \tag{14-26}$$

式（14-26）说明，要保证原型与模型在阻力作用下达到动力相似，必须使原型的沿程阻力系数等于模型上相对应的沿程阻力系数。从水力学中可知沿程阻力损失系数与液流的流态有关，也就是说流态不同，λ 的变化规律不同。

当液流为层流时，$\lambda = f(Re) = \dfrac{64}{Re}$，故 $\lambda_\lambda = 1$ 可写为 $\lambda_{Re} = 1$，阻力相似准则在层流时就变为了雷诺模型数相似准则。

当液流为粗糙区紊流（阻力平方区）时，沿程阻力系数 λ 只是相对粗糙度的函数，即 $\lambda = f\left(\dfrac{\Delta}{R}\right)$，故式（14-26）可写为

$$\left(\frac{\Delta}{R}\right)_P = \left(\frac{\Delta}{R}\right)_M \tag{14-27}$$

它说明，在紊流充分发展的粗糙区紊流，由于与 Re 无关，因此，不论 Re 有多大，如果原型与模型的 Δ/R 相等，就可做到这两种液流在阻力作用下的动力相似。在这种状态下的两种液流，只考虑重力作用下的动力相似，就能自动满足阻力作用下的动力相似，因此粗糙区紊流被称之为自动模型区。

对于阻力平方区的紊流，可用谢才公式计算 J 值

$$J = v^2/(C\sqrt{R})^2 = v^2/(C^2 R)$$

若要求 $J_P = J_M$（$\lambda_J = 1$），则

$$\lambda_J = \lambda_v^2 \lambda_C^{-2} \lambda_L^{-1} = 1 \tag{14-28}$$

若按佛汝德律设计模型比尺，则 $\lambda_v = \lambda_L^{0.5}$，代入上式得

$$\lambda_C = 1$$

或

$$C_P = C_M \tag{14-29}$$

如用曼宁公式 $C = \dfrac{1}{n} R^{1/6}$，则 $\lambda_C = \dfrac{1}{\lambda_n} \lambda_L^{1/6} = 1$，由此可得

$$\lambda_n = \lambda_L^{1/6} \quad \text{（n 为有量纲）} \tag{14-30}$$

这样，模型粗糙系数按式（14-30）缩小后，就可用佛汝德律设计阻力相似模型。

实际上，水流由于重力作用发生流动的同时，边界面对流体产生阻力作用。从上述原理可知，按佛汝德律设计模型，为符合原型与模型间的阻力相似，使水力坡降一致，必须使原

型和模型间包括粗糙系数在内的边界条件完全相似。

由于受重力作用具有自由液面的流动现象在水力学中占主要位置（大多是紊流阻力平方区），故水工模型试验中，佛汝德律的应用范围远较其他模型律为广。

例 14-1 有一直径 $d_P=50\text{cm}$ 的输油管路，油的运动黏滞系数 $\nu_P=1.31\times 10^{-4}\text{m}^2/\text{s}$。通过流量为 $Q_P=0.08\text{m}^3/\text{s}$。现用一直径 $d_M=5\text{cm}$ 的圆管，通过温度为 $10\degree\text{C}$ 的水进行模型试验。试求：(1) 要求两液流满足阻力相似时，模型通过的流量；(2) 模型液体仍采用水，要求两液流同时满足阻力和重力相似时，试重新设计模型。

解：(1) 按阻力相似要求，确定模型流量。由题意知，原型、模型线性长度比尺为 $\lambda_L=\dfrac{d_P}{d_M}=\dfrac{50}{5}=10$，从上式可知，这种模型比例确定于所选择的流体。如果模型流体与原型相同，$\lambda_L=1$，则失去模型试验的意义，故模型流体应选择黏滞性较小者，λ_L 也不能太大。

原型管中流速

$$v_P=\frac{Q_P}{A_P}=\frac{0.8}{\frac{\pi}{4}\times 0.5^2}=0.41(\text{m/s})$$

原型管流雷诺数

$$Re_P=\frac{v_P d_P}{\nu_P}=\frac{0.41\times 0.5}{1.3\times 10^{-4}}=1\,577<2\,000$$

故原型为层流。层流运动是黏滞阻力起主导作用。当不考虑重力相似，该管流模型按雷诺数相似准则来设计。

模型液体为水，$10\degree\text{C}$ 时水的运动黏滞系数由表查得 $\nu_M=0.013\,1\text{cm}^2/\text{s}$，则原型、模型水流黏滞系数比尺为

$$\lambda_\nu=\frac{\nu_P}{\nu_M}=\frac{1.3\times 10^{-4}}{0.013\,1\times 10^{-4}}=100$$

由式 (14-19) 求得流速比尺为

$$\lambda_v=\frac{\lambda_\nu}{\lambda_L}=\frac{100}{10}=10$$

模型流速：

$$v_M=\frac{v_P}{\lambda_v}=\frac{0.41}{10}=0.041\ (\text{m/s})$$

流量比尺：

$$\lambda_Q=\lambda_v\lambda_A=\lambda_v\lambda_L^2=10\times 10^2=1\,000$$

模型流量：

$$Q_M=\frac{Q_P}{\lambda_Q}=\frac{0.08}{1\,000}=0.000\,08\ (\text{m}^3/\text{s})=0.08\ (\text{L/s})$$

检验佛汝德准则情况，佛汝德数比尺为

$$\lambda_{Fr}=\frac{\lambda_v}{(\lambda_g\lambda_L)^{0.5}}=\frac{10}{10^{0.5}}=3.16$$

显然，原型、模型佛汝德数不相等，故原型、模型不能达到重力相似。

(2) 按阻力和重力相似来设计模型。在黏滞阻力和重力同时满足相似时，比尺应满足式 (14-22)，即

$$\lambda_\nu=\lambda_L^{3/2}$$

由于原型、模型液体已选定，黏滞系数比尺为 $\lambda_\nu=100$。为满足上式，线性尺度比尺应满足

$$\lambda_L=\lambda_\nu^{2/3}=100^{2/3}=21.54$$

则模型的管径应选用

$$d_\text{M} = \frac{d_\text{P}}{\lambda_L} = \frac{50}{21.54} = 2.32\,(\text{cm})$$

在满足重力相似准则的条件下，流量比尺为

$$\lambda_Q = \lambda_L^{2.5} = 21.54^{2.5} = 2\,154.4$$

模型流量：
$$Q_\text{M} = \frac{Q_\text{P}}{\lambda_Q} = \frac{0.08}{2\,153} = 0.000\,037\ (\text{m}^3/\text{s}) = 0.037\ (\text{L/s})$$

流速比尺：
$$\lambda_v = \lambda_L^{0.5} = \sqrt{21.54} = 4.64$$

两水流佛汝德数比尺为

$$\lambda_{Fr} = \frac{\lambda_v}{(\lambda_g \lambda_L)^{0.5}} = \frac{4.64}{\sqrt{21.54}} = 1$$

这说明按以上条件设计的模型，可达到阻力和重力同时相似。

例 14-2 有一河岸式溢洪道，进口为曲线型溢流坝，坝高为 4m，坝后接底坡 $i_\text{P} = \dfrac{1}{12}$ 的混凝土陡槽，槽宽 $b_\text{P} = 25\text{m}$，长度 $l_\text{P} = 150\text{m}$，泄流量 $Q_\text{P} = 1\,500\text{m}^3/\text{s}$，陡槽及坝面粗糙系数 $n_\text{P} = 0.014$，现设计一线性长度比尺 $\lambda_L = 25$ 的模型。试求：(1) 选择模型材料；(2) 确定模型流量；(3) 设计模型尺寸；(4) 当测得模型坝上水头 $H_\text{M} = 0.5\text{m}$，下游鼻坎上流速 $v_\text{M} = 3.5\text{m/s}$ 时，计算原型坝上水头 H_P 和鼻坎上流速 v_P。

解：(1) 选择模型材料。在溢洪道泄流情况下，应考虑重力和紊流粗糙区阻力相似。模型材料应由阻力相似准则确定。根据式 (14-30)，粗糙系数比尺为

$$\lambda_n = \lambda_L^{1/6} = 25^{1/6} = 1.71$$

模型粗糙系数为

$$n_\text{M} = \frac{n_\text{P}}{\lambda_n} = \frac{0.014}{1.71} = 0.008\,2$$

该粗糙系数可采用木质模型，表面经烫蜡处理来解决，或者采用有机玻璃作溢洪道模型，可以达到上述粗糙系数。

(2) 模型流量。根据重力相似准则，得到流量比尺为

$$\lambda_Q = \lambda_L^{2.5} = 25^{2.5} = 3\,125$$

模型流量：
$$Q_\text{M} = \frac{Q_\text{P}}{\lambda_Q} = \frac{1\,500}{3\,125} = 0.48\ (\text{m}^3/\text{s})$$

流速比尺：
$$\lambda_v = \lambda_L^{0.5} = \sqrt{25} = 5$$

(3) 设计模型尺寸。模型坝高为

$$P_\text{M} = \frac{P_\text{P}}{\lambda_L} = \frac{4}{25} = 0.16\,(\text{m})$$

坝剖面坐标按几何长度比尺缩小，在此从略。模型槽宽为

$$b_\text{M} = \frac{b_\text{P}}{\lambda_L} = \frac{25}{25} = 1\,(\text{m})$$

模型槽长：
$$l_\text{M} = \frac{l_\text{P}}{\lambda_L} = \frac{150}{25} = 6\ (\text{m})$$

模型槽底坡：
$$i_\text{M} = i_\text{P} = \frac{1}{12}$$

(4)原型坝上水头及鼻坎上流速。

$$H_P = H_M \lambda_L = 0.5 \times 25 = 12.5 \text{(m)}$$

$$v_P = v_M \lambda_v = v_M \lambda_L^{0.5} = 3.5 \times 25^{0.5} = 17.5 \text{(m/s)}$$

四、其他相似准则

采用类似方法,还可以分别求出以压力、弹性力、表面张力为主要作用力的相似准则。

1. 惯性力相似准则 在非恒定流中由于给定位置上的水力要素是随时间而变化的,因此在非恒定流中当地惯性力往往起主要作用。因此

$$\lambda_F = \lambda_I = \lambda_\rho \lambda_L^3 \lambda_v \lambda_t^{-1} = \lambda_\rho \lambda_v^2 \lambda_L^2$$

由此可得

$$\frac{\lambda_v \lambda_t}{\lambda_L} = 1$$

或写作

$$\frac{v_P t_P}{L_P} = \frac{v_M t_M}{L_M} \tag{14-31}$$

上式等号两边的无量纲数称为斯特罗哈数,用 $St_P = St_M$ 表示,式(14-31)也可写作

$$St_P = St_M$$

由此可知,要使两个流动的当地惯性力作用相似,则它们的斯特罗哈数必须相等,这称为惯性力相似准则,也称为斯特罗哈准则。

2. 弹性力相似准则 例如,管流中的水击其主要作用力就是弹性力。弹性力 $E = KL^2$,式中 K 为体积弹性系数。若主要作用力为弹性力,则 $F = E = KL^2$,即 $\lambda_F = \lambda_E = \lambda_K \lambda_L^2 = \lambda_\rho \lambda_L^2 \lambda_v^2$,整理得

$$\frac{\lambda_\rho \lambda_v^2}{\lambda_K} = 1$$

或写作

$$\frac{\rho_P v_P^2}{K_P} = \frac{\rho_M v_M^2}{K_M} \tag{14-32}$$

上式等号两边的无量纲数称为柯西数(Cauchy number),用 Ca 表示,上式也可写作

$$Ca_P = Ca_M$$

由此可知,要使两个流动的弹性力作用相似,它们的柯西数必须相等,这称为弹性力相似准则,或称柯西准则。

3. 表面张力相似准则 例如,毛细管中的水流起主要作用的力是表面张力。表面张力 $S = \sigma L$,σ 为单位长度的表面张力。如作用力主要是表面张力,则 $F = S = \sigma L$,于是

$$\lambda_F = \lambda_S = \lambda_\sigma \lambda_L = \lambda_\rho \lambda_L^2 \lambda_v^2$$

整理后得

$$\frac{\lambda_\rho \lambda_L \lambda_v^2}{\lambda_\sigma} = 1$$

或写作

$$\frac{\rho_P L_P v_P^2}{\sigma_P} = \frac{\rho_M L_M v_M^2}{\sigma_M} \tag{14-33}$$

式(14-33)等号两边的无量纲数称为韦伯数(Weber number),用 We 表示,式(14-33)可写作

$$We_P = We_M$$

由此可知,要使两个流动的表面张力作用相似,则它们的韦伯数必须相等,这称为表面

张力相似准则，也称韦伯准则。

4. 压力相似准则 压力 $P=pA$，p 为压强，A 为面积，则
$$\lambda_P = \lambda_p \lambda_L^2$$

若作用力主要是压力，则 $F=P=pA$，于是 $\lambda_F=\lambda_P=\lambda_p \lambda_L^2=\lambda_\rho \lambda_L^2 \lambda_v^2$

整理后得
$$\frac{\lambda_p}{\lambda_\rho \lambda_v^2}=1$$

或写作
$$\frac{p_P}{\rho_P v_P^2}=\frac{p_M}{\rho_M v_M^2} \quad (14-34)$$

式（14-34）等号两边的无量纲数称为欧拉数，用 Eu 表示，上式也可写作
$$Eu_P = Eu_M$$

由此可知，要使两个流动的压力相似，则它们的欧拉数必须相等，这称为压力相似准则，也称为欧拉准则。

欧拉数中的动水压强 p 也可用压差来代替，这样欧拉数具有下列形式
$$Eu = \frac{\Delta p}{\rho v^2} \quad (14-35)$$

在研究气穴现象时，欧拉数具有重要意义。通常 Δp 用某处的绝对压强与汽化压强的差来表示，并用欧拉数的两倍作为衡量气穴的指标
$$K = 2Eu = \frac{\Delta p}{\frac{1}{2}\rho v^2} \quad (14-36)$$

K 就是气穴指数。

在一般情况下，水流的表面张力、弹性力可以忽略，恒定流时没有当地惯性力，所以作用在液流上的主要作用力只有重力、摩擦力及动水压力。要使两个液流相似，则佛汝德数、雷诺数及欧拉数必须相等。事实上三个准则只要有两个得到满足，其余一个就会自动满足，因为作用在液体质点上的三个外力与其合力的平衡力（惯性力）构成一个封闭的多边形，只要对应点的各外力相似，则它们的合力就会自动相似；反之，若合力和其他任意两个同名力相似，则另一个同名力必定自动相似。通常动水压力是待求的量，只要对应点的佛汝德数和雷诺数相等，欧拉数就会自动相等。在这种情况下，佛汝德准则、雷诺准则称为独立准则，欧拉准则称为诱导准则。

以上所讨论的相似准则，是在原型与模型几何相似的条件下得出的，这样的模型称为正态模型。如果由于某种条件的限制，例如模型的平面比尺不能过小（即模型不能过大）。也就是说，如果平面比尺太小，则除了所占场地面积要大，而且建造模型的工作量也相应增加，供水系统的流量要作大幅度的增加。再如模型的垂直比尺不能过大，即模型垂直方向的深度不能过小，因为模型的水深太小，流速太小，就会导致量测精度难以保证等一系列的问题。因此，在某些条件下，模型平面比尺不能太小，而模型的垂直比尺又不能太大，只好把模型的平面比尺定得大些，而垂直比尺定得小些，这样做出来的模型与原型比较，宽度和长度相对较小而深度则相对较大，在几何形态上模型失去了与原型的严格相似，这种模型称为变态模型。河工模型一般均为变态模型，而水工模型为几何形态相似的模型，为正态模型。关于变态模型的比尺关系可参考有关的河工模型专著及水工模型著作。

第五节 水力模型设计方法简介

水利工程设计完成后,通常需要进行模型试验,尤其是大中型水利工程。为此,应进行水力模型设计。

根据模型试验要求不同,有整体模型和断面模型,有定床模型和动床模型,有正态模型和变态模型。本章所介绍的是定床、正态模型。

模型设计首先应明确实验目的和要求,据此确定试验应进行的项目和要求试验的流段范围。然后根据原型水流主要作用力(与试验要求也有一定的关系),决定设计模型的相似准则。

在模型设计中,一般应根据实验室条件先选定线性比尺。线性比尺的选定应考虑原型试验区段的大小(长度和宽度)、实验场地的大小、实验室的最大供水流量等因素。还要考虑到对模型粗糙系数的要求而提出的模型材料选择的可能性,以及模型水流所处流区的相似性。也应考虑到各种量测设备的安装和埋设的可能性和观测精度等因素。在综合考虑和分析试验要求的基础上,初步选定原型、模型的线性长度比尺。

在初选长度比尺后,应进行一些流态相似的验证计算。

在水利工程中,原型水流多数为紊流,而且通常处于阻力平方区。因此,首先应检验模型中水流是否为紊流,尤其在几个流速较小的区段,检验模型水流雷诺数是否大于临界雷诺数,应要求 $Re_M > Re_k$。其次要校核模型水流是否在阻力平方区,如在局部地段未达到,应了解偏离程度多大,是否影响阻力相似。如偏离过大,或偏离的流段范围较大,应考虑调整长度比尺。

如按佛汝德准则设计时,一般可达到原型、模型水流佛汝德数相等。但有时由于外界因素以及边壁粗糙不完全相似的影响,会使流态有所改变。所以也应检验模型水流的急流和缓流状态,要保证原型、模型对应断面上的流态相同。

此外,在一般模型水流中,某些水流现象不可能做到与原型相似,因此不能将原型、模型的物理量互相转换。例如,由于负压产生的气穴问题,因为大气中的大气压强不能按比尺变化,所以气穴问题在一般模型水流中不能形成掺气,因而不能做到原型、模型水流掺气的相似。

一般水工模型比原型小,水流流速比原型小,水深也比原型浅。当流速和水深小到一定程度时,模型水流的表面张力对模型水流已产生明显的影响,而表面张力在原型中一般可以略去不计。因此,为了使表面张力对模型水流不产生明显的影响,不使原、模型中的主要作用力发生变化,根据理论分析和试验,一般要求模型水流流速应大于 0.23m/s,水深应大于 3cm。

上述情况说明,在模型及模型水流的设计中,除了考虑主要作用力的相似准则外,还应顾及到各种因素对模型设计的影响。应该注意到模型试验反映原型流动状况具有一定局限性,要达到模型与原型的完全相似是不可能的。但是,只要认真恰当地选择模型比尺,注意解决各种因素之间的矛盾和不利影响,通过谨慎的设计和调整,是可以达到足够的相似,通过模型试验可以获得满足工程要求的结果。

通过上面的分析和验证,最后确定原型、模型线性长度比尺。然后进行模型设计,绘制模型施工图,着手制作模型。同时,根据已定的相似准则,计算各种水力要素比尺。再确定模型施放流量、控制水位等要素。最后根据试验要求和任务,开始模型试验工作。

在模型试验中测得的运动要素,可以根据已确定的相似准则,将其转换算为原型的相应运动要素。

习 题

14-1 在 $\lambda_L=10$ 的模型进行桥柱前的水面波的壅高试验,$v_M=0.7\text{m/s}$,柱前爬高 $\Delta h_M=20\text{mm}$,桥柱所受的冲击力 $F_M=7.283\text{N}$,问相应的原型 v_P、Δh_P、F_P 是多少?

14-2 某弧形闸门下出流,今以比例尺 $\lambda_L=10$ 做模型试验,试求:(1)已知原型上游水深 $H_P=5\text{m}$,计算模型上游水深;(2)已知原型上流量 $Q_P=300\text{m}^3/\text{s}$,计算模型中流量;(3)在模型上测得水流对闸门的作用力 $P_M=400\text{N}$,计算原型上水流对闸门的作用力;(4)在模型上测得水跃中损失的功率 $N_M=0.2\text{kW}$,计算原型上水跃中损失的功率。

14-3 有一直径 $d=20\text{cm}$ 的输油管道,输送运动黏滞系数 $\nu=40\times10^{-6}\text{m}^2/\text{s}$ 的油,其流量 $Q=10\text{L/s}$。若在模型实验中采用直径为 5cm 的圆管,试求:(1)模型中用 20℃ 的水做实验时的流量;(2)模型中用运动黏滞系数 $\nu=17\times10^{-6}\text{m}^2/\text{s}$ 的空气做实验时的流量。

14-4 为了研究输油管道的运转状态,拟采用 20℃ 的水进行模型试验。已知输油管道直径为 15cm,油的流速为 0.5m/s,油的黏滞系数 $\nu=6.413\times10^{-1}\text{cm}^2/\text{s}$,模型比尺 $\lambda_L=10$。试求:(1)模型中的流速及流量;(2)判别管道中的水流流态。

14-5 欲做一隧洞模型实验,测定其水头损失和可能产生的负压值。已知原型隧洞长 200m,洞径为 3.5m,通过的流量为 $107.5\text{m}^3/\text{s}$,钢筋混凝土衬砌的粗糙系数为 0.014。实验提供的条件是:内径为 17.5cm 的新铁皮,实验场地最大长度为 10m,水泵供水流量为 65L/s。实验测得模型上的水头损失为 50cm,某处最大真空度为 $150\text{mmH}_2\text{O}$。试求:(1)选择模型断面的线性长度比尺;(2)校核水泵供水流量是否满足要求;(3)模型洞长,并校核实验场地是否满足要求;(4)原型中的水头损失;(5)原型中的最大真空度。

14-6 某溢洪道陡槽长 $l=200\text{m}$,宽度 $b=15\text{m}$,底坡 $i=1/10$,下泄流量 $Q=300\text{m}/\text{s}$,混凝土陡槽的粗糙系数 $n=0.014$,已知实验场地为 $10\text{m}\times5\text{m}$,水泵的供水流量为 100L/s,欲做模型实验,试求:(1)选择模型长度比尺;(2)选择模型材料;(3)设计模型尺寸。

第十五章　挟沙水流基础

第一节　挟沙水流的概念

岩石风化成松散土石颗粒，在自重、水力与风力的作用下，由高向低迁移。这类固体颗粒和流体的互动问题，属于泥沙运动学研究领域。泥，是经过黏化的土，其颗粒细微且表面因高价正离子被低价正离子同晶置换而带负电；当浑水的含泥量达到某一限度，内部会出现网络结构，其流动性质发生质变，形成一种不同于水的非牛顿流体——泥浆。泥浆挟运砂石颗粒的现象就是泥石流，也是泥沙运动学研究的内容。

本章将介绍的挟沙水流，主要是常见的泥沙含量较低的水流（也称为浑水）；它不严格地区分水中"泥"有多少，"沙"有多少，只采用一个笼统的含沙量（kg/m^3）来反映水流挟运泥沙的平均强度，即含沙量乘以过水断面的流量就是该断面的输沙率（kg/s）。显然，若对高含沙量的情况，就必须搞清楚，流体到底是水还是泥浆了。黄河流域的河流，水土流失严重，汛期有时会出现含沙量很高的流动，习称"高含沙水流"或"高含沙浑水"，但更确切地说，应是沙砾泥浆流。因此，本章所指的挟沙水流，其黏土颗粒的含量实际上应以泥浆为限。这一界限含量可称为浑限，其值视水质及黏粒的理化性质而异，通常应由实验确定。单粒黏土矿物有高岭土、水云母、蒙脱土等，其粒径 d 大多在 0.005mm 以下，高岭土较粗，水云母（伊利土）次之，蒙脱土最细。水质相同，但黏粒成分不同，浑限也不同；颗粒越细，表面电性就越强，浑限也越低。我国北方黄土地区的黏土以水云母类居多，实验表明当浑水中 $d<0.005$mm 的黏粒浓度达到 $40\sim50kg/m^3$，就会开始呈现非牛顿体的特性。由于原生黄土中黏粒所占的比例各地差异很大，低者不足 10%，高者超过 20%，所以，如果用一个笼统的含沙量来划分浑水与泥浆的界限，是不尽合理的；比如陕西关中地区可能是 $400kg/m^3$，而接近荒漠的陕北、晋北、内蒙古等地就会达到或超过 $800kg/m^3$。

我们已在第四章学习了紊流和沿程阻力系数的内容，知道了按水流的流态判数（雷诺数 Re）和边壁的相对糙度（$\frac{\Delta}{R}$），沿程阻力系数可分为层流区、紊流光滑区、紊流过渡粗糙区和阻力平方区四种不同的规律。这里需要指出的是，第四章的前提条件是清水定床，其中雷诺数的运动黏滞系数仅与温度有关，而边壁表面的突起高度 Δ 对于给定的壁面是个定值。挟沙水流的情况则不同，是浑水动床，浑水的运动黏滞系数不仅与温度有关，还随含沙量的增大而增大；浑水的边界是由松散泥沙颗粒组成的床面，水流强度不同，床面形态（沙波起伏）是可变的，突起高度也不是定值。

一般来说，水流之所以能挟沙，主要是由于水流与边界（床面）摩擦的不均匀性而猝发且强化了的垂向压力脉动作用。若河渠的平均流速过低，例如小于 0.1m/s，即使水流的雷诺数已达到或超过 10^5，仍会因垂向紊动强度不足，浑水中的细颗粒照样下沉，这也正是沉沙池的工作原理。换句话说，像河渠这类具有一定水深和自由水面的输水实体，只有在边壁猝发的紊动强度达到一定水平后，才能够引发或保持泥沙颗粒处于运动状态；所以，实用上河渠挟沙水流均按处于阻力平方区的紊流对待。

水流挟运泥沙颗粒的方式，可以是悬浮的，也可以是贴底的，前者称为悬沙，后者称为底沙；底沙以下则是静止的床沙。对某一特定的挟沙水流来说，悬沙细、底沙较粗、床沙最粗。由于河渠水流的来水来沙情况随时间变化，其过水断面形状与大小也沿程不同，所以，某一泥沙颗粒的运动方式是相对可变的。

"泥沙"作为一个复合词，其单颗粒的几何尺度（粒径）可从 0.001mm 起，大到 1 000mm，跨越 6 个量级。工程上把 0.05～0.005mm 的颗粒称为粉粒，其成分主要是不可能黏化的石英以及一些较粗的高岭土；河渠中的粉粒，大多以悬浮方式运动。2～0.05mm 的颗粒称为沙粒，其成分是石英、长石和云母等原生质；沙粒的运动方式转换频繁，从床面跃起，浮一段又落下，称为跃移，一般情况下，其活动范围主要在水深约 1/5 的临底（近壁）流区内。2～200mm 的颗粒则为砾、卵石，其成分大多与母岩相同，也有一些是石英或长石原生质；这类比较粗大的颗粒通常因水流强度不同，有时运动，有时静止；即使运动也大多贴近床面，间歇性地小跳跃、滚翻或滑移（统称推移运动）。至于 0.005mm 以下的黏粒，在浑水中并不都是以单颗粒的形式随紊团混掺悬浮运动的，由于质量很小，随机运动的瞬时速度也较高，当它们相互接近到一定程度，就会因薄膜水作用而聚合在一起；另外，黏粒表面的电性，又对颗粒间的聚合起着抑制作用。在中性或含高价正离子（Ca^{2+}、Mg^{2+} 等）的酸性浑水中，黏粒的聚合体呈松散絮状，称为絮团。絮团的尺寸多在 0.001～0.005mm 之间，大的也不超过 0.025mm。

挟沙水流的基础理论大致包括泥沙在水中的沉速、水流对泥沙的挟动、动床的阻力、水流的挟沙能力，以及水沙（流体与固体颗粒）互动的相似条件及输沙数理模拟等几个方面。从物理学的角度来观察上述基本课题，其中仅有一小部分是属于机械运动的确定性问题，如单粒泥沙在静水中的沉速（沙动水不动），或床面泥沙颗粒在清水水流作用下开始运动的临界状态（水动沙不动），亦即清水起动。而当水沙一旦都运动起来，情况则复杂得多，虽然我们可以假定挟沙水流处于阻力平方区，但床面的形态是随水沙条件而变化的；虽然我们知道泥沙颗粒的运动要依靠水团的紊动来支持，紊动能就是水流损失的机械能，但并不是所有的紊动能都必须用来维持泥沙的运动，实际上后者仅占紊动能（即机械能损失）的很小一部分，比例是不确定的。正因为如此，致力于泥沙研究的人不少，文章也很多，但一些关键问题，几十年来都难以突破，仍处在个例、经验和定性阶段。

上述有关挟沙水流的基础理论，除相似律和输沙数理模拟外，本章将均有涉及。但是，当学习到不确定性问题时，首先应注意概念的转换，而不能死记公式；同样，在工程中处理不确定性问题，也必须采取实地调研、各案各论、尊重经验的态度。

第二节　泥沙的沉速

泥沙的沉速，一般是指单颗粒泥沙在静止、等温、广域（无干扰）清水中自由下沉的平均速度，也称为标准沉速。如果不是上述约定条件，就需要另加相关定语，如干扰沉速、群体沉速及在其他流体（液态或气态）中的沉速等。

一、绕流阻力

泥沙颗粒沉速的大小，取决于颗粒的有效重力与绕流阻力间的平衡。给定了大小与形状的颗粒在静水中下沉的情况，与假定颗粒不动，而水绕过它流动是相似的，同属于流体与固体颗粒间相对运动问题；二者的区别在于，当颗粒固定时只有流态会失稳（层流转为紊流），而颗粒自由时，流体与颗粒都存在失稳条件，情况更为复杂。图15-1描绘了球体颗粒在静水（或其他牛顿体）中的下降运动。图中的绕流雷诺数 $Re = \dfrac{\omega d}{\gamma}$，$\omega$ 是平均沉速，d 是球体直径，γ 是水的运动黏滞系数。由图可见，随着雷诺数的增大，球体的绕流状态由层流、过渡流而发展为紊流；球体的运动轨迹，也因其背面尾涡的形成与发展，从直线失稳转为摆动到盘旋。

紊动失稳现象，即使是颗粒固定时的流态转变（清水定床），至今仍是理论流体力学中几乎无法求解的难题。绕流处于层流状态时的球形颗粒，1851年斯托克斯（G. G. Stokes）略去N-S方程的惯性项，并对球外的速度与压强场作假定处理，得出了著名的层流区球体绕流阻力公式：

$$F = 3\pi \mu v d \qquad (15-1)$$

式中，F 为滞性绕流阻力；μ 为动力黏滞系数；v 为相对运动的速度（即沉速 ω）；d 是球体的直径。

绕流是地理、土建、交通、化工、矿冶等许多领域都很关注的自然现象，早在1726年，牛顿就提出了绕流阻力的一般表达式：

$$F = C_f \rho A \dfrac{v^2}{2} \qquad (15-2)$$

式中，ρ 为流体的密度；v 为相对运动的平均速度；A 是在 v 方向物体阻流的面积；C_f 称为绕流综合阻力系数。牛顿公式是绕流时 $F = ma$ 的抽象概括，其中 $\rho A v$ 可理解为单位时间内流体被作用的质量，而 $v/2$ 则表示单位时间内被作用流体速度的平均变化（即平均加速度）。从图15-1，我们不难理解，当绕流处于层流状态时，其阻力仅有表面摩擦的黏滞阻力；而随着雷诺数 Re 的增大，尾涡出现，物体迎水面与背水面的压力不同，由此产生的压差阻力是形状阻力。所以，式中的绕流综合系数 C_f，显然不是常数，而应与物体的形状及绕流雷诺数有关，目前只能用实验的方法去研究。

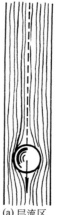
(a) 层流区
$Re < 0.029$

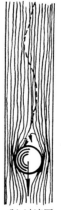
(b) 过渡区
$Re = 350$

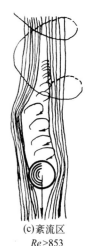
(c) 紊流区
$Re > 853$

图 15-1

二、沉速的通式

设颗粒的体积为 V，容重为 γ_s，液体容重为 γ，则该颗粒在静液中自由沉降的有效重量（作用力）为 $(\gamma_s - \gamma)V$；沉降平衡时的平均沉速以 ω 表示，相应的综合阻力系数以 C_ω 表

示,利用牛顿公式(15-2)可写出

$$(\gamma_s - \gamma)Vg = C_\omega \rho A \frac{\omega^2}{2}$$

$$\omega = \sqrt{\frac{2}{C_\omega}\left(\frac{\gamma_s - \gamma}{\gamma}\right)\frac{V}{A}g} \tag{15-3}$$

式中,颗粒的体积与阻流面积之比 $\frac{V}{A}$ 与颗粒的大小、形状以及下沉的方位有关,除球体外没有定式可言。

为使问题简化,突出主要矛盾,引入等容粒径的概念。等容粒径就是与颗粒体积相等的球体直径,符号为 d,式(15-3)中的 V 即可代以 $\frac{1}{6}\pi d^3$。另外,出于实用,将颗粒在下沉方向的投影面积(阻流面积)A,也以等容球体的大圆面积 $\frac{1}{4}\pi d^2$ 替代,所产生的误差均归入综合阻力系数 C_ω 中一并考虑。习惯以 γ_s 代表沙粒的容重,γ 代表清水的容重,则以等容粒径 d 来反映的泥沙颗粒沉速表达式为

$$\omega = \sqrt{\frac{4}{3C_\omega}\left(\frac{\gamma_s - \gamma}{\gamma}\right)gd} \tag{15-4}$$

式(15-4)即泥沙沉速通式,其中的沉速阻力系数 C_ω 是一个无因次的纯数,它与颗粒形状和绕流的流态(即雷诺数 Re)有关,只有用实验的方法进行研究。图15-2即为球体的 C_f 与 Re 关系曲线,可以看出,当 $Re<0.2\sim0.5$ 时,绕流为层流流态;当 $Re>800\sim1000$ 时,绕流为紊流流态;而在层流(斜直线)和紊流(水平线)之间,为过渡态,其 C_ω 和 Re 的关系是一条曲线。

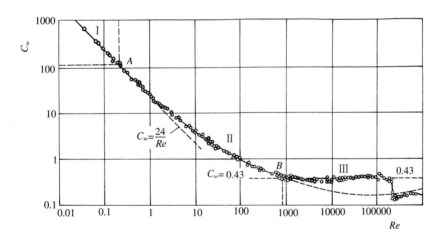

图15-2 球体的沉速阻力系数

三、泥沙颗粒的静水沉速

单颗粒泥沙在水中自由沉降的情景和图15-1所示的球体是相似的,也可分作层流、过渡和紊流状态;但泥沙颗粒形状多变,对于同一个等容粒径 d,因形状不同沉速也不同。我们通常所说的泥沙粒径 d,就是等容粒径。因此,说到某种粒径的沉速也应指与该粒径等容

的各种泥沙颗粒的平均沉速。下面,我们按绕流流态分区,介绍单颗粒泥沙静水沉速的常用计算公式。

1. 层流区泥沙颗粒($d=0.001\sim0.1$mm)　　层流区的泥沙颗粒大多是扁平的盘状黏粒和由多面构成的杂角形粉粒,它们的沉速显著小于等容的球体。层流区的球体颗粒,可以用斯托克斯的绕流阻力公式(15-1)直接导出其沉速 ω 的计算式:

$$\omega_{球} = \frac{1}{18}\frac{(\rho_s - \rho)}{\mu}gd^2 \tag{15-5a}$$

因运动黏滞系数 $\nu=\mu/\rho$,故上式亦可写作

$$\omega_{球} = \frac{1}{18}\frac{(\gamma_s - \gamma)}{\gamma}g\frac{d^2}{\nu} \tag{15-5b}$$

这就是斯托克斯层流区球体沉速公式,实验表明,当绕流雷诺数 $Re=\dfrac{d\omega}{\nu}\leqslant 0.2$ 的情况下,具有很高的精度。但天然泥沙颗粒并非球体,式(15-5)不能直接使用,还应乘一个小于1的修正系数;由于各家修正系数取值不同(大多取为0.75,也有取0.70),计算公式的系数就有差异。另外,天然泥沙的容重 γ_s 随矿物组成不同,一般变化于 $2.60\sim2.70$t/m³ 之间。实用上为了简化计算公式,取 $\gamma_s=2.65$t/m³,$\gamma=1.0$t/m³,$g=9.8$m/s²,沙玉清取沉速修正系数为0.75,得清水中层流区泥沙沉速的实用算式为

$$\omega = 0.674\frac{d^2}{\nu} \tag{15-6}$$

式中,ω 为沉速(m/s);d 为粒径(m);ν 为水的运动黏滞系数(m³/s),与温度有关,参看第一章第三节。该式的适用条件为 $Re=\dfrac{\omega d}{\nu}\leqslant 0.209$;为方便起见,工程实用上多将粒径范围定为 $0.001\sim0.1$mm。小于 0.001mm 的胶质颗粒,水分子布朗运动的影响逐渐增大,颗粒的运动轨迹亦会与直线偏离。当水温较高时,考虑到运动黏滞系数的变化,其上限粒径应随之减少,例如水温30℃时,宜取为0.05mm。

2. 过渡区泥沙颗粒($d=0.1\sim2.0$mm)　　过渡区的泥沙就是常见的各种粗细不同的沙子。沙粒的形状变化较大,少部分接近球体,大部分是多面尖角形的,还有少部分是扁平的。对于相同的等容粒径,因形状各异,其沉速大小之比可达1.5倍。过渡状态的绕流阻力包括黏滞阻力与压差阻力两部分,即使颗粒是球形的也没有理论公式。通常只能在实验的基础上,先确定球体的经验公式,然后再加以形状修正,给出自然泥沙的实用公式。由于各家对绕流阻力的分析和修正方法不同,公式颇多,但又因它们所依据的实验资料大同小异,公式的计算结果都针对平均状况而言,所以差异并不很大。

1962年,岗恰洛夫(В. Н. Гончаров)给出的近似公式如下:

$$\omega = 6.77\frac{\gamma_s - \gamma}{\gamma}d + \frac{\gamma_s - \gamma}{1.92\gamma}\left(\frac{T}{26} - 1\right) \tag{15-7}$$

式中,ω 以 cm/s 计,d 以 mm 计,T 以 ℃ 计。该式的适用范围较窄,大致为 $d=0.15\sim1.5$mm。

生产实际中运用沉速规律,希望由已知粒径 d 求得沉速 ω,或已知沉速 ω 求得粒径 d。但在过渡区,沉速不仅与粒径有关,同时还与绕流雷诺数 $Re=\omega d/\nu$ 有关(即阻力系数 C_ω 是 Re 的函数)。1956年,沙玉清另引入了两个新的无量纲数:

沉速判数 $$S_a = \left(\frac{4}{3}\frac{Re}{C_\omega}\right)^{1/3} = \frac{\omega}{g^{1/3}\left(\frac{\gamma_s - \gamma}{\gamma}\right)^{1/3}\nu^{1/3}} \tag{15-8a}$$

粒径判数 $$\Phi = \frac{Re}{S_a} = \frac{g^{1/3}\left(\frac{\gamma_s - \gamma}{\gamma}\right)^{1/3} d}{\nu^{2/3}} \tag{15-8b}$$

由以上两式可见，当水温和泥沙的容重不变时，S_a 只与沉速有关，Φ 只与粒径有关；这样就可以根据实验资料，点绘 S_a 和 Φ 的关系，从而得出过渡区泥沙沉速的实用算式 [γ_s、γ、g 的取值同式（15-6）]：

$$\left(\lg\frac{\omega}{\nu^{1/3}} + 3.386\right)^2 + \left(\lg\frac{d}{\nu^{2/3}} - 5.374\right)^2 = 39 \tag{15-9}$$

式中，ω 为沉速（m/s）；d 为粒径（m）；ν 为水的运动黏滞系数（m²/s）。

该式的适用条件为 $Re = 0.209 \sim 853$；为方便起见，工程实用上多将粒径范围定为 $0.1 \sim 2.0$ mm。当水温较高时，相应的下限宜酌情减少，例如水温 30℃ 时，下限粒径可取为 0.05mm。

3. 紊流区泥沙颗粒（$d > 2.0$ mm） 随着绕流雷诺数增大，因水质点惯性而引起的压差阻力所占比重增大到黏滞阻力可以忽略不计时，流态则转入了成熟紊流，也就相当于第四章中所说的阻力平方区。但由于泥沙颗粒是自由可动的，其尾涡不可能稳定不变，所以，颗粒运动的轨迹因其形状各异而复杂多变；所谓阻力、沉速仍然都只能是时间平均的概念。

从图 15-2 可见，对于球体，当 Re 在 $850 \sim 10^5$ 范围内，其阻力系数 C_ω 虽不稳定，但大致变动于 0.43 上下较窄的区域内。同样，不同形状的沙粒，在紊流区也有各自相对稳定的阻力系数，但除流线型梭状体外，其他的阻力系数均大于 0.43。

紊流区的泥沙颗粒，主要是各种粗细不同的砾石和卵石，大多是经过水力搬运与磨蚀，呈多面圆角形，其阻力系数 C_ω 要比球体大一倍以上，但实用上也只能当作某一常数处理，其值因大致变化在 $0.9 \sim 1.4$ 之间，多取为 1.20。取定了 C_ω 值后，即可按式（15-4b）直接计算沉速。为了简化计算，各家也提出了相应的估算式（γ_s、γ、g 的取值同前），例如：

岗恰洛夫 $$\omega = 4.23 d^{1/2} \tag{15-10a}$$

沙玉清 $$\omega = 4.58 d^{1/2} \tag{15-10b}$$

式中，沉速 ω 的单位为 m/s，粒径 d 的单位为 m。紊流区泥沙沉速公式的适用条件为 $Re > 850$，该区的绕流阻力仅为颗粒形状产生的压差阻力，黏滞阻力已无影响，故不论水温高低，其下限粒径均可采用 2.0mm。

最后，还需指出，以上我们所说的粒径 d 都是等容粒径；实际生产中也有采用其他粒径的，例如：①沉降粒径（水力粗度）：对于小于洗筛筛孔（0.1mm）以下的细颗粒，直接把测定的沉速代入斯托克斯公式 $\omega = 0.90 \dfrac{d^2}{\nu}$ 反算而得的粒径；显然，这一粒径小于等容粒径，其相应的重量必小于颗粒的真实重量。②筛孔粒径（筛径）：对于大于 0.1mm 的沙粒，采用各级筛孔的振动筛得出的粒径；一般来说，由于沙粒不是球形，若为柱状则筛径偏小，为片状则筛径偏大。所以，对于具有连续级配的泥沙样本，理应有一条光滑且在重量上分级重与总重统一的级配曲线，只有把粒径统一到等容粒径才合理。不过，即使如此，由于颗粒的形状多变，细颗粒也难以量测，误差仍是在所难免的。

四、泥沙的群体沉速

自然界的泥沙，总是以组合的形式出现，颗粒有粗有细，沉速差异更大。为了解决实际问题，仅仅了解单粒的静水沉速显然不够，必须进一步研究众多颗粒在水中同时沉降的现象才有意义。

一般来说，组合泥沙在静水中沉降，可分为两种类型：一是分散沉降，即开始相互干扰，而后逐渐散开，粗的先沉底，细的盖在上面，这叫做泥沙经过沉降后被水力"分选"了。还有一种，则是同步沉降，没有分散现象，这种沉降的沉速才称为群体沉速。

"群体"一词，宜定义为：在静水或其他流体中基本上以同一平均速度下沉的颗粒集体，在群体中颗粒的分配与分布可以认为是均匀一致的。水利工程中常见的群体，大致有两类：一类是由基本相同的颗粒组成的群体，通常称为均匀沙；它们在水中同步沉降，颗粒之间是无结构的。另一类则是含有一定数量细微颗粒的混合沙，由细微颗粒形成了有结构性的网络，再扶持着粗大的沙粒形成共同沉降，实质上也可以说是含沙的泥浆。显然，均匀沙的群体沉速理论要单纯一些，也更符合本章的主旨，即以浑水作为主要对象，液体是水而不是泥浆。但是，从另一方面说，由细微颗粒所形成的网络结构，当水流的紊动足够强，结构则不复存在，我们也不能完全避开含有细颗粒的组合泥沙问题，况且，我国北方此类"高含沙水流"也较常见，后面讨论挟沙能力时还将再次谈到。

群体颗粒下沉时，水必然产生向上的绕流运动，前面说到单颗粒在广域的水体中沉降，颗粒的沉速也就是水的绕流速度；但对于群体颗粒下沉而言，水只可能在粒间的空隙中向上运动，颗粒与水流之间的相对速度（绕流速度）u，对于绕流的流态起着决定性作用，即绕流雷诺数 $Re = \dfrac{ud}{\nu}$。这一相对速度 u 和颗粒的群体沉速 ω_c 就不可能相等了；为了便于说明这一概念，我们以无黏聚性的均匀沙群体为例来说明，参看群体沉速二相示意图 15-3。

相对于某一固定基准面 o-o，群体下沉的速度为 ω_c，该群体颗粒所占的体积以含沙率 s 来表示，故单位体积浑水中空隙的体积为 $(1-s)$。单位时间内泥沙颗粒下沉的体积为 $s\omega_c$，这一体积必与单位时间水流上升的体积相等。水流与颗粒间的相对速度为 u（动坐标取在颗粒上，以 ω_c 的速度对 o-o 向下运动），故水流实际向上运动的速度（对 o-o）应为 $(u-\omega_c)$，单位时间内水流上升的体积则为 $(1-s)(u-\omega_c)$，因此

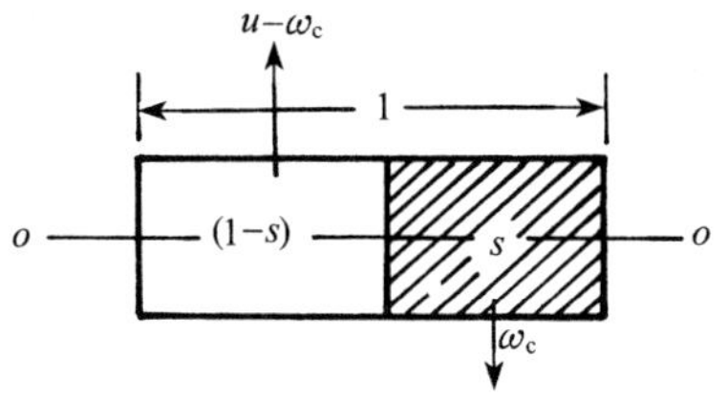

$$s\omega_c = (1-s)(u-\omega_c)$$

故得
$$\omega_c = (1-s)u = \varepsilon u \tag{15-11}$$

图 15-3

式中，$\varepsilon = 1-s$，是单位体积浑水中自由水所占的体积，也说是孔隙率。既然是群体，ε 必然小于 1，所以，绕流的相对速度 u 总是大于群体沉速 ω_c 的。孔隙率的最小限度就是淤积孔隙率 ε_e，当群体的孔隙率小到 ε_e，也就是达到淤积含沙率 s_e 后，群体沉降则转为淤土固结而进入了渗流领域。

我们不难想到，随着含沙率的增大，不仅流路的面积与形态在变化，而且含沙水体的运动黏滞系数也会因参与动量交换的水分子数量减少而增大。所以，群体沉速与单粒沉速相

比，势必更加复杂。

20世纪初就有学者关注过含沙率很低情况下，无黏性微粒的共同沉降数理解，随着工业化的进展，到20世纪30—40年代之后，人们持续地进行了大量实验研究，但纯理论的研究成绩仍很有限。目前，生产实践中遇此类问题，大多应该采用实验的办法加以解决。群体沉速和单粒沉速相似，也存在层流、过渡流及紊流三种绕流的流态，可是用怎样的雷诺数作区别流态的无量纲判数，就有两种不同的形式，一种是概化雷诺数 $Re' = \dfrac{\omega_c d}{\nu}$，另一种则是真实雷诺数 $Re = \dfrac{ud}{\nu} = \dfrac{\omega_c d}{\varepsilon \nu}$。在含沙率很低时，二者差异不大，但随含沙率增大，空隙减小，相对流速 v 和运动黏滞系数 ν 都在变，它们之间的差异就明显起来了。图15-4是无黏性均匀沙群体和含黏混合沙样本的沉速变化 $\dfrac{\omega_c}{\omega}$ 与含

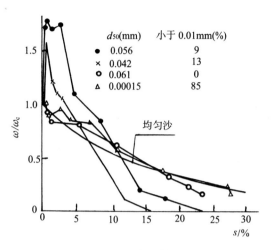

图15-4　两类群体沉速

沙率 s 之间的关系。对于含黏混合沙，由于只有当含沙率大于浑限后才可能形成"群体"，所示群体沉速的起点应由浑限开始；含沙率小于浑限时，粗细颗粒的沉降是分散的，而且，细颗粒（$d<0.01$mm）还可能在浓度稍增时出现絮凝现象。

下面，我们仅就几个有代表性的群体沉速公式作简单介绍，一般来说，式中的系数和指数只有在缺乏试验或实例资料时才参考选用。

1. 无黏性的均匀沙（$d=0.67\sim10.0$mm）　里亚申柯（П. В. Лященко）1940年提出的公式如下：

$$\dfrac{\omega_c}{\omega} = (1-s)^m \tag{15-12}$$

该式形式简单，使用方便，受到研究者的重视，至今仍广为应用。式中 ω_c 和 ω 分别为群体与单粒的同温静水沉速，s 为含沙率，m 为一待定指数。由于 m 与颗粒的理化性质有关，且随粒径的减少而增大，通常应采用试验方法确定。根据有关资料分析，当 $d<2$mm时，指数值比较稳定，约为2.25（但资料点据较少）；而当 d 小于0.25mm后，因颗粒的理化性质不同，m 值变化甚大，在4.5~8.0之间。

该式的缺点之一是只有当 $s=1$ 时 ω_c 才为零，实际上若 $s=s_e$（淤积含沙率），ω_c 就该为零了；再有就是含沙率不同，群体沉速的绕流状态和颗粒间的接触状态应该不同，但公式都没能反映出来，经验性较强。含沙率较低时，颗粒之间相互接触的几率很小，各点的水流方向基本上是自下而上的，颗粒处于充分悬浮状态；而当含沙率高时，颗粒相互搅动、碰撞频繁，其间的水也被牵连，有时某处会有向下的运动，沉降逐渐向淤积状态过渡，称为碰撞悬浮状态。实验资料表明，两种悬浮状态的群体沉速规律是有差别的；对无黏性均匀沙来说，其界限含沙率 s_c 在0.3左右。根据以上分析，1965年沙玉清提出的计算公式如下：

低含沙率 $s<s_c$（≈ 0.3）时

$$\frac{\omega_c}{\omega} = (1-s)\left[1-\left(\frac{s}{s_e}\right)^{n_1}\right] \tag{15-13}$$

高含沙率 s_c（≈ 0.3）$< s < s_e$ 时

$$\frac{\omega_c}{\omega} = (1-s)\left[\beta_e - n_2 \lg\left(\frac{s}{s_e}\right)\right] \tag{15-14}$$

式中的淤积含沙率 s_e 与粒径有关，计算公式为 $s_e = 0.515 d^{0.08}$，粒径 d 的单位采用 mm；$\beta_e = \left(\frac{v}{\omega}\right)_e$，即达到最终沉降时相对流速与单粒沉速之比，无实验资料时，可取 $\beta_e = 0.10$。资料分析表明，无结构均匀沙的绕流流态主要与粒径有关，其过渡区粒径的范围，除含沙率很低的情况外，一般均较单粒沙明显缩小了（表 15-1）。表 15-1 给出了指数 n_1、n_2 的取值，可作为估算时的参数。

表 15-1 均匀沙群体沉速的界限与 n_1、n_2

流 区	层流	过渡流	紊流
粒径 d/mm	<0.252	$0.252\sim1.05$	>1.05
n_1	0.638	$0.914 d^{0.258}$	0.921
n_2	0.835	$1.195 d^{0.258}$	1.205

由表 15-1 可见群体沉降的绕流流态分区粒径与前述单粒沉降相比，"层流变粗、紊流变细"了。我们可以从雷诺数 $Re = \frac{vd}{\nu}$ 的变化来理解：随着含沙率的增大，v 和 ν 都是变化的，细颗粒 ν 的作用强些，层流粒径变粗了；而粗颗粒 v 的作用强些，紊流粒径变细了。

2. 含黏混合沙（组合群体）　前面说到，当水中的细微颗粒（$d<0.01$mm）含量达到浑限值（$s\approx 1\%\sim 2\%$）后，由于颗粒间引力与电性斥力的动态平衡，水的性质将发生根本变化，成为有结构性的泥浆，黏粒含量愈高其结构性也愈强。结构性的应力—应变特征（本构关系），主要表现在只当切应力大于某一结构的屈服值 τ_B，浆体才会呈现流动性。牛顿流体的本构方程为 $\tau = \mu \frac{du}{dy}$，而泥浆则为 $\tau = \tau_B + \eta \frac{du}{dy}$（图 1-2），称为宾汉（E. C. Bingham，1919）流体。τ_B 是宾汉切应力，η 与动力黏滞系数 μ 相似，称为塑性黏滞系数。由于 τ_B 的存在，泥浆就有能力支持比较粗大的沙粒，使它在浆液中不下沉，或保持与浆液同步沉降，从而形成了组合群体。在浆体中不沉降的最大粒径，称为该浆体的不沉粒径。1951 年，希辛柯（Р. И. Шищенко）按颗粒在浆体中的平衡条件，给出了不沉粒径 d_0 的算式如下：

$$d_0 = \frac{6\tau_B}{k(\gamma_s - \gamma_m)} \tag{15-15}$$

式中，τ_B 和 γ_m 都是指细微颗粒所形成的浆体的屈服切应力与容重，γ_s 则是不沉颗粒的容重，k 为形状修正系数，当颗粒接近球体时取 $k=1$。有关试验表明，k 值的变化范围为 $0.3\sim0.6$，浆体浓度越高，τ_B 越大，相应的不沉粒径 d_0 也越粗。

应该指出，自然界的河渠泥沙，悬沙级配一般都是连续的，在对实测资料进行分析的，就会产生浆体界限粒径的取值问题，标准不同结果就不同。有的研究者以全沙（不论颗粒粗细）为对象，进行实验分析，这时的 τ_B 则会偏大，而 γ_m 就更大，代入式（15-15）得到的 k 值就会是比 1 还大的数（$1.05\sim1.30$）。但从基本概念去考察，含沙的泥浆流还是以 $d \leqslant$

0.01mm 作为成浆界限粒径较为合理,对挟沙能力的研究也较为有利。

含黏混合沙的"群体"状态,只有当 $d<0.01$mm 的细颗粒含量超过浑限后才会出现,而且群体中粗颗粒的粒径 d 必须小于 d_0,否则仍存在分散现象。群体沉降不仅内部浓度不变,其外观也必须在静水中呈现清晰的水-浆界面(浑液面),上为清水,下为泥浆。群体沉速也就是该界面在静水中的沉速。不难理解,这种沉降实质上是浆体网络结构在自身以及它所载负的无黏性沙粒的有效重量共同作用下的均衡析水过程。因此,这一沉速的大小,理论上应与网络结构的力学性质和它所负沙粒的多寡以及液体的黏滞性有关,涉及因素是很多的,目前尚无通用的算式。

1965 年,沙玉清在研究浑水黏滞性的基础上,进一步发现,层流区的细颗粒($d<0.1$mm),$\dfrac{\omega_c}{\omega}$ 与 $\dfrac{\nu_0}{\nu_m}$ 之间应存在指数关系,ν_0、ν_m 分别是清水与同温度浑水的运动黏滞系数;按沙氏提出的细颗粒浑水运动黏滞系数公式 $\nu_m = \dfrac{\nu_0}{1 - \dfrac{s}{2\sqrt{d}}}$,进而给出的含黏混合沙群体沉速公式如下

$$\frac{\omega_c}{\omega} = \left[1 - \frac{s}{2\sqrt{d}}\right]^3 \tag{15-16}$$

式中的 d 和 ω,对于由黄土形成的混合群体,可采用中值粒径 d_{50} 和相应的清水沉速 ω_{50}。式(15-16)的适用条件是 d_{50} 应在 0.01mm 附近,或小于 0.01mm。由于该式形式简单,且有一定精密,故生产设计中应用较广。

此后,曹如轩、张红武等又在上述思路与形式的基础上,补充新资料,给出了精度和适用性均有提高的新公式

$$\frac{\omega_c}{\omega} = (1 - 1.25s)\left[1 - \frac{s}{2.25\sqrt{d}}\right]^{3.5} \tag{15-17}$$

式中的符号意义同前。从公式(15-17)的结构形式看,它与 $s<0.3$ 的无黏性均匀沙群体沉速计算式(15-13)相似,但指数与系数不同。

有关泥沙沉速的讨论到此为止,最后再次指出,通常的沉速概念都是指颗粒在静液中的行为,而当液体处于流动状态时则属于本章第五节挟沙能力讨论的问题。

例 15-1 单粒泥沙沉速公式的运用:今有一均匀沙样,在沉降管内的平均沉速为 22mm/s,管中水温 15℃;取该沙的容重为 $\gamma_s = 2.65$g/cm³,试估算其等容粒径。

解:已知 $\omega = 22$mm/s = 0.022m/s;由水温 15℃查得水的运动黏滞系数 $\nu = 1.147 \times 10^{-6}$ m²/s。该题估算的关键在于确定颗粒沉降的绕流状态(即颗粒所在流区)。

(1)先假定处于层流区,由公式(15-6)可得

$$d = \left(\frac{\omega \nu}{0.674}\right)^{0.5} = \left(\frac{0.022 \times 1.147 \times 10^{-6}}{0.674}\right)^{0.5} = 1.93 \times 10^{-3} \text{(m)}$$

相应的绕流雷诺数 $Re = \dfrac{\omega d}{\nu} = \dfrac{0.022 \times 1.93 \times 10^{-3}}{1.147 \times 10^{-6}} = 37 > 0.209$,假定有误。

(2)再假定处于过流区,由公式(15-9)可得

$$\left(\lg \frac{d}{\nu^{2/3}} - 5.374\right)^2 = 39 - \left(\lg \frac{\omega}{\nu^{1/3}} + 3.386\right)^2 = 39 - \left[\lg \frac{0.022}{(1.147 \times 10^{-6})^{1/3}} + 3.386\right]^2 = 25.54$$

故
$$\lg\frac{d}{\nu^{2/3}} = 25.54^{1/2} + 5.374 = 10.40$$

得
$$d = 2.516 \times (1.147 \times 10^{-6})^{2/3} = 2.89 \times 10^{-4} \text{ (m)}$$

相应的绕流雷诺数 $Re = \dfrac{0.022 \times 2.89 \times 10^{-4}}{1.147 \times 10^{-6}} = 5.54$，此值介于 0.209～853 之间，所以，沙粒处于过渡区的假定正确；公式（15-9）的计算结果可作为该沙样的等容粒径，即 $d = 0.29$ mm。

讨论：

式（15-9）为 $\gamma_s = 2.65$ g/cm³ 的实用算式，若 γ_s 过大或过小，则应换用以下公式：

$$\left(\lg\frac{S_a}{K_2} + 3.665\right)^2 + (\lg\Phi - 5.777)^2 = 39$$

式中，S_a、Φ 见式（15-8a）和式（15-8b），K_2 为一与颗粒球度有关的形状修正系数（球体为 1），无资料时，对于多棱面围成的非球、片、棒状颗粒常近似取 $K_2 = 0.75$。

例 15-2 水力浮选塔使水流从立塔的底部输入而向上流动至塔顶溢出，这样就可以把塔内的混合颗粒因沉速不同而分离，参看示意图 15-5。

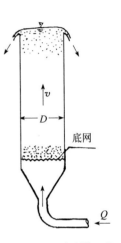

图 15-5 浮选塔工作示意图

今有两种颗粒的混合物，分别为 $d_1 = 0.018$ mm、$\gamma_{s1} = 2.65$ g/cm³；$d_2 = 0.016$ mm、$\gamma_{s2} = 4.2$ g/cm³。浮选塔的内径为 3 m，试确定输入的分选流量 Q，水温按 20℃ 计，$\nu = 1.01 \times 10^{-6}$ m²/s。

解：（1）确定单颗粒的静水沉速 ω_1、ω_2。假定二者均在层流区，利用球体沉速公式（15-5b），并乘以 0.75 的形状修正系数，有

$$\omega = 0.75 \times \frac{1}{18}\left(\frac{\gamma_s - \gamma}{\gamma}\right)g\frac{d^2}{\nu} = \frac{1}{24}\left(\frac{\gamma_s - \gamma}{\gamma}\right)g\frac{d^2}{\nu}$$

分别代入有关数据，得

$$\omega_1 = \frac{1}{24}\left(\frac{2.65 - 1}{1}\right)9.8\frac{0.018^2 \times 10^{-6}}{1.01 \times 10^{-6}} = 2.16 \times 10^{-4} \text{ (m/s)}$$

$$\omega_2 = \frac{1}{24}\left(\frac{4.20 - 1}{1}\right)9.8\frac{0.016^2 \times 10^{-6}}{1.01 \times 10^{-6}} = 3.31 \times 10^{-4} \text{ (m/s)}$$

（2）验证绕流状态的假定。

$$Re_1 = \frac{\omega_1 d_1}{\nu} = \frac{2.16 \times 10^{-4} \times 0.018 \times 10^{-3}}{1.01 \times 10^{-6}} = 0.00385$$

$$Re_2 = \frac{\omega_2 d_2}{\nu} = \frac{3.31 \times 10^{-4} \times 0.016 \times 10^{-3}}{1.01 \times 10^{-6}} = 0.00524$$

由于 Re_1 和 Re_2 均小于 0.2，故二者均属层流区沉降颗粒的假定正确。

（3）计算输入流量 Q。因 $\omega_1 < \omega_2$，故以 ω_1 为标准，选定塔内上升的水流流速

$$v = 1.1\omega_1 = 1.1 \times 2.16 \times 10^{-4} = 2.38 \times 10^{-4} \text{ (m/s)}$$

则可得

$$Q = \frac{\pi}{4}D^2 v = \frac{\pi}{4} \times 3^2 \times 2.38 \times 10^{-4} = 16.8 \times 10^{-4} \text{ (m}^3\text{/s)} = 1.68 \text{ (L/s)}$$

讨论：

(1) 水力浮选需在各组物料的沉速差异较为明显的条件下才能进行。

(2) 塔内的物料浓度不宜过高，通常分离后的体积含沙率 $s<0.005\sim0.01$。

(3) 以上算例，二者均在层流区，若颗粒较粗则可能处在过渡区或紊流区，故浮选设计必须验证流区是否正确，公式不能随意套用。

例 15-3 含黏混合沙的群体沉速（浑液面的下沉速度）公式的运用：已知某混合沙的 $d_{50}=0.015\text{mm}$，试估计当水温为 20℃ 时，该沙样群体的含沙率分别为 $s=0.12$ 和 $s=0.18$ 时的群体沉速。

解： 当水温 20℃ 时，可查得 $\nu=1.010\times10^{-6}\text{m}^2/\text{s}$，已知 $d_{50}=0.015\text{mm}$，按公式（15-6）可得 $\omega_{50}=0.150\text{mm/s}$。

采用公式（15-17）分别估算群体沉速 ω_c。

当 $s=0.12$ 时，$\dfrac{\omega_c}{\omega_{50}}=(1-1.25\times0.12)\times\left(1-\dfrac{0.12}{2.25\sqrt{0.015}}\right)^{3.5}=0.726$，故

$$\omega_c=0.726\times0.150=0.101\text{（mm/s）}$$

当 $s=0.18$ 时，$\dfrac{\omega_c}{\omega_{50}}=(1-1.25\times0.18)\times\left(1-\dfrac{0.18}{2.25\sqrt{0.015}}\right)^{3.5}=0.019$，故

$$\omega_c=0.019\times0.150=0.0029\text{（mm/s）}$$

讨论：

(1) 比较两种含沙率的计算结果可见，随着含沙率的增大，群体沉速将迅速减小。淤积含沙率（滞限含沙率）s_e 大致相当于 $\omega_c\to0$ 时的含沙率，按式（15-17）可知 $s_e\approx2.25\sqrt{d_{50}}$，按本例 $d_{50}=0.015\text{mm}$，代入可得 $s_e=0.28$。

(2) 由于含黏混合沙群体（宾汉流体）的沉速主要受 $d<0.01\text{mm}$ 的细颗粒含量与级配控制，公式（15-17）以 d_{50} 综合反映细颗粒的作用，虽然很实用，但并不完美。费祥俊（《泥沙研究》，1991 年第 2 期）把宾汉泥浆流体的相对黏滞系数 $\eta_r\to\infty$ 所对应的体积含沙率定义为极限含沙率 s_m，并给出 s_m 的估算式为 $s_m=0.92-0.21\lg\sum\dfrac{p_i}{d_i}$，式中 p_i 为 d_i 粗径级所占的重量百分比。$\sum\dfrac{p_i}{d_i}$ 主要取决于 $d<0.005\text{mm}$ 的颗粒含量与分布，变化是很大的。一般来说，极限含沙率 s_m 均大于淤积（滞限）含沙率 s_e。相对黏滞系数可表示为 $\eta_r=\dfrac{\eta\text{（塑性黏滞系数）}}{\mu_0\text{（同温度清水黏滞系数）}}$。

第三节 泥沙的挟动

一、挟动的方式与标准

挟动是水沙互动的另一个典型基础问题，它研究的是床面或临床泥沙颗粒运动方式转换的临界条件。随着水流强度的增大，床面上原先静止的泥沙颗粒可以转为滚动、跃动乃至扬动（悬浮）；同样，若水流强度减小，在水流中运动的颗粒，也可以由运动而转为静止。一般来说，泥沙运动方式的转换可分为三种，即起动（静止→滚动或跳跃）、扬动（静止、滚动、跳跃→悬浮）、止动（悬浮、跳跃、滚动→静止）。

无黏性的沙粒（简称粗颗粒），扬动是起动之后，因水流持续增强而再次产生运动方式的转换。但对有黏性的细微颗粒（$d<0.01$mm）而言，在床面是以有结构性的集合体存在的，某个颗粒若因水流作用而起动（脱离集合体），因其重量轻微，不可能滚动、跳跃，而是直接进入扬动状态的。同样，颗粒由运动到静止，粗、细颗粒也不相同，前者会有滚动的过渡，而后者则主要由引力吸附而静止。

有关挟动现象的研究，通常都采用室内玻璃水槽观察测验的方法，即先测定与床面颗粒动态所对应的水力要素，再作进一步分析，找出规律来。但是由于水流的紊动，床面颗粒的大小、形状及排列方式都有随机性，无论哪一种挟动现象都不可能是突然全面发生的。以均匀沙起动试验为例，随着水流强度逐渐增大，首先只会有个别颗粒由静而动，然后才会进入颗粒增多而难以计数的状态，水流再增强而至颗粒普遍出现静—动—静-动的跳跃，床面也因之逐渐由平整转为起伏。因此，对于挟动的研究，存在着判定标准的问题。理论上讲，或许以改变运动状态的颗粒数与床面总颗粒数之比作为标准较为科学合理，但真的要这样做却相当困难，特别对细颗粒，几乎是不可行的。一般只有两种可供选择的方法，其一是试验者目测自定，这个方法简单易行，但主观性也较强；其二，是测定各级水流在既定时段内的输沙量，然后在坐标纸上绘出输沙率和水力要素的关系，再以输沙率的变化达到怎样的水平作为挟动的间接标准。例如，当水流逐渐增强时，以反推输沙率为零的水力要素为起动要素；当水流逐渐减弱时，以反推输沙率为零的水力要素为止动要素；而以使输沙率突然增大或所输泥沙中悬沙的比例达到某一程度的水力要素为扬动要素，等等。后一类方法虽比凭经验目测有所改进，但试验工作量大为增加；更何况粗颗粒起动或止动实验表明，即使有半数颗粒在运动（实为动动停停），输沙率仍然很小，人为的误差在所难免。因此，当对泥沙运动尚无深刻认知之前，就试图事先制定出一套行之有效的标准，实际上是不现实的。

本节，我们仅介绍均匀沙水槽试验的一些有代表性的结果。至于如何把这些结果，引申而运用于天然河渠水流中去，则是另一个问题。显然，对于断面形状和颗粒组成复杂多变的河道，如果没有一定的经验判断与调整而直接引用水槽试验的成果，是难以切合实际的。

二、起动流速与起动切应力

泥沙颗粒的起动条件，生产实践中采用起动流速或起动切应力来表示。起动流速就是起动时的过水断面平均流速，符号 v_c；起动切应力则是相应的过水断面周界上的平均切应力，符号 τ_{0c}。

平均流速 v 与平均切应力 τ_0 的关系，是学习管道或明渠均匀流时已经接触到的问题。若以 J 代表均匀流的能坡，平均流速以谢才公式的形式给出，即 $v=C\sqrt{RJ}$，平均切力的公式为 $\tau_0=\gamma RJ$，故 $v^2=C^2\dfrac{\tau_0}{\gamma}$。又因谢才系数 C 用曼宁公式可写作 $C=\dfrac{1}{n}R^{1/6}$，则

$$v=\frac{R^{1/6}}{n}\sqrt{\frac{\tau_0}{\gamma}} \qquad (15\text{-}18)$$

对于起动状态，水流虽为成熟紊流（阻力平方区），但床面仍属平整，即 n、γ 都是常数，故由式（15-18）可知平均流速 v 和平均切应力 τ_0 之间，并不完全对应。另外，由于 $\gamma=\rho g$，式（15-18）亦可写为 $v=\dfrac{R^{1/6}}{n\sqrt{g}}\sqrt{\dfrac{\tau_0}{\rho}}$；由于 $\sqrt{\dfrac{\tau_0}{\rho}}$ 具有速度量纲，称为切应力流速或摩阻流速，

符号 u_*；它是以速度量纲来衡量切应力大小的一种常用形式，所以，式（15-18）的另一种写法就是

$$v = \frac{R^{1/6}}{n\sqrt{g}} u_* \tag{15-19}$$

通过上面的讨论，我们知道，实际上采用平均流速或平均切应力作为泥沙颗粒的两种起动条件并不完全一致，因 $\dfrac{v}{u_*} = \dfrac{R^{1/6}}{n\sqrt{g}}$ 不是常数；即使床面平整、粗糙系数相等，其比值还随断面形状不同而有差异。从设计角度讲，比降一般是给定的，用切力条件，可以不计算流速，应该较为方便；但从工程运用角度看，控制和测量流速要比控制测量比降可靠得多，所以用流速条件更为直接。

为了不使问题复杂化，研究起动条件时，通常认为水流是清水。实际上，既然有泥沙在运动，就不存在理论上的清水；所谓清水，应理解为输沙率很小，即使在贴近河床表面的区域，流水的本构特性也与清水基本相同（例如，容重和运动黏滞系数均可以不考虑含沙率的影响）。

1. 无黏性沙质床面的起动切应力 采用平均切应力 τ_{0c}（或 u_{*c}）作为起动条件，是欧美的传统方法，主要用于无黏性沙砾床面，也就是推移运动。希尔兹（A. Shields，1936）认为作用于单位床面上的切应力 τ_0 与单位床面上表层颗粒的有效重量之比，达到某一临界值颗粒就会起动，该无量纲的临界值类似于摩擦系数，称为起动希尔兹数，符号 θ_c，并以下式计算

$$\theta_c = \frac{\tau_{0c}}{(\gamma_s - \gamma)d} \tag{15-20}$$

另外，希尔兹认为水流对床面上颗粒的作用机制，仍可采用牛顿绕流阻力的表达形式，由于绕流阻力系数随绕流雷诺数变化，所以，起动希尔兹数 θ_c 应是沙粒雷诺数（即粗糙雷诺数）Re_* 的函数，其计算式为

$$Re_* = \frac{u_* d}{\nu} \tag{15-21}$$

希尔兹根据均匀颗粒的水槽试验资料，点绘 θ_c 和 Re_* 的关系，并得出一条曲线，即著名的希尔兹曲线，参看图 15-6。希尔兹是以反推法先得出输沙率趋零时的 τ_0 为 τ_{0c}，而后再确定 θ_c 值的。有关研究表明，该曲线大致相当床面上有半数颗粒处于起动状态的情况（或称普动情况）；可见，由于颗粒动动停停，步幅很小，停久动暂，即使是普动，输沙率仍是近

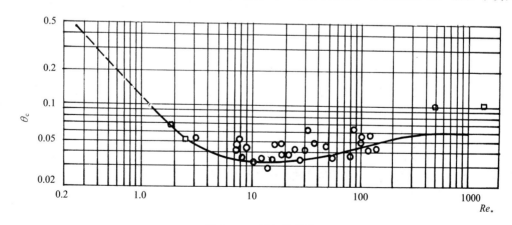

图 15-6 希尔兹曲线

似为零的。从定床水力学的边壁绕流状态来看，希尔兹所分析的资料大多处在 $5<Re_*<70$ 的紊流过渡区。曲线最低点的 Re_* 大致在 10 附近，这时的粒径 d 与黏性底层厚度 $\delta=\dfrac{11.6\nu}{u_*}$ 相当，颗粒重量较小且受紊动作用较强，所以最容易起动，相应的 $\theta_c=0.03$。希尔兹认为，当 $Re_*>100$ 之后，θ_c 可作为常数看待，其值为 0.06。以后，梅叶彼得等作了大量 $d=2\sim 30\text{mm}$ 均匀沙的水槽输沙试验研究，认为普通情况的希尔兹数可平均采用 0.047。

以希尔兹数作为起动指标，在无黏性沙质床面河渠设计中得到了广泛应用，由于实际水道要比均匀沙水槽复杂得多，不同条件下临界希尔兹数相差颇大，各家的取值变化在 $0.025\sim 0.065$ 范围之内。

根据设计的过水断面和床面泥沙级配情况（大多取 d_{50} 作为代表），就可参用图 15-6 或按有关经验确定临界希尔兹数 θ_c，并计算相应的起动切应力 $\tau_{0c}=\theta_c(\gamma_s-\gamma)d_{50}$，再进一步复核是否满足设计要求。由于天然河道的泥沙不是均匀沙，为了达到预期，无论是希望冲刷，还是要求不冲，设计值 τ_0 都须留有相应的余地。

2. 起动流速 对床面颗粒直接施加影响的流速是脉动的作用流速。作用流速的时均值（临底流速）与断面平均流速之间，若以床面的相对光滑度 $\dfrac{R}{k_s}$ 作参数，就可建立起良好的关系（即流速分布公式）。因此，采用断面平均流速作为沙粒起动的指标是很自然的事。

有关起动流速的研究，20 世纪 50 年代初期起自前苏联，随即进入我国，但当时仅局限于沙质床面。起动流速公式推导的思路与前述沉速通式（15-4）大同小异，仍沿用牛顿绕流阻力的形式；因而，起动流速的通式可写作 $v_c=K\omega$，其中 ω 为沉速，若为非均匀沙质床面，则采用 d_{50} 所对应的清水沉速 ω_{50}；K 是考虑了绕流阻力以及用平均流速替换作用流速后的综合修正参数（与 $\dfrac{R}{k_s}$ 或 $\dfrac{h}{d}$ 有关）。例如，沙莫夫（Г. И. Шамов，1952）公式

$$v_c = 1.14\sqrt{\dfrac{\gamma_s-\gamma}{\gamma}gd}\left(\dfrac{h}{d}\right)^{1/6} \tag{15-22a}$$

冈恰洛夫（В. Н. Гончаров，1962）公式

$$v_c = 1.06\sqrt{\dfrac{\gamma_s-\gamma}{\gamma}gd}\,\lg\dfrac{8.8h}{d_{90}} \tag{15-22b}$$

以上公式的适用范围为 $d_{50}>0.5\text{mm}$ 的中、粗沙质床面。类似的公式还有很多，近些年我国学者结合长江流域沙砾质河床的非均匀性也有一些新研究结果，这里就不举例了。

从前面关于希尔兹曲线的讨论，可以看出，当 Re_* 小于 10 后，θ_c 就会增大，也就是说，当粒径小于黏性底层厚度 δ 后，颗粒越细越难起动；在图 15-6 中，由于缺乏试验资料，希尔兹给出了一条 45°的虚线（后来的研究表明是不对的）。按切应力理论解释，细颗粒之所以难以起动，是由于黏性底层 δ 对粒径 d 的保护作用；但是，细微颗粒之间实际上存在的黏结力却没有考虑，显然不能令人满意的。因此，20 世纪 50 年代末期开始了黏性土起动流速规律的研究，有关细颗粒间黏结力产生的原因，各家说法不一，公式的形式也不同。从物理化学观点看，黏结力来自分子水膜间的张力比较有说服力，颗粒间距越小，床面愈密实，黏结力就愈强。

1963 年，唐存本根据杰列金（Б. В. Дерягий）交叉石英丝的黏结力实验，认为颗粒紧密接触时的黏结力与直径成正比，而相对疏松时，则随相对密度而异；根据试验和实测资料

提出泥沙起动流速统一公式如下：

$$v_c = \frac{m}{m+1}\left(\frac{h}{d}\right)^{1/m}\left[3.2\left(\frac{\gamma_s-\gamma}{\gamma}\right)gd + \left(\frac{\gamma_d}{\gamma_{d0}}\right)^{10}\frac{C}{\rho d}\right]^{1/2} \quad (15\text{-}23)$$

式中，h 为水深，m 为综合指数，对于水槽 $m=4.7\left(\frac{h}{d}\right)^{0.06}$，对于天然河道 $m=6$；C 为颗粒紧密接触，$\gamma_{d0}=1.6\text{g/cm}^3$ 时的起动黏结力系数，取 $C=2.9\times10^{-4}\text{g/cm}$；$\rho$ 为水的密度；γ_d 是淤泥的实际干容重，应通过实测得出。

沙玉清认为，颗粒起动的阻力由分子阻力与机械阻力两部分组成，细颗粒以分子阻力为主，粗颗粒以机械阻力为主；由于阻力只有通过颗粒的有效重量才能显示出来，所以，阻力系数符合迭加原理。假定分子阻力系数与粒径和分子水膜厚度之比 $\left(\frac{d}{\delta}\right)$ 及粒间有效距离 $(\varepsilon_0-\varepsilon)$ 成函数关系；ε_0 为浑限孔隙率，淤泥为 0.7 左右。根据前人资料进行分析后，1964 年给出的实用算式如下：

$$v_c = \left[0.43d^{3/4} + 1.1\times\frac{(0.7-\varepsilon)^4}{d}\right]^{1/2}R^{1/5} \quad (15\text{-}24)$$

式中，v_c 的单位为 m/s，d 的单位为 mm，R 为水力半径（m）；孔隙率 ε 一般应由实测确定，对于 $d>0.1\text{mm}$ 颗粒较粗的沙质床面，孔隙率变化较小，若无资料可取 $\varepsilon=0.40$。

由式（15-23）和式（15-24）可见，起动流速的统一公式应包括两项，方括号中的第一项反映机械阻力的作用，第二项是分子阻力的作用。当 $d<0.05\text{mm}$ 时，机械阻力影响甚微，可略去不计；而当 $d>2.0\text{mm}$ 之后，分子阻力亦可略去；但 $0.05\text{mm}<d<2.0\text{mm}$ 之间的颗粒（也就是绕流处于过渡状态的颗粒），二者的作用均应计入。

显然，略去分子阻力的公式，也就是无黏性粗颗粒沙的起动流速公式，如相应的沙氏公式为 $v_c=0.656d^{3/8}R^{1/5}$ [符号的意义与单位同式（15-24）]。

从上述有关细颗粒分子阻力的观点，不难想到，对于淤泥质床面只有当其浓度达到一定程度（浑限），呈现宾汉体特征后才谈得上"起动"，因此，淤泥的起动切应力 τ_c 应该与宾汉屈服应力 τ_B 有关。密尼奥（C. Migniot, 1968, 1977）对此进行过详细实验研究，并给出了起动切力流速 u_{*c} 和淤泥浓度（即干容重 γ_d）以及 τ_B 的关系，如图 15-7 所示；从图 15-

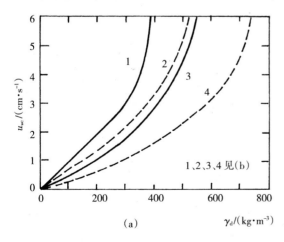
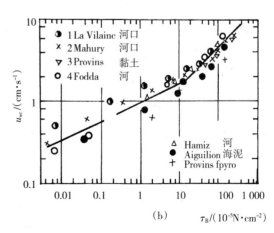

图 15-7 淤泥的动起切力

7(b)中可见，当 $\tau_B < 15 \times 10^{-5} \text{N/cm}^2$ 处于泥浆状态时 $u_{*c} = 0.95\tau_B^{1/4}$；而 $\tau_B > 15 \times 10^{-5} \text{N/cm}^2$，泥浆转为渗适固结状态，其 $u_{*c} = 0.50\tau_B^{1/2}$。

由图15-7(a)还可以看出，由于各处淤泥颗粒的黏化条件不同，其流动的力学性质和稳定干容重都会有很大的变化；公式(15-23)和(15-24)，所取 $\gamma_{d0} = 1.60 \text{g/cm}^3$ 和 $\varepsilon_0 = 0.7$，是从塘沽新港和长江口的淤泥实验中得到的，必然存在局限性。所以在使用公式计算细颗粒的起动流速时，如果有条件，最好通过实验确定参数。

三、泥沙的扬动与止动

1. 扬动条件 前已述及，扬动是床面上的颗粒在水力作用下，由起动转为悬浮的现象。扬动规律的研究，对于揭示泥沙运动的本质，研究河床的变形都有十分重要的意义。但是，进行扬动试验研究，确立扬动标准是很困难的，相关的资料迄今仍非常缺乏，尽管也有一些研究成果，其可靠性如何没有统一的评价。

床面的泥沙颗粒之所以会滚动、跳跃、扬升，显然是受到了垂直脉动流速的作用。自1881年，哈拉彻(A. R. Harlacher)在多瑙河中用仪器发现脉动现象以来，紊流的脉动流速一直是流体力学研究的热点。1967年，克兰(S. J. Kline)利用氢泡显像技术描述了紊动猝发体的形成与崩溃过程，更加深了人们对床面流态复杂性的认知。虽然，目前还不可能通过建立猝发模型去定量研究床面泥沙运动，但也积累了一些有关脉动强度量级的了解：如在水槽中最大垂直脉动发生在距床面 $0.05 \sim 0.1$ 倍水深处，强度约与切力流速 u_* 相当；而最大水平脉动的位置更低，强度也更大(约为 $2u_*$)；床面粗糙，垂直脉动增强而水平脉动减弱等。至于天然河道，情况要复杂得多，还会存在更大尺度的紊动，仅通过水槽试验是难以了解的。

下面，我们介绍几个典型的扬动条件表达式。

扬动流速是指床面颗粒转为悬浮运动的断面平均流速，符号 v_s。沙玉清(1965年)认为，扬动是起动的后继现象，扬动时颗粒已离开床面，故扬动的作用力系数仅与该颗粒的沉速阻力系数有关，根据资料分析得出扬动流速的实用算式如下：

$$v_s = 0.812 d^{2/5} \omega^{1/5} R^{1/5} \qquad (15-25)$$

式中：v_s 单位 m/s，R 单位 m，d 单位 mm，ω 单位 mm/s。当 $d \leq 0.04$ mm 后，由该式所得的 v_s，小于起动流速公式(15-24)所得的 v_c，故起动后直接转为扬动。

1984年，尼京(L. C. Van Rijn)分析了扬动时颗粒的沉速 ω 与切力流速 u_*(用以反映床面附近的垂向脉动流速)之间的关系，并以粒径判数 Φ 为参数，提出扬动条件为

$$1 < \Phi \leq 10 \qquad \frac{\omega}{u_{*s}} = 0.25\Phi$$

$$\Phi > 10 \qquad \frac{\omega}{u_{*s}} = 2.5 \qquad (15-26)$$

粒径判数 Φ 的计算式见式(15-8b)，u_{*s} 为扬动切应力流速。

起动与扬动两种现象，从泥沙运动机理上还涉及所谓"推移质"与"悬移质"是否存在本质差异的问题。萨默(M. B. Sumer, 1979)等用摄影机配合专门的反光镜及频闪观测器，跟踪并比较了水槽中轻质塑料圆球($d = 3$ mm，$\gamma_s = 1.0075 \sim 1.0258 \text{g/cm}^3$)跳跃和悬浮两种运动轨迹后，认为二者并无本质不同，只不过悬浮运动的步长更大，上升更快，升得也更

高些。

1991年，洪大林、唐存本进行了松散沙与黏性淤泥的水槽扬动试验研究，观察到黏土床面，在扬动之前，一直保持平整，而一旦进入悬浮（扬动）状态，水流明显浑浊。沙质床面的扬动情况则有所不同，且与粒径有关：颗粒较细（$d=0.024\sim0.10$mm）时床面出现沙垄而转为扬动，泥沙在紊动涡漩的挟持下掀入主流区；而颗粒较粗（$d=0.54\sim0.94$mm）时，要到水流的佛汝德数 $Fr\approx1$，床面呈平整状态才出现扬动。他们认为扬动与起动的动力均来自床面的垂向脉动，没有必要追究其间的差别；进而引用爱因斯坦（H. A. Einstein）提出的水力半径分割概念，把由于床面不平整（沙垄）产生的形状阻力从水力半径 R 中扣除出去，只考虑沙粒摩阻水力半径 R' 得到了与起动公式（15-23）相似的扬动流速实用算式如下：

$$v_s = \left(\frac{R'}{d_{90}}\right)^{1/6}\left[15 - 95\frac{\gamma_s - \gamma}{\gamma}gd + 2.60\left(\frac{\gamma_d}{\gamma_{d0}}\right)^{10}\frac{\zeta}{\rho d}\right]^{1/2} \quad (15-27)$$

式中，ζ 为扬动黏结力系数，取 $\zeta=0.915\times10^{-4}$g/cm，R' 为沙粒水力半径，其他符号意义与式（15-23）相同。有关沙粒水力半径 R' 的概念与计算方法，见第四节动床阻力的水力半径分割法。

总之扬动试验难度大，资料少，没有的判断标准。各家公式的计算结果不同，在一定程度上也反映了扬动的概率不同。

2. 止动流速 止动流速是指水中运动着的颗粒回落床面后转为静止的断面平均流速，符号 v_h。这一流速的理论意义在于它代表相应粒径的泥沙不再输移（输沙率为零）的临界流速。另外，在实用上，为了对某种粒径的泥沙进行沉淀处理，则应使预沉池中的流速小于该粒径的止动流速才能取得效果。

止动的本质和起动基本上是一样的，不同之处在于：①止动流速的起动概率极小，仅在 0.1%左右；而起动流速的起动概率要大得多，为 30%~50%。②颗粒落淤的表层床面应为最疏松的状态（淤积孔隙率 ε_c），故止动时颗粒所受的阻力（机械阻力或分子阻力）应是最小的。从一些水库与河道的实测表层淤积物的干容重看：$d>1$mm 的粗颗粒变化较小，干容重大多在 $1.2\sim1.5$t/m³ 之间（相应的孔隙率为 $0.55\sim0.45$）；而 $d<0.01$mm 的细颗粒淤积物多为絮状体，颗粒越细，干容重越小，多不超过 0.8t/m³（即 $\varepsilon>0.7$），此类絮状体的止动条件，应与单粒有很大的不同，但目前的研究还很少。

沙玉清（1965）认为，孔隙率大于 0.7 的稀淤，颗粒起动的分子阻力已无意义，并根据所收集的有关止动流速资料，经综合分析后给出了如下算式

$$v_h = (0.39d^{3/4} + 0.011)^{1/2}R^{1/5} \quad (15-28)$$

式中：v_h 单位 m/s，R 单位 m，d 单位 mm。括号内第一项反映了颗粒落淤后的床面机械阻力，第二项则是与细颗粒絮团特性有关的某一个常数。将式（15-28）与起动流速公式（15-24）对比，则可看出，对粗颗粒来说，止动流速与起动流速性质相同，只是由于再起动概率极小，故数值要小一些（$v_h \approx 0.92v_c$）；另外，也有一些研究者认为，止动与起动流速之比可取为 0.83。

例 15-4 希尔兹曲线的应用

（一）今欲设计一条底坡 $i=1/4\,000$ 的宽浅渠道，初拟水深 $h=1$m，床面铺一层 $d=1.0$mm 的均质粗沙，试问能否保证所铺粗沙不被水流冲刷流失？

解： 计算按二元均匀流考虑，水力坡降 $J=i$，床面的实际作用切力 $\tau_0=\gamma hJ=1\times 1\times \dfrac{1}{4\,000}=2.5\times 10^{-4}$（t/m²），相应的切应力流速 $u_*=\sqrt{ghJ}=\sqrt{9.8\times 1\times \dfrac{1}{4\,000}}=0.049\,5$（m/s）。

水温按常温 20℃ 考虑，$\nu=1.01\times 10^{-6}$ m²/s，故沙粒雷诺数 $Re_*=\dfrac{u_*d}{\nu}=\dfrac{0.049\,5\times 0.001}{1.01\times 10^{-6}}=49.0$，查希尔兹曲线图可得 $\theta_c=0.037$。

按 θ_c 的要求，并取沙粒容重 $\gamma_s=2.65$t/m³，相应的起动切力为

$$\tau_{0c}=\theta_c(\gamma_s-\gamma)d=0.037\times(2.65-1)\times 0.001=6.11\times 10^{-5}\text{（t/m²）}$$

抗冲的切力安全系数

$$K_\tau=\dfrac{\tau_{0c}}{\tau_0}=\dfrac{6.11\times 10^{-5}}{2.5\times 10^{-4}}=0.244<1$$

显然，上述初拟的水深与床沙不相适应，铺沙肯定会被水流冲走。

（二）鉴于上例的床面铺沙不能抗冲，对于该项设计可提出怎样的修改意见？

解： 一般来说，设计的比降和流量大多是不能改动的，因此，可在适当加宽水道（即降低水深）或增大床面铺沙粒径两方面着手修改设计。例如，作为方案之一，将水深降至 0.8m，再反推铺沙的粒径：

$$\tau_0=\gamma hJ=1\times 0.8\times \dfrac{1}{4\,000}=2.0\times 10^{-4}\text{（t/m²）}$$

$$u_*=\sqrt{ghJ}=\sqrt{9.8\times 0.8\times \dfrac{1}{4\,000}}=0.044\,3\text{（m/s）}$$

暂设 $\tau'_{0c}=\tau_0$，且取 $\theta'_c=0.04$，故得 $d'=\dfrac{\tau'_{0c}}{\theta'_c(\gamma_s-\gamma)}=\dfrac{2\times 10^{-4}}{0.04\times 1.65}=3.03\times 10^{-3}$（m），今取 $d=3.0$mm，加以验算。

$$Re_*=\dfrac{u_*d}{\nu}=\dfrac{0.044\,3\times 0.003}{1.01\times 10^{-6}}=131.6$$

查得 $\theta_c=0.048$，得

$$\tau_{0c}=\theta_c(\gamma_s-\gamma)d=0.048\times 1.65\times 0.003=2.38\times 10^{-4}\text{（t/m²）}$$

抗冲切力安全系数

$$K_\tau=\dfrac{\tau_{0c}}{\tau_0}=\dfrac{2.38\times 10^{-4}}{2.0\times 10^{-4}}=1.188$$

从经验判断，$K_\tau>1.15$ 则可认为满足抗冲要求。所以 $h=0.8$m，$d=3$mm 可作为一个比较方案。至于在流量与比降不变的条件下，水深降低后，渠道的宽度应增至多大则是另一个问题，通常需由第十五章第四节所述动床阻力（亦即平均流速）的计算来确定。

例 15-5 挟动流速的应用

（一）已知某渠道底坡 $i=1/3\,500$，底宽 $b=5$m，边坡系数 $m=1$，设计流量 $Q=35$m³/s 时的水深为 2.5m。试估计在设计流量的情况下，渠中 $d_1=0.02$mm 和 $d_2=1.5$mm 两种沙粒处于怎样的运动状态（悬移、推移或静止）？

解：（1）水力要素。水力半径为

$$R = \frac{2.5(5+1\times2.5)}{5+2\times2.5\sqrt{2}} = 1.55 \text{ (m)}$$

平均流速为
$$v = \frac{35}{2.5(5+1\times2.5)} = 1.87 \text{ (m/s)}$$

(2) 有关设定。水温和运动黏滞系数，设水温为 20℃，则 $\nu = 1.01\times10^{-6} \text{m}^2/\text{s}$。

泥沙颗粒的容重，取 $\gamma_s = 2.65 \text{g/cm}^3$；沙粒的初始位置如果在床面，假定为稳定淤沙，即取孔隙率 $\varepsilon = 0.4$。

(3) 挟动流速计算。

① 对于 $d_1 = 0.02$mm 的颗粒（层流区颗粒），沉速 $\omega = 0.267$mm/s。

起动流速采用公式 (15-24)，可得

$$v_{c1} = \left[0.43 d^{3/4} + 1.1 \times \frac{(0.7-\varepsilon)^4}{d}\right]^{1/2} R^{1/5} = \left(0.43\times0.02^{3/4} + 1.1\frac{0.3^4}{0.02}\right)^{1/2} \times 1.55^{1/5}$$
$$= 0.744 \text{ (m/s)}$$

扬动流速采用公式 (15-25)，可得

$$v_{s1} = 0.812 d^{2/5} \omega^{1/5} R^{1/5} = 0.812\times0.02^{2/5}\times0.267^{1/5}\times1.55^{1/5} = 0.142 \text{ (m/s)}$$

② 对于 $d_2 = 1.5$mm 的颗粒（过渡区颗粒），沉速 $\omega = 172$mm/s。

起动流速 $\quad v_{c2} = \left[0.43\times1.5^{3/4} + 1.1\frac{0.3^4}{1.5}\right]^{1/2}\times1.55^{1/5} = 0.84 \text{ (m/s)}$

扬动流速 $\quad v_{s2} = 0.812\times1.5^{2/5}\times172^{1/5}\times1.55^{1/5} = 2.91 \text{ (m/s)}$

(4) 结论。由于 $v > v_{c1} > v_{s1}$，故 $d_1 = 0.02$mm 的颗粒无论其初始位置在水中或在床面，均将以悬移的方式运动（悬沙）。由于 $v_{s2} > v > v_{c2}$，故 $d_2 = 1.5$mm 的颗粒不具备悬浮条件，将以推移的方式运动（底沙）。

(二) 若设计要求上题中 $d_2 = 1.5$mm 的颗粒能在水流作用下充分悬移，应满足怎样的条件？

解： 当 $v = v_s$ 时，扬动的概率大致在 50% 左右，而要充分悬移，还应加大流速，使 $\frac{v}{v_s} \geq K_v$；K_v 可称为挟动保证系数，由于切力大致与流速平方成正比，故 $K_v \approx K_\tau^2$，经验上多取 $K_\tau = 1.15$，所以相应地取 $K_v = 1.30 \sim 1.35$。

结合上题而言，在流量不变的情况下，必须加大比降 i 才可能达到所需的水流强度。由式 (15-24)、式 (15-25) 和式 (15-28) 可见，其中均有反映水深影响的 $R^{1/5}$ 的乘积一项。当令 $R = 1$m 时，所对应的起动、扬动和止动速度称为幺速，符号 $v_{(1)}$，单位仍采用 m/s，即

$$v_{(1)} = \frac{v}{R^{1/5}}$$

故起动幺速为 $\quad v_{c(1)} = \left[0.43 d^{3/4} + 1.1\frac{(0.7-\varepsilon)^4}{d}\right]^{1/2}$

扬动幺速 $\quad v_{s(1)} = 0.812 d^{2/5} \omega^{1/5}$

止动幺速 $\quad v_{H(1)} = (0.39 d^{3/4} + 0.011)^{1/2}$

由于幺速仅与泥沙因子 d 有关，故按题意要求，使 $d_2 = 1.5$mm 的沙粒充分悬移的条件，可以用幺速来表示，即

$$v_{s(1)} = K_v \times 0.812 d^{2/5} \times \omega^{1/5} = 1.3 \times 0.812 \times 1.5^{2/5} \times 172^{1/5} = 1.24 \text{ (m/s)}$$

也就是说，只有当水流的流速大于 1.24m/s，才会使 $d=1.5$mm 的颗粒达到充分悬移状态。

实践中以 d 为横坐标，$v_{c(1)}$、$v_{s(1)}$、$v_{H(1)}$ 为纵坐标，在双对数纸上，可以绘出幺速分区图，该图能很清楚地表达粒径相同时 3 个幺速间的相对变化，也就是不同粒径泥沙颗粒的运动方式。学生若有兴趣可自己试绘此图。注意，对于细颗粒泥沙，扬动幺速小于止动幺速的部分（大致是 $d<0.04$mm）没有实际意义，不需要画出。

第四节 动床的阻力

一般来说，水流的阻力可分为沿程阻力与局部阻力两类，本节我们仅介绍动床均匀流的沿程阻力。阻力，就是边界作用于水体的切力，其单位面积的平均切应力 $\tau_0 = \gamma RJ$；因而，研究阻力，也被说成是研究单位流程的水头损失 J（能坡）。从工程实践来说，大多是已知流量、比降、断面以及床沙组成，需求解相应的水深，也就是计算断面的平均流速；所以，讨论动床阻力的主要目的，实际上是如何计算水深或平均流速。我们将围绕着平均流速 v 的计算方法，展开有关动床阻力的讨论。

一、沙波现象

沙质床面的水槽试验显示，初始平整的床面，当切力（或流速）达到一定限度后，床面将呈现波状起伏，随着水流强度增大，将经历沙纹（细沙）、沙垄（粗沙）阶段而过渡到动平整状态（此时的水流接近急流，佛汝德数为 0.8～1.0）；如果水流与输沙强度继续增大，则会出现水面与床面同步起伏、波形对称的沙浪阶段。平原与丘陵区的河道水流大多为缓流，所以床面上沙垄的发育和消退是动床阻力研究最关注的课题。沙垄在平面上呈头朝上游的弯月形，亦称沙丘，其迎水坡较平坦，背水坡则较陡（大致相当于床沙的水下休止角）。沙垄生成时的希尔兹数大约为起动希尔兹数 θ_c 的 2 倍，初期迎水坡的波高与波长之比（陡度）较小，随之逐渐增大（即迎水坡变陡），当希尔兹数达到 0.3～0.4，陡度达到极限；水流强度若再继续增大，波顶溃散而向动平整过渡。天然河道的沙垄高度与水深有关，当水深达到某一特定值时，垄高最大，也就是动床阻力最大。图 15-8 为长江汉口段不同水位下的垄高变化：当水位为 21.5m 时垄高达到峰值（约为 4.3m）；而水位低于 17.5m 时，床面基本上是平整的，水流的流速也较小，所以阻力与粗糙系数都是较小的；而当水位达到 24.5m 时，因沙垄已消失，床面处于动平整状态，其阻力也只有边界的摩擦阻力（沙垄产生的形状阻力已消失），虽然流速很大，紊动很强烈，但其粗糙系数 n 和静平床基本相等。

关于床面形态变化的判别标准，开始人们仍习惯以希尔兹数 θ 和沙粒雷诺数 Re_* 作为判数，但逐渐发

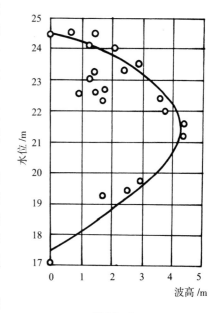

图 15-8

现床面波动现象到了一定程度，起作用的是佛氏数 $Fr=\dfrac{v}{\sqrt{gh}}$ 或沙粒佛氏数 $Fr_*=\dfrac{u_*}{\sqrt{gh}}$，即属于重力相似问题。这方面的研究成果很多，但依据几乎全是水槽试验（天然河流水沙多变，实测的困难很大），兹举布加第（J. Bogardi，1972）给出的判别标准为例，他点绘了 $\dfrac{1}{Fr_*^2}$ 和 d 的关系后得出：

1	泥沙起动 $\dfrac{1}{Fr_*^2}=500d^{0.882}$	4	动平整 $\dfrac{1}{Fr_*^2}=23.8d^{0.882}$
2	沙纹形成 $\dfrac{1}{Fr_*^2}=322d^{0.882}$	5	沙 浪 $\dfrac{1}{Fr_*^2}=9.65d^{0.882}$
3	沙垄开始 $\dfrac{1}{Fr_*^2}=66d^{0.882}$		

从物理概念上讲，我们不难理解，床面之所以出现沙波，是由于在床面附近水团的平均运动速度要大于沙粒的平均运动速度，输沙滞后于输水，所以沙粒就堆积起来形成了沙波；随着堆积到一定高度，沙粒在迎水面会加速，而水团却会因床面凸起而减速，这样就有可能达到某种动平衡。水流强度持续增大，沙垄高度跟着增高，但同时迎水面及背水面的坡度也要跟着变陡，沙波自身的稳定性就降低了，故最终必然走向崩溃。肯尼迪（J. F. Kennedy，1969）最先对沙波的稳定性作过有理论价值的分析，但至今理论方面的研究成果与解决实际泥沙工程问题尚有较大差距。

二、动床切力分割法（恩格隆法）

梅叶彼得通过试验，首先提出了把动床的总能坡 J 分为两个组成部分：克服沙粒摩擦阻力损失的能坡 J' 和克服沙波形状阻力损失的能坡 J''，即 $J=J'+J''$，亦称阻力的能坡分割法。同时，水流的摩阻流速也应改用 $u'_*=\sqrt{ghJ'}$。

1966 年，恩格隆（F. Engelund）在能坡分割的基础上，进一步提出了切应力分割的方法。由于 $\tau=\gamma RJ$，而 $J=J'+J''$，故有

$$\tau_0 = \tau' + \tau'' \tag{15-29}$$

式中：$\tau'=\gamma RJ'$，称为沙粒阻力；$\tau''=\gamma RJ''$，称为沙波阻力。

恩格隆根据许多水槽实验资料，经过概化绘出了如图 15-9 所示的 τ_0 和流速 v 的关系，该图很形象地表达了床面沙波起伏对动床阻力的影响。为了进一步研究 τ' 和 τ'' 之间的规律，恩格隆首先通过希尔兹数 θ 使阻力无量纲化。因为 $\theta=\tau_0/[(\gamma_s-\gamma)d]$，对某一具体河段，$(\gamma_s-\gamma)d$ 可以认为是不变的，所以，根据式（15-29），就可以写出

$$\theta = \theta' + \theta'' \tag{15-30}$$

式中：θ' 和 θ'' 分别称为沙粒希尔兹数和沙波希尔兹数。恩格隆认为沙粒希尔兹数 θ' 与总希尔兹数 θ 之间的关系对床面阻力具有重要意义，并根据水槽试验资料点绘如图 15-10，1980 年给出的关系式如下：

$$\theta' = 0.06 + 0.3\theta^{3/2} \tag{15-31}$$

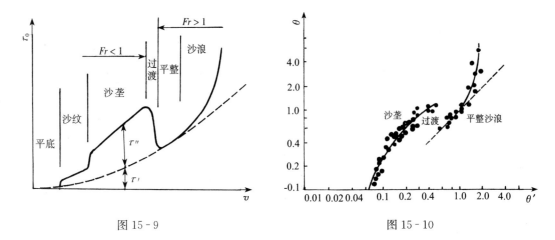

图 15-9　　　　　　　　　　　图 15-10

恩格隆建议采用自然对数流速分布公式计算动床的平均流速，即

$$v = \sqrt{ghJ}\left(6 + 2.5\ln\frac{h}{k_s}\right)$$

对于动床，由于沙垄的产生使 k_s 发生变化，若将 k_s 取为定值，就应改变 h；按梅叶彼得的能坡分割概念，恩氏假定沙粒阻力 τ' 存在 $\gamma hJ' = \gamma h'J$ 的互换关系，所以，流速公式中的水深 h 应换成与沙粒阻力相应的水深 h'，即

$$v = \sqrt{gh'J}\left(6 + 2.5ln\frac{h'}{2d_{50}}\right) \tag{15-32}$$

式中，$h' = \dfrac{\theta'}{\theta}h$，$\theta'$ 则可由式（15-31）求出；$\theta = \dfrac{\tau_0}{(\gamma_s - \gamma)d}$，是总希尔兹数，其中 $\tau_0 = \gamma hJ$；该式取 $k_s = 2d_{50}$，但当床面颗粒较粗大时，亦可取 $2d_{65}$，$2.5d_{50}$ 或再大一些。

当已知流量、比降、断面形状和床沙粒径 d（非均匀砂采用 d_{50}）后，可用试算法求出相应于 Q 的水深 h，即假定水深后，求解 $h \to \tau_0 \to \theta \to \theta' \to h' \to v \to Q$。

恩格隆提出的阻力分割法，概念比较清晰，被认为是可行的途径，应用亦较为普遍。但由于其分析资料主要来自水槽沙质床面的试验，对于天然河道也不宜生硬套用。

三、水力半径分割法（爱因斯坦法）

1952 年，爱因斯坦（H. A. Einsten）提出采用分割水力半径的方法来计算平均流速。按床面切应力公式 $\tau_0 = \gamma RJ$，由于沙粒阻力和沙波阻力作用于同一周界 P，反映出一个总能坡 J；水力半径 $R = \dfrac{A}{P}$ 的物理意义是单位流程上消耗单宽紊动能的容积，故可将单位流程的总容积 A，分成两个部分即 $A = A' + A''$，使分别表示相应于沙粒摩阻和沙波形阻的紊动消耗容积，这样，就可写出

$$R = R' + R'' \tag{15-33}$$

式中：R' 称为沙粒水力半径，R'' 称为沙波水力半径。故由 $\tau_0 = \gamma RJ$ 可得

$$\tau' = \gamma R'J, \quad \tau'' = \gamma R''J \tag{15-34}$$

式（15-34）的 τ'、τ'' 也称为沙粒阻力和沙波阻力；但它们是在能坡 J 不变的条件下分割的，与式（15-29）恩氏按水力半径 R 不变进行分割是有区别的。

爱氏认为，动床平均流速的计算公式，其形式仍可与定床一样，但凡式中与水力半径 R 有关的量都应换成沙粒水力半径 R'。在寇利根（G. H. Keulegan，1938）对数流速分式基础上，爱氏给出的动床流速公式如下：

$$\frac{v}{u'_*} = 5.75 \lg(12.27 \frac{R'}{k_s} x) \quad (15-35)$$

式中，u'_* 是由沙粒水力半径 R' 计算得出的沙粒摩阻流速，即 $u'_* = \sqrt{gR'J}$。k_s 是床面平整时的粗糙高度，通常取为某个代表粒径，对于中、细沙质河床，爱氏取 $k_s = d_{65}$，即当床沙为非均匀沙，且含卵砾石时，也有人建议取为 d_{90}、$2.5 d_{50}$ 或 $2 d_{90}$，等等。因此，如果有实测资料，最好由实测资料反算后再酌情取值更为妥当。式中的 x 是床面粗糙度的修正系数，如果为粗糙床面（即 $k_s > 6 \sim 10$ 倍近壁层流层厚度 $\delta = \frac{11.6\nu}{u_*}$），$x = 1$；而当 $k_s < 6\delta$ 则为过渡

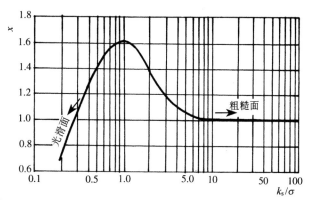

图 15-11

或光滑床面，此时，应使用图 15-11 所示的曲线，按 k_s/δ 查取 x 值。

由式（15-35）可见，为了求得 v，必须确定 R'。为此，爱氏用 10 条河流的资料（主要是中、细沙床面），建立了沙粒阻力与沙波阻力间的关系，参看图 15-12。

图 15-12 中，横坐标为 $\frac{1}{\theta'}$，其沙粒希尔兹数 θ' 的计算式采用

$$\theta' = \frac{\gamma R' J}{(\gamma_s - \gamma) d_{35}} \quad (15-36)$$

纵坐标 $\frac{v}{u''_*}$ 中的 $u''_* = \sqrt{gR''J}$，沙波阻力大，u''_* 就大，$\frac{v}{u''_*}$ 则越小。图 15-12 中的曲线表明：随着水流强度增加，$\frac{1}{\theta'}$ 减小，沙垄逐渐衰败，沙波阻力 u''_* 也相应减小；它是一条沙垄衰减过程的阻力分配曲线。

当已知流量、断面形状、比降以及床面泥沙组成（d_{65}、d_{35}）后，即可采用试算法推求平均流速 v。一般先假定 $R' \rightarrow u'_* \rightarrow v$[公式（15-35）]$\rightarrow A \rightarrow R$；然后再由 $R' \rightarrow \theta'$[公式（15-36）]$\rightarrow u''_*$（图 15-12）$\rightarrow R''$。试算结果，应满足 $R' + R'' = R$ 的条件。

爱因斯坦公式由于有一定的河流实测资料作为基础，所以在中、细沙质河道设计中常被应用；但是，对于粗砂或

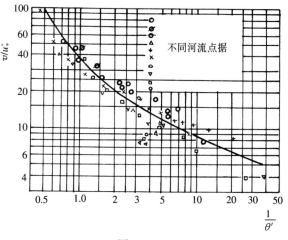

图 15-12

砾、卵质河道，图 15-12 中 $\frac{1}{\theta'}>4$ 区域的沙波阻力则有可能偏大。一些水槽试验和河流实测资料的 $\frac{v}{u_*}$ 要比图中曲线的位置高得多，而且是向上翘起的，$\frac{1}{\theta'}$ 越大，差得越大。这说明粗大颗粒的动床阻力规律要比中、细沙复杂，至今尚不清楚。

四、综合粗糙系数法

曼宁粗糙系数 n 是水利设计者最熟悉的床面粗糙度指标。按曼宁公式 $v=\frac{1}{n}R^{2/3}J^{1/2}$，当过水断面和能坡不变时，粗糙系数与流速成反比关系。我们可以写出如下等式关系：

$$n\sqrt{g} = R^{1/6}\frac{\sqrt{gRJ}}{v} = R^{1/6}\frac{u_*}{v}$$

由于 u_* 与 v 均为速度量纲，按量纲和谐原理，$n\sqrt{g}$ 的量纲应是长度的 1/6 次方；又因 $\sqrt{g}$ 为一常数，故可推论粗糙系数 n 与床面粗糙高度 k_s（长度量纲）的 1/6 次成正比，即

$$n = \frac{1}{A_s}k_s^{1/6}$$

这是司屈立克（A. Strickler）1923 年提出来的，故此类形式的公式统称为司屈立克公式，A_s 称为司屈立克数。

动床的粗糙系数 n 是变化的，床面平整时最小，而出现沙垄之后随之增大。所谓综合粗糙系数，就是把沙粒阻力和沙波阻力综合在一起考虑，寻找实用的粗糙系数 n 变化规律。结合式（15-37）来说，描述 n 的变化有两种办法：①将 k_s 取为定数，如 d_{65}、d_{90}、$2d_{50}$ 等，研究 A_s 值的变化规律。②将 A_s 值取为定数，如取为床面平整时的最小值，研究 k_s 的变化规律。下面举两个典型的例子。

1959 年，钱宁-麦乔威使用爱因斯坦水力半径分割的概念，分析了黄河花园口以下共 6 个水文站的实测资料，点绘了 $\frac{1}{\theta'}$ 和 A_s 值的关系，如图 15-13 所示。利用该图计算平均流速的公式为

$$v = \frac{A_s}{d_{65}^{1/6}}R^{2/3}J^{1/2} \tag{15-37}$$

式（15-37）的符号意义同前，将 k_s 取定为 d_{65}（单位是 mm），水力半径 R 的单位用 m。试算过程则较爱氏法简单，即假定水深 $h \to R \to R' \to \theta' \to A_s$（图 15-13）$\to v$ [式（15-38）] $\to Q$。图中的 θ' 按 $\theta' = \frac{\gamma R'J}{(\gamma_s - \gamma)d_{35}}$ 计算。

由图 15-13 可见，当 $\frac{1}{\theta'}$ 较大时，A_s 很小（即综合糙率大），沙垄阻力很显著。随着水流强度增加，$\frac{1}{\theta'}$ 减小，沙垄逐渐消退，A_s 也增大起来。大约到 $\frac{1}{\theta'}$ 为 0.4~0.5 时，沙垄消失而床面处于动平整状态，此时的阻力则只有沙粒阻力，A_s 大约为 19。黄河山东段艾山站沙垄消失的流量大于 7 000m³/s，利津站大于

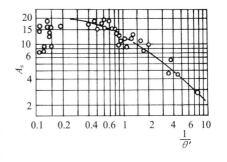

图 15-13

4 000m³/s。如果洪水流量再增大，即 $\frac{1}{\theta'}$ 再减小，A_s 有再度下降、阻力增大的趋势（主要是利津站的一些资料），这和黄河下游大洪水时阻力会继续减小的一般规律不太一致，见图 15-14 和图 15-15，作者解释为可能与出现沙浪有关。该图也和前述图 15-12 类似，主要反映了沙垄衰减过程的综合粗糙系数变化。至于沙垄生成过程的情况，由于黄河泥沙中含有一定的细颗粒，在流量较小时，边界本身不稳定也不平整，其综合阻力变化很大（图 15-14）。

1963—1965 年，李昌华-刘建民采用的则是另一种方法，将床面平整时的 k_s 定为 $2d_{50}$，而出现沙垄之后的 k_s 值设为 αd_{50}，并假定 α 是实际流速与起动流速之比 $\frac{v}{v_c}$ 的函数，经对长江与黄河下游共 164 个点据的分析，得出如图 15-15 所示的 α 与 $\frac{v}{v_c}$ 关系。

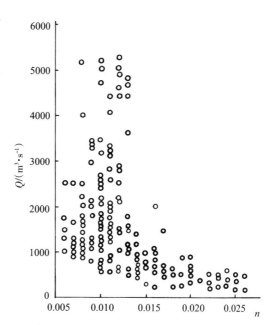

图 15-14 黄河利津站流量与粗糙系数 n 值的关系

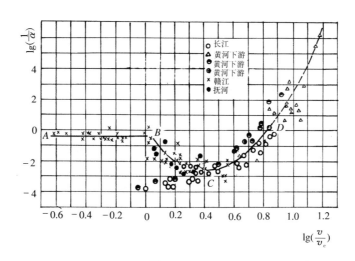

图 15-15

显然，当 Q、J、断面形状以及床沙组成已知的情况下，只要假定了 h，就可得出流速比 $\frac{v}{v_c}$，由图中查出 α，进而求得 k_s 值。作者建议采用爱因斯坦定床公式计算平均流速 v，即

$$\frac{v}{u_*} = 5.75 \lg \left(12.27 \frac{R}{k_s} x \right) \tag{15-38}$$

式中的切力流速 $u_* = \sqrt{gRJ}$。在分析资料的过程中因受研究资料的限制，起动流整 v_c 采用的是冈恰洛夫公式［式（15-22b）］，该式主要适用于 $d_{50} > 0.5$mm 的中粗沙质床面；而黄

河下游和长江的粒径均较小（黄河为 0.054～0.095mm，长江为 0.17～0.19mm），使用该式计算 v_c 会有一定偏差。

图 15-15，比较全面地展示了静平床（AB 段）、沙垄生成（BC 段）和沙垄衰减到动平整（CD 段）的全过程。静平床的 $\lg\left(\frac{1}{\alpha}\right)$ 为常数，即 $\alpha=2$，相应的 $A_s=19$。$v>v_c$ 后进入沙垄生成段，当 $\lg\left(\frac{v}{v_c}\right)=0.4$，即 $v=2.5v_c$ 时，沙垄发展到最大，$\lg\left(\frac{1}{\alpha}\right)\approx-2.7$，即 $k_s\approx 500d_{50}$。而 $v>2.5v_c$ 后，沙垄逐渐衰减，大约在 $\lg\left(\frac{v}{v_c}\right)=0.8$，即 $v=6.5v_c$ 时沙垄消失，床面动平整，A_s 又恢复到 19。

从图 15-15 中还可以看到，黄河由于细颗粒含量的影响，除沙垄衰减的 CD 段之外，其他段 $v<2.5v_c$，或 $v>6.5v_c$ 都与沙质河道的规律不同；小流量时，水流含沙量一般较低，初始边界多变且不平整，粗糙系数 n 大，而大洪水时，平均含沙量均在 60kg/m³ 以上，且细颗粒含量增加，临近床面的含沙量更高，一些原有的凸凹就会被高浓度泥浆充填而使床面相对光滑，粗糙系数 n 也随之降低了。由图 15-14 可见，黄河下游的粗糙系数可小于 0.01，这一现象除了以细颗粒产生泥浆使紊动减弱，流动的阻力向屈服应力 τ_B 方向发展之外，似乎很难有别的合理解释。

以上我们所介绍的动床阻力，仅限于作用在同一边界上阻力计算方法的实用部分，而天然河道的阻力，还应包括作用于不同边界（河槽、河滩、河岸）上的阻力叠加方法，以及河道平面上弯曲、收缩、分叉等断面形状变化时阻力估计。由于它们几乎全部建立在定床水力学的经验基础上，所以就不再作介绍了。需要强调的是，由于水沙互动关系的复杂性，动床阻力不确定性表现是很显著的，遇到实际问题，首先应尽可能收集各级流量的实测粗糙系数资料，分析后，直接用于计算。只有在实测资料缺乏时，才使用本节介绍的计算方法，同时还须考虑借用相似河流的实测资料，尽可能对计算成果的可靠性加以类比论证。

例 15-6 动床阻力计算：确定河渠的水位流量关系。

今需对某冲积河段的堤线重新规划，该河段为一较顺直的沙质河段，比降 1/2 500，其床沙级配如下：$d_{35}=0.28$mm，$d_{50}=0.34$mm，$d_{65}=0.41$mm，$d_{90}=0.69$mm，规划堤距 500m，工程等级 4 级，防洪标准 30 年一遇，相应的流量为 1 160m³/s，超高采用 0.6m，试估计该条件下河床平均高程以上所需的河堤高度。

解： 因河流断面宽浅，简化为二元均匀流，即水力半径 $R=h$。鉴于河道水沙关系复杂，这类计算通常应采用多种方法来估计，并经比较后再给出结论。

方法 1： 经验粗糙系数法。

取经验粗糙系数 $n=0.030$，设水深 $h=2.0$m，可得平均流速为

$$v=\frac{1}{n}R^{2/3}J^{1/2}=\frac{1}{0.030}2.0^{2/3}\sqrt{\frac{1}{2\,500}}=1.06\text{（m/s）}$$

流量为 $\qquad Q=vA=1.06\times 2.2\times 500=1\,166\text{（m}^3\text{/s）（满足要求）}$

佛氏数为 $\qquad Fr=\frac{v}{\sqrt{gh}}=\frac{1.06}{\sqrt{9.8\times 2.0}}=0.239\text{（缓流）}$

d_{50} 的起动流速按式（15-24）计，即

$$v_c = (0.43 \times 0.34^{3/4} + 1.1 \frac{0.34}{0.34})^{1/2} \times 2.0^{1/5} = 0.536(\text{m/s})$$

d_{50} 的静水沉速，按过渡区公式（15-9）计算，设水温为 20℃，得 $\omega = 36\text{mm/s}$（计算过程略，参考例题 15-1）。d_{50} 的扬动流速，按式（15-25）计，即

$$v_s = 0.812 \times 0.34^{2/5} \times 36^{1/5} \times 2.0^{1/5} = 1.24(\text{m/s})$$

由计算结果可知，d_{50} 的 $v_c < v < v_s$，所以本河段设计洪水时的床沙运动以推移为主。但由于床面有沙坡运动，其粗糙系数值可能并不是经验取值 0.03，故水深 2.0m 的计算结果是否安全可靠，暂不能得出结论。

方法 2：李昌华综合粗糙系数法（k_s 法）。

假定水深 $h = 1.90\text{m}$，可得平均流速为

$$v = \frac{Q}{A} = \frac{1160}{1.9 \times 500} = 1.22(\text{m/s})$$

起动流速 v_c 按公式（15-22b）计算，即 $\gamma_s = 2.65\text{g/cm}^3$，

$$v_c = 1.06\sqrt{\frac{\gamma_s - \gamma}{\gamma}gd_{50}}\lg\frac{8.8h}{d_{90}} = 1.06\sqrt{\frac{2.65-1}{1} \times 9.8 \times 0.00034} \times \lg\frac{8.8 \times 1.9}{0.00069}$$
$$= 0.345(\text{m/s})$$

$$\lg\left(\frac{v}{v_c}\right) = \lg\left(\frac{1.22}{0.345}\right) = 0.549$$

查图 15-15 得 $\lg\left(\frac{1}{\alpha}\right) = -2.4$，故有 $\alpha = 251$，$k_s = \alpha d_{50} = 251 \times 0.00034 = 0.0854$（m），代入公式（15-38）计算平均流速，即

$$\frac{v}{v_*} = 5.75\lg\left(12.27\frac{h}{k_s}\right) = 5.75\lg\left(12.27 \times \frac{1.9}{0.0854}\right) = 14$$

因

$$v_* = \sqrt{ghJ} = \sqrt{9.8 \times 1.9 \times \frac{1}{2500}} = 0.0863(\text{m/s})$$

则可得

$$v = 14 \times 0.0863 = 1.21(\text{m/s})$$

计算所得平均流速 1.21m/s 与假定水深 1.90m 时的流速 1.22m/s 很接近，故认为水深假定正确，即 $h = 1.90\text{m}$。

方法 3：恩格隆切力分割法。

假定水深 $h = 1.85\text{m}$，可得平均切应力为

$$\tau_0 = \gamma hJ = 1 \times 1.85 \times \frac{1}{2500} = 7.4 \times 10^{-4}(\text{t/m}^2)$$

平均流速：

$$v = \frac{Q}{A} = \frac{1160}{1.85 \times 500} = 1.250(\text{m/s})$$

希尔兹数：

$$\theta = \frac{\tau_0}{(\gamma_s - \gamma)d_{50}} = \frac{7.4 \times 10^{-4}}{(2.65-1) \times 3.4 \times 10^{-4}} = 1.32$$

按公式（15-31）计算沙粒希尔兹数

$$\theta' = 0.06 + 0.3\theta^{3/2} = 0.06 + 0.3 \times 1.32^{3/2} = 0.515$$

相应于沙粒阻力的水深为

$$h' = \frac{\theta'}{\theta}h = \frac{0.515}{1.32} \times 1.85 = 0.722(\text{m})$$

按公式（15-32）计算平均流速

$$v = \sqrt{gh'J}\left(6 + 2.5ln\frac{h'}{2d_{50}}\right) = \sqrt{9.8 \times 0.722 \times \frac{1}{2\,500}} \times \left(6 + 2.5ln\frac{0.722}{2 \times 0.000\,34}\right)$$
$$= 0.053\,2 \times 23.42 = 1.246(m/s)$$

计算流速与假定水深所相应的流速基本相等，假定正确，故得 $h = 1.85$m。

方法 4：爱因斯坦水力半径分割法。

假定水深 $h = 1.70$m，平均流速 $v = \dfrac{1\,160}{1.7 \times 500} = 1.36$(m/s)。因按二元均匀流考虑，故 $R = h = 1.70$m。再设 $R' = 0.6$m，$R'' = 1.1$m，按式（15-36）可得

$$\frac{1}{\theta'} = \frac{(\gamma_s - \gamma)d_{35}}{\gamma R'J} = \frac{(2.65 - 1) \times 0.000\,28}{1 \times 0.6 \times \dfrac{1}{2\,500}} = 1.925$$

查图 15-12 可得 $\dfrac{v}{u''_*} = 21$，即

$$u''_* = \sqrt{gR''J} = \sqrt{9.8 \times 1.1 \times \frac{1}{2\,500}} = 0.065\,7(m/s)$$

故得 $v = 21u''_* = 21 \times 0.065\,7 = 1.38$ (m/s)

由以上计算可以看出，假定水深 $h = 1.70$m 的相应平均流速 1.36m/s 已与计算结果 1.38m/s 很接近了。一般来说试算即可终止，取 $h = 1.70$m。如果有必要亦可适当降低水深 h 的假定值（如取为 1.68m 再作计算）。

结论：按以上 4 种方法进行计算，其结果如下。

方　　法	取　　值	水深/m	注
1. 经验粗糙系数	$n = 0.03$	2.0	按二元水流考虑
2. 李昌华法	$k_s = 0.085\,4$m	1.90	$\alpha = 251$
3. 恩格隆法	$h' = 0.722$m	1.85	$\theta' = 0.515$
4. 爱因斯坦法	$R' = 0.6$m	1.70	$\theta' = 0.519$

根据设计经验，考虑到沙质河流洪水时的粗糙系数很少低于 0.03。由于缺乏实测的验证资料，为安全计该河段洪水水深取值 h 不宜小于 1.9m，设计超高 0.6m。可得堤顶应高出相应断面的河床平均高程 $H = 1.9 + 0.6 = 2.5$m。

第五节　水流的挟沙能力
一、挟沙能力的概念与定义

自然界的水系同时负有输水、输沙、消能三种使命。输水取决于降水与汇流的条件，输沙则因下垫面的侵蚀条件而异，至于消能主要是消杀势能，也就是河床形态变化后使阻力做的功等于重力做的功。浑水和清水相比，如果能坡相同，虽然浑水重力做的功和阻力做的功都比清水大，但单位重量水体的能量损失（水头损失）仍然是相同的；也就是说，泥沙运动的能量不是直接取自机械能而是机械能损失后的紊动能。上述三个使命，不仅地域性差异很大，而且对某一特定河段来说，大多是不平衡的，由于来水来沙条件的变化，河床的形态与

组成也在不断地调整变化，学术研究上称之为不平衡输沙问题。

"冲刷"和"淤积"是表述床面高程随时间变化的术语。单位面积的床面，如果在某一时段内离开床面泥沙所占体积超过了落入床面的泥沙所占的体积，床面的高程势必下降，也就是该时段床面处于冲刷状态，反之则为淤积状态；显然，体积若相等就是冲淤平衡状态。冲淤现象涉及水沙互动的一系列复杂因素，就本质而言，是一种热力学过程，水流与床面摩擦产生的紊动总是力图朝着熵最大（即均匀化）的方向发展，而使水沙关系达到某种动平衡状态。如果像实验室水槽试验那样，把边界条件尽可能简化，例如，来水来沙条件不变，槽底的坡度与两侧全以人为的办法控制起来，只要放水时间足够长，就可以演示这种动态平衡；相比起来，若仅限于底沙运动，特别是强度不大能使床面基本保持平整的底沙起动平衡就更容易实现。实际上，长期以来绝大多数有关水流强度与输沙强度的试验研究（也称推移质输沙率研究），正是在上述简化条件下进行的。这类试验成果，对于深化人们对挟沙能力的认识，有重要理论意义，但它距解决生产问题，无疑还十分遥远。

人们从长期工程实践中早就知道，对于特定的河段或渠段，水流含沙量过低会引起冲刷，而含沙量过高就会发生淤积，而且冲刷含沙量和淤积含沙量之间有一个相当宽的范围，在此范围内的浑水，基本上都可以既不冲又不淤地通过该河段，这被称为不冲不淤含沙量的多值现象。出现多值现象的原因，主要是床沙组成及形态的调整作用，也就是动床的沙粒阻力和沙波阻力会随水沙条件而变化，床面的紊动特性也跟着变化。

为了解决河渠泥沙工程中大量存在的冲淤问题，人们直接利用那些能够正常通过河段或渠段的挟沙水流实测资料，加以整理分析，提出了挟沙能力这一术语，并对其表达式作了进一步研究。但是，由于受到水文测验技术的局限，底沙（推移质）的输移量无法正确测定，同时，发生在床面的阻力调整细节也难以了解，所以，挟沙能力研究的理论基础还不够坚实，公式的统计性、经验性较强而普遍性较差。更有甚者，就连"挟沙能力"的定义本身也不一样，实用上主要分如下两种：

第一种：认为底沙和悬沙的挟动机制是一样的，挟沙能力就是指某一特定的水流条件，挟带某一定型（颗粒的大小与级配）泥沙数量的能力。泥沙的数量用重量来表示，它同时包括了底沙和悬沙，也就是全沙。挟沙能力的单位统一采用与含沙量一致的单位，即 kg/m^3，实际上就是断面的全沙平均含沙量。因此，挟沙能力乘以流量即为断面的全沙输沙率（kg/s）。一般情况下，特别是河流的中下游河段里，底沙占悬沙的比例大多在 5% 以内，所以，即使底沙的数量无法测定，采用悬沙测点外延的方法来估计也不会有很大的误差。

第二种：认为底沙和悬沙的挟动机制不同，不仅如此，在悬沙中还分两类，一类叫冲泻质，即"一泻千里"而与床面无关的那部分细微颗粒；另一类叫床沙质，它是悬沙中较粗的部分，只有床沙质才参与床面交换，影响河床的冲淤变形。所以，挟沙能力的定义，只是在特定的水流泥沙条件下，水流挟运悬沙中床沙质的能力，单位是床沙质的平均含沙量（kg/m^3）。这样，全沙输沙率就包括三个组成部分，即底沙（推移输沙率）、床沙质和冲泻质输沙率，而冲泻质来多少去多少，实际上不存在输移能力的问题。显然，采用这一定义，就得把水文测验资料中床沙质和冲泻质的界限粒径确定下来，而且床沙质最粗有多粗（即推移质和床沙质的界限），也得有个交代。上述两上界限的划分，没有什么理论方法，主要是根据具体河段的实测资料（悬沙及床沙的取样级配），对于不同流量设定相应的标准。

以上两种均出自实用的挟沙能力定义，一般宜根据本地区河渠的输沙特征酌情选用。我国北方丘陵与平原地区的河流，汛期不仅含沙量高，而且细颗粒所占比例也较大，它不仅对浑水的黏滞性影响很大，甚至有可能使浑水变成泥浆；这种情况下，显然不能作为冲泻质对待，同时，底沙与悬沙的界限实际上也很难界定，所以，一般多采用第一种定义，即挟沙能力是针对全沙的平均含沙量而言的。而我国南方或山区的大多数河流，水中细颗粒含量低，此时抓住悬沙中较粗又是河床变形中最为活跃的一部分（床沙质）专门讨论，可以有效地缩小冲刷与淤积之间含沙量的变化范围，应该更利于控制冲淤平衡。至于冲泻质与床沙质的粒径界限，则因地因时而异，选定时要参考相关经验，它大致相当于床沙级配中较细，约占重量百分比为 $5\%\sim10\%$ 的粒径（即床沙的 $d_5\sim d_{10}$）。

二、悬沙含沙量垂线分布的紊动扩散理论

从前面有关挟沙能力的介绍，我们知道，无论采用怎样的定义，它的基础都离不开悬沙的水文测验资料。所以，下面仅就悬沙含沙量垂线分布研究中，物理概念比较清晰的紊动扩散理论作一简介，以利我们更好地理解和运用以后的挟沙能力实用公式。

1885 年费克（A. Fick）提出了各向同性介质中，某物质分子扩散的定律如下：

$$F = -D\frac{\partial c}{\partial x} \tag{15-39}$$

式中，F 为单位时间单位面积在 x 方向物质分子的扩散通量；$\frac{\partial c}{\partial x}$ 是 x 方向的物质浓度梯度；D 为分子扩散系数（与介质及扩散物质的分子量、绝对温度等因素有关）。产生扩散现象的动力来自分子的热运动。

浑水含沙量的垂线分布总是床面浓度最大，越靠近水面越小，对于其中某一粒径级来说，也是如此。但产生泥沙颗粒向上运动的动力来自紊团的运动，这与分子运动有根本区别；另外，在分子扩散时，重力几乎毫无影响，而泥沙颗粒则不同，它比单分子要大几个数量级，垂直向上的紊动力若小于颗粒的有效重力，颗粒势必沉降而不可能形成稳定的含沙量垂线分布。

1925 年，施米特（W. Schmidt）借助紊动扩散的概念，假定空气中含尘量的垂直扩散系数为 E_s，给出了尘埃在二维流动空气中分布的微分方程为

$$E_s\frac{\mathrm{d}s}{\mathrm{d}y} + s\omega = 0 \tag{15-40}$$

式中，s 为尘埃的体积浓度；ω 为尘埃粒子在空气中的沉速；E_s 就是尘埃粒子的垂向紊动扩散系数，要由实测资料中分析得出。显然，挟沙水流中含沙量的二维垂线分布微分方程形式应该也是式（15-40），问题的关键在 E_s，需要有一个能进行积分运算的表达式。

1934 年，卡门（Th. Von. Karman）建立了垂线流速分布的对数公式，其微分形式为

$$\frac{\mathrm{d}u_x}{\mathrm{d}y} = \frac{u_*}{\kappa y} \tag{15-41}$$

1937 年，罗斯（H. Rouse）在前人研究基础上，假定紊流中水团动量交换扩散系数 ε 和浑水中泥沙颗粒垂直紊动扩散系数 E_s 相等，而 ε 值利用式（15-41）和 $\tau = \rho\varepsilon\frac{\mathrm{d}u_x}{\mathrm{d}y}$（定义式见第四章第五节），以及水中切应力呈直线分布的表达式 $\tau_y = \left(\frac{H-y}{H}\right)\tau_0$，即可得到

$$\varepsilon = \kappa u_* \frac{y}{H}(H-y) \qquad (15\text{-}42)$$

式中，κ 为卡门常数，清水时 $\kappa=0.4$；u_* 为切力流速，H 为水深，y 是距床面的高度。由式（4-2）可知，对于清水定床，紊流中水团的动量扩散系数大致呈抛物线分布：床面和水面为零，$\frac{1}{2}H$ 处最大，$\varepsilon_{\max}=0.1u_*H$；$\varepsilon$ 的平均值 $\bar{\varepsilon}=0.067u_*H$。罗斯假定 $E_s=\varepsilon$，则将式（15-42）代入式（15-40），积分得出含沙量垂线分布式为

$$\frac{s}{s_a} = \left(\frac{H-y}{y} \cdot \frac{a}{H-a}\right)^z \qquad (15\text{-}43)$$

式中，$z=\frac{\omega}{\kappa u_*}$，称为悬浮指数，$\omega$ 为泥沙颗粒的静水沉速，卡门常数 κ 取为 0.4；s_a 为距床面 $y=a$ 处的已知含沙量（边界条件）。该式的使用区间是 $a \leqslant y \leqslant H$，故取样点要尽可能靠近床面才能更全面地反映悬沙垂线分布。

验证资料表明，式（15-43）对于含沙量较低的细颗粒（如 $d<0.05\text{mm}$）或当 $z<1$ 的情况，是比较符合的。因浑水的卡门常数总比清水小，所以实测的垂线含沙量要比式（15-43）的计算值大，即实际分布更为均匀。另外，水面（$H=y$）处的 s 当然也不可能为零。此后，还有许多学者对泥沙垂向紊动扩散系数 E_s，悬浮指数 z 和床面含沙量 s_a 进行过试验研究。但是，由于清水条件下，紊动的发生与传递目前都还没有搞清楚，浑水动床自然也是不可能取得实质性进展的。

三、浑水挟沙能力的经验表达式

通过悬沙紊动扩散理论的介绍，可以想到，目前解决冲淤平衡还只有靠经验统计的方法。经验统计法的核心是理性地选择参数，在试验或河渠实测的水文泥沙资料基础上建立经验公式，并力图使公式具有较为广泛的代表性。一般来说，经验公式的指数是定性的，论证要更为严谨，否则不可能有普适性，而公式的系数则受各种未知因素的影响，会有较大的变化，这对具有双值性的挟沙能力问题尤为显著。

早在 1879 年，杜波依斯（P. Du Boys）就提出底沙的单宽输沙率 g_b 与有效切力（$\tau_0-\tau_c$）有关的表达式。但真正进行大规模水槽研究的还是本章第三节中已经提到的梅叶彼得，通过实验发现床面形态（沙波）对单宽输沙率 g_b 有很大影响，床面起伏不平时，切力 τ_0 可以很大，但由于能量消耗在克服沙波阻力上了，对于输沙的贡献相对较小，经过修正后的梅叶彼得公式如下：

$$g_b = \frac{\left[\left(\frac{n'}{n}\right)^{3/2}\gamma hJ - 0.047(\gamma_s-\gamma)d\right]^{3/2}}{0.125\left(\frac{\gamma}{g}\right)^{1/2}\left(\frac{\gamma_s-\gamma}{\gamma_s}\right)} \qquad (15\text{-}44)$$

式中，n' 为床面平整时的曼宁粗糙系数，可按 $n'=\frac{1}{26}d_{90}^{1/6}$（动平整床面）估计；$n$ 为床面有沙波时的实际粗糙系数。公式方括号的第一项是扣除沙波影响后的输沙作用切力，第二项则为取希尔兹数 $\theta_c=0.047$ 时的输沙起始切力；二者之差可以认为是有效输沙切力。可见，按梅叶彼得的试验，单宽输沙率与有效输沙切力的 1.5 次方成正比。

采用上述切力作为输沙率主要参数的公式，在欧美是很普遍的，此后还有许多学者提出

了不少公式（学术上多称为推移质输沙率公式）；但是由于推移质与悬移质之间实际上无法确立标准，所以，如果比较各家的推移质输沙率公式，就会发现，当切力较小（$\theta<0.5$）床面基本平整时，各家公式比较接近，而 $\theta>0.5$ 后偏差越来越大，乃至趋势相反。例如，爱因斯坦假定推移质的运动范围在床面上以上 $2d$ 之内，而大部分水槽试验，由于水深受限制，只有加大流速才会有输沙效果，水流的 Fr 大都接近或超过 0.8，床面有沙波起伏，泥沙的跃动高度远超过 $2d$，若按爱氏的标准，相当一部分颗粒已是悬移质了。

从式（15-44）关于作用切力的修正可以看出，对于床面较平整的底沙运动或床面冲刷问题，采用切力法是直接而且也方便的，但是，对于挟沙能力，包括底沙的输沙率在内，床面平整的前提一般都不能成立。沿用切力法若还需再加以修正，势必离不开平均流速的测定，因此，采用流速作为主要参数就比切力法要更为直截了当。实际上，梅叶彼得公式（15-44），也可以换成以平均流速为参数来表达，按 $n=\frac{1}{v}h^{2/3}J^{1/2}$，$n'=\frac{1}{26}d_{90}^{1/6}$，$\gamma_s=2.65\text{t/m}^3$，$\gamma=1\text{t/m}^3$，$g=9.8\text{m/s}^2$ 代入，消去 J 可得实用式为

$$g_b = 40.2\left[\left(\frac{d_{90}^{1/6}}{26}\right)^{3/2} \cdot v^2 \frac{n^{1/2}}{h^{1/3}} - 0.077d\right]^{3/2} \quad (15-45)$$

式中，单宽输沙率 g_b 的单位为 t/(m·s)。可见，根据梅叶彼得的试验研究，输沙率大致与平均流速的 3~4 次方成正比（注意，式中的动床粗糙系数 n 不是常数，也与流速有关）。

1955 年，维利卡诺夫（М. А. Великанов）较早提出了以平均流速为主要参数的悬沙输沙能力经验公式，并采用断面平均含沙量作为输沙能力的单位。该式的结构简洁，对我国挟沙能力的研究影响较大，其形式为

$$S_* = K\frac{v^3}{gR\omega} \quad (15-46)$$

式中：S_* 是悬沙挟沙能力（kg/m³）。可以看出，该式由佛汝德数 Fr 的平方 $\left(\frac{v^2}{gR}\right)$ 和流速与沉速之比 $\left(\frac{v}{\omega}\right)$ 两个无量纲数的乘积组成。待定系数 K 要由实测资料推求，其量纲亦为 kg/m³。对于处于淤积平衡和冲刷平衡之间的浑水，因床面的组成与形态差异很大，所以，系数 K 值也在很大的范围内变动。此后，在维氏公式的基础上，我国学者结合实测资料，建立了许多结构类似的挟沙能力公式，如麦乔威、赵苏理公式（1958），张瑞瑾公式（1961），李昌华公式（1980）等，其中应用较广的张瑞瑾公式形式为

$$S_* = K\left(\frac{v^3}{gR\omega}\right)^m \quad (15-47)$$

张氏采用挟沙能力第二种定义，即 S_* 为悬移质中床沙质的临界平均含沙量，式中的指数 m 和系数 K 都随 $\left(\frac{v^3}{gR\omega}\right)$ 变化，如图 15-16 所示。由于建立该式的资料，绝大部分的含沙量在 40kg/m³ 以内，所以，主要用于细颗粒含量低的沙质河道。由图 15-16 可见，指数 m 可由 1.5 减小到 0.4，也就是说，床沙质的挟沙能力与平均流速的方次关系由 4.5 到 1.2，这比绝大多数研究者的取值范围 3.5~2.5 要大得多，原因何在，作者未加说明。

大多数学者承袭传统，认为底沙（推移质）和悬沙的运动机制有质的差别，其主要理由是底沙运动需消耗水流的机械能，只有悬沙才是靠紊动能运动的。但也有学者不同意这一观

念，其中具有代表性的是沙玉清教授，他认为颗粒无论粗细，只要处于静止状态就是床面形态的组成部分，都会给水流以阻力，消耗机械能；但是，某颗粒一旦离开床面，机械阻力与分子阻力必然消失，颗粒与床面间就不存在力的直接传递，也不可能有机械能损失；另一方面，床面上大小颗粒所受挟动力的性质是一样的，都是冲压、顶托、牵引、扭转等复杂的脉动作用力。所以，底沙与悬沙仅是运动形式不同而已。挟沙能力的定义应采用前述第一种表述，即底沙和悬沙的挟沙能力公式是统一的，单位均可采用 kg/m^3。

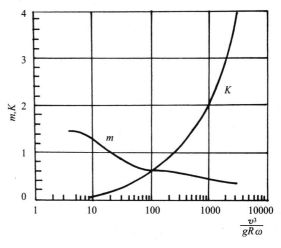

图 15-16

1965 年，沙玉清分析了国内外水槽试验与河流，推移与悬移的大量实测资料，提出的挟沙能力公式如下：

$$S_* = K \frac{d}{\omega^{4/3}} \left(\frac{v-v_0}{\sqrt{R}} \right)^n \quad (15-48)$$

式中：挟沙能力 S_*（kg/m^3），即平均单位流量所能携带的泥沙重量千克数；粒径 d 采用 d_{50}（mm）；沉速 ω 采用与 d_{50} 对应的 ω_{50}（mm/s）；水力半径 R（m）；v_0 为挟动流速（m/s），其值与泥沙运动的方式（悬移或推移）有关，参看表 15-2；$(v-v_0)$ 则为有效流速；指数 n 与水流的佛氏数 $Fr = \frac{v}{\sqrt{gR}}$ 有关，当 $Fr<0.8$（缓流型），$n=2$，当 $Fr>0.8$（急流型），$n=3$。K 是挟沙系数，反映浑水的平衡状态（饱和程度）、泥沙非均匀性特别是细颗粒含量以及河槽特征等尚难作为已知条件表达的综合因素的影响，所以，K 值一般应通过实测资料推求确定。据已有实测资料的分析，处于不冲不淤状态的浑水，K 值大致在 91~400 的范围内变化，平均值为 200；当缺乏实测资料时，以上界限值可供设计者酌情参考选用。

表 15-2 挟动流速 v_0 选择参考表

粒径 d_{50}/mm	选择区间	泥沙运动方式	注 v_h 止动流速 v_c 起动流速 v_s 扬动流速
<0.04	$v_h \sim v_c$	悬移	v_s 无意义
0.04~0.08	$v_h \sim v_c$ $v_h \sim v_s$	悬移 推移	$v_h < v_s < v_c$
>0.08	$\geqslant v_s$ $v_h \sim v_s$	悬移 推移	$v_h < v_c < v_s$

四、细颗粒含量对挟沙能力的影响

在结束本章讨论之前，有必要再次指出，泥沙研究中区别"浑水"与"泥沙"的重要性。以挟沙能力为例，浑水中细颗粒含量的增大，不仅使浑水的黏滞性增大，颗粒的沉速降低，而且，细颗粒落淤床面会起到使床面细化，粗糙系数减小的作用。因此，含有细颗粒（$d<0.01$mm）的浑水要比清水能挟带更多的粗颗粒（$d>0.05$mm），具有更宽的冲淤平衡变化范围。方宗岱、齐璞（1978）曾以黄河实测资料点绘了粗颗粒（$d<0.05$mm）的经验输沙系数 K 与细颗粒（$d<0.01$mm）含量 $S_{d\leqslant 0.01}$ 间的关系，如图 15-17 所示。图中的粗颗粒（$d>0.05$mm 床沙质）断面输沙率经验关系式采用 $G_s=KQ^n$ 的形式，指数 n 因水文站而异。图 15-17 的 n 定为 1.46，可见当细颗粒含量较低时，如 20kg/m³ 以内，K 值大致可取为 2，但细颗粒一旦超过这一界

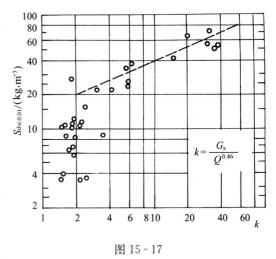

图 15-17

限，K 值就会以高次方迅速增大；图中的虚线是编者另加上去的，该线表明，K 值大致与 $S_{d\leqslant 0.01}$ 的 2.35 次方成正比。

一般来说，浑水的细颗粒的含量主要取决于泥沙的来源和浑水所处的冲淤状态，其 $d<0.001$mm 的含量大多不超过 100kg/m³。但是，水中的细颗粒，特别是 $d<0.05$mm 的黏粒，如果达到 40~50kg/m³，浑水就可能转变为泥浆，其流动与挟沙的机制也必然发生质变。按黄河流域的工程经验，当浑水的含沙量达到 400kg/m³ 时，其中 $d<0.01$mm 的细颗粒大多在 15% 以下（即不超过 70kg/m³），此时，若水流紊动较强，还是可以作为浑水对待，前述挟沙能力经验公式仍可应用。需要注意的是，公式中的挟沙系数 K 最好由本河段的实测资料推算酌定，至少也应参考相似的河段经验论证选定。当含沙量进一步增高，细颗粒含量超过上述界限，基质则大多会由水转而为泥浆，如果此时流速较大，雷诺数高，由于紊动作用中，絮网不能充分发育，即流动浆体的屈服应力达不到 τ_B，影响相对较小；反之，如果比降小，水深浅，流速低，屈服应力的作用就会很明显地表现出来。

我们知道，二元明渠均匀流动的切力 τ 总是水面为零，床面最大为 $\tau_0=\gamma_m hJ$（γ_m 是浆体的平均容重），基本上呈直线分布。所以，水面以下必有一层切应力 $\tau=\beta\tau_B$，式中的 β 称为絮网结构发育系数，与浑水的运动雷诺数 Re_m 有关。Re_m 大，紊动强，β 就小；层流时，$\beta=1$，计算 Re_m 时要考虑含沙量的影响，其分母运动黏滞系数不能用清水的 $\nu=\mu/\rho$，而要改用浑水的 $\nu_m=\mu_e/\rho_m$。μ_e 称为有效动力黏滞系数，即依照牛顿体的形式 $\tau=\mu\dfrac{\mathrm{d}u}{\mathrm{d}y}$，浑水写作 $\tau=\mu_e\dfrac{\mathrm{d}u}{\mathrm{d}y}$。

对于宾汉流体，其本构方程为 $\tau=\tau_B+\eta\dfrac{\mathrm{d}u}{\mathrm{d}y}$，故 $\tau=\left(\dfrac{\tau_B}{\mathrm{d}u/\mathrm{d}y}+\eta\right)\dfrac{\mathrm{d}u}{\mathrm{d}y}$，则有 $\mu_e=\eta+\dfrac{\tau_B}{\mathrm{d}u/\mathrm{d}y}$，式中的 $\mathrm{d}u/\mathrm{d}y$ 是流速梯度。由于实际的流速梯度是变化的，只能概化为某一代表值，可有以下两种途径：第一种仿照管道，令阻力系数为 $\lambda=\dfrac{8g}{v^2}RJ$，取 $\dfrac{\mathrm{d}u}{\mathrm{d}y}=\dfrac{v}{D}=\dfrac{v}{4R}$（式中

D 为管径);第二种仿照二元明流,令阻力系数为 $\psi = \dfrac{2g}{v^2} hJ$,取 $\dfrac{du}{dy} = \dfrac{2v}{h}$。所以,研究高含沙水流时,通常也就有两种不同的运动雷诺数 Re_m 如下:

第一种:
$$Re_{m1} = \dfrac{\gamma_m v^2}{g\left(\eta \dfrac{v}{4R} + \dfrac{\tau_B}{8}\right)} \tag{15-49a}$$

第二种:
$$Re_{m2} = \dfrac{\gamma_m v^2}{g\left(\eta \dfrac{v}{h} + \dfrac{\tau_B}{2}\right)} \tag{15-49b}$$

泥浆流动很少能达到充分紊动的阻力平方区,一般多由流核区与非流核区两部分组成,称为结构流,参看图 15-18。当 $Re_{m1} < 2\,000$ 时,靠近边壁的过渡性紊动就基本消失了,非流核区属层流情况,其流动阻力系数 $\lambda = 96/Re_{m1}$。随着浓度提高,τ_B 增大,层流区缩小,流核就会扩大而逐渐充满整个断面(亦称为塞子流),此时,若要继续保持流动,显然必须满足 $\tau_0 \geqslant \tau_B$ 的条件。

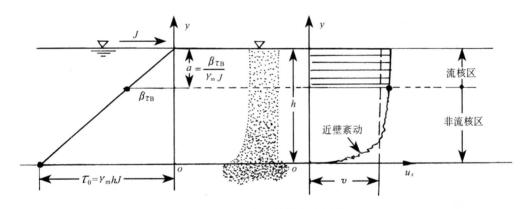

图 15-18 宾汉结构流示意图

自然界中含沙砾的泥浆流,究竟能携带多少泥沙,或者说挟沙能力有多大,实际上除比降流量、流速条件之外,还有泥沙方面的两个因素:①细颗粒的性质与来源是否充沛,也就是泥浆基质的浓度有多高,τ_B 有多大。颗粒细、水化作用强,浓度高,不仅可以承载(或包容)更多的沙砾,而且还可使床面变得更为光滑,阻力减小,速度增大,也更利用携带泥沙。②粗颗粒的性质与来源。粗颗粒就像是混凝土的骨料,如果级配合理得当,所占体积少,但相对重量大,有利于增加泥浆流的含沙量,也就是干容重。陕西省洛河与泾河,细颗粒条件好,但粗颗粒条件较差;而陕北的皇甫川,窟野河细颗粒条件差,但粗颗粒条件好,结果陕北沙砾泥浆流的含沙量就比关中更高,常可超过 $1\,000\text{kg/m}^3$。

有关细颗粒对挟沙能力的影响,就讲到这里。泥沙运动力学受到地理、矿冶、石油、化工、土建等许多部门的关注,水利部门也有不少新的研究成果,但已离开了本章的主旨,有兴趣的同学可参考相关文献。

例 15-7 浑水挟沙能力公式的应用:今欲规划一条浑水渠道,流量 $Q = 21.8\text{m}^3/\text{s}$,渠底宽 3m,边坡 1:1,采用混凝土衬砌($n = 0.016$),要求输送泥沙的 $d_{50} = 0.037\text{mm}$。试问该渠道的比降分别取 1/1 000 和 1/2 000,它们的不淤挟沙能力估计是多大?

解: 由于渠道已用混凝土衬砌,不必考虑冲刷平衡,要知道不淤挟泥能力,一般应先计

算正常挟沙能力 S_*，而后再在 S_* 的基础上酌情增大。

首先计算不同比降情况下的设计水深，由于不允许淤积，通常仍认为渠床粗糙系数 n 与清水基本相同，即 $n=0.016$，以曼宁公式计算水深，结果如下。

J	h/m	A/m^2	R/m	$C=\dfrac{R^{1/6}}{n}$	$v/(\text{m}\cdot\text{s}^{-1})$	$Q/(\text{m}^3\cdot\text{s}^{-1})$	$Fr=\dfrac{v}{\sqrt{gR}}$
1/1 000	2.0	10.0	1.15	64	2.17	21.7	0.646
1/2 000	2.4	13.0	1.32	65.5	1.68	21.8	0.467

正常挟沙能力 S_* 分别选用式（15-47）和式（15-48）进行估计。沙粒 $d_{50}=0.037\text{mm}$，属层流区颗粒，取水温为 20℃，$v=1.01\times10^{-6}\text{m}^2/\text{s}$，采用式（15-6）计算可得 $\omega_{50}=9.14\times10^{-4}\text{m/s}=0.914\text{mm/s}$。

（1）按式（15-47）得 $J=1/1\,000$ 时，$\dfrac{v^3}{gR\omega}=992$，查图 15-16 得 $K=2.05$，$m=0.45$，故

$$S_*=K\left(\dfrac{v^3}{gR\omega}\right)^m=2.05\times992^{0.45}=45.7\;(\text{kg/m}^3)$$

$J=1/2\,000$ 时，$\dfrac{v^3}{gR\omega}=401$，查图 15-16 得 $K=1.42$，$m=0.55$，故

$$S_*=K\left(\dfrac{v^3}{gR\omega}\right)^m=1.42\times401^{0.55}=38.4(\text{kg/m}^3)$$

（2）按式（15-48），取 $K=200$（正常值），$n=2$（$Fr<0.8$），挟动流速采用止动流速，即 $v_0=v_H$，按式（15-28），$v_H=(0.39d^{3/4}+0.11)^{1/2}R^{1/5}$，可求得比降 $J=1/1\,000$，水力半径 $R=1.15\text{m}$ 时，$v_H=0.216\text{m/s}$，代入式（15-48）得

$$S_*=K\dfrac{d}{\omega^{4/3}}\left(\dfrac{v-v_0}{\sqrt{R}}\right)^n=200\times\dfrac{0.037}{0.914^{4/3}}\times\left(\dfrac{2.17-0.216}{\sqrt{1.15}}\right)^2=27.7(\text{kg/m}^3)$$

$J=1/2\,000$，$R=1.32\text{m}$ 时，$v_H=0.222\text{m/s}$，亦可得

$$S_*=200\times\dfrac{0.037}{0.914^{4/3}}\times\left(\dfrac{1.68-0.222}{\sqrt{1.32}}\right)^2=13.4(\text{kg/m}^3)$$

结论：

用上面两种方法计算正常挟沙能力 S_*，其值相差甚大。一般来说不冲不淤含沙量（多值关系）大致在 S_* 上下变化，其范围因泥沙级配及河槽形态等因素而异，经验区间是 0.5～2。鉴于式（15-47）主要用于含沙量较低的沙质河床（床沙质为主），计算所得的 S_* 已经偏高，加大后超出了所分析资料的范围，可靠性会受到影响。如果缺乏验证的实测资料，计算结论宜在式（15-48）的结果基础上估计不淤挟沙能力。因此，可以认为比降 1/1 000 时，不淤挟沙能力在 45～55kg/m³ 之间；比降 1/2 000 时，不淤挟沙能力在 25～30kg/m³ 之间。

使用挟沙能力公式时要注意，由于式中仅采用 d_{50} 作为泥沙特征，对于非均匀性显著的沙样，$d<0.005\text{mm}$ 细颗粒的含量和作用没有得到充分的反映，故计算精度只能是统计平均水平。在进行具体设计时，应该尽可能取得有关泥沙级配资料，并对挟沙能力作个案分析。

主要参考文献

大连工学院水力学教研室.1984.水力学解题指导及习题集[M].北京:高等教育出版社.
冬俊瑞,黄继汤.1991.水力学实验[M].北京:清华大学出版社.
郝树棠.1994.梯形渠道临界水深的计算及讨论[J].水利学报(8):48-52.
荒木正夫,椿冬一朗.1982.水力学解题指导[M].杨景芳,译.北京:高等教育出版社.
李家星,赵振兴.2001.水力学[M].南京:河海大学出版社.
李炜,徐孝平.2000.水力学[M].武汉:武汉水利电力大学出版社.
刘焕芳.1994.各种水位流量关系曲线的成因分析[J].西北水资源与水工程,5(3):88-90.
刘计良,王正中,等.2010.梯形渠道水跃共轭水深理论计算方法初探[J].水力发电学报,29(5):216-219.
刘玲,刘伊生.1999.梯形渠道共轭水深计算方法[J].北方交通大学学报,23(3):44-47.
刘润生.1987.水力学[M].上海:上海交通大学出版社.
吕宏兴,冯家涛.1994.明渠水力最佳断面的比较[J].人民长江,25(11):42-45.
吕宏兴.1991.U形渠道水力最佳断面及水力计算[J].西北水资源与水工程,2(4):42-47.
美国陆军工程兵团.1982.水力设计准则[M].王浩昭,等,译.北京:水利出版社.
南京水利科学研究院,中国水利水电科学研究院.1985.水工模型试验[M].2版.北京:水利电力出版社.
钱宁.1986.泥沙运动力学[M].北京:科学出版社.
清华大学水力学教研组.1980.水力学[M].2版.北京:人民教育出版社.
沙玉清,著.1996.泥沙运动学引论[M].沙际德,修订.2版.西安:陕西科学技术出版社.
盛森芝,沈熊,舒琼.1987.流速测量技术[M].北京:北京大学出版社.
王正中,袁驷,等.1999.再论梯形明渠临界水深计算法[J].水利学报(4):14-17.
吴持恭.2008.水力学[M].4版.北京:高等教育出版社.
武汉大学水利水电学院水力学流体力学教研室李炜.2006.水力计算手册[M].2版.北京:中国水利水电出版社.
夏震寰.1990.现代水力学[M].北京:高等教育出版社.
徐正凡.1987.水力学[M].北京:高等教育出版社.
许念曾.1994.河道水力学[M].北京:中国建材工业出版社.
许荫春.1989.水力学[M].北京:科学出版社.
张瑞谨,等.1989.河流泥沙动力学[M].北京:水利电力出版社.

周春堰. 1987. 计算流体力学导论 [M]. 孙祥海, 周文伯, 等, 译. 上海: 上海交通大学出版社.

E JOHN FINNEMORE, JOSEPH B FRANZINI. 2003. 流体力学及其工程应用（影印版）[M]. 10版. 北京: 清华大学出版社.

A J CHADWICK, J C MORFETT. 1986. Hydraulics in civil engineering [M]. London: Allen & Unwin.

J BOGARDI. 1974. Sediment transport in alluvial streams [M]. Budapest: Akademiai Kiado.

P K SWAMEE, A K JAIN. 1976. Explicit equations for pipe-flow problems [J]. Hydraul Div ASCE, 102 (5): 657-664.

ROBERT J HOUGHTALEN, A OSMAN AKAN, NED H C HWANG. 2009. Fundamentals of hydraulic engineering systems [M]. 4th ed. New Jersey: Prentice-Hall, Inc.

VEN TE CHOW. 1959. Open channel hydraulics [M]. New York: McGraw-Hill Book Company, Inc.